TRAVEL

무작정
따라하기

치앙마이
CHIANG MAI

이진경·김경현 지음

2

가서 보는 코스북

길벗

무작정 따라하기 치앙마이
The Cakewalk Series-CHIANG MAI

초판 발행 · 2019년 8월 5일
초판 2쇄 발행 · 2019년 12월 12일

지은이 · 이진경, 김경현
발행인 · 이종원
발행처 · (주)도서출판 길벗
출판사 등록일 · 1990년 12월 24일
주소 · 서울시 마포구 월드컵로 10길 56(서교동)
대표전화 · 02)332-0931 | **팩스** · 02)323-0586
홈페이지 · www.gilbut.co.kr | **이메일** · gilbut@gilbut.co.kr

편집팀장 · 민보람 | **기획 및 책임편집** · 백혜성(hsbaek@gilbut.co.kr)
취미실용 책임 디자인 · 강은경 | **제작** · 이준호, 손일순, 이진혁 | **영업마케팅** · 한준희
웹마케팅 · 이정, 김진영 | **영업관리** · 김명자 | **독자지원** · 송혜란, 홍혜진

2권 본문 디자인 · 도마뱀퍼블리싱 | **지도** · 김경현 | **교정교열** · 추지영
CTP 출력 · 인쇄 · 제본 · 상지사

ISBN 979-11-6050-860-4(13980)
(길벗 도서번호 020077)

© 이진경·김경현

정가 16,500원

독자의 1초까지 아껴주는 정성 길벗출판사

(주)도서출판 길벗 | IT실용, IT/일반 수험서, 경제경영, 취미실용, 인문교양(더퀘스트) www.gilbut.co.kr
길벗이지톡 | 어학단행본, 어학수험서 www.eztok.co.kr
길벗스쿨 | 국어학습, 수학학습, 어린이교양, 주니어 어학학습, 교과서 www.gilbutschool.co.kr

페이스북 · www.facebook.com/travelgilbut | 네이버 포스트 · post.naver.com/travelgilbut

"

독자의 1초를 아껴주는 정성!
세상이 아무리 바쁘게 돌아가더라도
책까지 아무렇게나 빨리 만들 수는 없습니다.
인스턴트식품 같은 책보다는
오래 익힌 술이나 장맛이 밴 책을 만들고 싶습니다.

땀 흘리며 일하는 당신을 위해
한 권 한 권 마음을 다해 만들겠습니다.
마지막 페이지에서 만날 새로운 당신을 위해
더 나은 길을 준비하겠습니다.

독자의 1초를 아껴주는 정성을 만나보십시오.

"

INSTRUCTIONS
무작정 따라하기 일러두기

이 책은 전문 여행작가 2명이 치앙마이 전 지역을 누비며 찾아낸 관광 명소와 함께,
독자 여러분의 소중한 여행이 완성될 수 있도록 테마별, 지역별 정보와 다양한 여행 코스를 소개합니다.
이 책에 수록된 관광지, 맛집, 숙소, 교통 등의 여행 정보는 2019년 11월 기준이며 최대한 정확한 정보를 싣고자 노력했습니다.
하지만 출판 후 또는 독자의 여행 시점과 동선에 따라 변동될 수 있으므로 주의하실 필요가 있습니다.

<u>1권</u> 미리 보는 테마북

1권은 치앙마이를 비롯한 근교 지역의 다양한 여행 주제를 소개합니다. 자신의 취향에 맞는 테마를 찾은 후
2권 페이지 표시를 참고, 2권의 지역과 지도에 체크하여 여행 계획을 세울 때 활용하세요.

1권은 치앙마이와 근교의
다양한 여행 주제를
볼거리, 음식, 쇼핑,
체험으로 소개합니다.

이 책은 국립국어원 외래어
표기법을 따랐습니다. 그러나
태국어 지명이나 상점명
등은 현지 발음을 기준으로
했으며, 브랜드명은 우리에게
친숙한 것이나 국내에 소개된
명칭으로 표기했습니다.

볼거리

음식

쇼핑

체험

INFO
1권 또는 2권의
해당 스폿을
소개하는
페이지를 명시,
여행 동선을
짤 때
참고하세요!

MAP
2권에서 해당
스폿을 소개한
지역의 지도
페이지를
안내합니다.

구글 지도 GPS
위치 검색이
용이하도록
구글 지도
검색창에
입력하면 바로
장소별 위치를
알 수 있는
GPS 좌표를
알려줍니다.

찾아가기
근처 랜드마크를
기준으로 가장
쉽게 찾아갈 수
있는 방법을
설명합니다.

주소
해당 장소의
주소를
알려줍니다

전화
대표 번호
또는 각
지점의 번호를
안내합니다.

시간
해당 장소가
운영하는
시간을
알려줍니다.

휴무
특정 휴무일이
없는 현지
음식점이나
기타 장소는
'연중무휴'로
표기했습니다.

가격
입장료, 체험료,
식비 등을 소개
합니다. 식당의
경우 여러 개의
추천 메뉴가
있을 경우에는
전반적인 가격대를
알려줍니다.

홈페이지
해당 지역이나
장소의 공식
홈페이지를
기준으로
소개합니다.

2권 가서 보는 코스북

2권은 치앙마이 시내와 외곽 지역, 근교 도시를 총망라한 10개 지역을 소개합니다.
코스는 지역별·일정별·테마별 등 다양하게 제시합니다. 1권 어떤 테마에서 소개한 곳인지 페이지 연동 표시가 되어 있으니,
참고해서 알찬 여행 계획을 세우세요.

지역 상세 지도 한눈에 보기
각 지역별로 소개하는 볼거리, 음식점, 쇼핑 장소, 체험 장소, 숙소 위치를 실측 지도를 통해 자세히 알려줍니다. 지도에는 한글 표기와 영문 표기, 소개된 본문 페이지가 함께 표시되어 있습니다. 또한 여행자의 편의를 위해 지역별 골목 사이사이에 자리한 맥도날드, 버거킹, 스타벅스 등의 프랜차이즈 숍과 편의점의 위치를 꼼꼼하게 표시했습니다.

지역&교통편 한눈에 보기
❶ 인기, 관광지, 쇼핑, 식도락, 나이트라이프, 복잡함 등의 테마별로 별점을 매겨 각 지역의 특징을 알려줍니다.
❷ 각 지역으로 가는 방법과 다니는 방법을 다양한 교통수단별로 정리했습니다.
❸ 보자, 먹자, 사자, 하자 등 놓치지 말아야 할 체크리스트를 소개합니다.

코스 무작정 따라하기
해당 지역을 완벽하게 돌아볼 수 있는 다양한 시간별, 테마별 코스를 지도와 함께 소개합니다.
❶ 장소별로 구글 지도 GPS와 다음 장소로 찾아가는 방법을 알려줍니다.
❷ 장소별로 머물기 적당한 시간을 명시했습니다.
❸ 이동 경로를 표시해 코스 동선을 한눈에 볼 수 있도록 했습니다.
❹ 코스에 필요한 입장료, 식사 비용 등을 영수증 형식으로 소개해 하루 예산을 예측할 수 있게 도와줍니다.
❺ 코스 장소 간 거리와 대략의 이동 시간을 표시해 소요 시간을 예측할 수 있게 도와줍니다.

지도에 사용된 아이콘

관광지·기타 지명	교통·시설
🅞 추천 볼거리	🅗 한인업소
🅦 추천 쇼핑	🅐 선착장
🅣 추천 레스토랑	✈ 공항
🅔 추천 즐길거리	🅣 택시 정류장
🅗 추천 호텔	🅑 버스 터미널
❶ 관광 안내소	🅟 주차장
🅞 볼거리	🅟 경찰서
🅣 유명 레스토랑	🅢 주유소
🅗 숙소	✚ 병원
🅖 게스트하우스	🅑 주요 건물
🅢 쇼핑	⭐ 스타벅스
🅔 즐길거리	🅵 세븐 일레븐
🅢 학교	Ⓜ 맥도날드
🅞 우체국	🅑 버거킹
🅟 공원	*KFC* KFC

줌 인 여행 정보
관광, 음식, 쇼핑, 체험 장소 정보를 지역별로 구분해서 소개해 여행 동선을 쉽게 짤 수 있도록 해줍니다. 실측 지도에 포함되지 못한 지역은 줌 인 지도를 제공해 더욱 완벽한 여행을 즐길 수 있게 도와줍니다.

INTRO

무작정 따라하기
치앙마이 지역 한눈에 보기

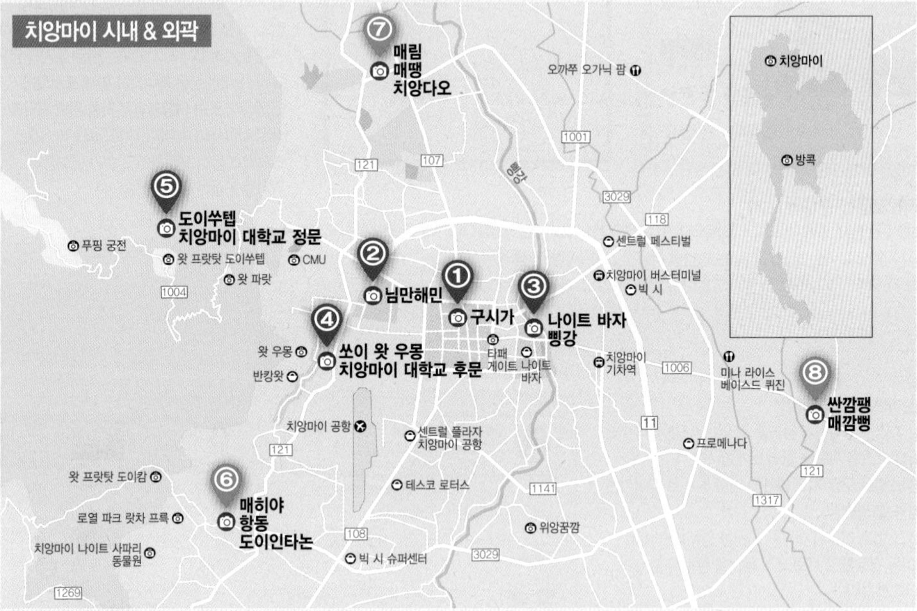
치앙마이 시내 & 외곽
매림
매땡
치앙다오
도이쑤텝
치앙마이 대학교 정문
님만해민
구시가
나이트 바자
삥강
쏘이 왓 우몽
치앙마이 대학교 후문
싼깜팽
매깜뻥
매히야
항동
도이인타논
오까쭈 오가닉 팜
치앙마이
방콕
센트럴 페스티벌
치앙마이 버스터미널
빅 시
푸핑 궁전
왓 프랏탓 도이쑤텝
CMU
왓 파랏
왓 우몽
반캉왓
타패 게이트
나이트 바자
치앙마이 기차역
미나 라이스 베이스드 퀴진
치앙마이 공항
센트럴 플라자 치앙마이 공항
프로메나다
왓 프랏탓 도이캄
테스코 로터스
로열 파크 랏차 프륵
위앙꿈깜
치앙마이 나이트 사파리 동물원
빅 시 슈퍼센터

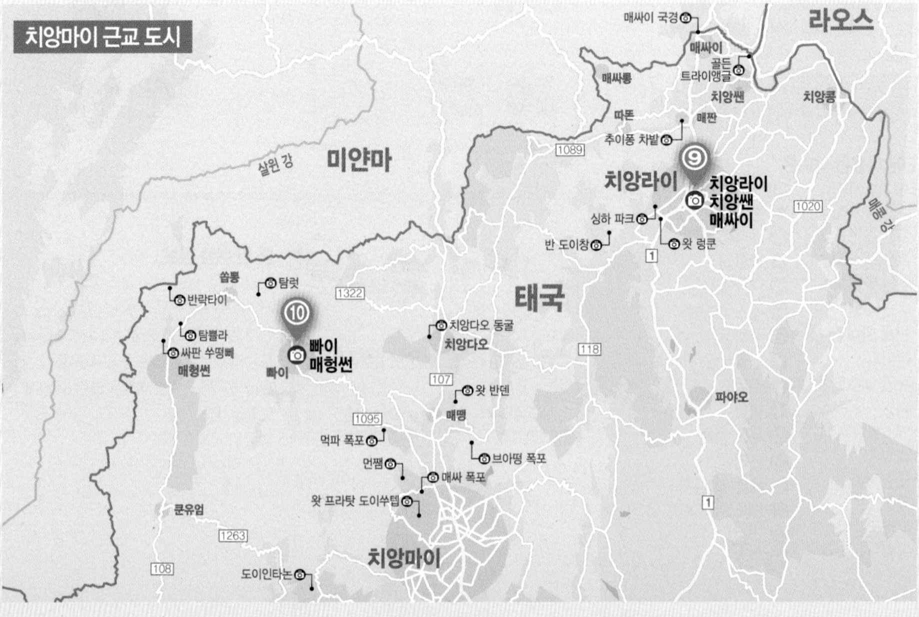
치앙마이 근교 도시
라오스
매싸이 국경
매싸이
골든 트라이앵글
매싸롱
치앙쌘
치앙콩
따똔
매짠
추이퐁 차밭
미얀마
살윈 강
치앙라이
치앙라이
치앙쌘
매싸이
싱하 파크
반 도이창
왓 렁쿤
메콩 강
쏩퐁
탐럿
반락타이
빠이
매형썬
탐뿔라
싸판 수떵뻬
매형썬
빠이
태국
치앙다오 동굴
치앙다오
왓 반덴
매땡
파야오
먹파 폭포
브아떵 폭포
먼쨈
매싸 폭포
왓 프라탓 도이쑤텝
쿤유엄
치앙마이
도이인타논

AREA 1 ▶ 치앙마이 구시가 Chiang Mai Old Town

📷 관광 ★★★★★   🍴 식도락 ★★★★★   🛍 쇼핑 ★★★★★

란나의 숨결 깃든 치앙마이 핵심 관광지
란나 왕국의 수도였던 과거의 흔적이 현재까지 남아 있는 치앙마이의 핵심 관광지

이런 분들에게 잘 어울려요

| 🚶 치앙마이를 찾은 모든 여행자 | 👪 치앙마이 고유의 매력이 궁금한 전 연령 여행자 | 🤦 관광과 미식, 쇼핑 모두 놓치고 싶지 않은 사람 |

AREA 2 ▶ 님만해민 Nimmanhaemin

📷 관광 ★☆☆☆☆   🍴 식도락 ★★★★★   🛍 쇼핑 ★★★★★

유행을 선도하는 거리
치앙마이의 트렌드를 이끄는 거리로, 동서로 뻗은 골목길 쏘이를 따라 레스토랑과 카페, 쇼핑센터가 몰려 있다.

이런 분들에게 잘 어울려요

| 🙋 볼거리보다 쇼핑과 미식이 우선인 도심형 여행자 | 👫 트렌드세터라 자부하는 여행자 | 📱 SNS와 블로그에 카페 놀이를 자랑하고 싶은 사람 |

AREA 3 ▶ 나이트 바자 Night Bazaar · 삥강 Ping River

📷 관광 ★★★☆☆   🍴 식도락 ★★★★☆   🛍 쇼핑 ★★★★★

치앙마이 핵심 상권
치앙마이의 핵심 상권을 이루는 지역으로 매일 저녁 규모가 큰 야시장이 형성된다. 고급 레스토랑과 호텔이 즐비한 삥강 주변은 비교적 차분한 분위기다.

이런 분들에게 잘 어울려요

| 🕺 열정적인 나이트라이프를 계획 중인 당신 | 🛏 고급호텔의 여유를 즐기고 싶은 사람 | 🌃 낮보다 밤에 깨어 있는 올빼미형 여행자 |

AREA 4 ▶ 쏘이 왓 우몽 Soi Wat Umong · 치앙마이 대학교 후문 CMU

📷 관광 ★★☆☆☆   🍴 식도락 ★★★☆☆   🛍 쇼핑 ★★★☆☆

요즘 젊은이들의 핫 플레이스
핵심은 쏘이 왓 우몽이라 불리는 거리로, 좁은 길을 따라 트렌디한 카페와 상점이 가득하다.

이런 분들에게 잘 어울려요

| 🧑 유행에 민감한 2030 힙스터 여행자 | 🎒 유니크한 아이템을 찾는 개성 뚜렷한 쇼퍼 | 🎒 저렴한 숙소를 찾는 장기 여행자 |

AREA 5 ▶ 도이쑤텝 Doi Suthep · 치앙마이 대학교 정문 CMU

📷 관광 ★★★★★ 🍴 식도락 ★☆☆☆☆ 🛍 쇼핑 ★★☆☆☆

치앙마이 으뜸 사원을 찾아서

치앙마이 으뜸 볼거리인 왓 프라탓 도이쑤텝이 있는 필수 관광 지역이다.

이런 분들에게 잘 어울려요

| 👪 치앙마이를 찾은 모든 여행자 | 🧳 치앙마이가 처음인 사람 | 📷 그 무엇보다 관광이 우선인 여행자 |

AREA 6 ▶ 매히야 Mae Hea · 항동 Hang Dong · 도이인타논 Doi Inthanon

📷 관광 ★★★★☆ 🍴 식도락 ★★★★☆ 🛍 쇼핑 ★★★☆☆

하루 나들이 코스로 제격

치앙마이와는 또 다른 여유로운 분위기를 간직한 근교 지역으로 굵직한 볼거리와 맛있는 레스토랑이 여럿 있다.

이런 분들에게 잘 어울려요

| 🚶 트레킹을 즐기는 자연 애호가 | 🍽 거리가 멀더라도 맛있는 레스토랑을 찾는 미식가 | 🏢 치앙마이의 다양한 매력을 섭렵하고 싶은 장기 여행자 |

AREA 7 ▶ 매림 Mae Rim · 매땡 Mae Taeng · 치앙다오 Chiang Dao

📷 관광 ★★★★★ 🍴 식도락 ★★★★☆ 🛍 쇼핑 ★★☆☆☆

놓치고 싶지 않은 볼거리 가득

치앙마이 시내에서 북쪽에 위치한 지역으로 푸르른 자연을 즐기기에 제격이다.

이런 분들에게 잘 어울려요

| ☀ 자연에 파묻혀 느긋한 시간을 보내고 싶은 여행자 | 🐘 코끼리 캠프, 짚라인 등 다양한 액티비티를 즐기고 싶은 여행자 | 👪 아이를 동반한 가족 여행 |

AREA 8 ▶ 싼깜팽 San Kamphaeng · 매깜뽕 Mae Kampong

📷 관광 ★★★☆☆ 🍴 식도락 ★★★☆☆ 🛍 쇼핑 ★★★☆☆

감성을 살찌우는 동네

버쌍과 마이이얌, 매깜뽕 등 북부 이미지를 대표하는 예술적인 감성이 충만한 지역.

이런 분들에게 잘 어울려요

| 🎥 예술 감성에 목말라 있는 당신 | 🚶 고즈넉한 시간을 즐기고 싶은 나 홀로 여행자 | 🏢 치앙마이의 다양한 매력을 섭렵하고 싶은 장기 여행자 |

AREA 9   **치앙라이** CHIANG RAI · **치앙쌘** CHIANG SAEN · **매싸이** MAE SAI

📷 관광 ★★★★★   🍴 식도락 ★★★★☆   🛍 쇼핑 ★★★★☆

도시와 자연의 조화

치앙마이와 더불어 태국 북부를 대표하는 도시. 화이트 템플, 싱하 파크 등 어마어마한 볼거리를 품고 있다.

이런 분들에게 잘 어울려요

| 🚶 치앙마이가 처음이 아닌 여행자 | 🚌 태국 북부의 다양한 모습을 보고 싶은 여행자 | 👟 장시간의 1일 투어를 감내할 수 있는 체력의 소유자 |

AREA 10   **빠이** Pai · **매헝썬** Mae Hong Son

📷 관광 ★★★☆☆   🍴 식도락 ★★☆☆☆   🛍 쇼핑 ★★☆☆☆

서정적인 시골 마을

치앙마이에서 약 130km 떨어져 있는 시골 마을이자 배낭여행자들의 성지다. 전원 풍경을 즐기며 여행에 쉼표를 찍어본다.

이런 분들에게 잘 어울려요

| 🏠 아무 것도 하지 않는 게으른 여행을 하고 싶은 사람 | 🌅 평화로운 전원 풍경이 위로가 되는 스트레스 많은 직장인 | 🚶 배낭여행의 낭만이 궁금한 배낭여행 무경험자 |

무작정 따라하기

1 단계

치앙마이 이렇게 간다

치앙마이 공항 도착

치앙마이 입국하기

치앙마이 공항 Chiang Mai Airport(CNX) 국제선과 국내선이 한 건물에 나란히 이어져 있는 작은 공항이다. 공항 내 편의시설로는 면세점, 환전소, 여행사, 우체국, 레스토랑 등이 있다. 치앙마이 공항은 구시가에서 약 4km 거리에 있다.

직항 또는 경유 항공편을 이용해 치앙마이로 입국할 수 있다. 인천–치앙마이 구간은 대한항공, 제주항공에서 운항한다. 치앙마이 공항 국제선은 규모가 작아 도착 후 공항을 빠져나오기가 수월한 편이다.

❶ 출입국 신고서 작성하기

출국 카드와 입국 카드 양쪽 모두를 작성해야 한다. 출국 카드는 잘 보관하고 있다가 출국 심사 때 여권과 함께 제시해야 한다. 분실 시에는 항공사 체크인 카운터에 문의할 것.

출국 카드 DEPARTURE CARD	입국 카드 ARRIVAL CARD		
❶ 성	❽ 성	⑮ 직업	㉔ 항공 타입(전세, 일반)
❷ 이름	❾ 이름	⑯ 비행기 탑승 국가	㉕ 태국 방문이 처음인가요?
❸ 생년월일(일, 월, 년)	❿ 성별	⑰ 방문 목적	㉖ 그룹 여행인가요?
❹ 여권 번호	⑪ 국적	⑱ 체류 기간	㉗ 숙박 형태
❺ 국적	⑫ 여권 번호	⑲ 거주지(시·도, 국가)	㉘ 태국 출국 후 다음 행선지(ICN이라고 적으면 된다)
❻ 출국 비행기 편명	⑬ 생년월일(일, 월, 년)	⑳ 태국 내 주소(호텔명)	㉙ 방문 목적
❼ 서명	⑭ 입국 비행기 편명	㉑ 전화번호	㉚ 연소득
		㉒ 이메일 주소	
		㉓ 서명	

❷ 입국 심사받기

여권과 출입국 신고서를 준비해 외국인 여권
(Foreign Passport) 위치에서 입국 심사를 받으면
된다.

❸ 수하물 찾기

수하물 찾는 곳(Baggage Claim)에서 짐 찾기. 짐에
붙은 태그와 본인이 갖고 있는 태그를 확인해 보는
것이 좋다.

❹ 세관 통과

짐을 찾고 세관(Customs)을 통과하면 된다. 신고할
물품이 없으면 Nothing to Declare 창구를 이용하
자.

공항 시설 이용하기

심카드 SIM Card

포켓 와이파이나 심카드를 미리 준
비하지 않았다면 공항에서 심카드
를 구매하는 것이 편하다. 치앙마
이 공항에서 AIS, Dtac, True 세 통
신사가 부스를 운영한다. 심카드는
기간과 데이터, 통화량에 따라 가
격이 다르므로 본인에게 맞는 것을
사면 된다.

렌터카 Rent-A-Car

허츠(Hertz), 에이에스에이피(AS
AP), 식스트(Sixt), 에이비스(Avis),
시크(Chic), 타이렌터카(Thai Rent
a Car) 부스가 국내선 터미널 쪽에
있다. 국내선 터미널은 세관 통과
후 좌회전하면 나온다. 예약된 차
량을 인수하려면 바우처(인쇄 또는
스마트폰 저장)와 운전자의 국제운
전면허증, 여권, 신용카드가 필요하다.

무작정 따라하기

2단계

공항에서 치앙마이 시내 가기

RTC 치앙마이 시티 버스, 택시, 그랩, 호텔 픽업 차량 등을 이용할 수 있다. 구시가, 님만해민, 나이트 바자 등 시내 중심가에 머문다면 RTC 치앙마이 시티 버스와 택시가 편리하고, 그 외의 시내와 치앙마이 외곽 지역은 그랩 또는 호텔 픽업 차량이 낫다.

RTC 치앙마이 시티 버스
RTC Chiang Mai City Bus

치앙마이 공항에서 시내로 가는 가장 저렴한 방법이다. 레드(R3-Red)와 옐로(R3-Yellow) 두 노선이 구시가와 님만해민, 나이트 바자 지역으로 간다. 공항의 시티 버스 정류장은 1번 출구로 나가면 보인다. 버스에 에어컨이 가동되며, 무료 와이파이를 제공한다.

● 레드(R3-Red) 노선
치앙마이 공항 – 님만해민 – 창프악 게이트 – 쓰리 킹스 모뉴먼트 – 타패 게이트 1 – 와로롯 시장 – 나이트 바자 – 치앙마이 게이트 – 치앙마이 공항

● 옐로(R3-Yellow) 노선
치앙마이 공항 – 우왈라이 로드 – 치앙마이 게이트 – 아누싼 시장 – 타패 게이트 1 – 유파랏 대학 – 깟쑤언깨우 – 님만해민 – 쑤언독 – 치앙마이 공항

🅑 요금 20B ⏱ 시간 06:00~23:30(20~30분 간격 운행) ☎ 전화 052-060-001
▶ 홈페이지 www.facebook.com/rtccmcitybus

택시
Taxi

목적지까지 바로 갈 수 있어 편리하고, 일행이 여럿인 경우 비교적 저렴하게 이용할 수 있다. 치앙마이 공항 내에 택시 회사 부스가 많으며, 택시 호객꾼도 어렵지 않게 볼 수 있다. 요금은 150B이며, 먼 거리는 요금이 추가된다.

그랩
Grab

그랩은 치앙마이에서도 유용한 교통수단이다. 다만 시간대, 교통체증에 따라 가격이 다를 수 있어 가까운 시내로 이동할 경우에는 택시보다 요금이 비쌀 수도 있다. 먼 거리를 이동할 때에는 택시보다 유용하다.

3 단계

치앙마이 시내 교통 한눈에 보기

썽태우, RTC 치앙마이 시티 버스, 공공 썽태우, 그랩 등 다양한 교통수단을 이용할 수 있다. 그중 RTC 치앙마이 시티 버스와 공공 썽태우는 정규 노선을 운행한다.

썽태우
Songthaew

치앙마이 시내 중심가를 운행하는 빨간색 썽태우 외에 노란색, 주황색, 파란색, 흰색 썽태우 등 종류가 다양하다. 빨간색 썽태우는 손님을 찾아 시내를 돌아다니고, 그 외 색깔의 썽태우는 치앙마이 시내에서 외곽으로 노선을 따라 운행한다. 외곽으로 가는 썽태우는 창프악 터미널과 와로롯 시장에 많다.

● 빨간색 썽태우
노선이 정해져 있지 않고 치앙마이 시내 곳곳을 돌아다닌다. 기본 요금은 20B. 기사에게 목적지를 말하고 탑승하면 된다. 기사가 오케이를 하거나 고개를 끄덕이는 것은 20B에 가겠다는 뜻이므로 먼저 흥정하려 들지 말자. 빨간색 썽태우는 가격을 흥정해 택시처럼 이용하거나 대절할 수도 있다.

● 노란색 썽태우
정해진 경로를 다니는 노선 썽태우다. 썽태우 상단에 노선이 적혀있으나 대부분 태국어로만 표기되어 있다. 외국인이 이용하기에는 조금 헷갈리므로 기사에게 목적지를 물어보는 게 좋다. 노선에 따라 창프악 터미널, 와로롯 시장, 치앙마이 게이트 인근 등지에서 출발한다. 여행자에게는 창프악 터미널에서 출발해 매림으로 가는 노란색 썽태우가 유용하다.

● 흰색 썽태우
창프악 터미널에서 출발해 매땅으로 가는 노선과 와로롯 시장에서 출발해 도이싸껫, 싼깜팽으로 가는 노선이 있다. 여행자에게 가장 유용한 노선은 싼깜팽으로 가는 흰색 썽태우. 와로롯 시장 육교 부근 썽태우 정류장에서 타면 된다. 버쌍, 마이이얌, 싼깜팽 온천 등지까지 간다.

RTC 치앙마이 시티 버스
RTC Chiang Mai City Bus

+ PLUS TIP
교통 애플리케이션을 이용하자!
애플리케이션을 다운로드하면 실시간으로 버스 위치를 검색할 수 있으며, 정류장을 쉽게 찾을 수 있다.

① CM Transit by RTC

치앙마이 RTC 시티 버스 전용 애플리케이션. 버스 노선과 실시간 위치를 알려준다. 영어 지원. 구글 플레이 스토어에서 다운로드 가능.

② ViaBus

버스 노선과 실시간 위치, 정류장을 알려주는 태국 노선 버스 애플리케이션. 영어 지원. 구글 플레이 스토어와 애플 앱스토어에서 다운로드 가능.

정해진 노선을 정해진 시간에 맞춰 운행하는 노선 버스다. 현재 5개 노선을 운행한다. 에어컨이 가동되며, 무료 와이파이를 제공한다. 상세 노선도는 P.192에서 확인하자.
ⓑ **요금** 20B

● **그린 R1-ZOO**
ⓢ **주요 노선** 치앙마이 동물원 – 치앙마이 대학교 – 마야 – 창프악 터미널 – 창머이 – 와로롯 시장 – 왓 껫까람 – 피알씨 대학 – 치앙마이 버스터미널 2 – 센트럴 페스티벌
ⓣ **시간** 06:00~21:15

● **퍼플 R1-CEN**
ⓢ **주요 노선** 센트럴 페스티벌 – 맥코믹 병원 – 싼빠커이 – 타패 게이트 2 – 타패 게이트 1 – 깟쑤언깨우 – 마야 – 치앙마이 대학교 – 치앙마이 동물원
ⓣ **시간** 06:00~21:15

● **R2**
ⓢ **주요 노선** 프로메나다 – 와리 학교 – 넝허이 시장 – 몽폿 학교 – 프라하르타이 대학 – 레지나 대학 – 아누싼 시장 – 타패 게이트 1 – 나이트 바자 – 와로롯 시장 – 창클란 – 아트 인 파라다이스 – 치앙마이 랜드 – 위차이 위타유 학교 – 넝허이 시장 – 몽폿 학교
ⓣ **시간** 07:00~19:00

● **레드 R3-Red**
ⓢ **주요 노선** 치앙마이 공항 – 님만해민 – 창프악 게이트 – 쓰리 킹스 모뉴먼트 – 타패 게이트 1 – 와로롯 시장 – 나이트바자 – 치앙마이 게이트 – 치앙마이 공항
ⓣ **시간** 06:00~23:30

● **옐로 R3-Yellow**
ⓢ **주요 노선** 치앙마이 공항 – 우왈라이 로드 – 치앙마이 게이트 – 아누싼 시장 – 타패 게이트 1 – 유파랏 대학 – 깟쑤언깨우 – 님만해민 – 쑤언독 – 치앙마이 공항
ⓣ **시간** 06:00~23:30

공공 썽태우
Chiang Mai Municipality Bus

치앙마이시에서 운영하는 버스. 에어컨이 가동되는 미니버스 형태다. B1, B2, B3 노선으로 운행하며, 공공 썽태우 픗말이 있는 정류장에 선다. 여행자보다는 현지인들이 즐겨 이용한다.

ⓑ **요금** 15B

● B1
ⓞ **주요 노선** 치앙마이 버스터미널 2(치앙마이 아케이드) – 치앙마이 기차역 – 타패 게이트 – 왓 프라씽 – 왓 쑤언독 – 치앙마이 대학교 – 치앙마이 동물원
ⓛ **시간** 월~금요일 06:00~18:00(30분~1시간 간격), 토~일요일 06:00~18:00(1시간 간격)

● B2
ⓞ **주요 노선** 치앙마이 버스터미널 2(치앙마이 아케이드) – 와로로 시장 – 타패 게이트 – 왓 프라씽 – 치앙마이 게이트 – 우왈라이 로드 – 센트럴 플라자 치앙마이 공항 – 치앙마이 공항
ⓛ **시간** 월~금요일 06:00~18:00(40분~1시간 간격), 토~일요일 06:00~18:00(1시간 간격)

● B3
ⓞ **주요 노선** 치앙마이 버스터미널 2(치앙마이 아케이드) – 센트럴 페스티벌 – 테스코 로터스 캄티엥 – 창프악 터미널 – 치앙마이 컨벤션 센터 – 치앙마이 시청
ⓛ **시간** 월~금요일 06:00~18:00(40분~1시간 간격), 토~일요일 07:00~18:00(1시간 간격)

그랩
Grab

요금은 조금 비싸지만 편리하다. 스마트폰에 그랩 앱을 설치한 후 출발지와 목적지만 입력하면 끝. 기사의 위치는 앱에서 실시간으로 확인할 수 있다. 신용카드를 등록하면 현금보다 저렴하다.

뚝뚝
Tuk Tuk

오토바이를 개조한 삼륜차로 택시처럼 이용할 수 있다. 무조건 흥정을 하고 타야 하며, 썽태우나 기타 교통수단에 비해 요금이 비싸다. 교통수단이라기보다 태국의 문화를 경험한다고 생각하면 기분 좋게 이용할 수 있다.

시외버스 & 미니밴
Intercity Bus & Minivan

빠이, 치앙라이, 매림, 치앙다오 등 치앙마이 근교 여행지로 갈 때 주로 이용한다.

치앙마이 시외버스터미널

치앙마이에는 총 3개의 버스터미널이 있다. 각 터미널마다 버스의 목적지가 다르기 때문에 어느 터미널에 어디로 가는 버스가 서는지 알고 찾아가야 한다.

치앙마이 버스터미널 1(창프악 터미널)
Chiang Mai Bus Terminal 1
치앙마이 근교로 가는 버스가 선다. 매림, 매땡 등지로 가는 썽태우와 치앙다오로 가는 버스, 미니밴을 탑승할 수 있다. 이곳에서 출발하는 대부분의 버스는 에어컨이 없는 완행버스다.
ⓢ **구글 지도** GPS 18.800074, 98.986682
ⓞ **찾아가기** 구시가 창프악 게이트에서 북쪽으로 600m 이동, 오른쪽

치앙마이 버스터미널 2(치앙마이 아케이드)
Chiang Mai Bus Terminal 2
방콕, 쑤코타이를 비롯해 우돈타니, 컨깬 등 이 싼 지방으로 가는 버스가 많다. 방콕행 버스의 상태는 버스터미널 3보다 못한 편. 빠이로 가는 미니밴 정류장도 한쪽에 따로 자리잡고 있다.
ⓢ **구글 지도** GPS 18.800794, 99.017239
ⓞ **찾아가기** 구시가 기준 강 건너 북동쪽에 위치. RTC 치앙마이 시티 버스 그린·퍼플 라인과 공공 썽태우가 간다.

치앙마이 버스터미널 3
Chiang Mai Bus Terminal 3
치앙라이, 골든 트라이앵글 등지로 가는 그린 버스를 탈 수 있는 곳. 그린 버스 외에도 쏨밧투어 등 여러 회사의 부스가 있다. 방콕, 푸껫 등 장거리 노선이 많고 버스의 상태가 좋다.
ⓢ **구글 지도** GPS 18.799729, 99.017824
ⓞ **찾아가기** 치앙마이 아케이드 맞은편

4단계

치앙마이 추천 여행 코스

추천 코스 ❶ 짧지만 알찬 핵심 3일 코스

치앙마이에서 단 3일이 주어진다면 무엇을 보고, 무엇을 먹어야 할까? 대중교통을 이용해 치앙마이를 여행하는 핵심 3일 코스를 소개한다. 레스토랑과 카페는 동선에 맞춰 자유롭게 선택하고, 토~일요일에 치앙마이에 머문다면 우왈라이 또는 선데이 워킹 스트리트를 일정에 추가하자.

Day 1

도보 — 왓 프라씽 P.039
도보 — 왓 판따우 P.038
도보 — 왓 쩨디루앙 P.038
도보 — 란나 포크라이프 뮤지엄 P.039
썽태우 20B — 왓 치앙만 P.039

Day 2

썽태우 40B+RTC 치앙마이 시티 버스 20B

썽태우 20B
와로롯 시장 P.087

Tip 왓 프라탓 도이쑤텝에서 치앙마이 동물원까지 썽태우를 이용한 후 RTC 치앙마이 시티 버스 그린을 탑승하자. 와로롯 시장까지 간다.

왓 프라탓 도이쑤텝 P.104
님만해민 P.052

Day 3

썽태우 20B
마이이암 현대미술관 P.142
나이트 바자 P.086
자동차 — 퀸 씨리낏 보태닉 가든 P.128
자동차 — 먼쨈 P.128

Tip 기사 딸린 자동차를 6시간가량 대절하면 1500B이 든다. 썽태우는 1000B 정도로 흥정 가능하다.

도보
쏘이 왓 우몽 P.094
왓 우몽 P.094

RECEIPT

교통비	1620B
입장료	450B
왓 프라씽	40B
왓 쩨디루앙	40B
란나 포크라이프 뮤지엄	90B
왓 프라탓 도이쑤텝	30B
마이이암 현대미술관	150B
퀸 씨리낏 보태닉 가든	100B
TOTAL	**2070B**

(식사, 쇼핑, 일부 이동 비용 불포함)

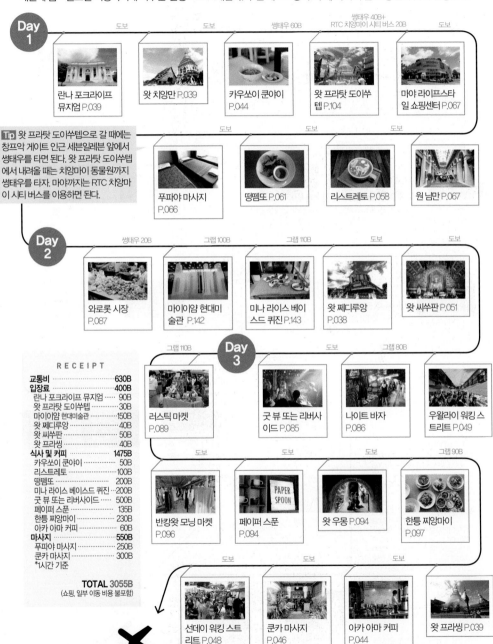

추천 코스 ❷ 시장 마니아를 위한 금·토·일 3일 코스

치앙마이의 인기 있는 요일 시장을 방문하고, 핵심 볼거리를 돌아보는 일정이다. 요일 시장은 토~일요일에 문을 열기 때문에 금~일요일 치앙마이에 머무는 일정으로 소개한다. 추천 레스토랑과 카페, 마사지 숍도 동선에 맞춰 선정했다.

Day 1

도보 / 도보 / 쌩태우 60B / 쌩태우 40B+ RTC 치앙마이 시티 버스 20B / 도보

- 란나 포크라이프 뮤지엄 P.039
- 왓 치앙만 P.039
- 카우쏘이 쿤아이 P.044
- 왓 프라탓 도이쑤텝 P.104
- 마야 라이프스타일 쇼핑센터 P.067

Tip 왓 프라탓 도이쑤텝으로 갈 때에는 창프악 게이트 인근 세븐일레븐 앞에서 쌩태우를 타면 된다. 왓 프라탓 도이쑤텝에서 내려올 때는 치앙마이 동물원까지 쌩태우를 타자. 마야까지는 RTC 치앙마이 시티 버스를 이용하면 된다.

도보 / 도보 / 도보

- 푸파야 마사지 P.066
- 땅뗌또 P.061
- 리스트레토 P.058
- 원 님만 P.067

Day 2

쌩태우 20B / 그랩 100B / 그랩 110B / 도보 / 도보

- 와로롯 시장 P.087
- 마이이얌 현대미술관 P.142
- 미나 라이스 베이스드 퀴진 P.143
- 왓 쩨디루앙 P.038
- 왓 씨쑤판 P.051

Day 3

그랩 110B / 도보 / 그랩 80B

- 러스틱 마켓 P.089
- 굿 뷰 또는 리버사이드 P.085
- 나이트 바자 P.086
- 우왈라이 워킹 스트리트 P.049

RECEIPT

교통비	**630B**
입장료	**400B**
란나 포크라이프 뮤지엄	90B
왓 프라탓 도이쑤텝	30B
마이이얌 현대미술관	150B
왓 쩨디루앙	40B
왓 씨쑤판	50B
왓 프라씽	40B
식사 및 커피	**1475B**
카우쏘이 쿤아이	50B
리스트레토	100B
땅뗌또	200B
미나 라이스 베이스드 퀴진	200B
굿 뷰 또는 리버사이드	500B
페이퍼 스푼	135B
한통 찌앙마이	230B
아카 아마 커피	60B
마사지	**550B**
푸파야 마사지	250B
쿤카 마사지	300B
*1시간 기준	

TOTAL 3055B
(쇼핑, 일부 이동 비용 불포함)

도보 / 도보 / 도보 / 그랩 90B

- 반캉왓 모닝 마켓 P.096
- 페이퍼 스푼 P.094
- 왓 우몽 P.094
- 한통 찌앙마이 P.097

도보 / 도보 / 도보

- 선데이 워킹 스트리트 P.048
- 쿤카 마사지 P.046
- 아카 아마 커피 P.044
- 왓 프라씽 P.039

추천 코스 ❸ 레이디 감성 여행 코스

여성들이 특히 좋아할 만한 분위기의 볼거리와 카페, 레스토랑을 코스로 구성했다. 2일 차에 왓 프라씽, 왓 쩨디루앙, 왓 치앙만 등 구시가의 볼거리를 추가해도 좋다. 구시가를 돌아볼 때 자전거를 빌리면 효율적이다.

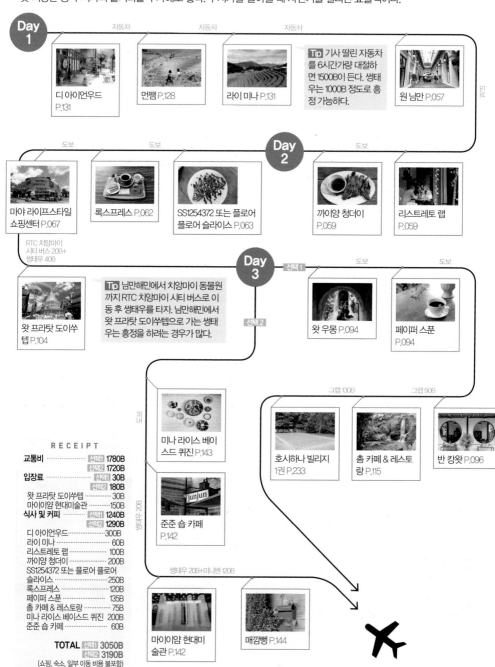

Day 1

자동차 — 자동차 — 자동차

디 아이언우드 P.131

먼쨈 P.128

라이 미나 P.131

Tip 기사 딸린 자동차를 6시간가량 대절하면 1500B이 든다. 썽태우는 1000B 정도로 흥정 가능하다.

원 님만 P.057

Day 2

도보 — 도보

마야 라이프스타일 쇼핑센터 P.067

록스프레스 P.062

SS1254372 또는 플로어 플로어 슬라이스 P.063

까이양 청더이 P.059

리스트레토 랩 P.059

RTC 치앙마이 시티 버스 20B+ 썽태우 40B

Day 3

선택 1 — 도보 — 도보

Tip 님만해민에서 치앙마이 동물원까지 RTC 치앙마이 시티 버스로 이동 후 썽태우를 타자. 님만해민에서 왓 프라탓 도이쑤텝으로 가는 썽태우는 흥정을 하려는 경우가 많다.

왓 프라탓 도이쑤텝 P.104

선택 2

왓 우몽 P.094

페이퍼 스푼 P.094

미나 라이스 베이스드 퀴진 P.143

그랩 130B

호시하나 빌리지 1권 P.233

그랩 90B

촘 카페 & 레스토랑 P.115

반 캉왓 P.096

준준 숍 카페 P.142

썽태우 20B+미나밴 120B

마이이얌 현대미술관 P.142

매깽빵 P.144

RECEIPT

교통비 ······ 선택1 1780B
　　　　　　　선택2 1720B
입장료 ······ 선택1 30B
　　　　　　　선택2 180B
왓 프라탓 도이쑤텝 ····· 30B
마이이얌 현대미술관 ··· 150B
식사 및 커피 ··· 선택1 1240B
　　　　　　　　선택2 1290B
디 아이언우드 ········ 300B
라이 미나 ············· 60B
리스트레토 랩 ········ 100B
까이양 청더이 ········ 200B
SS1254372 또는 플로어 플로어
슬라이스 ············· 250B
록스프레스 ··········· 120B
페이퍼 스푼 ·········· 135B
촘 카페 & 레스토랑 ···· 75B
미나 라이스 베이스드 퀴진 200B
준준 숍 카페 ·········· 60B

TOTAL 선택1 3050B
　　　　　선택2 3190B
(쇼핑, 숙소, 일부 이동 비용 불포함)

추천 코스 ④ 아이와 함께하는 렌터카 여행 코스

어린 자녀를 동반한 가족 여행에 흥미로운 장소들을 골라봤다. 매림은 소개한 곳 외에 코끼리 캠프를 비롯한 액티비티가 활발한 지역이다. 여행 액티비티 플랫폼을 통해 관심 가는 상품을 선택해도 괜찮다.

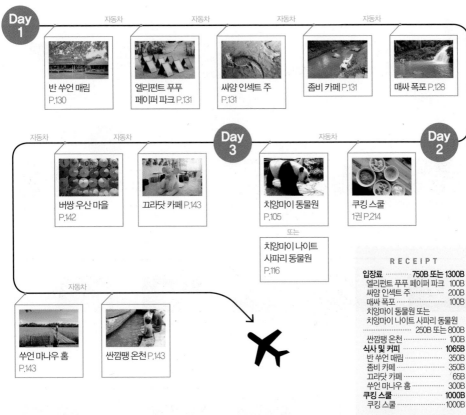

Day 1

자동차 · 자동차 · 자동차 · 자동차

- 반 쑤언 매림 P.130
- 엘리펀트 푸푸 페이퍼 파크 P.131
- 싸얌 인섹트 주 P.131
- 좀비 카페 P.131
- 매싸 폭포 P.128

Day 3 · 자동차 · 자동차 · 자동차 · **Day 2**

- 버쌍 우산 마을 P.142
- 끄라닷 카페 P.143
- 치앙마이 동물원 P.105
- 쿠킹 스쿨 1권 P.214

또는
- 치앙마이 나이트 사파리 동물원 P.116

자동차
- 쑤언 마나우 홈 P.143
- 싼깜팽 온천 P.143

RECEIPT

입장료	750B 또는 1300B
엘리펀트 푸푸 페이퍼 파크	100B
싸얌 인섹트 주	200B
매싸 폭포	100B
치앙마이 동물원 또는 치앙마이 나이트 사파리 동물원	250B 또는 800B
싼깜팽 온천	100B
식사 및 커피	**1065B**
반 쑤언 매림	350B
좀비 카페	350B
끄라닷 카페	65B
쑤언 마나우 홈	300B
쿠킹 스쿨	**1000B**
쿠킹 스쿨	1000B

TOTAL 2815B 또는 3365B
(쇼핑, 이동 비용 불포함)

추천 코스 ❺ 치앙마이 시내 & 외곽 렌터카 여행 코스

자동차를 렌트해 치앙마이 시내와 매림, 항동, 싼깜펭을 여행하는 코스다. 치앙마이 시내의 핵심 볼거리를 비롯해 외곽 지역 추천 볼거리를 코스에 모두 넣었다. 나 홀로 여행자보다는 커플에게 추천하고 싶다.

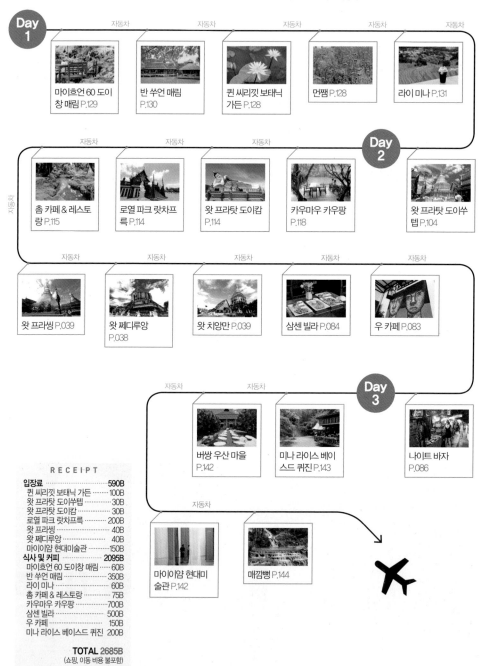

Day 1

자동차 — 마이흐언 60 도이창 매림 P.129
자동차 — 반 쑤언 매림 P.130
자동차 — 퀸 씨리낏 보태닉 가든 P.128
자동차 — 먼쨈 P.128
자동차 — 라이 미나 P.131

Day 2

자동차 — 촘 카페 & 레스토랑 P.115
자동차 — 로열 파크 랏차프룩 P.114
자동차 — 왓 프라탓 도이캄 P.114
카우마우 카우팡 P.118
왓 프라탓 도이쑤텝 P.104

자동차 — 왓 프라씽 P.039
자동차 — 왓 쩨디루앙 P.038
자동차 — 왓 치앙만 P.039
자동차 — 삼센 빌라 P.084
자동차 — 우 카페 P.083

Day 3

자동차 — 버쌍 우산 마을 P.142
자동차 — 미나 라이스 베이스드 퀴진 P.143
나이트 바자 P.086

자동차 — 마이이얌 현대미술관 P.142
매깜뻥 P.144

RECEIPT

입장료	**590B**
퀸 씨리낏 보태닉 가든	100B
왓 프라탓 도이쑤텝	30B
왓 프라탓 도이캄	30B
로열 파크 랏차프룩	200B
왓 프라씽	40B
왓 쩨디루앙	40B
마이이얌 현대미술관	150B
식사 및 커피	**2095B**
마이흐언 60 도이창 매림	60B
반 쑤언 매림	350B
라이 미나	60B
촘 카페 & 레스토랑	75B
카우마우 카우팡	700B
삼센 빌라	500B
우 카페	150B
미나 라이스 베이스드 퀴진	200B

TOTAL 2685B
(쇼핑, 이동 비용 불포함)

추천 코스 ❻ 치앙마이 시내 & 외곽 볼거리 위주 여행 코스

치앙마이 시내와 외곽 지역의 볼거리를 섭렵하는 코스다. 구시가, 도이쑤텝, 매림·매땡, 항동, 치앙라이로 지역을 구분했다. 치앙라이 1일 투어는 긴 시간이 소요되므로 출발 전날 일정은 짧게 잡았다.

Day 1 도보
왓 프라씽 P.039 / 왓 판따우 P.038 / 왓 쩨디루앙 P.039 / 란나 포크라이프 뮤지엄 P.039 / 왓 치앙만 P.039

Day 2 쌩태우 왕복 180B / 쌩태우 20B
푸핑 궁전 P.104 / 왓 프라탓 도이쑤텝 P.104 / 나이트 바자 P.086 / 왓 록몰리 P.040

Tip 도이쑤텝과 푸핑 궁전, 도이뿌이 3곳을 모두 가는 쌩태우를 잡으면 편하다. 치앙마이 동물원 기준, 왕복 180B이다.

Day 3 쌩태우+그랩 90B / 도보 / 그랩 80B / 자동차
반몽 도이뿌이 P.104 / 반캉왓 P.096 / 왓 우몽 P.094 / 님만해민 P.052 / 왓 반덴 P.133

Day 4 자동차 / 자동차
로열 파크 랏차프륵 P.114 / 먼쨈 P.128 / 퀸 씨리낏 보태닉 가든 P.128 / 브아땅 폭포 P.133

Tip 기사 딸린 자동차는 2000B가량 든다. 쌩태우는 1500B 정도로 흥정하자.

Day 5 그랩 110B
왓 프라탓 도이캄 P.114 / 왓 씨쑤판 P.051 / 치앙라이 1일 투어 1권 P.224

Tip 반나절 투어, 1일 투어 등이 있다. 기사 딸린 차량을 하루 종일 대절해 원하는 곳을 가는 투어는 3500B 정도 예상하면 된다.

```
RECEIPT
교통비 ···················· 2560B
입장료 ···················· 640B
  왓 프라씽 ················ 40B
  왓 쩨디루앙 ·············· 40B
  란나 포크라이프 뮤지엄 ····· 90B
  왓 프라탓 도이쑤텝 ········· 30B
  푸핑 궁전 ················ 50B
  반몽 도이뿌이 ············· 10B
  퀸 씨리낏 보태닉 가든 ······ 100B
  로열 파크 랏차프륵 ········· 200B
  왓 프라탓 도이캄 ·········· 30B
  왓 씨쑤판 ················ 50B
1일 투어 ·················· 2500B
  치앙라이 1일 투어 ········· 2500B

TOTAL 5700B
(식사, 쇼핑, 일부 이동 비용 불포함)
```

추천 코스 ❼ 치앙마이 맛집 & 카페 투어 코스

볼거리가 아닌 먹거리 위주의 코스. 레스토랑이나 카페를 가는 동선에 맞춰 볼거리를 구경하는 방식이다. 치앙마이의 추천 맛집은 모두 여기 모여 있다!

Day 1

카우쏘이 쿤야이 P.044 · 왓 치앙만 P.039 · 왓 쩨디루앙 P.038 · 아카 아마 커피 P.044 · 왓 프라씽 P.039

도보 / 도보 / 도보 / 도보 / 그랩 90B

Day 2

리스트레토 P.058 · SS1254372 P.063 · 삼센 빌라 P.084 · 우 카페 P.083 · 와로롯 시장 P.087 · 앳 쿠아렉 P.082

도보 / 도보 / 도보 / 도보

원 님만 P.067 · 꾸어이띠여우 땀룽 P.058 · 왓 프라탓 도이쑤텝 P.104 · 마야 라이프스타일 쇼핑센터 P.067 · 떵뗌또 P.061

도보 / RTC 치앙마이 스마트 버스 20B+쌩태우 40B / 쌩태우 40B+RTC 치앙마이 시티 버스 20B / 도보

Tip 님만해민에서 치앙마이 동물원까지 RTC 치앙마이 시티 버스로 이동 후 쌩태우를 타자. 님만해민에서 왓 프라탓 도이쑤텝으로 가는 쌩태우는 흥정을 하려는 경우가 많다.

Day 3

카우마우 카우팡 P.118 · 왓 프라탓 도이캄 P.114 · 로열 파크 랏차프륵 P.114 · 로열 프로젝트 키친 P.115

그랩 80B / 그랩 80B / 도보

Day 4

쩜 카페 & 레스토랑 P.115 · 마이흐언 60 도이창 매림 P.129 · 반 쑤언 매림 P.130 · 퀸 씨리낏 보태닉 가든 P.128

그랩 80B / 자동차 / 자동차

Day 5

마이이얌 현대미술관 P.142 · 미나 라이스 베이스드 퀴진 P.143 · 라이 미나 P.131 · 먼쨈 P.128

그랩 100B / 자동차 / 자동차

RECEIPT

교통비	**2050B**
입장료	**590B**
왓 쩨디루앙	40B
왓 프라씽	40B
왓 프라탓 도이쑤텝	30B
로열 파크 랏차프륵	200B
왓 프라탓 도이캄	30B
퀸 씨리낏 보태닉 가든	100B
마이이얌 현대미술관	150B
식사 및 커피	**3675B**
카우쏘이 쿤야이	50B
아카 아마 커피	60B
앳 쿠아렉	400B
우 카페	120B
삼센 빌라	500B
SS1254372	250B
리스트레토	100B
꾸어이띠여우 땀룽	50B
떵뗌또	200B
로열 프로젝트 키친	500B
카우마우 카우팡	700B
쩜 카페 & 레스토랑	75B
마이흐언 60 도이창 매림	60B
반 쑤언 매림	350B
라이 미나	65B
미나 라이스 베이스드 퀴진	200B

TOTAL 6320B
(쇼핑, 일부 이동 비용 불포함)

Tip 기사 딸린 자동차를 6시간가량 대절하면 1500B이 든다. 쌩태우는 1000B 정도로 흥정 가능하다.

AREA 5
도이쑤텝 & 치앙마이 대학교 정문

AREA 4
쏘이 왓 우몽 & 치앙마이 대학교 후

Part.1 치앙마이 시내

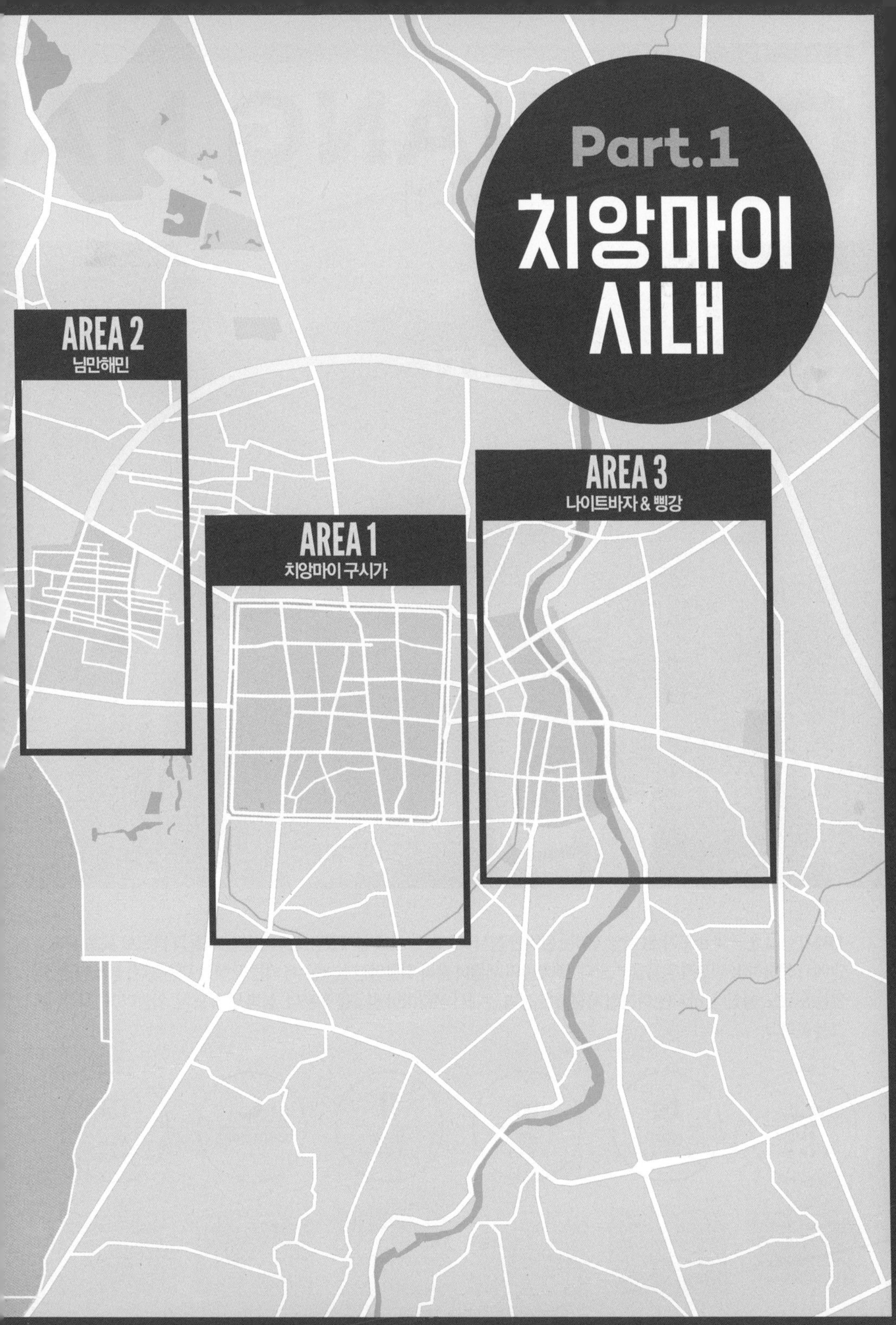

란나의 숨결 깃든
치앙마이 핵심 관광지

13세기 란나 왕국의 수도가 된 치앙마이는 완벽한 정사각형의 요새로 설계됐다. 란나인들은 벽돌과 흙으로 세운 성벽 안에서 생활하며 종교적 믿음을 키웠다. 몇백 년의 세월이 흘러 허물어진 성벽은 새 벽돌과 섞여 재건됐다. 성벽 안팎을 잇는 도로도 생겼다. 하지만 여전히 사람들은 성벽 안에서 생활하며 믿음을 키운다. 성벽 안의 도시. 치앙마이 구시가는 그런 곳이다.

인기
★★★★★

성벽과 해자로 둘러싸인 구시가 안에 사원 등의 볼거리는 물론 음식점, 상점, 숙소가 즐비하다.

관광지
★★★★★

왓 프라씽, 왓 쩨디루 앙, 왓 치앙만은 치앙마이의 핵심 볼거리 중 하나다.

쇼핑
★★★★

토요·일요 시장과 감성적인 작은 숍에서 독창적인 아이템을 찾자.

식도락
★★★★

예산과 취향에 따라 고를 수 있는 다양한 레스토랑과 카페가 많다.

나이트라이프
★★★

조 인 옐로와 노스 게이트 재즈 코업이 인기. 현지인보다 여행자들이 즐겨 찾는다.

복잡함
★★★

사람들이 많아도 차분한 느낌이 드는 곳이다. 일요 시장은 발 디딜 틈 없이 붐빈다.

치앙마이 구시가 교통편 한눈에 보기

구시가로 가는 방법

썽태우
치앙마이 시내를 돌아다니는 빨간색 썽태우를 세워 목적지를 말하고 탑승하면 된다. 기사가 고개를 끄덕이면 그쪽으로 간다는 뜻이므로, 그 전에는 절대 먼저 요금을 흥정하지 말자.
- Ⓑ **요금** 기본 요금 20B

공공 썽태우
치앙마이 버스터미널 2(치앙마이 아케이드)에서 출발하는 B1, B2 썽태우가 구시가 주요 지역에 정차한다. 노선은 치앙마이 시내 교통 한눈에 보기(2권 P.015) 참조.
- 🕐 **시간** 06:00~18:00 Ⓑ **요금** 15B

그랩 택시
치앙마이 시내 어디서든 100B 이내의 요금으로 이용할 수 있다.

RTC 치앙마이 시티 버스
남만해민에서 그린·퍼플·옐로, 나이트 바자와 와로롯 시장에서 레드·R2, 치앙마이 대학교 정문에서 그린·퍼플 버스를 타면 구시가로 간다. 노선은 치앙마이 시내 교통 한눈에 보기(2권 P.014) 참조.
- Ⓑ **요금** 20B

구시가 다니는 방법

도보
구시가를 돌아보는 가장 일반적인 방법이다. 해자 안쪽 사원을 꼼꼼히 돌아보면 3~4시간, 사원과 박물관 등 주요 볼거리를 섭렵하고 식도락을 즐기면 꼬박 하루가 걸린다.

자전거
현지에서 SIM카드를 사서 휴대전화를 쓰고 있다면 모바이크(Mobike, 공유 자전거)를 이용하자. 곳곳에 많다. 일반 자전거 대여 요금은 1시간 20B, 1일 50B, 일주일 300B 정도다.

MUST SEE
이것만은 꼭 보자!

No.1
왓 프라씽
Wat Phra Singh Woramahawihan
구시가에서 가장 중요한 사원.

No.2
왓 쩨디루앙
Wat Chedi Luang
약 60m 높이의 석조 쩨디가 핵심.

No.3
왓 치앙만
Wat Chiang Man
크리스털 불상과 대리석 불상을 찾아보자.

MUST EAT
이것만은 꼭 먹자!

No.1
아카 아마 커피
Akha Ama Coffee
치앙마이 대표 카페. 본점보다 접근성이 좋다.

No.2
카우쏘이 쿤야이
Khao Soi Khun Yai
모든 국수가 추천 메뉴.

No.3
블루 누들
ก๋วยเตี๋ยวสีฟ้า
한국인 입맛 저격 국수 전문점.

MUST DO
이것만은 꼭 하자!

No.1
쿤카 마사지
Khunka Massage
아프면서 개운하다.

No.2
치노라 마사지
Chinola Massage
가격 대비 최상의 시설.

No.3
차바 쁘라이 마사지
Chaba Prai Massage
외관과는 달리 시설이 아주 좋다.

MUST BUY
이것만은 꼭 사자!

No.1
선데이 워킹 스트리트
Sunday Walking Street
치앙마이의 필수 쇼핑 플레이스.

No.2
우왈라이 워킹 스트리트
Wua Lai Walking Street
토요일 저녁에는 우왈라이로 고고!

No.3
반탁터
Bantaktor
손뜨개 제품이 다양하다.

MAP
치앙마이 구시가 한눈에 보기

Icon IT

왓 룩몰리
Wat Luk Muli P.040

KFC

쁘라뚜 창프악 야시장
Chang Phuek Market P.045

빨간색 썽태우(도이쑤텝)

로터스ex

창프악 게이트

Computer Plaza

Manee Nopparat Rd

Sri Poom Rd

치앙마이 람능 병원

9 Suite Luxury Boutique

카우쏘이 쿤야이
Khao Soi Khun Yai P.044

Green Tiger House

더 노스 게이트
The North Gate P.049

The Peaberry

The 20 Lodge

펀 포레스트 카페
Fern Forest Cafe P.044

무에타이 체육관

Wiang Kaew Rd

파 라나 스파

센스 가든 마사지
Sense Garden Massage P.046

치앙마이 하우스 오브 포토그래피
Chiang Mai House of Photography P.040

위민스 마사지
P.046

란나 포크라이프 뮤지엄
Lanna Folklife Museum P.039

타이 아카 키친
Thai Akha Kitchen P.047

Chankam Boutique

Le Charcoa

Sinharat Soi 2

카페 드 뮤지엄
Cafe de Museum P.042

찌양 룩친쁠라
P.045

De Charme

쓰리 킹스 모뉴먼트 P.040
치앙마이 시티 아트 & 컬처럴 센터 P.040
치앙마이 히스토리컬 센터 P.040

끼엣오차 P.042
란 싸얏 P.042

릴라타이
P.047

쑤언독 게이트

De Lanna

99 The Gallery
99 the Heritage

기빙 트리
P.049

반탁터
P.049

탠
P.049

Suthep Rd

왓 프라씽
Wat Phra Singh P.039
Woramahawihan

부리 갤러리 하우스

쿤카 마사지
P.046

허브 베이직스
P.049

나바
P.050

토분
P.049

아카 아마 커피
Akha Ama Coffee P.044

마이 시크릿 카페
My Secret Cafe P.044

경찰서

치앙마이 코튼
P.050

란나 아키텍처 센터 P.038

왓 판따우
Wat Phantao P.038

Cheeva Dee

SP 치킨
SP Chicken P.044

BED Phrasingh

오아시스 스파

왓 쩨디루앙
Wat Chedi Luang P.038

Rachamankha Boutique

Phra Singh Village

선데이 워킹 스트리트
Sunday Walking Street P.048

The Rim

Makkha Health&Spa

우체국

P.043 호언펜
Huen Phen

카페 딴어언
P.043

치노라 마사지
Chinola Massage P.046

BP Chiangmai

Ratchamanka Rd

Baan Huenphen Boutique

씨 유 쑨
P.043

Gord Nuea Boutique House

Makkachiva

암리타 가든
Amrita Garden P.044

왓 쩻린
Wat Jetlin P.039

원스 어폰 어 타임 1권
Once Upon A Time 1권 P.229

G2 Boutique

껏 치앙마이
Gord Chiangmai 1권 P.231

Good Morning

33 포시텔
33 Poshtel 1권 P.231

Wat Puak Hong

Wat Pan Whaen

와일드 로즈 요가 스튜디오
Wild Rose Yoga Studio P.048

Pingviman

더 페이시스
The Faces P.045

부악학 공원

타이 트래디셔널 메디신 센터 P.047
Thai Traditional Medicine Center P.047

딸랏 쁘라뚜 치앙마이
P.050

로터스ex

Bumrung Buri Rd

Chang Lor Rd

쁘라뚜 치앙마이 야시장
Chiang Mai Gate Night Food Market P.045

치앙마이 게이트

ELECTRONIC PLAZA "SIAM T.V."

우왈라이 워킹 스트리트
Wua Lai Walking Street P.049

센트럴 플라자
치앙마이 공항
방면

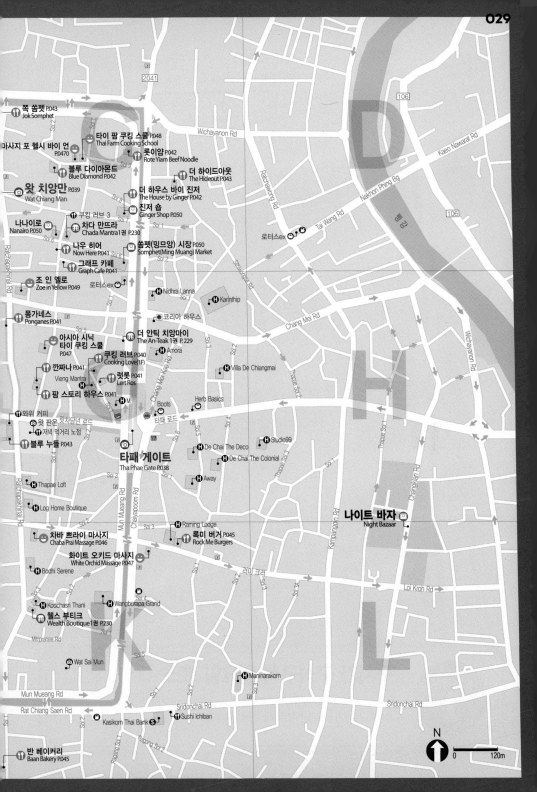

쪽 쏨펫 P.043
Jok Somphet

마사지 포 헬시 바이 언
P.047ㅇ

블루 다이아몬드 P.042
Blue Diamond

왓 치앙만 P.039
Wat Chiang Man

나나이로 P.050
Nanairo

나우 히어 P.041
Now Here

조 인 옐로 P.049
Zoe in Yellow

풍가네스 P.041
Ponganes

아시아 시닉
타이 쿠킹 스쿨
P.047

깐짜나 P.041
Vieng Mantra

팜 스토리 하우스 P.041

와위 커피
왓 판온 랏차담넌 로드
저녁 먹거리 노점

블루 누들 P.043

타이 팜 쿠킹 스쿨 P.048
Thai Farm Cooking School

롯이얌 P.042
Rote Yiam Beef Noodle

더 하이드아웃 P.043
The Hideout

더 하우스 바이 진저 P.042
The House by Ginger

진저 숍
Ginger Shop P.050

쿠킹 러브 3

차다 만뜨라 P.230
Chada Mantra1권

그래프 카페 P.041
Graph Cafe

쏨펫(밍므앙) 시장 P.050
Somphet(Ming Muang) Market

로터스ex

Nidhra Lanna

Karinthip

코리아 하우스

더 안틱 치앙마이 P.229
The An-Teak 1권

쿠킹 러브 P.040
Cooking Love(1F)

Amora

럿롯 P.041
Lert Ros

M

Boots

Herb Basics

타패 로드

타패 게이트
Tha Phae Gate P.038

Thapae Loft

Log Home Boutique

차바 쁘라이 마사지 P.046
Chaba Prai Massage

화이트 오키드 마사지 P.047
White Orchid Massage

Bodhi Serene

Kodchasri Thani

헬스 부티크 P.230
Wealth Boutique1권

Wat Sai Mun

Mun Mueang Rd

Rat Chiang Saen Rd

반 베이커리 P.045
Baan Bakery

Wichayanon Rd

Ratchawong Rd

로터스ex

Tai Wang Rd

Chang Moi Rd

Villa De Chiangmai

Studio99

De Chai The Deco

De Chai The Colonial

Away

Raming Lodge

록미 버거 P.045
Rock Me Burgers

Wangburapa Grand

Maninarakorn

나이트 바자
Night Bazaar

Loi Kroh Rd

Kampangoin Rd

Changklan Rd

Kasikorn Thai Bank

Sushi Ichiban

Sridonchai Rd

Mitpranee Rd

Mun Mueang Rd

N

0   120m

Manee Nopparat Rd

Sri Poom Rd

3 카우쏘이 쿤야이
Khao Soi Khun Yai

2 펀 포레스트 카페
Fern Forest Cafe

Wiang Kaew Rd

란나 포크라이프 뮤지엄
Lanna Folklife Museum

쓰리 킹스 모뉴먼트
Three Kings Monument

6

7 반탁터
토분
나바

쿤카 마사지
Khunka Massage

9

허브 베이직스

왓 프라씽
Wat Phra Singh
Woramahawihan

1

8

아카 아마 커피
Akha Ama Coffee

경찰서

Rachadamnoen Rd

10
왓 판따우
Wat Phantao

11
왓 쩨디루앙
Wat Chedi Luang

12

선데이 워킹 스트리트
Sunday Walking Street

COURSE 1

구시가 구석구석 일요일 코스

일요일은 선데이 워킹 스트리트의 날! 보고, 먹고, 쇼핑하며 구시가를 마음껏 즐긴 다음
저녁은 시장에서 보내자. 저녁 식사는 시장 노점에서 해결하면 된다.

코스 무작정 따라하기
START

Area 01 치앙마이 구시가

1. 왓 프라씽
550m, 도보 7분

2. 펀 포레스트 카페
350m, 도보 4분

COURSE 1

3. 카우쏘이 쿤야이
900m, 도보 11분

4. 왓 치앙만
350m, 도보 4분

5. 나우 히어 로스트 앤드 브루
500m, 도보 6분

COURSE 2

6. 란나 포크라이프 뮤지엄
250m, 도보 3분

7. 반탁터
550m, 도보 7분

8. 아카 아마 커피
350m, 도보 4분

COURSE 3

9. 쿤카 마사지
210m, 도보 3분

10. 왓 판따우
80m, 도보 1분

11. 왓 쩨디루앙
바로

ZOOM IN

12. 선데이 워킹 스트리트
Finish

4 왓 치앙만
Wat Chiang Man

Ratchapakhinai Rd

5 나우 히어 로스트 앤드 브루
Now Here Roast and Brew
Soi 6

👣
START

40min

1 왓 프라씽
Wat Phra Singh
Woramahawihan
วัดพระสิงห์วรมหาวิหาร
📍 구글 지도 GPS 18.788575, 98.981229
→ 씽하랏 로드로 좌회전해 550m → 펀
포레스트 카페 도착

40min

2 펀 포레스트 카페
Fern Forest Cafe
📍 구글 지도 GPS 18.793388, 98.982021
→ 씽하랏 로드를 따라 해자가 보이는 큰
길까지 간 후 우회전해 170m → 카우쏘
이 쿤야이 도착

20min

3 카우쏘이 쿤야이
Khao Soi Khun Yai
ข้าวซอย คุณยาย
📍 구글 지도 GPS 18.795390, 98.983218
→ 우회전해 700m 지나 쪽 쏨펫 다음 골
목으로 우회전해 160m → 왓 치앙만 도착

40min

4 왓 치앙만
Wat Chiang Man
วัดเชียงมั่น
📍 구글 지도 GPS 18.793835, 98.989268
→ 쏘이 문므앙 5~7 이용 → 나우 히어
로스트 앤드 브루 도착

15min

5 나우 히어 로스트 앤드 브루
Now Here Roast and Brew
📍 구글 지도 GPS 18.792062, 98.991439
→ 우회전해 배낭여행자 골목을 구경
하며 걷다가 랏위티 로드로 우회전해
300m → 란나 포크라이프 뮤지엄 도착

80min

6 란나 포크라이프 뮤지엄
Lanna Folklife Museum
📍 구글 지도 GPS 18.790261, 98.988414
→ 박물관에서 나와 쓰리 킹스 모뉴먼트
를 본 후. 릴라 타이 마사지 지나 더 걷기
→ 반탁터 도착

3
카우쏘이 쿤야이
Khao Soi Khun Yai

2
펀 포레스트 카페
Fern Forest Cafe

란나 포크라이프 뮤지엄
Lanna Folklife Museum

쓰리 킹스 모뉴먼트
Three Kings Monument

6

7 반탁터
토분
나바

쿤카 마사지
Khunka Massage **9**

1
왓 프라씽
Wat Phra Singh
Woramahawihan

허브 베이직스

8
아카 아마 커피
Akha Ama Coffee

경찰서

10
왓 판따우
Wat Phantao

11
왓 쩨디루앙
Wat Chedi Luang

12

선데이 워킹 스트리트
Sunday Walking Street

RECEIPT

볼거리	3시간 30분
쇼핑	2시간
마사지	1시간
식사 및 커피	1시간 30분
이동	1시간
TOTAL 9시간	

교통비	없음
입장료	**170B**
왓 프라씽	40B
란나 포크라이프 뮤지엄	90B
왓 쩨디루앙	40B
식사 및 간식	**355B**
펀 포레스트 카페	85B
카우쏘이 쿤야이	50B
나우 히어 로스트 앤드 브루	60B
아카 아마 커피	60B
선데이 워킹 스트리트	100B
마사지	**300B**
쿤카 마사지	300B

TOTAL 825B
(1인 어른 기준, 쇼핑 비용 별도)

코스 무작정 따라하기 **START**
1. 왓 프라씽
550m, 도보 7분
2. 펀 포레스트 카페
350m, 도보 4분
3. 카우쏘이 쿤야이
900m, 도보 11분
4. 왓 치앙만
350m, 도보 4분
5. 나우 히어 로스트 앤드 브루
500m, 도보 6분
6. 란나 포크라이프 뮤지엄
250m, 도보 3분
7. 반탁터
550m, 도보 7분
8. 아카 아마 커피
350m, 도보 4분
9. 쿤카 마사지
210m, 도보 3분
10. 왓 판따우
80m, 도보 1분
11. 왓 쩨디루앙
바로
12. 선데이 워킹 스트리트
Finish

4 왓 치앙만
Wat Chiang Man

Ratchaphakhinai Rd.

5 나우 히어 로스트 앤드 브루
Now Here Roast and Brew
Soi 6

30min

7 **반탁터**
Bantaktor
บ้านถักทอ

구글 지도 GPS 18,788932, 98,967904
→ 진행 방향으로 계속 걸으며 허브 베이직스, 나바, 토분 등을 둘러보고 치앙마이 경찰서 지나 더 걷기 **→ 아카 아마 커피 도착**

15min

8 **아카 아마 커피**
Akha Ama Coffee

구글 지도 GPS 18,788438, 98,983295
→ 왔던 길을 350m 되돌아가기 **→ 쿤카 마사지 도착**

1hr

9 **쿤카 마사지**
Khunka Massage

구글 지도 GPS 18,788327, 98,986604
→ 랏차담년 로드로 좌회전해 다음 사거리에서 우회전 **→ 왓 판따우 도착**

10min

10 **왓 판따우**
Wat Phantao
วัดพันเตา

구글 지도 GPS 18,787660, 98,987482
→ 바로 옆 **→ 왓 쩨디루앙 도착**

40min

11 **왓 쩨디루앙**
Wat Chedi Luang
วัดเจดีย์หลวง

구글 지도 GPS 18,787030, 98,986559
→ 오후 4시 이후 이 일대가 시장으로 변한다. **→ 선데이 워킹 스트리트 도착**

90min

12 **선데이 워킹 스트리트**
Sunday Walking Street

구글 지도 GPS 18,788015, 98,990458

구시가 토요일 오후 코스

토요일은 우왈라이 워킹 스트리트의 날! 점심 이후에 구시가를 돌아보고 우왈라이 워킹 스트리트에서 하루를 마감하는 코스다. 저녁 식사는 시장 노점에서 해결하자.

START

란나 포크라이프 뮤지엄
Lanna Folklife Museum

쓰리 킹스 모뉴먼트
Three Kings Monument

반탁터

쿤카 마사지
Khunka Massage

허브 베이직스

나바

토분

왓 프라씽
Wat Phra Singh
Woramahawihan

6

5

경찰서

왓 판따우
Wat Phantao

3

아카 아마 커피
Akha Ama Coffee

왓 쩨디루앙
Wat Chedi Luang

4

선데이 워킹 스트리트
Sunday Walking Street

치노라 마사지
Chinola Massage

7

Ratchamanka Rd

왓 쩻린
Wat Jetlin

쁘라뚜 치앙마이 야시장
Chiang Mai Gate Night Food Market

더 페이시스
The Faces

8

우왈라이 워킹 스트리트
Wua Lai Walking Street

9

치앙마이 게이트

로터스 ex

1 타패 게이트
Tha Phae Gate
ประตูท่าแพ

🚇 구글 지도 GPS 18.787733, 98.993466
→ 랏차담던 로드로 직진해 아위 커피에서 좌회전해 60m → 블루 누들 도착

10min

2 블루 누들
ก๋วยเตี๋ยวสีฟ้า

🚇 구글 지도 GPS 18.787513, 98.990177
→ 아위 커피에서 랏차담넌 로드 서쪽으로 걷다가 다음 사거리에서 좌회전 → 왓 판따우 도착

30min

3 왓 판따우
Wat Phantao
วัดพันเตา

🚇 구글 지도 GPS 18.787660, 98.987482
→ 바로 옆 → 왓 쩨디루앙 도착

10min

코스 무작정 따라가기
START

1. 타패 게이트

↓ 400m, 도보 5분

2. 블루 누들

300m, 도보 4분

3. 왓 판따우

80m, 도보 1분

4. 왓 쩨디루앙

600m, 도보 7분

5. 아카 아마 커피

80m, 도보 1분

6. 왓 프라씽

350m, 도보 4분

7. 치노라 마사지

800m, 도보 10분

8. 더 페이시스

350m, 도보 4분

9. 우왈라이 워킹 스트리트

Finish

RECEIPT

볼거리	1시간 30분
쇼핑	1시간 30분
마사지	1시간
식사 및 커피	1시간 30분
이동	40분

TOTAL 6시간 10분

교통비	없음
입장료	80B
왓 쩨디루앙	40B
왓 프라씽	40B
식사 및 간식	520B
블루 누들	60B
아카 아마 커피	60B
더 페이시스	300B
우왈라이 워킹 스트리트	100B
마사지	300B
치노라 마사지	300B

TOTAL 900B
(1인 어른 기준, 쇼핑 비용 별도)

---

9 우왈라이 워킹 스트리트
Wua Lai Walking Street

ⓒ 구글 지도 GPS 18.780903, 98.987779

---

8 더 페이시스
The Faces

ⓒ 구글 지도 GPS 18.781785, 98.987349
→ 큰길로 나와 해자 건너기 → 우왈라이
워킹 스트리트 도착

7 치노라 마사지
Chinola Massage

ⓒ 구글 지도 GPS 18.785712, 98.982362
→ 우회전해 210m 지나 랏차만카 쏘이 6
으로 우회전, 왓 판왠 지나자마자 좌회전
해 220m → 더 페이시스 도착

---

1 타패 게이트
Tha Phae Gate

① 와위 커피   랏차담넌 로드   타패 로드

2 블루 누들

Rachapakhinai Rd

4 왓 쩨디루앙
Wat Chedi Luang
วัดเจดีย์หลวง

ⓒ 구글 지도 GPS 18.787030, 98.986559
→ 왓 쩨디루앙에서 랏차담넌 로드로 나
온 후, 치앙마이 경찰서 방향으로 500m
→ 아카 아마 커피 도착

5 아카 아마 커피
Akha Ama Coffee

ⓒ 구글 지도 GPS 18.788438, 98.983295
→ 좌회전해 80m → 왓 프라씽 도착

6 왓 프라씽
Wat Phra Singh Woramahawihan
วัดพระสิงห์วรมหาวิหาร

ⓒ 구글 지도 GPS 18.788575, 98.981229
→ 우회전해 300m 지나 사거리에서 좌
회전해 30m → 치노라 마사지 도착

COURSE 3

구시가 평일 핵심 코스

구시가 핵심 볼거리와 인기 카페, 음식점을 방문하는 코스. 반탁터로 가는 길 사거리에 작은 숍들이 밀집돼 있으니 함께 돌아보면 좋다.

30min

2 아카 아마 커피
Akha Ama Coffee

ⓘ **구글 지도 GPS** 18.788438, 98.983295
→ 우회전해 500m 지나 사거리에서 우회전 → **왓 판따우 도착**

30min

1 왓 프라씽
Wat Phra Singh
Woramahawihan
วัดพระสิงห์วรมหาวิหาร

ⓘ **구글 지도 GPS** 18.788575, 98.981229
→ 직진 80m → **아카 아마 커피 도착**

START

란나 포크라이프 뮤지엄
Lanna Folklife Museum

쓰리 킹스 모뉴먼트
Three Kings Monument

6

Arak Soi 5

5 반탁터

쿤카 마사지
Khunka Massage
허브 베이직스

Rachadamnoen Rd
나바
토분

1 왓 프라씽
Wat Phra Singh
Woramahawihan

2 아카 아마 커피
Akha Ama Coffee

경찰서

3 왓 판따우
Wat Phantao

4 왓 쩨디루앙
Wat Chedi Luang

선데이 워킹 스트리트
Sunday Walking Street

10min

3 왓 판따우
Wat Phantao
วัดพันเตา

ⓘ **구글 지도 GPS** 18.787660, 98.987482
→ 바로 옆 → **왓 쩨디루앙 도착**

Ratchamanka Rd

30min

4 왓 쩨디루앙
Wat Chedi Luang
วัดเจดีย์หลวง

ⓘ **구글 지도 GPS** 18.787030, 98.986559
→ 좌회전해 허브 베이직스 지나 직진 → **반탁터 도착**

20min

5 반탁터
Bantaktor
บ้านถักทอ

ⓘ **구글 지도 GPS** 18.788932, 98.987904
→ 진행 방향으로 직진 쓰리 킹스 모뉴먼트 맞은편 → **란나 포크라이프 뮤지엄 도착**

40min

6 란나 포크라이프 뮤지엄
Lanna Folklife Museum

ⓘ **구글 지도 GPS** 18.790261, 98.988414
→ 우회전 후 사거리에서 좌회전해 350m → **왓 치앙만 도착**

RECEIPT

볼거리	2시간 30분
쇼핑	20분
식사 및 커피	2시간
이동	40분

TOTAL 5시간 30분

교통비	없음
입장료	170B
왓 프라씽	40B
왓 쩨디루앙	40B
란나 포크라이프 뮤지엄	90B
식사 및 간식	420B
아카 아마 커피	60B
나우 히어 로스트 앤드 브루	60B
럿롯	300B

TOTAL 590B
(1인 어른 기준, 쇼핑 비용 별도)

코스 무작정 따라하기
START

1. 왓 프라씽

80m, 도보 1분

2. 아카 아마 커피

550m, 도보 7분

3. 왓 판따우

80m, 도보 1분

4. 왓 쩨디루앙

210m, 도보 3분

5. 반탁터

250m, 도보 3분

6. 란나 포크라이프 뮤지엄

550m, 도보 7분

7. 왓 치앙만

350m, 도보 4분

8. 나우 히어 로스트 앤드 브루

450m, 도보 5분

9. 럿롯

180m, 도보 2분

10. 타패 게이트

Finish

지도 라벨

7 왓 치앙만 Wat Chiang Man

8 나우 히어 로스트 앤드 브루 Now Here Roast and Brew

그래프 카페 Graph Cafe

쏨펫(밍므앙) 시장 Somphet(Ming Muang) Market

로터스ex

쿠킹 러브 Cooking Love(1F)

Vieng Mantra

9 럿롯 Lert Ros

와위 커피

블루 누들

10 타패 게이트 Tha Phae Gate

Ratchapakhinai Rd
Mun Mueang Rd
Chaiyapoom Rd
Chang Mol Kan Rd
Ratvithi Rd
타패 로드
왓치앙넌 로드

10min

10 **타패 게이트**
Tha Phae Gate
ประตูท่าแพ
ⓢ 구글 지도 GPS 18.787733, 98.993466

30min

7 **왓 치앙만**
Wat Chiang Man
วัดเชียงมั่น
ⓢ 구글 지도 GPS 18.793835, 98.989268
→ 쏘이 문므앙 5~7 이용 → 나우 히어
로스트 앤드 브루 도착

20min

8 **나우 히어 로스트 앤드 브루**
Now Here Roast and Brew
ⓢ 구글 지도 GPS 18.792062, 98.991439
→ 우회전해 직진 두 번째 사거리에서 좌
회전 후 다음 삼거리 골목으로 걷기 →
럿롯 도착

70min

9 **럿롯**
Lert Ros
ⓢ 구글 지도 GPS 18.788826, 98.992469
→ 진행 방향으로 골목을 나와 왼쪽 →
타패 게이트 도착

ZOOM IN

치앙마이 구시가

구시가는 란나 왕국 때부터 지금까지 주민들이 거주하는 살아 있는 박물관이다. 해자로 둘러싸인 사각형의 성벽 내에 볼거리를 비롯해 음식점, 카페 등 여행자 편의시설이 다양하다.

● **이동 시간 기준** 치앙마이 경찰서

---

1 타패 게이트
Tha Phae Gate
ประตูท่าแพ
 ★★★ 도보 1분

구시가 성벽의 동쪽 문이자 치앙마이의 랜드마크. 태국어로 쁘라뚜 타패라고 한다. 성벽 안쪽은 랏차담넌 로드, 성벽 바깥쪽은 타패 로드와 이어진다. 쁘라뚜 타패 공원은 쏭끄란, 러이끄라통 등 주요 축제의 행사장으로 쓰이며, 주말에는 라이브 공연이 펼쳐진다. 구시가 성벽에는 동쪽 타패, 서쪽 쑤언독, 남쪽 치앙마이와 쌘뻥, 북쪽 창푸악 5개 문이 있다.

◎ **지도** P.029G
ⓖ **구글 지도 GPS** 18.787733, 98.993466 ⓐ **찾아가기** 구시가의 동쪽 문 ⓐ **주소** Mun Mueang Road ⓣ **전화** 없음 ⓣ **시간** 24시간 ⓣ **휴무** 연중무휴 ⓑ **가격** 무료입장 ⓢ **홈페이지** 없음

---

2 란나 아키텍처 센터
Lanna Architecture Center
 ★ 도보 5분

치앙마이 왕가의 일원인 짜오브리랏이 1889~1892년에 지은 가옥. '쿰짜오브리랏'이라 한다. 1층은 벽돌을 사용해 서양식으로, 2층은 티크나무를 사용해 란나식으로 지었다. 치앙마이 대학교 건축학부에서 관리하며, 내부에 란나 건축 모형 등을 전시한다.

◎ **지도** P.028F
ⓖ **구글 지도 GPS** 18.787974, 98.988306 ⓐ **찾아가기** 타패 게이트에서 랏차담넌 로드 서쪽으로 500m 이동, 왼쪽 ⓐ **주소** 117 Rachadamnoen Road ⓣ **전화** 053-277-855 ⓣ **시간** 월~금요일 09:00~17:30 ⓣ **휴무** 토~일요일 ⓑ **가격** 무료입장 ⓢ **홈페이지** www.lanna-arch.net

---

3 왓 판따우
Wat Phantao
วัดพันเตา
 ★★★ 도보 5분

티크나무로 지은 란나 스타일의 불당(위한)이 눈길을 사로잡는 사원. 19세기에 건설됐다. 위한을 지나면 뒤쪽에 황금색 쩨디와 대나무 숲으로 둘러싸인 연못이 자리하고 있다. 연못 너머 보리수나무 아래에는 좌불상을 모셨다.

ⓑ 1권 P.064 ◎ **지도** P.028F
ⓖ **구글 지도 GPS** 18.787660, 98.987482 ⓐ **찾아가기** 랏차담넌 로드와 프라뽁끌라우 로드가 만나는 사거리에서 프라뽁끌라우 로드 남쪽으로 60m 이동, 오른쪽 ⓐ **주소** Prapokkloa Road ⓣ **전화** 053-814-689 ⓣ **시간** 08:00~17:00 ⓣ **휴무** 연중무휴 ⓑ **가격** 무료입장 ⓢ **홈페이지** 없음

---

4 왓 쩨디루앙
Wat Chedi Luang
วัดเจดีย์หลวง
 ★★★ 도보 5분

14세기 멩라이 왕조의 7대 왕 쌘므엉마 시대에 지어진 사원. 지름 54m, 높이 82m의 거대한 석조 쩨디가 핵심 볼거리다. 쩨디는 1545년 일어난 지진으로 상단 30m가량이 무너진 상태다. 1992년 유네스코와 일본 정부의 지원을 받아 하단의 나가와 코끼리 장식을 복원했다.

ⓑ 1권 P.036 ◎ **지도** P.028F

ⓖ **구글 지도 GPS** 18.787030, 98.986559 ⓐ **찾아가기** 랏차담넌 로드와 프라뽁끌라우 로드가 만나는 사거리에서 프라뽁끌라우 로드 남쪽으로 130m 이동, 오른쪽 ⓐ **주소** 103 Prapokkloa Road ⓣ **전화** 053-248-604 ⓣ **시간** 08:00~17:00 ⓣ **휴무** 연중무휴 ⓑ **가격** 40B ⓢ **홈페이지** 없음

5 왓 쩻린
Wat Jetlin
วัดเจ็ดลิน

도보 10분 ★★

사원 안쪽 작은 연못과 연못을 가로지르는 대나무 다리가 편안함을 안겨주는 곳이다. 내부를 붉게 장식한 본당(위한)과 석회암 벽돌로 쌓은 쩨디를 비롯해 머리만 남은 불상, 눈이 5개 달린 동물상 등 흥미로운 조각상이 사원 구석구석을 장식하고 있다.

ⓞ **지도** P.028J

ⓖ **구글 지도 GPS** 18.783813, 98.988344 ⓞ **찾아가기** 치앙마이 게이트에서 프라뽁끌라우 로드로 270m 이동, 왼쪽 ⓐ **주소** 69/1 Prapokkloa Road ⊝ **전화** 053-814-315 ⓛ **시간** 04:00~18:00 ⊝ **휴무** 연중무휴 ⓑ **가격** 무료입장 ⓗ **홈페이지** www.facebook.com/watjedlin

6 왓 프라씽
Wat Phra Singh Woramahawihan
วัดพระสิงห์วรมหาวิหาร
★★★
도보 3분

왓 프라탓 도이쑤텝 다음으로 중요한 사원. 1345년에 란나 건축 양식으로 만든 위한라이캄이 핵심 건물로, 불상과 내부 벽화를 놓치지 말아야 한다. 현재의 본당은 위한루앙이며, 코끼리 장식의 황금 쩨디 프라탓루앙, 사원 도서관 허뜨라이 등 볼거리가 다양하다.

ⓑ **1권** P.034 ⓞ **지도** P.028E

ⓖ **구글 지도 GPS** 18.788575, 98.981229 ⓞ **찾아가기** 치앙마이 경찰서에서 랏차담넌 로드 서쪽으로 260m ⓐ **주소** 2 Samlarn Road ⊝ **전화** 053-416-027 ⓛ **시간** 06:00~17:00 ⊝ **휴무** 연중무휴 ⓑ **가격** 40B ⓗ **홈페이지** 없음

7 왓 치앙만
Wat Chiang Man
วัดเชียงมั่น
★★★
도보 13분

1296년에 건립된 치앙마이 최초의 왕실 사원이다. 핵심 볼거리는 손바닥만 한 크기의 크리스털 불상 프라쌔땅카마니(프라깨우카우)와 대리석 불상 프라씰라. 본당(위한) 옆 위한쌍마이에 모셔놓았다. 본당 내부에 그릇을 들고 있는 입불상, 코끼리 쩨디 창럼 등도 주요 볼거리다.

ⓑ **1권** P.038 ⓞ **지도** P.029C

ⓖ **구글 지도 GPS** 18.793835, 98.989268 ⓞ **찾아가기** 창프악 게이트 동쪽으로 300m 지나 랏차파키나이 로드로 우회전해 160m 이동, 오른쪽 ⓐ **주소** 171 Ratchapakhinai Road ⊝ **전화** 없음 ⓛ **시간** 06:30~17:00 ⊝ **휴무** 연중무휴 ⓑ **가격** 무료입장 ⓗ **홈페이지** 없음

8 란나 포크라이프 뮤지엄
Lanna Folklife Museum

★★★
도보 7분

사원의 건축 양식, 불상, 벽화, 의상 등의 전시를 통해 란나의 종교와 문화, 예술은 물론 삶의 방식까지 알려주는 박물관. 이 박물관을 관람한 후 여정을 꾸리면 태국 북부에 관한 이해가 높아진다. 아트 & 컬처럴 센터, 히스토리컬 센터 입장권이 포함된 통합 입장권을 판매한다. 유효 기간 일주일.

ⓑ **1권** P.072 ⓞ **지도** P.028F

ⓖ **구글 지도 GPS** 18.790261, 98.988414 ⓞ **찾아가기** 쓰리 킹스 모뉴먼트 맞은편 ⓐ **주소** Prapokkloa Road ⊝ **전화** 053-217-793 ⓛ **시간** 화~일요일 08:30~17:00 ⊝ **휴무** 월요일, 쏭끄란 축제 ⓑ **가격** 90B, 치앙마이 센터 뮤지엄 통합 입장권 180B ⓗ **홈페이지** www.cmocity.com

9 치앙마이 하우스 오브 포토그래피
Chiang Mai House of Photography

태국 북부의 문화가 담긴 사진 자료를 수집, 보존할 목적으로 치앙마이시와 치앙마이 대학교 등 여러 단체가 협력해 설립한 박물관. 일반 가옥을 개조한 건물로 2층 전시실을 무료로 개방한다. 1층은 미팅, 워크숍 등을 위한 공간이다.

⊙ **지도** P.028F
ⓖ **구글 지도 GPS** 18.789882, 98.988629 ⓒ **찾아가기** 란나 포크라이프 뮤지엄 옆 ⓐ **주소** Prapokkloa Road ⊝ **전화** 052-000-393 ⓛ **시간** 화~일요일 08:30~16:30 ⊝ **휴무** 월요일 ⓑ **가격** 무료입장 ⓗ **홈페이지** cmhop.finearts.cmu.ac.th

10 치앙마이 시티 아트 & 컬처럴 센터
Chiang Mai City Arts & Cultural Center

'치앙마이의 오늘', '선사 시대 치앙마이', '치앙마이의 불교' 등 15개 전시 공간에서 치앙마이를 이야기하는 박물관. 1910년에 생긴 와로롯 시장, 1921년에 개통된 방콕 간 열차, 치앙마이의 지역별 특산품 등 흥미로운 이야기를 접할 수 있다.

⊙ **지도** P.028F
ⓖ **구글 지도 GPS** 18.790274, 98.986945 ⓒ **찾아가기** 쓰리 킹스 모뉴먼트가 있는 건물 ⓐ **주소** Prapokkloa Road ⊝ **전화** 053-217-793 ⓛ **시간** 화~일요일 08:30~17:00 ⊝ **휴무** 월요일, 쏭끄란 축제 ⓑ **가격** 90B, 치앙마이 센터 뮤지엄 통합 입장권 180B ⓗ **홈페이지** www.cmocity.com

11 치앙마이 히스토리컬 센터
Chiang Mai Historical Centre

멩라이 이전 왕조부터 멩라이 왕조, 버마 지배와 독립을 거쳐 현재까지 치앙마이의 700년 역사를 시대별로 전시한다. 불교, 란나 문자 창제, 외국과의 교역 등 치앙마이 황금기의 초석을 만든 란나 왕조의 멩라이 왕에 대한 설명이 풍부하다.

⊙ **지도** P.028F
ⓖ **구글 지도 GPS** 18.790248, 98.986300 ⓒ **찾아가기** 치앙마이 경찰서 인근 랏차담넌 로드와 짜반 로드가 만나는 사거리에서 짜반 로드 북쪽으로 220m 이동, 오른쪽 ⓐ **주소** Prapokkloa Road ⊝ **전화** 053-217-793 ⓛ **시간** 화~일요일 08:30~17:00 ⊝ **휴무** 월요일, 쏭끄란 축제 ⓑ **가격** 90B, 치앙마이 센터 뮤지엄 통합 입장권 180B ⓗ **홈페이지** www.cmocity.com

12 쓰리 킹스 모뉴먼트
Three Kings Monument

치앙마이 시티 아트 & 컬처럴 센터 앞에 자리한 세 왕의 동상이다. 가운데 멩라이 왕을 기준으로 왼쪽에는 파야오의 응암무앙 왕, 오른쪽에는 쑤코타이의 람캄행 대왕이 서 있다. 응암무앙과 람캄행 왕은 란나 왕국을 세운 멩라이 왕을 도운 것으로 전해진다.

⊙ **지도** P.028F
ⓖ **구글 지도 GPS** 18.790235, 98.987357 ⓒ **찾아가기** 랏차담넌 로드와 프라뽁끌라우 로드가 만나는 사거리에서 프라뽁끌라우 로드 북쪽으로 약 230m 이동, 왼쪽 ⓐ **주소** Prapokkloa Road ⊝ **전화** 없음 ⓛ **시간** 24시간 ⊝ **휴무** 연중무휴 ⓑ **가격** 무료입장 ⓗ **홈페이지** 없음

13 왓 록몰리
Wat Lok Moli
วัดโลกโมฬี

나무의 정갈함과 금속의 화려함이 어우러진 본당(위한)이 눈길을 사로잡는 사원. 정확한 창건 연대는 알 수 없으나 1367년의 기록에도 남아 있을 정도로 오래된 사원이다. 1545년에 건설된 위한 앞의 두 마리의 석조 코끼리가 지키고 있으며, 위한 뒤쪽에는 1527년에 세운 쩨디가 서 있다.

ⓡ **1권** P.063 ⊙ **지도** P.028A
ⓖ **구글 지도 GPS** 18.796056, 98.982571 ⓒ **찾아가기** 창뿌악 게이트 해자 건너 서쪽으로 450m 이동, 오른쪽 ⓐ **주소** 298/1 Manee Nopparat Road ⊝ **전화** 053-404-039 ⓛ **시간** 일출~17:00 ⊝ **휴무** 연중무휴 ⓑ **가격** 무료입장 ⓗ **홈페이지** www.watlokmolee.com

14 쿠킹 러브
Cooking Love

위엥만뜨라 호텔 1층과 대각선 맞은편, 차다 만뜨라 1층에 3곳의 식당을 운영한다. 전형적인 여행자 레스토랑으로 음식 양이 많고 기본 이상의 맛을 보장한다.

ⓡ **1권** P.154 ⊙ **지도** P.029G
ⓖ **구글 지도 GPS** 18.788735, 98.992266 ⓒ **찾아가기** 랏차담넌 로드 쏘이 1로 진입해 120m ⓐ **주소** 18 Rachadamnoen Road Soi 1 ⊝ **전화** 094-634-8050 ⓛ **시간** 09:00~23:00 ⊝ **휴무** 연중무휴 ⓑ **가격** 팟타이 까이/무/시풋(Padthai Chicken/Pork/Seafood) · 카우쏘이 까이/무/시풋(Egg Noodle Soup with Chicken/Pork/Seafood) 각 70 · 90B ⓗ **홈페이지** 없음

15 럿롯
Lert Ros

🍴 ★★★ 도보 12분

이싼 요리 전문점. 길거리 화덕에서 생선과 새우, 고기를 쉴 새 없이 굽는다. 노점보다 저렴한 가격대도 매력적이다.

📖 1권 P.151 ◎ 지도 P.029G ⊙ 구글 지도 GPS 18.788826, 98.992469 ⊙ 찾아가기 랏차담넌 로드 쏘이 1로 진입해 120m 이동, 오른쪽 ⊝ 주소 Rachadamnoen Road Soi 1 ☎ 전화 098-890-2457 ⏱ 시간 12:00~21:00 ⊝ 휴무 연중무휴 ⑧ 가격 쏨땀(Papaya Salad) 30B, 쁠라탑끌라우끌르아(Grill Fish with Salt) 스몰 140B·라지 160B, 팟팍붕(Stir-Fried Chinese Morning Glory) 50B, 무양(Grill Pork) 50B, 무캅완(Grill Pork with Chopped Garlic) 50B ⑧ 홈페이지 없음

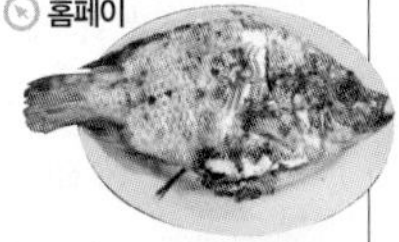

16 팜 스토리 하우스
Farm Story House

🍴 ★★★ 도보 9분

태국의 맛(Taste of Thai), 집밥의 맛(Taste of Family), 카렌의 맛(Taste of Karen Life) 등 그 이름과 사진만으로 맛을 상상할 수 있는 한 접시 요리를 선보인다.

📖 1권 P.154 ◎ 지도 P.029G ⊙ 구글 지도 GPS 18.788699, 98.990918 ⊙ 찾아가기 랏차담넌 로드 쏘이 5로 진입해 80m 이동, 왼쪽 ⊝ 주소 7 Rachadamnoen Road Soi 5 ☎ 전화 086-345-4161 ⏱ 시간 목~화요일 08:30~21:00 ⊝ 휴무 수요일 ⑧ 가격 팟타이(Pad Thai) 60B, 치킨 테이스트 오브 카렌 라이프(Chicken Taste of Karen Life) 110B ⑧ 홈페이지 www.facebook.com/farmstoryhouse

17 깐짜나
Kanjana Restaurant

🍴 ★★★ 도보 9분

인기 높은 여행자 레스토랑. 서양 요리는 물론 태국 요리 수백 가지를 선보인다. 입맛 다른 여러 명이 함께 가기에 적절하다.

◎ 지도 P.029G ⊙ 구글 지도 GPS 18.788842, 98.990905 ⊙ 찾아가기 랏차담넌 로드 쏘이 5로 진입해 95m 이동, 왼쪽 ⊝ 주소 7/1 Rachadamnoen Road Soi 5 ☎ 전화 053-418-368 ⏱ 시간 일~금요일 10:00~21:00 ⊝ 휴무 토요일 ⑧ 가격 쏨땀 까이양 카우니여우쎗(Papaya Salad Combo Set) 195B, 팟끄라티암프릭타이 쁠라믁(Garlic Pepper with Squid) 155B, 팟프릭쑷 무(Chili Oyster Sauce with Pork) 80B ⑧ 홈페이지 없음

18 그래프 카페
Graph Cafe

🍴 ★★ 도보 13분

2014년 문을 연 이래 꾸준히 사랑받는 카페. 에스프레소 기반의 핫 & 콜드 커피와 카페라테, 필터, 콜드 브루, 니트로 콜드 브루를 선보인다. 필터 커피는 태국 각지의 원두 중 선택 가능하다. 매장 분위기는 'Less is More(단순한 것이 아름답다)'라는 모토가 대변한다.

📖 1권 P.104 ◎ 지도 P.029C ⊙ 구글 지도 GPS 18.791680, 98.991544 ⊙ 찾아가기 랏위티 로드 쏘이 1 ⊝ 주소 25/1 Ratvithi Road Soi 1 ☎ 전화 086-567-3330 ⏱ 시간 09:00~17:00 ⊝ 휴무 연중무휴 ⑧ 가격 에스프레소(Espresso) 핫 블랙 80B·콜드 블랙 100B, 필터 커피(Filter Coffee) 150B ⑧ 홈페이지 www.graphdream.com

19 나우 히어 로스트 앤드 브루
Now Here Roast and Brew

🍴 ★★★ 도보 13분

바리스타가 원두를 선별해 직접 로스팅하고 수동 기계로 에스프레소를 추출한다. 커피 맛은 에스프레소 기계에 맞는 조화로운 원두가 중요하며 그에 강조하는 바리스타에게서 자신감이 엿보인다. 필터 커피는 핸드 드립과 에어로 프레스로 선보인다.

📖 1권 P.104 ◎ 지도 P.029C ⊙ 구글 지도 GPS 18.792062, 98.991439 ⊙ 찾아가기 랏위티 로드 쏘이 2 ⊝ 주소 33 Ratvithi Road Soi 2 ☎ 전화 095-470-6578 ⏱ 시간 08:00~17:00 ⊝ 휴무 연중무휴 ⑧ 가격 아메리카노(Americano) 핫·아이스 60B, 필터 커피(Filter Coffee) 80B ⑧ 홈페이지 www.facebook.com/Nowherehandroaster

20 퐁가네스 커피 로스터
Ponganes Coffee Roaster

🍴 ★★ 도보 10분

치앙마이의 터줏대감 격인 로스터리 카페로 치앙마이의 수많은 바리스타들에게 영감을 준 곳이다. 포어 오브는 태국산과 외국산 싱글 오리진 원두 중에서 선택할 수 있다. 매장 내에서 와이파이가 안 된다.

📖 1권 P.107 ◎ 지도 P.029G ⊙ 구글 지도 GPS 18.790089, 98.990021 ⊙ 찾아가기 랏차담넌 로드와 랏차파카나이 로드가 만나는 사거리에서 랏차파카나이 로드 북쪽으로 230m 이동, 왼쪽 ⊝ 주소 Ratchapakhinai Road ☎ 전화 087-727-2980 ⏱ 시간 목~일요일 10:00~16:30 ⊝ 휴무 월~수요일 ⑧ 가격 아메리카노(Americano) 레귤러 75B, 포어 오버-V60(Pour Over-V60) 125B ⑧ 홈페이지 www.facebook.com/ponganesespressobar

21 카페 드 뮤지엄
Cafe De Museum

🍴 ★★★ 도보 7분

란나 포크라이프 뮤지엄 부지 내에 자리한 카페. 나무로 정갈하게 꾸민 실내와 아담한 야외석이 있다. 작은 연못과 정원이 보이는 고요한 분위기를 즐기며 잠시 휴식을 취하기에 그만이다.

📍 **지도** P.028F
Ⓖ **구글 지도 GPS** 18.789943, 98.988235 Ⓢ **찾아가기** 란나 포크라이프 뮤지엄 부지 내 🏠 **주소** Prapokkloa Road ☎ **전화** 053-326-557 🕒 **시간** 09:00~18:00 ⊖ **휴무** 연중무휴 ฿ **가격** 아메리카노(Americano) 아이스 85B, 아이스드 그린 레몬 티(Iced Green Lemon Tea) 90B 🖱 **홈페이지** www.facebook.com/CafeMuseum

22 란 싸앗
ร้านสอาด

🍴 ★★★ 도보 4분

영어 간판은 없고, 하늘색 간판에 싸앗(สอาด)이라고 적어놓았다. 맑은 국물의 꾸어이띠여우 남싸이, 비빔면인 꾸어이띠여우 행, 똠얌 국물의 꾸어이띠여우 똠얌 등 어묵 토핑의 국수를 선보인다.

📖 **1권** P.130 📍 **지도** P.028F
Ⓖ **구글 지도 GPS** 18.789756, 98.986555 Ⓢ **찾아가기** 치앙마이 시티 아트 & 컬처럴 센터와 담을 접한 인트라와로롯 로드 🏠 **주소** Intrawarorot Road ☎ **전화** 053-327-261 🕒 **시간** 월~토요일 08:00~17:00 ⊖ **휴무** 일요일 ฿ **가격** 꾸어이띠여우 남싸이·꾸어이띠여우 똠얌 각 탐마다(보통) 50B, 피쎗(곱빼기) 60B 🖱 **홈페이지** 없음

23 끼엣오차
發淸
เกียรติโอชา

🍴 ★★★ 도보 4분

1957년에 문을 연 전통의 카우만까이 집. 밥 위에 삶은 닭을 올리는 카우만까이는 양이 적은 편이라, 삶은 닭 까이똠, 튀긴 닭 까이텃을 따로 시켜 밥과 함께 먹는 이들이 많다. 소스가 맛있으니 닭과 소스를 밥에 비벼 먹어보기를 권한다.

📖 **1권** P.152 📍 **지도** P.028F
Ⓖ **구글 지도 GPS** 18.789735, 98.986380 Ⓢ **찾아가기** 치앙마이 시티 아트 & 컬처럴 센터와 담을 접한 인트라와로롯 로드 🏠 **주소** 41-43 Intrawarorot Road ☎ **전화** 053-327-263 🕒 **시간** 06:00~15:00 ⊖ **휴무** 연중무휴 ฿ **가격** 까이똠·까이텃·무텃 짠라(접시) 50·80·100·150·200B, 카우만까이 40B 🖱 **홈페이지** 없음

24 블루 다이아몬드
Blue Diamond

🍴 ★★ 도보 16분

아침 식사와 서양 요리, 태국 요리, 채식 요리 등을 선보이는 여행자 식당. 직원들이 영어를 잘하고 친절하다. 야외 정원 테이블이 인기이며, 기념품을 판매하는 작은 코너도 있다.

📖 **1권** P.155 📍 **지도** P.029C
Ⓖ **구글 지도 GPS** 18.793992, 98.991395 Ⓢ **찾아가기** 문므앙 로드 쏘이 9와 쏘이 7A 코너 🏠 **주소** 35/1 Moon Muang Road Soi 9 ☎ **전화** 053-217-120 🕒 **시간** 월~토요일 07:00~20:30 ⊖ **휴무** 일요일 ฿ **가격** 채소 & 두부 볶음밥(Fried Rice Mixed Vegetables & Ginger Tofu with Prawn) 100B 🖱 **홈페이지** www.facebook.com/BlueDiamondTheBreakfastClubCmTh

25 더 하우스 바이 진저
The House by Ginger

🍴 ★★★ 도보 17분

심플하면서 고급스러운 테이블 세팅과 기본에 충실한 음식이 만족스럽다. 디자인 제품을 판매하는 진저 숍을 함께 운영하며, 가벼운 음식과 음료를 취급하는 진저 카페가 따로 있다.

📖 **1권** P.149 📍 **지도** P.029C
Ⓖ **구글 지도 GPS** 18.792674, 98.993328 Ⓢ **찾아가기** 타패 게이트 안쪽의 문므앙 로드 북쪽으로 550m 이동, 왼쪽 🏠 **주소** 199 Mun Mueang Road ☎ **전화** 053-287-681 🕒 **시간** 10:00~23:00 ⊖ **휴무** 연중무휴 ฿ **가격** 카우팟 카이(Egg Fried Rice) 70B, 똠얌꿍(Tom Yum Goong) 295B +10% 🖱 **홈페이지** www.thehousebygingercm.com

26 롯이얌
Rote Yiam Beef Noodle
รสเยี่ยม

🍴 ★★★ 도보 19분

오랜 전통의 소고기 국수 전문점. 소고기 미트볼 룩친느아, 얇게 썬 소고기 느아쏫, 갈빗살 느아쁘어이 등 소고기를 부위별로 나눠 고명으로 올린다. 두 종류 또는 모든 종류의 고명을 섞은 꾸어이띠여우 느아루엄을 선택할 수도 있다. 국물은 조금 짜다.

📖 **1권** P.130 📍 **지도** P.029C
Ⓖ **구글 지도 GPS** 18.794223, 98.993472 Ⓢ **찾아가기** 타패 게이트 안쪽의 문므앙 로드 북쪽으로 700m 이동, 왼쪽 🏠 **주소** 255-257 Mun Mueang Road ☎ **전화** 없음 🕒 **시간** 일~금요일 08:00~17:00 ⊖ **휴무** 토요일 ฿ **가격** 꾸어이띠여우 느아루엄(Noodles with Mix Beef) 80B 🖱 **홈페이지** 없음

043

Area 01 치앙마이 구시가지

COURSE 1

COURSE 2

COURSE 3

ZOOM IN

27 더 하이드아웃
The Hideout

★★ 도보 19분

신선한 재료를 사용해 샌드위치와 샐러드, 커피, 차, 스무디 등을 만드는 소규모 식당. 샌드위치는 베이글, 식빵, 바게트 중 선택 가능하다. 에어컨이 없으며, 테이블이 매우 좁다.

ⓞ 지도 P.029C
ⓢ 구글 지도 GPS 18.793640, 98.994527 ⓖ 찾아가기 타패 게이트 해자 건너편 BB 버거 쪽으로 길 건너 좌회전 후 350m 직진. 씨티윙 로드 골목으로 우회전해 70m 이동, 오른쪽 ⓐ 주소 95/10 Sithiwongse Road ⓣ 전화 081-960-3889 ⓣ 시간 화~일요일 08:00~17:00 ⓣ 휴무 월요일 ⓑ 가격 토마토 샐러드(Tomato Salad) 90B, 클럽 샌드위치(Club Sandwich) 135B, 더 갓파더 (The Godfather) 160B ⓗ 홈페이지 thehideoutcm.com

28 쪽 쏨펫
Jok Somphet
โจ๊กสมเพชร

★★★ 도보 15분

24시간 문을 여는 저렴하고 깨끗한 현지 식당. 우리네 미음처럼 만드는 태국식 죽 쪽과 끓인 밥 카우똠을 비롯해 닭구이 까이옵, 돼지고기구이 무옵, 생선구이 쁘라옵, 볶음밥 카우팟, 볶음국수 팟씨이우와 랏나, 중국식 만두 딤섬 등을 다양하게 선보인다.

ⓑ 1권 P.153 ⓞ 지도 P.029C
ⓢ 구글 지도 GPS 18.795141, 98.989784 ⓖ 찾아가기 창푸악 게이트에서 동쪽으로 350m 이동, 오른쪽 ⓐ 주소 59/3 Sri Poom Road ⓣ 전화 053-210-649 ⓣ 시간 24시간 ⓣ 휴무 연중무휴 ⓑ 가격 쪽 (Congee)·카우똠(Soft Boiled Rice) 각 25B~ ⓗ 홈페이지 없음

29 블루 누들
ก๋วยเตี๋ยวสีฟ้า

★★★ 도보 8분

소고기, 돼지고기 국수 전문점. 인기 메뉴는 갈비 국수로 불리는 꾸어이띠여우 느아뜬. 밥과 소고기국이 따로 나오는 루엄느아 까우라우도 추천한다. 간판이 따로 없다.

ⓑ 1권 P.129 ⓞ 지도 P.029G
ⓢ 구글 지도 GPS 18.787513, 98.990177 ⓖ 찾아가기 랏차담넌 로드와 랏차파카나이 로드가 만나는 사거리에서 랏차파카나이 로드 남쪽으로 50m 이동, 오른쪽 ⓐ 주소 99 Ratchapakhinai Road ⓣ 전화 없음 ⓣ 시간 11:00~21:00 ⓣ 휴무 연중무휴 ⓑ 가격 꾸어이띠여우 느아뜬(Noodle Soup with Stewed Beef) 스몰 60B · 라지 80B ⓗ 홈페이지 없음

30 씨 유 쑨
See You Soon

★★★ 도보 8분

카페와 레스토랑, 기념품 숍, 호텔을 함께 운영한다. 아기자기한 인테리어와 적당한 에어컨 온도, 친절한 직원들 덕분에 이름처럼 다시 찾고 싶어지는 곳. 사거리 모퉁이에 있어 소음이 약간 있다.

ⓞ 지도 P.028J
ⓢ 구글 지도 GPS 18.785610, 98.988224 ⓖ 찾아가기 왓 쩨디루앙 입구 기준, 남쪽 사거리 모퉁이 ⓐ 주소 97 Prapokkloa Road ⓣ 전화 081-880-8380 ⓣ 시간 07:30~22:00 ⓣ 휴무 연중무휴 ⓑ 가격 아메리카노(Americano) 아이스 85B, 퓨어 페퍼민트 (Pure Peppermint) 아이스 85B ⓗ 홈페이지 www. seeyousooncnx.com

31 카페 딴어언
Cafe de Thaan Aoan

★★★ 도보 8분

서양 요리와 태국 요리는 물론 아침 식사와 디저트, 음료를 고루 선보이는 레스토랑 겸 카페. 실내에 에어컨이 나와 쾌적하고 직원들이 친절하다.

ⓑ 1권 P.150 ⓞ 지도 P.028J
ⓢ 구글 지도 GPS 18.785614, 98.988415 ⓖ 찾아가기 왓 쩨디루앙 입구 기준, 남쪽 사거리 모퉁이 ⓐ 주소 154/5 Prapokkloa Road ⓣ 전화 053-278-507 ⓣ 시간 07:00~20:00 ⓣ 휴무 연중무휴 ⓑ 가격 쌀랏 까이양(Salad with Grilled Chicken) 90 · 120B, 카우랏까프라오무(Kao Ka Prao with Pork) 85 · 115B ⓗ 홈페이지 www.cafe dethaanaoan.com

32 호언펜
Huen Phen
เฮือนเพ็ญ

★★ 도보 5분

앤티크한 테이블과 소품으로 실내를 장식한 분위기 좋은 레스토랑이다. 북부 요리가 다양하며, 한 접시의 가격이 저렴하다. 그만큼 양이 적어 1~2인이 찾는다면 5개 이상을 주문해야 한다.

ⓑ 1권 P.124 ⓞ 지도 P.028F
ⓢ 구글 지도 GPS 18.785832, 98.985137 ⓖ 찾아가기 왓 쩨디루앙 후문 기준, 남쪽 삼거리 랏차만카 로드 ⓐ 주소 112 Ratchamanka Road ⓣ 전화 053-277-103 ⓣ 시간 09:00~16:00, 17:00~22:00 ⓣ 휴무 연중무휴 ⓑ 가격 까이텃(Fried Chicken) 60B, 무여텃 (Deep Fried Processed Pork) 60B, 남프릭엉(Northern Style Minced Pork with Red Chili Paste with Steamed Vegetables) 50B ⓗ 홈페이지 없음

33 아카 아마 커피 🍴🍴
Akha Ama Coffee ★★★ 도보 2분

왓 프라씽 인근이라 접근성이 좋은 아카 아마 지점. 치앙라이 매짠따이 지역의 아카족이 생산하는 아라비카 티피카와 고티카 원두를 사용해 에스프레소와 푸어 오버를 선보인다. 맛은 두말할 나위 없고, 가격 또한 만족스럽다.

📖 1권 P.102 📍 지도 P.028F 🚶 찾아가기 치앙마이 경찰서에서 랏차담넌 로드 서쪽으로 140m 이동, 왼쪽 🏠 주소 175/1 Rachadamnoen Road ☎ 전화 086-915-8600 🕐 시간 수~월요일 08:00~18:00 🚫 휴무 화요일 💲 가격 아메리카노(Americano) 핫 50B · 콜드 60B, 카페 샤케라토 (Cafe Shakerato) 60B, 푸어 오버 블랙(Pour Over Black) 핫 70B · 콜드 75B 🌐 홈페이지 www. akhaama.com

34 마이 시크릿 카페 🍴🍴
My Secret Cafe ★ 도보 2분

큰길에서 벗어나 골목 내에 자리한 카페. 커피와 차, 음료를 비롯해 간단한 먹거리와 디저트를 판매한다. 좋은 평가에 비해 큰 특징은 없는 편. 치앙마이에는 매장이 없는 카르마켓의 방향 제품을 판매한다.

📍 지도 P.028F 🚶 구글 지도 GPS 18.788081, 98.963249 🚶 찾아가기 아카 아마 커피 옆 골목으로 들어가 10m 🏠 주소 175/12 Rachadamnoen Road ☎ 전화 081-499-9911 🕐 시간 월~토요일 08:00~22:00, 일요일 08:00~18:00 🚫 휴무 연중무휴 💲 가격 아메리카노 (Americano) 레귤러 50B, 카페라테(Cafe Latte) 레귤러 65B, 클럽 샌드위치(Club Sandwich) 180B 🌐 홈페이지 없음

35 SP 치킨 🍴🍴
SP Chicken ★ 도보 6분

위생 상태가 좋은 이싼 요리 전문점. 닭고기, 돼지고기, 소고기 숯불구이와 샐러드 랍, 얌, 땀을 비롯해 국물 요리 똠쌥을 선보인다.

📍 지도 P.028E 🚶 구글 지도 GPS 18.787692, 98.981186 🚶 찾아가기 왓 프라씽 입구 기준, 남쪽 골목 쌈란 로드 쏘이 1로 진입해 120m 이동, 왼쪽 🏠 주소 9/1 Samlan Road Soi 1 ☎ 전화 080-500-5035 🕐 시간 10:00~17:00 🚫 휴무 연중무휴 💲 가격 까이양 에스피(SP, Roast Chicken) 1/2인분 90B · 1인분 170B, 커무양(Grilled Pork) 80B, 쏨땀타이 (Spicy Green Papaya Salad) 40B 🌐 홈페이지 없음

36 펀 포레스트 카페 🍴🍴
Fern Forest Cafe ★★★ 도보 10분

양치류 식물이 숲을 이룬 정원이 아름다운 카페. 동서양의 앤티크 소품으로 꾸민 실내에는 에어컨이 나온다. 샌드위치, 샐러드, 파스타와 간단한 태국 요리를 즐길 수 있으며, 커피와 음료, 디저트 종류가 다양하다.

📖 1권 P.111 📍 지도 P.028A · B 🚶 구글 지도 GPS 18.793388, 98.982021 🚶 찾아가기 구시가 북서쪽 씽하랏 로드 🏠 주소 54/1 Singharat Road ☎ 전화 053-416-204, 084-616-1144 🕐 시간 08:30~20:30 🚫 휴무 연중무휴 💲 가격 카우팟 꿍(Khao Pad Kung) · 카우팟끄라파오 꿍(Pad Ka Pao Kung) 각 125B 🌐 홈페이지 www.facebook.com/fernforestcafe

37 카우쏘이 쿤야이 🍴🍴
Khao Soi Khun Yai ★★★ 도보 11분
ข้าวซอย คุณยาย

상호처럼 백발의 할머니가 정갈하게 국수를 끓여 내는 곳이다. 카우쏘이는 기본, 꾸어이띠여우 똠얌과 남싸이도 치앙마이에서 손꼽힐 정도로 맛있다. 방문 전 영업시간 확인 필수.

📖 1권 P.129 📍 지도 P.028B 🚶 구글 지도 GPS 18.795390, 98.983218 🚶 찾아가기 창푸악 게이트에서 서쪽으로 약 400m 이동, 왼쪽 🏠 주소 Sri Poom Road Soi Sri Poom 8 ☎ 전화 053-211-663, 083-208-7092 🕐 시간 월~토요일 10:00~14:00 🚫 휴무 일요일 💲 가격 카우쏘이 느아(Khao Soi Beef) 50 · 60B, 꾸어이띠여우 똠얌(Spicy Noodle Soup) 40 · 50B, 꾸어이띠여우 남싸이(Noodle Soup) 30 · 40B 🌐 홈페이지 없음

38 암리타 가든 🍴🍴
Amrita Garden ★★ 도보 9분

일본인이 운영하는 채식 레스토랑. 작은 골목에 있는데 입소문을 듣고 찾는 이들이 많다. 정원과 에어컨이 없는 실내에 테이블이 있으며, 옷과 가방, 지갑, 커피 원두, 비누, 허브 등도 판매한다.

📍 지도 P.028B 🚶 구글 지도 GPS 18.784105, 98.982414 🚶 찾아가기 쌈란 로드 또는 랏차만카 로드 쏘이 7에서 쌈란 로드 쏘이 5로 진입 🏠 주소 2/1 Samlan Road Soi 5 ☎ 전화 090-321-2857 🕐 시간 수~월요일 11:30~21:00(겨울), 10:00~20:00(여름) 🚫 휴무 화요일 💲 가격 소바(Soba) · 소바 샐러드 (Soba Salad) 각 99B 🌐 홈페이지 amritagarden.net

045

Area 01 치앙마이 (구시가)

COURSE 1

COURSE 2

COURSE 3

ZOOM IN

39 찌양 룩친쁠라
เจียง ลูกชิ้นปลา
★★ 도보 1분

대형 식당. 어묵국수 꾸어이띠여우 룩친쁠라, 어묵 면 국수 꾸어이띠여우 쎈쁠라를 잘한다. 모든 국수는 맑은 국물의 남싸이, 맵고 신 똠얌, 달콤한 옌따포로 주문 가능하다. 국수 외에 중국 요리도 다양하다.

📍 지도 P.028E
🅖 구글 지도 GPS 18.790337, 98.978562 🅟 찾아가기 쑤언독 게이트에서 북쪽으로 150m 이동, 오른쪽 🅐 주소 29/2 Arak Road 🅣 전화 053-236-271, 081-032-5856 🕐 시간 09:00~21:00 ⊖ 휴무 연중무휴 🅑 가격 꾸어이띠여우 룩친쁠라(Fish Balls-Noodle) 50B, 꾸어이띠여우 쎈쁠라(Fish Balls with Fish-Noodle) 60B 🅗 홈페이지 없음

40 더 페이시스
The Faces
★★ 도보 12분

풀과 나무가 우거진 열대 정원에 앙코르 유적을 연상케 하는 테라코타 작품을 전시한 이색적인 분위기의 레스토랑이다. 낮에는 숲의 고즈넉한 분위기를 만끽할 수 있으며, 저녁에는 조명을 켜 신비로운 느낌이 배가된다.

🅑 1권 P.111 📍 지도 P.028J
🅖 구글 지도 GPS 18.781785, 98.987349 🅟 찾아가기 구시가 남쪽 문인 치앙마이 게이트 근처. 치앙마이 게이트에서 테스코 로터스 익스프레스 지나 세븐일레븐 옆 골목으로 진입 🅐 주소 33 Pra Pok Klao Road Soi 2 🅣 전화 089-009-6969 🕐 시간 13:00~22:00 ⊖ 휴무 연중무휴 🅑 가격 쏨땀 쌀몬양(Spicy Papaya Salad with Grilled Salmon) 220B 🅗 홈페이지 www.facebook.com/thefaceschiangmai

41 반 베이커리
Baan Bakery
★★ 도보 16분

일본인과 태국인 부부가 운영하는 홈메이드 베이커리. 저렴한 가격과 따뜻한 분위기로 여행자들에게 큰 인기다. 갓 구운 빵은 직접 골라 계산하는 방식이며, 커피와 차, 샌드위치는 계산대에서 주문한다.

🅑 1권 P.118 📍 지도 P.029K
🅖 구글 지도 GPS 18.779670, 98.989844 🅟 찾아가기 치앙마이 게이트 앞 랏치앙쌘 1 로드로 130m 이동, 오른쪽 🅐 주소 20 Rat Chiang Saen 1 Kor Road 🅣 전화 053-285-011 🕐 시간 월~토요일 08:00~16:00 ⊖ 휴무 일요일 🅑 가격 빵 18B~, 아메리카노(Americano) 핫 35B, 샌드위치(Sandwich) 60~110B 🅗 홈페이지 baan-bakery-bakery.business.site

42 록미 버거
Rock Me Burgers
★★★ 도보 16분

록 기타리스트 출신의 주인이 미국 생활 경험으로 선보인 가게. 홈메이드 패티와 번, 소스를 사용해 맛있는 햄버거의 정석을 보여준다. 에어컨이 나오는 넓은 실내 좌석과 야외 좌석이 있으며, 록 음악이 나온다.

🅑 1권 P.164 📍 지도 P.029K
🅖 구글 지도 GPS 18.784928, 98.994446 🅟 찾아가기 타패 게이트에서 문무앙 로드로 우회전해 290m, 해자를 지나는 다리를 건너 약 100m 직진, 왼쪽 🅐 주소 17-19 Loi Kroh Road 🅣 전화 053-271-777 🕐 시간 12:00~24:00 ⊖ 휴무 연중무휴 🅑 가격 록킹 온 헤븐(Rocking on Heaven) 199B 🅗 홈페이지 www.facebook.com/Rockmeburger

43 쁘라뚜 창프악 야시장
Chang Phuek Market
★★★ 도보 14분

창프악 게이트 해자 바깥쪽에 형성되는 먹거리 야시장. 쏨땀, 꾸어이띠여우, 팟타이, 싸떼, 카우카무, 카우만까이, 카우팟, 까이양, 까이텃 등 웬만한 음식은 다 있다. 한쪽에 음식을 먹을 수 있는 테이블이 마련돼 있다. 밤 11시경이면 문을 닫는 노점이 많다.

🅑 1권 P.158 📍 지도 P.028B
🅖 구글 지도 GPS 18.795866, 98.985810 🅟 찾아가기 창프악 게이트 해자 건너편 🅐 주소 248/70 Manee Nopparat Road 🅣 전화 없음 🕐 시간 17:00~24:00 ⊖ 휴무 연중무휴 🅑 가격 제품마다 다름 🅗 홈페이지 없음

44 쁘라뚜 치앙마이 야시장
Chiang Mai Gate Night Food Market
★★★ 도보 14분

치앙마이 게이트 근처에 자리한 대규모 시장인 딸랏 쁘라뚜 치앙마이 앞은 저녁 시간이 되면 먹거리 야시장으로 변모한다. 시장 건물 앞에는 과일, 한치, 무빙, 로띠 등 간단한 먹거리가 많고, 해자와 인접한 곳에는 테이블을 놓고 장사하는 곳이 많다.

🅑 1권 P.159 📍 지도 P.028J
🅖 구글 지도 GPS 18.781376, 98.988544 🅟 찾아가기 치앙마이 게이트 근처 🅐 주소 87 Bumrung Buri Road 🅣 전화 없음 🕐 시간 17:00~24:00 ⊖ 휴무 연중무휴 🅑 가격 제품마다 다름 🅗 홈페이지 없음

45 차바 쁘라이 마사지
Chaba Prai Massage
😄 ★★★ 도보 11분

허름한 외관과는 달리 개별 마사지 룸을 갖추는 는 내부 시설이 좋다. 친절함은 기본. 잘 훈련된 마사지사들이 기대 이상의 마사지를 제공한다. 타이 마사지는 누르기 위주인 치앙마이 스타일이다.

📖 1권 P.209 🗺 지도 P.029K ⊙ 구글 지도 GPS 18.785306, 98.990713 ⊙ 찾아가기 랏차파키나이 로드와 랏차만카 로드가 만나는 사거리 근처 ⊙ 주소 41/1 Rachamakkha Road ☎ 전화 081-724-7837 ⏰ 시간 10:00~22:00 ⊖ 휴무 연중무휴 💵 가격 타이 마사지 60분 300B, 90분 450B 🏠 홈페이지 없음

46 쿤카 마사지
Khunka Massage
😄 ★★★ 도보 2분

한국인이 운영하는 가격 대비 시설 좋은 마사지 숍. 시작하기 전에 원하는 마사지의 강도를 체크하는 등 서비스도 세심하다. 전반적으로 마사지 강도가 센 편이나 마사지 후의 개운함은 남다르다.

📖 1권 P.208 🗺 지도 P.028F ⊙ 구글 지도 GPS 18.788327, 98.986604 ⊙ 찾아가기 타패 게이트에서 랏차담넌 로드를 따라 약 700m 이동, 오른쪽 ⊙ 주소 80/7 Rachadamnoen Road ☎ 전화 080-777-2131 ⏰ 시간 10:00~22:00 ⊖ 휴무 연중무휴 💵 가격 타이 마사지 60분 300B, 90분 400B, 120분 500B 🏠 홈페이지 khunka.blogspot.com

47 기빙 트리
Giving Tree
😄 ★★ 도보 2분

한국인 여행자에게 인기 있는 위치 좋은 마사지 숍. 직원들도 기본적인 한국어를 구사한다. 시설은 평범하다. 1층에는 발 마사지를 위한 의자, 2~3층에는 매트리스가 깔린 룸이 있다.

🗺 지도 P.028F ⊙ 구글 지도 GPS 18.789272, 98.984499 ⊙ 찾아가기 치앙마이 경찰서 맞은편 랏차담넌 로드 쏘이 7로 110m 이동, 오른쪽 ⊙ 주소 5/13 Rachadamnoen Road Soi 7 ☎ 전화 053-326-185 ⏰ 시간 10:00~24:00 ⊖ 휴무 연중무휴 💵 가격 타이 마사지 60분 300B, 90분 450B, 120분 550B 🏠 홈페이지 www.thaigivingtree.com

48 치노라 마사지
Chinola Massage
😄 ★★★ 도보 7분

비슷한 가격대의 마사지 숍 가운데 시설 면에서 으뜸이다. 베드가 마련된 개별 룸은 화려하진 않지만 정갈하게 꾸몄다. 잘 훈련된 마사지사들은 일정 수준 이상의 마사지를 제공한다.

📖 1권 P.208 🗺 지도 P.028I ⊙ 구글 지도 GPS 18.785712, 98.982362 ⊙ 찾아가기 치앙마이 경찰서에서 짜반 로드 또는 쌈란 로드 따라 남쪽으로 이동 후 랏차만카 로드로 진입 ⊙ 주소 179 Rachamanka Road ☎ 전화 061-614-9354 ⏰ 시간 10:00~22:00 ⊖ 휴무 연중무휴 💵 가격 타이 마사지 60분 300B, 90분 450B, 120분 600B 🏠 홈페이지 없음

49 센스 가든 마사지
Sense Garden Massage
😄 ★★★ 도보 13분

정원이 딸린 단독주택에 조용히 자리한 마사지 숍. 정원과 로비의 시설만 보면 고급 스파를 능가한다. 마사지 룸은 몇 개의 베드를 커튼으로 분리한 형태. 평범하고 조용하며 깔끔하다.

📖 1권 P.209 🗺 지도 P.028A ⊙ 구글 지도 GPS 18.792739, 98.979187 ⊙ 찾아가기 쑤언독 게이트에서 북쪽으로 약 450m 지나 센스 마사지 다음 골목으로 우회전해 80m 이동, 오른쪽 ⊙ 주소 33/2 Sinharat Road Soi 3 ☎ 전화 052-016-029 ⏰ 시간 13:00~22:00 ⊖ 휴무 연중무휴 💵 가격 타이 마사지 60분 300B 🏠 홈페이지 없음

50 위민스 마사지 센터 바이 엑스프리즈너
Women's Massage Center By Ex-Prisoner
😄 ★ 도보 5분

여성 재소자들의 출소 후 사회 재활을 돕기 위해 설립된 곳이다. 2014년에 시작해 현재 3개 지점을 운영한다. 마사지 룸 한 곳에서 모든 마사지가 진행되므로 분위기는 조금 어수선하다.

🗺 지도 P.028F ⊙ 구글 지도 GPS 18.791525, 98.986230 ⊙ 찾아가기 치앙마이 경찰서에서 동북쪽 짜반 로드를 따라 350m 이동, 왼쪽 ⊙ 주소 35/1 Jhaban Road ☎ 전화 093-984-0532 ⏰ 시간 09:00~21:00 ⊖ 휴무 연중무휴 💵 가격 타이 마사지 60분 250B, 120분 500B 🏠 홈페이지 www.dignitynetwork.org

51 릴라타이 마사지
Lila Thai Massage

 도보 6분

치앙마이 출소자 마사지의 원조. 교도소장 출신의 나오왓 씨가 2008년에 설립했다. 마사지사들은 180시간의 마사지 교육 후 현장에 투입된다고 한다. 치앙마이 구시가에만 7개 지점이 있다.

ⓖ **지도** P.028F
ⓖ **구글 지도 GPS** 18.789757, 98.987734 ⓖ **찾아가기** 랏차담넌 로드와 프라뽁끌라우 로드가 만나는 사거리에서 프라뽁끌라우 로드 북쪽으로 180m 이동, 왼쪽 모퉁이 ⓐ **주소** 1 Intrawarorot Road ⓣ **전화** 053-327-043 ⓛ **시간** 10:00~22:00 ⓗ **휴무** 연중무휴 ⓑ **가격** 타이 마사지 60분 300B ⓗ **홈페이지** www.chiangmaithaimassage.com

52 마사지 포 헬시 바이 언
Massage for Healthy by Orn

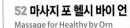 도보 17분

오직 마사지 실력으로 승부하는 곳. 사장인 언씨와 3명의 마사지사들이 쉴 새 없이 예약 손님을 받는다. 마지막 마사지 타임에는 힘을 다 쓴 마사지사들이 녹초가 되어 쓰러질 정도. 예약은 필수이며, 좋은 시설은 기대하지 말자.

ⓖ **지도** P.029C
ⓖ **구글 지도 GPS** 18.794108, 98.991755 ⓖ **찾아가기** 구시가 북동쪽 끄뜨머리 문므앙 로드 쏘이 9 ⓐ **주소** 42 Moon Muang Road Soi 9 ⓣ **전화** 082-183-9915 ⓛ **시간** 월~토요일 11:00~20:00 ⓗ **휴무** 일요일 ⓑ **가격** 타이 마사지 60분 550B ⓗ **홈페이지** 없음

53 타이 트래디셔널 메디신 센터
Thai Traditional Medicine Center

  도보 11분

태국 전통 의학 마사지 센터로 닥터라 불리는 마사지사들이 타이, 오일, 허벌 볼 마사지를 재량껏 조치한다. 평일 마사지 시간은 08:20, 10:30, 13:10, 15:30, 17:30이며 시간대별로 예약을 받으니 꼭 예약하기를 권한다. 첫 방문 시에는 여권을 등록해야 한다.

ⓖ **지도** P.028J
ⓖ **구글 지도 GPS** 18.781702, 98.985241 ⓖ **찾아가기** 치앙마이 게이트에서 서쪽으로 400m 이동 ⓐ **주소** Bumrung Buri Road ⓣ **전화** 053-277-583, 053-272-655 ⓛ **시간** 월~금요일 08:20~19:30, 토~일요일 08:20~17:30 ⓗ **휴무** 연중무휴 ⓑ **가격** 2시간 300B ⓗ **홈페이지** 없음

54 화이트 오키드 마사지
White Orchid Massage

도보 15분

저렴한 가격으로 여행자들의 지지를 받는 곳. 마사지사들이 친절하고, 한시도 쉬지 않고 열심히 마사지한다. 다만 시설과 마사지 기술은 가격 수준이므로 큰 기대는 하지 말자.

ⓖ **지도** P.029K
ⓖ **구글 지도 GPS** 18.784956, 98.993834 ⓖ **찾아가기** 타패 게이트에서 문므앙 로드로 우회전해 290m 지나 해자 건너 50m 이동, 오른쪽 ⓐ **주소** 10 Loi Kroh Road ⓣ **전화** 085-529-0362 ⓛ **시간** 09:00~24:00 ⓗ **휴무** 연중무휴 ⓑ **가격** 타이 마사지 60분 200B ⓗ **홈페이지** whiteorchidmassage.business.site

55 타이 아카 키친
Thai Akha Kitchen

도보 10분

태국 요리와 아카족의 요리를 함께 배울 수 있어 좋은 곳이다. 치앙라이 출신의 아카족 청년이 유창한 영어로 수업을 진행한다. 최대 10명가량의 소규모 클래스로 모닝 클래스에는 시장 보기가 포함된다.

ⓘ **1권** P.216 ⓖ **지도** P.028E
ⓖ **구글 지도 GPS** 18.791020, 98.980030 ⓖ **찾아가기** 호텔 픽업 ⓐ **주소** Arrag Road Soi 4 A ⓣ **전화** 061-325-4611 ⓛ **시간** 모닝 09:00~15:00, 이브닝 17:00~21:00 ⓗ **휴무** 연중무휴 ⓑ **가격** 모닝 1100B, 이브닝 1000B ⓗ **홈페이지** www.thaiakhakitchen.com

56 아시아 시닉 타이 쿠킹 스쿨
Asia Scenic Thai Cooking School

도보 5분

치앙마이에서 가장 유명한 쿠킹 스쿨 중 하나. 치앙마이 시내 외곽의 농장과 타운의 요리 수업 중 취향에 맞는 것으로 선택하면 된다. 모든 수업에는 시장 보기가 포함된다. 타운의 쿠킹 스쿨에도 허브와 채소를 키우는 작은 텃밭이 있다.

ⓘ **1권** P.216 ⓖ **지도** P.029G
ⓖ **구글 지도 GPS** 18.789821, 98.991187 ⓖ **찾아가기** 호텔 픽업 ⓐ **주소** 31 Rachadamnoen Road Soi 5 ⓣ **전화** 053-418-657 ⓛ **시간** 농장 종일 09:00~16:00 · 반일 09:00~14:00, 타운 종일 09:00~15:00 · 모닝 09:00~13:00 · 이브닝 17:00~21:00 ⓗ **휴무** 연중무휴 ⓑ **가격** 농장 종일 1200B · 반일 1000B, 타운 종일 1000B · 반일 800B ⓗ **홈페이지** www.asiascenic.com

O48

57 타이 팜 쿠킹 스쿨
Thai Farm Cooking School

도보 16분

구시가 사무실에서는 예약과 결제만 하고, 실제 수업은 치앙마이 외곽의 농장에서 진행한다. 농장으로 가는 길 중간에 루엄촉 시장에 들러 식자재에 관해 배우는데, 일부 채소와 허브는 농장에서 직접 따기도 한다.

1권 P.217 지도 P.029C
구글 지도 GPS 18.794114, 98.991987 찾아가기 호텔 픽업 주소 38 Moon Muang Road Soi 9 전화 081-288-5989, 087-174-9285 시간 출발 08:30~09:00, 도착 반일 14:00~14:30·종일 16:30~17:15 휴무 연중무휴 가격 종일 1500B, 반일 1200B 홈페이지 www.thaifarmcooking.com

58 와일드 로즈 요가 스튜디오
Wild Rose Yoga Studio

도보 13분

구시가 골목 안에 조용히 자리한 요가원이다. 바닥과 천장의 나뭇결이 살아 있는 전통 가옥에서 새소리와 함께 수업을 진행한다. 프로그램은 홈페이지 캘린더를 참조할 것. 스튜디오는 요가 시작하기 30분 전에 오픈한다.

지도 P.028J
구글 지도 GPS 18.782563, 98.988106 찾아가기 치앙마이 게이트에서 프라뽁끌라우 로드로 진입. 프라뽁끌라우 로드 쏘이 2에서 좌회전 후 다시 우회전 주소 15/2 Prapokklao Soi 4/1 전화 089-950-9377 시간 홈페이지 캘린더 참조 휴무 홈페이지 캘린더 참조 가격 250B~ 홈페이지 www.wildroseyoga.org

59 조 인 옐로
Zoe in Yellow

도보 10분

치앙마이에서 가장 유명한 나이트라이프 장소 중 하나. 야외 바와 실내 나이트클럽으로 운영된다. 주변에 작은 규모의 바가 많으며, 밤 10시가 넘어야 분위기가 무르익는다. 손님 대부분이 서양인과 중국인이다.

1권 P.220 지도 P.029G
구글 지도 GPS 18.790917, 98.990435 찾아가기 랏차담넌 로드와 랏차파키나이 로드가 만나는 사거리에서 랏차파키나이 로드 북쪽으로 300m 이동 후 랏위티 로드로 우회전 주소 40/12 Ratvithi Road 전화 083-989-4925 시간 18:00~24:00 휴무 연중무휴 가격 맥주 80B~ 홈페이지 zoe-in-yellow-bar-night-club.business.site

60 더 노스 게이트 재즈 코업
The North Gate Jazz Co-Op

도보 13분

재즈와 록 등 라이브 공연을 볼 수 있는 곳. 술집에서 공연을 즐긴다기보다 공연장에서 술을 즐기는 분위기다. 1층 좌석은 무대를 향해 있으며, 스피커의 음량이 높아 공연 중에는 대화하기 힘들다.

1권 P.221 지도 P.028B
구글 지도 GPS 18.795205, 98.987010 찾아가기 창푸악 게이트 근처 주소 91/1-2 Sri Poom Road 전화 081-765-5246 시간 19:00~24:00 휴무 연중무휴 가격 맥주 70B~ 홈페이지 www.facebook.com/northgate.jazzcoop

61 선데이 워킹 스트리트
Sunday Walking Street

도보 1분

타패 게이트에서 이어지는 랏차담넌 로드를 중심으로 일요일마다 열리는 시장이다. 워낙 많은 사람들이 찾는 인기 시장이다 보니 점점 영역이 확대돼 지금은 구시가 전체가 시장이 된 느낌이다. 태국 북부의 감성이 짙은 수공예품, 의류, 기념품을 주로 판매하며, 먹거리 노점도 다양하다.

1권 P.160 지도 P.028F
구글 지도 GPS 18.788015, 98.990458 찾아가기 타패 게이트부터 왓 프라씽까지 랏차담넌 로드를 기준으로 거리 곳곳에 노점이 들어선다. 주소 Rachadamnoen Road 전화 없음 시간 일요일 16:00~24:00 휴무 월~토요일 가격 제품마다 다름 홈페이지 없음

62 우왈라이 워킹 스트리트
Wua Lai Walking Street
도보 15분

구시가 성벽 남쪽에 해당하는 치앙마이 게이트 해자 바깥쪽의 우왈라이 로드에서 토요일마다 열리는 시장이다. 1km에 이르는 긴 길 양옆으로 수공예품, 의류, 기념품 노점과 먹거리 노점이 들어선다. 토요일 저녁에는 구시가가 한산해질 정도로 많은 이들이 이곳을 찾는다.

ⓘ 1권 P.160 ⓘ 지도 P.028J
ⓘ 구글 지도 GPS 18.780903, 98.987779 ⓘ 찾아가기 치앙마이 게이트 건너 우왈라이 로드 진입 ⓘ 주소 Wua Lai Road ⓘ 전화 없음 ⓘ 시간 토요일 17:00~22:30 ⓘ 휴무 일~금요일 ⓘ 가격 제품마다 다름 ⓘ 홈페이지 없음

63 토분
Torboon
도보 5분

핸드 바이 분(Hand By Boon)이 2015년 론칭한 치앙마이 브랜드. '토(떠)'는 태국어로 '직조하다', '짜다'는 뜻이고, '분'은 디자이너의 이름이다. 핸드메이드 패브릭과 소가죽으로 만든 지갑, 핸드백, 모자, 의류, 구두 등을 선보인다. 제품은 고급스럽고, 가격은 합리적이다.

ⓘ 1권 P.190 ⓘ 지도 P.028F
ⓘ 구글 지도 GPS 18.788258, 98.988314 ⓘ 찾아가기 랏차담넌 로드와 프라뽁끌라우 로드 교차로 근처. 란나 아키텍처 센터 맞은편 ⓘ 주소 56 Rachadamnoen Road ⓘ 전화 094-630-5888 ⓘ 시간 10:00~20:00 ⓘ 휴무 연중무휴 ⓘ 가격 제품마다 다름 ⓘ 홈페이지 torboonchiangmai.com

64 부리 갤러리 하우스
Buri Gallery House
도보 3분

핸드크래프트 편집 숍. 지갑, 파우치, 가방, 모자, 도자기, 잡화, 엽서 등 여러 디자인 브랜드의 제품을 모아 판매한다. 염색과 스티치 패브릭 제품이 다른 가게에 비해 저렴하다.

ⓘ 지도 P.028F
ⓘ 구글 지도 GPS 18.788535, 98.983122 ⓘ 찾아가기 왓 프라씽 입구에서 랏차담넌 로드 동쪽으로 약 70m 이동, 왼쪽 ⓘ 주소 102 Rachadamnoen Road ⓘ 전화 053-416-500 ⓘ 시간 월~토요일 10:00~19:30, 일요일 10:00~17:00 ⓘ 휴무 연중무휴 ⓘ 가격 제품마다 다름 ⓘ 홈페이지 www.burigallery.com

65 탠
Tan
แทน
도보 5분

두 자매가 이름을 걸고 론칭한 천연 리넨, 면 제품 브랜드. 블라우스와 원피스, 머플러 등 의류와 가방, 지갑 등을 합리적인 가격에 선보인다. '탠'은 태국어로 '우리의 이름으로'라는 의미다.

ⓘ 지도 P.028F
ⓘ 구글 지도 GPS 18.788982, 98.987807 ⓘ 찾아가기 랏차담넌 로드와 프라뽁끌라우 로드가 만나는 사거리에서 프라뽁끌라우 로드 북쪽으로 80m 이동, 왼쪽 ⓘ 주소 Prapokklao Road ⓘ 전화 081-568-2881 ⓘ 시간 10:00~18:00 ⓘ 휴무 연중무휴 ⓘ 가격 제품마다 다름 ⓘ 홈페이지 없음

66 반탁터
Bantaktor
บ้านถักทอ
도보 5분

'반탁터'는 태국어로 '뜨개질집'이라는 뜻. 가방, 액세서리 등 핸드메이드 뜨개질 제품을 판매한다. 특히 인형이 많은데 파야오 지방 여인들의 작품이다. 추수가 끝난 후 마을 여인들은 부업 삼아 뜨개질을 한다. 인형의 옷과 모자, 신발, 가방은 여러 샘플 중에서 직접 고르면 된다.

ⓘ 1권 P.189 ⓘ 지도 P.028F
ⓘ 구글 지도 GPS 18.788932, 98.987904 ⓘ 찾아가기 랏차담넌 로드와 프라뽁끌라우 로드가 만나는 사거리에서 프라뽁끌라우 로드 북쪽으로 80m 이동, 오른쪽 ⓘ 주소 208 Prapokklao Road ⓘ 전화 099-623-2899 ⓘ 시간 10:00~18:00 ⓘ 휴무 연중무휴 ⓘ 가격 제품마다 다름 ⓘ 홈페이지 없음

67 허브 베이직스
Herb Basics
도보 5분

태국에서 생산된 허브로 비누, 오일, 크림, 방향제, 차 등 각종 스파 제품을 만들어 저렴한 가격에 선보인다. 마야 라이프스타일 쇼핑센터, 센트럴 페스티벌, 센트럴 플라자 치앙마이 공항 등 치앙마이의 여러 매장 중에서도 이곳의 규모가 가장 크다.

ⓘ 지도 P.028F
ⓘ 구글 지도 GPS 18.788456, 98.988021 ⓘ 찾아가기 랏차담넌 로드와 프라뽁끌라우 로드가 만나는 사거리에서 프라뽁끌라우 로드 북쪽으로 30m 이동, 오른쪽 ⓘ 주소 174 Prapokklao Road ⓘ 전화 053-326-595 ⓘ 시간 월~토요일 09:00~18:00, 일요일 14:00~22:00 ⓘ 휴무 연중무휴 ⓘ 가격 제품마다 다름 ⓘ 홈페이지 www.herbbasicschiangmai.com

68 나바
Nava

핸드메이드 패브릭, 조각품, 도자기, 잡화, 액세서리 등을 판매하는 편집 숍으로 여러 제품을 한눈에 살펴본 후 구매할 수 있다. 랏차담넌 로드와 프라뽁끌라우 로드의 교차로에 자리해 위치가 매우 좋다.

⊙ **지도** P.028F
⊙ **구글 지도 GPS** 18,788275, 98,988033 ⊙ **찾아가기** 랏차담넌 로드와 프라뽁끌라우 로드 교차로 ⊙ **주소** 170, 172 Prapokklao Road ⊖ **전화** 090-214-7905 ⊙ **시간** 월~토요일 10:00~21:00, 일요일 10:00~23:00 ⊙ **휴무** 연중무휴 ⊙ **가격** 제품마다 다름 ⊙ **홈페이지** 없음

69 치앙마이 코튼
Chiangmai Cotton

일요 시장의 노점에서 호응을 얻자 랏차담넌 로드에 가게를 열었다. 화학 약품을 배제한 질 좋은 면을 사용해 핸드메이드 의류를 선보이는 곳으로 유아·아동복도 다양하다. 모든 옷은 공장이 아닌 가정에서 만든다.

⊙ **지도** P.028F
⊙ **구글 지도 GPS** 18,788083, 98,987197 ⊙ **찾아가기** 타패 게이트에서 랏차담넌 로드를 따라 약 650m 이동, 왼쪽 ⊙ **주소** 141/6 Rachadamnoen Road ⊖ **전화** 053-814-413 ⊙ **시간** 월~토요일 10:00~19:00, 일요일 10:00~22:00 ⊙ **휴무** 연중무휴 ⊙ **가격** 제품마다 다름 ⊙ **홈페이지** www.chiangmaicotton.com

70 나나이로
Nanairo

히피 스타일의 남성용 제품이 대다수인 의류, 가방, 소품 편집 숍. 남성을 위한 쇼핑 아이템이 적은 치앙마이에서 반가운 공간이다. 주인이 일본인이며 친절하다. 카드 결제 시 수수료가 5% 추가된다.

⊙ **지도** P.029C
⊙ **구글 지도 GPS** 18,792223, 98,991462 ⊙ **찾아가기** 랏차담넌 로드 쏘이 5와 문므앙 로드 쏘이 6 교차로 ⊙ **주소** 29 Moon Muang Road Soi 6 ⊖ **전화** 086-908-3776 ⊙ **시간** 10:00~20:00 ⊙ **휴무** 연중무휴 ⊙ **가격** 제품마다 다름 ⊙ **홈페이지** www.facebook.com/Nanairo-chiangmai-1570347269888250

71 쏨펫(밍므앙) 시장
Somphet(Ming Muang) Market
ตลาดมิ่งเมือง

타패 게이트 근처에 자리한 비교적 큰 규모의 재래시장. 채소, 과일, 어류, 육류 등 식자재는 기본, 직접 만든 남프릭눔, 캡무와 같은 북부 먹거리가 다양하다. 구시가에서 진행되는 쿠킹 스쿨은 이곳에서 장을 보며 시작한다.

⊙ **지도** P.029C
⊙ **구글 지도 GPS** 18,791633, 98,992981 ⊙ **찾아가기** 타패 게이트에서 북쪽으로 400m 이동, 왼쪽 ⊙ **주소** 163 Mun Mueang Road ⊖ **전화** 없음 ⊙ **시간** 07:00~19:00 ⊙ **휴무** 연중무휴 ⊙ **가격** 제품마다 다름 ⊙ **홈페이지** 없음

72 진저 숍
Ginger Shop

진저 디자인팀이 직접 제작한, 독특한 디자인과 화려한 색감의 쿠션, 컵, 그릇, 앞치마, 의류, 가방, 액세서리를 판매한다. 추천 상품은 톡톡 튀는 디자인의 멜라민 컵과 그릇. 북부 지방 감성을 담은 쿠션, 자수를 놓은 옷도 매우 독특하다.

⊙ **1권** P.190 ⊙ **지도** P.029C
⊙ **구글 지도 GPS** 18,792674, 98,993328 ⊙ **찾아가기** 타패 게이트에서 북쪽으로 550m 이동, 왼쪽 ⊙ **주소** 199 Mun Mueang Road ⊖ **전화** 053-287-681 ⊙ **시간** 10:30~22:30 ⊙ **휴무** 연중무휴 ⊙ **가격** 제품마다 다름 ⊙ **홈페이지** www.thehousebygingercm.com/shop

73 딸랏 쁘라뚜 치앙마이
ตลาดประตูเชียงใหม่

범룽부리 시장(Bumrung Buri Market)이라고도 한다. 아침에는 과일, 채소, 꽃, 생선, 벌레, 태국 전통 간식, 국수 등을 판매하고, 저녁에는 시장 앞에 각종 먹거리 노점이 들어선다. 아침과 저녁 시장의 풍경이 사뭇 다르다.

⊙ **지도** P.028J
⊙ **구글 지도 GPS** 18,781586, 98,988503 ⊙ **찾아가기** 치앙마이 게이트 근처 ⊙ **주소** Bumrung Buri Road ⊖ **전화** 없음 ⊙ **시간** 06:00~23:00 ⊙ **휴무** 연중무휴 ⊙ **가격** 제품마다 다름 ⊙ **홈페이지** 없음

⊕ ZOOM IN

센트럴 플라자 치앙마이 공항

치앙마이 공항 근처에 자리한 현대적인 쇼핑 센터.

● **이동 시간 기준** 센트럴 플라자 치앙마이 공항

N
0 200m

🏌 Star Dome Golf Club
Chang Lor Rd
Bumrung Buri Rd
Wua Lai Soi 2
Chang Lor Rd
Soi 2

왓 씨쑤판
Silver Temple P.051

A

오까쭈
Ohkajhu P.051

Old Chiang Mai Cultural Center
Nim City Community Mall

치앙마이 공항
Chiangmai Airport

B

센트럴 플라자 치앙마이 공항
Central Plaza Chiangmai Airport P.051
로빈슨 백화점
Robinson Department Store(GF~3F)
톱스 마켓
Tops Market(GF)
푸드 파크
Food Park(4F)

---

1 왓 씨쑤판 📷 ★★★

Silver Temple
วัดศรีสุพรรณ

실내외 8층

정교한 장식을 더해 은으로 지은 사원. 구시 가가 성벽 바깥쪽의 우왈라이는 예로부터 은 세 공으로 유명한 지역이다. 왓 씨쑤판은 우왈라 이의 안녕을 바라며 1500년대에 세운 사원으 로, 2007년에 고대 란나 아트 스터디 센터가 들어서면서 지금의 화려한 모습으로 탈바꿈 했다. 여성은 우보쏘 내부에 출입할 수 없다.

📖 1권 P.039 📍 **지도** P.051A
🗺 **구글 지도** GPS 18.778820, 98.983678 🚩 **찾아 가기** 치앙마이 게이트에서 우왈라이 로드로 접어 들어 550m 이동 후 오른쪽의 이정표 따라 골목으 로 진입 🏠 **주소** 100 Wua Lai Road ☎ **전화** 061-403-2581 🕐 **시간** 06:00~21:30 ⊖ **휴무** 연중무 휴 💰 **가격** 50B 🖥 **홈페이지** watsrisuphancnxth. business.site

---

2 오까쭈 🍴 ★★★

Ohkajhu
โอ้กะจู๋

도보 8분

'오, 이런'이라는 재미있는 이름의 팜 투 테이 블 레스토랑. 유기농 샐러드와 스테이크, 소 시지, 퓨전 태국 요리 등을 선보인다. 모든 요 리에 적당량의 샐러드가 곁들여 나온다.

📖 1권 P.148 📍 **지도** P.051A
🗺 **구글 지도** GPS 18.772428, 98.978213 🚩 **찾아 가기** 센트럴 플라자 큰길 맞은편의 님 시티에 위 치 🏠 **주소** 199/8 Mahidol Road ☎ **전화** 052-080-744 🕐 **시간** 09:30~21:30 ⊖ **휴무** 연중무 휴 💰 **가격** 샐러드(Build Your Own Salad) 50B, 레 디 립 오까쭈(Lady Ohkajhu) 하프 랙 365B·풀 랙 695B, 깽항레무(Box Menu_ Northern Thai Pork Curry with Rice) 105B 🖥 **홈페이 지** www.ohkajhuorganic. com

---

3 센트럴 플라자 치앙마이 공항 🛍 ★★★

Central Plaza Chiangmai Airport

도보 0분

마야 라이프스타일 쇼핑센터, 센트럴 페스티 벌과 더불어 치앙마이를 대표하는 현대적인 쇼핑센터. 로빈슨 백화점과 센트럴 슈퍼마켓, 톱스 마켓을 비롯한 유명 브랜드 매장과 엠케 이, 샤부시, 램차런 시푸드 등 체인 레스토랑 이 입점해 있다. 4층 푸드 파크의 아한 까올리 한식 코너가 매우 저렴하다.

📖 1권 P.199 📍 **지도** P.051B
🗺 **구글 지도** GPS 18.769054, 98.975306 🚩 **찾 아가기** 타패 게이트와 나이트 바자 주요 호텔에서 10:30, 11:30, 13:00~19:00(1시간 간격)에 무료 셔틀 운행 🏠 **주소** 252-252/1 Mahidol Road ☎ **전화** 053-999-199 🕐 **시간** 11:00~21:00 ⊖ **휴무** 연중 무휴 💰 **가격** 제품마다 다름 🖥 **홈페이지** www. centralplaza.co.th

유행을 선도하는 거리

누구는 서울의 홍대 또는 청담동이라 하고, 또 누구는 방콕의 쑤쿰윗과 비교한다. 님만해민 로드는 직선으로 1.3km, 핵심 거리는 고작 750m 남짓이다. 이 짧은 거리가 핫 플레이스와 비교되는 이유는 치앙마이의 트렌드를 이끌고 있기 때문이다. 님만해민 로드를 따라 동서로 뻗은 골목길 쏘이를 걸으며 오늘의 치앙마이를 엿본다.

인기
★★★★★

관광지
★

쇼핑
★★★★★

식도락
★★★★★

나이트라이프
★★★★★

복잡함
★★★★

한국인, 중국인 등 아시아인에게 특히 인기

전무하다. 왓 쩻엿, 왓 쑤언독 등의 관광지도 어느 정도 거리가 있다.

마야, 원 님만. 씽크 파크 등 규모 있는 쇼핑센터뿐 아니라 작은 숍이 즐비하다.

한집 건너 한집이 카페이고 레스토랑이다. 쇼핑센터 내에도 많다.

원 업 카페, 님만 힐 외에도 자정까지 영업하는 술집이 꽤 있다.

치앙마이 최고 번화가. 님만해민 로드 골목길 쏘이에는 차와 사람들이 엉켜서 다닌다.

님만해민으로 가는 방법

썽태우
치앙마이 시내를 돌아다니는 빨간색 썽태우를 세워 목적지를 말하고 탑승하면 된다. 기사가 오케이를 외치면 군말 없이 탑승하자. 기본 요금 20B이라는 의미다.

그랩 택시
구시가와 나이트 바자 지역에서는 80~90B, 치앙마이 대학교 정문과 후문에서는 60~70B 정도 나온다.

RTC 치앙마이 시티 버스
구시가에서 그린 · 퍼플 · 옐로, 와로롯 시장에서 그린, 아누싼 시장에서 옐로, 치앙마이 대학교 정문에서 그린 · 퍼플 버스를 타면 된다. 노선은 치앙마이 시내 교통 한눈에 보기(P.014) 참조.
Ⓑ **요금** 20B

님만해민 다니는 방법

도보
님만해민 핵심 거리는 750m에 지나지 않는다. 하지만 이 길만 오간다면 님만해민의 진짜 재미를 찾기 힘들다. 동서로 뻗은 골목길 쏘이를 걷고 걸으며 먹고, 마시고, 쇼핑하자.

MUST EAT
이것만은 꼭 먹자!

No.1
리스트레토
Ristr8to
치앙마이 대표 카페. 카페라테 마니아라면 반드시 들르자.

No.2
떵뗌또
Tong Tem Toh
숯불구이의 진수를 맛보자.

No.3
아카 아마 커피
Akha Ama Coffee
아카 아마가 시작된 싼띠땀 매장.

No.4
아이베리 가든
Iberry Garden
전국 아이베리 중 최강.

No.5
SS1254372
만족도 높은 브런치 카페.

No.6
꾸어이띠여우 땀릉
꾸어이띠여우 뚬얌의 정석.

No.7
치윗 치와
Cheevit Cheeva
치앙마이 디저트계의 신흥 강자.

No.8
카우쏘이 매싸이
Khao Soy Mae Sai
추천 메뉴는 꾸어이띠여우 남니여우.

No.9
쏨땀 욕크록
Somtum House
맛, 친절, 분위기를 두루 갖춘 이싼 요리 전문점.

No.10
옴니아
Omnia
치앙마이에서 세 손가락 안에 드는 카페.

MUST BUY
이것만은 꼭 사자!

No.1
마야 라이프스타일 쇼핑센터
Maya Lifestyle Shopping Center
가장 가까운 현대적인 쇼핑몰.

No.2
원 님만
One Nimman
백화점과는 또 다른 재미.

MAP
님만해민 한눈에 보기

마야 라이프스타일 쇼핑센터
P.067 Maya Lifestyle Shopping Center

님만 힐
P.065 (6F) Nimman Hill

마야 AIS 캠프
P.065 (5F) Maya AIS CAMP

MK 푸드 란나, 체인 레스토랑(4F)

스파 용품점, 나라야(1F)

림삥 슈퍼마켓
1권 P.202 Rimping Supermarket(B1)

Huaykaew Rd

Soi 2

깟린캄
P.065

1004

플레이 웍스
P.067 Play Works

Eastin Tan Hotel Chiang Mai

씽크 파크
P.066 Think Park

U Nimman Chiang Mai

오가닉 팜

원 님만
One Nimman P.067

한. 판퓨리(스파 용품)

그래프
P.058

헝때우
P.058 Hong Tauw

몬순 티

스트리트 푸드

토분

망고 탱고

Soi 2

P.068 **더 북 스미스**

진저 팜

꾸어이띠여우 땀롱 P.058

까이양 청더이
P.059

Suk Kasame Rd

P.068 **란 라오**

꾸 퓨전 로띠 & 티 P.058

플레이웍스(2F)

Soi 3

리스트레또
P.058

리스트레또 랩
P.059 Ristr8to Lab

Soi 5

1권 P.233 **치앙마이 차이요**

Infinity Club

님만 프로미나드
P.068 Nimman Promenade

P.059 **카우쏘이 님만**

와위 커피

라파스 마사지 P.065

Soi 7

러스틱 & 블루 팜 숍 P.059

몬놈쏫 P.059

청더이 마사지
Choeng Doi Massage P.066

Yantarasri Resort

Soi 6

주차장(20뱃)

브라운 카페
P.060

샨타 마사지 P.065

로터스ex

쭛쭛

로젤라또 P.060

이싼 카페
P.060

P.061

나인 원 커피
P.060

P.060 쭛쭛

쏨땀 욕크록 P.060

Hillside Condo 2

Soi 11

P.060 느아뚠 롯이암

씨야 P.061
꾸어이띠여우 쿨라

P.062 (2F)**안찬 베지테리언 레스토랑**

더 샐러드 콘셉트 P.061

Soi 8

넝 비 P.062

P.061 **떵뗌또**

미소네

P.062 **무스 가츠**

쑷엇 바미쏨끄라둑 P.062

P.061 **망고 탱고**

푸파야 마사지
P.066

Kantary Hills Hotel and Serviced Apartments

Soi 10

Soi 15

록미 버거 & 바
P.062 Rock Me Burgers & Bar

At Pingnakorn Chiangmai

Kokotel Chiang Mai Nimman

Soi 12

Soi 17

비스트 버거
P.063 Beast Burger

SS1254372
P.063

테이스트 카페
Taste Cafe P.063

웜 업 카페
P.066 Warm Up Cafe

주차장

록스프레소
P.062 Roxpresso

갤러리 시스케이프
P.068

2 Chiang Rai Rd

주차장

Soi Sai Nam Phueng

플로어 플로어 슬라이스
P.063 Flour Flour Slice

님만 하우스 타이 마사지
Nimman House Thai Massage P.066

아이베리 가든
P.063 Iberry Garden

Sai 30 Rd

N

0   70m

Princess Mothers Health Garden

Sai 28 Rd

Sai 26 Rd

Sai 23 Rd

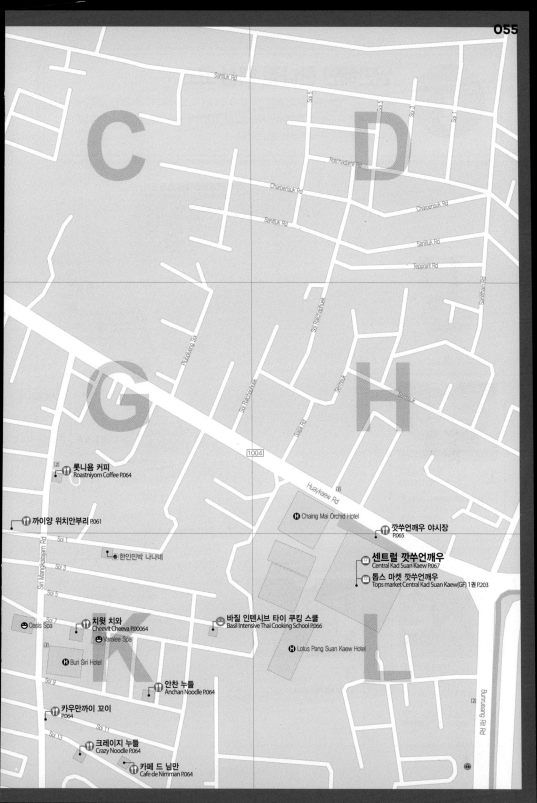

Sanituk Rd

Soi 5

Soi 3

Soi 1

Ratchadamil Rd

Charoensuk Rd

Charoensuk Rd

Sanituk Rd

Sanituk Rd

Tepprarit Rd

Soi Ratchaphuek

SRatchaphuek

Sernsuk Rd

Sernsuk

Putmaung Soi

Siri Rd

Soi Ratchaphuek

1004

Huaykaew Rd

롯니욤 커피
Roastniyom Coffee P.064

까이양 위치안부리 P.061

🏠 한인민박 나나네

ⓗ Chaing Mai Orchid Hotel

깟쑤언깨우 야시장
P.065

센트럴 깟쑤언깨우
Central Kad Suan Kaew P.067

톱스 마켓 깟쑤언깨우
Tops market Central Kad Suan Kaew(GF) 1권 P.203

Siri Mangkalajarn Rd

Soi 1

Soi 3

Soi 5

Oasis Spa

Soi 7

치윗 치와
Cheevit Cheeva P.00064

Varalee Spa

바질 인텐시브 타이 쿠킹 스쿨
Basil Intensive Thai Cooking School P.066

ⓗ Buri Siri Hotel

Soi 9

ⓗ Lotus Pang Suan Kaew Hotel

안찬 누들
Anchan Noodle P.064

카우만까이 꼬이
P.064

Soi 11

Soi 13

크레이지 누들
Crazy Noodle P.064

카페 드 님만
Cafe de Nimman P.064

Bumuang Rit Rd

님만해민 한나절 핵심 코스

COURSE 1

무작정 따라 하면 님만해민의 핵심 거리를 돌게 되는 코스. 카페 SS1254372는 오후 3시 전에 방문하고, 아이베리 가든에서는 사진 찍기에 집중하자. 원 님만을 방문한 후 마야 라이프스타일 쇼핑센터까지 쇼핑하는 것도 괜찮다.

START

50min

1 SS1254372
SS1254372
ⓖ 구글 지도 GPS 18.794893, 98.968411
→ 카페 쪽 출입구로 나와 좌회전 후 다음 골목에서 좌회전 → **아이베리 가든 도착**

15min

2 아이베리 가든
Iberry Garden
ⓖ 구글 지도 GPS 18.794224, 98.969331
→ 우회전해 씨리망칼라짠 로드가 나오면 좌회전. 150m 이동 후 길 건너 씨리망칼라짠 로드 쏘이 7로 진입 → **치윗 치와 도착**

25min

3 치윗 치와
Cheevit Cheeva
ⓖ 구글 지도 GPS 18.795277, 98.971135
→ 왔던 길로 되돌아와 우회전. 길 건너 님만해민 로드 쏘이 11로 진입. 쏨땀 욕크록 지나 우회전해 길 끝까지 걷기 → **원 님만 도착**

마야 라이프스타일 쇼핑센터
Maya Lifestyle Shopping Center

플레이 웍스
Play Works

Eastin Tan Hotel Chiang Mai

씽크 파크
Think Park

U Nimman Chiang Mai

원 님만
One Nimman
4

꾸어이띠여우 땀릉
5

란 라오

리스트레토
6

리스트레토 랩

와위 커피

러스틱 & 블루
라파스 마사지

몬놈쏫
샨타 마사지
주차장(20밧)

브라운 카페
이싼 카페
나인 원 커피
쭛쭛
로젤라또
쏨땀 욕크록
씨야
꾸어이띠여우 룰라

느아뚠 롯이얌
미소네

더 샐러드 콘셉트
떵뗌또

푸파야 마사지
8 망고 탱고
7

록미 버거 & 바
Rock Me Burgers & Bar

비스트 버거
Beast Burger

록스프레소
Roxpresso

SS1254372

갤러리 시스케이프

1

아이베리 가든
Iberry Garden
2

Huaykaew Rd
Nimmanahaeminda Rd
Soi 1 ~ Soi 17
Soi Sai Nam Phueng
Sai 30 Rd
Sai 28 Rd
Sai 26 Rd

RECEIPT

쇼핑 ··········	1시간
마사지 ··········	2시간
식사 및 커피 ··········	3시간
이동 ··········	30분

TOTAL 6시간 30분

교통비 ··········	없음
식사 및 간식 ··········	845B
SS1254372	300B
치윗 치와	195B
꾸어이띠여우 땀릉	50B
리스트레토	100B
떵뗌또	200B
마사지 ··········	500B
푸파야 마사지	500B

TOTAL 1345B
(1인 어른 기준, 쇼핑 비용 별도)

코스 무작정 따라하기
START

1. SS1254372	
150m, 도보 2분	
2. 아이베리 가든	
350m, 도보 4분	
3. 치윗 치와	
950m, 도보 12분	
4. 원 님만	
10m, 도보 1분	
5. 꾸어이띠여우 땀릉	
130m, 도보 2분	
6. 리스트레토	
550m, 도보 7분	
7. 푸파야 마사지	
90m, 도보 1분	
8. 떵뗌또	
Finish	

50min

8 떵뗌또
Tong Tem Toh
ต่องเต็มโต๊ะ

구글 지도 GPS 18.796578, 98.967755

2hr

7 푸파야 마사지
Phuphaya Massage

구글 지도 GPS 18.796339, 98.968587
→ 쏘이 13 서쪽으로 90m 이동, 오른쪽
→ 떵뗌또 도착

20min

6 리스트레토
Ristr8to

구글 지도 GPS 18.799149, 98.967114
→ 님만해민·로드 쏘이 13으로 진입. 망고
탱고 옆집 → 푸파야 마사지 도착

1hr

4 원 님만
One Nimman

구글 지도 GPS 18.800085, 98.967855

→ 원 님만 푸드 코트 쪽 출입구 길 건너
→ 꾸어이띠여우 땀릉 도착

20min

5 꾸어이띠여우 땀릉
ก๋วยเตี๋ยวต้มลิ้ง

구글 지도 GPS 18.799646, 98.967864
→ 님만해민 로드로 나와 좌회전해 75m
이동, 왼쪽 → 리스트레토 도착

Siri Mangkalajarn Rd.

Soi 1
Soi 3
Soi 5
Soi 7
Soi 9
Soi 11
Soi 13

까이양 위치안부리

3 치윗 치와
Cheevit Cheeva

Oasis Spa

Varalee Spa

Buri Siri Hotel

⊕ZOOM IN

원 님만

님만해민 로드의 시작점. 님만해민 로드와 님만해민 로드 쏘이 1에 접해 있다. 님만해민 로드를 기준으로 서쪽 골목은 쏘이 짝수, 동쪽 골목은 쏘이 홀수에 해당한다.

● 이동 시간 기준 원 님만

---

1 그래프
Graph

🍴🍴 ★★★ 도보 1분

구시가에 자리한 그래프의 인기에 힘입어 원 님만에도 지점이 생겼다. 에스프레소 기반의 커피와 카페라테, 필터 커피, 콜드 브루, 니트로 콜드 브루 등 메뉴는 구시가와 같고, 좌석은 더 넓다. 카페를 배경으로 사진을 찍는 태국인들이 많다.

📖 1권 P.104 🗺 지도 P.054F
📍 구글 지도 GPS 18.799998, 98.968111 ⊙ 찾아가기 원 님만 내 🏠 주소 1/6 Nimmanahaeminda Road 📞 전화 086-567-3330 🕐 시간 10:00~21:00 🚫 휴무 연중무휴 💲 가격 에스프레소(Espresso) 핫 블랙 80B·콜드 블랙 100B, 필터 커피(Filter Coffee) 150B 🖥 홈페이지 www.graphdream.com

---

2 꾸어이띠여우 땀룽
ก๋วยเตี๋ยวตำลึง

🍴 ★★★ 도보 1분

원 님만 바로 앞에 자리한 국수 전문점. 다진 돼지고기 무쌉, 돼지 살코기 무쏫, 돼지 내장 크룽나이 등 돼지고기 고명을 얹은 국수를 선보인다. 국물이 맵고 신 똠얌은 맛의 정석이라 할 만큼 훌륭하다. 양이 적으므로 곱빼기 피쎗으로 주문하길 권한다.

📖 1권 P.131 🗺 지도 P.054F
📍 구글 지도 GPS 18.799646, 98.967864 ⊙ 찾아가기 원 님만 내 볼케이노(The Volcano) 디저트숍 앞 🏠 주소 Nimmanahaeminda Road Soi 1 📞 전화 053-224-4741 🕐 시간 08:30~15:00 🚫 휴무 매월 1, 2, 15, 16일 💲 가격 꾸어이띠여우(남·똠얌) 무쌉-무쏫 각 40·50B 🖥 홈페이지 없음

---

3 헝때우
Hong Tauw

🍴🍴🍴 ★★★ 도보 1분

옛 경양식집 분위기의 태국 요리 전문점. 북부 요리와 태국 샐러드, 튀김 종류가 다양하다. 남프릭 메뉴에서는 수련 꽃자루인 싸이무어가 특별하다. 북부 지방 카레 깽항레도 추천 메뉴다. 그릇이 작은 편이라 여러 요리를 주문해도 부담이 없다.

📖 1권 P.150 🗺 지도 P.054F
📍 구글 지도 GPS 18.799932, 98.967287 ⊙ 찾아가기 님만해민 로드와 접한 원 님만 진저 팜 키친 맞은편 🏠 주소 95/17-18 Nimmanahaeminda Road 📞 전화 053-218-333 🕐 시간 11:00~22:00 🚫 휴무 연중무휴 💲 가격 쏨땀(Som Tam) 60B, 남프릭 꿍파우(Narm Phrig Koong-Pow) 90B, 깽항레(Kaeng Hang Lay) 95B 🖥 홈페이지 없음

---

4 꾸 퓨전 로띠 & 티
Guu Fusion Roti & Tea

🍴 ★★★ 도보 1분

밀가루 반죽을 구운 팬케이크인 무슬림 요리 로띠를 각종 토핑, 소스를 더해 선보인다. 달콤한 소스나 아이스크림을 올린 로띠는 디저트, 달걀, 닭고기 등을 올린 로띠는 식사로 좋다. 함께 나오는 차는 공짜다.

🗺 지도 P.054F
📍 구글 지도 GPS 18.799152, 98.967204 ⊙ 찾아가기 님만해민 로드 쏘이 3 입구 🏠 주소 15/4 Nimmanahaeminda Road Soi 3 📞 전화 082-898-8992 🕐 시간 09:30~01:30 🚫 휴무 연중무휴 💲 가격 로띠 싸이쌍카야(Egg Custard Roti) 50B, 로띠 치즈(Cheese Roti with Sweetened Condensed Milk) 60B 🖥 홈페이지 www.facebook.com/guufusionrotiandtea

---

5 리스트레토
Ristr8to

🍴🍴 ★★★ 도보 1분

바리스타가 월드 라테 아트 챔피언 대회에서 여러 번 수상한 경력을 자랑한다. '커피는 곧 예술'이라는 철학을 보여주듯 라테 아트가 남다르다. 취향대로 라테를 즐기고 싶다면 반드시 방문해야 할 곳이다.

📖 1권 P.103 🗺 지도 P.054F
📍 구글 지도 GPS 18.799149, 98.967114 ⊙ 찾아가기 님만해민 로드 쏘이 3 입구 🏠 주소 15/3 Nimmanahaeminda Road 📞 전화 053-215-278 🕐 시간 07:00~18:00 🚫 휴무 연중무휴 💲 가격 세이튼 라테(Satan Latte) 98B, 피카르디(Ficardie) 88B, 시가레토(Cigar8to) 88B 🖥 홈페이지 www.ristr8to.com

6 리스트레토 랩
Ristr8to Lab

 도보 1분

2011년부터 님만해민의 카페를 평정한 리스트레토의 지점. 본점에서 그리 멀지 않은 곳으로 본점보다 여유롭고 밝은 분위기가 장점이다. 님만해민 골목 안쪽에 있어 야외 좌석도 덜 시끄럽다. 메뉴는 본점과 같다.

📖 1권 P.103 📍 지도 P.054F
📍 구글 지도 GPS 18.798995, 98.968655 🚶 찾아가기 님만해민 로드 쏘이 3 골목 안쪽 🏠 주소 14 Nimmanahaeminda Road Soi 3 ☎ 전화 053-215-278 🕐 시간 수~월요일 08:30~19:00 ⛔ 휴무 화요일 💵 가격 세이튼 라테(Satan Latte) 98B, 피카르디(Ficardie) 88B, 시가레토(Cigar8to) 88B 🌐 홈페이지 www.ristr8to.com

7 까이양 청더이
Cherng Doi Roast Chicken
ไก่ย่างเชิงดอย

 도보 3분

님만해민에서 구운 닭 까이양 요리의 양대 산맥으로 유명한 집. 까이양과 돼지고기 스테이크, 쏨땀 등이 인기 메뉴다. 숯불 요리는 단맛과 불맛이 적당히 섞여 있다. 양은 적다. 나무로 장식한 내부가 깔끔한 분위기다.

📖 1권 P.139 📍 지도 P.054F
📍 구글 지도 GPS 18.799187, 98.966098 🚶 찾아가기 님만해민 로드 쏘이 2 다음 골목인 쑥까쎔 로드로 100m 이동, 오른쪽 🏠 주소 2/8 Suk Kasame Road ☎ 전화 081-881-1407 🕐 시간 화~일요일 11:00~22:00 ⛔ 휴무 월요일 💵 가격 까이양 낭끄랍(Kai Yang Nang Krob) 85B, 쓰떼끄 째우(Steak Jaeo) 70B, 쏨타이(Som Tam Thai) 40B 🌐 홈페이지 없음

8 러스틱 & 블루 팜 숍
Rustic & Blue Farm Shop

도보 4분

님만해민의 브런치 카페 강자 중 하나. 친구 혹은 가족들과 음식을 나누는 편안함을 지향하며, 실내와 야외 정원에 좌석을 마련했다. 치앙마이에서는 보기 드물게 부가세 7%와 봉사료 5%를 따로 받는다.

📖 1권 P.110 📍 지도 P.054F
📍 구글 지도 GPS 18.798212, 98.967387 🚶 찾아가기 님만해민 로드 쏘이 7 입구에서 65m 이동, 오른쪽 🏠 주소 2/1 Nimmanahaeminda Road Soi 7 ☎ 전화 053-216-420 🕐 시간 08:30~22:00 ⛔ 휴무 연중무휴 💵 가격 그린 에그 베네딕트(Green Egg Benedict) 225B, 아메리카노(Americano) 핫 레귤러 65B+12% 🌐 홈페이지 www.facebook.com/rusticandbluechiangmai

9 카우쏘이 님만
Kao Soy Nimman
ข้าวซอยนิมมาน

도보 5분

북부 요리 레스토랑. 간판에 내건 카우쏘이가 대표 메뉴다. 닭다리 카우쏘이 까이, 달걀부침 카우쏘이 카이찌여우, 새우 카우쏘이 꿍 등 토핑에 따라 여러 종류의 카우쏘이가 탄생한다. 카우쏘이 국물은 한국의 카레 맛과 비슷하다. 선지국수 남녀우는 맵다.

📖 1권 P.132 📍 지도 P.054F
📍 구글 지도 GPS 18.797975, 98.969342 🚶 찾아가기 님만해민 로드 쏘이 7 입구에서 270m 이동, 오른쪽 🏠 주소 137 Nimmanahaeminda Road Soi 7 ☎ 전화 053-894-881 🕐 시간 11:00~20:00 ⛔ 휴무 연중무휴 💵 가격 카우쏘이 까이(Kao Soy Kai) 65B, 카놈찐 남녀우(Nam Ngeaw) 59B 🌐 홈페이지 없음

10 몬놈쏫
Mont Nomsod
มนต์นมสด

도보 3분

방콕의 유명 디저트 가게인 몬놈쏫의 치앙마이 지점이다. 토핑 시럽을 얹은 토스트 빵 카놈빵삥이 대표 메뉴로 오리지널 네이쌍카야카이 등 다양한 토핑 시럽을 선택할 수 있다. 놈쏫(우유)은 설탕을 넣거나 뺄 수 있으며, 차게 또는 뜨겁게 먹을 수 있다.

📍 지도 P.054F
📍 구글 지도 GPS 18.797949, 98.966774 🚶 찾아가기 님만해민 로드 쏘이 7과 9 사이 🏠 주소 45/21 Nimmanahaeminda Road ☎ 전화 053-214-410 🕐 시간 목~화요일 15:00~23:00 ⛔ 휴무 수요일 💵 가격 카놈빵삥(Toasted Bread) 15B~ 🌐 홈페이지 www.mont-nomsod.com

11 브라운 카페 & 이터리 🍴 ★★
Brown Cafe & Eatery

도보 5분

빙수, 아이스크림, 음료를 취급하는 디저트 전문점. 화사한 실내 인테리어와 정갈한 플레이팅이 인스타그램용 사진을 찍기에 적합한 곳이다. 간판과 메뉴에는 일본어를 적어놓고, 배경음악으로 K팝을 트는 무정체성도 재미있다. 손님의 대다수는 태국 현지인이다.

🔎 지도 P.054F
📍 구글 지도 GPS 18.797640, 98.967939 ⓖ 찾아가기 님만해민 로드 쏘이 9 입구에서 150m 이동. 왼쪽 ⓐ 주소 7/3 Nimmanahaeminda Road Soi 9 ☎ 전화 099-269-6924 ⏱ 시간 10:00~22:00 ⓧ 휴무 연중무휴 ⓑ 가격 브라운 시그너처(Brown Signature) 119B~ ⓗ 홈페이지 www.facebook.com/browndessert

12 쭛쭛 🍴 ★★
Zood Zood

도보 5분

학생들이 원하는 메뉴는 다 있는 학교 앞 분식집 같은 식당이다. 이것저것 취급하니 맛이 없을 거라는 편견은 말 그대로 편견. 요리 하나하나가 기대하는 맛을 낸다. 계산은 현금으로만 가능하다.

🔎 지도 P.054F
📍 구글 지도 GPS 18.797513, 98.968199 ⓖ 찾아가기 님만해민 로드 쏘이 9 입구에서 180m 이동. 오른쪽 ⓐ 주소 12/2 Nimmanahaeminda Road Soi 9 ☎ 전화 096-789-1596 ⏱ 시간 금~화요일 11:00~24:00, 수~목요일 11:00~02:00 ⓧ 휴무 연중무휴 ⓑ 가격 팟타이 허카이(Pad Thai with Egg Cover) 89B, 카우팟 뿌(Crab Fried Rice) 99B, 얌허이낭롬(Oyster Spicy Salad) 129B ⓗ 홈페이지 없음

13 로젤라토 🍴 ★★
Rosélato

도보 5분

인스타그램용 사진을 찍기에 좋은 아이스크림 전문점. 아이스크림을 고르면 장미 모양으로 만들어준다. 메뉴 사진 속의 아이스크림은 초콜릿 헤이즐넛과 스트로베리. 색은 신경 쓰지 말고 일단 먹어보고 싶은 맛을 고르자. 어떤 색도 묘하게 어우러져 예쁘다.

🔎 지도 P.054F
📍 구글 지도 GPS 18.797080, 98.968500 ⓖ 찾아가기 님만해민 로드 쏘이 11 중간 모퉁이 ⓐ 주소 Nimmanahaeminda Road Soi 13 ☎ 전화 091-852-4885 ⏱ 시간 10:30~21:30 ⓧ 휴무 연중무휴 ⓑ 가격 플라워 콘(Flower Cone) 85B ⓗ 홈페이지 www.facebook.com/RoselatoCnx

14 쏨땀 욕크록 🍴 ★★★
Somtum House
ส้มตำยกครก

도보 5분

맛, 친절, 분위기 삼박자를 두루 갖춘 이싼 요리 전문점. 쏨땀과 까이양, 무양 등은 한국인 입맛에 제격이다. 40여 가지에 이르는 쏨땀은 절구에 담아내 보기에도 좋다. 유럽풍 가옥의 실내에 좌석이 있다.

ⓑ 1권 P.141 🔎 지도 P.054F
📍 구글 지도 GPS 18.796977, 98.968541 ⓖ 찾아가기 님만해민 로드 쏘이 11 중간 ⓐ 주소 15 Nimmanahaeminda Road Soi 11 ☎ 전화 094-629-1596 ⏱ 시간 10:30~20:00 ⓧ 휴무 연중무휴 ⓑ 가격 똠타이(Tum Thai) 59B, 까이양(Gai Yang) 29B, 까이양 타청(Gai Yang Ta-Chang) 139B ⓗ 홈페이지 없음

15 느아뚠 롯이얌 🍴 ★★
Rote Yiam
เนื้อตุ๋นรสเยี่ยม

도보 5분

소고기 국수 전문점. 면, 고명, 국물 종류와 사이즈를 선택해 테이블 위의 종이에 영어로 적어 주면 계산 후 음식이 나온다. 큰 그릇은 비싸고 양이 많으므로 작은 그릇으로 주문하자. 소고기 카레 덮밥도 괜찮다.

🔎 지도 P.054F
📍 구글 지도 GPS 18.796886, 98.968398 ⓖ 찾아가기 님만해민 로드 쏘이 11 중간 ⓐ 주소 26 Nimmanahaeminda Road Soi 11 ☎ 전화 089-700-3479 ⏱ 시간 월~금요일 10:00~20:00, 토~일요일 10:00~18:00 ⓧ 휴무 연중무휴 ⓑ 가격 꾸어이띠여우 쁘어이+엔(Stewed+Tendon) 스몰 100B, 깽까리 쁘어이+엔 랏카우(Stewed Beef+Tendon Curry Rice) 스몰 60B ⓗ 홈페이지 없음

16 이싼 카페 🍴 ★★★
Esan Cafe

도보 5분

아이딘끄린크록이라는 상호보다 '이싼 카페' 간판이 눈에 잘 띄는 이싼 요리 전문점이다. 레몬그라스 치킨 구이 까이반양 따크라이와 게장과 비슷한 얌뿌마덩이 추천 메뉴다.

ⓑ 1권 P.140 🔎 지도 P.054F
📍 구글 지도 GPS 18.796920, 98.966274 ⓖ 찾아가기 님만해민 로드 쏘이 11 입구 ⓐ 주소 49/3-4 Nimanhaeminda Road ☎ 전화 053-220-820 ⏱ 시간 11:00~22:00 ⓧ 휴무 연중무휴 ⓑ 가격 쏨땀타이(Somtum Thai) 75B, 얌뿌마덩(Spicy Pickled Crabs Salad) 145B, 까이반양 따크라이(Grilled Lemongrass Chicken) 120B ⓗ 홈페이지 없음

17 씨야 꾸어이띠여우 쁠라

Sia Fish Noodle
เซี๊ยะก๋วยเตี๋ยวปลา

🍴🍺 ★★★ | 도보 5분

어묵국수 전문점. 국물은 맑은 남싸이, 달콤한 옌따포, 맵고 신 똠얌 중 선택하면 된다. 국물이 탁하고 하얀 똠얌은 시판 소스가 아닌 갈랑갈, 레몬그라스, 카피라임 잎으로 직접 만든다. 먹을수록 진국이다. 실내에 에어컨이 나오고 깔끔하다.

📖 1권 P.131 🗺 지도 P.054F
📍 구글 지도 GPS 18.796948, 98.968784 🚶 찾아가기 님만해민 로드 쏘이 11 중간. 입구에서 260m 이동, 왼쪽 🏠 주소 Nimmanahaeminda Road Soi 11 ☎ 전화 091-138-7002 🕐 시간 월~토요일 10:00~16:30 🚫 휴무 일요일 💰 가격 꾸어이띠여우 쁠라(Clear Soup Fish Noodle) 45B, 똠얌 남프릭파오(Tomyum Fish Noodle) 50B 🌐 홈페이지 없음

18 나인 원 커피

Nine One Coffee

🍴🍺 ★★ | 도보 5분

맛있고, 친절하고, 편안한 기본에 충실한 카페. 가격은 조금 비싸다. 일반, 프리미엄 원두로 추출하는 에스프레소 커피와 원두 종류가 많은 사이폰, 에어로프레스, 핸드 드립 등을 선보인다.

📖 1권 P.106 🗺 지도 P.054F
📍 구글 지도 GPS 18.796966, 98.966946 🚶 찾아가기 님만해민 로드 쏘이 11 입구에서 70m 이동, 오른쪽 🏠 주소 Nimmanahaeminda Road Soi 11 ☎ 전화 081-842-3232 🕐 시간 08:30~19:30 🚫 휴무 연중무휴 💰 가격 도피오 리스트레토(Doppio Ristretto) 75B, 드리퍼 커피(Dripper Coffee) 110B~ 🌐 홈페이지 www.facebook.com/nineonechiangmai

19 까이양 위치안부리

ไก่ย่างวิเชียรบุรี

🍴🍺 ★★★ | 도보 7분

님만해민에서 까이양 요리의 양대 산맥 중 하나로 알려진 곳. 나무 꼬챙이에 끼운 통닭과 닭날개, 닭발, 닭똥집 등을 숯불에 구워 불맛이 은은하게 배어 있다. 저렴한 가격은 덤. 영업이 끝나기도 전에 까이양이 소진되는 일이 잦다. 식당에서 먹는 것보다 포장을 추천한다.

📖 1권 P.138 🗺 지도 P.055G
📍 구글 지도 GPS 18.796785, 98.970362 🚶 찾아가기 님만해민 로드 쏘이 11 끝. 입구에서 400m 이동, 왼쪽 🏠 주소 Nimmanahaeminda Road Soi 11 ☎ 전화 086-207-2026 🕐 시간 화~일요일 09:00~16:00 🚫 휴무 월요일 💰 가격 똠타이 30B, 까이양 1마리 150~160B, 삑까이(닭날개) 25B, 띤까이(닭발) 20B 🌐 홈페이지 없음

20 더 샐러드 콘셉트

The Salad Concept

🍴🍺 ★★★ | 도보 5분

샐러드와 건강 음료가 특화된 레스토랑. 원하는 샐러드 재료를 고를 수도 있고, 이곳만의 레시피로 만든 스페셜 샐러드를 선택해도 된다. 버거, 샌드위치, 스파게티, 덮밥 등의 메뉴도 있는데 그다지 추천하지 않는다.

🗺 지도 P.054F
📍 구글 지도 GPS 18.796764, 98.966288 🚶 찾아가기 님만해민 로드 쏘이 13 입구 🏠 주소 49/9-10 Nimmanahaeminda Road Soi 13 ☎ 전화 053-894-455 🕐 시간 09:00~22:00 🚫 휴무 연중무휴 💰 가격 쌜랏 탐마다(Regular Salad) 69B, 쌜랏 허(Wraps Salad) 89B 🌐 홈페이지 www.thesaladconcept.com

21 떵뗌또

Tong Tem Toh
ต่องเต็มโต๊ะ

🍴🍺 ★★★ | 도보 6분

님만해민을 넘어 치앙마이에서 가장 유명한 식당 중 하나. 추천 메뉴는 입구에서 쉬지 않고 굽는 숯불구이로, 숯불 향이 은은하게 밴 목심 숯불구이가 커뮤양이 입맛에 잘 맞는다. 그 밖에 국물, 볶음, 튀김 요리 등이 다양하다. 고기에 곁들이는 채소는 무료다.

📖 1권 P.151 🗺 지도 P.054J
📍 구글 지도 GPS 18.796578, 98.967755 🚶 찾아가기 님만해민 로드 쏘이 13 입구에서 170m 이동, 왼쪽 🏠 주소 11 Nimmanahaeminda Road Soi 13 ☎ 전화 053-894-701 🕐 시간 07:00~21:00 🚫 휴무 연중무휴 💰 가격 숯불구이 57~187B, 커뮤양(Grilled Blade Shoulder) 67B, 🌐 홈페이지 www.facebook.com/TongTemToh

22 망고 탱고

Mango Tango

🍴🍺 ★★★ | 도보 6분

유명 망고 디저트 전문점 망고 탱고의 치앙마이 지점. 님만해민에서 오랫동안 터를 잡았으며, 원 님만에도 지점이 있다. 망고 아이스크림, 망고 푸딩, 망고 과육을 함께 맛보고 싶다면 가게 이름과 같은 망고 탱고를 주문하면 된다. 가게 손님의 절반 이상이 중국인이다.

📖 1권 P.115 🗺 지도 P.054J
📍 구글 지도 GPS 18.796370, 98.968541 🚶 찾아가기 님만해민 로드 쏘이 13 중간 🏠 주소 Nimmanahaeminda Road Soi 13 ☎ 전화 081-595-8494, 083-481-1108 🕐 시간 11:00~22:00 🚫 휴무 연중무휴 💰 가격 망고 탱고(Mango Tango) 165B 🌐 홈페이지 www.mymangotango.com

23 넝 비
Nong Bee's Burmese Restaurant 🍽️ ★★★ 도보 5분

미얀마 요리 전문점. 미얀마 요리와 태국 요리 메뉴판을 따로 준다. 추천 미얀마 요리는 토마토소스 맛의 소고기, 닭고기, 새우 카레. 절인 찻잎, 견과류, 토마토, 양배추로 요리하는 찻잎 샐러드도 별미다. 메뉴판에 가격이 없으나 대체로 저렴하다.

📖 1권 P.164 📍 지도 P.054J
🌐 구글 지도 GPS 18.796683, 98.965933 🚶 찾아가기 님만해민 로드 쏘이 8 입구 🏠 주소 28 Nimmanahaeminda Road Soi 8 ☎ 전화 064-142-4632, 053-220-848 🕐 시간 10:00~21:00
🚫 휴무 연중무휴 💵 가격
새우 카레(Prawn Curry)
60B, 찻잎 샐러드(Tea
Leaf Salad) 30B 💻 홈페이지 없음

24 쑷엿 바미쑵끄라둑
สุดยอด บะหมี่ซุปกระดูก 🍽️ ★★ 도보 6분

바미는 밀가루와 달걀로 만든 중국 면, 쑵은 수프, 끄라둑은 뼈라는 뜻이다. 상호 그대로 뼛국 바미 국수가 주 메뉴다. 면은 바미 대신 쎈렉, 쎈야이, 쎈미 등 쌀면으로 바꿔도 된다.

📍 지도 P.054J
🌐 구글 지도 GPS 18.796693, 98.965860 🚶 찾아가기 님만해민 힐사이드 콘도 2 주차장 맞은편 🏠 주소 Nimmanahaeminda Road Soi Hillside Condo 2 ☎ 전화 081-648-8238 🕐 시간 월~토요일 10:00~22:00 🚫 휴무 일요일 💵 가격 쑵끄라둑(Noodle with Bone Soup) 40B, 끼여우무댕(Noodle with Wonton & BBQ Pork) 45B, 끼여우텃 10B 💻 홈페이지 www.facebook.com/BahmiSubKraduknimman

25 무스 가츠
Mu's Katsu 🍽️ ★★ 도보 6분

돈가스, 가스동, 규동, 카레 등 단출한 메뉴를 선보이는 일식 전문점. 바와 테이블로 이뤄진 실내에 에어컨이 나와 쾌적하다. 오픈 주방에서 주문 즉시 조리를 시작한다. 식사 시간에는 종종 대기 줄이 생기기도 한다.

📍 지도 P.054I · J
🌐 구글 지도 GPS 18.796711, 98.965399 🚶 찾아가기 님만해민 로드 쏘이 8 입구에서 70m 이동, 왼쪽 🏠 주소 Nimmanahaeminda Road Soi Hillside Condo 2 ☎ 전화 062-471-4224 🕐 시간 수~월요일 11:00~20:30
🚫 휴무 화요일 💵 가격
필레 가츠(Fillet Katsu)
M 65B, L 105B 💻 홈페이지 mus-katsu.com, www.facebook.com/MusKatsu

26 안찬 베지테리언 레스토랑
Anchan Vegetarian Restaurant 🍽️ ★★★ 도보 6분

손맛 좋은 채식 식당. 각 재료에 알맞은 양념을 사용해 요리의 맛이 조화롭다. 단품 요리보다는 양념이 다른 여러 요리를 먹어보면 좋다.

📖 1권 P.155 📍 지도 P.054E · I
🌐 구글 지도 GPS 18.796695, 98.965411 🚶 찾아가기 님만해민 로드 쏘이 8 입구에서 75m 이동, 왼쪽 2층 🏠 주소 Nimmanahaeminda Road Soi Hillside Condo 2 ☎ 전화 083-581-1689 🕐 시간 월~토요일 11:30~20:15 🚫 휴무 일요일 💵 가격 팟팍루엄(Mixed Vegetables Stir Fry) 95B, 따우푸 팟프릭끌르아(Tofu Spice, Salt 'n Pepper Stir Fry) 95B, 카이찌여우 스패닛(Spanish Style Thai Omelet) 140B, 카우 팟 안찬(Anchan Style Fried Rice) 120B 💻 홈페이지 anchanvegetarian.com

27 록미 버거 & 바
Rock Me Burgers & Bar 🍽️ ★★★ 도보 7분

록미 버거의 님만해민 지점. 홈메이드 패티와 번, 소스를 사용해 맛있는 햄버거의 정석을 보여주는 곳이다. 곁들여 나오는 프렌치프라이와 어니언 링도 바삭바삭 맛있다. 실내외에 좌석이 마련돼 있다.

📍 지도 P.054J
🌐 구글 지도 GPS 18.795795, 98.968332 🚶 찾아가기 님만해민 로드 쏘이 15 끄트머리 모퉁이 🏠 주소 Nimmanahaeminda Road Soi 15 ☎ 전화 089-852-8801 🕐 시간 12:00~22:30 🚫 휴무 연중무휴 💵 가격 록킹 온 헤븐(Rocking on Heaven) 199B
💻 홈페이지 www.facebook.com/Rockmeburger

28 록스프레소
Roxpresso 🍽️ ★★ 도보 8분

등급과 가격이 다른 세 종류의 원두를 수동 에스프레소 기계로 추출한다. 각 원두에 어울리는 커피가 있어 원두를 먼저 고르길 권하는 데 순서가 바뀌어도 상관없다. 주문할 때 이름을 물어보고 커피 플레이트에 이름표와 함께 준다. 예쁘고 맛있고 친절하며, 비싸다.

📖 1권 P.106 📍 지도 P.054J
🌐 구글 지도 GPS 18.795077, 98.967585 🚶 찾아가기 님만해민 로드 쏘이 17 중간. 입구에서 210m 이동, 오른쪽 🏠 주소 14 Nimmanahaeminda Road Soi 17 ☎ 전화 081-681-0186
🕐 시간 08:00~18:00
🚫 휴무 연중무휴 💵 가격 아메리카노(Americano) 120B~ 💻 홈페이지 www.facebook.com/roxpresso

29 비스트 버거
Beast Burger

🍴🍴 ★★
도보 8분

록미 버거와 함께 님만해민에서 인기 있는 햄버거 가게다. 냉동하지 않은 신선한 패티와 신선한 소스를 사용한다. 주문은 패스트푸드 방식. 유리로 마감한 1층 실내 좌석과 2층 루프톱 야외 좌석이 있다.

🗺 지도 P.054J
🔵 구글 지도 GPS 18.795075, 98.967680 🔵 찾아가기 님만해민 로드 쏘이 17 중간. 입구에서 220m 이동, 오른쪽 🔵 주소 Nimmanahaeminda Road Soi 17 🔵 전화 080-124-1414 🔵 시간 월~토요일 11:00~14:00, 17:00~21:30 🔵 휴무 일요일 🔵 가격 더 비스트 (The Beast) 190B 🔵 홈페이지 www.beastburgercafe.com

30 SS1254372
SS1254372

🍴🍴 ★★★
도보 3분

갤러리 시스케이프(Gallery Seescape), 헌 숍 (Hern Shop)과 함께 운영하는 브런치 카페. 카페 이름은 우주선을 닮은 건물의 길이가 12.54372m라는 데서 따왔다. 추천 메뉴는 SS 베네딕트로, 오후 3시까지만 제공된다. 커피와 음료도 괜찮다.

📖 1권 P.108 🗺 지도 P.054J
🔵 구글 지도 GPS 18.794893, 98.968411 🔵 찾아가기 님만해민 로드 쏘이 17 중간 🔵 주소 22/1 Nimmanahaeminda Road Soi 17 🔵 전화 093-831-9394 🔵 시간 화~일요일 08:00~17:00 🔵 휴무 월요일 🔵 가격 SS 베네딕트(SS Benedict) 175B 🔵 홈페이지 www.facebook.com/galleryseescape

31 플로어 플로어 슬라이스
Flour Flour Slice

🍴🍴 ★★
도보 8분

포근한 분위기의 브런치 카페. 직접 구운 빵에 바나나, 토마토, 연어, 치킨 등 각종 재료를 얹은 토스트가 신선하고 맛있다. 바와 테이블을 통틀어 좌석이 단 8개뿐이라서 의자가 모두 차면 지나다니기 불편하고, 빈자리가 없는 경우도 예사다.

📖 1권 P.110 🗺 지도 P.054J
🔵 구글 지도 GPS 18.794864, 98.968875 🔵 찾아가기 님만해민 로드 쏘이 17 중간 🔵 주소 26 Nimmanahaeminda Road Soi 17 🔵 전화 092-916-4166 🔵 시간 08:30~16:00 🔵 휴무 연중무휴 🔵 가격 마크어텟처리 유짱 (Yu Chan Organic Cherry Tomato) 165B 🔵 홈페이지 www.facebook.com/flourflourbread

32 테이스트 카페
Taste Cafe

🍴🍴 ★★★
도보 12분

커피 향이 가득해 문을 열고 들어서자마자 기분이 좋아진다. 직접 로스팅한 원두로 에스프레소 기반의 커피와 필터 커피를 선보인다. 테이블이 크고 공간이 넓어 노트북을 사용하기에도 좋다.

📖 1권 P.107 🗺 지도 P.054I
🔵 구글 지도 GPS 18.795176, 98.962739 🔵 찾아가기 2 치앙라이 로드 280m 이동, 오른쪽 🔵 주소 2 Chiang Rai Road 🔵 전화 091-076-7600 🔵 시간 08:00~19:00 🔵 휴무 연중무휴 🔵 가격 아메리카노(Americano) 55B, 필터(Filter) 85B, 카페라테(Cafe Latte) 55B 🔵 홈페이지 www.facebook.com/Taste.Cafe.chiangmai

33 아이베리 가든
Iberry Garden

🍴🍴 ★★★
도보 9분

태국 전역에서 가장 분위기 좋은 아이베리 매장이다. 넓은 정원 곳곳에 조형물이 많은데 어마어마한 크기의 반인반견(半人半犬) 조형물은 정기적으로 다른 색의 페인트로 칠한다.

📖 1권 P.115 🗺 지도 P.054J
🔵 구글 지도 GPS 18.794224, 98.969331 🔵 찾아가기 님만해민 로드 쏘이 17 다음 골목인 쏘이 싸이남풍에 위치. 갤러리 시스케이프 다음 골목에서 좌회전해 120m 이동, 오른쪽 🔵 주소 13 Nimmanahaeminda Road Soi 17 🔵 전화 053-895-171 🔵 시간 10:00~21:00 🔵 휴무 연중무휴 🔵 가격 아이스크림 1스쿱 (1Scoop) 69B, 콘(Cone) 추가 20B 🔵 홈페이지 www.iberryhomemade.com

064

34 롯니욤 커피
Roastniyom Coffee
 도보 7분 ★★

커피나 음료보다는 노트북과 휴대전화로 와이파이를 즐기는 편안한 분위기의 카페. 큰 나무를 베지 않고 그 위에 건물을 지어 나무의 밑부분이 카페 한쪽 벽을 꾸미고 있다. 다른 커피 전문점에 비해 비교적 늦게까지 영업한다.

◎ 지도 P.055G
◉ 구글 지도 GPS 18.797425, 98.971087 ◎ 찾아가기 님만해민 로드 쏘이 7 혹은 9를 끝까지 간 후 씨리망칼라짠 로드 건너편 ◎ 주소 51 P.T. Residence Sri Mangkalajam Road ◎ 전화 094-525-6142 ◎ 시간 07:00~20:00 ◎ 휴무 연중무휴 ◎ 가격 아메리카노(Americano) 55B, 카페라테(Cafe Latte) 60B ◎ 홈페이지 www.facebook.com/roastniyomcoffee

37 카우만까이 꼬이
Koyi โกยี 高恰
 도보 12분 ★★

깔끔한 분위기의 카우만까이 전문점. 밥에 삶은 닭을 곁들인 카우만까이, 튀긴 닭을 곁들인 카우만까이텃이 있다. 삶은 닭과 튀긴 닭을 함께 맛보고 싶다면 카우만까이 파쏨 까이텃을 주문하면 된다. 양이 많지 않으므로 든든하게 먹으려면 곱빼기 피쎘을 주문하자.

◎ 지도 P.055K
◉ 구글 지도 GPS 18.793899, 98.970791 ◎ 찾아가기 씨리망칼라짠 로드 쏘이 13 입구 ◎ 주소 Siri Mangkalajam Road Soi 13 ◎ 전화 없음 ◎ 시간 목~화요일 08:00~15:00 ◎ 휴무 수요일 ◎ 가격 카우만까이·카우만까이텃 각 35B ◎ 홈페이지 없음

35 치윗 치와
Cheevit Cheeva
 도보 10분 ★★★

각종 빙수와 아포카토, 케이크, 에이드 등을 선보이는 디저트 전문점. 시그너처 메뉴인 빙수는 100% 우유를 사용해 입자를 눈꽃처럼 곱게 만든다. 2015년 문을 연 이래 큰 사랑을 받아 치앙마이와 람푼, 타이베이에도 지점을 냈다.

◎ 1권 P.114 ◎ 지도 P.055K
◉ 구글 지도 GPS 18.795277, 98.971135 ◎ 찾아가기 씨리망칼라짠 로드 쏘이 7로 45m 이동, 오른쪽 ◎ 주소 6 Sri Mangkalajam Road Soi 7 ◎ 전화 087-727-8880 ◎ 시간 09:00~22:00 ◎ 휴무 연중무휴 ◎ 가격 망고 스티키 라이스 빙수(Mango Sticky Rice Bingsu) 195B ◎ 홈페이지 cheevitcheevacafe.com

38 크레이지 누들
Crazy Noodle ก๋วยเตี๋ยว หลุดโลก
도보 12분 ★

활기찬 분위기의 국수 전문점. 실내 디자인이 깔끔하다. 국수는 고명, 면, 국물을 순서대로 골라 주문하면 된다. 국물은 맵고 신 똠얌과 맑은 남싸이가 있다. 똠얌은 코코넛 밀크를 넣은 똠얌남콘, 맑은 똠얌남싸이로 나뉜다.

◎ 지도 P.055K
◉ 구글 지도 GPS 18.793426, 98.971344 ◎ 찾아가기 씨리망칼라짠 로드 쏘이 13 입구에서 75m 이동, 오른쪽 ◎ 주소 Siri Mangkalajam Road Soi 13 ◎ 전화 086-541-6646 ◎ 시간 10:00~21:00 ◎ 휴무 연중무휴 ◎ 가격 꾸어이띠여우 카이(Soft Boiled Egg+Pork Ball)·꾸어이띠여우 무쌉 카이켐(Minced Pork+Salted Egg) 각 50B ◎ 홈페이지 없음

36 안찬 누들
Anchan Noodle ก๋วยเตี๋ยว อัญชัน
 도보 13분 ★

태국에서는 안찬, 한국에서는 나비 완두라 불리는 클리토리아는 건강에 좋은 퍼플 푸드 재료. 이곳에서는 클리토리아를 사용해 파란색 국수를 선보인다. 대표 메뉴는 꾸어이띠여우 안찬. 파란색 안찬 면과 돼지 살코기, 양념이 함께 나온다.

◎ 지도 P.055K
◉ 구글 지도 GPS 18.794254, 98.972418 ◎ 찾아가기 씨리망칼라짠 로드 쏘이 9로 180m 이동, 왼쪽 ◎ 주소 19/1 Siri Mangkalajam Road Soi 9 ◎ 전화 084-949-2828 ◎ 시간 08:00~16:00 ◎ 휴무 연중무휴 ◎ 가격 꾸어이띠여우 안찬 40B, 꾸어이띠여우 행 40B, 쑵끄라둑 25B ◎ 홈페이지 www.facebook.com/anchannoodle

39 카페 드 님만
Cafe de Nimman
 도보 13분 ★★★

캐주얼한 분위기의 태국 요리 전문점. 가격과 맛이 치앙마이 평균 수준보다 높다. 무엇보다 간이 짜지 않아 좋다.

◎ 1권 P.149 ◎ 지도 P.055K
◉ 구글 지도 GPS 18.793358, 98.972024 ◎ 찾아가기 씨리망칼라짠 로드 쏘이 13 입구에서 120m 이동, 왼쪽 ◎ 주소 13 Siri Mangkalajam Road Soi 13 ◎ 전화 053-218-405 ◎ 시간 11:00~22:00 ◎ 휴무 연중무휴 ◎ 가격 쏨땀타이(Spicy Papaya Salad in Thai Style) 95B, 운쎈팟 카이켐 끄라티얌톤(Stir Fried Glass Noodles with Salted Egg and Garlic) 120B, 쁠라묵팟 남프릭파오(Stir Fried Squid with Chili Paste) 165B ◎ 홈페이지 www.facebook.com/Cafedenimman

40 님만 힐
Nimman Hill

🍴 ★★ 도보 5분

마야 라이프스타일 쇼핑센터 6층 루프톱에 자리한 카페와 술집들. 어둠이 내리기 전에 문을 열어 님만해민의 야경과 함께한다. 문제는 님만해민에는 마야보다 고층빌딩이 적다는 점. 발아래 경치가 초라해 보일 수 있다. 거의 모든 가게가 라이브 공연을 한다.

지도 P.054B
구글 지도 GPS 18.802378, 98.966721 **찾아가기** 마야 라이프스타일 쇼핑센터 6층 **주소** 6F, Maya, 55 Huaykaew Road **전화** 가게마다 다름 **시간** 가게마다 다름. 대략 16:00~01:00 **휴무** 연중무휴 **가격** 가게마다 다름 **홈페이지** 가게마다 다름

41 마야 AIS 캠프
AIS CAMP

🍴 ★★★ 도보 5분

태국 대표 통신회사 AIS에서 선보이는 24시간 라이브러리 카페. 기본 1시간, AIS 사용자는 2시간 동안 초고속 와이파이를 무료로 사용할 수 있다. 간단한 음료와 음식도 판매한다. 밤늦은 시간에는 주차장 쪽 엘리베이터를 이용하면 된다.

지도 P.054B
구글 지도 GPS 18.802438, 98.967185 **찾아가기** 마야 라이프스타일 쇼핑센터 5층 **주소** 5F, Maya, 55 Huaykaew Road **전화** 052-081-199 **시간** 24시간 **휴무** 연중무휴 **가격** 커피(Coffee) 핫 65B **홈페이지** www.ais.co.th/campais/en

42 깟린캄
กาดรินคำ

🍴 ★ 도보 6분

마야 라이프스타일 쇼핑센터 옆 훼이깨우 로드에 자리한 노점 밀집 지역이다. 한국어 간판이 반가운 '오빠 포장마차'를 비롯해 꼬치, 튀김, 쏨땀, 스시 등 야시장 대표 메뉴 노점이 하나씩은 있다. 의류, 액세서리를 판매하는 매장도 몇 있다.

지도 P.054B
구글 지도 GPS 18.802558, 98.966520 **찾아가기** 훼이깨우 로드, 마야 라이프스타일 쇼핑센터 옆 **주소** Kad Rincome, Huaykaew Road **전화** 086-586-4177 **시간** 17:00~23:00 **휴무** 연중무휴 **가격** 제품마다 다름 **홈페이지** www.facebook.com/kadrincomechiangmai

43 깟쑤언깨우 야시장
Night Market Kad Suan Kaew

🍴 ★★ 도보 15분

깟쑤언깨우 백화점 앞에서 목·금·토요일 저녁에 열리는 야시장. 꼬치, 튀김, 롤, 쏨땀, 과일, 디저트 등 야시장 대표 메뉴를 알차게 선보인다. 작은 규모이며 여행자보다 현지인이 즐겨 찾는다.

1권 P.161 **지도** P.055L
구글 지도 GPS 18.796741, 98.976076 **찾아가기** 마야 라이프스타일 쇼핑센터 반대쪽 훼이깨우 로드로 1km 이동, 오른쪽 **주소** 12 Huaykaew Road **전화** 가게마다 다름 **시간** 목~토요일 16:00~22:00 **휴무** 일~수요일 **가격** 제품마다 다름 **홈페이지** 없음

44 라파스 마사지
Lapas Massage

☺ ★★★ 도보 3분

한국인 여행자에게 인지도가 있는 마사지 숍. 가게 밖에 한국어로 마사지 메뉴를 적어놓았다. 1층에는 발 마사지용 의자, 2층에는 타이·오일 마사지용 매트리스가 깔린 룸이 있다. 마사지사의 실력은 전반적으로 괜찮다.

1권 P.210 **지도** P.054F
구글 지도 GPS 18.798179, 98.968728 **찾아가기** 님만해민 로드 쏘이 7 입구에서 210m 이동, 왼쪽 **주소** 17 Nimmanahaeminda Soi 7 **전화** 089-955-6679 **시간** 10:00~22:00 **휴무** 연중무휴 **가격** 타이 마사지 60분 250B **홈페이지** www.lapasmassage.com

45 샨타 마사지
Shanta Massage

☺ ★★★ 도보 5분

최신 시설의 마사지 숍. 1층 로비를 지나면 발 마사지용 의자가 있으며, 위층에는 타이·오일 마사지용 침대가 마련돼 있다. 마사지사에 따라 실력 차이가 있으나 전반적으로 만족스럽다. 가격 대비 시설 면에서는 님만해민에서 손꼽을 정도다.

1권 P.211 **지도** P.054F
구글 지도 GPS 18.797702, 98.967936 **찾아가기** 님만해민 로드 쏘이 9 입구에서 150m 이동, 왼쪽 **주소** 7/4 Nimmanahaeminda Soi 9 **전화** 099-937-7862 **시간** 10:00~22:00 **휴무** 연중무휴 **가격** 타이 마사지 60분 300B **홈페이지** www.facebook.com/shantadayspa

46 청더이 마사지
Choeng Doi Massage

★★ 도보 9분

각종 여행 사이트에서 좋은 평가를 받고 있는 마사지 숍. 하지만 시설이 낡아 소음이 들리고, 마사지 실력도 편차가 있어 좋은 평가에 의구심이 든다. 대신 매우 친절하고, 천천히 부드럽게 마사지하는 편이다.

⊙ **지도** P.054E

⊙ **구글 지도 GPS** 18.798042, 98.962630 ⊙ **찾아가기** 님만해민 로드 쏘이 6 입구에서 430m 이동, 왼쪽. 로터리를 지나야 한다. ⊖ **주소** Nimmanahaeminda Road Soi 6 ⊖ **전화** 053-217-598, 090-051-6505 ⊙ **시간** 10:30~23:00 ⊙ **휴무** 연중무휴 ⊜ **가격** 타이 마사지 60분 300B, 90분 450B ⊛ **홈페이지** www.facebook.com/ChoengdoiSpa.massage

47 푸파야 마사지
Phuphaya Massage

★★★ 도보 6분

마사지사들의 실력이 전반적으로 뛰어나며 매우 친절하다. 외부에서 불러오는 마사지사들도 이곳만의 규칙에 따라 충실한 마사지를 선보인다. 1층에는 발 마사지용 의자, 위층에는 타이·오일 마사지용 침대가 있어 조용히 마사지를 즐길 수 있다.

⊛ **1권** P.210 ⊙ **지도** P.054J

⊙ **구글 지도 GPS** 18.796339, 98.968587 ⊙ **찾아가기** 님만해민 로드 쏘이 13 입구에서 260m 이동. 오른쪽 ⊖ **주소** 14/5 Nimmanahaeminda Road Soi 13 ⊖ **전화** 093-167-7295 ⊙ **시간** 10:00~23:00 ⊙ **휴무** 연중무휴 ⊜ **가격** 타이 마사지 60분 250B ⊛ **홈페이지** 없음

48 님만 하우스 타이 마사지
Nimman House Thai Massage

★★ 도보 8분

님만해민에서 가장 인기 있는 마사지 숍 중 하나. 예약을 하지 않으면 원하는 시간에 마사지를 받을 수 없는 경우가 많다. 마사지 룸이 1인실로 분리된 구조라 조용한 분위기다. 타이 마사지는 일반 마사지와 100B 더 비싼 너브 터치(Nerve Touch)로 구분되는데 별 차이가 없다.

⊛ **1권** P.211 ⊙ **지도** P.054J

⊙ **구글 지도 GPS** 18.795056, 98.965868 ⊙ **찾아가기** 원 님만에서 님만해민 로드를 따라 600m 이동, 왼쪽 ⊖ **주소** 59/8 Nimmanahaeminda Road ⊖ **전화** 053-218-109 ⊙ **시간** 10:30~22:00 ⊙ **휴무** 연중무휴 ⊜ **가격** 타이 마사지(일반) 60분 250B ⊛ **홈페이지** www.nimmanhouse.com

49 바질 인텐시브 타이 쿠킹 스쿨
Basil Intensive Thai Cooking School

★★★ 도보 13분

님만해민에 자리한 쿠킹 스쿨이다. 한 클래스는 1명부터 최대 8명까지 모집하며, 18가지 요리 중 6가지를 선택한다. 이브닝 클래스보다는 쏨펫 시장 장보기가 포함된 모닝 클래스가 알차다.

⊛ **1권** P.217 ⊙ **지도** P.055K

⊙ **구글 지도 GPS** 18.795301, 98.973577 ⊙ **찾아가기** 씨리망칼라짠 로드 쏘이 5 입구에서 300m 이동, 오른쪽 ⊖ **주소** 22/4 Siri Mangalajam Road Soi 5 ⊖ **전화** 083-320-7693 ⊙ **시간** 월~토요일 모닝 클래스 09:00~15:00, 이브닝 클래스 16:00~20:30 ⊙ **휴무** 일요일 ⊜ **가격** 모닝 클래스·이브닝 클래스 각 1000B ⊛ **홈페이지** www.basilcookery.com

50 웜 업 카페
Warm Up Cafe
☺ ★ 도보 8분

님만해민 대표 나이트라이프 스폿. 내부는 크게 라이브 공연을 하는 무대와 클럽으로 나뉜다. 손님의 대다수는 태국 현지인. 입장 시 신분증을 검사하므로 여권을 준비해야 한다. 1999년 개업할 때부터 간판의 욱일기 디자인은 바뀌지 않았다.

⊙ **지도** P.054I

⊙ **구글 지도 GPS** 18.795163, 98.965022 ⊙ **찾아가기** 원 님만에서 님만해민 로드를 따라 600m 이동, 오른쪽 ⊖ **주소** 40 Nimmanahaeminda Road ⊖ **전화** 053-400-677 ⊙ **시간** 19:00~01:00 ⊙ **휴무** 연중무휴 ⊜ **가격** 맥주 80B~ ⊛ **홈페이지** www.facebook.com/warmupcafe1999

51 씽크 파크
Think Park
⊡ ★ 도보 3분

디자인 제품을 선보이는 작은 숍으로 이뤄진 쇼핑 단지. 개인이 직접 디자인한 에코백과 생활 잡화를 판매하는 플레이 웍스가 가장 인기다. 님만해민 로드와 훼이깨우 로드가 만나는 지점에 마야 라이프스타일 쇼핑센터, 원 님만과 마주하고 있어 함께 찾아가면 좋다. 벽화 등 소소한 볼거리도 놓치기 아쉽다.

⊙ **지도** P.054B

⊙ **구글 지도 GPS** 18.801240, 98.967574 ⊙ **찾아가기** 원 님만, 유 님만 치앙마이, 마야 라이프스타일 쇼핑센터 맞은편 ⊖ **주소** 165 Huaykaew Road ⊖ **전화** 087-660-7706 ⊙ **시간** 가게마다 다름. 대략 12:00~22:00 ⊙ **휴무** 연중무휴 ⊜ **가격** 가게마다 다름 ⊛ **홈페이지** www.facebook.com/thinkparkchiangmai

52 마야 라이프스타일 쇼핑센터
Maya Lifestyle Shopping Center

도보 4분

7층 규모의 쇼핑센터. 림뼹 슈퍼마켓과 기념품 가게 등이 있는 B층, 레스토랑과 푸드 코트가 있는 4층이 인기다. 5층에는 영화관과 무에타이 체육관, 6층에는 님만 힐이 있다. 제대로 된 쇼핑센터 중에서는 시내에서 가장 가까워 여행자들이 즐겨 찾는다.

ⓘ 1권 P.196 ⓞ 지도 P.054B
ⓖ **구글 지도 GPS** 18.802475, 98.967247 ⓖ **찾아가기** 원 님만 옆의 유 님만 치앙마이 대각선 맞은편 ⓐ **주소** 55 Huaykaew Road ⓟ **전화** 052-081-555 ⓣ **시간** 월~금요일 11:00~22:00, 토~일요일 10:00~22:00 ⓗ **휴무** 연중무휴 ⓟ **가격** 가게마다 다름 ⓗ **홈페이지** www.mayashoppingcenter.com

53 플레이 웍스
Play Works

도보 3분

씽크 파크에서 가장 인기 있는 가게. 원 님만 2층에도 매장이 있다. 창의적 디자인의 패브릭 에코백, 가죽 에코백, 장바구니, 스카프, 파우치, 엽서, 열쇠고리 등을 판다. 제품의 70%는 핸드메이드. 패브릭 에코백의 종류가 가장 많으며, 가격도 저렴하다.

ⓘ 1권 P.190 ⓞ 지도 P.054B
ⓖ **구글 지도 GPS** 18.801189, 98.967316 ⓖ **찾아가기** 씽크 파크 내 ⓐ **주소** Think Park, 165 Huaykaew Road ⓟ **전화** 084-614-7226 ⓣ **시간** 월~토요일 11:00~22:00, 일요일 13:00~22:00 ⓗ **휴무** 연중무휴 ⓟ **가격** 제품마다 다름 ⓗ **홈페이지** playworks.page365.net

54 원 님만
One Nimman

도보 0분

브랜드 매장과 카페, 레스토랑, 푸드 코트 등이 입점해 있다. 주목할 만한 매장은 몬순 티, 토분, 판퓨리, 한, 그래프, 진저 팜 키친 등. 요일별로 살사, 스윙, 요가 등의 무료 교실을 주최해 문화와 쇼핑이 만나는 장이 되며, 일요일에는 소규모 오가닉 마켓이 열린다. 붉은색 벽돌 건물이 고풍스러워 인스타그램용 사진을 찍는 이들이 많다.

ⓘ 1권 P.197 ⓞ 지도 P.054F
ⓖ **구글 지도 GPS** 18.800085, 98.967855 ⓖ **찾아가기** 님만해민 로드 쏘이 1 ⓐ **주소** 1 Nimmanahaeminda Road Soi 1 ⓟ **전화** 052-080-900 ⓣ **시간** 11:00~23:00 ⓗ **휴무** 연중무휴 ⓟ **가격** 가게마다 다름 ⓗ **홈페이지** www.onenimman.com

55 센트럴 깟쑤언깨우
Central Kad Suan Kaew

도보 15분

치앙마이에서 가장 오래된 쇼핑센터. 마야 라이프스타일 쇼핑센터와 원 님만, 센트럴 플라자 등 치앙마이에 현대적인 쇼핑센터가 등장하면서 예전보다는 인기가 덜하다. 대신 지하에 규모가 제법 큰 톱스 마켓이 있어 슈퍼마켓 쇼핑을 즐기기에 좋다.

ⓘ 1권 P.203 ⓞ 지도 P.055L
ⓖ **구글 지도 GPS** 18.796201, 98.975940 ⓖ **찾아가기** 마야 라이프스타일 쇼핑센터 반대쪽 후이깨우 로드로 1km 이동, 오른쪽 ⓐ **주소** 21 Huaykaew Road ⓟ **전화** 053-224-444 ⓣ **시간** 11:00~21:00 ⓗ **휴무** 연중무휴 ⓟ **가격** 가게마다 다름 ⓗ **홈페이지** www.kadsuankaew.co.th

56 란 라오
ร้านเล่า

★★ 도보 1분

'이야기 가게'라는 예쁜 이름의 작은 서점이다. 태국어 책을 주로 취급하며, 여행 분야 등에 영어 서적이 일부 있다. 서점 한구석에 자리를 잡고 책 냄새 맡으며 작은 서점이 주는 포근함을 느껴보자.

지도 P.054F
구글 지도 GPS 18.799466, 98.967114 **찾아가기** 님만해민 로드 쏘이 2 지나자마자 큰길 오른쪽 **주소** 8/7 Nimmanahaeminda Road **전화** 053-214-888 **시간** 10:00~22:00 **휴무** 연중무휴 **가격** 제품마다 다름 **홈페이지** www.facebook.com/ranlaobookshop

57 더 북 스미스
The Book Smith

★★ 도보 1분

란 라오와 큰길을 마주하고 있는 또 다른 작은 서점. 여행, 요리, 소설 등의 분야에 걸쳐 엄선한 영어 서적이 많아 순수하게 책을 즐기려는 여행자에게 적합하다. 엽서, 포장지, 디자인 제품 등도 다양하게 판매한다.

지도 P.054F
구글 지도 GPS 18.799341, 98.967359 **찾아가기** 님만해민 로드 쏘이 3 입구 모퉁이 **주소** Nimmanahaeminda Road Soi 3 **전화** 061-625-9624 **시간** 10:00~22:00 **휴무** 연중무휴 **가격** 제품마다 다름 **홈페이지** www.facebook.com/thebooksmithbookshop

58 님만 프로미나드
Nimman Promenade

★★ 도보 3분

님만해민 중심에 자리한 쇼핑 단지. 로컬 디자인의 여성 의류, 신발을 취급하는 가게들이 줄줄이 자리했다. 태국 북부 특유의 비비드한 컬러는 물론 천연 소재 또는 고산족의 패턴을 차용한 의류와 가방, 액세서리, 신발 등 독특한 디자인의 제품이 많다.

지도 P.054F
구글 지도 GPS 18.798437, 98.966684 **찾아가기** 님만해민 로드 쏘이 4 옆. 입구에 와위 커피가 있다. **주소** Nimman Promenade, Nimmanahaeminda Road Soi 4 **전화** 가게마다 다름 **시간** 가게마다 다름. 대략 10:00~21:00 **휴무** 연중무휴 **가격** 가게마다 다름 **홈페이지** 없음

59 갤러리 시스케이프
Gallery Seescape

★ 도보 8분

디자인 숍과 아트 갤러리, 브런치 카페로 구성된 예술 공동체. 치앙마이 대학교 출신 예술가 똘랍 헌(Torlarp Larpjaroensook)의 작품을 상설 전시하며, 지역 예술가들의 작품은 특별 전시한다. 설립자의 별명을 딴 헌 숍(Hern Shop)에서는 예술가들의 디자인 제품을 판매한다.

지도 P.054J
구글 지도 GPS 18.794893, 98.968411 **찾아가기** 님만해민 로드 쏘이 17 중간 **주소** 22/1 Nimmanahaeminda Road Soi 17 **전화** 093-831-9394 **시간** 화~일요일 11:00~20:00 **휴무** 월요일 **가격** 제품마다 다름 **홈페이지** www.facebook.com/galleryseescape

ZOOM IN

창프악·싼띠탐

훼이깨우 로드 북단의 창프악은 원래 지명보다 '마야 뒤편'으로 많이 불린다. 치앙마이 장기 체류 인기 지역인 싼띠탐 역시 창프악에 포함된다.

● **이동 시간 기준** 마야 라이프스타일 쇼핑센터

1 왓 쩻엿
Wat Jed Yod
วัดเจ็ดยอด

★★★ 도보 12분

정식 이름은 왓 포타람 마하위한이다. 1455년 띠록까랏 왕이 불기 2000년을 기념하며 설립했다. 핵심 볼거리는 마하 쩨디. 인도 보드가야의 마하보디 사원을 연구하기 위해 버마 바간에 수도승을 보낸 왕은 마하보디 사원을 그대로 본떠 기단 위에 7개의 쩨디가 있는 마하 쩨디를 만들었다.

1권 P.065 **지도** P.069A
구글 지도 GPS 18.809016, 98.972172 **찾아가기** 마야 라이프스타일 쇼핑센터에서 슈퍼 하이웨이 따라 700m 지나 왓 쩻엿 이정표가 나오면 좌회전 **주소** Moo 2, Hwy Chiang Mai-Lampang Frontage Road **전화** 053-224-802 **시간** 06:00~18:00, 프라위한루앙(본당) 08:30~17:30 **휴무** 연중무휴 **가격** 무료입장 **홈페이지** 없음

치앙마이 컨벤션 센터
토요 모닝 마켓
Saturday Morning Market P.072
고산족 박물관
Highland People Discovery Museum
P.069
121
107
1366
옴니아
Omnia P.071
N
0
250m
치앙마이 국립 박물관
Chiang Mai National Museum
P.069
11
107
Phothararn Rd
펭귄 코업
Penguin co-op P.071
왓 쩻엿
Wat Jed Yod
P.068
Sirithon Rd
Jed Yod-Chang Khian Rd
쏨땀 우돈
P.071
Soi Tantawan
Wiang Bua Rd
꼬프악 꼬담
P.070
The Opium
Wiang Bua Rd
Thongkaw Rd
Taewan Rd
Taewarit Rd
Kradungkga Rd
Taeparak Rd
Santiuk Rd
Santhitham Rd
Baan Nam Mae Soi 1
코튼 트리
Cotton Tree P.070
Green Hill Place
Huaykaew Rd
씨리와타나 시장
P.071
나나 베이커리 & 커피 코너
Nana Bakery Coffee Corner P.071
로터스ex
플립스 & 플립스
Flips & Flips P.071
아카 아마 커피
Akha Ama Coffee P.070
Viengping Mansion
마야 라이프스타일 쇼핑센터
Maya Lifestyle Shopping Center
Fu rama
Mercure
Tops Market
Changphuak Soi 4
Soi Patchaphuek
Hussadhisawee Rd
원 님만
One Nimman
카우쏘이 매싸이
Khao Soy Mae Sai P.070
흐언므언짜이
Huen Muan Jai P.070
Nimmanahaeminda Rd
104
Chiang Mai Lodge
왓 싼띠탐
Sermsuk Rd
A
B

2 치앙마이 국립 박물관

Chiang Mai National Museum

★★★ 도보 16분

치앙마이와 태국 북부의 선사 시대부터 현재까지의 역사를 1~3층에 걸쳐 전시한다. 태국 북부의 시대별 건축 양식, 불교 예술, 도자기 등 볼거리가 다양하다. 꼼꼼하게 돌아보면 2~3시간 정도 걸린다.

1권 P.073 **지도** P.069B
구글 지도 GPS 18.811581, 98.976293 **찾아가기** 마야 라이프스타일 쇼핑센터에서 슈퍼 하이웨이 따라 1.3km 이동, 왼쪽 **주소** 451 Moo 2, Hwy Chiang Mai-Lampang Frontage Road **전화** 053-221-308 **시간** 수~일요일 09:00~16:00 **휴무** 월~화요일 **가격** 100B **홈페이지** 없음

3 고산족 박물관

Highland People Discovery Museum

★★★ 택시 8분

무료라는 사실이 미안할 정도로 전시 내용이 알찬 박물관. 태국에 사는 고산족이 궁금하다면 반드시 들러보자. 고산족 관련 영상, 부족별 의상과 생활 도구 전시를 통해 주요 6개 부족인 카렌, 몽, 미엔, 아카, 리수, 라후족에 대해 알 수 있다.

1권 P.055 **지도** P.069A
구글 지도 GPS 18.821552, 98.974722 **찾아가기** 그랩 택시 또는 뚝뚝 이용 **주소** Rama IX Lanna Park, Chotana Road **전화** 053-210-872 **시간** 월~금요일 08:30~12:00, 13:00~16:00 **휴무** 토~일요일 **가격** 무료입장 **홈페이지** 없음

4 카우쏘이 매싸이

Khao Soy Mae Sai
ข้าวซอยแม่สาย

도보 13분

치앙마이 대표 국숫집 중 하나. 카우쏘이와 남니여우 등 모든 국수가 맛있다. 상호와 이름이 같은 카우쏘이 매싸이는 매콤한 국물이 입맛을 돋우는 꾸어이띠여우 남니여우의 다른 이름이다.

(책) 1권 P.132 (지도) 지도 P.069B
(GPS) 구글 지도 GPS 18.799608, 98.975229 (찾아가기) 깟쑤언깨우 맞은편 쏘이 랏차프룩 (주소) 주소 29/1 Soi Ratchaphuek (전화) 전화 053-213-284 (시간) 시간 08:00~16:00 (휴무) 휴무 연중무휴 (가격) 가격 카우쏘이 느아(Northern Thai Noodle Curry Soup with Beef) 45B, 꾸어이띠여우 무(Noodle Soup with Pork) 40B, 꾸어이띠여우 남니여우(Noodle with Spicy Pork Sauce) 40B (홈) 홈페이지 www.facebook.com/khaosoimaesai

5 흐언므언짜이

Huen Muan Jai
เฮือนม่วนใจ๋

도보 14분

태국 북부 스타일의 낡은 목조 가옥에서 북부 음식을 선보인다. 카우쏘이, 카놈찐 남니여우, 싸이우어, 깽항레, 캡무 등 유명 북부 요리는 물론 여행자에게는 생소한 전통 북부 메뉴도 다양하다.

(책) 1권 P.125 (지도) 지도 P.069B
(GPS) 구글 지도 GPS 18.799897, 98.975441 (찾아가기) 깟쑤언깨우 맞은편 쏘이 랏차프룩 (주소) 주소 24 Soi Ratchaphuek (전화) 전화 053-404-998 (시간) 시간 목~화요일 11:00~22:00 (휴무) 휴무 수요일 (가격) 가격 쁠라차완텃(Fried Serpent-Head Fish) 120B, 깽항레(Northern Style Pork Curry with Garlic) 120B (홈) 홈페이지 www.huenmuanjai.com

6 코튼 트리

Cotton Tree

도보 5분

직접 로스팅한 원두를 에스프레소, 푸어 오버, 에어로프레스, 콜드 브루, 콜드 드립 방식으로 선보이며, 홈메이드 크루아상, 바게트, 토스트로 맛있는 샌드위치를 만든다. 인테리어는 커피처럼 정갈하다.

(지도) 지도 P.069A
(GPS) 구글 지도 GPS 18.804507, 98.967810 (찾아가기) 마야 라이프스타일 쇼핑센터에서 슈퍼 하이웨이 따라 130m 지나 콘도로 진입 (주소) 주소 45/38 Moo 5, Chang Phueak (전화) 전화 086-090-9014 (시간) 시간 수~월요일 08:00~16:00 (휴무) 휴무 화요일 (가격) 가격 아메리카노(Americano) 핫 65B · 아이스 75B (홈) 홈페이지 www.huenmuanjai.comwww.facebook.com/cottontreecnx

7 꼬프악 꼬담

โกเผือกโกดำ

타이 티, 클리토리아, 재스민, 비트로 4가지 색을 낸 커스터드 크림 토스트가 유명하다. 인스타그램용으로 제격인 달콤한 디저트다. 베트남 국수 꾸어이짭유안도 인기. 손님이 워낙 많고 바빠 친절을 기대하긴 힘들다.

(지도) 지도 P.069A
(GPS) 구글 지도 GPS 18.806289, 98.963982 (찾아가기) 슈퍼 하이웨이 140m 지점에서 반남매 쏘이 1로 진입해 반남매 쏘이 3까지 750m (주소) 주소 Bann Nam Mae Soi 3, Chang Phueak (전화) 전화 062-442-4611 (시간) 시간 수~월요일 08:00~15:00 (휴무) 휴무 화요일 (가격) 가격 촛쌍카야 셋 씨(Thai Custard Dip Set) 45B, 꾸어이짭유안(Vietnam Style Noodle) 레귤러 45B, 엑스트라 55B (홈) 홈페이지 www.facebook.com/GopuekGodum

8 아카 아마 커피

Akha Ama Coffee

도보 7분

아카 아마 커피 본점. 쌘띠탐 아파트의 작은 상가에서 출발한 아카 아마 커피는 현재 치앙마이 대표 커피숍으로 거듭났다. 근처 레지던스와 아파트에 거주하는 여행자와 현지인은 물론 아카 아마 커피 마니아들의 발길이 이어진다. 나무 아래 마련된 야외 테이블의 분위기가 좋다.

(책) 1권 P.102 (지도) 지도 P.069B

(GPS) 구글 지도 GPS 18.803284, 98.980056 (찾아가기) 쌘띠탐 하싸디쒜위 쏘이 3에 위치. 그랩 택시 또는 뚝뚝 이용 (주소) 주소 9/1 Hussadhisawee Soi 3 (전화) 전화 086-915-8600 (시간) 시간 08:00~18:00 (휴무) 휴무 연중무휴 (가격) 가격 아메리카노(Americano) 핫 50B · 콜드 60B, 카페 샤케라토(Cafe Shakerato) 60B (홈) 홈페이지 www.akhaama.com

9 옴니아
Omnia

택시 3분

직접 로스팅한 원두를 에스프레소, 에어로프레스, 포어 오버, 케멕스, 콜드 드립, 콜드 브루로 선보인다. 아카 아마 커피가 오로지 커피로 승부한다면 옴니아는 약간의 플레이팅과 가격을 더한 카페라고 보면 된다. 불편한 교통을 감수하더라도 방문할 가치가 충분하다.

📖 1권 P.105 ⊙ 지도 P.069B
🔘 구글 지도 GPS 18,813657, 98,973710 🔘 찾아가기 그랩 택시 또는 뚝뚝 이용 🔘 주소 181/272 Moo 3, Photharam Road 🔘 전화 089-999-4440 🕐 시간 08:00~17:00 🔘 휴무 연중무휴 🔘 가격 롱 블랙(Long Black) 65·75B, 포어 오버 (Pour Over) 100·120B 🔘 홈페이지 www.facebook. com/OmniaCafeChiangmai

10 플립스 & 플립스 홈메이드 도넛
Flips & Flips Homemade Donuts

택시 7분

현지인들의 절대적인 지지를 받고 있는 홈메이드 도넛 가게. 포장 주문을 하는 이들로 아침부터 문전성시를 이룬다. 점심시간 즈음에는 인기 도넛이 동나는 일이 잦다. 야외 정원에 테이블이 몇 개 있다.

📖 1권 P.119 ⊙ 지도 P.069B
🔘 구글 지도 GPS 18,803469, 98,979834 🔘 찾아가기 싼띠탐 하싸디쎄워 쏘이 5에 위치. 그랩 택시 또는 뚝뚝 이용 🔘 주소 14 Hussadhisawee Soi 5 🔘 전화 091-865-1535 🕐 시간 금~수요일 11:00~16:00 🔘 휴무 목요일

🔘 가격 도넛 20~45B 🔘 홈페이지 www.facebook.com/FlipsandFlipsHomeMade Donuts

11 나나 베이커리 & 커피 코너
Nana Bakery & Coffee Corner

택시 7분

크루아상이 맛있기로 소문난 나나 베이커리의 지점. 토요 아침 시장의 나나 정글과 같은 베이커리. 치앙마이 곳곳에 지점이 많은데 이곳이 접근성이 가장 좋다. 작은 커피숍을 함께 운영한다.

📖 1권 P.118 ⊙ 지도 P.069B
🔘 구글 지도 GPS 18,804110, 98,979062 🔘 찾아가기 싼띠탐 쏫쑤싸 로드에 위치. 그랩 택시 또는 뚝뚝 이용 🔘 주소 3, 3/1 Sodsueksa Road 🔘 전화 053-800-150 🕐 시간 07:00~17:00 🔘 휴무 연중무휴 🔘 가격 크루아상 13B~ 🔘 홈페이지 www.nana-bakery-chiang-mai.com

12 쏨땀 우돈
ส้มตำอุดร

도보 15분

대규모 이싼 요리 전문점. 숯불구이와 쏨땀을 잘한다. 테이블에 있는 주문서를 작성해 'Order Food Bill at Here'라고 적힌 곳에 꽂아두면 음식을 가져다준다.

📖 1권 P.140 ⊙ 지도 P.069B
🔘 구글 지도 GPS 18,806619, 98,976433 🔘 찾아가기 싼띠탐 쏘이 탄따완에 위치. 그랩 택시 또는 뚝뚝 이용 🔘 주소 104 Soi Tantawan 🔘 전화 053-222-865 🕐 시간 09:00~21:00 🔘 휴무 연중무휴 🔘 가격 삑까이(Grilled Chicken Wing) 26B, 양무엄(Mix Grilled Pork) 80B, 땀타이(Thai Style Papaya Salad with Prawn) 36B, 땀쏨오(Spicy Pomelo Salad) 55B 🔘 홈페이지 없음

13 펭귄 코업
Penguin co-op

★★★
택시 6분

각종 디자인 제품을 판매하는 의류, 잡화 편집 숍, 카페, 레스토랑, 스튜디오 등의 공동 사업체를 운영하는 펭귄 빌리지 내에 있다. 한곳에서 다양한 브랜드를 쇼핑할 수 있으며, 가격이 합리적이다. 신용카드는 사용할 수 없다.

📖 1권 P.189 ⊙ 지도 P.069A
🔘 구글 지도 GPS 18,809597, 98,962691 🔘 찾아가기 그랩 택시 또는 뚝뚝 이용 🔘 주소 44/1 Moo 1, Kankhlong Chonprathan Road 🔘 전화 088-459-9155 🕐 시간 12:00~18:00 🔘 휴무 연중무휴 🔘 가격 제품마다 다름 🔘 홈페이지 www.facebook.com/penguincoop

14 씨리와타나 시장
ตลาดศิริวัฒนา

★★
택시 9분

창프악 지역의 대규모 상설시장. 타닌 마켓이라고도 불린다. 과일, 채소, 생선, 육류 등 식자재는 물론 튀김, 쏨땀 등 즉석 먹거리를 저렴하게 판매한다. 멀리서 일부러 찾아갈 필요는 없다.

⊙ 지도 P.069B
🔘 구글 지도 GPS 18,804499, 98,984641 🔘 찾아가기 그랩 택시 또는 뚝뚝 이용 🔘 주소 Changpuak Road 🔘 전화 없음 🕐 시간 06:00~20:00 🔘 휴무 연중무휴 🔘 가격 제품마다 다름 🔘 홈페이지 없음

15 토요 모닝 마켓
Saturday Morning Market

택시 12분 ★★

토요일 아침마다 열리는 모닝 마켓이다. 시내 외곽 숲속에 먹거리와 의류, 액세서리, 잡화를 판매하는 100여 개의 노점이 들어서는데 그중 나나 정글 베이커리가 단연 인기다. 시장 입구에서 나눠 주는 나나 정글 베이커리의 대기 순번 표를 받아서 기다렸다가 입장해야 빵을 살 수 있다.

◎ 1권 P.185 ◎ 지도 P.069A
◎ 구글 지도 GPS 18,826678, 98,952706 ◎ 찾아가기 그랩 택시 또는 뚝뚝 이용 ◎ 주소 Chang Phueak ◎ 전화 086-586-5405 ◎ 시간 토요일 06:00~11:00 ◎ 휴무 일~금요일 ◎ 가격 크루아상 13B~ ◎ 홈페이지 www.nana-bakery-chiang-mai.com

---

🔍⊕ZOOM IN

왓 쑤언독

님만해민에서 남쪽으로 1km 거리에 있는 사원. 이곳의 볼거리와 레스토랑은 님만해민이나 치앙마이 대학교와도 어느 정도 거리가 있다. 왓 쑤언독 외에는 큰 볼거리가 없으므로 단기 여행자는 과감하게 패스해도 좋다.

● 이동 시간 기준 왓 쑤언독

→

---

1 왓 쑤언독
Wat Suan Dok
วัดสวนดอก

도보 0분 ★★★

원래 이름은 왓 부파람, 혹은 왓 쑤언독마이인데 보통 왓 쑤언독이라고 한다. 쑤언독은 '화원'이라는 뜻으로, 14세기 후반 왕실 화원 부지에 세운 사원이다. 경내 황금색 쩨디에 부처의 유적을 모셨으며, 그 주변의 흰색 탑들은 치앙마이 왕실의 납골묘다. 법당 내에는 좌불상과 입불상이 등을 맞댄 채 반대쪽을 바라보고 있다.

◎ 1권 P.058 ◎ 지도 P.072B
◎ 구글 지도 GPS 18,788251, 98,967763 ◎ 찾아가기 님만해민과 구시가 쑤언독 게이트에서 약 1.2km ◎ 주소 139 Suthep Road ◎ 전화 053-278-304 ◎ 시간 06:00~22:00 ◎ 휴무 연중무휴 ◎ 가격 무료입장 ◎ 홈페이지 www.watsuandok.com

2 치앙마이 대학교 아트 센터
CMU Art Center

 도보 10분

전시, 공연, 세미나 등 예술과 문화 교류의 목적으로 1999년 문을 열었다. 알음알음 찾아가는 여행자도 많지만 일부러 찾아갈 만큼 전시 내용이 풍부하지는 않다. 전시 내용은 때마다 바뀐다.

⊙ **지도** P.072A
⊙ **구글 지도 GPS** 18.791380, 98.963282 ⊙ **찾아가기** 왓 쑤언독에서 쑤텝 로드로 좌회전해 400m 지나 님만해민 로드로 우회전해 140m 이동, 왼쪽
ⓐ **주소** 239 Nimmanhaeminda Road ⊝ **전화** 053-218-280 ⊙ **시간** 화~일요일 09:00~17:00 ⊝ **휴무** 월요일 ⓨ **가격** 무료입장 ⊙ **홈페이지** www.cac-art.info/spaces/chiangmai-university-art-center

3 란나 트래디셔널 하우스 뮤지엄
Lanna Traditional House Museum

 도보 13분

1800~1900년대에 지어진 전통 란나 스타일의 가옥 8채와 곡물 창고 3채를 전시한다. 넓은 정원 위에 깔래 하우스 등 다양한 스타일의 란나 가옥들이 자리해 태국 북부 사람들의 삶을 이해하는 데 도움이 된다. 각 가옥 내부를 구경하는 것도 가능하다.

⊙ **지도** P.072A
⊙ **구글 지도 GPS** 18.791860, 98.961777 ⊙ **찾아가기** 왓 쑤언독에서 쑤텝 로드로 좌회전해 약 750m 지나 121 도로로 우회전해 110m 이동, 오른쪽
ⓐ **주소** 239 Huaykaew Road ⊝ **전화** 053-943-626 ⊙ **시간** 월~금요일 08:30~16:30, 토~일요일 09:00~16:30 ⊝ **휴무** 연중무휴 ⓨ **가격** 20B ⊙ **홈페이지** art-culture.cmu.ac.th

4 더 반 이터리 디자인
The Barn Eatery Design

 도보 1분

치앙마이 대학교 출신 건축학도들이 운영하는 카페. 후배들이 여유롭게 공부할 수 있는 공간을 제공하기 위해 늦은 시간까지 문을 연다. 와이파이도 매우 잘된다. 간단한 음료, 디저트, 음식을 판매하며 의류, 소품을 판매하는 작은 가게도 함께 운영한다.

⊙ **지도** P.072B
⊙ **구글 지도 GPS** 18.787443, 98.966573 ⊙ **찾아가기** 왓 쑤언독 후문으로 나가 우회전해 약 50m 이동, 왼쪽 ⓐ **주소** 14 Srivichai Soi 5 ⊝ **전화** 094-049-0294 ⊙ **시간** 10:00~01:00 ⊝ **휴무** 연중무휴 ⓨ **가격** 아메리카노(Americano) 아이스 60B, 스파게티 까르보나라(Spaghetti Carbonara) 89B ⊙ **홈페이지** www.facebook.com/thebarnchiangmai

5 파인드 커피
Find Coffee

⊙ 도보 6분

흰색 외관이 단순하고 깔끔해 보이는 카페. 치앙마이에서 꽤 유명한 그래프 카페의 운영자가 이곳의 주인이다. 학생들이 많은 지역적 특성에 따라 저렴한 가격이 강점인데, 멀리서 일부러 찾아갈 필요는 없다. 생수는 따로 사야 한다.

⊙ **지도** P.072B
⊙ **구글 지도 GPS** 18.789703, 98.964582 ⊙ **찾아가기** 왓 쑤언독에서 쑤텝 로드로 좌회전해 350m 이동, 왼쪽 ⓐ **주소** 257/22 Suthep Road ⊝ **전화** 086-567-3330 ⊙ **시간** 07:30~18:00 ⊝ **휴무** 연중무휴 ⓨ **가격** 아메리카노(Americano) 핫 40B ⊙ **홈페이지** www.facebook.com/findcoffeecnx

6 쪽똔파욤
โจ๊กต้นพยอม

⭐⭐⭐ 도보 9분

쪽, 카우똠 전문점. 쪽은 미음에 가까운 태국식 죽이며, 카우똠은 끓인 밥이다. 둘 다 자극 없고 속을 편하게 하는 메뉴라 아침 식사나 야식으로도 좋다. 육류, 해산물 등 쪽과 카우똠에 들어가는 재료가 신선하며, 매우 고소하다. 사진 메뉴판이 따로 있다.

⊙ **1권** P.153 ⊙ **지도** P.072A
⊙ **구글 지도 GPS** 18.790331, 98.962270 ⊙ **찾아가기** 왓 쑤언독에서 쑤텝 로드로 좌회전해 600m 이동, 왼쪽 ⓐ **주소** 9/2 Suthep Road ⊝ **전화** 081-952-7181 ⊙ **시간** 05:00~12:30 ⊝ **휴무** 연중무휴 ⓨ **가격** 쪽·카우똠 쁠라까퐁 각 50B ⊙ **홈페이지** 없음

7 임프레소
Impresso

⭐⭐⭐ 도보 10분

태국에서 유명한 P&F 로스터리의 질 좋은 이탈리아 원두를 사용해 에스프레소 기반의 커피를 선보인다.

⊙ **1권** P.105 ⊙ **지도** P.072A
⊙ **구글 지도 GPS** 18.788788, 98.962448 ⊙ **찾아가기** 쑤텝 로드 쏘이 싸남빈까우(Sanambin Kao) 4 ⓐ **주소** Soi Sanambin Kao 4 ⊝ **전화** 095-935-5465 ⊙ **시간** 월~금요일 09:30~20:00, 토~일요일 09:30~18:00 ⊝ **휴무** 연중무휴 ⓨ **가격** 리스트레토(Ristretto) 솔로 65B, 아메리카노(Americano) 65B ⊙ **홈페이지** 없음

AREA
03 NIGHT BAZAA
[나이트 바자 & 삥강]

치앙마이 핵심 상권

구시가, 님만해민과 더불어 치앙마이의 핵심 상권을 이루는 지역이다. 전 세계 관광객들이 저녁 시간이면 나이트 바자를 찾아와 활기를 불어넣는다. 피크 타임은 저녁 6시 이후. 공식적인 나이트 바자 외에도 길거리 가득 노점이 들어서 걷기조차 힘들다. 고급 레스토랑과 호텔이 즐비한 삥강 주변은 비교적 차분한 분위기다.

인기
★★★★★

나이트 바자 지역은 서양인, 리버사이드 지역은 중국인이 특히 많다.

관광지
★★★

나이트 바자와 삥강 자체가 볼거리다. 타패 게이트와 가까운 왓 부파람도 좋다.

쇼핑
★★★

나이트 바자, 와로롯 시장, 아누싼 시장을 비롯해 디자인 제품을 파는 소규모 숍이 즐비하다.

식도락
★★★★★

삥강이 보이는 몇몇 레스토랑이 꽤 괜찮다.

나이트라이프
★★★★★

나이트 바자와 각종 클럽이 밤을 아름답게 수놓는다.

복잡함
★★★★

오후 6시 이후 나이트 바자는 걷기 힘들 정도로 붐빈다.

나이트 바자 & 삥강 교통편 한눈에 보기

나이트 바자 & 삥강으로 가는 방법

썽태우
빨간색 썽태우를 세워 목적지를 말하고 탑승하면 된다. 기본 요금 20B에도 가는 경우가 많으므로 먼저 흥정하지 않아도 된다.

공공 썽태우
치앙마이 버스 터미널 2(치앙마이 아케이드)에서 출발하는 B2 썽태우가 와로롯 시장에 정차한다. 노선은 치앙마이 시내 교통 한눈에 보기(P.015) 참조.
⏱ 시간 06:00~18:00 💲 요금 15B

그랩 택시
남만해민과 치앙마이 대학교 인근에서 타면 요금이 100B 정도 나온다. 구시가에서 나이트 바자까지는 60B, 삥강을 넘어가면 80B 정도로 이용할 수 있다.

RTC 치앙마이 시티 버스
구시가에서 레드·R2, 남만해민에서 그린·옐로, 치앙마이 대학교 정문에서 그린 버스를 타면 나이트 바자, 와로롯 시장 등지로 간다. 노선은 치앙마이 시내 교통 한눈에 보기(P.014) 참조.
💲 요금 20B

도보
구시가에서 나이트 바자까지는 도보로 이동 가능하다. 15분가량 걸린다.

나이트 바자 & 삥강 다니는 방법

도보
걸어 다니는 게 가장 좋다. 나이트 바자와 리버사이드 지역을 오간다면 여러 다리를 잘 활용하자. 차량과 사람 모두 건널 수 있는 싸판렉과 쩌른므앙 로드의 다리는 이용 빈도가 높다. 와로롯 시장에서 삥강 쪽으로 육교를 건너면 보행자 전용 다리가 있다. 우 카페 등 리버사이드의 인기 스폿과 가까워 편리하다.

MUST EAT
이것만은 꼭 먹자!

No.1
우 카페
Woo Cafe
치앙마이 최고 인기 카페.

No.2
앳 쿠아렉
At Khualek
싸판렉이 보이는 전망과 음식이 좋다.

No.3
삼센 빌라
Samsen Villa
40년 역사의 맛집.

No.4
위엥 쭘언
Vieng Joom On
50여 종의 프리미엄 티를 맛보자.

No.5
위티 냄느엉
VT Namnueng
둘이 하나만 시켜도 배부르다.

No.6
꾸어이띠여우허어이카 림삥
ก๋วยเตี๋ยวห้อยขาริมปิง
삥강을 바라보며 북부 요리를 즐기자.

MUST DO
이것만은 꼭 하자!

No.1
굿 뷰
The Good View
밤 10시에 무르익는 나이트라이프 스폿.

No.2
리버사이드
The Riverside
굿 뷰와 더불어 현지인들에게 최고 인기.

MUST BUY
이것만은 꼭 사자!

No.1
나이트 바자
Night Bazaar
북부 감성의 저렴한 아이템이 한가득.

No.2
차차 슬로 페이스
Cha Chaa Slow Pace
북부 감성을 담은 편집 숍.

No.3
와로롯 시장
Warorot Market
없는 게 없는 재래시장.

No.4
아누싼 시장
Anusarn Market
나이트 바자의 제품을 한 곳에서 판매.

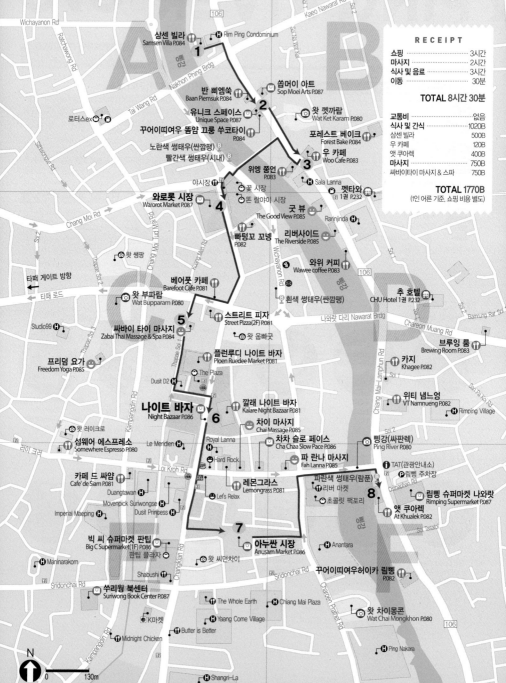

MAP
나이트 바자 & 삥강 한눈에 보기

센트럴 페스티벌 치앙마이 방향

Wichayanon Rd
Rim Ping Condominium
삼센 빌라
Samsen Villa P.084
1
반 삐엠쑥
Baan Piemsuk P.084
쏩머이 아트
Sop Moei Arts P.087
유니크 스페이스
Unique Space P.087
2
왓 껫까람
Wat Ket Karam P.080
꾸어이띠여우 똠얌 끄룽 쑤코타이 P.084
포레스트 베이크
Forest Bake P.084
노란색 썽태우(싼깜팽)
빨간색 썽태우(시내)
우 카페
Woo Cafe P.083
3
위엥 쭘언 P.083
Sala Lanna
야시장
꽃 시장
껫타와 1권 P.232
똔 람야이 시장
와로롯 시장
Warorot Market P.087
4
굿 뷰
The Good View P.085
Rarinjinda
빠텅꼬 꼬넹 P.082
리버사이드
The Riverside P.085
왓 쌩팡
와위 커피
Wawee coffee P.083
베어풋 카페
Barefoot Cafe P.081
추 호텔
CHU Hotel 1권 P.232
왓 부파람
Wat Bupparam P.080
흰색 썽태우(싼깜팽)
Studio99
스트리트 피자
Street Pizza(2F) P.081
5
나와랏 다리
Nawarat Brdg
Chareon Muang Rd
브루잉 룸
Brewing Room P.083
싸바이 타이 마사지
Zabai Thai Massage & Spa P.084
왓 움캐굿
카지
Khagee P.082
프리덤 요가
Freedom Yoga P.085
플런루디 나이트 바자
Ploen Ruedee Market P.081
위티 냄느엉
VT Namnueng P.082
Rimping Village
Dusit D2
The Plaza
깔래 나이트 바자
Kalare Night Bazaar P.081
삥강(싸판렉)
Ping River P.080
나이트 바자
Night Bazaar P.086
6
차이 마사지
Chai Massage P.085
왓 레이크로
Royal Lanna
차차 슬로 페이스
Cha Chaa Slow Pace P.086
TAT(관광안내소)
섬웨어 에스프레소
Somewhere Espresso P.080
Le Meridien
Hard Rock
파 란나 마사지
Fah Lanna P.085
림삥 주차장
카페 드 싸얌
Cafe' de Siam P.081
레몬그라스
Lemongrass P.081
파란색 썽태우(람푼)
리버 마켓
림삥 슈퍼마켓 나와랏
Rimping Supermarket P.087
Duangtawan
Let's Relax
초콜릿 팩토리
앳 쿠아렉
At Khualek P.082
Movenpick Suriwongse
Imperial Maeping
8
Dusit Princess
빅 씨 슈퍼마켓 판팁
Big C Supermarket(1F) P.086
7
아누싼 시장
Anusarn Market P.086
Anantara
꾸어이띠여우허이카 림삥 P.082
Maninarakorn
판팁 플라자
Shabushi
왓 씨펀차이
쑤리웡 북센터
Suriwong Book Center P.087
The Whole Earth
Chiang Mai Plaza
왓 차이몽콘
Wat Chai Mongkhon P.080
K마켓
Yaang Come Village
Butter is Better
Midnight Chicken
N
0 130m
Shangri-La
Ping Nakara

코스 무작정 따라하기
START

1. 삼센 빌라

200m, 도보 3분

2. 유니크 스페이스

160m, 도보 3분

3. 우 카페

250m, 도보 4분

4. 와로롯 시장

100m, 도보 1분

5. 싸바이 타이 마사지 & 스파

350m, 도보 3분

6. 나이트 바자

550m, 도보 7분

7. 아누싼 시장

650m, 도보 8분

8. 앳 쿠아렉

Finish

COURSE 1

나이트 바자 & 삥강 낮 코스

낮 시간에 맛있는 음식과 쇼핑, 마사지를 즐긴 후 나이트 바자에는 6시경 도착하도록 시간을 맞추자. 이 시간이 돼야 대부분의 상점이 문을 연다. 나이트 바자 쇼핑을 하느라 허기진 배는 앳 쿠아렉에서 달랜다. 조명을 켠 싸판렉이 바라보여서 분위기가 좋다.

START

1hr

1 삼센 빌라
Samsen Villa

Ⓖ 구글 지도 GPS 18.794318, 99.000840
→ 우회전해 200m 이동, 오른쪽 → 유니크 스페이스 도착

30min

2 유니크 스페이스
Unique Space

Ⓖ 구글 지도 GPS 18.792765, 99.001921
→ 진행 방향으로 160m 이동, 왼쪽 → 우카페 도착

1hr

3 우 카페
Woo Cafe

Ⓖ 구글 지도 GPS 18.791797, 99.003049
→ 왔던 길로 조금만 되돌아가면 왼쪽에 보행자 전용 삥강 다리가 보인다. 다리를 건너면 바로 와로롯 시장 → **와로롯 시장** 도착

1hr

4 와로롯 시장
Warorot Market

Ⓖ 구글 지도 GPS 18.790301, 99.000591
→ 시장을 이리저리 구경하다가 타패 로드로 나와 타패 로드 쏘이 1로 진입 → **싸바이 타이 마사지 & 스파** 도착

2hr

5 싸바이 타이 마사지 & 스파
Zabai Thai
Massage & Spa

Ⓖ 구글 지도 GPS 18.787397, 99.000031
→ 진행 방향으로 걷다가 두씻 D2 골목으로 빠져나오기 → **나이트 바자** 도착

1hr

6 나이트 바자
Night Bazaar

Ⓖ 구글 지도 GPS 18.785281, 99.000286
→ 창클란 로드를 걸으며 거리 상점 구경하기 맥도날드 지나 약 170m 이동, 왼쪽 → 아누싼 시장 도착

30min

7 아누싼 시장
Anusarn Market

Ⓖ 구글 지도 GPS 18.782605, 99.000782
→ 싸판렉 건너 우회전 오른쪽 → 앳 쿠아렉 도착

1hr

8 앳 쿠아렉
At Khualek
ขั่วเหล็ก

Ⓖ 구글 지도 GPS 18.783311, 99.005207

나이트 바자 & 삥강 나이트라이프 코스

COURSE 2

오후 5시경에 앳 쿠아렉에 도착해 삥강의 노을을 감상하며 식사를 즐긴다. 두 번째 코스인 차차 슬로 페이스는 저녁 7시에 문을 닫는다. 나이트 바자와 아누싼 시장, 와로롯 시장을 2시간가량 돌아보고 우 카페에서 휴식을 취하자. 새로운 힘이 솟는다. 굿 뷰와 리버사이드는 밤 10시부터 피크 타임이다.

START

1hr

1 앳 쿠아렉
At Khualek
ขัวเหล็ก
구글 지도 GPS 18.783311, 99.005207
→ 싸판렉 다리 건너 사거리에서 직진. 오른쪽 → **차차 슬로 페이스 도착**

30min

2 차차 슬로 페이스
Cha Chaa Slow Pace
구글 지도 GPS 18.783994, 99.001978
→ 가게 앞 사거리로 좌회전해 길 끝까지 걸어가서 우회전 → **아누싼 시장 도착**

30min

3 아누싼 시장
Anusarn Market
구글 지도 GPS 18.782605, 99.003782
→ 시장 구경 후 반대쪽 입구로 나와 우회전 → **나이트 바자 도착**

1hr

4 나이트 바자
Night Bazaar
구글 지도 GPS 18.785281, 99.000286
→ 나이트 바자 구경 후 위치아눈 로드로 진입 → **와로롯 시장 도착**

30min

5 와로롯 시장
Warorot Market
구글 지도 GPS 18.790301, 99.000591
→ 과일 가게 많은 와로롯 시장 쪽 육교를 건너면 보행자 전용 삥강 다리가 보인다. 다리 건너 우회전 왼쪽 → **우 카페 도착**

1hr

6 우 카페
Woo Cafe
구글 지도 GPS 18.791797, 99.003049
→ 좌회전해 강을 따라 걷기 → **굿 뷰·리버사이드 도착**

2hr

7 굿 뷰·리버사이드
The Good View·The Riverside
구글 지도 GPS 굿 뷰 18.790409, 99.003711 · 리버사이드 18.789872, 99.003966

RECEIPT

쇼핑	2시간 30분
식사 및 음료	4시간
이동	30분

TOTAL 7시간

교통비	없음
식사 및 간식	1020B
앳 쿠아렉	400B
우 카페	120B
굿 뷰·리버사이드	500B

TOTAL 1020B
(1인 어른 기준, 쇼핑 비용 별도)

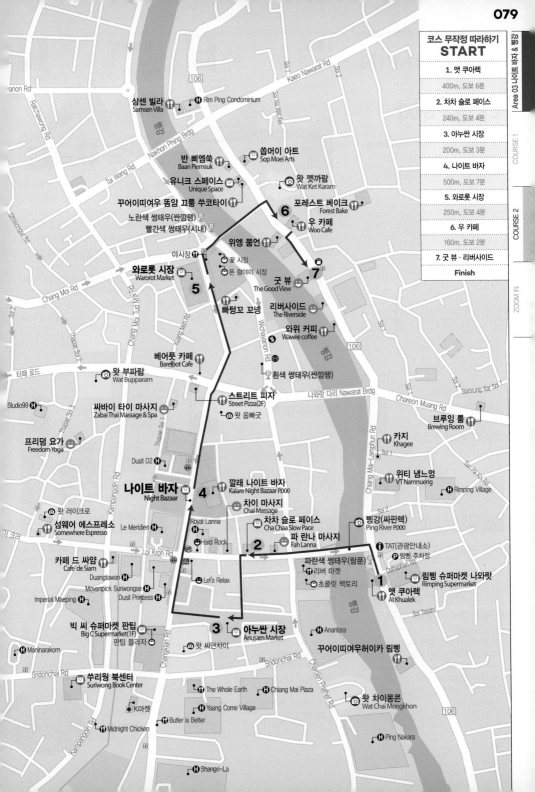

코스 무작정 따라하기
START
1. 앳 쿠아렉
400m, 도보 6분
2. 차차 슬로 페이스
240m, 도보 4분
3. 아누싼 시장
200m, 도보 3분
4. 나이트 바자
500m, 도보 7분
5. 와로롯 시장
250m, 도보 4분
6. 우 카페
160m, 도보 2분
7. 굿 뷰 · 리버사이드
Finish

Area 03 나이트 바자 & 삥강

COURSE 1

COURSE 2

ZOOM IN

ZOOM IN

나이트 바자

나이트 바자 지역의 수많은 나이트 바자 중 가장 인기 있는 곳은 깔래 나이트 바자다.

● **이동 시간 기준** 깔래 나이트 바자

1 삥강
Ping River

★★ 도보 7분

난강(Nan River)과 함께 짜오프라야강의 지류이다. 미얀마 인근 국경 지대에서 시작된 삥강의 물줄기는 치앙마이를 지나 람푼, 딱, 깜팽펫을 관통, 나콘싸완에서 난강과 만난다. 이 지역에서 가장 아름다운 삥강의 모습은 철교(鐵橋)라는 뜻의 싸판렉에서 감상할 수 있다.

지도 P.076
구글 지도 GPS 18.791394, 99.001602 **찾아가기** 깔래 나이트 바자에서 직선 거리로 약 400m **주소** Mueang Chiang Mai **전화** 없음 **시간** 24시간 **휴무** 연중무휴 **가격** 무료입장 **홈페이지** 없음

2 왓 부파람
Wat Bupparam
วัดบุพพาราม

★★ 도보 7분

구시가 성벽 바깥쪽 타패 로드에 자리한 사원. 1496년 므엉깨우 왕이 건립했다. 1800년대 만든 버마 스타일의 쩨디와 란나 스타일의 위한이 주요 건축물이다. 색색의 유리 모자이크로 장식한 위한이 독특하며, 경내에 특이한 모양의 조형물이 많아 구경하는 재미가 쏠쏠하다.

지도 P.076C
구글 지도 GPS 18.787986, 98.998343 **찾아가기** 타패 게이트에서 타패 로드 따라 500m 이동, 오른쪽 **주소** 143 Thapae Road **전화** 053-276-771 **시간** 08:00~17:00 **휴무** 연중무휴 **가격** 20B **홈페이지** 없음

3 왓 껫까람
Wat Ket Karam
วัดเกตการาม

★★ 도보 11분

선로가 놓이기 전에 삥강은 방콕과 치앙마이를 잇는 주요 통로였다. 그런 이유로 삥강 인근에는 중국인 상인과 서양인 선교사, 원주민이 어울려 마을을 형성하고 살았다. 왓 껫까람은 그 중심에 있던 사원. 경내 박물관에는 과거 마을에서 쓰던 유물이 보관돼 있다.

지도 P.076B
구글 지도 GPS 18.792215, 99.002989 **찾아가기** 와로롯 시장에서 삥강 보행자 전용 다리 건너 맞은편 **주소** 96, Ban Wat Ket, Charoen Rajd Road **전화** 081-884-8051 **시간** 박물관 08:00~16:00 **휴무** 연중무휴 **가격** 무료입장 **홈페이지** 없음

4 왓 차이몽콘
Wat Chai Mongkhon
วัดชัยมงคล

★★ 도보 10분

정확한 창립 연대는 알 수 없으나 600여 년쯤 역사를 지닌 곳이라 여겨진다. 삥강과 바로 접해 있으며, 버마-몬 스타일의 아름다운 외관이 눈길을 끈다. 경내에는 흰색과 황금색으로 치장한 몬 스타일의 쩨디와 쭐라롱껀 대왕의 동상 등이 자리해 있다.

지도 P.076F
구글 지도 GPS 18.780761, 99.004678 **찾아가기** 삥강 방면으로 가서 쩌른쁘라텟 로드로 진입. 리버 마켓 레스토랑을 지나 약 400m 이동, 왼쪽. 삥강과 접해 있다. **주소** 133 Charoen Prathet Road **전화** 062-517-3019 **시간** 05:00~19:00 **휴무** 연중무휴 **가격** 무료입장 **홈페이지** 없음

5 섬웨어 에스프레소
Somewhere Espresso

★★★ 도보 7분

나이트 바자 일대에서 커피 맛이 좋기로 소문난 카페. 에스프레소 기반의 따뜻한 커피와 차가운 커피를 비롯해 몇 가지 음료를 선보인다. 한쪽 벽면을 장식한 빨간 벽돌에 손님들의 낙서가 빼곡하며, 직접 낙서를 할 수 있다.

지도 P.076E
구글 지도 GPS 18.784349, 98.996647 **찾아가기** 버거킹이 있는 사거리에서 르 메르디앙 호텔 방면 러이크러 로드 따라 400m 이동, 오른쪽 **주소** 63/3 Loi Kroh Road **전화** 없음 **시간** 월~금요일 09:00~18:00, 토요일 10:00~16:00 **휴무** 일요일 **가격** 시그너처 블렌드 아이스 아메리카노(Signature Blend Ice Americano) 60B, 피콜로(Piccolo) 55B **홈페이지** 없음

6 카페 드 싸얌
Cafe' de Siam

🍴 ★★ 도보 5분

이른 아침부터 늦은 밤까지 영업하는 캐주얼 레스토랑. 샐러드, 샌드위치, 스파게티 등 서양식 메뉴와 국수, 볶음밥, 덮밥 등 태국식 메뉴를 선보인다. 음식 맛이 괜찮고 위생적이라 나이트 바자 지역에 머문다면 방문할 만하다. 가격은 조금 비싸다.

지도 P.076E
구글 지도 GPS 18.784022, 98.998502 **찾아가기** 버거킹이 있는 사거리에서 르 메르디앙 호텔 방면 러이크로 로드 따라 200m 이동, 왼쪽 **주소** 85/3 Kampangdin Road **전화** 053-207-258 **시간** 06:30~22:00 **휴무** 연중무휴 **가격** 베지 샐러드(Veggie Salad) 120B, 끄라파오 쁠라믁 랏카우(Squid & Basil) 140B **홈페이지** 없음

7 레몬그라스 타이 퀴진
Lemongrass Thai Cuisine

🍴 ★ 도보 3분

1996년 문을 연 태국 요리 전문점. 나이트 바자 지역의 주 고객인 서양인들에게 오랜 세월 사랑받아 왔다. 현재도 각종 여행 사이트에서 높은 평점을 유지하고 있다. 맛은 호불호가 나뉜다.

지도 P.076E
구글 지도 GPS 18.783947, 99.001128 **찾아가기** 버거킹이 있는 사거리에서 하드록 카페 방면으로 접어들어 90m 이동, 왼쪽 **주소** 125 Loi Kroh Road **전화** 088-260-2544 **시간** 월~토요일 11:00~22:00 **휴무** 일요일 **가격** 팟탈레타이(Seafood Combo Sauteed with Chilli Paste Garlic Sauce) 175B, 쌈까쌋(Three Kings of Combo Meat) 115 · 180B **홈페이지** www.lemongrassalaska.com

8 깔래 나이트 바자
Kalare Night Bazaar

🍴 ★★ 도보 0분

깔래 나이트 바자 내 위치한 푸드 센터. 인근 나이트 바자 중 플런루디와 더불어 큰 규모에 속한다. 가격은 플런루디에 비해 3분의 2 정도 저렴하다. 쏨땀, 싸떼, 볶음 요리, 국수 등 태국 요리 메뉴가 많다.

1권 P.159 **지도** P.076C
구글 지도 GPS 18.785251, 99.000819 **찾아가기** 나이트 바자 지역 창클란 로드 **주소** 89/2 Changklan Road **전화** 가게마다 다름 **시간** 12:00~24:00 **휴무** 연중무휴 **가격** 음식마다 다름 **홈페이지** 없음

9 플런루디 나이트 바자
Ploen Ruedee Market

🍴 ★ 도보 2분

쇼핑 상점은 거의 없고, 주로 음식 노점으로 이뤄진 나이트 바자. 쏨땀, 싸떼, 볶음 요리 등 태국 요리와 스테이크, 돈가스 등 외국 요리를 선보인다. 비교적 최근에 생겨 시설은 깔끔한 편. 일부 요리는 레스토랑보다 비싼 가격에 판매한다.

1권 P.159 **지도** P.076C
구글 지도 GPS 18.786724, 99.000616 **찾아가기** 깔래 나이트 바자 대각선 맞은편 **주소** 283-4 Changklan Road **전화** 052-001-575 **시간** 월~토요일 18:00~24:00 **휴무** 일요일 **가격** 음식마다 다름 **홈페이지** www.facebook.com/ploenrudeenightmarket

10 스트리트 피자 & 와인 하우스
Street Pizza & The Wine House

🍴 ★★ 도보 4분

콜로니얼 스타일의 2층 건물에 자리한 피자 전문점. 거리를 조망하는 테라스 좌석과 에어컨이 나오지 않는 실내 좌석이 있다. 건물 마감이 고풍스러워 인력거, 와인 병과 같은 장식과도 잘 어울린다. 피자는 주문 즉시 화덕에서 굽는다. 파스타와 샐러드, 각종 음료와 술도 판매한다.

1권 P.165 **지도** P.076C
구글 지도 GPS 18.787908, 99.000853 **찾아가기** 타패 로드와 창클란 로드가 만나는 사거리 근처 **주소** 7-15 Thapae Road **전화** 085-073-5746 **시간** 화~일요일 12:00~23:00 **휴무** 월요일 **가격** 피자(Pizza) 209B~ **홈페이지** streetpizza.restaurantwebx.com

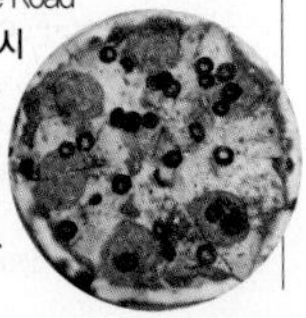

11 베어풋 카페
Barefoot Cafe

🍴 ★★★ 도보 4분

주문 즉시 오픈 주방에서 면을 뽑고 도우를 만들어 피자와 스파게티 등의 요리를 선보인다. 몇 가지의 샐러드와 디저트, 맥주와 음료도 있다. 가게가 아담하다.

1권 P.165 **지도** P.076C
구글 지도 GPS 18.788039, 99.000884 **찾아가기** 스트리트 피자 맞은편 작은 골목으로 진입 **주소** 90 Thapae Road **전화** 083-564-7107 **시간** 목~월요일 12:00~15:00, 17:00~21:00 **휴무** 화~수요일 **가격** 피자(Pizza) 200B **홈페이지** www.facebook.com/barefootcafechiangmai

12 빠텅꼬 꼬넹
ปาท่องโก๋โกเหน่ง

밀가루 반죽을 발효해 튀기는 음식을 중국 지역에서는 여우티아오, 태국에서는 빠텅꼬라고 한다. 이곳에서는 공룡, 악어, 코끼리 등 재미있는 모양의 빠텅꼬를 만든다.

- 지도 P.076C
- 구글 지도 GPS 18.789943, 99.001685 찾아가기 타나찻 은행(Thanachart Bank) 와로롯 시장 지점 옆 골목으로 진입해 60m 이동, 오른쪽 주소 90 Wichayanon Road 전화 094-637-6333 시간 06:00~11:30, 14:00~18:00 휴무 연중무휴 가격 빠텅꼬+와사비+스시+쇼유(White Sugar Sponge Cake+Wasabi+Sushi+Shoyu Sauce) 59B 홈페이지 restaurant-12620.business.site

13 꾸어이띠여우허이카 림삥
ก๋วยเตี๋ยวห้อยขา ริมปิง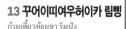

공식 명칭은 허이카 치앙마이 림삥이다. 삥강을 조망하는 현지 식당으로 남니여우, 카우쏘이 등 국수를 비롯해 남프릭옹, 남프릭눔, 깽항레, 싸이우어 등 다양한 북부 요리를 선보인다.

- 1권 P.125 지도 P.076F
- 구글 지도 GPS 18.781265, 99.005988 찾아가기 싸판렉 다리 건너 우회전해 삥강을 따라 300m 이동, 오른쪽 주소 68/3 Chiang Mai-Lamphun Road 전화 053-244-405 시간 09:00~18:00 휴무 연중무휴 가격 카우쏘이 닝까이(Egg Noodle in Chicken Curry) 25 · 40 · 50B 홈페이지 www.facebook.com/RimpingBoatNoodle

14 위티 냄느엉
VT Namnueng
วีทีแหนมเนือง

냄느엉, 짜쪼, 고이꾸온 등을 선보이는 베트남 요리 전문 레스토랑이다. 반드시 맛봐야 할 요리는 돼지고기를 갈아 불에 구운 냄느엉인데 허브, 고추, 마늘 등을 첨가해 라이스페이퍼에 싸 먹는다. 1~2층에 좌석이 있으며, 2층에만 에어컨이 나온다.

- 1권 P.163 지도 P.076D
- 구글 지도 GPS 18.785520, 99.005156 찾아가기 싸판렉 다리 건너 좌회전해 삥강을 따라 170m 이동, 오른쪽 주소 49/9 Chiang Mai-Lam Phun Rod 전화 053-266-111, 087-433-7111 시간 08:30~21:30 휴무 연중무휴 가격 냄느엉(Nam Nueng) 스몰 140B · 라지 220B 홈페이지 vietnamese-restaurant-3.business.site

15 앳 쿠아렉
At Khualek
ขัวเหล็ก

삥강과 싸판렉이 보이는 곳에 자리한 레스토랑 겸 카페. 삥강이 보이는 야외 테이블과 에어컨이 나오는 실내 테이블로 나뉜다. 전반적으로 짠 치앙마이 스타일과는 달리 간이 적당하고 맛있으며, 카페 메뉴도 정성스럽다. 친절한 서비스와 합리적인 가격도 좋다.

- 1권 P.144 지도 P.076F
- 구글 지도 GPS 18.783311, 99.005207 찾아가기 싸판렉 다리 건너 우회전해 삥강을 따라 80m 이동, 오른쪽 주소 2 Chiang Mai-Lam Phun Road 전화 099-269-2623 시간 08:00~23:00 휴무 연중무휴 가격 쿠후탈레 팟퐁까리(Stir-Fried Seafood with Curry) 189B, 팟팍루엄(Stir-Fried Mixed Vegetable) 89B, 남프릭눔 · 남프릭옹 각 89B, 아메리카노(Americano) 핫 45B 홈페이지 www.facebook.com/AtKhuaLek

16 카지
Khagee

태국인 남편이 커피를 내리고, 일본인 아내가 빵을 굽는 베이커리 카페. 작은 가게 특유의 감성을 좇는 태국 현지인과 여행자에게 인기 있다. 인기 메뉴는 당근 케이크. 오래 머물기에는 의자가 불편하다.

- 지도 P.076D
- 구글 지도 GPS 18.786265, 99.005188 찾아가기 싸판렉 다리 건너 좌회전해 삥강을 따라 250m 이동, 오른쪽 주소 29-30 Chiang Mai-Lamphun Road Soi 1 전화 082-975-7774 시간 수~일요일 10:00~17:00 휴무 월~화요일 가격 아메리카노(Americano) 핫 · 아이스 각 80B 홈페이지 www.facebook.com/khageecafe

17 브루잉 룸
Brewing Room

태국과 콜롬비아 원두로 에스프레소 기반의 커피를 선보인다. 타이 싱글 오리진은 쓰고 신맛이 강하지 않으며 밸런스가 좋다. 밝은 조명 아래 에스프레소 키친이 자리하고 있다.

ⓐ **지도** P.076D
ⓢ **구글 지도 GPS** 18.787264, 99.008025 ⓢ **찾아가기** 쩌른므앙 로드 삥강 다리 건너 약 300m 직진, 왼쪽 ⓐ **주소** 145 Charoen Muang Road ⓐ **전화** 081-881-1023 ⓐ **시간** 월~토요일 08:00~16:00, 일요일 09:00~17:00 ⓐ **휴무** 연중무휴 ⓐ **가격** 아메리카노(Americano)·카페라테(Cafe Latte) 각 65B ⓢ **홈페이지** www.facebook.com/brewingroom2558

18 우 카페
Woo Cafe

리버사이드 지역에서 가장 인기 있는 카페. 실내외를 에어플랜트를 비롯한 각종 식물과 꽃으로 꾸몄다. 낯선 이와 어울리기 좋은 롱 테이블, 창밖을 조망하는 작은 테이블 등 다양한 좌석이 있다. 2층 갤러리 관람은 무료이며, 스파 브랜드 탄이 입점한 편집 숍을 함께 운영한다.

ⓑ 1권 P.112 ⓐ **지도** P.076B
ⓢ **구글 지도 GPS** 18.791797, 99.003049 ⓢ **찾**

ⓐ**가기** 와로롯 시장 육교의 삥강 다리 건너 우회전, 왼쪽 ⓐ **주소** 80 Charoen Rajd Road ⓐ **전화** 052-003-717 ⓐ **시간** 10:00~22:00 ⓐ **휴무** 연중무휴 ⓐ **가격** 우 커피(Woo Coffee) 90B, 레몬 아이스티(Lemon Iced Tea) 120B ⓢ **홈페이지** www.woochiangmai.com

19 위엥 쭘언
Vieng Joom On

위엥은 도시, 쭘언은 핑크라는 뜻이다. 인도 차이푸라 지역의 핑크빛 성과 집에서 영감을 얻어 지은 이름인데, 핑크빛 사랑의 마음을 담아 전 세계 500여 종의 프리미엄 티를 골라 덖는다. 핑크빛 외관과 실내 인테리어가 예쁘고 차와 음식 맛도 좋다. 예쁜 틴 케이스에 담은 차도 판매한다.

ⓑ 1권 P.113 ⓐ **지도** P.076B
ⓢ **구글 지도 GPS** 18.791510, 99.002628 ⓢ **찾**

ⓐ**가기** 와로롯 시장 육교의 삥강 다리 건너 우회전, 오른쪽 ⓐ **주소** 53 Charoen Rajd Road ⓐ **전화** 053-303-113 ⓐ **시간** 10:00~19:00 ⓐ **휴무** 연중무휴 ⓐ **가격** 티(Tea) 1인용 120B~, 2인용 150B~, 클럽 샌드위치(Club Sandwiches) 130B, 머시룸 페스토 페투치니(Mushroom Pesto Fettucine) 220B+10% ⓢ **홈페이지** www.vjoteahouse.com

20 와위 커피
Wawee coffee

치앙마이에서 자주 접하게 되는 프랜차이즈 커피 브랜드. 여러 지점 중에서도 삥강에 위치한 이곳의 분위기가 좋다. 우거진 나무 아래서 강을 바라보며 한가로운 시간을 보내자. 에어컨이 나오는 실내에도 테이블이 있다.

ⓐ **지도** P.076D
ⓢ **구글 지도 GPS** 18.789392, 99.004276 ⓢ **찾아가기** 쩌른므앙 로드 삥강 다리 건너 좌회전해 200m 이동, 왼쪽 ⓐ **주소** 1/2 Bamrung Rat Road ⓐ **전화** 053-247-713 ⓐ **시간** 07:00~19:30 ⓐ **휴무** 연중무휴 ⓐ **가격** 아이스 아메리카노(Iced Americano) 75B ⓢ **홈페이지** www.waweecoffee.com

21 꾸어이띠여우 똠얌 끄룽 쑤코타이

ก๋วยเตี๋ยวต้มยำ กรุงสุโขทัย

도보 13분

깔끔하고 맛있는 똠얌 국수 전문점. 갈비 씨 크롱꼬라두언, 돼지고기의 여러 부위를 섞은 무루엄, 생선 쁠라, 포크볼 룩친무, 어묵 룩친 쁠라 등의 고명이 있다. 꾸어이띠여우 똠얌 뒤 에 고명 이름을 붙여 주문하면 된다. 메뉴에 는 없지만 맑은 국물 남싸이도 주문 가능.

📖 1권 P.133 📍 지도 P.076A
🔍 구글 지도 GPS 18.792613, 99.002018 📍 찾 아가기 와로롯 시장 육교의 삥강 다리 건너 좌회 전 왼쪽 📍 주소 Charoen Rajd Road 📞 전화 053-242-277 🕐 시간 월~토요일 09:00~16:00 🚫 휴무 일요일 💰 가격 꾸어이띠여우 똠얌 무루엄 탐마다(보통) 40B · 피 쎗(곱빼기) 50B 🌐 홈페이지 없음

22 반 삐엠쑥

Baan Piemsuk
บ้านเปี่ยมสุข

도보 14분

시그너처 메뉴는 코코넛 크림 파이로 적당히 달고 부드럽다. 냉장고 가득 다양한 종류의 케이크가 진열돼 있으니 맘에 드는 케이크를 선택하자.

📖 1권 P.114 📍 지도 P.076A
🔍 구글 지도 GPS 18.792761, 99.001853 📍 찾아 가기 와로롯 시장 육교의 삥강 다리 건너 좌회전 왼쪽 📍 주소 165, 167 Charoen Rajd Road 📞 전 화 085-708-8988 🕐 시간 09:30~18:30 🚫 휴 무 연중무휴 💰 가격 코코넛 크림 파이(Coconut Cream Pie) 75B, 아메리카노(Americano) 핫 50B · 아이스 60B 🌐 홈페이지 www.facebook.com/baanpiemsuk

23 포레스트 베이크

Forest Bake

도보 16분

오랜 수령의 나무가 자라는 숲속에 아담하게 자리한 베이커리로 인스타그램 명소다. 빵 진 열대 역시 숲의 분위기를 한껏 살려 멋스럽다. 구매한 빵은 숲속 테이블이나 같은 단지 내에 서 영업하는 카페집에서 먹으면 된다.

📖 1권 P.119 📍 지도 P.076B
🔍 구글 지도 GPS 18.792272, 99.004882 📍 찾 아가기 와로롯 시장 육교의 삥강 다리 건너 우회 전, 우카페 다음 골목으로 들어가 갈림길에서 좌 회전, 우회전 후 90m 이동, 오른쪽 📍 주소 8/2 NHA Wat Kaet Soi 1 📞 전화 091-928-8436 🕐 시간 10:30~17:00 🚫 휴무 수 ~목요일 💰 가격 빵마다 다름 🌐 홈페이지 www.forestbake.com

24 삼센 빌라

Samsen Villa

도보 15분

리버사이드 지역에서 맛집을 찾는다면 고민 할 필요 없다. 1978년에 개업한 삼센 빌라가 답이다. 40여 년의 역사는 그 어떤 말보다 많 은 의미를 내포한다. 잘 찍은 사진과 친절한 설명을 담은 메뉴판 덕분에 주문이 어렵지 않 다. 삥강의 운치를 담은 실외 좌석도 좋다.

📖 1권 P.145 📍 지도 P.076A, 088A
🔍 구글 지도 GPS 18.794318, 99.000840 📍 찾아가기 싸판나콘핑 다리 건너 좌회전 📍 주 소 201 Charoen Rajd Road 📞 전화 053-240- 455 🕐 시간 11:00~23:00 🚫 휴무 연중무휴 💰 가격 쏨땀타이(Spicy Papaya Salad) 100B, 팜남프릭까삐(Shrimp Paste Sauce serve with Vegetable) 140B, 싸떼 차왕(Royal Thai Style Pork Satay) 120 · 240B, 꿍팡링 꼬라티얌톤(Stir Fried River Prawn with Southern Thai Curry Paste) 220B+10% 🌐 홈페이지 www.samsenvilla.com

25 싸바이 타이 마사지 & 스파

Zabai Thai Massage & Spa

도보 4분

번화하지 않은 작은 골목에 자리했지만 입 소문 난 마사지 숍. 시작하기 전에 원하는 강 도, 지병, 집중을 요하는 부위 등을 따로 체크 한다. 마사지는 독립된 조용한 방에서 이뤄진 다. 마사지사의 교육이 잘돼 있고, 전반적인 기술이 좋다.

📖 1권 P.212 📍 지도 P.076C
🔍 구글 지도 GPS 18.787770, 99.000165 📍 찾 아가기 타패 로드에서 타패 로드 쏘이 1로 진입 해 35m 이동, 왼쪽 📍 주소 1/8 Tapae Road Soi 1 📞 전화 086-921-9149 🕐 시 간 10:00~22:00 🚫 휴무 연 중무휴 💰 가격 타이 오리지 널 120분 750B 🌐 홈페이지 zabaithai.com

26 차이 마사지
Chai Massage

😊 도보 4분

파 란나 마사지와 더불어 일대에서 인기 있는 마사지 숍. 타이·오일 마사지 룸은 대나무로 엮은 평상 위에 매트리스를 쭉 깔아놓은 형태다. 독립된 방은 아니지만 깔끔하고 조용하다. 마사지사마다 실력 차이는 있는 편이다.

📖 1권 P.213 📍 지도 P.076E
📍 구글 지도 GPS 18.783949, 99.001594 📍 찾아가기 버거킹이 있는 사거리에서 하드락 카페 방면으로 접어들어 140m 이동, 왼쪽 📍 주소 139/1 Loi Kroh Road 📞 전화 093-250-8068 🕐 시간 11:00~23:00 📅 휴무 연중무휴
💰 가격 타이 마사지 60분 300B
💻 홈페이지 www.facebook.com/chaimassage2

27 파 란나 마사지
Fah Lanna Massage

😊 ★★★ 도보 5분

여러 번 방문해도 늘 만족도가 높은 마사지 숍이다. 마사지사가 달라도 일관되고 수준 높은 마사지를 선보인다. 고급 스파로 명성 높은 파 란나 스파와 같은 브랜드인데 이곳은 저렴한 대신 시설이 떨어진다. 홈페이지 또는 전화로 예약하고 찾으면 좋다.

📖 1권 P.212 📍 지도 P.076F
📍 구글 지도 GPS 18.784007, 99.002542 📍 찾아가기 버거킹이 있는 사거리에서 하드락 카페 방면으로 접어들어 240m 이동, 왼쪽 📍 주소 186/3 Loi Kroh Road 📞 전화 082-030-3029 🕐 시간 10:00~23:00
📅 휴무 연중무휴 💰 가격 타이 마사지 60분 250B

💻 홈페이지 www.fahlanna.com/#massage-shop-night-bazaar

28 프리덤 요가
Freedom Yoga

😊 ★★★ 도보 9분

작은 골목 안, 조용한 목조 주택에 자리한 요가 교실이다. 초보자 참여 가능 여부는 1층에서 접수하며 문의할 수 있다. 수업이 진행되는 곳은 2층. 10명가량 수업할 수 있는 그리 넓지 않은 공간이다. 매트리스, 요가 블록 등 기본적인 물품은 준비돼 있다.

📍 지도 P.076C
📍 구글 지도 GPS 18.786687, 98.997917 📍 찾아가기 왓 부파람 뒤쪽 깜팽딘 로드 쏘이 1 📍 주소 36-38 Kampang Din Road Soi 1 📞 전화 084-369-4339 🕐 시간 09:00~19:00, 홈페이지 클래스 스케줄 참조 📅 휴무 연중무휴 💰 가격 250B~
💻 홈페이지 홈페이지 freedomyogachiangmai.org

29 리버사이드
The Riverside

😊 ★★★ 도보 13분

태국 현지인들에게 인기 있는 나이트라이프 명소. 제대로 된 분위기는 밤 10시 이후에 펼쳐진다. 실내에 자리 잡지 못한 이들이 가게 앞 길거리를 점령하고 맥주와 음악을 즐긴다. 강가 분위기를 만끽하며 저녁 식사를 하려면 어쿠스틱 연주를 하는 저녁 7~8시경이 좋다.

📖 1권 P.219 📍 지도 P.076D
📍 구글 지도 GPS 18.789872, 99.003966 📍 찾아가기 쩌른므앙 로드 뻥강 다리 건너 좌회전해 250m 이동, 왼쪽 📍 주소 9-11 Charoen Rajd Road 📞 전화 053-243-239
🕐 시간 10:00~01:00 📅 휴무 연중무휴 💰 가격 맥주 90B~ 💻 홈페이지 www.theriversidechiangmai.com

30 굿 뷰
The Good View

😊 ★★★ 도보 13분

태국 현지인들과 뒤섞여 광란의 밤을 보내고 싶다면 굿 뷰가 답이다. 밤 10시가 넘으면 밴드의 연주에 맞춰 춤추며 열광하는 분위기가 형성된다. 맥주 한 병 손에 들고 신나게 놀 자신이 있다면 망설일 필요 없다. 서양인들이 즐겨 찾는 조 인 옐로와는 또 다른 분위기다.

📖 1권 P.218 📍 지도 P.076D
📍 구글 지도 GPS 18.790409, 99.003711 📍 찾아가기 쩌른므앙 로드 뻥강 다리 건너 좌회전해 300m 이동, 왼쪽 📍 주소 13 Charoen Rajd Road 📞 전화 053-241-866 🕐 시간 10:00~01:00 📅 휴무 연중무휴 💰 가격 맥주 90B~ 💻 홈페이지 www.goodview.co.th

31 나이트 바자
Night Bazaar

도보 1분 ★★★

창클란 로드를 사이에 두고 깔래 나이트 바자, 치앙마이 나이트 바자, 플런루디 나이트 바자가 자리하고 있다. 저녁 6시 이후에는 거리 곳곳에 노점이 빼곡하게 들어차 주변 일대가 거대한 야시장으로 변모한다. 나이트 바자는 낮에도 더러 영업하지만 대부분 저녁이 돼야 문을 연다. 의류, 액세서리, 가방, 기념품, 수공예품 등의 다양한 쇼핑 품목과 먹거리를 자랑한다.

📖 1권 P.086 📍 지도 P.076C
📍 구글 지도 GPS 18.785281, 99.000286 🚶 찾아가기 창클란 로드 주변으로 여러 나이트 바자가 형성된다. 🏠 주소 Changklan Road ☎ 전화 가게마다 다름 🕐 시간 대략 18:00~24:00 🚪 휴무 연중무휴 💲 가격 제품마다 다름 🌐 홈페이지 없음

32 아누싼 시장
Anusarn Market

도보 5분 ★★

창클란 로드 끄트머리에 자리한 시장. 아누싼 시장이라는 별도의 이름이 있는 나이트 바자라고 보면 된다. 저녁이 되면 의류, 액세서리, 수공예품, 기념품을 판매하는 가판대가 들어차 생기가 넘친다. 시장 내에 자리한 각종 레스토랑에서도 호객 행위를 활발하게 펼친다.

📖 1권 P.184 📍 지도 P.076E
📍 구글 지도 GPS 18.782605, 99.000782 🚶 찾아가기 깔래 나이트 바자에서 창클란 로드 남쪽으로 약 350m 이동, 왼쪽 🏠 주소 Changklan Road ☎ 전화 053-818-340 🕐 시간 11:30~24:00 🚪 휴무 연중무휴 💲 가격 제품마다 다름 🌐 홈페이지 www.anusarnmarket.com

33 빅 씨 슈퍼마켓 판팁
Big C Supermarket

도보 5분 ★★

나이트 바자 지역의 판팁 플라자 내에 자리해 편리하게 이용할 수 있는 대형 마트 체인. 미니 빅 씨, 로터스 익스프레스보다 규모가 크고 제품이 다양하며, 고가 제품이 많은 림삥 슈퍼마켓과 톱스 마켓에 비해 저렴하다.

📖 1권 P.203 📍 지도 P.076E
📍 구글 지도 GPS 18.782108, 98.999817 🚶 찾아가기 깔래 나이트 바자에서 창클란 로드 남쪽으로 약 350m 이동, 오른쪽. 판팁 플라자 1층 🏠 주소 152/1 Changklan Road ☎ 전화 053-288-383 🕐 시간 09:00~01:00 🚪 휴무 연중무휴 💲 가격 제품마다 다름 🌐 홈페이지 www.bigc.co.th

34 차차 슬로 페이스
Cha Chaa Slow Pace

도보 4분 ★★★

태국어로 차차는 천천히, 즉 슬로 페이스라는 뜻이다. 천천히 한땀 한땀 바느질하고 천연 염색한 의류, 잡화를 주로 판매하며, 수공예로 빚은 예쁜 도자기 잔 등 구매욕을 불러일으키는 아이템이 다양하다. 합리적인 가격과 친절함까지 두루 갖췄다.

📖 1권 P.188 📍 지도 P.076E
📍 구글 지도 GPS 18.783994, 99.001978
🚶 찾아가기 버거킹이 있는 사거리에서 하드록 카페 방면으로 접어들어 180m 이동, 왼쪽 🏠 주소 119 Loi Kroh Road ☎ 전화 052-004-448 🕐 시간 월~토요일 11:00~19:00 🚪 휴무 일요일 💲 가격 제품마다 다름 🌐 홈페이지 www.facebook.com/chachaaslowpace

35 쑤리웡 북센터
Suriwong Book Center

도보 9분

치앙마이에서 가장 큰 서점이다. 소설, 여행, 언어, 잡지 등 각 분야별 영문판 서적이 가득해 책에 대한 순수한 열정을 채워준다. 1층은 작은 규모의 미니 쑤리웡 북센터이고, 2층에 본격적인 대형 서점이 자리했다.

◎ 지도 P.076E
ⓖ 1권 P.184 ◎ 지도 P.076E ⓖ 찾아가기 창클란 로드 남쪽으로 걷다가 판팁 플라자 지나 우회전해 240m 이동, 왼쪽 ⓐ 주소 54, 54/1 Sridornchai Road ⓞ 전화 053−281−052 ⓛ 시간 월~금요일 10:00~20:00, 토~일요일 09:00~20:00 ⓞ 휴무 연중무휴 ⓑ 가격 책마다 다름 ⓢ 홈페이지 없음

36 와로롯 시장
Warorot Market

★★★ 도보 7분

채소, 육류, 건어물, 꽃, 의류, 기념품, 간식거리 등 없는 게 없는 치앙마이 대표 재래시장. 구획별로 비슷한 제품을 판매하는 상점들이 모여 있다. 순수한 쇼핑이 목적이라면 낮에, 다양한 먹거리를 원한다면 저녁 시간에 방문하자. 저녁에는 시장 주변으로 먹거리 노점이 문을 연다.

ⓖ 1권 P.184 ◎ 지도 P.076C
ⓖ 구글 지도 GPS 18,790301, 99,000591 ⓖ 찾아가기 위차야논 로드, 창머이 로드 주변으로 시장이 넓게 펼쳐져 있다. ⓐ 주소 90 Wichayanon Road ⓞ 전화 061−865−8958 ⓛ 시간 05:00~23:00 ⓞ 휴무 연중무휴 ⓑ 가격 제품마다 다름 ⓢ 홈페이지 www.warorosmarket.com

37 림삥 슈퍼마켓 나와랏
Rimping Supermarket

★★ 도보 9분

치앙마이를 대표하는 슈퍼마켓 브랜드 중 하나. 여행자들은 님만해민 마야 라이프스타일 쇼핑센터 내 지점과 이곳 나와랏 지점이 찾기에 편리하다. 현지 슈퍼마켓에 비해 수입 제품이 많으며 전반적인 가격대가 높다. 태국에서 생산되는 과일이라도 깔끔하게 포장해 높은 가격에 판매한다.

ⓖ 1권 P.202 ◎ 지도 P.076F
ⓖ 구글 지도 GPS 18,783463, 99,005692 ⓖ 찾아가기 싸판렉 다리 건너 우회전해 삥강을 따라 70m 이동, 왼쪽 ⓐ 주소 129 Chiang Mai-Lamphun Road ⓞ 전화 053−246−333~4 ⓛ 시간 08:00~21:00 ⓞ 휴무 연중무휴 ⓑ 가격 제품마다 다름 ⓢ 홈페이지 www.rimping.com

38 유니크 스페이스
Unique Space

★★★ 도보 13분

천연 염색한 천과 실로 직접 의류와 소품을 제작하는 숍. 물레를 돌려 실을 잣고 베틀에 실을 걸어 천을 짠다. 이렇게 만든 의류는 당연히 품질이 좋다. 수백, 수천 번의 손이 갔을 터인데 가격은 합리적이다. 손뜨개질한 모자, 지갑 등도 있다.

ⓖ 1권 P.188 ◎ 지도 P.076A
ⓖ 구글 지도 GPS 18,792765, 99,001921 ⓖ 찾아가기 와로롯 시장 육교의 삥강 다리 건너 좌회전, 왼쪽 ⓐ 주소 145 Charoen Rajd Road ⓞ 전화 093−137−5980 ⓛ 시간 10:00~20:00 ⓞ 휴무 연중무휴 ⓑ 가격 제품마다 다름 ⓢ 홈페이지 www.facebook.com/uniquespacechiangmai

39 쏩머이 아트
Sop Moei Arts

★★ 도보 14분

매헝썬 쏩머이 지역의 카렌족들과 함께하는 비영리 단체. 카렌족 특유의 문양과 스티치를 넣은 가방, 지갑 등 패브릭 제품과 직접 제작한 천에 가죽을 덧입힌 가방을 선보인다. 제품 판매는 카렌족의 수입과 기술 보존에 큰 도움이 된다고 한다.

◎ 지도 P.076B
ⓖ 구글 지도 GPS 18,792839, 99,002141 ⓖ 찾아가기 와로롯 시장 육교의 삥강 다리 건너 좌회전, 오른쪽 ⓐ 주소 150/10 Charoen Rajd Road ⓞ 전화 053−306−123 ⓛ 시간 일~금요일 10:00~18:00, 토요일 12:00~16:00 ⓞ 휴무 연중무휴 ⓑ 가격 제품마다 다름 ⓢ 홈페이지 sopmoeiarts.com

🔍⊕ ZOOM IN

센트럴 페스티벌

치앙마이 중심가에서 북동쪽으로 약 3.5km 거리에 자리한 대규모 쇼핑센터.

● **이동 시간 기준** 센트럴 페스티벌

→

1 아이딘끄린크록
ไอดินกลิ่นครก

도보 1분 ★★★ 🍴

캐주얼한 분위기의 이싼 요리 전문점. 쏨땀과 구이 등 각종 요리를 잘한다. 강력 추천 메뉴는 레몬그라스 치킨 구이 까이반양 따크라이. 감칠맛이 일품이다. 우리의 게장과 비슷한 얌뿌마덩도 신선하고 조화로운 맛이다. 센트럴 플라자 치앙마이 공항 지점도 있다.

🅐 1권 P.140 🅜 지도 P.088B
🌐 구글 지도 GPS 18.806753, 99.017969 🔍 찾아가기 센트럴 페스티벌 5층. 창머이 로드, 와로롯 시장, 왓 껫까람에서 RTC 그린 버스 탑승해 센트럴 페스티벌 하차 🅐 주소 5F, Central Festival,

99/3 Hwy Chiang Mai-Lampang Frontage Road
☎ 전화 052-001-227 🕐 시간 월~금요일 11:00~21:00, 토~일요일 10:00~21:30 🈳 휴무 연중무휴 💰 가격 쏨땀타이(Somtum Thai) 75B, 얌뿌마덩(Spicy Pickled Crabs Salad) 145B, 까이반양 따크라이(Grilled Lemongrass Chicken) 120B, 커무양 찜째우(Grilled Pork with E-San Chili Paste) 89B+7% 🖥 홈페이지 www.facebook.com/idinklinkrog.group

라다 룸
Rada loom P.089
📍 B2 Khamtieng Hotel
📍 왓 파탄
💊 텝빤나 병원
💊 피아통행
N
0   250m
11
찡짜이 마켓
JingJai Market
🍴 테스코 로터스
KFC MK
📍 Larb Patan
센트럴 페스티벌
P.089 Central Festival
아이딘끄린크록
P.088 (5F)
(MK, 샤부시)체인 레스토랑(5F)
푸드 파크 (5F)
106
러스틱 마켓
Rustic Market P.089
📍 꽃 시장 Kham Thiang Garden Market
오까쭈 오가닉 팜 P.089
Onkajhu Organic Farm (5.9km)
118
🍴 Farmer's Market
카우쏘이 쎄머짜이파함
P.089
2041
빡당
왓 파함
📍 타 창 카페
🏨 At Pingnakorn Riverside Hotel
미니 밴
코쿤 비프 누들
스타 애비뉴
링삥 슈퍼마켓
🏨 치앙라이 랏따나꼬씬 호텔
카우쏘이 람두언
3밧 누들
치앙마이 버스터미널
Chiang Mai Bus Terminal
2(빠이)
3(방콕)
Rattanakosin Rd
🏨 We briza Chiang Mai
106
Natwat Home Cafe
자전거 대여,
오토바이 대여,
렌터카
KFC MK 샤부시
빅 씨 슈퍼마켓 엑스트라2
11
🍵 Monsoon Tea
💊 맥코믹 병원
무앙마이 마켓
Wichayanon Rd
Kaeo Nawarat Rd
🏨 삼센 빌라
Samsen Villa P.084
🍴 David's Kitchen at 909
🏨 Eco Resort Chiangmai

2 카우쏘이 쎄머짜이파함
ข้าวซอย เสมอใจฟ้าฮ่าม

🍴 택시 4분 ★★

치앙마이 사람들의 인기를 한몸에 받고 있는 현지 식당. 카우쏘이, 남니여우를 비롯해 싸떼, 싸이우어, 남프릭눔, 남프릭엉, 깽항레 등 북부 음식을 푸드 코트식의 오픈 주방에서 요리한다. 모든 음식이 40B가량으로 저렴하다.

🅜 1권 P.133 🅞 지도 P.088A
🅖 구글 지도 GPS 18,804619, 99,005464 🅟 찾아가기 리버사이드 지역 중심가에서 삥강을 따라 북쪽으로 약 2km 거리의 왓 파함 옆. 그랩 택시 또는 뚝뚝 이용 🅐 주소 391 Moo 2 Charoen Rajd Road 🅣 전화 053-242-928 🅢 시간 08:30~17:00 🅗 휴무 연중무휴
🅥 가격 카우쏘이 무(Khaow-Soi)·카놈찐 남니여우(Kha-Nom-Jeen-Nam-Ngiew) 각 40B 🅗 홈페이지 없음

3 오까쭈 오가닉 팜
Ohkajhu Organic Farm

🍴 택시 13분 ★★★

팜 투 테이블(Farm to Table) 레스토랑인 오까쭈의 본점. 레스토랑에서 밥을 먹고, 유기농 농장도 견학할 수 있다. 모든 요리에는 샐러드가 곁들여 나온다.

🅜 1권 P.148 🅞 지도 P.088B
🅖 구글 지도 GPS 18,840663, 99,024637 🅟 찾아가기 그랩 택시 이용 🅐 주소 410 Moo 2 Chiang Mai Outer Ring Road 🅣 전화 081-980-2416 🅢 시간 09:00~20:45 🅗 휴무 연중무휴 🅥 가격 샐러드(Build Your Own Salad) 50B, 레디 립 오까쭈(Lady Ohkajhu) 하프 랙 365B·풀 랙 695B
🅗 홈페이지 www.ohkajhuorganic.com

4 라다 룸
Rada loom

😊 택시 10분 ★★

고객이 직접 베틀로 원단을 짜서 패브릭 소품을 만드는 DIY 공작소. 코스터는 30분, 스카프는 크기에 따라 3~5시간 걸린다. 벽 장식 천이나 가방, 베갯잇 만들기 코스도 있다. 하루 전에 예약해야 하며, 실크보다는 면이 조금 더 저렴하다.

🅞 지도 P.088A
🅖 구글 지도 GPS 18,807742, 98,994683 🅟 찾아가기 찡짜이 마켓 내. 그랩 택시 또는 뚝뚝 이용. 구시가 타패 게이트에서 2.5km, 님만해민 먀야에서 3.5km, 나이트 바자 지역에서 3km 거리 🅐 주소 JingJai Market, 45 Atsadathon Road 🅣 전화 089-802-9346 🅢 시간 화~일요일 10:00~17:00 🅗 휴무 월요일 🅥 가격 실크 코스터 900B~, 실크 스카프 1,500B~ 🅗 홈페이지 www.facebook.com/radaloom

5 센트럴 페스티벌
Central Festival

🛍 도보 0분 ★★★

방콕의 쇼핑센터와 다를 바 없는 현대적인 시설의 대규모 쇼핑센터. G~5층의 6층 규모다. 여행자에게 유용한 층은 G층과 4층. G층에는 슈퍼마켓 센트럴 푸드 홀, 북부 음식과 재료 판매 코너, 드러그 스토어, 스파 브랜드가 자리하며, 4층에는 푸드 코트와 레스토랑이 있다.

🅜 1권 P.198 🅞 지도 P.088B

🅖 구글 지도 GPS 18,807346, 99,018124 🅟 찾아가기 치앙마이 중심가에서 그랩 택시 또는 뚝뚝 이용. 창머이 로드, 와로롯 시장, 왓 껫까람에서 RTC 그린 버스 탑승해 센트럴 페스티벌 하차 🅐 주소 99/3 Hwy Chiang Mai-Lampang Frontage Road 🅣 전화 053-998-999 🅢 시간 월~목요일 11:00~21:30, 금요일 11:00~22:00, 토~일요일 10:00~22:00 🅗 휴무 연중무휴 🅥 가격 제품마다 다름 🅗 홈페이지 www.centralfestival.co.th

6 러스틱 마켓
Rustic Market

🛍 택시 7분 ★★★

찡짜이 마켓(JJ 마켓)에서 일요일마다 열리는 깜짝 시장이다. 규모가 크고 구경거리가 많아 깜짝 요일 시장 중에서도 높은 인기를 얻고 있다. 한쪽에서는 신선한 농산물과 먹거리를 판매하는 파머스 마켓이 열린다.

🅜 1권 P.185 🅞 지도 P.088A
🅖 구글 지도 GPS 18,806279, 98,996131 🅟 찾아가기 찡짜이 마켓, 구시가 타패 게이트 기준 북쪽으로 약 2.5km 🅐 주소 45 Atsadathon Road 🅣 전화 053-231-520 🅢 시간 일요일 07:00~13:00 🅗 휴무 월~토요일 🅥 가격 제품마다 다름 🅗 홈페이지 www.facebook.com/jjmarketchiangmai

AREA 04 SOI WAT UMONG

[쏘이 왓 우몽 & 치앙마이 대학교 후문]

젊은이들의 핫 플레이스

치앙마이 대학교 후문 쑤텝 로드에서 약 15분 거리. 정확한 명칭 없이 쏘이 왓 우몽이라 불리는 길이다. 차량이 왕복 교차하기에도 버거운 좁은 길을 따라 수많은 카페와 상점이 들어서 있다. 치앙마이 대학교 학생들과 커피 마니아들을 불러 모으던 이 거리가 이제 여행자들도 한 번쯤 들르는 힙한 거리로 거듭났다.

👍 인기 ★★★★	📷 관광지 ★★	🛍 쇼핑 ★★★	🍴 식도락 ★★★	🌙 나이트라이프 ★	⧉ 복잡함 ★★★
현지 젊은 층에게 큰 인기다.	동굴 사원 왓 우몽은 일부러 찾아볼 만하다.	반캉왓, 코핀 말라이(페이퍼 스푼), 로열 프로젝트 숍 등지에서 소소한 쇼핑을 즐기자.	쏘이 왓 우몽에 힙한 카페가 많다. 치앙마이 대학교 후문 쪽은 저렴한 맛집이 많다.	쏘이 왓 우몽의 거의 모든 업소가 저녁 시간에 문을 닫는다.	길이 좁은 탓에 주말에는 오토바이와 차량으로 도로가 정체 현상을 빚는다.

쏘이 왓 우몽으로 가는 방법

썽태우·뚝뚝·그랩 택시
쏘이 왓 우몽으로 들어가는 정규 노선은 전혀 없다. 썽태우나 뚝뚝을 흥정하거나 그랩 택시를 타야 한다. 그랩 택시는 치앙마이 시내 어디서나 100B가량의 요금으로 이용할 수 있다.

쏘이 왓 우몽 다니는 방법

도보
차량이나 오토바이를 렌트하지 않는 한 걸어 다니는 수밖에 없다. 다행히 스폿과 스폿 간의 거리가 멀지 않아 이동 시간 자체는 길지 않다. 문제는 길 상태다. 도로가 워낙 좁고 보행로가 제대로 없어 길을 걸을 때는 늘 주의해야 한다.

MUST SEE
이것만은 꼭 보자!

왓 우몽
Wat Umong
동굴 사원을 구경하자.

MUST EAT
이것만은 꼭 먹자!

페이퍼 스푼
Paper Spoon
맛과 멋, 쇼핑의
재미까지!

한통 찌앙마이
ข้าวอินติฉวงใหม่
북부 대표 요리를
한 상에.

랍룽너이
Lab Lung Noi
저렴하고 맛있는
이싼 요리.

MUST BUY
이것만은 꼭 사자!

반캉왓
Baan Kang Wat
일요일에는 모닝 마켓도
열린다.

로열 프로젝트 숍
Royal Project Shop
왕실에서 보장하는 믿을
수 있는 제품.

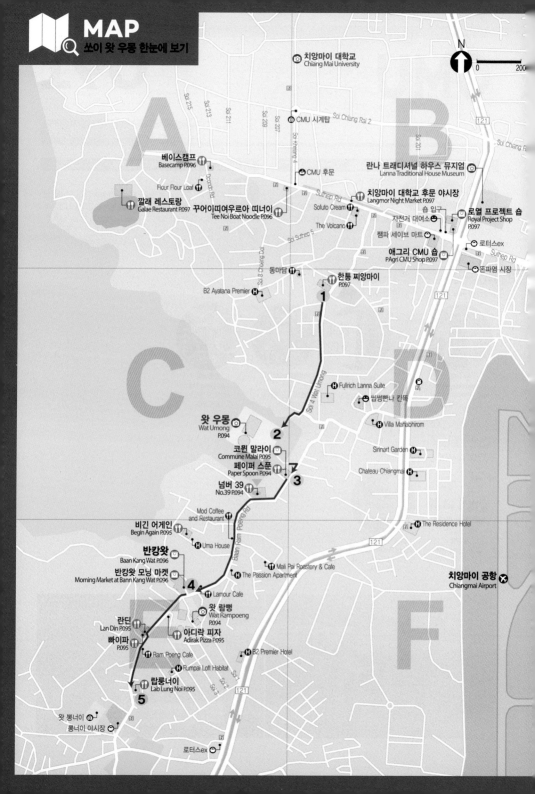

MAP
쏘이 왓 우몽 한눈에 보기

N
0   200

치앙마이 대학교
Chiang Mai University

CMU 시계탑

란나 트래디셔널 하우스 뮤지엄
Lanna Traditional House Museum

베이스캠프
Basecamp P.096

Flour Flour Loaf

CMU 후문

치앙마이 대학교 후문 야시장
Langmor Night Market P.097

깔래 레스토랑
Galae Restaurant P.097

꾸어이띠여우르아 띠너이
Tee Noi Boat Noodle P.096

Soluto Cream

숍 입구

로열 프로젝트 숍
Royal Project Shop P.097

The Volcano

자전거 대여소

로터스ex

애그리 CMU 숍
PAgri CMU Shop P.097

쨈파 세이브 마트

동마담

한퉁 찌앙마이
P.097

돈파염 시장

B2 Ayatana Premier

1

Fullrich Lanna Suite

씹썽빤나 칸똑

왓 우몽
Wat Umong
P.094

Villa Mahabhirom

코뮌 말라이
Commune Malai P.095

2

Sirinart Garden

페이퍼 스푼
Paper Spoon P.094

3

Chateau Chiangmai

넘버 39
No.39 P.094

Mod Coffee
and Restaurant

비긴 어게인
Begin Again P.095

The Residence Hotel

Uma House

반캉왓
Baan Kang Wat P.096

Mali Pai Roastery & Cafe

반캉왓 모닝 마켓
Morning Market at Bann Kang Wat P.096

The Passion Apartment

치앙마이 공항
Chiangmai Airport

4

Lamour Cafe

란딘
Lan Din P.095

왓 람뻥
Wat Rampoeng
P.094

아디락 피자
Adirak Pizza P.095

빠이파
P.095

Ram Poeng Cafe

B2 Premier Hotel

Rumpai Loft Habitat

랍룽너이
Lab Lung Noi P.095

5

왓 뽕너이

뽕너이 야시장

로터스ex

코스 무작정 따라하기
START

1. 한뚱 찌앙마이
750m, 도보 9분

2. 왓 우몽
100m, 도보 2분

3. 페이퍼 스푼
850m, 도보 10분

4. 반캉왓
550m, 도보 6분

5. 랍룽너이

Finish

COURSE 1

쏘이 왓 우몽 핵심 체크 코스

유명한 카페가 즐비한 쏘이 왓 우몽에서는 마음 가는 대로 발길 닿는 대로 다니다가 마음 가고 발길 멈추는 그곳에 머물면 그만이다. 그럼에도 혹시나 하는 걱정과 염려에 지나치기 아쉬운 스폿을 코스로 구성했다.

 START

1 한뚱 찌앙마이
ฮ้านถึงเจียงใหม่
ⓖ 구글 지도 GPS 18.789021, 98.954780
→ 우회전해 걷다가 길 끝에서 우회전해 160m → **왓 우몽 도착**

2 왓 우몽
Wat Umong
วัดอุโมงค์
ⓖ 구글 지도 GPS 18.783379, 98.951184
→ 왓 우몽 호수 쪽 길로 나와 우회전해 100m 이동, 오른쪽 → **페이퍼 스푼 도착**

3 페이퍼 스푼
Paper Spoon
ⓖ 구글 지도 GPS 18.780842, 98.952999
→ 진행 방향으로 850m 직진, 오른쪽 → **반캉왓 도착**

4 반캉왓
Baan Kang Wat
บ้านข้างวัด
ⓖ 구글 지도 GPS 18.76190, 98.948369
→ 진행 방향으로 550m 직진, 왼쪽 → **랍룽너이 도착**

5 랍룽너이
Lab Lung Noi
ลาบลุงน้อย
ⓖ 구글 지도 GPS 18.772245, 98.946068

RECEIPT

볼거리	1시간
쇼핑	1시간
식사 및 커피	2시간
이동	30분

TOTAL 4시간 30분

교통비	없음
식사 및 간식	490B
한뚱 찌앙마이	230B
페이퍼 스푼	135B
랍룽너이	125B

TOTAL 490B
(1인 어른 기준, 쇼핑 비용 별도)

ZOOM IN

쏘이 왓 우몽

치앙마이 대학교 후문 근처 동굴 사원 왓 우몽과 인접한 치앙마이 힙스터가 모이는 거리다.

● **이동 시간 기준** 왓 우몽

1 왓 우몽
Wat Umong
วัดอุโมงค์

13~14세기에 건설된 쩨디 등 여러 유물을 품은 사원. 핵심 볼거리는 '우몽'이라는 이름의 동굴인데 명상을 위해 지어진 동굴인데 요즘엔 사원을 찾는 이들이 많아져 원래 용도를 잃었다. 동굴 내에는 길이 만나는 곳마다 감실을 두고 불상을 모셨다. 사원 한쪽 연못에서 물고기 밥을 주는 재미도 쏠쏠하다. 반은 물고기가 먹고, 반은 비둘기가 먹는다.

📖 1권 P.062 ⊙ 지도 P.092C
◎ 구글 지도 GPS 18.783379, 98.951184 ⊙ 찾아가기 구시가 쑤언독 게이트에서 약 3.5km, 님만해민에서 약 2.5km 🚗 주소 135 Moo 10, Suthep 📞 전화 085-033-3809 🕐 시간 06:00~18:00 🚫 휴무 연중무휴 💲 가격 무료입장 🌐 홈페이지 www.watumong.org

2 왓 람뺑(따뽀타람)
Wat Rampoeng(Tapotaram)
วัดร่ำเปิง(ตโปทาราม)

마음 수련을 하는 특별한 휴가에 관심 있다면 주목할 만한 명상 사원. 경내는 수도승을 위한 공간과 명상을 위한 공간으로 나뉜다. 명상 센터에서는 속옷부터 겉옷까지 흰색 옷을 입은 수련자들이 위빠사나 명상(불교의 명상법)에 열중하고 있다. 외국인을 위한 프로그램과 숙소도 마련돼 있다.

⊙ 지도 P.092E
◎ 구글 지도 GPS 18.774734, 98.948749 ⊙ 찾아가기 반깡왓 정문 대각선 오른쪽 골목으로 들어가 오른쪽 🚗 주소 1 Moo 5, Suthep 📞 전화 053-278-620 🕐 시간 06:00~17:00 🚫 휴무 연중무휴 💲 가격 무료입장 🌐 홈페이지 www.watrampoeng.com

3 페이퍼 스푼
Paper Spoon

정식 이름은 코뮌 말라이(Commune Malai)인데 흔히 페이퍼 스푼이라 불린다. 페이퍼 스푼은 몇 동의 건물 중 가장 앞에 있는 건물이자 빈티지 숍. 바로 옆 건물에 카페 레이지 데이지(Lazy Daisy)가 있다. 커피, 음료, 스콘, 샌드위치 등 모든 메뉴가 맛있다.

📖 1권 P.109 ⊙ 지도 P.092C
◎ 구글 지도 GPS 18.780842, 98.952999 ⊙ 찾아가기 왓 우몽 호수 쪽 길로 나와 우회전해 100m 이동, 오른쪽 🚗 주소 36/14 Moo 10, Suthep 📞 전화 085-041-6844 🕐 시간 목~월요일 10:30~16:30 🚫 휴무 화~수요일 💲 가격 아메리카노(Americano) 50B, 샌드위치(Sandwich) 85B 🌐 홈페이지 없음

4 넘버 39
No.39

가장 힙한 카페 중 하나. 울창한 나무 아래 작은 호수를 감싸고 다양한 형태의 실내외 자리를 마련해 놓았다. 가장 인기 있는 자리는 독채처럼 사용할 수 있는 2층 구조의 트리 하우스. 대나무 상을 놓은 태국식 좌식 테이블도 좋다. 주말에는 라이브 공연이 펼쳐진다.

📖 1권 P.113 ⊙ 지도 P.092C
◎ 구글 지도 GPS 18.780220, 98.951677 ⊙ 찾아가기 왓 우몽 호수 쪽 길로 나와 우회전해 300m 이동, 오른쪽 🚗 주소 39/2 Moo 10, Suthep 📞 전화 086-879-6697 🕐 시간 09:30~19:00 🚫 휴무 연중무휴 💲 가격 아메리카노(Americano) 핫 70B · 콜드 75B 🌐 홈페이지 www.facebook.com/no39chiangmai

5 비긴 어게인
Begin Again

🍴 ★★ 도보 1분

울창한 숲 속에 자리한 2층 구조의 카페. 철 골을 드러낸 인테리어와 곳곳에 걸린 강렬한 색감의 그림이 인상적이다. 실외 테라스 좌석 은 수많은 나무가 감싸 안아 초록빛으로 물 들었다.

- 📍 **지도** P.092E
- Ⓖ **구글 지도 GPS** 18.778682, 98.948538 Ⓐ **찾 아가기** 왓 우몽 호수 쪽 길로 나와 우회전해 550m 지점에서 이정표 따라 우회전해 260m Ⓐ **주소** 85 Moo 5, Soi Kingphai 3, Suthep Ⓣ **전화** 085-925-6925 Ⓣ **시간** 월~금요일 09:00~18:00, 토~일요 일 09:00~18:30 Ⓗ **휴무** 연중무휴 Ⓦ **가격** 아메리카노(Americano) 핫 70B · 아이스 80B Ⓗ **홈 페이지** www.facebook.com/BeginAgainCafe

6 아디락 피자
Adirak Pizza

🍴 ★★ 도보 13분

한국인 여행자들에게 인기 만점인 피자 전문 점이다. 10여 종류의 피자 중에서도 한국인에 게는 페스토 리코타 피자가 인기다. 피자는 주문받는 즉시 화덕에 굽는다. 저녁 시간에만 영업하므로 방문 전 영업시간 확인이 필수다.

- 📍 **지도** P.092E
- Ⓖ **구글 지도 GPS** 18.775174, 98.947657
- Ⓐ **찾아가기** 왓 우몽 호수 쪽 길로 나와 우회전해 1.1km 이동, 왼쪽 Ⓐ **주소** Soi Dokkaew 7, Suthep Ⓣ **전화** 098-779-8853 Ⓣ **시간** 목~화요일 17:00~22:00 Ⓗ **휴무** 수요일 Ⓦ **가 격** 페스토 리코타(Pesto Ricotta) 9인치 200B, 12인치 265B Ⓗ **홈페이지** www.facebook.com/adirakpizza

7 란딘
Lan Din

🍴 ★★ 도보 15분

쏘이 왓 우몽 호수에서 새로이 떠오르는 카페. 오 랜 수령의 나무가 자라는 초록빛 풀밭 위에 온실을 연상케 하는 건물이 우뚝 서 있다. 에 어컨이 나오는 실내는 물론 건물과 이어진 데 크, 풀밭 등지에 테이블이 마련돼 있다. 커피 와 음료 가격이 매우 저렴하다.

- 📍 **지도** P.092E
- Ⓖ **구글 지도 GPS** 18.774536, 98.946713 Ⓐ **찾아가기** 왓 우몽 호수 쪽 길로 나와 우 회전해 1.2km 이동, 오른쪽 Ⓐ **주소** 89/7 Baan Ram Poeng Road, Suthep Ⓣ **전화** 063-365-3946 Ⓣ **시간** 08:00~22:00 Ⓗ **휴무** 연중무휴 Ⓦ **가격** 아메리카노(Americano) 핫 30B · 아이스 40B Ⓗ **홈페이지** www.facebook.com/landinproject

8 빠이파
ปายฟ้า

🍴 ★★ 도보 16분

자리에 앉기 전에 테이블 번호와 메뉴를 종이 에 적어 주문하는 방식이다. 다행히 태국어를 모르는 외국인에게는 직접 주문을 받는다. 먼 저 보통 면 쎈렉, 굵은 면 쎈야이 식으로 면을 고르자. 국물은 맑은 남싸이와 맵고 신 똠얌 이 있다. 루엄을 주문하면 모든 고명이 올라 간 국수가 나온다. 덮밥 메뉴도 있다.

- 📍 **지도** P.092E
- Ⓖ **구글 지도 GPS** 18.774416, 98.946595 Ⓐ **찾 아가기** 란딘 옆집 Ⓐ **주소** Baan Ram Poeng Road, Suthep Ⓣ **전화** 없음 Ⓣ **시 간** 09:30~16:00 Ⓗ **휴무** 연중 무휴 Ⓦ **가격** 꾸어이띠여우 40 · 45B Ⓗ **홈페이지** 없음

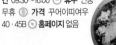

9 랍룽너이
Lab Lung Noi
ลาบลุงน้อย

🍴 ★★★ 도보 18분

이싼 요리를 분리한 4개의 주방에서 판매한 다. 테이블에 마련된 4개의 주문서에 각각 표 기한 후 해당 주방에 전달하면 된다. 추천 메 뉴는 돼지고기 꼬치 무삥, 소고기 꼬치 느아 삥, 달걀 꼬치 카이, 갈비 씨크롱, 쏨땀. 물, 얼 음, 수저, 접시, 채소는 셀프 서비스다.

- Ⓑ **1권** P.152 📍 **지도** P.092E
- Ⓖ **구글 지도 GPS** 18.772245, 98.946008 Ⓐ **찾아 가기** 왓 우몽 호수 쪽 길로 나와 우회전해 1.45km 이동, 왼쪽 Ⓐ **주소** 69/1 Moo 5 Baan Ram Poeng Road, Suthep Ⓣ **전화** 089-855-3934, 081-884-3400 Ⓣ **시간** 12:00~21:00 Ⓗ **휴무** 연중무휴 Ⓦ **가격** 무 삥 · 느아삥 7B, 씨크롱 50B, 카이 20B, 똠땀 30B, 카우 니여우 10B Ⓗ **홈페이지** 없음

10 코뮌 말라이
Commune Malai

🍽 ★★ 도보 2분

흔히 페이퍼 스푼이라 불리는 숍과 카페의 공 동체. 카페 레이지 데이지와 빈티지 숍 페이퍼 스푼, 에스닉 숍 코뮤니스타(Communista), 아 동용품 숍 핸드 룸(Hand Room), 아트 숍 찌 뜨라꼰파닛(Jitrakompanich) 등이 모여 있다. 각 가게의 개성이 뚜렷해 구경하는 재미가 쏠 쏠하다.

- Ⓑ **1권** P.191 📍 **지도** P.092C
- Ⓖ **구글 지도 GPS** 18.780842, 98.952999 Ⓐ **찾아 가기** 왓 우몽 호수 쪽 길로 나와 우회전해 100m 이 동, 오른쪽 Ⓐ **주소** 36/14 Moo 10, Suthep Ⓣ **전화** 085-041-6844 Ⓣ **시간** 목~월요일 10:30~16:30 Ⓗ **휴무** 화~수요일 Ⓦ **가격** 제품마다 다름 Ⓗ **홈 페이지** 없음

11 반캉왓
Baan Kang Wat
บ้านข้างวัด

 도보 12분 ★★★

숍, 카페, 아트 스튜디오가 자리한 13개의 반목조 주택 단지. '사원(왓 람뺑) 옆집'이라는 뜻으로 반캉왓이라고 이름 지었다. 디자인 소품 숍 이너프 포 라이프(Enough for Life), DIY 채색 공작소 15.28 스튜디오(15.28 Studio) 등 개성 넘치는 가게들이 입점해 있다.

📖 1권 P.187 📍 지도 P.092E

📍 구글 지도 GPS 18.776190, 98.948369 🚶 찾아가기 왓 우몽 호수 쪽 길로 나와 우회전해 950m 이동, 오른쪽 🏠 주소 123/1 Moo 5, Baan Ram Poeng Road, Suthep ☎ 전화 가게마다 다름 🕐 시간 화~일요일 10:00~18:00 ⊝ 휴무 월요일 💵 가격 제품마다 다름 🖥 홈페이지 www.facebook.com/Baankangwat

12 반캉왓 모닝 마켓
Morning Market at Bann Kang Wat

 도보 12분 ★★

반캉왓 단지 내에서 일요일 아침마다 열리는 작은 시장. 지역 디자이너가 직접 만든 의류, 액세서리, 가방, 생활 소품과 잡화를 합리적인 가격에 판매한다. 농산물, 빵 등 먹거리도 있다. 한 바퀴 돌아보는 데 10분이면 충분할 정도로 규모는 작다.

📖 1권 P.185 📍 지도 P.092E

📍 구글 지도 GPS 18.776190, 98.948369 🚶 찾아가기 왓 우몽 호수 쪽 길로 나와 우회전해 950m 이동, 오른쪽 🏠 주소 123/1 Moo 5, Baan Ram Poeng Road, Suthep ☎ 전화 098-427-0666 🕐 시간 일요일 08:00~13:00 ⊝ 휴무 월~토요일 💵 가격 제품마다 다름 🖥 홈페이지 www.facebook.com/marketbannkangwat

---

⊕ ZOOM IN

치앙마이 대학교 후문

치앙마이 대학교 후문 주변에 학생들을 위한 저렴한 식당과 노점이 많다.

● 이동 시간 기준 치앙마이 대학교 후문

1 꾸어이띠여우르아 띠너이
Tee Noi Boat Noodle
ก๋วยเตี๋ยวเรือ ตี๋น้อย

 도보 1분 ★★

치앙마이 대학교 학생들에게 인기 있는 보트 누들 전문점. 작은 그릇은 돼지고기 남똑 무만 주문 가능하고, 큰 그릇은 소고기 남똑 느아로도 주문할 수 있다. 작은 그릇은 간식으로 좋고, 큰 그릇은 식사가 된다. 영어 메뉴가 잘돼 있으며, 물과 얼음, 채소가 무료다.

📍 지도 P.092A

📍 구글 지도 GPS 18.793298, 98.952964 🚶 찾아가기 후문 대각선 오른쪽 🏠 주소 99/6 Suthep Road ☎ 전화 085-811-6335 🕐 시간 09:00~21:00 ⊝ 휴무 연중무휴 💵 가격 꾸어이띠여우르아 남똑똠얌무(Nam Tok Tom Yum Noodle Pork) 스몰 20B · 라지 40B 🖥 홈페이지 없음

2 베이스캠프
Basecamp

 도보 5분 ★★

자전거 동호인들과 치앙마이 대학교 학생들의 휴식처이자 베이스캠프. 쑤텝 로드를 지나 언덕길로 이어지는 자전거 길의 베이스캠프 역할을 톡톡히 하고 있다. 카페 내부는 편안한 분위기이고 커피 맛은 평범한 편이다. 얼음을 듬뿍 넣은 아이스 아메리카노는 맛있다.

📍 지도 P.092A

📍 구글 지도 GPS 18.794260, 98.949510 🚶 찾아가기 후문을 나와 우회전해 400m 이동, 왼쪽 🏠 주소 6/1 Suthep Road ☎ 전화 095-448-4895 🕐 시간 07:00~17:00 ⊝ 휴무 연중무휴 💵 가격 아메리카노(Americano) 핫 50B · 아이스 60B 🖥 홈페이지 basecamp-thailand.com

3 치앙마이 대학교 후문 야시장
Langmor Night Market

🍴 도보 1분 ★★

치앙마이 대학교 학생들의 간식과 저녁을 책임지는 야시장. 오후 3시경부터 서서히 문을 열기 시작해 저녁 무렵에는 거리 가득 노점이 들어선다. 튀김, 꼬치구이, 국수, 볶음 요리 등을 판매하는 노점 가운데 감자튀김 가게인 만인터(มัน Inter)가 가장 인기다.

📍 지도 P.092B
🚇 구글 지도 GPS 18.792385, 98.956870 🚶 찾아가기 후문 근처 🏠 주소 Suthep Road 📞 전화 가게마다 다름 🕐 시간 가게마다 다름. 대략 15:00~21:00 📅 휴무 연중무휴 💰 가격 제품마다 다름 🌐 홈페이지 없음

4 깔래 레스토랑
Galae Restaurant
กาแล

🍴 도보 14분 ★★

쑤텝 로드 끝자락의 언덕 위에 호수를 조망하며 자리한 대형 레스토랑이다. 호숫가 야외 좌석과 실내 좌석이 있는데 실내 좌석은 중국인 단체 관광객이 많아 소란스러운 편이다. 호수로 향하는 정원에 색색의 꽃을 심어놓아 분위기가 좋다.

📍 지도 P.092A
🚇 구글 지도 GPS 18.793463, 98.945699 🚶 찾아가기 후문을 나와 우회전해 쑤텝 로드 750m 지점 삼거리에서 좌회전해 210m 이동. 왼쪽 🏠 주소 65 Moo 1, Suthep Road 📞 전화 053-328-455 🕐 시간 10:00~22:00 📅 휴무 연중무휴 💰 가격 미끄럽(Mee Grawb)·싸떼 까이(Satay Gai) 각 150B 🌐 홈페이지 www.facebook.com/JaiPen9byGalae

5 한틍 찌앙마이
ฮ้านถึงเจียงใหม่

🍴 도보 10분 ★★

다양한 북부 음식을 맛볼 수 있는 현지 식당이다. 추천 메뉴는 축어듑므앙. 남프릭엉, 남프릭눔, 깽힝레, 싸이우어, 캅무, 삶은 달걀을 한 밥상에 차려 북부 음식을 고루 경험할 수 있다. 칼칼하고 매콤하게 입맛을 돋우는 카놈찐 남녀여우 역시 추천 메뉴다.

📖 1권 P.124 📍 지도 P.092D
🚇 구글 지도 GPS 18.789021, 98.954780 🚶 찾아가기 쏘이 왓 우몽으로 우회전해 450m 이동, 오른쪽 🏠 주소 63/9 Moo 14, Soi Wat Umong, Suthep 📞 전화 091-076-6100 🕐 시간 09:00~20:30 📅 휴무 연중무휴

💰 가격 축어듑므앙(Khantoke Set Menu) 200B, 카놈찐 남녀여우(Rice Noodle in Spicy Tomato Soup with Pork) 30B 🌐 홈페이지 없음

6 로열 프로젝트 숍
Royal Project Shop

🛍 도보 10분 ★★★

로열 프로젝트는 태국 산간 오지 거주민들의 삶의 질을 향상시키기 위해 왕실의 자금을 투자해 진행하는 사업이다. 사업을 통해 생산된 농산물과 가공품, 생활용품 등은 로열 프로젝트 숍에서 판매한다. 비누, 샴푸, 치약, 꿀, 커피 원두, 야돔(허브 오일), 룸 스프레이 등은 여행자 쇼핑 아이템으로 괜찮다.

📖 1권 P.193 📍 지도 P.082B
🚇 구글 지도 GPS 18.791703, 98.960448 🚶 찾아가기 후문을 나와 좌회전해 700m 이동, 왼쪽. 학교 안으로 진입 🏠 주소 Suthep Road 📞 전화 053-211-613 🕐 시간 08:00~18:00 📅 휴무 연중무휴 💰 가격 제품마다 다름 🌐 홈페이지 www.royalprojectthailand.com

7 애그리 CMU 숍
Agri CMU Shop

🛍 도보 10분 ★★

치앙마이 대학교 농과대학에서 생산한 제품을 판매하는 매장이다. 로열 프로젝트 숍과 붙어 있어 더불어 쇼핑하기에 좋다. 각종 농산물과 꿀, 견과류, 비누 등을 판매하며, 숍과 함께 있는 식당에서는 직접 생산한 소고기로 만든 스테이크를 선보인다.

📖 1권 P.194 📍 지도 P.092B
🚇 구글 지도 GPS 18.791432, 98.960381 🚶 찾아가기 후문을 나와 좌회전해 700m 이동, 왼쪽. 학교 안으로 진입 🏠 주소 9/2 Suthep Road 📞 전화 053-944-088 🕐 시간 08:00~18:00 📅 휴무 연중무휴 💰 가격 제품마다 다름 🌐 홈페이지 www.facebook.com/ATSCCMU

치앙마이 으뜸 사원을 찾아서

왓 프라탓 도이쑤텝의 존재만으로도 빛나는 지역이다. 왓 프라탓 도이쑤텝이 속한 도이쑤텝-뿌이 국립공원에는 몽족 마을 반몽 도이뿌이, 왕실의 겨울 별장 푸핑 궁전 등 굵직굵직한 볼거리가 많아 한나절가량 시간을 할애해 방문하면 좋다. 치앙마이 대학교 근처는 관광객보다 현지인이 많다.

인기
★★★★★

관광지
★★★★★

쇼핑
★★

식도락
★

나이트라이프
★

복잡함
★★★

치앙마이 최고의 관광지.

왓 프라탓 도이쑤텝의 존재만으로 빛이 난다.

반몽 도이뿌이 앞에 몽족 특산품을 판매하는 곳이 여럿 있다.

더 치앙마이 콤플렉스의 푸드 코트는 규모가 어마어마하다.

전무하다.

왓 프라탓 도이쑤텝은 늘 관광객으로 붐빈다. 더 치앙마이 콤플렉스에는 현지인이 많다.

도이쑤텝으로 가는 방법

썽태우
도이쑤텝은 노선 썽태우가 활발히 운행되는 지역이다. 치앙마이 대학교 정문(구글 지도 GPS 18.808739, 98.953829)과 치앙마이 동물원 앞에서는 편도 요금이 40B이다. 구시가 왓 프라씽 앞, 창프악 게이트 인근(구글 지도 GPS 18.795822, 98.986199)에서 출발하는 썽태우는 편도 요금이 60B이다. 노선 썽태우는 탑승 인원이 8~10명이 돼야 출발하므로 오래 기다릴 수 있다.

썽태우·그랩 택시
썽태우를 흥정해서 택시처럼 대절하거나 그랩 택시를 이용할 수 있다.

도보
힘들지만 몇몇 이들이 기꺼이 선택하는 방식이다. 승려와 순례자가 다녔던 옛길(트레일 입구 구글 지도 GPS 18.798117, 98.942357)을 따라 왓 파랏–왓 프라탓 도이쑤텝을 걸을 수 있다. 하이킹에 나선다면 생수와 당을 보충할 간식, 모기 퇴치제를 반드시 준비하자.

치앙마이 대학교 정문으로 가는 방법

RTC 치앙마이 시티 버스
타패 게이트에서 퍼플, 님만해민 마야 라이프스타일 쇼핑센터에서 그린·퍼플, 와로롯 시장에서 그린 버스를 타면 치앙마이 대학교 정문에서 내릴 수 있다. 노선은 치앙마이 시내 교통 한눈에 보기(P.014) 참조.

요금 20B

MUST SEE
이것만은 꼭 보자!

왓 프라탓 도이쑤텝
Wat Phra That Doi Suthep
반드시 가봐야 할 치앙마이 대표 사원.

MAP
도이쑤텝 한눈에 보기

A

B

E

F

I

J

● 반몽 도이뿌이
Ban Mong Doi Pui P.104

몬타탄 폭포
Monthathan Waterfall P.104 ●

왓 프라탓 도이쑤텝 ●
Wat Phra That Doi Suthep P.104

● 푸핑 궁전
Bhubing Palace P.104

나가 계단 ●

1004

상가 ● ● 엘리베이터

ⓟ 주차장

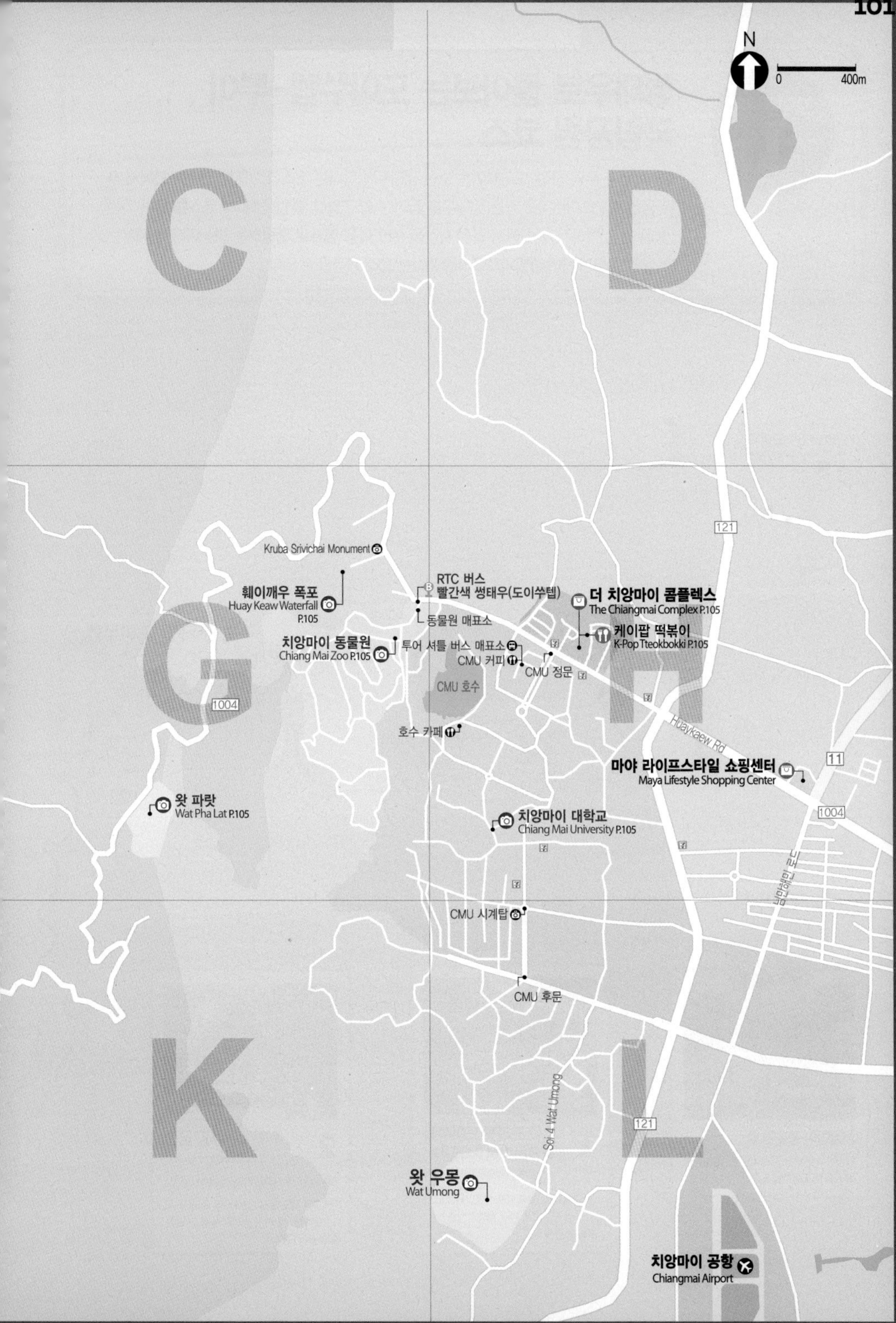

N

0   400m

C

D

121

Kruba Srivichai Monument ⓘ

RTC 버스
빨간색 썽태우(도이쑤텝)

더 치앙마이 콤플렉스
The Chiangmai Complex P.105

헤이깨우 폭포
Huay Keaw Waterfall
P.105

동물원 매표소

케이팝 떡볶이
K-Pop Tteokbokki P.105

치앙마이 동물원
Chiang Mai Zoo P.105

투어 셔틀 버스 매표소
CMU 커피

CMU 정문

G

H

1004

CMU 호수

Huaykaew Rd

호수 카페 🍴

마야 라이프스타일 쇼핑센터
Maya Lifestyle Shopping Center

11

왓 파랏
Wat Pha Lat P.105

치앙마이 대학교
Chiang Mai University P.105

1004

CMU 시계탑 ⓘ

K

L

CMU 후문

Soi 4 Wat Umong

121

왓 우몽
Wat Umong

치앙마이 공항 ✈
Chiangmai Airport

COURSE 1

썽태우로 돌아보는 도이쑤텝-뿌이 국립공원 코스

도이쑤텝과 푸핑 궁전, 도이뿌이는 노선 썽태우가 다니는 코스다. 하지만 도이쑤텝에서 푸핑 궁전이나 도이뿌이로 가는 썽태우를 잡기는 쉽지 않다. 출발 전에 세 코스를 모두 가는 썽태우를 선택하자. 한곳에서 일정 시간을 주고 다음 장소로 출발하는 방식이다. 썽태우는 8~10명 정원이 차야 출발하므로 비수기에는 오래 기다릴 수 있다.

반몽 도이뿌이
Ban Mong Doi Pui

3

몬타탄 폭포
Monthathan Waterfall

왓 프라탓 도이쑤텝
Wat Phra That Doi Suthep

푸핑 궁전
Bhubing Palace

나가 계단

1

상가

엘리베이터

2

1004

P 주차장

START

치앙마이 동물원 앞
치앙마이 동물원 앞에서 썽태우 탑승 →
왓 프라탓 도이쑤텝 도착

1 왓 프라탓 도이쑤텝
Wat Phra That Doi Suthep
วัดพระธาตุดอยสุเทพ
ⓖ 구글 지도 GPS 18.804930, 98.921605
→ 푸핑 궁전으로 가는 썽태우 탑승 →
푸핑 궁전 도착

2 푸핑 궁전
Bhubing Palace
พระตำหนักภูพิงคราชนิเวศน์
ⓖ 구글 지도 GPS 18.804645, 98.899242
→ 도이뿌이로 가는 썽태우 탑승 → **반몽 도이뿌이 도착**

RECEIPT

볼거리	3시간
이동(왕복)	1시간 20분

TOTAL 4시간 20분

교통비	180B
노선 썽태우 왕복	180B
입장료	90B
왓 프라탓 도이쑤텝	30B
푸핑 궁전	50B
반몽 도이뿌이	10B

TOTAL 270B
(1인 어른 기준, 쇼핑 비용 별도)

코스 무작정 따라하기
START

S. 치앙마이 동물원 앞

12km, 썽태우 20분

1. 왓 프라탓 도이쑤텝

5km, 썽태우 10분

2. 푸핑 궁전

3km, 썽태우 10분

3. 반몽 도이뿌이

Finish

헤이깨우 폭포
Huay Keaw Waterfall

S
B RTC 버스
빨간색 썽태우(도이쑤텝)

더 치앙마이 콤플렉스
The Chiangmai Complex

치앙마이 동물원
Chiang Mai Zoo

투어 셔틀 버스 매표소
CMU 커피

케이팝 떡볶이
K-Pop Tteokbokki

CMU 정문

CMU 호수

호수 카페

Huaykaew Rd

마야 라이프스타일 쇼핑센터
Maya Lifestyle Shopping Center

11

1004

왓 파랏
Wat Pha Lat

1004

치앙마이 대학교
Chiang Mai University

CMU 시계탑

CMU 후문

Soi 4 Wat Umong

121

1hr

3
반몽 도이뿌이
Ban Mong Doi Pui

구글 지도 GPS 18,816582, 98,883308

왓 우몽
Wat Umong

치앙마이 공항
Chiangmai Airport

ZOOM IN

도이쑤텝

왓 프라탓 도이쑤텝과 푸핑 궁전, 반몽 도이뿌이 등의 볼거리가 있는 국립공원 지역이다. 치앙마이 대학교와 멀지 않다.

● **이동 시간 기준** 치앙마이 동물원

1 왓 프라탓 도이쑤텝
Wat Phra That Doi Suthep
วัดพระธาตุดอยสุเทพ

도이쑤텝 국립공원 해발 1053m에 자리한 치앙마이 대표 사원이다. 14세기 쑤코타이에서 모셔온 부처님 어깨뼈 사리가 두 조각이 나자 하나는 왓 쑤언독에 안치하고, 나머지 하나는 흰 코끼리 등에 실어 보냈다. 코끼리는 3일 동안 도이쑤텝을 오르더니 한 장소에 멈춰 크게 세 번 울고는 죽었다. 그 자리에 진신 사리를 모실 쩨디를 세우고 지은 사원이 왓 프라탓 도이쑤텝이다. 쩨디의 높이는 24m, 황금 쩨디 사방에는 황금 장식의 우산을 두었다.

⊕ 1권 P.028 ⊙ 지도 P.100F ◉ 구글 지도 GPS 18.804930, 98.921605 ◉ 찾아가기 치앙마이 동물원 앞, 치앙마이 대학교에서 썽태우 편도 40B. 구시가 창프악 게이트 인근에서 썽태우 편도 60B ◉ 주소 9 Moo 9, Su Thep ⊖ 전화 053-295-002 ⏰ 시간 05:00~21:00 ⊙ 휴무 연중무휴 ⑱ 가격 입장료 30B, 엘리베이터 20B ⑯ 홈페이지 없음

2 푸핑 궁전
Bhubing Palace
พระตำหนักภูพิงคราชนิเวศน์

왕실의 겨울 별장이자 국빈을 대접하기 위해 1961년 세운 궁전이다. 왕실의 휴가 기간 외에는 일반인에게 정원을 개방한다. 핵심 볼거리는 로즈 가든이며, 자이언트 대나무, 저수지 등 소소한 볼거리가 많다. 궁전 내부는 볼 수 없다. 의상 통제가 심하므로 각별히 신경 써야 한다.

⊕ 1권 P.069 ⊙ 지도 P.100E ◉ 구글 지도 GPS 18.804645, 98.899242 ◉ 찾아가기 치앙마이 동물원 앞에서 썽태우 이용, 편도 70B ◉ 주소 Doi Buak Ha, Su Thep ⊖ 전화 053-223-065 ⏰ 시간 08:30~15:30 ⊙ 휴무 왕실 휴가 기간(보통 1~3월) ⑱ 가격 50B ⑯ 홈페이지 www.bhubingpalace.org

3 반몽 도이뿌이
Ban Mong Doi Pui

도이뿌이는 도이쑤텝-뿌이 국립공원 내 해발 1,685m의 최고봉이며, 반몽 도이뿌이는 그 산 아래 자리 잡은 몽족 마을이다. 산의 경사면을 따라 마을을 산책하며 그들의 삶을 엿볼 수 있다. 과거 아편의 원료인 양귀비를 재배하던 몽족은 현재 수공예품, 농산품 등을 판매해 수입을 얻는다.

⊕ 1권 P.053 ⊙ 지도 P.100A ◉ 구글 지도 GPS 18.816582, 98.883308 ◉ 찾아가기 치앙마이 동물원 앞에서 썽태우 이용, 편도 90B ◉ 주소 Moo 11, Su Thep ⊖ 전화 086-049-6364 ⏰ 시간 08:00~17:00 ⊙ 휴무 연중무휴 ⑱ 가격 10B ⑯ 홈페이지 doipui.net

4 몬타탄 폭포
Monthathan Waterfall
น้ำตกมณฑาธาร

도이쑤텝-뿌이 국립공원 내 해발 730m에 자리한 폭포다. 도이쑤텝으로 향하는 큰길에서 폭포까지 3km 거리라 차량 또는 오토바이를 빌리는 게 현명하다. 매표소를 지나면 울창한 열대우림 산책로가 펼쳐지며, 휴식과 수영에 적합한 여러 굽이의 폭포가 나타난다.

⊕ 1권 P.045 ⊙ 지도 P.100F ◉ 구글 지도 GPS 18.817028, 98.925741 ◉ 찾아가기 그랩 택시 또는 썽태우 대절 ◉ 주소 Su Thep ⊖ 전화 053-201-244 ⏰ 시간 08:30~16:30 ⊙ 휴무 연중무휴 ⑱ 가격 100B ⑯ 홈페이지 없음

5 왓 파랏
Wat Pha Lat
วัดผาลาด

택시 8분 ★★

1935년 큰길이 나기 전 왓 프라탓 도이쑤텝까지 걸어서 가려면 5시간이 걸렸다. 왓 파랏은 왓 프라탓 도이쑤텝으로 향하는 승려와 순례자가 쉬어 가던 사원이다. 지금도 40분가량 걸리는 옛길을 따라 하이킹(트레일 입구 구글 지도 GPS 18.798117, 98.942357)을 즐기는 이들이 많다. 사원은 버마, 태국 양식이 혼재돼 있어 독특한 느낌이다.

ⓞ **지도** P.101G
ⓖ **구글 지도 GPS** 18.799412, 98.934182 ⓒ **찾아가기** 그랩 택시 또는 썽태우를 대절하거나 하이킹 트레일 이용 ⓐ **주소** 101 Baan Huay Pha Lat Moo 1, Su Thep ⓣ **전화** 없음 ⓗ **시간** 06:00~17:00 ⓡ **휴무** 연중무휴 ⓑ **가격** 무료입장 ⓦ **홈페이지** 없음

6 훼이깨우 폭포
Huay Keaw Waterfall
น้ำตกห้วยแก้ว

도보 8분 ★★

치앙마이 시내에서 가장 가까운 폭포. 태국인들에게 나들이 장소로 주목받고 있다. 입구에는 1935년 도이쑤텝으로 가는 길을 만든 크루바 씨위차이가 스님의 동상이 있다. 태국인들은 왓 프라탓 도이쑤텝으로 가기 전 이곳에 들러 그를 추모한다. 먹거리와 기념품을 파는 상권도 형성돼 있다.

ⓞ **지도** P.101G
ⓖ **구글 지도 GPS** 18.811859, 98.944505 ⓒ **찾아가기** 동물원 입구에서 좌회전해 씨위차이 로드 진입, 크루바 씨위차이 동상이 있는 곳에서 좌회전 ⓐ **주소** 99 Huaykaew Road ⓣ **전화** 081-758-9559 ⓗ **시간** 08:00~17:00 ⓡ **휴무** 연중무휴 ⓑ **가격** 무료입장 ⓦ **홈페이지** 없음

7 치앙마이 동물원
Chiang Mai Zoo

도보 7분 ★★★

1957년에 미국인 해롤드 씨가 설립한 사립 동물원. 1977년부터 태국 정부에서 관리하고 있으며, 현재 태국 북부의 동물원 중에서 가장 규모가 크다. 400여 종의 동물 가운데 2003년 중국에서 온 판다가 인기다. 대규모 조류 공원 또한 동물원의 자랑이다.

ⓞ **지도** P.101G
ⓖ **구글 지도 GPS** 18.809679, 98.947566 ⓒ **찾아가기** 구시가에서 5km, 님만해민에서 2.5km 거리 ⓐ **주소** 100 Huaykaew Road ⓣ **전화** 052-081-775, 053-893-111 ⓗ **시간** 08:00~17:00 ⓡ **휴무** 연중무휴 ⓑ **가격** 입장료 어른 150B · 어린이 70B, 판다 하우스 어른 100B · 어린이 50B, 아쿠아리움 어른 520B · 어린이 390B ⓦ **홈페이지** www.chiangmai.zoothailand.org

8 치앙마이 대학교
Chiang Mai University(CMU)

도보 12분 ★

1964년에 설립된 국립대학교. 태국 대학교의 캠퍼스가 궁금하다면 가볼 만하다. 관광객을 위한 셔틀버스를 08:00~18:00에 30분 간격으로 운행한다. 투어는 30~40분가량 걸리며, 앙깨우 호수에 단 한 번 정차해 약 10분간 자유 시간을 준다.

ⓞ **지도** P.101H
ⓖ **구글 지도 GPS** 셔틀버스 탑승 18.807482, 98.953172, 정문 18.808289, 98.954670, 후문 18.793413, 98.953319 ⓒ **찾아가기** 동물원에서 우회전해 750m 이동, 오른쪽이 정문 ⓐ **주소** 239 Huaykaew Road ⓣ **전화** 053-941-000 ⓗ **시간** 셔틀버스 08:00~18:00 ⓡ **휴무** 연중무휴 ⓑ **가격** 셔틀버스 60B ⓦ **홈페이지** www.cmu.ac.th

9 케이팝 떡볶이
K-Pop Tteokbokki

🍴 도보 13분 ★★★

퓨전화하지 않은 한국 고유의 맛을 선보여 태국인의 입맛을 사로잡은 한국 음식점이다. 신당동 떡볶이가 주 메뉴이며, 김밥, 비빔밥, 자장면 등 분식도 맛있다.

ⓞ **1권** P.163 ⓞ **지도** P.101H
ⓖ **구글 지도 GPS** 18.808637, 98.955975 ⓒ **찾아가기** 치앙마이 대학교 정문 오른쪽에 자리한 더 치앙마이 콤플렉스 내. 더 치앙마이 콤플렉스 입구에서 90m 직진, 왼쪽 ⓐ **주소** 99/58 Moo 1, The Chiangmai Complex, Huay Kaew Road ⓣ **전화** 084-046-8389 ⓗ **시간** 11:00~21:30 ⓡ **휴무** 연중무휴 ⓑ **가격** 신당동 떡볶이 2인분 269B · 3인분 335B, 신당동 라볶이 79B, 김밥 105B, 비빔밥 115B ⓦ **홈페이지** www.facebook.com/Mr.wonKpoptteokbokkichiangmai

10 더 치앙마이 콤플렉스
The Chiangmai Complex

도보 12분 ★★

치앙마이 대학교 정문 앞에 자리한 대규모 야시장. 옷, 액세서리, 잡화 매장과 대규모 푸드코트, 음식점 등. 여기서 판매하는 옷은 태국에서 유행하는 스타일이라 여행자들의 취향은 아니다. 개별 음식점 중에서는 케이팝 떡볶이가 인기다.

ⓞ **1권** P.161 ⓞ **지도** P.101H
ⓖ **구글 지도 GPS** 18.807877, 98.956236 ⓒ **찾아가기** 치앙마이 대학교 정문 오른쪽 ⓐ **주소** 100/20 Huaykaew Road ⓣ **전화** 가게마다 다름 ⓗ **시간** 12:00~23:00 ⓡ **휴무** 연중무휴 ⓑ **가격** 제품마다 다름 ⓦ **홈페이지** www.facebook.com/thechiangmaicomplex

AREA 7
매림 & 매땡 & 치앙다오

AREA 6
매히야·항동 & 도이인타논

AREA 8
싼깜팽 & 매깜뻥

하루 나들이 코스로 제격

치앙마이 시내에서 하루 나들이 코스로 좋은 지역이다. 매히야는 암퍼 므앙 치앙마이 아래 땀본 행정 단위로, 우리나라의 ○○시의 ○○구에 해당한다. 암퍼 항동은 항동군쯤으로 해석할 수 있다. 땀본 매히야는 암퍼 항동과 치앙마이의 남서쪽 경계를 이루고 있어 함께 둘러보기 좋다. 매력적인 볼거리는 물론 특유의 여유를 담은 레스토랑이 많다.

인기
★★★

관광지
★★★★

쇼핑
★★

식도락
★★★

나이트라이프
★

복잡함
★

도심과 가까우면서도 특유의 여유를 간직해 많은 이들의 사랑을 받는다.

로열 파크 랏차프륵 등 굵직한 볼거리 외에 소소한 볼거리도 가득.

대형 마트 빅 씨와 테스코 로터스는 슈퍼마켓 쇼핑에 제격이다.

도심 외곽에서만 접할 수 있는 개성 만점 레스토랑이 많다.

더 굿 뷰 빌리지에서 라이브 공연과 가라오케를 즐길 수 있다.

불교 기념일에 왓 프라탓 도이캄은 발 디딜 틈 없이 붐빈다.

매히야·항동 & 도이인타논 교통편 한눈에 보기

매히야·항동으로 가는 방법

그랩 택시

차량이나 오토바이 렌트 외에 매히야·항동 지역을 갈 때 가장 편리한 방법이다. 치앙마이 시내에서 매히야까지 약 100B, 가까운 항동 지역은 200B 이내로 움직일 수 있다.

렌트

운전에 익숙하다면 가장 좋은 방법이다. 매히야와 항동의 도로는 오토바이도 문제없이 탈 수 있을 정도로 잘 닦여 있다. 다만 반뻥의 일부 산악 지역은 오토바이 운전 실력이 미흡하다면 다니기 어려울 수 있다. 차량 렌트를 하려면 국제운전면허증과 신용카드가 필요하다. 오토바이를 렌트하는 경우에도 국제운전면허증을 준비하는 게 좋다.

공공 썽태우

마크로 항동, 빅 씨 항동, 테스코 로터스 항동은 공공 썽태우로 갈 수 있다. 창프악 게이트, 쓰리 킹스 모뉴먼트, 쏨펫 시장, 와로롯 시장, 나이트 바자, 치앙마이 공항 등지에서 탑승 가능.

🕐 **시간** 05:30~22:00 🚌 **요금** 20B

도이인타논 국립공원으로 가는 방법

1일 투어

1일 투어는 도이인타논 국립공원을 방문하는 가장 저렴하고 편리한 방법이다. 10시간가량 걸리며, 국립공원의 핵심 볼거리를 모두 들른다. 1일 투어 외에는 차량 렌트, 기사 딸린 차량 렌트 등의 방법이 있다.

MUST SEE
이것만은 꼭 보자!

No.1

로열 파크 랏차프룩
Royal Park Rajapruek
볼거리 가득한 테마 정원.

No.2

왓 프라탓 도이캄
Wat Phrathat Doi Kham
거대 불상을 모신 전망 좋은 사원.

No.3

도이인타논 국립공원
Doi Inthanon National Park
1일 투어 추천 여행지.

MUST EAT
이것만은 꼭 먹자!

No.1

카우마오 카우팡
Khaomao-Khaofang
맛으로 승부한다!

No.2

촘 카페 & 레스토랑
Chom Cafe & Restaurant
웨이팅도 참을 수 있는 예쁜 정원.

No.3

로열 프로젝트 키친
Royal Project Kitchen
신선한 재료, 좋은 손맛. 합리적인 가격.

MAP
매히야·항동 한눈에 보기

왓 프라탓 도이캄 P.114
Wat Phrathat Doi Kham

반쑤언 카페
Baan-Suan-Ka-Fé P.115

주차장

지버리시
Jibberish P.116

도보

로열 프로젝트 키친
Royal Project Kitchen P.115

왓 아란야왓 반쁭
P.117

브랜뉴 필드 굿
Brand New Field Good P.118

마타창 깡똥
P.119

더 굿 뷰 빌리지
The Good View Village P.115

딸랏쑷 매히야
P.116

로열 파크 랏차프륵
Royal Park Rajapruek P.114

주차장

림삥 슈퍼

찡쭈차이
P.114

촘 카페 & 레스토랑
Chom Cafe & Restaurant P.115

치앙마이 나이트 사파리 동물원
Chiang Mai Night Safari Zoo P.116

주차장

3028

121

반녹 타이 커피 로스터스
Bannok Thai Coffee Roasters P.118

3028

닉스 레스토랑 & 플레이그라운드
Nic's Restaurant & Playground P.118

다니싸 베이커리 & 카페
Danissa Bakery & Cafe P.118

카우마오 카우팡
Khaomao-Khaofang P.118

1269

쩨다 룩친쁠라 라이싼
P.117

로터스ex

딸랏 위분텅(시장)

왓 인타라왓
Wat Intharawat P.117

3035

왓 콩카우
Wat Khong Khao P.117

깟파랑빌리지

프리미엄 아웃렛

푸핀 테라스
Phufinn Terrace P.119

그랜드캐니언, 깜난분
Grand Canyon, Gamnanboon P.117

108

푸핀 더이
Phufinn Doi P.119

호시하나 숍
Hoshihana Shop P.119

호시하나 빌리지
Hoshihana Village 1권 P.233

딸랏 항동(시장)

3035

로터스ex

N

0   700m

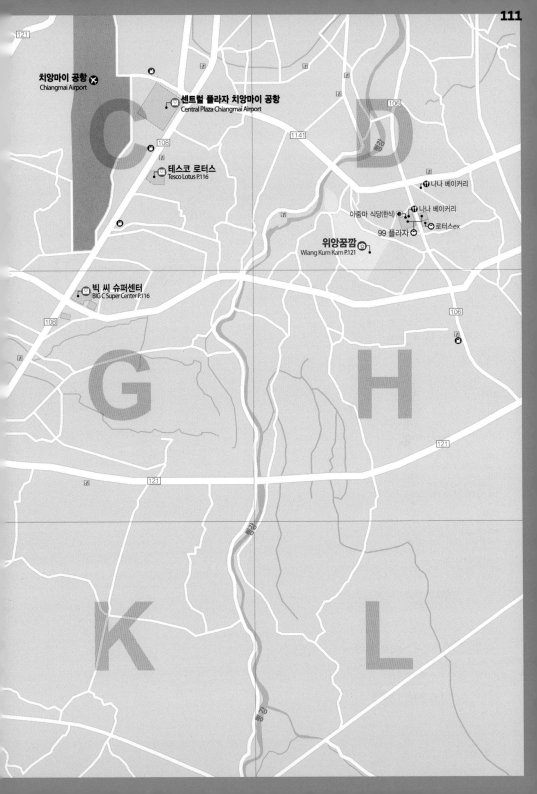

치앙마이 공항 ✈
Chiangmai Airport

센트럴 플라자 치앙마이 공항
Central Plaza Chiangmai Airport

121

108

테스코 로터스 P.116
Tesco Lotus P.116

1141

106

나나 베이커리

나나 베이커리
아줌마 식당(한식)
로터스ex

99 플라자

위앙꿈깜 P.121
Wiang Kum Kam P.121

빅 씨 슈퍼센터
BIG C Super Center P.116

108

106

C

D

G

H

121

121

K

L

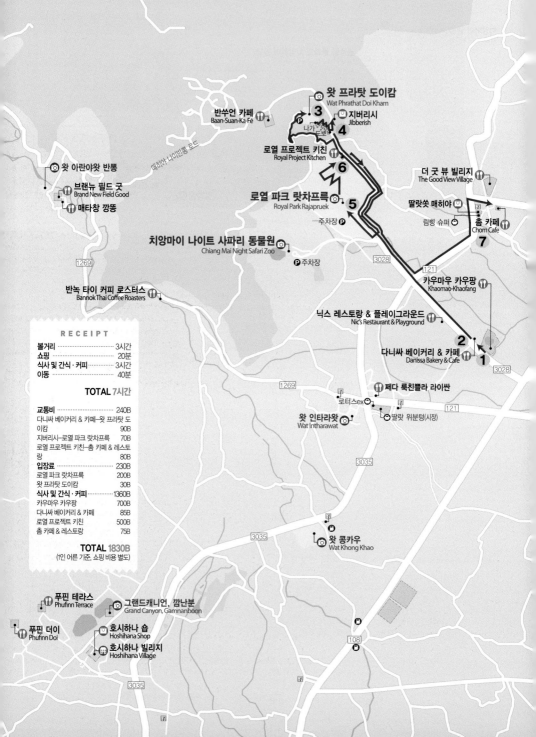

왓 프라탓 도이캄
Wat Phrathat Doi Kham

반쑤언 카페
Baan-Suan-Ka-Fé

3

지버리시
Jibberish

4

왓 아란야왓 반뽕

로열 프로젝트 키친
Royal Project Kitchen

브랜뉴 필드 굿
Brand New Field Good

매타창 깡똥

6

더 굿 뷰 빌리지
The Good View Village

로열 파크 랏차프륵
Royal Park Rajapruek

5

딸랏쏫 매히야
촘 카페
Chom Cafe
림빙 슈퍼

7

치앙마이 나이트 사파리 동물원
Chiang Mai Night Safari Zoo

주차장

주차장

반녹 타이 커피 로스터스
Bannok Thai Coffee Roasters

3028

카우마우 카우팡
Khaomao-Khaofang

121

닉스 레스토랑 & 플레이그라운드
Nic's Restaurant & Playground

2

다니싸 베이커리 & 카페
Danissa Bakery & Cafe

1

3028

1269

쩨다 룩친쁠라 라이싼

로터스ex

왓 인타라왓
Wat Intharawat

딸랏 위분텅(시장)

121

3035

왓 콩카우
Wat Khong Khao

108

3035

푸핀 테라스
Phufinn Terrace

그랜드캐니언, 깜난분
Grand Canyon, Gamnanboon

푸핀 더이
Phufinn Doi

호시하나 숍
Hoshihana Shop

호시하나 빌리지
Hoshihana Village

RECEIPT

볼거리 ·················· 3시간
쇼핑 ····················· 20분
식사 및 간식·커피 ····· 3시간
이동 ····················· 40분

TOTAL 7시간

교통비 ·················· 240B
다니싸 베이커리 & 카페–왓 프라탓 도
이캄 ···················· 90B
지버리시–로열 파크 랏차프륵 70B
로열 프로젝트 키친–촘 카페 & 레스토
랑 ······················ 80B
입장료 ·················· 230B
로열 파크 랏차프륵 ······ 200B
왓 프라탓 도이캄 ········· 30B
식사 및 간식·커피 ········1360B
카우마우 카우팡 ········· 700B
다니싸 베이커리 & 카페 ··· 85B
로열 프로젝트 키친 ······ 500B
촘 카페 & 레스토랑 ······· 75B

TOTAL 1830B
(1인 어른 기준, 쇼핑 비용 별도)

코스 무작정 따라하기
START

1. 카우마우 카우팡
   250m, 도보 3분
2. 다니싸 베이커리 & 카페
   6.5km, 택시 11분
3. 왓 프라탓 도이캄
   500m(약 300계단), 도보 10분
4. 지버리시
   2.5km, 택시 5분
5. 로열 파크 랏차프록
   공원 내, 도보 0분
6. 로열 프로젝트 키친
   3.5km, 택시 6분
7. 촘 카페 & 레스토랑
   Finish

COURSE ZOOM IN

COURSE 1

그랩 택시로 떠나는
매히야·항동 한나절 코스

매히야·항동 지역의 핵심 먹거리와 볼거리를 섭렵하는 코스. 첫 번째 코스인 카우마우 카우팡은 11시에 문을 연다는 점을 염두에 두자. 마지막 코스인 촘 카페에서는 간단히 커피나 음료를 즐기자.

START

1 카우마우 카우팡
Khaomao-Khaofang
ข้าวเม่า-ข้าวฟ่าง

ⓢ **구글 지도 GPS** 18.730123, 98.943676
→ 큰길로 나와 우회전 190m → **다니싸 베이커리 & 카페** 도착

2 다니싸 베이커리 & 카페
Danissa Bakery & Cafe

ⓢ **구글 지도 GPS** 18.730917, 98.941804
→ 그랩 택시 이용 → **왓 프라탓 도이캄** 도착

3 왓 프라탓 도이캄
Wat Phrathat Doi Kham
วัดพระธาตุดอยคำ

ⓢ **구글 지도 GPS** 18.759544, 98.918645
→ 아래쪽 주차장과 연결된 나가 계단을 내려와 길 건너기 → **지버리시** 도착

4 지버리시
Jibberish

ⓢ **구글 지도 GPS** 18.757804, 98.922210
→ 그랩 택시 이용 → **로열 파크 랏차프록** 도착

5 로열 파크 랏차프록
Royal Park Rajapruek
อุทยานหลวงราชพฤกษ์

ⓢ **구글 지도 GPS** 18.750425, 98.923933
→ 공원 내 로열 프로젝트 키친 입구 이용 → **로열 프로젝트 키친** 도착

6 로열 프로젝트 키친
Royal Project Kitchen

ⓢ **구글 지도 GPS** 18.753486, 98.924759
→ 그랩 택시 이용 → **촘 카페 & 레스토랑** 도착

7 촘 카페 & 레스토랑
Chom Cafe & Restaurant
จอม

ⓢ **구글 지도 GPS** 18.748524, 98.945427

ZOOM IN

매히야

매히야는 므앙 치앙마이와 항동의 경계 지역이다. 매히야 시장은 121번과 3029번 도로 교차점 근처에 있다.

● **이동 시간 기준** 매히야 시장

1 로열 파크 랏차프록
Royal Park Rajapruek
อุทยานหลวงราชพฤกษ์

라마 9세의 즉위 60년, 탄생 80주년을 기념해 열린 2006 국제 원예 박람회장을 활용한 공원이다. 핵심 볼거리인 로열 파빌리온을 비롯해 타이 트로피컬 가든, 24개국 미니 정원 등 볼거리가 많다. 무료 트램, 자전거, 도보로 돌아볼 수 있는데, 15분 간격으로 운행하는 트램이 가장 효율적이다.

Ⓑ 1권 P.025 Ⓞ 지도 P.110B
Ⓖ **구글 지도 GPS** 18.750425, 98.923933 Ⓖ **찾아가기** 그랩 택시 또는 썽태우 대절. 121번 도로를 따라가다 랏차프록 로드로 우회전 Ⓐ **주소** Mae Hea, Mueang Ⓣ **전화** 053-114-110 Ⓢ **시간** 08:00~18:00 Ⓗ **휴무** 연중무휴 Ⓟ **가격** 200B Ⓦ **홈페이지** www.royalparkrajapruek.org

2 왓 프라탓 도이캄
Wat Phrathat Doi Kham
วัดพระธาตุดอยคำ

치앙마이 중심가 남서쪽의 도이캄 언덕 꼭대기에 자리한 사원이다. 경내에 자리한 17m 높이의 거대 좌불상이 황금색 가사를 걸치고 있어 황금 사원이라고도 불린다. 300여 개의 가파른 계단을 올라가야 하므로 택시 대절 시 언덕 꼭대기에 세워달라고 하자.

Ⓑ 1권 P.060 Ⓞ 지도 P.110B
Ⓖ **구글 지도 GPS** 18.759544, 98.918645 Ⓖ **찾아가기** 그랩 택시 또는 썽태우 대절. 로열 파크 랏차프록 정문 오른쪽 길을 지나면 사원이 있는 언덕 꼭대기까지 길이 나 있다. 불교 행사가 있는 날은 입장을 제한한다. Ⓐ **주소** 108 3 Mu Ban Chiang Mai Lake Land Road, Mae Hia, Mueang Ⓣ **전화** 053-263-001 Ⓢ **시간** 06:00~18:00 Ⓗ **휴무** 연중무휴 Ⓟ **가격** 30B Ⓦ **홈페이지** 없음

3 찡쭈차이
จิงจูไก่

태국식 선지 해장국 뚬르엇무, 돼지 내장을 넣은 죽 쪽크릉나이무, 끼엠이 면을 넣은 돼지고기 국수 꾸어이짭, 돼지고기를 넣어 끓인 밥 카우뚬무 등을 선보인다. 인기 메뉴는 까우라우 르엇무. 맑은 선지 해장국으로 개운한 맛이 일품이다. 밥은 따로 주문해야 한다.

Ⓞ 지도 P.110B
Ⓖ **구글 지도 GPS** 18.748532, 98.945268 Ⓖ **찾아가기** 121번 도로에서 쏨폿 치앙마이 700삐 로드로 450m 이동, 오른쪽 Ⓐ **주소** 72/2 Moo 8, Somphot Chiang Mai 700 Pi Road, Mae Hea, Mueang Ⓣ **전화** 081-036-3223 Ⓢ **시간** 05:00~13:00 Ⓗ **휴무** 연중무휴 Ⓟ **가격** 까우라우 르엇무 40·50B, 꾸어이짭 남싸이 40B Ⓦ **홈페이지** 없음

4 촘 카페 & 레스토랑
Chom Cafe & Restaurant
촘지

카우마우 카우팡과 더불어 매히야·항동 지역에서 가장 추천하는 업소다. 식사 시간에는 대기가 필수인데 이를 감수하고서라도 방문할 가치가 충분하다. 열대 나무와 음지 식물이 자라고 폭포와 개울이 흐르는 작은 정원이 정말 예쁘다. 안개가 낀 듯 물을 흩뿌려 신비감도 든다.

📖 1권 P.172 📍 지도 P.110B
📍 구글 지도 GPS 18.748524, 98.945427 ⓒ 찾아가기 121번 도로에서 쏨폿 치앙마이 700삐 로드로 450m 이동, 오른쪽 ⓐ 주소 2/13 Moo 2, Somphot Chiang Mai 700 Pi Road, Mae Hea, Mueang ☎ 전화 065-438-8188 ⏰ 시간 11:00~22:00 ⓧ 휴무 연중무휴 ⓑ 가격 카페라테(Cafe Latte) 75·85B, 카우팟 남프릭만뿌(Fried Rice with Crab Meat and Shrimp Paste Sauce) 130B, 싼커무양 쏫 촘(Chom Grill Pork Collar) 150B 🌐 홈페이지 www.facebook.com/chomcafeandrestaurant

5 더 굿 뷰 빌리지
The Good View Village

초대형 레스토랑으로, 인공 호수 위에 데크를 놓아 테이블을 마련했다. 맛은 분위기에 비해 떨어지는 편이다.

📍 지도 P.110B
📍 구글 지도 GPS 18.749875, 98.943532 ⓒ 찾아가기 121번 도로에서 쏨폿 치앙마이 700삐 로드로 260m 이동, 왼쪽 ⓐ 주소 40 Moo 2, Mae Hea, Mueang ☎ 전화 053-904-406~8 ⏰ 시간 토~수요일 17:00~01:00, 목~금요일 17:00~24:00 ⓧ 휴무 연중무휴 ⓑ 가격 꿍채남쁠라(Raw Prawns in Fish Sauce) 150B, 헷힌나꿍 썬느어뿌(Shitake Mushroom topped with Prawn in Crab Sauce) 200B, 쁠라탑틴 텃 따크라이(Deep Fried Whole Red Tilapia Fish in Chili & Lime Sauce) 325B 🌐 홈페이지 www.view-goodview.com

6 로열 프로젝트 키친
Royal Project Kitchen

로열 파크 랏차프록 내에 자리한 가든 레스토랑으로 공원 내 입구 혹은 따로 마련된 도로변 입구를 이용하면 된다. 레스토랑은 자연과 조화를 이룬 캐주얼한 분위기다. 로열 프로젝트를 통해 생산된 신선한 재료로 건강한 밥상을 선보인다. 합리적인 가격은 덤이다.

📖 1권 P.171 📍 지도 P.110B
📍 구글 지도 GPS 18.753486, 98.924759 ⓒ 찾아가기 그랩 택시 또는 썽태우 대절. 121번 도로를 따라가다 랏차프록 로드로 우회전. 로열 파크 랏차프록 정문 오른쪽 도로에 개별 출입구가 있다. ⓐ 주소 Royal Park Rajapruek, Mae Hea, Mueang ☎ 전화 052-080-660 ⏰ 시간 09:00~17:00 ⓧ 휴무 연중무휴 ⓑ 가격 삑까이 쏫마캄(Deep Fried Chicken Wing with Tamarind Sauce) 95B, 얌타와이(Royal Project Vegetable with Curry Salad) 150B, 깽항레 로띠(Roti with Northern Style Pork Stew with Peanuts) 150B, 카이찌여우 무쌉(Thai Omelet with Pork) 60B, 랍팍쑷(Fresh Vegetables North Eastern Style Spicy Salad) 90B 🌐 홈페이지 www.royalparkrajapruek.org/restaurant

7 반쑤언 카페
Baan-Suan-Ka-Fé
반얀수언까패

도이캄 언덕 물가에 자리한 카페다. 아이들이 놀기에 적당한 낮은 물가라 가족 단위 손님이 많다. 커피, 음료 전문이며, 음식은 덮밥, 팟타이, 카놈빵 정도로 단출하게 선보인다.

📍 지도 P.110B
📍 구글 지도 GPS 18.759600, 98.913978 ⓒ 찾아가기 그랩 택시 또는 썽태우 대절. 로열 파크 랏차프록 정문 오른쪽 길 이용. 왓 프라탓 도이캄 아래쪽 주차장 지나 언덕길로 진입 ⓐ 주소 170 Moo 3, Mae Hea, Mueang ☎ 전화 084-821-7357 ⏰ 시간 08:00~17:00 ⓧ 휴무 연중무휴 ⓑ 가격 아메리카노(Americano) 핫 50B·아이스 65B, 카페라테(Cafe Latte) 핫 55B·아이스 75B 🌐 홈페이지 없음

8 딸랏쏫 매히야
ตลาดสดแม่เหียะ

★★ 도보 0분

매히야 지역에 자리한 재래시장. 과일, 채소, 생선, 육류 등의 식자재와 쏨땀, 꼬치구이 등 간단한 먹거리를 판매한다. 일부러 찾을 필요는 없고, 근처에 머문다면 들를 만하다. 인근에 규모가 작은 림삥 슈퍼마켓과 로터스가 있다.

📍 **지도** P.110B
🌐 **구글 지도 GPS** 18.747732, 98.941843 🚕 **찾아가기** 치앙마이 구시가와 님만해민에서 약 7.5km 거리 🏠 **주소** 32 Moo 2, Chonprathan Road, Mae Hea, Mueang ☎ **전화** 053-805-383 🕒 **시간** 04:00~24:00 ⊖ **휴무** 연중무휴 ฿ **가격** 제품마다 다름 🖱 **홈페이지** www.facebook.com/maehiamarket

9 지버리시
Jibberish

★★ 택시 7분

천연 염색 제품과 핸드메이드 주얼리, 나무 장신구, 문구 등의 홈메이드 잡화를 판매한다. 할머니의 손재주를 물려받은 어머니, 그 어머니의 솜씨를 물려받은 딸이 함께 운영하는 작은 가게다. 아이템은 한정돼 있지만 합리적인 가격이 좋다. 종종 일반인 대상 워크숍을 연다.

📍 **지도** P.110B
🌐 **구글 지도 GPS** 18.757804, 98.922210 🚕 **찾아가기** 그랩 택시 또는 썽태우 대절. 왓 프라탓 도이캄 산 아래 주차장과 가깝다. 🏠 **주소** Moo 3, Mae Hea, Mueang ☎ **전화** 086-252-9489 🕒 **시간** 금~수요일 10:00~18:00 ⊖ **휴무** 목요일 ฿ **가격** 제품마다 다름 🖱 **홈페이지** www.facebook.com/jibberish.chiangmai

10 빅 씨 슈퍼센터
Big C Super Center

★★★ 택시 5분

태국을 대표하는 대형 마트인 빅 씨의 매히야 지점. 치앙마이 중심가에서 가까운 편이라 치앙마이 주민들은 물론 슈퍼마켓 쇼핑을 즐기려는 여행자들도 즐겨 찾는다.

📍 **지도** P.111G
🌐 **구글 지도 GPS** 18.743391, 98.961996 🚕 **찾아가기** 그랩 택시 또는 썽태우 대절. 108번 도로 이용 🏠 **주소** 433/4-5 Moo 7, Mae Hea, Mueang ☎ **전화** 053-447-711 🕒 **시간** 09:00~23:00 ⊖ **휴무** 연중무휴 ฿ **가격** 제품마다 다름 🖱 **홈페이지** corporate.bigc.co.th, bigc.co.th

11 테스코 로터스
Tesco Lotus

★★★ 택시 8분

태국을 대표하는 대형 마트 테스코 로터스의 항동 지점. 실제로는 항동이 아니라 므앙 치앙마이에 속한다. 대형 마트 중에서는 JJ 마켓 인근의 테스코 로터스와 더불어 시내에서 가까운 편이다. 치앙마이 시내 남쪽에 머문다면 이곳이 들르기에 편리하다.

📍 **지도** P.111C
🌐 **구글 지도 GPS** 18.759015, 98.972063 🚕 **찾아가기** 그랩 택시 또는 썽태우 대절. 108번 도로 이용 🏠 **주소** 132 Moo 1, Pa Daet, Mueang ☎ **전화** 053-807-478 🕒 **시간** 08:00~22:00 ⊖ **휴무** 연중무휴 ฿ **가격** 제품마다 다름 🖱 **홈페이지** www.tescolotus.com

ZOOM IN

항동

항동은 남쪽과 서쪽이 므앙 치앙마이와 접해 있다. 왓 인타라왓은 항동 넝콰이 지역 중심가에 자리한 사원. 므앙 치앙마이와 항동의 경계에서 그리 멀지 않다.

● **이동 시간 기준** 왓 인타라왓

1 치앙마이 나이트 사파리 동물원
Chiang Mai Night Safari Zoo

★★★ 택시 7분

워킹 존은 걸어 다니면서 우리에 있는 동물들을 관찰하는 방식이다. 데이 사파리는 30분마다 출발하며 태국어로 진행한다. 나이트 사파리는 태국어(18:30, 19:30, 20:30, 21:30, 22:00)와 영어(18:50, 21:30, 20:30, 21:30, 22:00)로 진행한다. 사파리 체험 시간은 1시간.

📍 **지도** P.110F
🌐 **구글 지도 GPS** 18.742218, 98.916753 🚕 **찾아가기** 그랩 택시 또는 썽태우 대절. 로열 파크 랏차프륵 교차로에서 좌회전. 이정표 참고 🏠 **주소** 33 Moo 12, Nong Kwai, Hang Dong ☎ **전화** 053-999-000 🕒 **시간** 11:00~22:00, 워킹 존 11:00~21:30, 데이 사파리 15:00~16:30, 나이트 사파리 18:50~22:00 ⊖ **휴무** 연중무휴 ฿ **가격** 워킹 존 어른 100B · 어린이 50B, 데이 · 나이트 사파리 어른 800B · 어린이 400B 🖱 **홈페이지** www.chiangmainightsafari.com

2 왓 인타라왓
Wat Intharawat
วัดอินทราวาส

도보 0분

위한과 개방된 형태의 쌀라밧(파빌리온), 몬돕에서 전통 란나 양식을 볼 수 있는 목조 사원이다. 1858년 건설할 당시 쌀라밧의 바닥은 나무였지만 지금은 콘크리트로 바뀌었다. 현지에서는 동네 이름을 따서 왓 똔꿴이라고도 부른다. 사원에 승려는 살지 않는다.

⊙ 지도 P.110F

ⓢ 구글 지도 GPS 18.722867, 98.925380 ⊕ 찾아가기 치앙마이 구시가와 남만해민에서 약 11km 거리. 땀본 넝콰이 관청 소재지 ⓐ 주소 Ban Ton Kwen Soi 3, Nong Kwai, Hang Dong ☎ 전화 053-248-607 ⏱ 시간 06:00~17:00 ⓑ 휴무 연중무휴 ⓑ 가격 무료입장 ⊙ 홈페이지 없음

3 왓 아란야왓 반뽕
วัดอรัญญวาส บ้านปง

택시 12분

왓 반뽕이라고 불리던 곳으로 애초에 사원이 아니라 명상 장소였다. 18세기 유력 스님이었던 아짠 문을 초대해 명상을 수행했는데 그가 떠나며 사원 이름을 왓 아란야왓이라 명했다. 언덕 꼭대기에 라마 9세의 60년 통치를 기념하며 짓기 시작한 하얀색 탑이 있다.

⊙ 지도 P.110A

ⓢ 구글 지도 GPS 18.750185, 98.884254 ⊕ 찾아가기 그랩 택시 또는 썽태우 대절. 121번 도로에서 1269번 도로로 진입해 약 7km ⓐ 주소 99 Moo 2, Ban Pong, Hang Dong ☎ 전화 053-857-544, 086-189-1948 ⏱ 시간 07:30~20:30 ⓑ 휴무 연중무휴 ⓑ 가격 무료입장 ⊙ 홈페이지 없음

4 왓 콩카우
Wat Khong Khao
วัดโขงขาว

택시 8분

2012년에 건립된 비교적 최신 사원이다. 경내의 넓은 정원을 지나면 황금빛으로 치장한 불상과 사원 건축물이 줄줄이 펼쳐져 눈길을 사로잡는다.

⊙ 지도 P.110J

ⓢ 구글 지도 GPS 18.708366, 98.920806 ⊕ 찾아가기 그랩 택시 또는 썽태우 대절. 3035번 도로 남쪽으로 2.2km 이동, 왼쪽 ⓐ 주소 Ban Waen, Hang Dong ☎ 전화 084-609-0673 ⏱ 시간 08:00~17:00 ⓑ 휴무 연중무휴 ⓑ 가격 무료입장 ⊙ 홈페이지 없음

5 그랜드캐니언, 깜난분
Grand Canyon, Gamnanboon

택시 8분

거창한 이름을 달았지만 실은 물을 채운 채석장이다. 빠이 그랜드캐니언보다 덜 멋지고, 미국 그랜드캐니언과는 비교조차 안 된다. 풍광을 감상하는 곳이 아니라 물놀이 시설임을 알아두자. 그랜드캐니언의 이름을 단 업소는 깜난분과 워터파크 2곳이다. 깜난분은 입장료가 저렴하고, 워터파크는 입장료가 비싼 대신 놀이시설을 갖췄다.

⊙ 지도 P.110I

ⓢ 구글 지도 GPS 18.697132, 98.893278 ⊕ 찾아가기 그랩 택시 또는 썽태우 대절. 3035번 도로 남쪽으로 약 5km 이동, 우회전 ⓐ 주소 244 Soi Ban Rai 3 Moo 1, Nam Phrae, Hang Dong ☎ 전화 090-893-9858 ⏱ 시간 09:00~19:00 ⓑ 휴무 연중무휴 ⓑ 가격 100B ⊙ 홈페이지 www.facebook.com/grandcanyon.gamnanboon?ref=mentions

6 쩨다 룩친쁠라 라이싼
เจ๊ดา ลูกชิ้นปลาไร้สาร

도보 7분

지역 주민에게 인기인 어묵국수 전문점. 보통 면 쎈렉, 굵은 면 쎈야이 등 면 종류를 고른 다음 남싸이, 똠얌의 국물을 선택하면 된다. 면을 말지 않은 까우라우도 있다. 보통은 탐마다, 곱빼기는 피쎗이다. 기본기에 충실한 깔끔한 맛이다.

⊙ 지도 P.110F

ⓢ 구글 지도 GPS 18.724688, 98.928084 ⊕ 찾아가기 넝콰이 중심가 큰길 사거리 대각선 쪽 121번 도로가 꺾이는 지점 ⓐ 주소 Chiang Mai Outer Ring Road, Nong Kwai, Hang Dong ☎ 전화 053-125-367 ⏱ 시간 08:00~17:00 ⓑ 휴무 연중무휴 ⓑ 가격 탐마다(보통) 50B, 피쎗(곱빼기) 60B ⊙ 홈페이지 없음

7 카우마우 카우팡
Khaomao-Khaofang
ข้าวเม่า-ข้าวฟาง

숲속에 자리한 초대형 태국 요리 레스토랑이다. 신선한 재료를 사용한 요리 하나하나가 특징적이며 감동적인 맛을 선사한다. 작은 시냇물과 폭포가 흐르고, 호수가 있는 열대 우림의 정글 분위기도 좋다. 메뉴가 매우 광범위하지만 사진을 곁들인 메뉴판이 있어 도움이 된다.

ⓘ 1권 P.170 ⓜ 지도 P.110F
ⓖ 구글 지도 GPS 18.730123, 98.943676 ⓒ 찾아가기 그랩 택시 또는 썽태우 대절. 랏차프룩 로드 남쪽 ⓐ 주소 81 Moo 7, Ratchaphruek Road, Nong Kwai, Hang Dong ☎ 전화 053-838-444 ⓣ 시간 11:00~15:00, 17:00~21:30 ⓧ 휴무 연중무휴 ⓑ 가격 팟쿠어바이이루 무(Spicy Stir Fried Cumin Leaves with Pork) 160·250B, 어듭프므앙(Tomato Pork & Green Chilli Dips with Vegetables) 170B, 쁠라까풍차 남쁠라남암(Deep Fried Snapper with Spicy Mango Salad) 350B

ⓗ 홈페이지 www.khaomaokhaofang.com

8 다니싸 베이커리 & 카페
Danissa Bakery & Cafe

현지인과 서양 여행자들에게 인기인 베이커리 카페. 빵과 커피, 음료는 물론 샐러드, 샌드위치, 라자냐 등 요리 메뉴가 있다. 에어컨이 나오는 실내에 평범하지만 편안한 좌석이 몇 개 있다.

ⓜ 지도 P.110F
ⓖ 구글 지도 GPS 18.730917, 98.941804 ⓒ 찾아가기 그랩 택시 또는 썽태우 대절. 랏차프룩 로드 남쪽 ⓐ 주소 111/1 Moo 7, Ratchaphruek Road, Nong Kwai, Hang Dong ☎ 전화 052-001-120 ⓣ 시간 월~토요일 06:30~20:00 ⓧ 휴무 일요일 ⓑ 가격 베이글(Bagels) 70~95B, 크랜베리 스콘(Cranberry Scones) 45B, 레오 크림 치즈(Reo Cream Cheese) 40B ⓗ 홈페이지 www.facebook.com/danissabakeryandcafe

9 닉스 레스토랑 & 플레이그라운드
Nic's Restaurant & Playground

아이들이 놀 수 있는 플레이그라운드를 마련해 놓은 레스토랑 겸 카페. 야외 놀이터에서 흙을 만지며 놀거나, 미끄럼틀, 그네, 트램펄린 등의 놀이시설도 이용할 수 있다. 모든 음식에 조미료와 설탕을 쓰지 않는 점도 아이들과 함께 찾기 좋은 이유 중 하나다.

ⓜ 지도 P.110F
ⓖ 구글 지도 GPS 18.733542, 98.938659 ⓒ 찾아가기 그랩 택시 또는 썽태우 대절. 랏차프룩 로드 남쪽 ⓐ 주소 87 Moo 1, Nong Kwai, Hang Dong ☎ 전화 087-007-3769 ⓣ 시간 11:30~22:00 ⓧ 휴무 연중무휴 ⓑ 가격 아메리카노(Americano) 핫 60B·아이스(Make It Ice)는 10B 추가 +7% ⓗ 홈페이지 www.nics.asia

10 반녹 타이 커피 로스터스
Bannok Thai Coffee Roasters

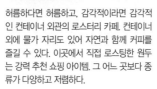

허름하다면 허름하고, 감각적이라면 감각적인 컨테이너 외관의 로스터리 카페. 컨테이너 외에 물이 자리로 있어 자연과 함께 커피를 즐길 수 있다. 이곳에서 직접 로스팅한 원두는 강력 추천 쇼핑 아이템. 그 어느 곳보다 종류가 다양하고 저렴하다.

ⓜ 지도 P.110E
ⓖ 구글 지도 GPS 18.736508, 98.899762 ⓒ 찾아가기 그랩 택시 또는 썽태우 대절. 1269번 도로를 따라 약 3km ⓐ 주소 Samoeng Road, Nong Kwai, Hang Dong ☎ 전화 088-251-7387 ⓣ 시간 09:00~19:00 ⓧ 휴무 연중무휴 ⓑ 가격 커피(Coffee) 핫·콜드 70B, 슬로 바(Slow Bar) 핸드 드립 100B ⓗ 홈페이지 www.facebook.com/Bannokcoffeeroast

11 브랜뉴 필드 굿
Brand New Field Good

요즘 태국 시골에서 유행 중인 대나무 다리 카페. 논 위에 카페와 마을을 연결하는 대나무 다리를 놓아 다리를 걷거나 조망할 수 있다. 커피와 음료 메뉴가 다양하며, 간단한 태국 요리 메뉴도 갖췄다.

ⓜ 지도 P.110A
ⓖ 구글 지도 GPS 18.749982, 98.884788 ⓒ 찾아가기 그랩 택시 또는 썽태우 대절. 1269번 도로를 따라 약 7.5km ⓐ 주소 210, Ban Pong, Hang Dong ☎ 전화 097-978-8456 ⓣ 시간 월, 수~금요일 10:00~19:00, 토~일요일 10:00~20:00 ⓧ 휴무 화요일 ⓑ 가격 아메리카노(Americano) 핫 70B·아이스 85B, 레몬 티(Lemon Tea) 아이스 85B ⓗ 홈페이지 www.facebook.com/brandnewfieldgood

12 매타창 깡똥
แม่ท่าช้าง กางโต๊ะ

택시 17분

타창강 인근의 논 뷰 식당이다. 맥주병에 온 갖 향신료로 양념한 닭을 꽂고 깡통을 씌운 후 짚불을 붙여 수차례 구워내는 까이옵빵이 주 메뉴다. 요리에 걸리는 시간만 35분. 기름 기 쫙 빠진 맵고 향기로운 까이옵빵이 혀의 세포를 깨우는 듯하다. 중독성 있는 맛이다.

 지도 P.110A

ⓖ **구글 지도 GPS** 18.747978, 98.885771 ⓖ **찾아가기** 그랩 택시 또는 썽태우 대절. 1269번 도로를 따라 약 6km ⓖ **주소** Ban Pong, Hang Dong ⓖ **전화** 091-859-2949 ⓖ **시간** 11:00~24:00 ⓖ **휴무** 연중무휴 ⓑ **가격** 까이므앙옵빵 매타창 290B ⓗ **홈페이지** 없음

14 푸핀 더이
Phufinn Doi
ภูฟิน ดอย

택시 15분

그랜드캐니언 인근 언덕에 자리해 항동의 초 록빛 풍경을 조망할 수 있는 카페다. 길게 뻗 은 나무 테라스, 테라스를 둘러싼 바 테이블 등 전망 좋은 좌석이 많다. 요리 메뉴는 볶음 밥, 덮밥 등 몇 가지 없지만 저렴하고 맛있다. 커피, 음료는 다양하다.

ⓢ **지도** P.110I

ⓖ **구글 지도 GPS** 18.695525, 98.880117 ⓖ **찾아가기** 그랩 택시 또는 썽태우 대절. 3035번 도로 남쪽으로 약 5km 지나 우회전해 이정표 참고 ⓖ **주소** Moo 7, Nam Phrae, Hang Dong ⓖ **전화** 092-959-0399 ⓖ **시간** 08:30~18:00 ⓖ **휴무** 연중무휴 ⓑ **가격** 카우팟 카이(Fried Rice with Egg) 69B

ⓗ **홈페이지** www.facebook. com/phufinn

15 호시하나 숍
Hoshihana Shop

택시 11분

에이즈 감염 아동을 위한 비영리단체(NPO) 반롬싸이를 위해 지어진 호시하나 빌리지 내 에 자리한 숍으로 판매 수익금을 반롬싸이의 운영에 쓴다. 의류, 지갑, 쿠션 등 패브릭 제품 을 주로 판매하는데, 가격대가 있는 편이다. 일부 제품은 다른 어느 곳에서도 판매하지 않 는 한정판이다.

ⓢ **지도** P.110I

ⓖ **구글 지도 GPS** 18.692489, 98.890764 ⓖ **찾아가기** 그랩 택시 또는 썽태우 대절. 3035번 도로 남쪽으로 약 5km 지나 우회전, 그랜드캐니언 지 나 이정표 참고 ⓖ **주소** 246 Moo 3, Nam Phrae, Hang Dong ⓖ **전화** 063-158-4126 ⓖ **시간** 09:00~17:00 ⓖ **휴무** 연중무휴 ⓑ **가격** 제품마다 다름 ⓗ **홈페이지** www.hoshihana-village.org

13 푸핀 테라스
Phufinn Terrace
ภูฟิน เทอเรส

택시 13분

그랜드캐니언 인근 언덕에 위치한 카페. 푸핀 더이와 비슷한 카페인데 푸핀 더이보다 태국 요리가 다양하다. 해먹, 베드형 테이블 등 독 특한 형태의 좌석에서는 커피와 음료만 즐길 수 있다. 계산은 현금만 가능.

ⓢ **지도** P.110I

ⓖ **구글 지도 GPS** 18.697468, 98.883865 ⓖ **찾아가기** 그랩 택시 또는 썽태우 대절. 3035번 도로 남쪽으로 약 5km 지나 우회전해 이정표 참고 ⓖ **주소** 1 Moo 7, Nam Phrae, Hang Dong ⓖ **전화** 062-271-3699 ⓖ **시간** 11:00~21:00 ⓖ **휴무** 연중무휴 ⓑ **가격** 남프릭 엉(Northern Style Chili Dip with Mince Pork) 89B, 카우무끄라 티얌(Stir Fried Garlic Pork with Rice) 79B ⓗ **홈페이지** www.facebook.com/phufinn

⊕ZOOM IN

항동 반뽕

땀본 반뽕은 항동 중에서도 므앙 치앙마이와 서쪽으로 접한 산악 지역에 해당한다. 로열 로 즈 가든은 반뽕에 자리한 로열 프로젝트 센터. 반뽕의 명소 중에서도 거리가 멀어 따로 소개 한다. 차량을 렌트한 경우에는 방문할 만하다.

● **이동 시간 기준** 로열 로즈 가든

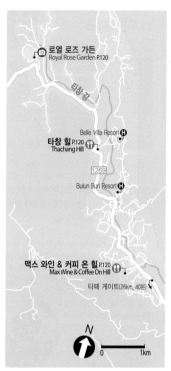

로열 로즈 가든
Royal Rose Garden P.120

타창 힐 P.120
Thachang Hill

Belle Villa Resort

Bulun Buri Resort

맥스 와인 & 커피 온 힐 P.120
Max Wine & Coffee On Hill

타패 게이트(26km, 40분)

N
0   1km

1 로열 로즈 가든

Royal Rose Garden
สวนกุหลาบหลวง

훼이팍파이 로열 프로젝트 개발 센터 내에 자리한 장미 정원이다. 방문하기 가장 좋은 시기는 장미가 만발하는 1~2월이다. 정원 곳곳에 테이블을 마련해 놓은 식당에서 요리를 즐기거나 로열 프로젝트 숍에서 쇼핑을 할 수 있다.

⊙ 지도 P.120
ⓖ 구글 지도 GPS 18.812341, 98.817655 ⊛ 찾아가기 치앙마이 구시가와 님만해민에서 약 38km 거리 ⊛ 주소 Ban Pong, Hang Dong ☎ 전화 099-135-1118 ⊙ 시간 09:00~18:00 ⊛ 휴무 연중무휴 ⓑ 가격 무료입장 ⊛ 홈페이지 없음

2 타창 힐

Thachang Hill

태국어로는 '매타창'인 타창강 위쪽 언덕에 자리한 카페 겸 레스토랑. 마사지 숍도 함께 운영한다. 키 큰 나무가 야외 테라스를 둘러싸고 있어 전망 자체는 썩 좋지는 않지만 음식이 맛있다.

⊙ 지도 P.120
ⓖ 구글 지도 GPS 18.801190, 98.831002 ⊛ 찾아가기 그랩 택시 혹은 썽태우 대절. 1269번 도로 로열 로즈 가든 방면으로 17.4km 지점 ⊛ 주소 67 Moo 5, Ban Pong, Hang Dong ☎ 전화 081-935-8752 ⊙ 시간 07:00~21:00 ⊛ 휴무 연중무휴 ⓑ 가격 카우팟 무·꿍(Fried Rice with Pork·Shrimps) 80·90B ⊛ 홈페이지 없음

3 맥스 와인 & 커피 온 힐

Max Wine & Coffee On Hill

탁월한 전망 덕분에 현지인들의 발길이 이어지는 카페. 맞은편 먼 산까지 막힘 없이 보이는 조망이 멋지다. 일대에서 가장 높은 지대여서 주변 풍경도 발아래에 있다.

⊙ 지도 P.120
ⓖ 구글 지도 GPS 18.783276, 98.841675 ⊛ 찾아가기 그랩 택시 혹은 썽태우 대절. 1269번 도로 로열 로즈 가든 방면으로 14.5km 지점에서 이정표 따라 좌회전 ⊛ 주소 109/1 Moo 3, Km.22, Ban Pong, Hang Dong ☎ 전화 081-951-8888 ⊙ 시간 09:00~19:00 ⊛ 휴무 연중무휴 ⓑ 가격 아메리카노(Americano)·레몬 티(Lemon Tea) 각 아이스 80B ⊛ 홈페이지 www.facebook.com/Maxcoffeeonhill

⊕ ZOOM IN

위앙꿈깜

란나 고대 도시. 유적은 므앙 치앙마이, 싸라피 등지에 흩어져 자리하고 있다. 반나절 정도 시간을 내어 방문할 가치가 있다.

N
0   1km

타패 게이트
Tha Phae Gate

106

1141

위앙꿈깜 P.121
Wiang Kum Kam P.121

3029

1 위앙꿈깜
Wiang Kum Kam

1288년 멩라이 왕이 란나 왕국의 수도로 삼은 지역이다. 하지만 삥강이 자주 범람하자 1296년 치앙마이로 수도를 옮겼다. 16세기 대홍수로 위앙꿈깜은 버려져 수백 년간 땅에 묻혔고, 옛 도시 위에 사람들이 다시 살기 시작하며 이 지역을 창캄이라 불렀다. 그러다 1984년 대홍수로 현재의 왓 창캄이 존재를 드러냈다. 위앙꿈깜 유적 중에서는 왓 쩨디리암과 왓 창캄이 가장 중요하다.

ⓞ **지도** P.111D, 120
ⓢ **구글 지도 GPS** 왓 쩨디리암 18.753913, 98.995950, 왓 창캄 18.747891, 99.001992 ⓖ **찾아가기** 그랩 택시 또는 썽태우 대절 ⓐ **주소** Tha Wang Tan, Saraphi 등 ⓣ **전화** 053-222-262 ⓛ **시간** 08:00~17:00 ⓗ **휴무** 연중무휴 ⓑ **가격** 무료입장 ⓗ **홈페이지** 없음

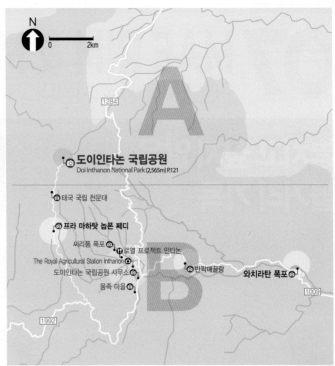

N
0   2km

도이인타논 국립공원
Doi Inthanon National Park (2,565m) P.121

태국 국립 천문대

프라 마하탓 놉폰 쩨디

씨리품 폭포
로열 프로젝트 인타논
The Royal Agricultural Station Inthanon
도이인타논 국립공원 사무소
몽족 마을

반팍매끌랑

와치라탄 폭포

1284
1009
1992

⊕ ZOOM IN

도이인타논 국립공원

치앙마이에서 약 100km, 편도 2시간 거리에 자리한 국립공원. 일반적으로 항동을 지나간다. 차량을 렌트하거나 1일 투어로 찾을 수 있다.

1 도이인타논 국립공원
Doi Inthanon National Park

해발 2565m로 태국에서 가장 높은 산이다. 덕분에 건기에는 0도를 웃돌고, 한여름에도 20도 이하의 서늘한 기온을 유지한다. 국립공원에 해당하는 면적은 482km². 쩜텅, 싼빠텅, 매쨈, 매왕 등 여러 지역에 걸쳐 있다. 도이인타논에는 다양한 동식물들이 서식한다. 또한 몽, 카렌 등 고산족의 터전이기도 하다. 정상 인근에는 왕과 왕비의 장수를 기념하는 2기의 탑, 프라 마하탓 놉폰 쩨디가 자리했다. 1일 투어에는 와치라탄 폭포, 고산족 마을, 프라 마하탓 놉폰 쩨디 방문과 점심식사, 트레킹 등이

포함된다.

ⓞ **1권** P.042 ⓞ **지도** P.121A·B
ⓢ **구글 지도 GPS** 와치라탄 폭포 18.541386, 98.599329, 쩨디 18.554474, 98.479300 ⓖ **찾아가기** 108번 도로로 가다 1009번 쩜텅-도이인타논 도로로 진입하면 국립공원 입구가 보인다. ⓐ **주소** Chom Thong, San Pa Tong, Mae Chaem, Mae Wang 등 ⓣ **전화** 053-286-728~9 ⓛ **시간** 08:00~17:00 ⓗ **휴무** 연중무휴 ⓑ **가격** 프라 마하탓 놉폰 쩨디 40B ⓗ **홈페이지** nps.dnp.go.th/parksdetail.php?id=121

놓치고 싶지 않은
볼거리 가득

치앙마이 시내에서 그리 멀지 않으면서 자연의 아름다움을 그대로 간직한 매림. 매림의 숲과 계곡을 따라 자리한
수많은 명소는 예로부터 지금까지 꾸준한 인기를 얻고 있다. 매림 북쪽의 매땅에는 왓 반덴과 브아땅 폭포와 같은 핫
스폿이 있다. 그리고 좀 더 북쪽으로 가면 도이루앙을 바라보는 조용한 시골 마을 치앙다오가 기다린다.

인기
★★★★

관광지
★★★★★

쇼핑
★★

식도락
★★★★

나이트라이프
★

복잡함
★

관광, 레저, 카페 투어
등 여러 형태로 여정을
꾸릴 수 있다.

매림은 관광 특구라고
해도 손색이 없다. 브아
떵 폭포와 왓 반덴은 볼
거리의 신흥 강자.

관광지에 부대시설로
마련된 숍 외에 별도의
쇼핑 매장은 거의 없다.

매싸 계곡을 따라 분위
기 좋은 레스토랑과 카
페가 많다. 치앙다오는
맛의 동네다.

전무하다.

관광객은 많으나 한가
한 분위기이다.

매림으로 가는 방법

렌트
운전에 익숙하다면 가장 좋은 방법이다. 하루에 오토바이는 200B, 차량은 1000B부터 책정된 요금으로 빌릴 수 있다. 차량을 렌트하려면 여권과 국제운전면허증, 신용카드가 필수다.

기사 딸린 자동차 렌트
먼 곳까지 가는 경우에는 시간이 오래 걸리므로 기사 딸린 렌터카가 그랩 택시보다 편리하다. 비용은 6시간 기준 1500B 정도, 4명까지 이용할 수 있다.

썽태우
창프악 터미널에서 매림으로 가는 노란색 썽태우를 운행한다. 타이거 킹덤(엘리펀트 푸푸 페이퍼 파크), 난 농원, 매싸 폭포, 퀸 씨리끼 보태닉 가든 등지에 정차한다. 시내에 다니는 일반 썽태우를 대절하는 것도 가능하다. 반나절에 1000B 정도이며, 인원이 10명가량 모인다면 1인 200B 정도로 흥정하면 된다.
🕐 **시간** 06:00~18:00 💲 **요금** 20~30B

매땡으로 가는 방법

렌터카 또는 기사 딸린 차량 렌트
매땡의 흩어진 볼거리들을 모두 보려면 차를 렌트하거나 기사 딸린 차량이나 썽태우를 대절하는 게 가장 좋다. 다른 지역으로 이동하다 매땡에 들른다면 먹파 폭포는 빠이, 왓 반덴은 치앙다오와 연계할 수 있다. 렌트 비용은 위의 '매림으로 가는 방법' 참조.

썽태우
창프악 터미널에서 매땡으로 가는 흰색 썽태우를 운행한다.
🕐 **시간** 05:00~20:30 💲 **요금** 25B

치앙다오로 가는 방법

렌트
치앙마이와 치앙다오를 연결하는 도로가 잘 닦여 있어 오토바이도 수월하게 운전할 수 있다. 특히 치앙다오에는 이렇다 할 대중교통이 없어 여러 면에서 렌트가 편하다. 오토바이를 운전하려면 국제운전면허증을 준비하는 게 좋다. 단속이 심하다.

버스
창프악 터미널에서 치앙다오 터미널까지 가는 주황색 버스가 있는데, 에어컨은 나오지 않는다.
🕐 **시간** 05:30~17:30, 19:30 💲 **요금** 40B

미니밴
창프악 터미널에 치앙다오로 가는 미니밴이 있다. 태국에서 흔히 볼 수 있는 승합차로 에어컨이 나온다. 미니밴 정류장은 노란색 썽태우가 모여 있는 곳을 지나 터미널 뒤쪽으로 가면 보인다. 치앙다오에서는 일반 버스와 같은 정류장에 선다.
🕐 **시간** 07:00~17:00 💲 **요금** 150B

MUST SEE
이것만은 꼭 보자!

No.1
먼쨈
Mon Chaem
몽족이 일군 계단식 밭을 조망하다.

No.2
왓 반덴
Wat Ban Den
태국 북부에서 가장 화려한 사원.

No.3
브아땡 폭포
Bua Tong Waterfall
공짜 폭포 트레킹을 즐기자!

No.4
퀸 씨리깃 보태닉 가든
Queen Sirikit Botanic Garden
아찔한 캐노피 워크웨이.

MUST EAT
이것만은 꼭 먹자!

No.1
마이후언 60 도이창 매림
Mai Huan 60 Doi Chaang Mae Rim
문을 열고 들어가면 펼쳐지는 별세계.

No.2
반 쑤언 매림
Baan Suan Mae Rim
맛있고, 친절하며, 저렴하다.

No.3
라이 미나
힐링이 필요할 때 좋다.

No.4
치앙다오 네스트 2
Chiang Dao Nest 2
다른 말이 필요 없다. 맛있다.

No.5
싸네 도이루앙
태국 요리 특유의 제대로 된 매운맛.

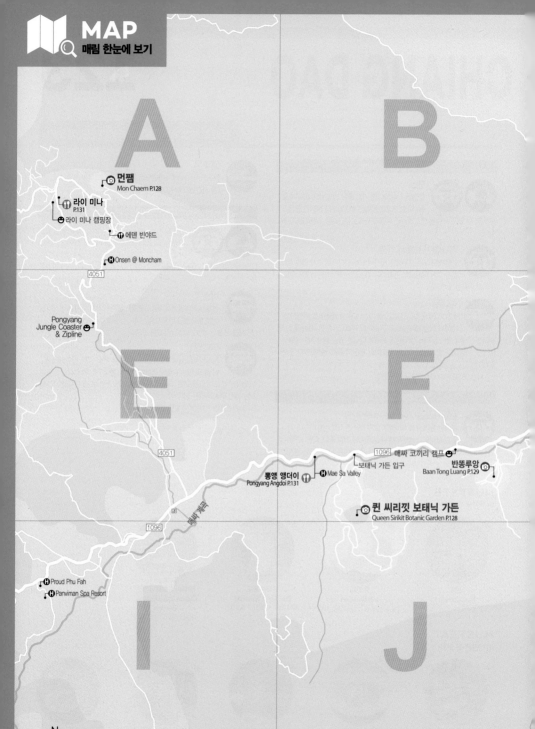

A

B

먼쨈
Mon Chaem P.128

라이 미나
P.131

라이 미나 캠핑장

에덴 빈야드

Onsen @ Moncham

4051

Pongyang
Jungle Coaster
& Zipline

E

F

4051

1096 매싸 코끼리 캠프

보태닉 가든 입구

반똥루앙
Baan Tong Luang P.129

뽕앵 앵더이
Pongyang Angdoi P.131

Mae Sa Valley

퀸 씨리낏 보태닉 가든
Queen Sirikit Botanic Garden P.128

1096

매싸 계곡

Proud Phu Fah

Panviman Spa Resort

I

J

N

0   700m

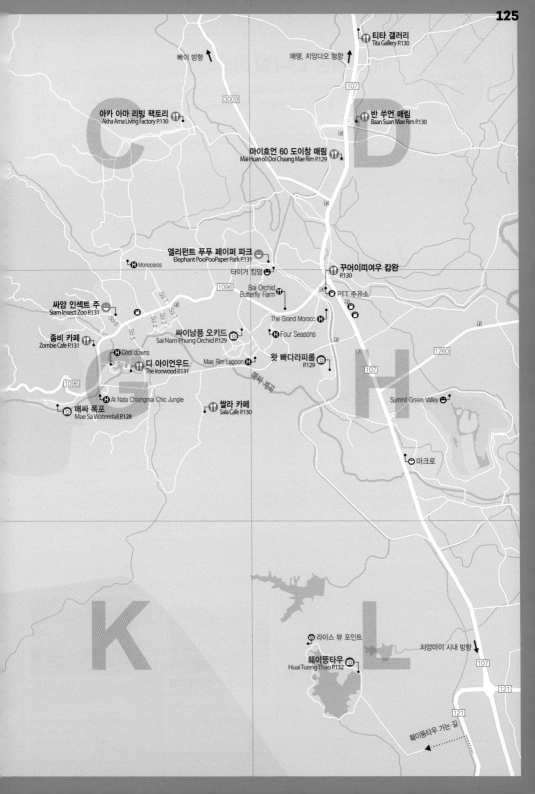

빠이 방향

매땡, 치앙다오 방향

티타 갤러리
Tita Gallery P.130

아카 아마 리빙 팩토리
Akha Ama Living Factory P.130

반 쑤언 매림
Baan Suan Mae Rim P.130

C

마이흐언 60 도이창 매림
Mai Huan 60 Doi Chaang Mae Rim P.129

D

엘리펀트 푸푸 페이퍼 파크
Elephant PooPooPaper Park P.131

꾸어이띠여우 캄완
P.130

Monoceros

타이거 킹덤

PTT 주유소

싸얌 인섹트 주
Siam Insect Zoo P.131

Bai Orchid
Butterfly Farm

The Grand Morocc.

좀비 카페
Zombie Cafe P.131

싸이남픙 오키드
Sai Nam Phung Orchid P.129

Four Seasons

Cool downs

디 아이언우드
The Ironwood P.131

Mae Rim Lagoon

왓 빠다라피롬
P.129

G

At Nata Chiangmai Chic Jungle

H

매싸 폭포
Mae Sa Waterefall P.128

쌀라 카페
Sala Cafe P.130

Summit Green Valley

마크로

K

라이스 뷰 포인트

치앙마이 시내 방향

훼이뜽타우
Huai Tueng Thao P.132

L

훼이뜽타우 가는 길

COURSE 1

매림 핵심 한나절 코스

매림의 추천 볼거리와 레스토랑, 카페를 섭렵하는 코스. 렌터카를 기준으로 소개한다. 새로 떠오른 핫 스폿 왓 반덴, 브아떵 폭포는 따로 시간을 내어 방문하자.

4 먼쨈
Mon Chaem

라이 미나
라이 미나 캠핑장

4051

보태닉 가든 입구
1096

반뚱루앙
Baan Tong Luang

뿡앵 앵더이
Pongyang Angdoi

3 퀸 씨리낏 보태닉 가든
Queen Sirikit Botanic Garden

매사 계곡

1096

START

45min

1 마이후언 60 도이창 매림
Mai Huan 60 Doi
Chaang Mae Rim

구글 지도 GPS 18.938671, 98.943112
→ 107번 도로 이용. 오른쪽 → 반 쑤언
매림 도착

1hr

2 반 쑤언 매림
Baan Suan Mae Rim
บ้านสวนแม่ริม

구글 지도 GPS 18.945069, 98.944269
→ 왔던 길을 되돌아가다가 1096번 도로
로 우회전해 약 14km → 퀸 씨리낏 보태
닉 가든 도착

RECEIPT

볼거리	2시간 30분
식사 및 커피	1시간 45분
이동	1시간

TOTAL 5시간 15분

교통비	1500B
차량 렌트 및 주유	1500B
입장료	100B
퀸 씨리낏 보태닉 가든	100B
식사 및 커피	410B
마이흐언 60 도이창 매림	60B
반 쑤언 매림	350B

TOTAL 2010B
(1인 어른 기준, 쇼핑 비용 별도)

코스 무작정 따라하기
START

1. 마이흐언 60 도이창 매림
1.3km, 자동차 3분

2. 반 쑤언 매림
15.5km, 자동차 25분

3. 퀸 씨리낏 보태닉 가든
11km, 자동차 22분

4. 먼쨈

Finish

반 쑤언 매림
Baan Suan Mae Rim

마이흐언 60 도이창 매림
Mai Huan 60 Doi Chaang Mae Rim

꾸어이띠여우 캄완

PTT 주유소

엘리펀트 푸푸 페이퍼 파크
Elephant PooPooPaper Park

Monoceros

타이거 킹덤

싸얌 인섹트 주
Siam Insect Zoo

싸이남풍 오키드
Sai Nam Phung Orchid

Four Seasons

좀비 카페
Zombie Cafe

Cool downs

디 아이언우드
The Ironwood

Mae Rim Lagoon

왓 빠다라피롬

At Nata Chiangmai Chic Jungle

매싸 폭포
Mae Sa Waterefall

쌀라 카페
Sala Cafe

3 퀸 씨리낏 보태닉 가든
Queen Sirikit
Botanic Garden

ⓢ 구글 지도 GPS 18.887345, 98.861997
→ 진행 방향으로 1096번 도로 이용.
4051번 도로 산길로 우회전 → **먼쨈** 도착

4 먼쨈
Mon Chaem
ม่อนแจ่ม

ⓢ 구글 지도 GPS 18.935800, 98.822440

ZOOM IN

매림

므앙 치앙마이와 접한 인기 많은 데이 트립 지역. 레저 스포츠, 식도락, 리조트가 발달돼 있다. PTT 주유소는 치앙마이 북쪽 도로인 107번 도로와 매싸 계곡으로 접어드는 1096번 도로가 만나는 지점에 자리한다.

● **이동 시간 기준** PTT 주유소

1 먼쨈
Mon Chaem
ม่อนแจ่ม

가파른 산등성이를 밭으로 일군 몽족 부족민의 터전. 산등성이에 아슬아슬하게 매달린 밭을 조망하는 것만으로 힐링이 되는 곳이다. 원래 아편의 원료인 양귀비를 재배하던 지역이었는데 지금은 넝허이 로열 프로젝트 사업에 편입돼 다양한 농산물을 생산한다. 산이 겹겹이 둘러싼 이곳은 안개와 비가 잦다. 방문하기 가장 좋은 시기는 건기인 10~2월. 먼쨈의

전망뿐 아니라 인근 몽족 마을 등지를 알차게 돌아보려면 차량을 렌트하는 게 좋다.

ⓑ 1권 P.052 ⓞ **지도** P.124A
ⓖ **구글 지도 GPS** 18.935800, 98.822440 ⓞ **찾아가기** 1096번 도로로 14.3km 지나 4051번 도로로 우회전해 6.1km ⓞ **주소** Mae Raem, Mae Rim ⓞ **전화** 081-806-3993 ⓞ **시간** 07:00~20:00 ⓞ **휴무** 연중무휴 ⓑ **가격** 무료입장 ⓢ **홈페이지** 없음

2 퀸 씨리낏 보태닉 가든
Queen Sirikit Botanic Garden

열대우림, 선인장, 연꽃이 자라는 테마 온실과 허브 가든, 숲속 트레일을 갖춘 태국 최초의 보태닉 가든이다. 1992년에 개장해 매림을 대표하는 관광 명소로 거듭났다. 핵심 스폿은 열대우림 속에 자리한 390m 길이의 캐노피 워크웨이(Canopy Walkway). 높은 나무 사이에 쇠창살을 엮어 다리를 만들어놓아 발아래를 보는 순간 아찔하다.

ⓑ 1권 P.068 ⓞ **지도** P.124F
ⓖ **구글 지도 GPS** 18.887345, 98.861997 ⓞ **찾아가기** 1096번 도로로 11km 지나 이정표 보고 좌회전 ⓞ **주소** 100 Moo 9, Mae Raem, Mae Rim ⓞ **전화** 053-841-234 ⓞ **시간** 08:30~17:00 ⓞ **휴무** 연중무휴 ⓑ **가격** 어른 100B, 어린이 50B(12세 이하 무료), 차량 100B, 오토바이 30B ⓢ **홈페이지** www.qsbg.org

3 매싸 폭포
Mae Sa Waterefall

계곡을 따라 난 트레킹 트레일을 걷거나 수영을 즐길 수 있는 곳. 최상단 주차장에서 10단계 폭포까지 1시간 30분 정도 걸린다. 8단계와 9~10단계 폭포 사이가 먼 편이며 볼거리는 별로 없다. 물놀이가 목적이라면 5단계 폭포까지만 갈 것을 추천한다.

ⓑ 1권 P.044 ⓞ **지도** P.125G
ⓖ **구글 지도 GPS** 18.906255, 98.897157 ⓞ **찾아가기** 1096번 도로로 5.3km 지나면 폭포 입구. 입구에서 약 600m 오르면 마지막 주차장이 있다. ⓞ **주소** Namtok Mae Sa 5 Road, Mae Raem, Mae Rim ⓞ **전화** 053-210-244 ⓞ **시간** 08:00~17:00 ⓞ **휴무** 연중무휴 ⓑ **가격** 100B ⓢ **홈페이지** 없음

4 반똥루앙
Baan Tong Luang

★★
택시 14분

화이트 카렌, 라후, 몽, 리수, 빠롱, 아카, 카얀, 롱넥 카렌이 모여 사는 고산족 공동체. 고산족의 생활을 돕기 위해 2003년 형성된 마을로 치앙라이 고산지대를 방문하지 않고도 여러 고산족의 의상과 가옥 형태를 엿볼 수 있어 흥미롭다.

ⓑ 1권 P.054 ⓞ 지도 P.124F
ⓖ 구글 지도 GPS 18.895856, 98.882227 ⓞ 찾아가기 1096번 도로 8.7km 지나 좌회전, 이정표 참고해 600m ⓐ 주소 36/1 Moo 9 Baan Maemea, Mae Raem, Mae Rim ⓣ 전화 085-711-9575 ⓣ 시간 08:30~16:00 ⓣ 휴무 연중무휴 ⓑ 가격 500B ⓗ 홈페이지 www.baantongluang.com

5 왓 빠다라피롬
วัดป่าดารากิรมย์ พระอารามหลวง

★★
택시 4분

거대한 싱하가 입구를 지키고 있고, 입구 왼쪽에 본당에 해당하는 위한이 자리했다. 지붕이 겹겹이 쌓인 위한의 내부에는 수많은 불상이 모셔져 있다. 사원 자체가 독특한 중층 구조로, 2층에는 부처의 진신 치아 사리가 있다고 한다. 최근에 지어져 건물이 매우 고급스럽다.

ⓞ 지도 P.125H
ⓖ 구글 지도 GPS 18.910729, 98.941266 ⓞ 찾아가기 1096번 도로로 300m 지나 다리 건너 좌회전해 약 1.2km 이동, 오른쪽 ⓐ 주소 514 Moo 1, Rim Tai, Mae Rim ⓣ 전화 053-862-722 ⓣ 시간 08:00~17:00 ⓣ 휴무 연중무휴 ⓑ 가격 무료입장 ⓗ 홈페이지 www.facebook.com/watphadarabhirom

6 싸이남풍 오키드
Sai Nam Phung Orchid

★★
택시 3분

1970년 치앙마이 최초로 문을 연 난(蘭) 농장으로, 치앙마이 최대 규모를 자랑한다. 여러 종류의 희귀 난을 포함해 교배 난 등이 1년 내내 피어나 정원을 다양한 색으로 물들인다. 난초 모양의 액세서리와 기념품을 판매하는 상점과 레스토랑이 있다.

ⓞ 지도 P.125G
ⓖ 구글 지도 GPS 18.915906, 98.927746 ⓞ 찾아가기 1096번 도로로 1.6km 지나 좌회전해 600m 이동, 오른쪽 ⓐ 주소 61 Moo 6, Mae Raem, Mae Rim ⓣ 전화 053-298-771 ⓣ 시간 08:00~17:00 ⓣ 휴무 연중무휴 ⓑ 가격 100B ⓗ 홈페이지 www.facebook.com/sainamphung

7 마이흐언 60 도이창 매림
Mai Huan 60 Doi Chaang Mae Rim

★★★
택시 3분

왕복 4차선 큰길 옆에 숨은 보석처럼 자리한 별세계. 감히 태국 전체의 도이창 커피 중 가장 좋은 분위기라 단언한다. 푸른 나무 아래 테이블에 앉으면 물아일체, 자연과 내가 하나 되는 기분이 든다. 아기자기한 실내 좌석도 좋다. 북부 감성을 담은 제품을 판매하는 매장을 함께 운영한다.

ⓑ 1권 P.168 ⓞ 지도 P.125D
ⓖ 구글 지도 GPS 18.938671, 98.943112 ⓞ 찾아가기 PTT 주유소에서 107번 도로 북쪽으로 약 2km 이동, 왼쪽 ⓐ 주소 204/1 Moo 6, Chotana Road, Rim Nuea, Mae Rim ⓣ 전화 053-297-858 ⓣ 시간 07:00~17:30 ⓣ 휴무 연중무휴 ⓑ 가격 아메리카노(Americano) 핫 50B, 카페라테(Cafe Latte) 핫 60B ⓗ 홈페이지 없음

8 꾸어이띠여우 캄완
꾸어이띠여우캄완

도보 0분

어묵, 생선, 육류 등의 고명을 얹은 다양한 국수와 덮밥, 볶음밥, 일품 요리 등을 선보인다. 원래 치앙마이 리버사이드 지역으로 인기를 끌던 곳이었는데 매림으로 가는 큰길 휴게소로 이전해 오가다 들르기 좋다.

⊙ 지도 P.125H
⊙ 구글 지도 GPS 18.921816, 98.940017 ⊙ 찾아가기 107번 도로와 1096 도로가 만나는 PTT 주유소 단지 내 ⊙ 주소 5/14 Moo 7, Chotana Road, Rim Tai, Mae Rim ⊙ 전화 091-854-5585 ⊙ 시간 08:00~20:00 ⊙ 휴무 연중무휴 ⊙ 가격 꾸어이띠여우 똠얌 남(Tom Yum Noodles with Soup)·꾸어이띠여우 룩친쁠라(Noodles with Fish Balls with Soup) 각 50·70B ⊙ 홈페이지 없음

9 반 쑤언 매림
Baan Suan Mae Rim
บ้านสวนแม่ริม

택시 5분

맛있고 친절하며 시설 좋은 레스토랑. 고급 레스토랑의 요소를 두루 갖춘 데다 가격이 저렴하다. 시그너처 메뉴인 팟운쎈 카이켐은 한국의 잡채 격이라 태국 요리가 생소한 이들도 문제없이 즐길 수 있다. 쁠라믁 팟남프릭파오는 오징어 볶음, 깽쏨은 김치찌개와 비슷하다. 한국 음식과 비교해도 별다를 바 없다. 연못 위에 수상가옥 형태로 지어 조망도 좋다. 에어컨을 가동하는 실내에서는 통유리 너머로 연못이 보인다.

⊙ 1권 P.169 ⊙ 지도 P.125D
⊙ 구글 지도 GPS 18.945009, 98.944269 ⊙ 찾아

가기 PTT 주유소에서 107번 도로 북쪽으로 2.5km 직진 후 이정표 참고해 우회전 ⊙ 주소 261 San Pong, Mae Rim ⊙ 전화 053-297-421 ⊙ 시간 10:00~22:00 ⊙ 휴무 연중무휴 ⊙ 가격 팟운쎈 카이켐(Stir Fried Cellophane Noodle with Salted Eggs and Savory Pork) 90B, 깽쏨 차옴춥카이꿍(Sweet and Sour Soup with Deep Fried Thai Acacia and Shrimp) 100B, 쁠라믁 팟남프릭파오(Stir Fried Squid with Chili Paste) 130B ⊙ 홈페이지 baansuanmaerim. com

10 티타 갤러리
Tita Gallery

택시 13분

갤러리 콘셉트의 카페. 에어컨이 나오는 실내는 그림과 소품으로 가정집 분위기를 냈으며, 야외 테이블은 화려한 색감의 우산으로 꾸몄다. 107번 도로변에 자리해 매땡이나 치앙도로 가는 길에 들르기 좋다.

⊙ 지도 P.125D
⊙ 구글 지도 GPS 18.957257, 98.944979 ⊙ 찾아가기 107번 도로변 ⊙ 주소 107, San Pong, Mae Rim ⊙ 전화 089-648-6454
⊙ 시간 08:00~18:00 ⊙ 휴무 연중무휴 ⊙ 가격 이탈리안 소다(Italian Soda) 65B ⊙ 홈페이지 www.facebook.com/titacafeofficial

11 아카 아마 리빙 팩토리
Akha Ama Living Factory

택시 9분

치앙마이 대표 커피숍 중 하나인 아카 아마 커피의 매림 지점이다. 평범한 시골 동네에 나무와 붉은 벽돌로 커다란 창고 형태의 건물을 지었다. 내부 천장이 매우 높아 시원한 느낌이다. 천장과 벽에 아카족 특유의 무늬를 조각해 멋스러움을 더했다.

⊙ 1권 P.102 ⊙ 지도 P.125C
⊙ 구글 지도 GPS 18.944431, 98.918615 ⊙ 찾아가기 북쪽 방면 107번 도로와 3009번 도로를 타고 4.1km ⊙ 주소 Baan Aoy, Huai Sai, Mae Rim ⊙ 전화 088-267-8014 ⊙ 시간 목~화요일 09:00~17:00 ⊙ 휴무 수요일 ⊙ 가격 아메리카노(Americano) 핫 50B·콜드 60B, 포어 오버 블랙(Pour Over Black) 핫 70B·콜드 75B ⊙ 홈페이지 www.akhaama.com

12 쌀라 카페
Sala Cafe

택시 8분

정원의 야외 테이블이 좋은 카페 겸 레스토랑. 건물 내 좌석은 아기자기하면서도 고풍스럽다. 태국, 서양 요리와 더불어 커피, 음료, 빙수, 디저트 등 광범위한 메뉴를 선보인다.

⊙ 지도 P.125G
⊙ 구글 지도 GPS 18.904528, 98.921625 ⊙ 찾아가기 1096번 도로로 1.6km 지나 좌회전해 1.2km, 삼거리에서 우회전해 1.3km 지점에서 좌회전해 750m
⊙ 주소 133/11 Moo 5, Mae Rim–Samoeng Road, Mae Raem, Mae Rim ⊙ 전화 053-860-996 ⊙ 시간 08:00~18:00 ⊙ 휴무 연중무휴 ⊙ 가격 카우 쁠라믁 팟프릭파오(Stir Fried Squid with Roasted Sweet Chili Paste with Rice) 95B, 카우팟뿌(Crab Meat Fried Rice) 95B ⊙ 홈페이지 www.facebook.com/mysalacafe

13 좀비 카페
Zombie Cafe ★★★ 택시 6분

물가에 자리한 카페 겸 레스토랑. 물가 좌석은 어린이를 동반한 가족들에게 인기이며, 그 밖의 고객들은 트리 하우스를 선호한다. 에어컨이 나오는 실내는 경쾌한 분위기다. 메뉴가 다양하며 가격도 합리적이다.

ⓜ 지도 P.125G
ⓖ 구글 지도 GPS 18.913863, 98.905137 ⓖ 찾아가기 1096번 도로로 4.3km 지나 오른쪽. 이정표 참고 ⓐ 주소 1096 Highway, Mae Raem, Mae Rim ⓣ 전화 085-041-3714 ⓞ 시간 09:00~18:00 ⓗ 휴무 연중무휴 ⓑ 가격 쏨땀타이 79B, 팟팍룽엄 109B, 무덧디여우(Fried Sun Dried Pork) 129B ⓗ 홈페이지 www.facebook.com/Zombiecafechiangmai

14 디 아이언우드
The Ironwood ★★★ 택시 9분

사진이 잘 나와서 인스타그램용 카페로 인기다. 음식 맛은 보통이고 가격은 비싸지만 분위기가 좋다. 모기와 벌레를 피하기에 좋은 실내 테이블을 권한다.

ⓟ 1권 P.167 ⓜ 지도 P.125G
ⓖ 구글 지도 GPS 18.910836, 98.911376 ⓖ 찾아가기 1096번 도로로 4.6km 지나 쿨라099 리조트 이정표가 나오면 좌회전해 약 700m ⓐ 주소 592/2 Soi Nam Tok Mae Sa 8, Mae Raem, Mae Rim ⓣ 전화 081-831-1000 ⓞ 시간 09:00~18:00 ⓗ 휴무 연중무휴 ⓑ 가격 카우크룩까삐 덕마이(Shrimp Paste Fried Rice, served with Flower Salad) 200B ⓗ 홈페이지 www.facebook.com/theironwoodmaerim

15 뽕양 앵더이
Pongyang Angdoi ★★★ 택시 16분
โปงแยง แอ่งดอย

매싸 계곡이 바로 옆에 있어 분위기 좋은 레스토랑. 정갈하게 가꾼 잔디 정원도 예쁘다. 매싸 밸리 가든 리조트에서 운영한다.

ⓜ 지도 P.124F
ⓖ 구글 지도 GPS 18.898317, 98.854272 ⓖ 찾아가기 1096번 도로로 12km 이동, 왼쪽 ⓐ 주소 86 Maerim-Samoeng Road Km12, Pong Yaeng, Mae Rim ⓣ 전화 085-618-8885 ⓞ 시간 월~목요일 10:30~20:30, 금~일요일 10:30~21:00 ⓗ 휴무 연중무휴 ⓑ 가격 뿌마팟뽕까리(Stir-Fried Blue Crab with Curry Powder) 280B, 까이더이쌉 팟바이이라(Fried Minced Chicken with Cumin Leaves) 200B+17% ⓗ 홈페이지 m.facebook.com/PongyangAngdoiRestaurant

16 라이 미나
ไร่มีนา ★★★ 택시 30분

'라이'는 밭, '미나'는 광활함을 뜻한다. 이름 그대로 광활한 계단식 밭을 조망하는 카페. 멀리 먼쩜도 보인다. 카페 규모는 작지만 카페가 품은 풍경만은 어느 곳보다 넓어서 가만히 앉아 있기만 해도 힐링이 된다.

ⓜ 지도 P.124A
ⓖ 구글 지도 GPS 18.933484, 98.815724 ⓖ 찾아가기 1096번 도로로 14.3km 지나 4051번 도로로 우회전 5.4km 지나 먼쩜 이정표가 있는 삼거리에서 먼쩜 반대쪽으로 좌회전 1.5km 이동, 오른쪽 ⓐ 주소 85 Moo 7, Mae Raem, Mae Rim ⓣ 전화 089-261-4555 ⓞ 시간 08:00~20:00 ⓗ 휴무 연중무휴 ⓑ 가격 아메리카노(Americano)·카페라테(Cafe Latte) 핫 50B·아이스 65B ⓗ 홈페이지 없음

17 싸얌 인섹트 주
Siam Insect Zoo ☺ ★★ 택시 6분

어린이를 동반한 가족이나 곤충 마니아에게 추천하는 박물관. 박제나 전시된 벌레뿐 아니라 살아 있는 곤충을 직접 만지며 체험할 수 있는 박물관이다. 애벌레, 대벌레, 가랑잎벌레, 새끼 전갈, 이구아나 등 다양한 곤충을 볼 수 있다. 박제 곤충 기념품, 곤충 먹이, 거미 등을 판매하는 숍도 인상적이다.

ⓟ 1권 P.226 ⓜ 지도 P.125G
ⓖ 구글 지도 GPS 18.918142, 98.908408 ⓖ 찾아가기 1096번 도로로 3.8km 지나 이정표 보고 우회전해 150m ⓐ 주소 23/4 Mae Rim-Samoeng Road, Mae Rim, Mae Rim ⓣ 전화 089-184-8475, 089-755-0849 ⓞ 시간 09:00~17:00 ⓗ 휴무 연중무휴 ⓑ 가격 어른 200B, 어린이 150B ⓗ 홈페이지 www.siaminsectzoo.com

18 엘리펀트 푸푸 페이퍼 파크
Elephant PooPooPaper Park ☺ ★★ 택시 3분

코끼리 똥은 섬유질이 많아 핸드메이드로 종이를 제작할 수 있다. 이곳에서 체험을 신청하면 코끼리 똥이 종이가 되는 과정을 알려주고, 간단하게 종이를 만들어볼 수도 있다. 체험하며 직접 만든 종이를 주지 않는 대신 마지막 과정에서 종이를 사서 직접 꾸며볼 수 있다.

ⓟ 1권 P.227 ⓜ 지도 P.125C·D
ⓖ 구글 지도 GPS 18.925511, 98.931606 ⓖ 찾아가기 1096번 도로로 300m 지나 다리 건너 우회전해 800m 지점에서 좌회전해 오른쪽 ⓐ 주소 87 Moo 10, Mae Raem, Mae Rim ⓣ 전화 053-299-565 ⓞ 시간 09:00~17:30 ⓗ 휴무 연중무휴 ⓑ 가격 체험비 100B ⓗ 홈페이지 www.poopoopaperpark.com

⊕ ZOOM IN

훼이뚱타우

치앙마이 중심가와 매림 중간쯤에 위치한 거대한 호수. 치앙마이 시민들의 나들이 장소로 사랑받는 곳이다.

1 훼이뚱타우

Huai Tueng Thao
ห้วยตึงเฒ่า

호숫가 식당에서 밥을 먹거나 낚시, ATV, 캠핑 등의 레저를 즐길 수 있는 나들이 장소. 서울 근교 장흥이나 일영과 비슷하다면 어떤 곳인지 이해하기 쉬울 듯하다. 시간이 귀한 단기 여행자보다는 장기 여행자가 찾기에 적합하다.

🗺 지도 P.125L
📍 구글 지도 GPS 18.866891, 98.940974 ⊙ 찾아가기 치앙마이 시내 중심가에서 약 11km ⊝ 주소 Don Kaeo, Mae Rim ☎ 전화 053-121-119 🕐 시간 24시간 ⊝ 휴무 연중무휴 💵 가격 50B 🌐 홈페이지 www.huaytuengthao.com

⊕ ZOOM IN

매땡

치앙마이에서 107번 도로를 따라 북쪽으로 올라가면 매림, 매땡, 치앙다오가 차례로 나온다. 치앙마이에서 매땡 매말라이 시장까지는 약 50분 거리. 창프악 터미널에서 출발하는 흰색 썽태우와 치앙다오로 가는 버스가 매말라이 시장 앞에 선다.

● 이동 시간 기준 딸랏 매말라이

1 크언 맹앗쏨분촌

Mae Ngat Somboon Chon Dam

씨 란나 국립공원에 속한 거대한 담수 댐. 아무런 준비 없이 찾아가면 광활한 댐만 보고 돌아와야 하므로, 미리 수중 방갈로를 예약하는 것이 좋다. 방갈로에서 수영, 낚시 등을 즐기며 한가로운 시간을 보낼 수 있다.

🗺 지도 P.132A
📍 구글 지도 GPS 19.174220, 99.031491 ⊙ 찾아가기 치앙다오 방면 107번, 3038번 도로 이용 ⊝ 주소 Sri Lanna National Park, Ban Pao, Mae Taeng ☎ 전화 없음 🕐 시간 24시간 ⊝ 휴무 연중무휴 💵 가격 무료입장 🌐 홈페이지 없음

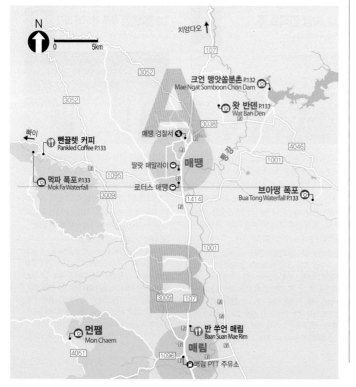

2 브아떵 폭포

Bua Tong Waterfall
น้ำตกบัวตอง

📷 ★★★ 자동차 27분

석회암으로 이뤄진 100m 높이의 3단 폭포. 폭포를 1~3단으로 구분해 밧줄을 매달아 놓아 누구나 폭포 트레킹이 가능하다. 입장료나 가이드 없이도 안전하게 폭포 트레킹을 즐길 수 있어 썽태우나 차량을 대절해 찾는 이들이 많다. 수영복이나 잘 마르는 옷, 휴대전화를 넣을 비닐을 준비하면 좋다.

📘 **1권** P.046 ⊙ **지도** P.132B
Ⓖ **구글 지도 GPS** 19.069259, 99.079491 Ⓢ **찾아가기** 107번, 1414번, 1001번 도로 이용 ⌂ **주소** Moo 8, Mae Ho Phra, Mae Taeng ☎ **전화** 092-608-6647 ⏱ **시간** 08:00~17:00 ⊖ **휴무** 연중무휴 ฿ **가격** 무료입장 ↖ **홈페이지** 없음

3 먹파 폭포

Mok Fa Waterfall

📷 ★★ 자동차 25분

도이쑤텝-뿌이 국립공원에 속한 폭포. 입구에서 오른쪽 계곡 길을 따라 10분 정도 걸으면 소를 향해 장쾌하게 쏟아지는 60m 높이의 폭포가 나타난다. 건기에도 수영을 즐길 정도로 1년 내내 풍부한 수량을 자랑한다.

⊙ **지도** P.132A
Ⓖ **구글 지도 GPS** 19.112893, 98.774687 Ⓢ **찾아가기** 107번, 1095번 도로 이용. 1095번 도로에서 1.4km 이동, 안쪽 ⌂ **주소** Highway 1095, Sop Poeng, Mae Taeng ☎ **전화** 053-210-244 ⏱ **시간** 07:00~18:00 ⊖ **휴무** 연중무휴 ฿ **가격** 100B ↖ **홈페이지** 없음

4 왓 반덴

Wat Ban Den
วัดบ้านเด่น

📷 ★★★ 자동차 15분

화려한 건축물과 닭, 공작, 나가, 코끼리 등 독특한 모양의 조형물이 눈길을 사로잡는 사원이다. 티크 나무를 사용해 위한을 비롯한 여러 건물을 짓고 화강암 타일로 화려하게 꾸몄다. 뒤쪽 부지에는 거대한 와불을 모신 불당과 12개의 쩨디가 자리하고 있다.

📘 **1권** P.061 ⊙ **지도** P.132A

Ⓖ **구글 지도 GPS** 19.157771, 98.978467 Ⓢ **찾아가기** 치앙다오 방면 107번, 3038번 도로 이용. 3038번 도로 4km 지점에서 좌회전 ⌂ **주소** 119 Moo 8, Inthakhin, Mae Taeng ☎ **전화** 094-965-9546 ⏱ **시간** 08:00~18:00 ⊖ **휴무** 연중무휴 ฿ **가격** 무료입장 ↖ **홈페이지** www.facebook.com/watbanden

5 빤끌렛 커피

Pankled Coffee

🍴 ★★ 자동차 22분

먹파 폭포 입구에 자리한 정원이 예쁜 카페 겸 홈메이드 베이커리. 정원에 설치된 아트 조형물은 놓아 기르는 닭과 칠면조의 안식처가 됐다. 유기농 농장, 양 목장, 아트 스튜디오도 부지 내에 있다. 유기농 농장에서 거둔 수확물은 카페의 식자재로 사용된다.

⊙ **지도** P.132A
Ⓖ **구글 지도 GPS** 19.115472, 98.785191 Ⓢ **찾아가기** 먹파 폭포 입구 1095번 도로변 ⌂ **주소** Highway 1095, Sop Poeng, Mae Taeng ☎ **전화** 081-881-7308 ⏱ **시간** 08:00~17:00 ⊖ **휴무** 연중무휴 ฿ **가격** 아메리카노(Americano) 핫 45B, 카푸치노(Cappuccino) 핫 55B, 블루베리 치즈 케이크(Blueberry Cheese Cake) 69B ↖ **홈페이지** 없음

⊕ ZOOM IN

치앙다오

치앙마이에서 약 1시간 30분 거리의 그야말로 시골 동네. 시골의 정취를 느끼며 휴식을 취하기에 적합하다. 요리 솜씨가 예사롭지 않은 몇몇 레스토랑 덕분에 치앙다오 여행의 즐거움이 배가한다. 치앙다오 버스터미널에는 치앙마이에서 출발하는 버스와 미니밴이 정차한다.

● **이동 시간 기준** 치앙다오 버스터미널

1 치앙다오 동굴
Chiang Dao Cave
วัดถ้ำเชียงดาว

도보 0분 ★★★

치앙다오 국립공원의 핵심 볼거리. 10km 넘게 뻗은 100여 개 동굴 중 일부를 개방한다. 동굴로 들어가면 가이드 투어(왼쪽 길), 개별 방문(오른쪽 길) 중에서 선택해야 하는 갈림길이 나온다. 가이드 투어를 하면 좁고 어두운 왼쪽 길로 들어가 여러 종유석을 감상하게 된다. 오른쪽 길은 그 끝에 와불상이 자리해 있으며, 전기가 들어와 개별 방문이 가능하다.

🔖 1권 P.047　🗺 지도 P.134A
📍 **구글 지도 GPS** 19.393727, 98.928584　🚗 **찾아가기** 3024번 도로 이용　🏠 **주소** Chiang Dao, Chiang Dao　☎ **전화** 088-788-8926　🕐 **시간** 08:00~17:00　🚫 **휴무** 연중무휴　💲 **가격** 입장료 40B, 가이드 투어 200B　🌐 **홈페이지** www.chiangdaocave.com

2 왓 탐파쁠렁
Wat Tham Pha Plong
วัดถ้ำผาปล่อง

자동차 13분 ★★

500여 개의 계단을 올라야 볼 수 있는 언덕 위 동굴 사원. 200개의 계단을 오르면 나타나는 중간 쉼터에 '힘든 200개의 계단을 지났고, 쉬운 300개의 계단만 남았다'는 푯말이 재미있다. 그렇게 계단을 끝까지 올라가면 무료 생수, 모기퇴치제, 발 닦는 수돗가 등으로 참배객을 배려한 정갈한 사원이 나온다.

🗺 지도 P.134A
📍 **구글 지도 GPS** 19.403069, 98.920556　🚗 **찾아가기** 3024번 도로 이용　🏠 **주소** 251 Soi 17 Moo 6, Chiang Dao, Chiang Dao　☎ **전화** 053-456-604　🕐 **시간** 일출~일몰　🚫 **휴무** 연중무휴　💲 **가격** 무료입장　🌐 **홈페이지** 없음

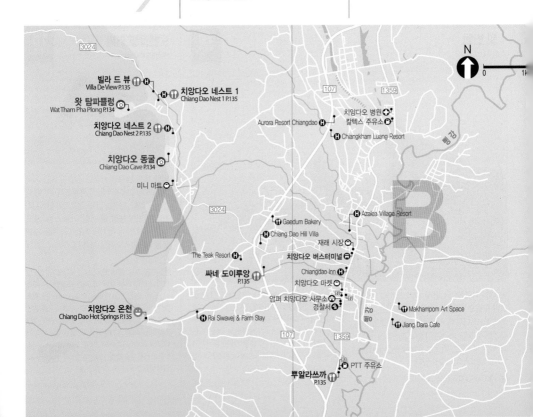

3 빌라 드 뷰
Villa De View

자동차 13분

도이루앙 치앙다오를 등에 업고 자리한 숙소 겸 카페. 치앙다오 동굴 인근 숙소 중 가장 최신 시설을 자랑한다. 카페는 숙소와 별개로 이용 가능하다. 부지 내에 논과 밭, 과일과 채소 농장이 자리해 서정적인 분위기를 연출한다.

Ⓥ **지도** P.134A
Ⓖ **구글 지도 GPS** 19.406520, 98.925358 Ⓖ
찾아가기 3024번 도로 이용 Ⓐ **주소** 383 Moo 5, Baan Thum Mae Pha Tang, Chiang Dao, Chiang Dao Ⓔ **전화** 098-976-2132 Ⓢ **시간** 카페 08:00~17:00 Ⓔ **휴무** 연중무휴 Ⓑ **가격** 당근 케이크 (Carrot Cake) 100B Ⓢ **홈페이지** www.facebook.com/villadeviewcafe

4 치앙다오 네스트 1
Chiang Dao Nest 1
자동차 13분

치앙다오 동굴 인근에서 오랜 전통과 명성을 쌓은 숙소 겸 레스토랑이자 카페. 숙소 이용과 별개로 숲에 둘러싸인 레스토랑에서 서양 요리와 커피, 음료를 즐길 수 있다. 왓 탐파빨렁과 가까워 더불어 찾기에 좋다.

Ⓥ **지도** P.134A
Ⓖ **구글 지도 GPS** 19.404628, 98.926037 Ⓖ **찾아가기** 3024번 도로 이용. 왓 탐파빨렁 가기 전 골목으로 우회전 Ⓐ **주소** 144/4 Moo 5, Chiang Dao, Chiang Dao Ⓔ **전화** 053-456-612 Ⓢ **시간** 08:00~21:30(마지막 주문 18:00)
Ⓔ **휴무** 연중무휴 Ⓑ **가격** 디카페인 커피(Decaffeined Coffee) 85B Ⓢ **홈페이지** www.chiangdaonest.com

5 치앙다오 네스트 2
Chiang Dao Nest 2
자동차 11분

치앙다오 네스트 2에서는 태국 요리를 전문으로 선보인다. 치앙다오를 맛의 고장이라 격상시킬 정도로 음식 솜씨가 좋은 곳으로 저녁 식사를 하려면 예약이 필수다. 좌석은 야외뿐이고 모기가 많으니 해 질 녘은 피하자.

Ⓥ **지도** P.134A
Ⓖ **구글 지도 GPS** 19.398773, 98.929812 Ⓖ **찾아가기** 3024번 도로 이용 Ⓐ **주소** 273/11 Moo 5, Chiang Dao, Chiang Dao Ⓔ **전화** 053-456-611 Ⓢ **시간** 08:00~10:30, 11:30~15:00, 18:00~21:30 Ⓔ **휴무** 연중무휴 Ⓑ **가격** 쁠라쏫쏨(Pla Sauce Som) 225B, 깽쏨(Kaeng Som) 175B, 팟팍루엄(Pad Pak Ruam) 95B Ⓢ **홈페이지** www.chiangdaonest.com

6 싸네 도이루앙
เสน่ห์ดอยหลวง

자동차 6분

치앙다오 네스트 2와 더불어 치앙다오의 추천 레스토랑. 태국 요리 특유의 매운맛을 제대로 살렸다. 넓은 야외 부지에 연못, 논, 정원을 조망하는 좌석이 다양하다.

Ⓥ **지도** P.134A
Ⓖ **구글 지도 GPS** 19.372425, 98.947921 Ⓖ **찾아가기** 107번 도로로 접어들어 남쪽으로 600m Ⓐ **주소** 107 Chiang Dao, Chiang Dao Ⓔ **전화** 093-618-1469 Ⓢ **시간** 09:00~21:00 Ⓔ **휴무** 연중무휴 Ⓑ **가격** 남프릭엉(Northern Thai Meat and Tomato Spicy Dip)·남프릭눔(Northern Thai Green Chili Dip) 각 컵 60B·세트 120B, 꿍팟바이끄라파오(Stir-Fried Shrimp Hot Basil Leaves) 180B Ⓢ **홈페이지** www.facebook.com/saneydoilungchiangdao

7 뿌알라쓰까
ปูอลาสก้า
자동차 6분

바다 구경이 쉽지 않은 치앙다오에서 바다의 향기를 느낄 수 있는 레스토랑이다. 태국에서 생산되는 해산물 외에 킹크랩, 스노크랩과 같은 수입 해산물도 취급한다. 냉동이지만 한국에 비해 저렴하고 양이 많다.

Ⓥ **지도** P.134B
Ⓖ **구글 지도 GPS** 19.352819, 98.963555 Ⓖ **찾아가기** 치앙다오 타운과 가까운 1359번 도로변 Ⓐ **주소** 439 Moo 8, Chiang Dao, Chiang Dao Ⓔ **전화** 053-046-959 Ⓢ **시간** 10:30~21:30 Ⓔ **휴무** 연중무휴 Ⓑ **가격** 뿌하나싸끼 (Snow Crab Legs) 1500B
Ⓢ **홈페이지** 없음

8 치앙다오 온천
Chiang Dao Hot Springs

자동차 15분

현지인이 주로 이용하는 동네 온천. 동그란 콘크리트 욕조를 여러 개 만들어 파이프로 연결해 놓았다. 온천수는 파이프를 따라 위에서 아래로 흐르기 때문에 아래쪽 물의 온도가 낮다. 바로 옆에는 차가운 시냇물이 흐른다. 남녀 구분 없이 이용하는 시설이라 수영복과 에티켓이 필수다.

Ⓥ **지도** P.134A
Ⓖ **구글 지도 GPS** 19.362735, 98.923019 Ⓖ **찾아가기** 107번 도로와 만나는 지점에서 좌회전해 약 2.2km. 진입로에 이정표가 많다. 'Hot Spring'이라 적힌 작은 이정표도 있다. Ⓐ **주소** Chiang Dao, Chiang Dao Ⓔ **전화** 없음 Ⓢ **시간** 24시간 Ⓔ **휴무** 연중무휴 Ⓑ **가격** 무료입장 Ⓢ **홈페이지** 없음

AREA
08 SAN KAMPHAENG
[싼깜팽 & 매깜뻥]

감성을 살찌우는 동네

싼깜팽은 예로부터 예술적 감성이 충만한 동네였다. 100년의 세월을 보내며 태국 북부를 대표하는 공예 마을로 거듭난 버쌍 우산 마을만 봐도 그렇다. 싼깜팽 온천과 더불어 클래식한 여행 루트로 자리매김한 이곳에 마이이얌과 매깜뻥은 새로운 활력을 불어넣었다. 완전히 새로운 혹은 완전히 예스러운 매력이 싼깜팽에 공존한다.

인기
★★★

관광지
★★★

쇼핑
★★★

식도락
★★★

나이트라이프
★

복잡함
★

쌩태우를 이용해 비교 적 편리하게 방문할 수 있다.

마이이얌 현대미술관 만 방문해도 뿌듯하다.

핸드메이드, 디자인 제 품을 판매하는 작은 숍 에서 소소한 쇼핑을 즐 기자. OTOP도 좋다.

예쁜 레스토랑과 카페 가 몇 군데 있다.

별로 없다.

그리 복잡한 곳이 없다.

싼깜팽 & 매깜뺑 교통편 한눈에 보기

싼깜팽으로 가는 방법

썽태우
와로롯 시장에서 출발해 싼깜팽의 1006번 도로를 따라 썽태우가 운행된다. 버쌍, 마이이얌, 치앙마이 OTOP 센터, 싼깜팽 온천 등지를 갈 때 이용하면 된다. 미니밴은 '매깜뺑으로 가는 방법' 참조.
🕐 **시간** 07:00~21:00 💲 **요금** 20B

그랩 택시
므앙 치앙마이와 싼깜팽 경계 지역은 약 100B, 마이이얌은 약 150B, 싼깜팽 온천은 300B 이내로 요금이 나온다.

렌트
오토바이나 차량을 렌트하면 방문할 수 있는 범위가 넓어진다. 차를 렌트하려면 국제운전면허증과 신용카드가 반드시 필요하다. 오토바이는 여권만 있으면 빌릴 수 있지만 단속이 심하므로 국제운전면허증을 준비하는 게 좋다.

매깜뺑으로 가는 방법

미니밴
창프악 터미널, 와로롯 시장, 싼깜팽 온천을 거쳐 매깜뺑으로 가는 미니밴이 있다. 싼깜팽을 구경한 후 매깜뺑으로 가는 여정도 괜찮다.
🕐 **시간** 창프악(07:30, 11:30, 15:30, 18:10) → 와로롯(07:40, 11:40, 15:40, 18:30) → 싼깜팽(08:30, 12:30, 15:30) → 매깜뺑(09:20, 13:20, 16:10) → 싼깜팽(06:00, 10:00, 14:00, 17:00) → 와로롯 → 창프악 💲 **요금** 창프악·와로롯 → 싼깜팽 40B, 싼깜팽 → 매깜뺑 120B, 창프악·와로롯 → 매깜뺑 150B

렌트
가장 편리하지만 운전에 익숙하지 않다면 권하지 않는다. 싼깜팽을 지나 매언으로 접어들면 산길이 시작된다. 매깜뺑 마을 또한 길이 좁고 렌터카로 감당할 수 없는 급경사가 많다.

MUST SEE
이것만은 꼭 보자!

No.1
마이이얌 현대미술관
MAIIAM Contemporary Art Museum
시간을 두고 오래 봐야 진가를 알 수 있다.

No.2
버쌍 우산 마을
Bor Sang Village
누가 뭐래도 태국 북부를 대표하는 이미지.

MUST EAT
이것만은 꼭 먹자!

No.1
미나 라이스 베이스드 퀴진
Meena Rice Based Cuisine
여성들이 좋아할 요소가 특히 많다.

No.2
쑤언 마—나우 홈
Suan Ma—Now Home
차량이 있다면 찾아가기 좋은 맛있고 저렴한 레스토랑.

MAP
싼깜팽 한눈에 보기

A

B

3013   118

121

센트럴 페스티벌
Central Festival

3013

치앙마이 버스터미널
Chiang Mai Bus Terminal

빅 씨 슈퍼마켓
엑스트라2

11

미나 라이스 베이스드 퀴진
Meena Rice Based Cuisine P.142

안다만 맛염
P.144

방콕 병원

121

E

F

마크로

1006

타페 게이트
방향

준준 숍 카페
Junjun Shop Cafe P.142

로터스.ex

1014

빅 씨 슈퍼센터

딸랏 우이타(시장)

버쌍 우산 마을
Bor Sang Village P.142

우체국

림삥 슈퍼마켓

프로메나다

끄라닷 카페
Kradas Cafe P.143

엄브렐러 메이킹 센터
Umbrella Making Centre

로터스 딸랏 버쌍

11

버쌍 타이 마사지

치앙마이 OTOP 센터
Chiangmai OTOP Center P.144

엔따포 빠팍

121

마이이얌 현대미술관
Maiiam Contemporary Art Museum P.142

1006

6021

1317

로터스.ex

쑤언 마나우 홈
Suan Ma-Now Home P.143

I

J

싼깜팽 일요 워킹 스트리트

N

0   1,2km

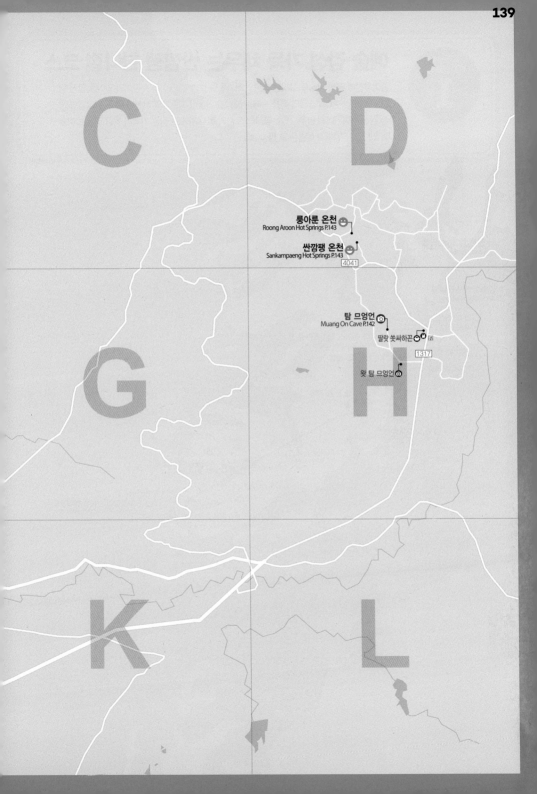

C

D

룽아룬 온천
Roong Aroon Hot Springs P.143

싼깜팽 온천
Sankampaeng Hot Springs P.143

4041

G

탐 므엉언
Muang On Cave P.142

딸랏 쏫싸하곤

1317

H

왓 탐 므엉언

K

L

예술 감성 가득 채우는 싼깜팽 한나절 코스

종이우산에 꽃과 나비를 그리는 버쌍의 화가들을 보면 '장인'이라는 단어의 의미를 알게 된다. 마이이얌 현대미술관의 작품 속에는 고뇌를 거듭한 예술가의 시선이 있다. 싼깜팽의 예술 감성은 여기에서 멈추지 않는다. 레스토랑의 접시 위에도, 작은 가게의 옷감 위에도 예술이 있다. 싼깜팽에서 예술은 곧 일상이다.

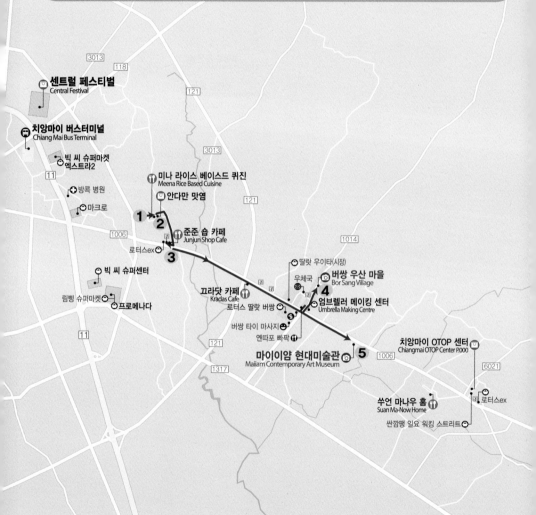

센트럴 페스티벌
Central Festival

치앙마이 버스터미널
Chiang Mai Bus Terminal

빅 씨 슈퍼마켓
엑스트라2

방콕 병원

마크로

미나 라이스 베이스드 퀴진
Meena Rice Based Cuisine

안다만 맛염

준준 숍 카페
Junjun Shop Cafe

로터스ex

빅 씨 슈퍼센터

림삥 슈퍼마켓

프로메나다

끄라닷 카페
Kradas Cafe

로터스 딸랏 버쌍

버쌍 타이 마사지

엔따포 빠팍

딸랏 우이타(시장)

우체국

버쌍 우산 마을
Bor Sang Village

엄브렐러 메이킹 센터
Umbrella Making Centre

마이이얌 현대미술관
Maiiam Contemporary Art Museum

치앙마이 OTOP 센터
Chiangmai OTOP Center P.000

쑤언 마나우 홈
Suan Ma-Now Home

로터스ex

싼깜팽 일요 워킹 스트리트

RECEIPT

볼거리 및 쇼핑	3시간
식사 및 디저트	2시간
이동	30분

TOTAL 5시간 30분

교통비	40B
준준 숍 카페~버쌍 우산 마을 썽태우	20B
버쌍 우산 마을~마이이얌 썽태우	20B
입장료	150B
마이이얌 현대미술관	150B
식사 및 간식과 커피	260B
미나 라이스 베이스드 퀴진	200B
준준 숍 카페	60B

TOTAL 450B
(1인 어른 기준, 쇼핑 비용 별도)

코스 무작정 따라하기
START

1. 미나 라이스 베이스드 퀴진
110m, 도보 1분

2. 안다만 맛염
1.3km, 도보 16분

3. 준준 숍 카페
3.6km, 썽태우 8분+도보 1분

4. 버쌍 우산 마을
1.5km, 썽태우 2분+도보 1분

5. 마이이얌 현대미술관

Finish

룽아룬 온천 😊
Roong Aroon Hot Springs

싼깜팽 온천 😊
Sankampaeng Hot Springs
4041

탐 므엉언 🚇
Muang On Cave

딸랏 쏫싸하꼰 🅿️
1317

왓 탐 므엉언 🚇

START ▶

1 **미나 라이스 베이스드 퀴진**
Meena Rice Based Cuisine
มีนา
🅖 구글 지도 GPS 18,784836, 99,045975
→ 입구에서 우회전해 110m 오른쪽 → 안다만 맛염 도착

90min

2 **안다만 맛염**
อันดามัน มัดย้อม
🅖 구글 지도 GPS 18,784970, 99,046989
→ 골목의 작은 숍들을 구경하며 큰길로 나오기 → 준준 숍 카페 도착

20min

3 **준준 숍 카페**
Junjun Shop Cafe
🅖 구글 지도 GPS 18,778561, 99,050873
→ 카페 앞에서 썽태우 탑승 → 버쌍 우산 마을 도착

30min

4 **버쌍 우산 마을**
Bor Sang Village
🅖 구글 지도 GPS 18,764207, 99,082398
→ 썽태우 내린 곳에서 다시 썽태우 탑승 → 마이이얌 도착

40min

5 **마이이얌 현대미술관**
MAIIAM Contemporary Art Museum
🅖 구글 지도 GPS 18,757283, 99,093710

2hr

ZOOM IN

싼깜팽

므앙 치앙마이 동쪽 지역. 시내에서 싼깜팽 경계까지 약 6km 거리다. 마이이얌은 싼깜팽에서 가장 핫한 명소로 거듭난 현대미술관이다.

● **이동 시간 기준** 마이이얌 현대미술관

1 마이이얌 현대미술관
MAIIAM Contemporary Art Museum

도보 6분
★★★

'아주 새롭다'는 뜻의 '마이이얌'이라는 이름처럼 아주 새로운 건물에 자리한 현대미술관이다. 거울로 마감한 건물 외관은 사진 촬영 포인트로 유명하며, 특별 전시 작품 대부분이 파격적이다. 2층의 상설 전시 외에는 전시 내용이 자주 바뀌므로 여러 번 찾아가도 좋다. 아트 스토어와 카페도 운영한다.

⊙ 1권 P.071 ⊙ 지도 P.138F

⊙ **구글 지도 GPS** 18.757283, 99.093710 ⊙ **찾아가기** 1006번 도로 위. 치앙마이 중심가에서 동쪽으로 약 12km. 와로롯 시장에서 흰색 썽태우 탑승해 마이이얌 하차 후 길 건너기 ⊙ **주소** 122 Moo 7, Ton Pao, San Kamphaeng ⊙ **전화** 052-081-737 ⊙ **시간** 수~월요일 10:00~18:00 ⊙ **휴무** 화요일 ⊙ **가격** 어른 150B, 학생 100B ⊙ **홈페이지** www.maiiam.com

2 버쌍 우산 마을
Bor Sang Village

썽태우 2분
★★

대나무로 우산대, 라텍스로 손잡이를 만들고, 멀베리 나무껍질에서 얻은 싸 페이퍼에 그림을 그려 하나의 우산을 완성한다. 칵테일 우산에서 정원용 파라솔까지 종류는 다양하다. 장인들이 우산을 만드는 과정을 보려면 공장을 방문해야 하는데, 엄브렐러 메이킹 센터(Umbrella Making Centre)가 가장 유명하다.

엄브렐러 메이킹 센터
⊙ **지도** P.138F ⊙ **구글 지도 GPS** 18.764207, 99.082398 ⊙ **찾아가기** 와로롯 시장에서 흰색 썽태우 탑승해 버쌍 교차로 하차 ⊙ **주소** 111/2 Moo 3, Ton Pao, San Kamphaeng ⊙ **전화** 053-338-195 ⊙ **시간** 08:15~17:00 ⊙ **휴무** 연중무휴 ⊙ **가격** 제품마다 다름 ⊙ **홈페이지** handmade-umbrella.com

3 탐 므엉언
Muang On Cave
ถ้ำเมืองออน

택시 30분
★★

싼깜팽과 인접한 암퍼 매언에 자리한 석회 동굴이다. 동굴 내에 다양한 불상과 코끼리 머리, 나가 머리, 거북이 형상의 종유석과 석순 등이 있다. 동굴 입구까지 190여 개 계단을 올라가야 하고, 동굴에 진입해 다시 150여 개 계단을 내려가야 한다.

⊙ **지도** P.139H
⊙ **구글 지도 GPS** 18.796200, 99.234861 ⊙ **찾아가기** 남동쪽 방면 1006번, 1147번, 1317번 도로를 차례로 이용. 구글 내비게이션이 말하는 목적지는 왓 탐 므엉언이고, 거기에서 더 올라가야 한다. ⊙ **주소** Moo 2, Ban Sa Ha Khon, Mae On ⊙ **전화** 없음 ⊙ **시간** 08:00~17:00 ⊙ **휴무** 연중무휴 ⊙ **가격** 30B ⊙ **홈페이지** 없음

4 준준 숍 카페
Junjun Shop Cafe'

썽태우 13분
★★★

컵케이크로 유명한 아기자기한 카페. 앙증맞은 크기의 컵케이크가 단돈 20B이다. 하루에 80개가량 만드는데 오전 중에 다 팔리는 경우가 많다. 커피 맛도 준수하다. 모자와 옷, 핸드메이드 잡화를 판매하는 빈티지 숍을 함께 운영한다.

⊙ 1권 P.174 ⊙ 지도 P.138E
⊙ **구글 지도 GPS** 18.778561, 99.050873 ⊙ **찾아가기** 와로롯 시장에서 흰색 썽태우 탑승해 테스코 로터스 싼깜랑 하차 ⊙ **주소** 1 Soi 2, San Klang, San Kamphaeng ⊙ **전화** 091-989-8417 ⊙ **시간** 화~일요일 08:00~17:00 ⊙ **휴무** 월요일 ⊙ **가격** 컵케이크 20B, 아메리카노(Americano) 핫 40B, 카페라테(Cafe Latte) 핫 45B ⊙ **홈페이지** 없음

5 미나 라이스 베이스드 퀴진
Meena Rice Based Cuisine
มีนา

🍴 ★★★ 택시 13분

예쁜 플레이팅과 건강한 음식으로 인기 높은 레스토랑. 유기농 재료로 만든 소스를 요리에 사용한다. 밥은 5가지 색깔 중 원하는 종류와 가짓수로 고르면 된다. 천연 염색한 테이블보와 방석도 좋다. 쌀, 천연 염색 제품, 생활용품, 의류를 판매하는 매장 2곳을 함께 운영한다.

🅑 1권 P.173 🔗 지도 P.138E
📍 **구글 지도 GPS** 18.784836, 99.045975 🔗 **찾아가기** 1006번 도로변 반 셀라돈 치앙마이 건물 옆 골목으로 진입. 1km 정도 지나 이정표 보고 좌회전해 약 400m 이동, 왼쪽 🏠 **주소** 13/5 Moo 2, San Klang, San Kamphaeng 📞 **전화** 087-177-0523 🕐 **시간** 목~화요일 10:00~17:00 ❌ **휴무** 수요일 💰 **가격** 치앙다 팟카이꿍깨우(Stir Fried Gurmar Leaves with Eggs and Dried Shrimps) 120B, 카우 끄렁댕 팟꿍(Fried Butterfly Pea Rice Prawns) 129B, 카우하씨 끄라파오 무쌉(Stir Fried Basil Pork Mince with 5 Coloured Rice) 119B(달걀 추가 10B), 남 람야이 안찬 마나우(Butterfly Pea Herbal Drink) 45B 🌐 **홈페이지** m.facebook.com/meena.rice.based

6 끄라닷 카페
Kradas Cafe

🍴 ★★ 쌩태우 5분

예쁜 사진이 욕심난다면 반드시 찾아가야 할 카페. '종이(끄라닷)'라는 상호처럼 종이로 만든 아기자기한 작품이 카페를 가득 메우고 있다. 다양한 종이 디자인 제품도 판매한다. 음료, 디저트의 종류가 많고 모양도 예쁘다.

🔗 **지도** P.138E
📍 **구글 지도 GPS** 18.770348, 99.069131 🔗 **찾아가기** 와로롯 시장에서 흰색 쌩태우 탑승해 버쌍 교차로 다음 교차로에서 하차 🏠 **주소** 55/5 1006 Road, Ton Pao, San Kamphaeng 📞 **전화** 081-881-3623 🕐 **시간** 09:00~17:00 ❌ **휴무** 연중무휴 💰 **가격** 아메리카노(Americano) 핫 55B 🌐 **홈페이지** 없음

7 쑤언 마나우 홈
Suan Ma-Now Home
สวนมะนาวโฮม

🍴 ★★★ 택시 5분

레스토랑에 정원과 논이 딸려 있어 전망과 분위기가 좋다. 논에는 대나무 다리가 설치돼 있어 짧은 산책을 즐길 수 있다.

🅑 1권 P.175 🔗 **지도** P.138J
📍 **구글 지도 GPS** 18.745664, 99.111425 🔗 **찾아가기** 마이이암 현대미술관에서 1006번 도로로 2.2km 지나 우회전해 길 끝까지 가서 좌회전. 1006번 도로 입구에 태국어 입간판이 있다. 🏠 **주소** Santai 9 Moo 2(Soi Ruamphon 9), San Kamphaeng, San Kamphaeng 📞 **전화** 088-252-5259 🕐 **시간** 10:30~23:00 ❌ **휴무** 매월 20일 💰 **가격** 카우팟 꿍(Fried Rice with Shrimp) 69 · 139 · 199B 🌐 **홈페이지** m.facebook.com/Lemongardenhome

8 싼깜팽 온천
Sankampaeng Hot Springs
น้ำพุร้อน สันกำแพง

😊 ★★ 쌩태우 35분

반나절 나들이에 제격인 공원 같은 온천. 수로를 따라 흐르는 온천수에서 족욕을 즐기고, 뜨거운 온천에 달걀과 메추리알을 삶아 먹어보자. 달걀은 익히는 정도에 따라 시간을 달리해야 한다. 메추리알은 10분이면 다 익는다. 온천에서 운영하는 타이 마사지도 저렴하다.

🔗 **지도** P.139D
📍 **구글 지도 GPS** 18.814488, 99.229586 🔗 **찾아가기** 와로롯 시장에서 흰색 쌩태우 탑승해 싼깜팽 온천 하차 🏠 **주소** Moo 7, Ban Sa Ha Khon, Mae On 📞 **전화** 053-037-101 🕐 **시간** 07:00~18:00 ❌ **휴무** 연중무휴 💰 **가격** 입장료 100B 🌐 **홈페이지** 없음

9 룽아룬 온천
Roong Aroon Hot Springs
รุ่งอรุณ น้ำพุร้อน

😊 ★★ 택시 30분

싼깜팽 온천의 인기에 가려졌지만 시설은 뒤지지 않는 곳이다. 입장료도 매우 저렴한 편. 족욕용 작은 탕과 수영장을 즐기거나 온천에서 달걀 삶기를 할 수 있다. 제대로 온천을 즐기려면 따로 사용료를 내야 하는 온천 자쿠지를 이용하자. 수건, 헤어캡, 비누 등이 무료로 제공된다.

🔗 **지도** P.139D
📍 **구글 지도 GPS** 18.819222, 99.224389 🔗 **찾아가기** 와로롯 시장에서 흰색 쌩태우 탑승해 싼깜팽 온천 하차 🏠 **주소** 108 Moo 7, Ban Sa Ha Khon, Mae On 📞 **전화** 081-764-2350 🕐 **시간** 자쿠지 09:00~18:30 ❌ **휴무** 연중무휴 💰 **가격** 입장료 20B 🌐 **홈페이지** 없음

10 치앙마이 OTOP 센터
Chiangmai OTOP Center

★★★ 썽태우 4분

규모가 큰 OTOP 센터. 상품도 그만큼 다양해 쌘깜팽을 여행할 때 일부러 방문해도 좋다. 커피 원두와 차, 꿀은 선물하기에도 좋은 추천 아이템. 가격도 매우 저렴하다. 각종 통증과 벌레 물린 데 효과가 좋은 야돔(허브 오일)과 의류도 추천한다.

ⓐ 1권 P.195 ⓞ 지도 P.138J
ⓢ **구글 지도 GPS** 18.745215, 99.119565 ⓖ **찾아가기** 와로롯 시장에서 흰색 썽태우 탑승해 OTOP 센터 하차 ⓐ **주소** 25 Moo 6, San Kamphaeng, San Kamphaeng ⊖ **전화** 053-330-100 ⓛ **시간** 10:00~18:00 ⓗ **휴무** 연중무휴 ⓑ **가격** 제품마다 다름 ⓗ **홈페이지** www.chiangmai-otopcenter.com

11 안다만 맛염
อันดามัน มัดย้อม

★★ 택시 12분

미나 라이스 베이스드 퀴진이 자리한 골목에는 손바느질 상품을 판매하는 핸드메이드 공방이 여럿 있다. 그중 안다만 맛염은 천연 염색한 옷과 소품, 천을 판매하는 곳이다. 제품의 질이 좋고 가격도 합리적이며, 천연 염색 체험도 할 수 있다.

ⓞ 지도 P.138E
ⓢ **구글 지도 GPS** 18.784970, 99.046989 ⓖ **찾아가기** 1006번 도로변 반 셀라돈 치앙마이 건물 옆 골목으로 진입. 1km 지나 이정표 보고 좌회전해 약 300m 이동, 왼쪽 ⓐ **주소** Moo 2 Soi 11, San Klang, San Kamphaeng ⊖ **전화** 089-999-8686 ⓛ **시간** 목~화요일 10:00~17:00 ⓗ **휴무** 수요일 ⓑ **가격** 제품마다 다름 ⓗ **홈페이지** www.facebook.com/AndaIndigoChiangmai

⊕ ZOOM IN

매깜뻥

암퍼 쌘깜팽과 인접한 암퍼 매언에 자리한 작은 마을. 왓 칸타 프륵싸는 매깜뻥 마을 중간쯤에 자리한 사원이다. 왓 매깜뻥이라고도 한다.

● **이동 시간 기준** 왓 칸타 프륵싸

1 매깜뻥 마을
Mae Kampong Village
บ้านแม่กำปอง

★★★ 도보 0분

쌘깜팽과 인접한 암퍼 매언에 자리한 홈스테이 시범 마을이다. 커피와 차를 재배하는 농촌에서 하룻밤 묵으면서 시골의 향수를 채울 수 있다. 물가에 자리한 카페에서 여유를 즐기거나 목재 가옥을 배경으로 사진을 찍는 것도 매깜뻥을 여행하는 방법이다.

ⓞ 지도 P.144A
ⓢ **구글 지도 GPS** 18.866244, 99.352559 ⓖ **찾아가기** 치앙마이 시내에서 동쪽으로 약 50km. 쌘깜팽을 경유하는 길이 빠르다. ⓐ **주소** Huai Kaeo, Mae On ⊖ **전화** 없음 ⓛ **시간** 24시간 ⓗ **휴무** 연중무휴 ⓑ **가격** 무료입장 ⓗ **홈페이지** 없음

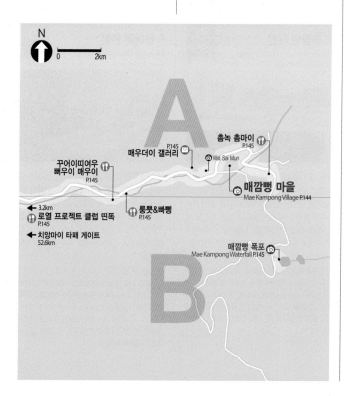

N
0 ——— 2km

A

꾸어이띠여우 빠우이 매우이 P.145

매우더이 갤러리 P.145

촘녹 촘마이 P.145

ⓦ Wat Sai Mun

← 3.2km
로열 프로젝트 클럽 띤똑 P.145

룽뿟&빠뻥 P.145

매깜뻥 마을 Mae Kampong Village P.144

← 치앙마이 타패 게이트 52.6km

매깜뻥 폭포 Mae Kampong Waterfall P.145

B

2 매깜뺑 폭포
Mae Kampong Waterfall

도보 10분 ★★

매깜뺑 마을을 지나 급경사 언덕을 따라 올라가면 폭포가 나온다. 입구에서 얼마 지나지 않은 곳에서 첫 번째 소를 볼 수 있으며, 왼쪽 계단을 오르면 두 번째 소가 보인다. 2곳 모두 물놀이와 나들이를 즐기기에 좋다.

⊙ **지도** P.144B
ⓖ **구글 지도 GPS** 18.862723, 99.355924 ⓖ **찾아가기** 마을 중심가 반대쪽 길을 따라 1km. 운전이 서투르면 오토바이로 가기 힘든 급경사다. ⊙ **주소** Huai Kaeo, Mae On ⊙ **전화** 없음 ⊙ **시간** 24시간 ⊖ **휴무** 연중무휴 ⓑ **가격** 무료입장 ⊙ **홈페이지** 없음

3 로열 프로젝트 클럽 띤똑
สโมสร โครงการหลวง ตีนตก

도보 11분

매깜뺑 마을에 도착하기 전에 자리한 로열 프로젝트 클럽. 매라이 물줄기를 따라 언덕을 조망할 수 있는 위치에 카페와 숙소가 있다. 베란다 좌석에서 로열 프로젝트 커피와 신선한 공기를 마시며 매깜뺑의 낭만을 만끽하자.

⊙ **지도** P.144B
ⓖ **구글 지도 GPS** 18.866876, 99.322443 ⓖ **찾아가기** 매깜뺑 마을 진입로 전 ⊙ **주소** 99/5 Moo 8, Huai Kaeo, Mae On ⊙ **전화** 093–146–7726 ⊙ **시간** 07:00~19:00 ⊖ **휴무** 연중무휴 ⓑ **가격** 까페 크롱깐루엉(Royal Project Coffee) 핫 50B ⊙ **홈페이지** royalprojectthailand.com/teentok

4 꾸어이띠여우 빠우이 매우이
ก๋วยเตี๋ยว ป้อจุ้ย-แม่จุ้ย

도보 3분

시냇물 전망의 바 테이블을 비롯해 몇 개의 좌석을 마련해 놓은 현지 식당이다. 메뉴는 태국어로만 쓰여 있다. 꾸어이띠여우는 돼지고기 무, 소고기 느아가 있으며, 맑은 국물 남싸이, 탁한 국물 남똑 중에서 고르면 된다. 카우쏘이와 덮밥 등의 메뉴도 있다.

⊙ **지도** P.144B
ⓖ **구글 지도 GPS** 18.865088, 99.349783 ⓖ **찾아가기** 마을 중간, 왓 칸타 프룩싸에서 250m ⊙ **주소** 62/1 Moo 3, Huai Kaeo, Mae On ⊙ **전화** 091–714–7284 ⊙ **시간** 07:00~20:00 ⊖ **휴무** 연중무휴 ⓑ **가격** 꾸어이띠여우 무 남싸이 40B ⊙ **홈페이지** www.facebook.com/weawjira

5 룽뿟 & 빠뺑
ลุงปุ๊ด & ป้าเป็ง

도보 3분 ★★

매깜뺑 마을 중간에 자리한 인기 카페. 앤티크한 외관을 배경으로 사진 찍는 이들이 많다. 내부는 실내 좌석과 여러 자리에서 시냇물을 볼 수 있는 실외 좌석으로 나누어져 있다. 물가 자리는 인기가 높아 주말에는 빈자리를 찾기 힘들다. 태국 전통 간식, 소품, 의류도 함께 판매한다.

⊙ **지도** P.144A
ⓖ **구글 지도 GPS** 18.865120, 99.350214 ⓖ **찾아가기** 마을 중간, 왓 칸타 프룩싸에서 210m ⊙ **주소** 78/1 Moo 3, Huai Kaeo, Mae On ⊙ **전화** 088–547–4545 ⊙ **시간** 08:00~18:00 ⊖ **휴무** 연중무휴 ⓑ **가격** 에스프레소(Espresso) 50B ⊙ **홈페이지** 없음

6 촘녹 촘마이
ชมนก ชมไม้

도보 10분 ★★

매깜뺑에서 가장 인기 있는 카페. 매깜뺑 폭포 방면 언덕 위에 자리한 덕분에 열대우림에 안겨 지붕을 맞대고 다닥다닥 붙어 있는 매깜뺑 가옥의 풍경이 한눈에 들어온다. 커피, 차, 주스, 케이크, 파이를 판매한다.

⊙ **지도** P.144A
ⓖ **구글 지도 GPS** 18.865809, 99.355535 ⓖ **찾아가기** 마을 중심가에서 매깜뺑 폭포 방면으로 550m ⊙ **주소** Huai Kaeo, Mae On ⊙ **전화** 081–847–8043 ⊙ **시간** 08:00~17:00 ⊖ **휴무** 연중무휴 ⓑ **가격** 아메리카노(Americano) 핫 45B · 아이스 55B ⊙ **홈페이지** www.facebook.com/chomnokchommaimaekampong

7 매우더이 갤러리
แมวดอย แกลเลอรี่

도보 3분 ★★

아기자기하고 귀여운 고양이 캐릭터가 그려진 디자인 제품을 판매한다. 티셔츠, 에코백, 오븐 장갑, 지갑, 시계, 엽서 등 제품의 종류가 다양해 구경하는 재미가 쏠쏠하다.

⊙ **지도** P.144A
ⓖ **구글 지도 GPS** 18.865160, 99.349868 ⓖ **찾아가기** 마을 중간, 왓 칸타 프룩싸에서 250m ⊙ **주소** Huai Kaeo, Mae On ⊙ **전화** 087–001–9896 ⊙ **시간** 10:00~18:00 ⊖ **휴무** 연중무휴 ⓑ **가격** 제품마다 다름 ⊙ **홈페이지** 없음

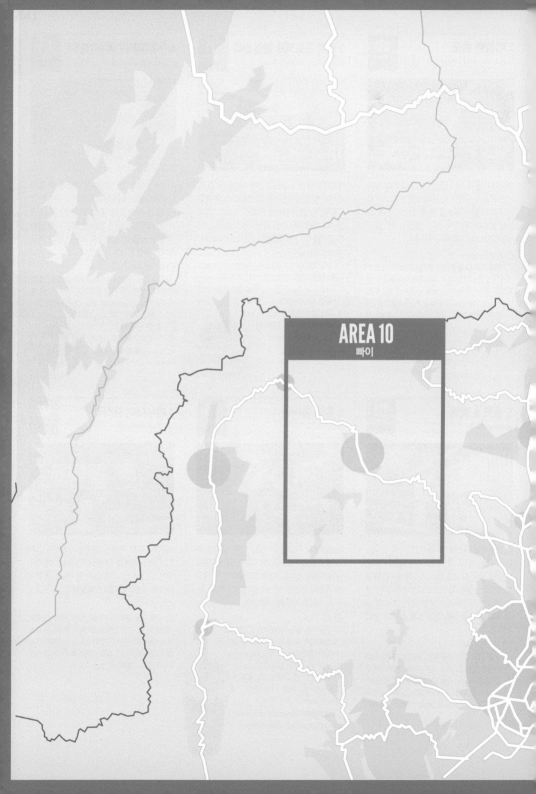

AREA 10
빠이

Part.3

치앙마이
근교도시

AREA 9
치앙라이

도시와 자연의 조화

1262년 멩라이 왕이 란나 왕국 최초의 수도로 삼으면서 '멩라이(라이)의 도시(치앙)'라는 이름을 얻게 되었다. 역사적인 도시인 만큼 볼거리가 많지만 여행자들이 치앙라이를 찾는 주된 이유는 자연 경관이 아름답기 때문이다. 도시와 자연, 그 속에 살아가는 소수민족 등 여러 가지 매력을 지닌 치앙라이로 여정을 꾸려보자.

인기
★★★★

외국인보다 현지인들에게 인기가 많다. 한국 여행자들은 치앙마이에서 1일 투어로 즐겨 찾는다.

관광지
★★★★★

화이트 템플, 싱하 파크 등 유명 관광지 외에도 고산족 마을 등 볼거리가 다양하다.

쇼핑
★★★★

치앙라이 나이트 바자에서 고산족 아이템을 쇼핑하자.

식도락
★★★★

구석구석 숨은 맛집이 많다. 시내 꼭강변의 레스토랑은 맛과 분위기를 두루 갖췄다.

나이트라이프
★

야시장 외에는 거의 없다.

복잡함
★★

대자연에 둘러싸여 복잡하게 느껴지지 않는다.

치앙마이에서 치앙라이로 가는 방법

버스
그린 버스가 가장 편리하다. 치앙마이 버스터미널 3에서 출발한 버스가 치앙라이 버스터미널 1과 2 모두에 선다. 시내 가까이 숙소를 정했다면 버스터미널 1에서 내리는 것이 낫다. 그린버스는 인터넷과 모바일 예약이 가능하다. 원하는 날짜와 시간에 이용하려면 예약 필수.

🕐 **시간** 06:45~18:00(30분~1시간 간격 운행, 금~일요일 18:30 · 19:00 추가 운행), 3시간 소요

💵 **요금** A클래스 129B, X클래스 166B, V클래스 258B

치앙라이 다니는 방법

버스
치앙라이 시내에서 가까운 버스터미널 1에서 치앙콩, 치앙쌘, 매싸이 등 근교로 가는 버스를 탈 수 있다. 왓 렁쿤, 왓 렁쓰아뗀, 반담 박물관 등지로 이동할 때 유용하다.

뚝뚝
시내에서 움직일 때 유용한 교통수단. 흥정을 해야 하므로 약간의 피로감을 느낄 수 있다.

그랩 택시
치앙라이에도 그랩 택시가 흔하다. 짧은 거리는 물론 장거리 이동도 편리하다.

렌트
운전에 익숙하다면 가장 좋은 방법이다. 치앙마이 시내는 물론 외곽 지역도 편리하게 오갈 수 있다. 비용은 오토바이 하루 200B, 차량 1000B 정도. 차량 렌트는 여권과 국제운전면허증, 신용카드가 필요하다.

MUST SEE
이것만은 꼭 보자!

No.1 왓 렁쿤
The White Temple
치앙라이에서 가장 인기 있는 화이트 템플.

No.2 싱하 파크
Singha Park
놀고, 먹고, 쇼핑하기 좋은 곳.

No.3 골든 트라이앵글
Golden Triangle
3개국의 꼭짓점에 서 있는 것만으로 감동.

MUST EAT
이것만은 꼭 먹자!

No.1 치윗 탐마다
Chivit Thamma Da
인기 만점 강변 카페 & 레스토랑.

No.2 남니여우 빠쑥
매콤하게 입맛 돋우는 얼큰한 국수.

No.3 타남 푸래
Thanam Phu Lae
강변의 운치 있는 맛집.

No.4 멜트 인 유어 마우스
Melt in Your Mouth
맛으로 승부하는 강변 레스토랑.

No.5 루람
강변 레스토랑 중 비교적 저렴.

MUST BUY
이것만은 꼭 사자!

No.1 치앙라이 나이트 바자
Chiang Rai Night Bazaar
치앙라이의 핫 쇼핑 플레이스.

No.2 라이분럿
Boon Rawd Farm
꿀, 차 등 쇼핑 품목이 가득한 싱하 파크 기념품 매장.

MUST DO
이것만은 꼭 하자!

No.1 아리사라 타이 마사지
Arisara Thai Massage
강도 높고 개운한 북부 마사지의 진수.

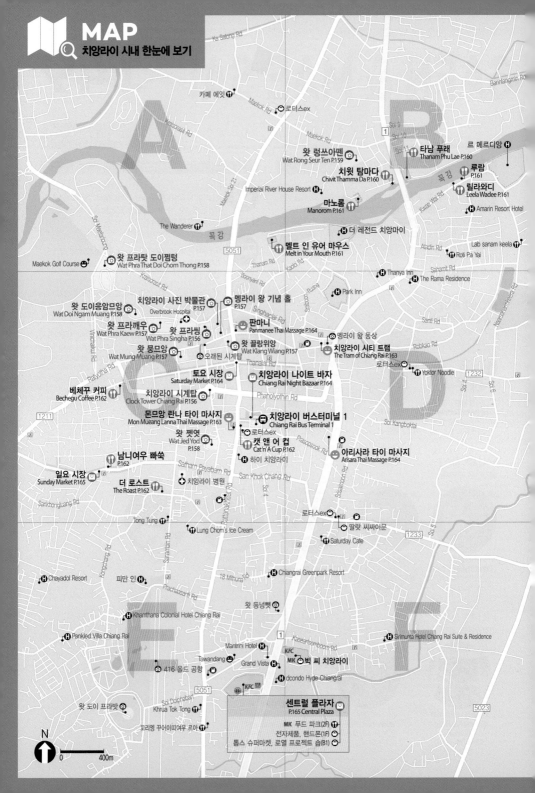

MAP
치앙라이 시내 한눈에 보기

카페 에잇
로터스ex
왓 렁쓰아쩬
Wat Rong Seur Ten P.159
치윗 탐마다
Chivit Thamma Da P.160
타남 푸래
Thanam Phu Lae P.160
르 메르디앙
루람
P.161
Imperial River House Resort
마노롬
Manorom P.161
릴라와디
Leela Wadee P.161
Amarin Resort Hotel
The Wanderer
더 레전드 치앙마이
곡 강
멜트 인 유어 마우스
Melt in Your Mouth P.161
Lab sanam keela
Roti Pa Yai
Maekok Golf Course
왓 프라탓 도이쩜텅
Wat Phra That Doi Chom Thong P.158
Thanya Inn
The Rama Residence
Park Inn
왓 도이응암므앙
Wat Doi Ngam Muang P.158
치앙라이 사진 박물관
Overbrook Hospital
멩라이 왕 기념 홀
P.157
왓 프라깨우
Wat Phra Kaew P.157
왓 프라씽
Wat Phra Singha P.156
판마니
Panmanee Thai Massage P.164
멩라이 왕 동상
왓 뭉므앙
Wat Mung Muang P.157
왓 끌랑위앙
Wat Klang Wiang P.157
치앙라이 시티 트램
The Tram of Chiang Rai P.163
오래된 시계탑
로터스ex
토요 시장
Saturday Market P.164
치앙라이 나이트 바자
Chiang Rai Night Bazaar P.164
Yoklor Noodle
베체꾸 커피
Bechegu Coffee P.162
치앙라이 시계탑
Clock Tower Chiang Rai P.156
Phaholyothin Rd
몬므앙 란나 타이 마사지
Mon Mueang Lanna Thai Massage P.163
치앙라이 버스터미널 1
Chiang Rai Bus Terminal 1
왓 쩻엿
Wat Jed Yod P.158
로터스ex
남니여우 빠쑥
P.162
캣 앤 어 컵
Cat'n'A Cup P.162
하이 치앙라이
아리사라 타이 마사지
Arisara Thai Massage P.164
일요 시장
Sunday Market P.165
더 로스트
The Roast P.162
치앙라이 병원
Tong Tung
로터스ex
딸랏 씨싸어문
Lung Chom's Ice Cream
Saturday Cafe
Chayadol Resort
피만 인
Chiangrai Greenpark Resort
왓 등넝뺏
Khamthara Colonial Hotel Chiang Rai
Pankled Villa Chiang Rai
Sirimuna Hotel Chiang Rai Suite & Residence
Mantrini Hotel
Tawandang
KFC
MK
빅 씨 치앙라이
416 올드 공항
Grand Vista
dcondo Hyde Chiangrai
왓 도이 프라밧
KFC
센트럴 플라자
P.165 Central Plaza
Khrua Tok Tong
꼬리엥 꾸어이띠여우 르아
MK 푸드 파크(2F)
전자제품, 핸드폰(1F)
톱스 슈퍼마켓, 로열 프로젝트 숍(B1)

N
0   400m

MAP
치앙라이 외곽 한눈에 보기

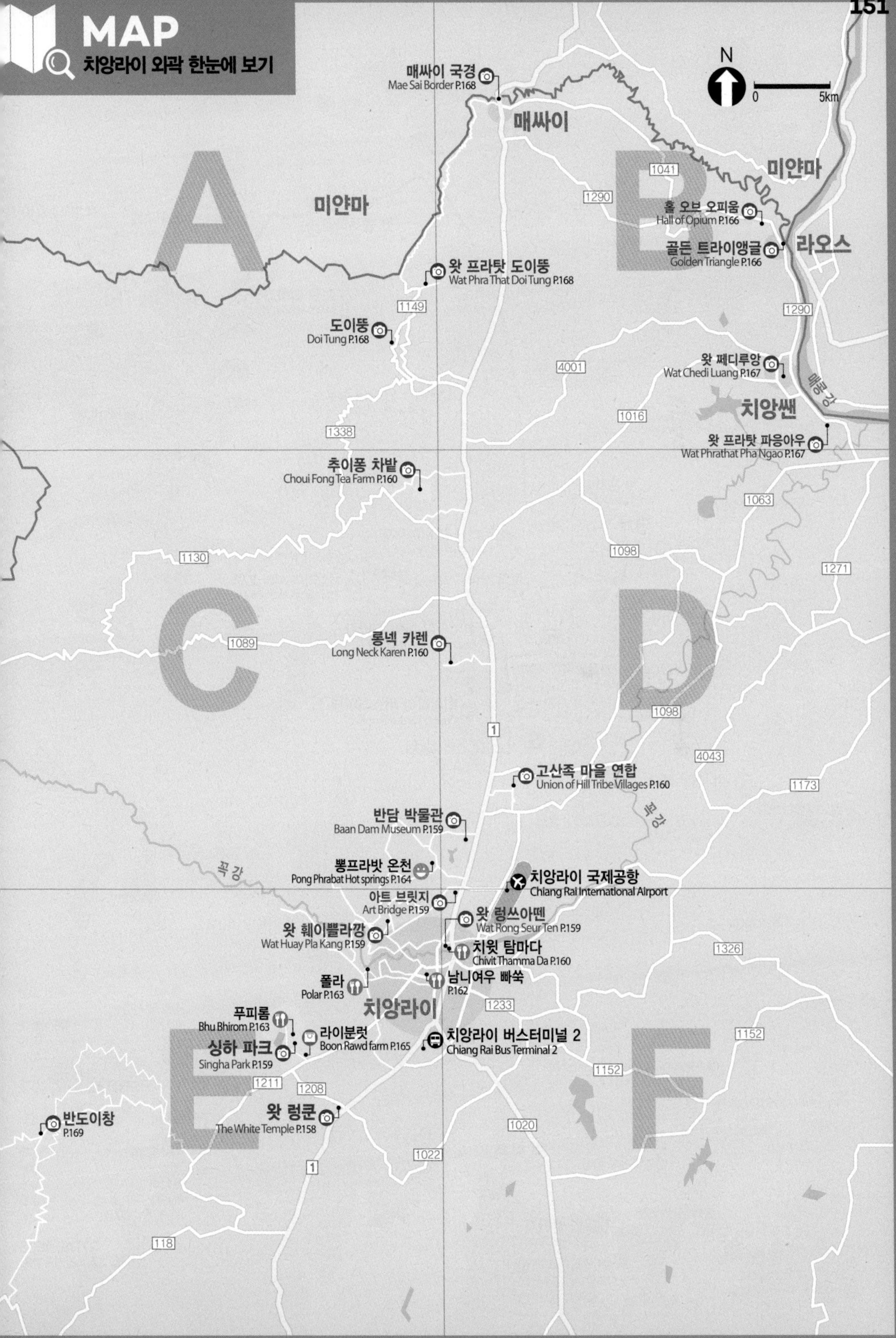

N
0
5km
매싸이 국경
Mae Sai Border P.168
매싸이
미얀마
미얀마
A
B
C
D
E
F
홀 오브 오피움
Hall of Opium P.166
골든 트라이앵글
Golden Triangle P.166
라오스
왓 프라탓 도이뚱
Wat Phra That Doi Tung P.168
도이뚱
Doi Tung P.168
왓 쩨디루앙
Wat Chedi Luang P.167
치앙쌘
메콩 강
왓 프라탓 파응아우
Wat Phrathat Pha Ngao P.167
추이퐁 차밭
Choui Fong Tea Farm P.160
롱넥 카렌
Long Neck Karen P.160
고산족 마을 연합
Union of Hill Tribe Villages P.160
꼭 강
반담 박물관
Baan Dam Museum P.159
꼭 강
뽕프라밧 온천
Pong Phrabat Hot springs P.164
치앙라이 국제공항
Chiang Rai International Airport
아트 브릿지
Art Bridge P.159
왓 렁쓰아텐
Wat Rong Seur Ten P.159
왓 훼이쁠라깡
Wat Huay Pla Kang P.159
치윗 탐마다
Chivit Thamma Da P.160
남니여우 빠쑥
P.162
폴라
Polar P.163
치앙라이
푸피롬
Bhu Bhirom P.163
라이분럿
Boon Rawd farm P.165
치앙라이 버스터미널 2
Chiang Rai Bus Terminal 2
싱하 파크
Singha Park P.159
왓 렁쿤
The White Temple P.158
반도이창
P.169
1041
1290
1290
1149
4001
1016
1338
1063
1098
1271
1130
1089
1098
1
4043
1173
1326
1233
1152
1152
1211
1208
1020
1022
1
118

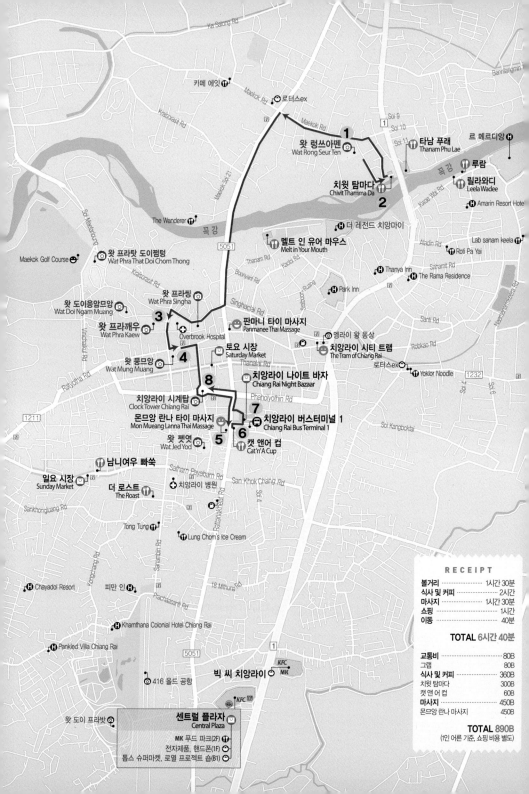

카페 애잇

로터스ex

왓 렁쓰아쩬
Wat Rong Seur Ten **1**

타남 푸래
Thanam Phu Lae

르 메르디앙

루람
Leela Wadee

릴라와디
Leela Wadee

치윗 탐마다
Chivit Thamma Da **2**

Amarin Resort Hotel

더 레전드 치앙마이

멜트 인 유어 마우스
Melt in Your Mouth

Lab sanam keela

The Wanderer

Roti Pa Yai

왓 프라탓 도이쩜텅
Wat Phra That Doi Chom Thong

Maekok Golf Course

Thanya Inn

The Rama Residence

왓 프라씽
Wat Phra Singha

Park Inn

왓 도이응암므앙
Wat Doi Ngam Muang

3

왓 프라깨우
Wat Phra Kaew

판마니 타이 마사지
Panmanee Thai Massage

멩라이 왕 동상

치앙라이 시티 트램
The Tram of Chiang Rai

Overbrook Hospital

로터스ex

왓 뭉므앙
Wat Mung Muang

4

토요 시장
Saturday Market

Yoklor Noodle

8

치앙라이 나이트 바자
Chiang Rai Night Bazaar

치앙라이 시계탑
Clock Tower Chiang Rai

7

치앙라이 버스터미널 1
Chiang Rai Bus Terminal 1

몬므앙 란나 타이 마사지
Mon Mueang Lanna Thai Massage

5 **6**

캣 앤어 컵
Cat'n'A Cup

왓 쩻엿
Wat Jed Yod

남니여우 빠쑥

일요 시장
Sunday Market

치앙라이 병원

더 로스트
The Roast

Tong Tung

Lung Chom's Ice Cream

Chayadol Resort

피만 인

Khamthana Colonial Hotel Chiang Rai

Pankled Villa Chiang Rai

KFC
MK

빅 씨 치앙라이

KFC

416 올드 공항

왓 도이 프라밧

센트럴 플라자
Central Plaza

MK 푸드 파크(2F)

전자제품, 핸드폰(1F)

톱스 슈퍼마켓, 로열 프로젝트 숍(B1)

COURSE 1

치앙라이 시내 코스

점심시간 지나 느지막이 출발해 치앙라이 시내를 돌아보는 코스. 시내 볼거리를 모두 보려면 치앙라이 시티 트램을 이용하는 것도 괜찮다.

코스 무작정 따라하기
START

1. 왓 렁쓰아뗀
450m, 도보 5분
2. 치윗 탐마다
3.3km, 자동차 8분
3. 왓 프라깨우
300m, 도보 4분
4. 왓 뭉므앙
1.1km, 도보 13분
5. 몬므앙 란나 마사지
길 건너편, 도보 1분
6. 캣 앤 어 컵
110m, 도보 1분
7. 치앙라이 나이트 바자
500m, 도보 6분
8. 치앙라이 시계탑
Finish

START

1 왓 렁쓰아뗀
Wat Rong Seur Ten
วัดร่องเสือเต้น

ⓖ 구글 지도 GPS 19.923518, 99.841896
→ 강변 쪽으로 걷다 막다른 길에서 좌회전 → **치윗 탐마다 도착**

2 치윗 탐마다
Chivit Thamma Da

ⓖ 구글 지도 GPS 19.921697, 99.844970
→ 뚝뚝 또는 그랩 택시 이용 → **왓 프라깨우 도착**

3 왓 프라깨우
Wat Phra Kaew
วัดพระแก้ว

ⓖ 구글 지도 GPS 19.911765, 99.827701
→ 사원 입구에서 우회전해 두 번째 사거리에서 좌회전 → **왓 뭉므앙 도착**

4 왓 뭉므앙
Wat Mung Muang
วัดมุงเมือง

ⓖ 구글 지도 GPS 19.909783, 99.828907
→ 시립 시장, 치앙라이 시계탑 지나 파혼요틴 로드 진입 → **몬므앙 란나 마사지 도착**

5 몬므앙 란나 마사지
MonMueang Lanna Massage

ⓖ 구글 지도 GPS 19.904504, 99.832895
→ 길 건너편 → **캣 앤 어 컵 도착**

6 캣 앤 어 컵
Cat 'n' A Cup

ⓖ 구글 지도 GPS 19.904517, 99.833191
→ 카페 바로 옆 골목으로 진입해 걷기 → **치앙라이 나이트 바자 도착**

7 치앙라이 나이트 바자
Chiang Rai Night Bazaar

ⓖ 구글 지도 GPS 19.905022, 99.833196
→ 치앙라이 시계탑으로 돌아가 라이트 쇼 관람 → **치앙라이 시계탑 도착**

8 치앙라이 시계탑
Clock Tower Chiang Rai

ⓖ 구글 지도 GPS 19.907155, 99.830963

Area 09 치앙라이 & 치앙샌 & 메싸이

COURSE 1

COURSE 2

ZOOM IN

COURSE 2

치앙라이 외곽 코스

치앙라이 인근의 핵심 볼거리를 직접 차를 몰고 돌아보는 코스. 아침 일찍 서두른다면 골든 트라이앵글 인근의 볼거리를 추가할 수 있다. 운전에 자신 없다면 1일 투어를 신청하는 것도 방법이다.

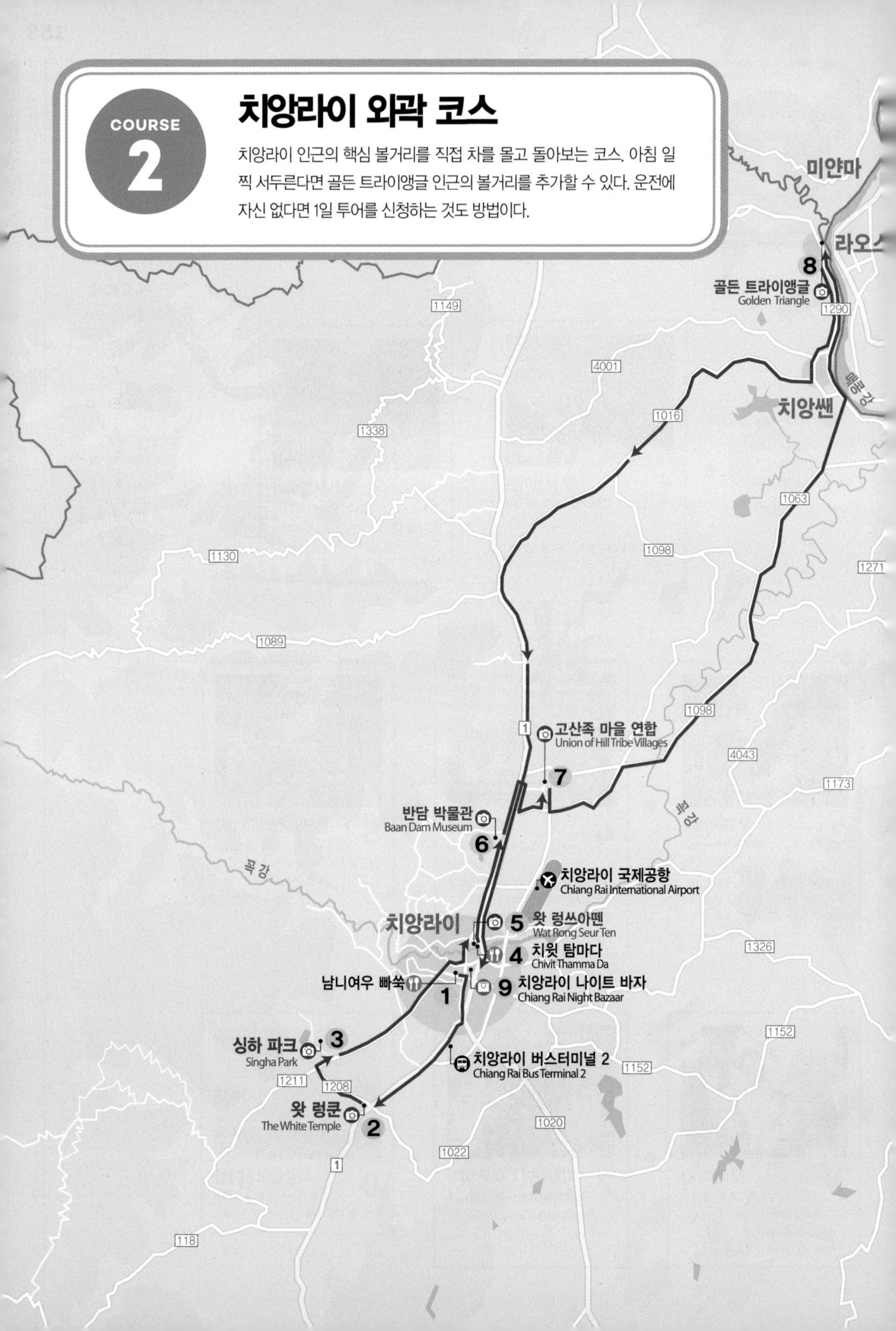

미얀마
라오스
8
골든 트라이앵글
Golden Triangle
치앙쌘
메콩 강
1290
1149
4001
1016
1338
1063
1130
1098
1271
1089
1098
1
고산족 마을 연합
Union of Hill Tribe Villages
4043
7
1173
꼭 강
반담 박물관
Baan Dam Museum
6
꼭 강
치앙라이 국제공항
Chiang Rai International Airport
치앙라이
5
왓 렁쓰아뗀
Wat Rong Seur Ten
1326
4
치윗 탐마다
Chivit Thamma Da
남니여우 빠쑥
1
9
치앙라이 나이트 바자
Chiang Rai Night Bazaar
싱하 파크
Singha Park
3
1152
치앙라이 버스터미널 2
Chiang Rai Bus Terminal 2
1152
1211
1208
왓 렁쿤
The White Temple
2
1020
1022
1
118

코스 무작정 따라하기
START

1. 남니여우 빠쑥
13.2km, 자동차 20분
2. 왓 렁쿤
6.3km, 자동차 7분
3. 싱하 파크
15km, 자동차 25분
4. 치윗 탐마다
450m, 자동차 3분
5. 왓 렁쓰아뗀
9.6km, 자동차 17분
6. 반담 박물관
5.9km, 자동차 12분
7. 고산족 마을 연합
59km, 자동차 56분
8. 골든 트라이앵글
70km, 자동차 1시간 20분
9. 치앙라이 나이트 바자
Finish

START

1 남니여우 빠쑥
น้ำเงี้ยวป้าสุข
⑤ 구글 지도 GPS 19.901614, 99.823010
→ 1번 도로 이용 → **왓 렁쿤 도착**

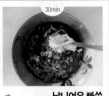

2 왓 렁쿤
The White Temple
วัดร่องขุ่น
⑤ 구글 지도 GPS 19.824250, 99.762751
→ 1208번, 1211번 도로 이용 → **싱하 파크 도착**

3 싱하 파크
Singha Park
⑤ 구글 지도 GPS 19.853015, 99.743378
→ 1211번 도로 따라 시내 진입 → **치윗 탐마다 도착**

4 치윗 탐마다
Chivit Thamma Da
⑤ 구글 지도 GPS 19.921697, 99.844970
→ 강 반대쪽으로 450m → **왓 렁쓰아뗀 도착**

5 왓 렁쓰아뗀
Wat Rong Seur Ten
วัดร่องเสือเต้น
⑤ 구글 지도 GPS 19.923518, 99.841896
→ 1번 도로 이용 → **반담 박물관 도착**

6 반담 박물관
Baan Dam Museum
⑤ 구글 지도 GPS 19.991602, 99.861105
→ 1번 도로 진입해 2.7km 이동, 우회전 → **고산족 마을 연합 도착**

7 고산족 마을 연합
Union of Hill Tribe Villages and Long Neck Karen
⑤ 구글 지도 GPS 20.020094, 99.890028
→ 1098번, 1063번 도로 이용 → **골든 트라이앵글 도착**

8 골든 트라이앵글
Golden Triangle
⑤ 구글 지도 GPS 20.352912, 100.082963
→ 치앙라이로 돌아가기 → **치앙라이 나이트 바자 도착**

9 치앙라이 나이트 바자
Chiang Rai Night Bazaar
⑤ 구글 지도 GPS 19.905022, 99.833196

RECEIPT

볼거리	4시간
식사	1시간 30분
쇼핑	1시간
이동	3시간 40분

TOTAL 10시간 10분

교통비	1500B
차량 렌트 및 주유	1500B
입장료	530B
왓 렁쿤	50B
싱하 파크 셔틀버스	100B
반담 박물관	80B
고산족 마을 연합	300B
식사	350B
남니여우 빠쑥	50B
치윗 탐마다	300B

TOTAL 2380B
(1인 어른 기준, 쇼핑 비용 별도)

ZOOM IN

치앙라이

란나 왕국 최초의 수도로 '멩라이(라이)의 도시(치앙)'라는 뜻이다. 치앙마이와 더불어 북부 대표 도시로 손꼽힌다. 관광객들에게는 왓 프라깨우 등 도심의 유적지보다 왓 렁쿤, 싱하파크 등 근교 볼거리가 인기다.

● **이동 시간 기준** 치앙라이 시계탑

1 치앙라이 시계탑
Clock Tower Chiang Rai

★★ 도보 6분

치앙라이 시내 중심가에 있는 황금빛 시계탑. 태국 북부의 유명 아티스트이자 왓 렁쿤(화이트 템플)의 설계자 찰름차이의 2008년 작품이다. 저녁 7시, 8시, 9시에 태국 전통 음악을 배경으로 시계탑 조명의 색깔이 바뀌는 라이트 쇼가 펼쳐진다.

ⓥ **지도** P.150C, 156A
ⓖ **구글 지도 GPS** 19.907155, 99.830963 ⓖ **찾아가기** 반파쁘라끄란, 쑥싸팃, 쩻얏 로드가 만나는 사거리 ⓐ **주소** Suk Sathit, Wiang, Mueang Chiang Rai ⓣ **전화** 없음 ⓛ **시간** 24시간, 라이트 쇼 19:00, 20:00, 21:00 ⓗ **휴무** 연중무휴 ⓟ **가격** 무료입장 ⓗ **홈페이지** 없음

2 왓 프라씽
Wat Phra Singha
วัดพระสิงห์

★★ 도보 7분

1385년에 건립된 치앙라이에서 가장 오래된 사원 중 하나로 스리랑카에서 기원한 부미스파르샤 자세의 프라씽 불상을 모셨던 곳이다. 현재 불상은 치앙마이의 왓 프라씽에 안치돼 있으며, 이곳에는 진품보다 작은 크기의 복제품을 모셨다. 경내에 란나 양식의 우보쏫과 위한, 사원의 역사와 함께한 황금빛 쩨디 등이 있다.

ⓥ **지도** P.150C
ⓖ **구글 지도 GPS** 19.911374, 99.830520 ⓖ **찾아가기** 허날리카 까우(오래된 시계탑) 북쪽 다음 골목 ⓐ **주소** Wiang, Mueang Chiang Rai ⓣ **전화** 053-711-735 ⓛ **시간** 06:00~18:30 ⓗ **휴무** 연중무휴 ⓟ **가격** 무료입장 ⓗ **홈페이지** 없음

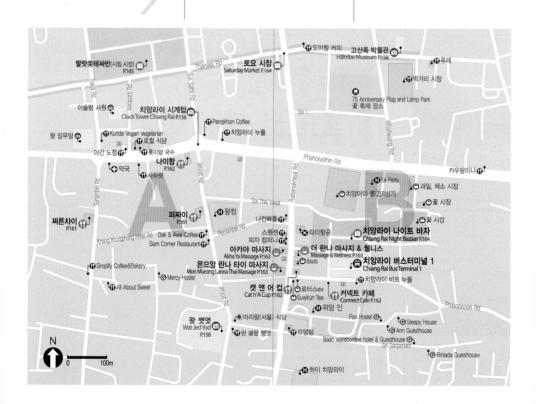

3 왓 프라깨우
Wat Phra Kaew
วัดพระแก้ว

도로 9층

방콕 왓 프라깨우에 모셔놓은 프라깨우(에메랄드 불상)가 최초로 발견된 사원이다. 1434년 번개에 맞아 부서진 탑 안에서 프라깨우가 발견되어 사원의 이름을 왓 빠이야에서 왓 프라깨우로 바꼈다. 현재 사원에는 프라깨우 복제품이 있다. 여러 불상과 유물을 전시한 쌩깨우 박물관이 볼 만하다.

🔍 **지도** P.150C
🔵 **구글 지도 GPS** 19.911765, 99.827701 🔵 **찾아가기** 오버브룩 병원(Overbrook Hospital) 후문 쪽 뜨라이랏 로드 🔵 **주소** 19 Moo 1, Trairat Road 🔵 **전화** 053-711-385 🔵 **시간** 07:00~19:00, 박물관 09:00~17:00 🔵 **휴무** 연중무휴 🔵 **가격** 무료입장 🔵 **홈페이지** www.watphrakaew-chiangrai.com

4 치앙라이 사진 박물관
พิพิธภัณฑ์ภาพเจียงฮาย

도로 기본

피피타판 팝찌앙하이. 치앙라이의 옛 시청 건물에 자리 잡은 사진 박물관이다. 건물 앞에 라마 5세의 동상이 서 있다. 치앙라이 고산족을 비롯해 태국 북부의 여러 모습을 담은 1900년대 초반의 흑백 사진을 1~2층에 걸쳐 전시한다. 3층에는 형형색색의 콤(랜턴)과 뚱(깃발)이 있다.

🔍 **지도** P.150C
🔵 **구글 지도 GPS** 19.911666, 99.831562 🔵 **찾아가기** 왓 프라씽 옆. 라마 5세 동상이 있는 건물 🔵 **주소** 419 Moo 6, Wiang, Mueang Chiang Rai 🔵 **전화** 053-727-144 🔵 **시간** 화~일요일 09:00~17:00 🔵 **휴무** 월요일 🔵 **가격** 무료입장 🔵 **홈페이지** www.facebook.com/Chiangrai. artmuseum

5 멩라이 왕 기념 홀
หอประชุมเม็งรายนุสรณ์

도로 기본

허쁘라춤 멩라이 아누쓴. 멩라이 왕이 란나 왕국 최초의 수도로 삼은 치앙라이의 750년 역사를 볼 수 있는 박물관이다. 도시의 건설부터 선사 시대의 흔적, 종교 등 치앙라이와 멩라이의 역사를 8개 구역으로 나누어 전시한다.

🔍 **지도** P.150C
🔵 **구글 지도 GPS** 19.911105, 99.831611 🔵 **찾아가기** 치앙라이 사진 박물관 뒤편 🔵 **주소** Uttarakit Road, Wiang, Mueang Chiang Rai 🔵 **전화** 없음 🔵 **시간** 08:30~16:30 🔵 **휴무** 연중무휴 🔵 **가격** 무료입장 🔵 **홈페이지** 없음

6 왓 끌랑위앙
Wat Klang Wiang
วัดกลางเวียง

도로 기본

치앙라이 옛 시청과 오래된 시계탑(허날리까 까우)이 있는 치앙라이 중심부에 위치한 사원. 사원 내에 치앙라이의 도시 기둥인 락므앙을 모셔두었다. 1432년에 건립된 오래된 사원인데, 1903년 폭풍으로 무너져 내려 건물 대부분을 20세기에 다시 지었다. 화려한 외관이 눈길을 끈다.

🔍 **지도** P.150C
🔵 **구글 지도 GPS** 19.910746, 99.832480 🔵 **찾아가기** 멩라이 왕 기념 홀 맞은편 🔵 **주소** Uttarakit Road, Wiang, Mueang Chiang Rai 🔵 **전화** 053-768-187 🔵 **시간** 06:00~17:00 🔵 **휴무** 연중무휴 🔵 **가격** 무료입장 🔵 **홈페이지** 없음

7 왓 뭉므앙
Wat Mung Muang
วัดมุงเมือง

도로 기본

멩라이 왕의 부인이 멩라이 왕의 어머니를 위해 건립한 아주 오래된 사원이다. 버마 출신이었던 그녀의 영향을 받아 타이야이와 란나 양식이 혼재되어 있다. 본당 내부는 기둥과 천장 등을 모두 나무로 치장했다. 치앙라이에 남은 유일한 나무 불당으로 매우 독특하다.

🔍 **지도** P.150C
🔵 **구글 지도 GPS** 19.909783, 99.828907 🔵 **찾아가기** 허날리까 까우(오래된 시계탑)에서 서쪽으로 170m 이동, 왼쪽 🔵 **주소** 2415 Ruangnakron Road, Wiang, Mueang Chiang Rai 🔵 **전화** 053-744-082 🔵 **시간** 08:00~16:30 🔵 **휴무** 연중무휴 🔵 **가격** 무료입장 🔵 **홈페이지** 없음

8 고산족 박물관
Hilltribe Museum

도보 8분

고산족의 주요 수입원인 아편 이야기를 시작으로 고산족 관련 기사와 옛 물건, 의상 등을 전시한다. 치앙마이 고산족 박물관에 비해 전시품이 적고 10~20년 된 낡은 자료를 사용하는 등 여러모로 아쉬운 점이 많다.

⊙ **지도** P.156A
⊙ **구글 지도 GPS** 19.909175, 99.835709 ⊙ **찾아가기** 위셋위앙(Wisetwiang) 로드와 타날라이 로드가 만나는 사거리에서 타날라이 로드 동쪽으로 약 50m 이동, 왼쪽 ⊙ **주소** 3F, 620/25 Thanalai Road, Wiang, Mueang Chiang Rai ⊖ **전화** 053-740-088 ⊙ **시간** 월~금요일 08:30~18:00, 토~일요일 10:00~18:00 ⊖ **휴무** 연중무휴 ⊛ **가격** 50B ⊙ **홈페이지** 없음

9 왓 도이응암므앙
Wat Doi Ngam Muang
วัดดอยงำเมือง

도보 13분

왓 프라깨우 뒤편의 작은 언덕 위에 자리한 사원이다. 나가 계단을 따라 오르면 정교한 조각이 아름다운 나무 문과 기둥이 나온다. 사원 내에 있는 탑 꾸프라차오 멜라이에 멩라이 왕의 유해를 안치했다고 한다. 멩라이 왕이 죽자 그의 아들은 치앙마이가 아닌 치앙라이의 언덕에 유해를 묻었고, 이후 통치자들이 사원을 확장해 나갔다고 한다.

⊙ **지도** P.150C
⊙ **구글 지도 GPS** 19.912519, 99.825014 ⊙ **찾아가기** 왓 프라깨우 지나 쌩깨우 로드로 좌회전해 270m 이동하면 사원으로 올라가는 나가 계단이 나온다. ⊙ **주소** Moo 1, Rop Wiang, Mueang Chiang Rai ⊖ **전화** 없음 ⊙ **시간** 06:00~17:00 ⊖ **휴무** 연중무휴 ⊛ **가격** 무료입장 ⊙ **홈페이지** 없음

10 왓 프라탓 도이쩜텅
Wat Phra That Doi Chom Thong
วัดพระธาตุดอยจอมทอง

자동차 6분

치앙라이에 불교가 정착하기 전부터 신성한 곳으로 여겨진 장소이다. 1260년 멩라이 왕은 도시 건설을 위해 치앙라이가 내려다보이는 이곳을 찾아 사원을 건립했다. 경내 중앙에는 버마와 란나 양식이 혼재된 14m 황금 탑이, 사원 위쪽에는 108개의 기둥이 자리한다. 도시의 번영을 기원하는 핵심 기둥인 락므앙은 1992년 왓 끌랑위앙으로 옮겨졌다.

⊙ **지도** P.150A
⊙ **구글 지도 GPS** 19.915814, 99.822528 ⊙ **찾아가기** 뚝뚝 또는 그랩 택시 이용. 왓 도이응암므앙에서 도보 8분. 나가 계단에서 좌회전해 앗암누어이 로드 이용 ⊙ **주소** Doithong Road, Rop Wiang, Mueang Chiang Rai ⊖ **전화** 053-717-433 ⊙ **시간** 06:00~17:00 ⊖ **휴무** 연중무휴 ⊛ **가격** 무료입장 ⊙ **홈페이지** 없음

11 왓 쩻옛
Wat Jed Yod
วัดเจ็ดยอด

도보 5분

'7개의 쩨디'라는 이름을 지닌 사원이다. 치앙마이에 같은 이름의 사원이 있어나 쩨디의 형태는 다르다. 치앙마이는 스투코 양식이며 치앙라이는 단순한 흰색 쩨디에 7개의 황금색 장식이 솟은 형태다. 쩨디와 나란히 있는 본당에는 재미있는 표정의 거대 황금 불상이 있다.

⊙ **지도** P.150C
⊙ **구글 지도 GPS** 19.903648, 99.830961 ⊙ **찾아가기** 시계탑에서 남쪽 쩻옛 로드로 약 400m 이동, 오른쪽 ⊙ **주소** Jetyod Road, Wiang, Mueang Chiang Rai ⊖ **전화** 053-752-457 ⊙ **시간** 08:00~18:00 ⊖ **휴무** 연중무휴 ⊛ **가격** 무료입장 ⊙ **홈페이지** 없음

12 왓 렁쿤
The White Temple
วัดร่องขุ่น

버스 30분

사원 전체가 흰색이어서 화이트 템플이라고 불린다. 태국 아티스트 찰름차이가 설계하고 1997년부터 짓기 시작했으며, 지금은 치앙라이의 으뜸 명소로 거듭났다. 흰색 사원은 부처의 순수함을 뜻하며, 사원으로 향하는 둥근 다리는 윤회사상을 뜻한다. 지붕 위의 코끼리, 나가, 백조, 사자 네 마리 동물은 각각 지구, 물, 바람, 불을 상징한다. 황금으로 꾸민 화장실, 연못의 하얀 물고기 등 소소한 볼거리도 있다. 내부 사진 촬영 금지.

⊙ **1권** P.077 ⊙ **지도** P.151E
⊙ **구글 지도 GPS** 19.824250, 99.762751 ⊙ **찾아가기** 치앙라이 버스터미널 1에서 버스 이용 ⊙ **주소** Pa O Don Chai, Mueang Chiang Rai ⊖ **전화** 053-673-579 ⊙ **시간** 06:30~18:00 ⊖ **휴무** 연중무휴 ⊛ **가격** 50B ⊙ **홈페이지** 없음

13 왓 렁쓰아텐

★★★ 자동차 10분

Wat Rong Seur Ten
วัดร่องเสือเต้น

사원 전체를 푸른색으로 장식해 블루 템플로 불린다. 쓰아텐은 태국어로 '춤추는 호랑이'라는 뜻이다. 호랑이가 춤을 추듯 강을 넘나들던 쓰아텐 마을의 사원 터를 2005년부터 재건한 곳이다. 2016년에 완공된 본당 건물에 백색의 좌불상을 안치했는데, 건물의 푸른빛을 머금은 불상이 매우 아름답다.

1권 P.078 **지도** P.150B, 151F
구글 지도 GPS 19.923518, 99.841896 **찾아가기** 치앙라이 버스터미널 1에서 치앙콩, 치앙쌘, 매싸이행 버스 이용. 1번 또는 5051번 도로 경유 **주소** 306 Moo 2, Maekok Road, Rim Kok, Mueang Chiang Rai **전화** 082-026-9038 **시간** 06:00~20:00 **휴무** 연중무휴 **가격** 무료입장 **홈페이지** 없음

14 싱하 파크

★★★ 자동차 20분

Singha Park

맥주와 생수 제품을 생산하며 태국의 대표 기업으로 성장한 싱하(씽)에서 선보이는 공원이다. 드넓은 잔디밭과 차밭, 호수, 과일 농장, 레스토랑과 카페 등이 있다. 걸어서 돌아보기에는 너무 방대하므로 셔틀버스 또는 자전거를 이용하는 것이 좋다. 자전거 대여 시에는 여권이나 신분증을 맡겨야 한다.

1권 P.077 **지도** P.151E
구글 지도 GPS 19.853015, 99.743378 **찾아가기** 허날리까 까우(오래된 시계탑) 인근(구글 지도 GPS 19.910032, 99.829359)에서 썽태우 이용. 남서쪽 1211번 도로 경유 **주소** 99 Moo 1, Mae Kon, Mueang Chiang Rai **전화** 셔틀버스 061-387-7592, 자전거 091-890-7394 **시간** 09:00~18:00, 셔틀버스 09:30~17:00, 자전거 월~금요일 08:00~18:00 · 토~일요일 08:00~19:00 **휴무** 연중무휴 **가격** 무료입장. 셔틀버스 어른 100B · 어린이 50B, 자전거 1시간 150B **홈페이지** singhapark.com

15 아트 브리지

★★ 자동차 11분

Art Bridge
ขัวศิลปะ

예술의 가교를 뜻하는 '쿠아 씰라빠' 혹은 '치앙라이 므앙 씰라빠(Chiangrai the City of Art)'라고 한다. 국내외 예술가들의 작품을 무료 전시하며, 갤러리 카페 & 레스토랑이 인기다. 2018년 전 세계를 떠들썩하게 했던 동굴 소년을 주제로 여러 예술가들이 참여한 작품 '더 히어로즈(The Heroes)'를 최초로 전시했다. 작품은 탐루앙 동굴 앞으로 옮겼다.

지도 P.151E · F
구글 지도 GPS 19.956177, 99.850977 **찾아가기** 치앙라이 버스터미널 1에서 치앙콩, 치앙쌘, 매싸이행 버스 이용. 북쪽 5051번 도로 경유 **주소** 551 Moo 1, Phahonyothin Road, Ban Du, Mueang Chiang Rai **전화** 088-418-5431, 053-166-623 **시간** 10:00~19:00 **휴무** 연중무휴 **가격** 무료입장 **홈페이지** www.artbridgechiangrai.org

16 왓 훼이쁠라깡

★★ 자동차 14분

Wat Huay Pla Kang
วัดห้วยปลากั้ง

치앙라이 시내에서도 보이는 거대한 백색 관음상과 다양한 모습의 불상을 모신 9층 탑이 있다. 언덕 꼭대기의 백색 관음상까지 무료 셔틀버스를 운행하며, 리프트를 타고 관음상 머리 부분까지 오르면 화이트 템플을 연상하게 하는 다양한 조형물을 만난다.

지도 P.151E
구글 지도 GPS 19.949788, 99.806404 **찾아가기** 뚝뚝 또는 그랩 택시 이용. 북쪽 1207번 도로 경유 **주소** 553 Moo 3, Rimkok, Mueang Chiang Rai **전화** 053-150-274 **시간** 07:00~21:30 **휴무** 연중무휴 **가격** 무료입장. 관음상 리프트 40B **홈페이지** www.wathyuaplakang.org

17 반담 박물관

★★★ 자동차 20분

Baan Dam Museum

태국어로 반담은 '검은 집'이라는 뜻이다. 넓은 정원 곳곳에 마련된 검은 집 안에 치앙라이 출신 예술가 타완 다차니의 작품을 전시해 두었다. 돌과 나무, 가죽으로 만든 짐승의 뼈와 악마의 모습을 형상화한 그의 작품은 주로 어둠을 묘사하고 있다.

1권 P.078 **지도** P.151C · D
구글 지도 GPS 19.991602, 99.861105 **찾아가기** 치앙라이 버스터미널 1에서 치앙콩, 치앙쌘, 매싸이행 버스 이용. 북쪽 5051번 또는 1번 도로 경유 **주소** 333 Moo 13, Nang Lae, Mueang Chiang Rai **전화** 053-776-333 **시간** 09:00~17:00 **휴무** 연중무휴 **가격** 80B **홈페이지** www.thawan-duchanee.com

18 고산족 마을 연합
Union of Hill Tribe Villages and Long Neck Karen

치앙라이 관광 산업을 발전시키고 고산족의 문화와 전통을 보존하기 위해 1992년 조성된 마을이다. 롱넥 카렌을 비롯해 아카, 야오, 라후, 빠롱, 카야오 부족이 모여 살고 있다. 각 부족은 특산물을 판매하거나 공연을 보여주고 팁을 받는다. 기념 촬영에도 호의적이다. 구글 검색은 'Karen Long Neck'으로 하면 된다.

🏠 **1권** P.079 ⊙ **지도** P.151D
🔗 **구글 지도 GPS** 20.020094, 99.890028 ⊙ **찾아가기** 그랩 택시 이용. 북쪽 5051번 또는 1번 도로 경유 🏠 **주소** 262 Moo 6, Nang Lae, Mueang Chiang Rai ☎ **전화** 053-705-337 ⏰ **시간** 07:00~19:00 ⊙ **휴무** 연중무휴 💰 **가격** 300B ⊙ **홈페이지** www.longneckkaren.com

19 롱넥 카렌
Long Neck Karen

입장료를 내면 마음대로 사진을 찍을 수 있도록 개방한 롱넥 카렌족 마을이다. 황동 목걸이를 찬 카렌족 여성들이 천을 짜는 모습을 보여주며 직접 짠 스카프 등을 판매한다. 이틀에 하나씩 만든다는 스카프의 가격은 150B. 가옥 내부를 직접 둘러볼 수도 있다.

⊙ **지도** P.151D
🔗 **구글 지도 GPS** 20.082893, 99.853267 ⊙ **찾아가기** 그랩 택시 이용. 북쪽 5051번 또는 1번 도로 경유 🏠 **주소** Tha Sut, Mueang Chiang Rai ☎ **전화** 없음 ⏰ **시간** 07:00~18:00 ⊙ **휴무** 연중무휴 💰 **가격** 300B ⊙ **홈페이지** 없음

20 추이퐁 차밭
Choui Fong Tea Farm

치앙라이 북쪽 해발 1,200m 높이의 산 위에 자리한 드넓은 차밭이다. 치앙라이에서 가장 규모가 큰 차밭 중 하나로 1977년부터 녹차, 우롱차, 홍차 등 다양하고 품질 좋은 차를 생산하고 있다. 차밭 사이로 산책로와 판매장, 카페 등이 자리한다. 카페에서는 차와 음료수를 비롯해 케이크와 샐러드, 스파게티 등 간단한 음식을 판매한다.

🏠 **1권** P.079 ⊙ **지도** P.151C
🔗 **구글 지도 GPS** 20.199912, 99.816438 ⊙ **찾아가기** 그랩 택시 이용. 북쪽 5051번 또는 1번 도로 경유 🏠 **주소** 97 Moo 8, Pasang, Maechan ☎ **전화** 053-771-563 ⏰ **시간** 08:00~17:30 ⊙ **휴무** 연중무휴 💰 **가격** 무료입장 ⊙ **홈페이지** chouifongtea.com

21 치윗 탐마다
Chivit Thamma Da

'일상생활'이라는 이름처럼 편안한 분위기의 비스트로 카페로 꼭강이 바라보는 곳에 자리한다. 유기농 재료와 친환경 직원 유니폼을 사용하는 등 환경 보존을 위한 작은 노력을 실천 중이다.

🏠 **1권** P.082 ⊙ **지도** P.150B, 151F
🔗 **구글 지도 GPS** 19.921697, 99.844970 ⊙ **찾아가기** 뚝뚝 또는 그랩 택시 이용. 1번 또는 5051번 도로 경유해 꼭강변으로 이동 🏠 **주소** 179 Moo 2, Rimkok, Mueang Chiang Rai ☎ **전화** 081-984-2925 ⏰ **시간** 08:00~21:00 ⊙ **휴무** 연중무휴 💰 **가격** 아메리카노(Americano) 80B, 카우얌까올리(Bi Bim Bap) 220B, 카우팟베이컨(Bacon Fried Rice) 200B ⊙ **홈페이지** www.chivitthammada.com

22 타남 푸래
Thanam Phu Lae
ท่าน้ำ ภูแล

치앙라이의 유명 레스토랑 푸래의 지점. 타남은 '강가'라는 뜻으로 강변 바로 앞에 테이블을 마련해 운치 있다. 내륙인데도 해산물이 신선하고 모든 요리가 짜지 않고 맛있다.

🏠 **1권** P.082 ⊙ **지도** P.150B
🔗 **구글 지도 GPS** 19.921974, 99.846074 ⊙ **찾아가기** 뚝뚝 또는 그랩 택시 이용. 1번 또는 5051번 도로 경유해 파혼요틴 로드의 꼭강 다리 아래로 이동 🏠 **주소** Phahonyothin Road, Rim Kok, Mueang Chiang Rai ☎ **전화** 053-166-888 ⏰ **시간** 17:00~23:00 ⊙ **휴무** 연중무휴 💰 **가격** 팟키마우 탈레(Fried Seafood with Thai Herb) 180B, 팟브로콜리 꿍쏫(Fried Broccoli with Shrimp) 150B ⊙ **홈페이지** www.phulaerestaurant.com/thanamphulae

23 마노롬
Manorom

🍴🍴🍴
★★★
자동차 10분

꼭강이 내려다보이는 푸른 정원에 자리 잡은 카페. 정갈하게 가꾼 정원이 서정적인 분위기를 연출한다. 주 메뉴는 커피와 음료, 디저트, 케이크. 케이크는 맛이 조금 떨어진다. 직원들이 체계적인 교육을 받은 듯 매우 친절하다.

📍 **지도** P.150B
🔎 **구글 지도 GPS** 19.920736, 99.842113 🚕 **찾아가기** 뚝뚝 또는 그랩 택시 이용. 1번 또는 5051번 도로 경유해 꼭강변으로 이동 🏠 **주소** 499/2 Sanpanard Soi 2/2, Wiang, Mueang Chiang Rai 📞 **전화** 092-373-7666 🕐 **시간** 09:00~20:00 🚫 **휴무** 연중무휴 💰 **가격** 아메리카노(Americano) 핫 86B, 카페라테(Cafe Latte) 핫 96B 🏠 **홈페이지** www.facebook.com/manoromcoffee

24 멜트 인 유어 마우스
Melt in Your Mouth

🍴🍴🍴
★★★
자동차 7분

꼭강변에 자리 잡은 브런치 카페이자 레스토랑. 간단한 태국 요리도 전문 레스토랑 못지않은 맛을 자랑한다. 강 전망보다는 화사하게 꾸민 실내 인테리어가 더욱 좋은 곳이다.

🅐 **1권** P.083 📍 **지도** P.150A
🔎 **구글 지도 GPS** 19.917532, 99.835434 🚕 **찾아가기** 뚝뚝 또는 그랩 택시를 이용하거나 도보 이동. 걸어갈 경우 강 건너기 전 타냐 로드에서 이정표 참고할 것. 약 20분 소요 🏠 **주소** 268 Moo 21, Rop Wiang, Mueang Chiang Rai 📞 **전화** 052-020-549 🕐 **시간** 08:30~20:30
🚫 **휴무** 연중무휴 💰 **가격** 멜트 화이트(Melt White) 핫 95B, 츳끄라차우 남프릭 멜(Melt Spicy Dips Cuisine Set) 330B 🏠 **홈페이지** www.facebook.com/meltinyourmouthchiangrai

25 릴라와디
Leela Wadee

🍴🍴🍴
★★★
자동차 8분

꼭강변의 인기 레스토랑 중 하나. 밤에는 라이브 공연이 펼쳐져 분위기가 흥겹다. 각각의 맛을 잘 살린 다양한 태국 요리와 롤, 스시 등 간단한 일본 요리를 선보인다.

📍 **지도** P.150B
🔎 **구글 지도 GPS** 19.921517, 99.850008 🚕 **찾아가기** 뚝뚝 또는 그랩 택시 이용. 파혼요틴 로드 기준 꼭강 다리 건너기 전 동쪽 🏠 **주소** 58/2 Moo 19, Khwae Wai Road, Rop Wiang, Mueang Chiang Rai 📞 **전화** 053-600-000 🕐 **시간** 11:30~24:00 🚫 **휴무** 연중무휴 💰 **가격** 끄라파오 까이(Spicy Fried Chicken with Basil Leaves) 120B, 쁠라묵 팟카이켐(Stir Fried Salted Yolk with Squid) 245B+7% 🏠 **홈페이지** www.leelawadeechiangrai.com

26 루람
หลู่ล้ำ

🍴🍴🍴
★★★
자동차 9분

꼭강변의 레스토랑 중 비교적 저렴하며 태국의 유명인들이 수없이 다녀갈 정도로 명성 높다. 가장 큰 장점은 광범위한 메뉴. 북부 요리 전문점이라고 해도 손색없고, 태국 요리도 매우 다양하다.

🅐 **1권** P.083 📍 **지도** P.150B
🔎 **구글 지도 GPS** 19.921998, 99.850636 🚕 **찾아가기** 릴라와디 레스토랑에서 80m 이동 🏠 **주소** 188/8 Moo 20, Kwae Wai, Rop Wiang, Mueang Chiang Rai 📞 **전화** 053-748-223 🕐 **시간** 10:30~22:00 🚫 **휴무** 연중무휴 💰 **가격** 남프릭엉-캡무(Northern Style Chili Dip & Streaky Pork with Crispy Crackling) 89B, 커무양(Grilled Pig Neck Meat) 119B 🏠 **홈페이지** 없음

27 퍼짜이
พอใจ

🍴🍴🍴
★★★
도보 2분

현지인들에게 인기 있는 국수 전문점. 북부를 대표하는 선지국수 남니여우와 카레국수 카우쏘이 등을 판매한다. 한국의 해장국처럼 매콤한 남니여우가 별미다. 간판은 태국어로만 돼 있다.

🅐 **1권** P.084 📍 **지도** P.156A
🔎 **구글 지도 GPS** 19.905748, 99.831050 🚕 **찾아가기** 치앙라이 시계탑에서 왓 쩻엿 가기 전 🏠 **주소** 1023/3 Jetyod Road, Wiang, Mueang Chiang Rai 📞 **전화** 053-712-935 🕐 **시간** 08:00~16:00
🚫 **휴무** 연중무휴 💰 **가격** 남니여우 무(Pork Nam Ngiow) · 카우쏘이 까이 까티(Chicken Khao Soy) · 각 탐마다(보통) 40B, 피쎗(곱빼기) 50B 🏠 **홈페이지** 없음

28 쩌른차이
เจริญชัย

🍴🍴🍴
★★★
도보 5분

여행자와 현지인 모두에게 유명한 맛집이다. 다양한 방식으로 조리한 중화풍의 닭, 오리, 돼지고기를 비롯해 태국 요리를 선보인다. 태국어 메뉴에 비해 영어 메뉴가 단출한 편이다.

📍 **지도** P.156A
🔎 **구글 지도 GPS** 19.905623, 99.828522 🚕 **찾아가기** 왓 밍무앙이 보이는 큰길 사거리에서 싸남빈 로드로 140m 이동, 오른쪽 🏠 **주소** 400/11 Sanambin Road, Wiang, Mueang Chiang Rai 📞 **전화** 053-712-731 🕐 **시간** 16:00~23:00 🚫 **휴무** 연중무휴 💰 **가격** 팟마크어 싸워이(Fried Eggplant with Minced Pork) 60B, 쁠라묵 팟퐁까리(Fried Squid with Curry Powder) 100B, 똠양꿍(Tom Yum Kung) 80B 🏠 **홈페이지** 없음

29 나이항
นายฮัง

도보 1분

간판에는 파랗고 커다란 글씨로 룩친무(ลูก ชิ้นหมู)라고 적어놓았다. 돼지고기 볼 룩친무 외에도 어묵 룩친쁠라 등 고명이 다양하다. 돼지고기와 어묵을 함께 먹으려면 꾸어이띠여우 툭양, 비빔을 원하면 남 대신 행으로 주문하자. 맛있고 깔끔하다.

📖 1권 P.084 📍 지도 P.156A
🗺 구글 지도 GPS 19.906998, 99.830616 🔍 찾아가기 시계탑 서쪽 30m 왼쪽. 쩻넷 로드 입구 오른쪽 길 🏠 주소 428/4 Baanpa Pragarn Road ☎ 전화 없음 🕐 시간 10:30~21:00 🚫 휴무 연중무휴 💵 가격 꾸어이띠여우 무루엄 남(Mixed Noodle Water Pork)·꾸어이띠여우 쁠라루엄 남(Mixed Noodle Water Fish) 각 40B 💻 홈페이지 없음

30 캣 앤 어 컵
Cat 'n' A Cup

도보 6분

고양이의 관심과 사랑을 갈구하는 인간들로 가득한 인기 만점 고양이 카페. 뱅갈, 아메리칸 숏헤어, 노르웨이 숲, 샴, 페르시안 고양이들이 돌아다니며 힐링의 시간을 선사한다. 입장료는 따로 없고, 1인 1주문이 원칙이다.

📖 1권 P.085 📍 지도 P.150C, 156B
🗺 구글 지도 GPS 19.904517, 99.833191 🔍 찾아가기 파혼요틴 로드와 쁘라쏩쑥(Prasopsook) 로드가 만나는 코너. 치앙라이 버스터미널 1 근처 🏠 주소 596/7 Phaholyothin Road ☎ 전화 088-251-3706 🕐 시간 11:30~22:00 🚫 휴무 연중무휴 💵 가격 아메리카노(Americano) 핫 60B 💻 홈페이지 www.facebook.com/catnacup

31 커넥트 카페
Connect Cafe

도보 7분

신선하고 건강한 식자재를 사용하는 내실 있는 레스토랑. 채식주의자를 위한 식단을 비롯해 다양한 태국 요리와 서양 요리를 선보인다. 실내에는 에어컨이 나온다.

📍 지도 P.156B
🗺 구글 지도 GPS 19.904333, 99.833945 🔍 찾아가기 캣 앤 어 컵과 쑤위룬 차 판매점 사잇길로 들어가 약 80m 이동. 오른쪽. 치앙라이 나이트 바자 남쪽 🏠 주소 170-171 Prasopsook Road ☎ 전화 053-754-181 🕐 시간 08:00~20:00 💵 가격 그린 샐러드(Green Salad) 89B, 카우 끄라파오 무(Rice with Pork Spicy Hot Basil) 99B 💻 홈페이지 www.facebook.com/connectcafechiangrai

32 남니여우 빠쑥
น้ำเงี้ยวป้าสุข

자동차 4분

우리나라 선지해장국처럼 매콤하고 시원한 남니여우를 선보인다. 면은 카놈찐과 꾸어이띠여우 중에서, 고명은 돼지고기 무와 소고기 느아 중에서 선택하면 된다. 카레에 카놈찐을만 카놈찐 남야, 선지와 고기, 쌀을 넣어 잎에 찐 카우깐찐도 있다.

📖 1권 P.084 📍 지도 P.150C, 151E
🗺 구글 지도 GPS 19.901614, 99.823010 🔍 찾아가기 뚝뚝 또는 그랩 이용. 싼콩너이 로드 쏘이 5 옆 🏠 주소 197 Sankhongnoi Road ☎ 전화 053-752-471 🕐 시간 화~일요일 09:00~15:00 🚫 휴무 월요일 💵 가격 꾸어이띠여우 남니여우 무ㆍ느아 35·45B, 카놈찐 남야 35·45B, 카우깐찐 15B
💻 홈페이지 없음

33 베체꾸 커피
Bechegu Coffee
เบเชกู้ ค็อฟฟี่

도보 11분

2014년 방콕 로스터 대회에서 에스프레소와 카페라테 부문 수상 경력이 있는 로스터리 카페. 뜨거운 차와 함께 내놓는 커피 맛이 매우 좋다. 신발을 벗고 들어가는 소굴 같은 카페 분위기도 이색적이다. 구글에서는 'AGAPE'로 검색하면 된다.

📍 지도 P.150C
🗺 구글 지도 GPS 19.907480, 99.823766 🔍 찾아가기 시내 타날라이 로드를 지나 랏요타 로드로 진입하여 약 70m 이동. 왼쪽 🏠 주소 96 Ratyotha Road ☎ 전화 086-430-2593 🕐 시간 월~토요일 07:00~17:00 🚫 휴무 일요일 💵 가격 블랙(Black) 핫 50B 💻 홈페이지 없음

34 더 로스트
The Roast

도보 14분

생두 선택부터 로스팅, 브루잉을 모두 하는 로스터리 카페. 커피를 주문하면 원두를 바로 갈아 에스프레소 기계로 추출한다. 드립 바가 따로 있으나 늘 운영하지는 않는다.

📍 지도 P.150C
🗺 구글 지도 GPS 19.899719, 99.827248 🔍 찾아가기 왓 치앙눔 옆 🏠 주소 124/3 Sankhongluang Road ☎ 전화 088-700-0762 🕐 시간 월~토요일 07:00~17:00 🚫 휴무 일요일 💵 가격 아메리카노(Americano) 핫 45B·아이스 55B 💻 홈페이지 www.facebook.com/hello.theroast

35 푸피롬
Bhu Bhirom
ภูภิรมย์

🍽️ ★★ 자동차 25분

싱하 파크 내에 있는 인기 레스토랑. 인근의 광활한 차밭과 호수가 내다보여 분위기가 좋다. 고급스러운 분위기와 비싼 가격에 비해 맛과 서비스는 기대 이하. 찻잎튀김 얌엿차쑹텃끄럽으로 약간의 허기를 달래고 음료를 즐기는 것으로 만족하자.

📍 **지도** P.151E
🅶 **구글 지도 GPS** 19.864305, 99.730356 🚕 **찾아가기** 뚝뚝 또는 그랩 택시 이용. 남서쪽 1211번 도로 경유 🏠 **주소** 99 Moo 1, Mae Kon 📞 **전화** 053-602-629 🕐 **시간** 11:00~22:00 ⊖ **휴무** 연중무휴 💲 **가격** 얌엿차쑹텃끄럽(Fried Fresh Tea Leaves with Spicy Mango Salad) 120B+17% 🖥️ **홈페이지** 없음

36 폴라
Polar

🍽️ ★★★ 자동차 14분

치앙라이 시내에서 약 15분 거리에 있는 조용한 시골 동네 카페. 모던하고 자연 친화적이며 깨끗하다. 에스프레소 기반의 커피는 기본 이상의 맛이며, 케이크도 훌륭하다. 개별 차량이 있는 이들에게 추천한다.

📍 **지도** P.151E
🅶 **구글 지도 GPS** 19.908473, 99.782872 🚕 **찾아가기** 뚝뚝 또는 그랩 택시 이용. 치앙라이 시내에서 서쪽으로 약 6km 🏠 **주소** 266 Moo 1, Rob Viang 📞 **전화** 087-366-9366 🕐 **시간** 일~금요일 08:00~16:30 ⊖ **휴무** 토요일 💲 **가격** 아메리카노(Americano) 60B, 당근 케이크 (Carrot Cake) 90B 🖥️ **홈페이지** www.facebook.com/polarchiangrai

37 치앙라이 시티 트램
The Tram of Chiang Rai

😊 ★★ 도보 17분

도보 여행자에게 매우 좋은 선택지. 관광안내소에서 리스트 작성 후 6명 정원이 차면 출발한다. 왓 프라씽, 왓 프라깨우, 왓 도이응암므앙, 왓 프라탓 도이쩜텅, 왓 뭉므앙 등 치앙라이 시내 명소 9곳을 들른다. 안내 방송은 태국어로 진행되고, 한 장소에 약 10분간 정차한다. 총 1시간 30분~2시간 소요된다.

🅱️ **1권** P.080 📍 **지도** P.150D
🅶 **구글 지도 GPS** 19.910457, 99.839588 🚕 **찾아가기** 멜라낭 왕 동상 뒤쪽 'Local Products Promotion Center' 빌딩 내 관광안내소 앞에서 출발 🏠 **주소** Singhaclai Road 📞 **전화** 053-600-570 🕐 **시간** 09:30, 13:30(30분 전 도착 원칙이나 1분 전에 도착해도 상관없다) ⊖ **휴무** 연중무휴 💲 **가격** 무료 🖥️ **홈페이지** 없음

38 몬므앙 란나 마사지
MonMueang Lanna Massage

😊 ★★★ 도보 6분

치앙라이 나이트 바자 일대 마사지 숍 중 평판이 좋은 곳이다. 마사지사마다 다르지만 전반적으로 부드러운 마사지를 선보이며 정성을 다한다. 타이·오일 마사지를 위한 베드는 커튼으로 분리된 형태이며, 같은 공간에 발 마사지를 위한 체어도 있다.

🅱️ **1권** P.086 📍 **지도** P.150C, 156B
🅶 **구글 지도 GPS** 19.904504, 99.832895 🚕 **찾아가기** 치앙라이 버스터미널 1 근처의 파혼요틴 로드 🏠 **주소** 879/7-8 Phaholyothin Road 📞 **전화** 053-711-611 🕐 **시간** 10:00~24:00 ⊖ **휴무** 연중무휴 💲 **가격** 타이 마사지 1시간 300B 🖥️ **홈페이지** www.facebook.com/people/Monmuang-Lanna/100011603770889

39 아카야 마사지
Akha Ya Massage

😊 ★★ 도보 6분

치앙라이 나이트 바자 일대 마사지 숍 중 가장 저렴하다. 마사지사들은 외부에서 오는 경우도 있으며, 저마다 실력 차이가 있는 편이다. 1층에는 발 마사지를 위한 체어, 2~3층에는 타이·오일 마사지를 위한 베드가 마련되어 있다. 가격 대비 시설은 나무랄 데 없다.

📍 **지도** P.156B
🅶 **구글 지도 GPS** 19.904938, 99.832966 🚕 **찾아가기** 치앙라이 버스터미널 1 근처의 파혼요틴 로드 🏠 **주소** 169 Phaholyothin Road 📞 **전화** 087-728-0228 🕐 **시간** 11:00~24:00 ⊖ **휴무** 연중무휴 💲 **가격** 타이 마사지 1시간 200B 🖥️ **홈페이지** www.facebook.com/AkhayaMs

40 더 란나 마사지 & 웰니스
The Lanna Massage & Wellness

😊 ★★ 도보 6분

몬므앙 란나 마사지와 비슷한 콘셉트의 마사지 숍이다. 마사지 강도가 세고 태국 북부 스타일의 아크로바틱한 동작이 많다. 부드러운 마사지를 원한다면 몬므앙 란나, 강한 마사지를 원한다면 더 란나 마사지를 선택하자.

📍 **지도** P.156B
🅶 **구글 지도 GPS** 19.904836, 99.833165 🚕 **찾아가기** 치앙라이 버스터미널 1 근처의 파혼요틴 로드 🏠 **주소** 873 Phaholyothin Road 📞 **전화** 052-023-158 🕐 **시간** 12:00~24:00 ⊖ **휴무** 연중무휴 💲 **가격** 타이 마사지 1시간 300B 🖥️ **홈페이지** 없음

41 아리사라 타이 마사지
Arisara Thai Massage

★★★ 도보 15분

치앙라이에서 가장 추천하는 마사지 숍이다. 개별 룸을 갖춘 시설이 좋고 마사지사들의 실력이 모두 훌륭하다. 원하는 시간에 마사지를 받으려면 예약이 필수다.

📖 1권 P.086 🗺 지도 P.150D
📍 구글 지도 GPS 19.903538, 99.840244 🚶 찾아가기 시계탑에서 동쪽으로 약 1.2km. 방콕과 치앙라이를 잇는 1번 도로와 접해 있다. 🏠 주소 125/1 Moo 12, Phahonyothin Road ☎ 전화 053-719-355 🕐 시간 10:00~22:00 🚫 휴무 연중무휴 💲 가격 타이 마사지 1시간 300B 🌐 홈페이지 www.facebook.com/ArisaramassageCR

42 판마니 타이 마사지
Panmanee Thai Massage

★★ 도보 8분

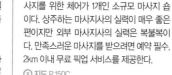

타이·오일 마사지를 위한 베드가 3개, 발 마사지를 위한 체어가 1개인 소규모 마사지 숍이다. 상주하는 마사지사의 실력이 매우 좋은 편이지만 외부 마사지사의 실력은 복불복이다. 만족스러운 마사지를 받으려면 예약 필수. 2km 이내 무료 픽업 서비스를 제공한다.

📍 지도 P.150C
📍 구글 지도 GPS 19.911225, 99.832786 🚶 찾아가기 허날리까 까우(오래된 시계탑)에서 동쪽으로 이동. 왓 끌랑위앙 대각선 맞은편 🏠 주소 489/3 Uttarakit Road ☎ 전화 081-914-4466 🕐 시간 금~수요일 11:00~21:00 🚫 휴무 목요일 💲 가격 타이 마사지 1시간 300B 🌐 홈페이지 www.facebook.com/panmaneenoi

43 뽕프라밧 온천
Pong Phrabat Hot spring

★★ 자동차 22분

차량이 있다면 나들이 삼아 다녀오기 좋은 온천. 무료 족욕장과 온천 수영장이 있어 가족 단위 현지인들이 즐겨 찾는다. 개별 룸은 이용료를 따로 내야 한다. 치앙라이 북부 관광지와 연계해 소박하게 즐길 만한 곳이다.

📍 지도 P.151C
📍 구글 지도 GPS 19.977657, 99.832746 🚶 찾아가기 치앙라이 시내 북쪽으로 약 11km. 501번 또는 1번, 1511번 도로 이용 🏠 주소 486 Moo 6, Ban Du ☎ 전화 053-150-676 🕐 시간 08:00~19:00 🚫 휴무 연중무휴 💲 가격 50·80·120B 🌐 홈페이지 없음

44 치앙라이 나이트 바자
Chiang Rai Night Bazaar

★★★ 도보 5분

치앙라이 시내에 매일 밤 열리는 시장. 치앙라이를 여행한다면 반드시 들러보자. 태국의 야시장에서 판매하는 일반적인 품목에 더해 고산족 수공예품 매장이 많아 쇼핑하는 재미가 쏠쏠하다. 푸드 코트 형태의 대형 야외 식당도 있다.

📖 1권 P.086 🗺 지도 P.150C, 156B
📍 구글 지도 GPS 19.905022, 99.833196 🚶 찾아가기 시계탑 기준 동쪽, 버스터미널 1 북쪽 근처 🏠 주소 Wiang, Mueang Chiang Rai ☎ 전화 가게마다 다름 🕐 시간 18:00~23:00 🚫 휴무 연중무휴 💲 가격 제품마다 다름 🌐 홈페이지 없음

45 토요 시장
Saturday Market

★★ 도보 2분

매주 토요일 타날라이 로드에서 열리는 야시장이다. 치앙라이 워킹 스트리트(Chiang Rai Walking Street) 등 여러 이름으로 불린다. 저렴한 먹거리 노점이 많고, 과일, 의류, 생활 잡화 노점이 들어선다. 여행자 입장에서는 나이트 바자에 비해 매력이 떨어진다.

📍 지도 P.150C, 156B
📍 구글 지도 GPS 19.908684, 99.830767 🚶 찾아가기 시계탑 북쪽 쑥싸팃 로드로 진입하면 바로 타날라이 로드가 보인다. 🏠 주소 Thanalai Road ☎ 전화 가게마다 다름 🕐 시간 18:00~23:00 🚫 휴무 연중무휴 💲 가격 제품마다 다름 🌐 홈페이지 없음

46 일요 시장
Sunday Market

★★ 자동차 4분

매주 일요일 싼콩너이 로드 주변에 열리는 시장이다. 토요 시장에 비해 규모가 작고, 길 폭이 좁아 복잡하게 느껴진다. 저렴한 먹거리 노점이 많으며 토요 시장과 판매 품목은 유사하다. 토요 시장과 일요 시장은 일부러 찾을 필요는 없다.

◎ **지도** P.150C
◉ **구글 지도 GPS** 19.901491, 99.819094 ◎ **찾아가기** 뚝뚝 또는 그랩 택시 이용. 싼콩너이 로드 ◎ **주소** Sankhongnoi Road ◎ **전화** 가게마다 다름 ◎ **시간** 18:00~23:00 ◎ **휴무** 연중무휴 ⓑ **가격** 제품마다 다름 ◎ **홈페이지** 없음

47 딸랏쏫테싸반
Municipal Market
ตลาดสดเทศบาล

★★ 도보 2분

치앙라이 시립 시장. 타날라이, 뜨라이랏, 쑥싸팃 로드 등 여러 군데 입구가 있는 대규모 시장이다. 채소, 과일, 먹거리, 생필품, 의류, 잡화 등 다양한 품목을 판매한다. 오후에는 오래된 시계탑(허날리까 까우)에서 왓 뭉므앙으로 가는 길에 먹거리 시장이 열린다.

◎ **지도** P.156A
◉ **구글 지도 GPS** 19.908579, 99.829349 ◎ **찾아가기** 타날라이 로드, 뜨라이랏 로드 일대 ◎ **주소** Thanalai · Trairat Road ◎ **전화** 가게마다 다름 ◎ **시간** 06:00~21:00 ◎ **휴무** 연중무휴 ⓑ **가격** 제품마다 다름 ◎ **홈페이지** 없음

48 센트럴 플라자
Central Plaza

★★ 자동차 10분

치앙라이에서 가장 현대적인 쇼핑센터로 로빈슨 백화점과 함께 운영한다. 1층 전자제품, 핸드폰, 스포츠 웨어 매장, 2층 푸드 파크, 서점, MK 레스토랑 등이 있다. 지하에 톱스 슈퍼마켓과 북부 음식을 판매하는 푸드 코트 형식의 식당, 특산품 판매 코너, 로열 프로젝트 숍 등이 있어 유용하다.

◎ **지도** P.150E · F
◉ **구글 지도 GPS** 19.886720, 99.834627 ◎ **찾아가기** 뚝뚝 또는 그랩 택시 이용. 파혼요틴 로드 따라 약 3km ◎ **주소** 99/9 Moo 13, Phahonyothin Road ◎ **전화** 052-020-99 ◎ **시간** 월~금요일 11:00~21:00, 토~일요일 10:00~21:00 ◎ **휴무** 연중무휴 ⓑ **가격** 제품마다 다름 ◎ **홈페이지** www.centralplaza.co.th

49 라이분럿
Boon Rawd farm

★★★ 자동차 20분

싱하 파크 내에 있는 기념품 숍이자 카페다. 분럿 농장에서 생산하는 차, 꿀, 잼, 식초, 과자 등 로컬 가공식품과 농산물, 보디 제품, 의류 등을 판매한다. 포장이 깔끔하고 가격이 합리적이라 쇼핑 욕구가 마구 샘솟는다. 꿀, 티백, 잼 등은 선물용으로 그만이다.

◎ **1권** P.086 ◎ **지도** P.151E
◉ **구글 지도 GPS** 19.852644, 99.744175 ◎ **찾아가기** 뚝뚝 또는 그랩 택시 이용. 남서쪽 1211번 도로 경유 ◎ **주소** 99 Moo 1, Mae Kon ◎ **전화** 053-172-870 ◎ **시간** 08:00~17:00 ◎ **휴무** 연중무휴 ⓑ **가격** 제품마다 다름 ◎ **홈페이지** 없음

⊕ ZOOM IN

골든 트라이앵글 & 치앙쌘

치앙라이에서 북동쪽으로 약 60km 지점에 있는 치앙쌘은 메콩강을 사이에 두고 라오스와 마주 보고 있는 국경 도시다. 골든 트라이앵글은 치앙쌘 시내에서 약 10km 거리에 있다.

● **이동 시간 기준** 골든 트라이앵글

홀 오브 오피움 Hall of Opium(1.3km) P.166
미얀마
라오스
The Imperial Golden Triangle
골든 트라이앵글 Golden Triangle P.166
매콩 강
왓 프라탓 푸카우 Wat Phrathat Pukhao P.166
사원 계단
나완랑끄 불상
212 하우스 오브 오피움 212 House of Opium P.166
선착장
1290
메콩 피자
왓 쏨루악 Sereneat Chiangrai
Tawan Rim Khong Restaurant
N
0   170m

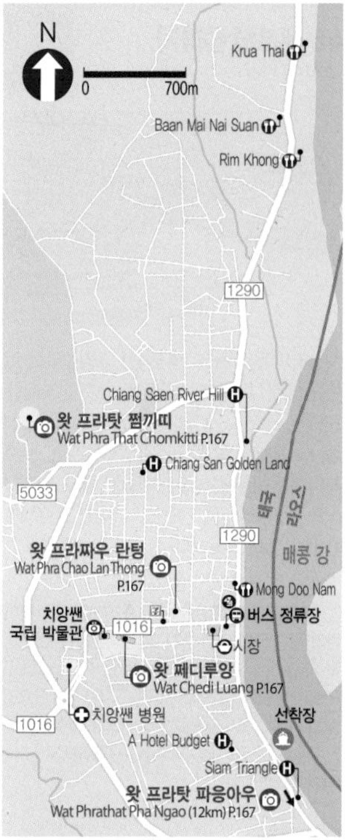

1 골든 트라이앵글

Golden Triangle

📷 ★★★ 도보 0분

메콩강을 경계로 태국, 미얀마, 라오스 3개국이 국경을 맞대고 있는 지역이다. 1950~1980년대 세계 최대의 아편 생산지로 알려졌다. 지역 명칭은 솝루악. 지금은 대형 불상과 조형물, 레스토랑, 박물관 등이 들어선 관광지로 거듭났다. 골든 트라이앵글 전망대 격인 왓 프라탓 푸카우 사원에 오르거나, 메콩강 보트 트립으로 일대를 돌아봐도 좋다.

📖 **1권** P.080 📍 **지도** P.165
Ⓖ **구글 지도 GPS** 20.352912, 100.082953 🚶 **찾아가기** 치앙마이 버스터미널 1·2에서 골든 트라이앵글행 그린버스 탑승 🏠 **주소** Wiang, Chiang Saen ☎ **전화** 없음 🕒 **시간** 24시간 ⊖ **휴무** 연중무휴 ฿ **가격** 무료입장 🖱 **홈페이지** 없음

2 왓 프라탓 푸카우

Wat Phrathat Pukhao
วัดพระธาตุภูเข้า

📷 ★★ 도보 12분

골든 트라이앵글 인근 언덕의 사원으로 태국, 미얀마, 라오스 땅을 한눈에 내려다볼 수 있다. 8세기에 조성되었다고 하는데 사원 자체는 큰 볼거리가 없다. 골든 트라이앵글을 한눈에 담는 것으로 만족하자.

📍 **지도** P.165
Ⓖ **구글 지도 GPS** 20.353665, 100.079767 🚶 **찾아가기** 골든 트라이앵글 대형 불상이 바라보는 방향으로 약 150m 이동, 오른쪽에 사원 입구가 있다. 🏠 **주소** Wiang, Chiang Saen ☎ **전화** 053-784-444 🕒 **시간** 08:00~18:30 ⊖ **휴무** 연중무휴 ฿ **가격** 무료입장 🖱 **홈페이지** 없음

3 212 하우스 오브 오피움

212 House of Opium

📷 ★★ 도보 3분

아편의 역사에 대해 짧게 소개하고, 아편 생산과 계량에 필요한 추, 저울 등과 아편을 피우기 위한 파이프를 전시한다. 골든 트라이앵글과 가깝고 전시 내용이 간결해 돌아볼 만하다. 입장료를 내면 엽서 한 장을 고를 수 있으며, 파이프, 저울, 추 등의 기념품을 판매한다.

📍 **지도** P.165
Ⓖ **구글 지도 GPS** 20.351476, 100.081713 🚶 **찾아가기** 골든 트라이앵글 대형 불상이 바라보는 방향으로 약 200m 이동, 오른쪽 🏠 **주소** 212 Moo 1, Wiang, Chiang Saen ☎ **전화** 053-784-060 🕒 **시간** 07:00~19:00 ⊖ **휴무** 연중무휴 ฿ **가격** 50B 🖱 **홈페이지** 없음

4 홀 오브 오피움

Hall of Opium

📷 ★★★ 자동차 3분

라마 9세의 어머니 씨나카린이 도이뚱 프로젝트와 함께 추진한 사업. 실제 양귀비꽃을 보는 것으로 전시가 시작된다. 서양에서 시작돼 아편전쟁까지 이어진 아편의 역사와 싸얌의 아편, 아편 밀수 방법, 폐해 등을 다룬다. 영상을 가미한 전시 내용이 매우 훌륭하므로 개인 차량이 있다면 반드시 들러보자.

📍 **지도** P.165
Ⓖ **구글 지도 GPS** 20.364613, 100.073531 🚶 **찾아가기** 골든 트라이앵글에서 북쪽 1290번 도로를 따라 1.8km 🏠 **주소** Moo 1, Ban Sop Ruak Village, Wiang, Chiang Saen ☎ **전화** 053-784-444 🕒 **시간** 화~일요일 08:30~16:00 ⊖ **휴무** 월요일 ฿ **가격** 200B 🖱 **홈페이지** 없음

5 왓 쩨디루앙

Wat Chedi Luang

★★ 자동차 13분

핵심 볼거리는 란나 양식의 종 모양 쩨디. 1290년 란나 왕국의 3대 왕인 쌘푸 왕이 조성한 것으로 세월의 흔적이 멋스럽다. 야외로 개방된 형태의 높이 88m, 직경 24m의 거대한 불당은 치앙라이에서 가장 큰 종교 건축물이다.

지도 P.166

구글 지도 GPS 20.273484, 100.080404 **찾아가기** 치앙쌘 그린버스 정류장에서 강변 반대쪽으로 750m 이동, 왼쪽 **주소** Wiang, Chiang Saen **전화** 053-717-433 **시간** 08:00~17:00 **휴무** 연중무휴 **가격** 무료입장 **홈페이지** 없음

6 왓 프라짜우 란텅

Wat Phra Chao Lan Thong

★★ 자동차 13분

란나 왕국의 12대 왕 띠록까랏의 아들이 1489년에 건립한 사원이다. 무려 1200kg에 달하는 프라짜우 란텅이라는 불상으로 유명하다. 프라짜우 텅팁이라 불리는 쑤코타이 양식의 황동 불상도 역사적 가치가 있다.

지도 P.166

구글 지도 GPS 20.274992, 100.084006 **찾아가기** 치앙쌘 그린버스 정류장에서 강변 반대쪽으로 약 400m 이동, 오른쪽 **주소** Wiang, Chiang Saen **전화** 053-650-804 **시간** 08:00~17:00 **휴무** 연중무휴 **가격** 무료입장 **홈페이지** 없음

7 왓 프라탓 쩜끼띠

Wat Phra That Chomkitti

★★ 자동차 12분

도이너이에 안치했던 부처님의 머리카락 사리를 모시기 위해 건립한 사원이다. 1487년 사리를 모신 위치에 쩨디 쩜끼띠를 세웠다. 꼭대기를 황금색으로 치장한 종 모양의 스투코 탑으로 사방에 벽감을 둔 형태다.

지도 P.166

구글 지도 GPS 20.286157, 100.074135 **찾아가기** 골든 트라이앵글에서 1290번, 1016번 도로 따라 남쪽으로 약 9.5km, 개별 차량 이용 **주소** Wiang, Chiang Saen **전화** 053-650-534 **시간** 08:30~17:00 **휴무** 연중무휴 **가격** 무료입장 **홈페이지** 없음

8 왓 프라탓 파응아우

Wat Phrathat Pha Ngao

★★ 자동차 25분

'바위 그늘'이라는 뜻의 사원. 경내에 있는 거대한 바위의 그늘이 탑의 모양과 닮았다고 해서 붙여진 이름이다. 494~512년에 조성된 역사적으로 중요한 사원으로 실제 바위를 활용해 만든 쩨디가 핵심 볼거리다.

지도 P.166

구글 지도 GPS 20.243993, 100.107974 **찾아가기** 골든 트라이앵글에서 1290번 도로 따라 남쪽으로 약 13.5km, 개별 차량 이용 **주소** Moo 5, Ban Sop Kham, Wiang, Chiang Saen **전화** 053-777-151 **시간** 06:00~18:00 **휴무** 연중무휴 **가격** 무료입장 **홈페이지** 없음

ZOOM IN

매싸이 & 도이뚱

매싸이는 미얀마와 국경을 접한 태국 최북단의 작은 도시다. 국경을 넘어 미얀마를 짧게 여행하거나 비자 갱신을 위해 찾는 경우가 많다. 도이뚱은 매싸이 훼이크라이에서 산길을 따라 오르면 나온다.

● **이동 시간 기준** 매싸이 버스터미널

왓 프라탓 도이뚱
Wat Phra That Doi Tung (5.6km) P.168

도이뚱 노점

1338

The Hall of Inspiration

Phatamnak Kitchen

도이뚱 커피

도이뚱
Doi Tung P.168

매파루앙 가든
Mae Fa Luang Garden

치앙라이(57km)

도이뚱 궁전
Doi Tung Royal Villa

N

0   100m

1 매싸이 국경
Mae Sai Border

쌩태우 15분

태국과 미얀마를 잇는 육로 국경이다. 미얀마는 비행기를 이용한 출입국만을 허용하고 있으나, 매싸이는 합법적으로 미얀마를 구경할 수 있는 육로 포인트다. 이곳에서 입국 수속을 할 경우 내륙으로 들어가지는 못하고 따찌렉 등 근교 지역만 여행할 수 있다.

⊙ **지도** P.167
ⓖ **구글 지도 GPS** 20.443698, 99.880797 ⓖ **찾아가기** 매싸이 버스터미널에서 쌩태우 이용 ⊝ **주소** 1, Mae Sai, Mae Sai ☎ **전화** 053-731-008~9 ⏱ **시간** 06:30~18:30 ⊟ **휴무** 연중무휴 ⓑ **가격** 무료입장 ⊕ **홈페이지** www.chiangrai.immigration.go.th

2 왓 프라탓 도이뚱
Wat Phra That Doi Tung

자동차 35분

도이뚱 산꼭대기에 있어 산 아래를 굽어보는 전망이 매우 좋다. 경내에 2기의 황금 쩨디가 있으며, 둘 중 하나에 부처님의 쇄골 사리를 모신 것으로 알려졌다. 10세기에 창건해 13세기 멩라이 왕과 20세기 크루바 씨위차이 스님이 각각 복원했다고 한다.

⊙ **지도** P.168
ⓖ **구글 지도 GPS** 20.327833, 99.825907 ⓖ **찾아가기** 훼이크라이 삼거리(구글 지도 GPS 20.265679, 99.858178)에서 오토바이 또는 쌩태우 이용. 25분 소요 ⊝ **주소** Huai Khrai, Mae Sai ☎ **전화** 053-717-433 ⏱ **시간** 08:00~17:00 ⊟ **휴무** 연중무휴 ⓑ **가격** 무료입장 ⊕ **홈페이지** 없음

3 도이뚱
Doi Tung

자동차 30분

태국 북부 소수민족의 삶의 질을 향상하기 위한 로열 프로젝트의 일환으로 조성되었다. 매파루앙 가든(Mae Fa Luang Garden), 도이뚱 궁전(Doi Tung Royal Villa), 매파루앙 식물원(Mae Fah Luang Arboretum) 등이 볼거리다. 매파루앙은 '하늘이 내린 왕실의 어머니'라는 뜻이다. 태국 북부 소수민족은 라마 9세의 어머니 씨나카린을 존경하는 의미에서 그녀를 매파루앙이라고 불렀다고 한다.

ⓘ **1권** P.081 ⊙ **지도** P.168
ⓖ **구글 지도 GPS** 20.288309, 99.809847 ⓖ **찾아가기** 훼이크라이 삼거리(구글 지도 GPS 20.265679, 99.858178)에서 오토바이 또는 쌩태우 이용. 15~20분 소요 ⊝ **주소** Mae Fa Luang, Mae Fa Luang ☎ **전화** 053-767-015 ⏱ **시간** 가든 06:30~18:00, 궁전 07:00~11:30, 12:30~17:30, 식물원 07:00~17:30 ⊟ **휴무** 연중무휴 ⓑ **가격** 90B, 가든·궁전·식물원 통합 입장권 200B ⊕ **홈페이지** www.doitung.org

⊕ ZOOM IN

도이창

치앙라이 주 남서쪽의 암퍼 매쑤어이에 있는 산으로 소수민족의 터전이다. 로열 프로젝트를 통해 태국에서 가장 유명한 커피 생산지 중 하나로 거듭났다. 대중교통이 없으므로 개별 차량을 이용해야 한다.

● **이동 시간 기준** 반도이창

1 반도이창

บ้านดอยช้าง

도보 0분

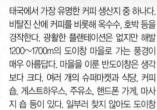

태국에서 가장 유명한 커피 생산지 중 하나다. 비탈진 산에 커피를 비롯해 옥수수, 호박 등을 경작한다. 광활한 플랜테이션은 없지만 해발 1200~1700m의 도이창 마을로 가는 풍경이 매우 아름답다. 마을을 이룬 반도이창은 생각보다 크다. 여러 개의 슈퍼마켓과 식당, 커피숍, 게스트하우스, 주유소, 핸드폰 가게, 마사지 숍 등이 있다. 일부러 찾지 않아도 도이창

일대를 드라이브하면 지나가게 된다.

📖 1권 P.081 🗺 지도 P.169A
📍 구글 지도 GPS 19.815691, 99.558185 🚗 찾아가기 개별 차량 이용. 치앙라이에서 약 65km, 1시간 20분 소요 🏠 주소 Wa Wi, Mae Suai ☎ 전화 없음 🕐 시간 24시간 📅 휴무 연중무휴 💵 가격 무료 입장 🌐 홈페이지 없음

2 도이창 커피

자동차 6분

Doi Chaang Coffee

태국의 유명 커피 브랜드 도이창 커피의 생산지다. 태국 곳곳에 카페가 있는 것은 물론 슈퍼마켓에서도 원두를 살 수 있지만 도이창에 있는 도이창 커피는 왠지 의미가 남다르다. 커피, 차, 음료를 즐기거나 원두를 구매하며 도이창 커피를 즐기자.

🗺 지도 P.169B
📍 구글 지도 GPS 19.798097, 99.552694 🚗 찾아가기 반도이창 가기 전 🏠 주소 787 Doi Chang Moo 3, Wa Wi, Mae Suai ☎ 전화 090-319-8357 🕐 시간 08:00~18:00 📅 휴무 연중무휴 💵 가격 아메리카노(Americano) 핫 60B 🌐 홈페이지 없음

3 도이창 뷰

자동차 7분

Doi Chang View

반도이창이 내려다보이는 산꼭대기에 자리해 일대 카페 중 전망이 가장 좋다. 도이창에서 생산한 원두로 에스프레소 기반의 커피를 선보이며, 다양한 요리도 있다. 더운 날에도 살랑살랑 불어오는 바람이 좋은 곳이다.

🗺 지도 P.169A
📍 구글 지도 GPS 19.813358, 99.564733 🚗 찾아가기 반도이창 동쪽 산길 이용. 길이 험한 편이다. 🏠 주소 Wa Wi, Mae Suai ☎ 전화 086-116-5651 🕐 시간 08:00~21:30 📅 휴무 연중무휴 💵 가격 아메리카노(Americano) 핫 40B · 쿨 50B 🌐 홈페이지 없음

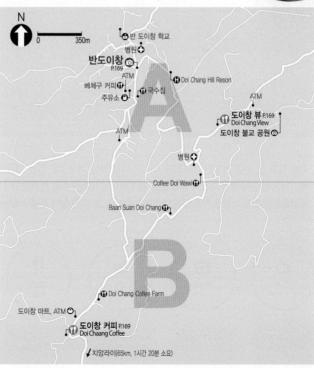

N
0 ——— 350m

🏫 반 도이창 학교
➕ 병원
반도이창 P.169
📷 ATM
🏍 베체구 커피
⛽ 주유소   🍜 국수집
🏨 Doi Chang Hill Resort
ATM

A

🍴 **도이창 뷰** P.169
Doi Chang View
🏯 도이창 불교 공원

ATM

➕ 병원

🍴 Coffee Doi Wawi

🍴 Baan Suan Doi Chang

B

🍴 Doi Chang Coffee Farm
도이창 마트, ATM
🍴 **도이창 커피** P.169
Doi Chaang Coffee

⚓ 치앙라이(65km, 1시간 20분 소요)

10 PAI & MAE HO

[빠이 & 매헝썬]

서정적인 시골 마을

작은 강과 산, 논이 전부인 태국 북부의 작은 마을 빠이. 아무것도 없는 시골 마을에 여행자들이 모여든다. 여행자들은 빠이의 자연 친화적인 숙소와 정감 있는 레스토랑에서 라오스의 왕위앙이나 발리 우붓의 편안함을 느낀다. 전원 풍경을 만끽하며 마음을 부드럽게 다스리고 여행에 또 다른 활력을 불어넣는다.

인기
★★★★

서양인, 중국인 등 외국인 여행자가 많다. 히피들이 즐겨찾는 것이 특징이다.

관광지
★★★

산악지대의 전원 풍경을 즐기는 것으로 대만족. 필수 관광 스폿은 많지 않다.

쇼핑
★★

야시장과 작은 가게에서 기념품과 잡화 등 소소한 쇼핑을 즐길 수 있다.

식도락
★★

건강 식단 또는 채식주의 식단을 선보이는 곳이 많다.

나이트라이프
★★★

밤이 되면 히피들을 불러 모으는 나이트라이프 스폿이 몇 군데 있다.

복잡함
★

한산한 시골 마을.

빠이 & 매헝썬 교통편 한눈에 보기

치앙마이에서 빠이로 가는 방법

미니밴
쁘렘쁘라차 Prempracha
치앙마이 버스터미널 2(치앙마이 아케이드)에서 빠이 버스터미널까지 미니밴을 운행한다. 치앙마이에서 빠이까지는 약 130km 거리지만 굽은 산길이 많아 3시간 정도 소요된다. 빠이에서 치앙마이로 가는 버스는 일찍 매진되는 편이다. 최소 하루 전에 예약해야 원하는 시간에 버스를 탈 수 있다.

요금 150B

치앙마이→빠이	07:30~17:30, 1시간 간격
빠이→매헝썬	08:30
매헝썬→빠이	16:00
빠이→치앙마이	07:00~17:00, 1시간 간격

아야 서비스 Aya Service
치앙마이에서 빠이까지 미니밴을 운행하는 여행사다. 숙소 픽업이 포함돼 있어 버스터미널까지 개별적으로 이동해야 하는 불편이 줄어든다. 치앙마이에서는 일반 여행사, 빠이에서는 버스터미널 옆 아야 서비스에서 예약과 픽업이 이뤄진다. 일반 버스보다 인기가 좋아 일찍 매진되는 편이다.

요금 170B

치앙마이→빠이	07:30~17:30, 1시간 간격
빠이→치앙마이	07:00~10:00 · 11:30~17:30, 1시간 간격

빠이에서 치앙라이로 가는 방법

미니밴
빠이의 아야 서비스에서 치앙라이로 바로 가는 미니밴을 운행한다. 치앙라이 북쪽 도로를 지나는 경로로 5시간 30분 정도 소요되며, 요금은 500B이다. 치앙라이 외에 치앙콩, 방콕, 넝카이, 루앙프라방, 위양짠, 왕위앙으로 가는 미니밴도 있다.

빠이 다니는 방법

도보
시내의 레스토랑, 워킹 스트리트만 즐기다면 걸어 다녀도 충분하다.

자전거
시내용은 1일 50B, 산악용은 100B 정도다. 시내용 자전거는 숙소에서 무료로 대여해 주기도 한다.

오토바이 · 사이드카
오토바이는 1일 150 · 200B. 오토바이 운전이 익숙하지 않다면 2인용 오토바이 사이드카를 이용하는 것도 좋다. 오토바이보다 안정적이며 1일 400B이다.

1일 투어
빠이와 매헝썬 일대를 구경하는 상품이 다양하다. 탐럿, 싸이옹 암 온천, 왓 프라탓 매옌, 메모리얼 브리지, 머행 폭포, 빠이 캐니언 등 빠이 구석구석을 돌아보는 여행 상품을 400~500B부터 판매한다. 탐럿 뱀부 래프팅과 가이드, 온천 입장료, 점심식사 등이 포함돼 있다. 여행사마다 조건이 다르므로 꼼꼼히 따져보고 결정하자.

MUST SEE
이것만은 꼭 보자!

No.1
뱀부 브리지 빠이
Bamboo Bridge Pai
빠이의 서정에 젖어보자.

No.2
빠이 캐니언
Pai Canyon
작지만 아찔하다.

MUST BUY
이것만은 꼭 사자!

No.1
빠이 워킹 스트리트
Pai Walking Street
빠이의 넘버원 즐길 거리.

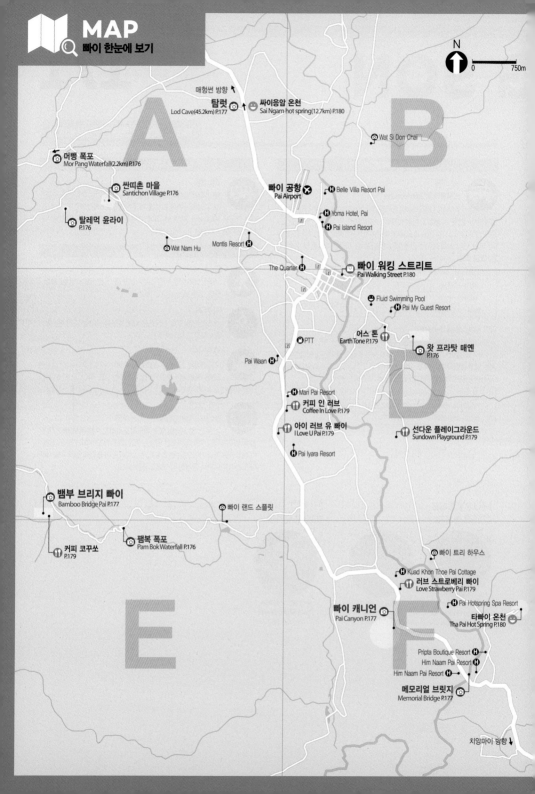

MAP
빠이 한눈에 보기

N

0 ——— 750m

A

탑럿
Lod Cave(45.2km) P.177

싸이응암 온천
Sai Ngam hot spring(12.7km) P.180

Wat Si Don Chai

B

머뺑 폭포
Mor Pang Waterfall(2.2km) P.176

싼띠촌 마을
Santichon Village P.176

탈레먹 윤라이
P.176

빠이 공항
Pai Airport

Belle Villa Resort Pai

Yoma Hotel, Pai

Pai Island Resort

Wat Nam Hu

Montis Resort

The Quarter

빠이 워킹 스트리트
Pai Walking Street P.180

Fluid Swimming Pool

Pai My Guest Resort

PTT

어스 톤
Earth Tone P.179

왓 프라탓 매옌
P.176

C

Pai Waan

Mari Pai Resort

커피 인 러브
Coffee In Love P.179

아이 러브 유 빠이
I Love U Pai P.179

Pai Iyara Resort

선다운 플레이그라운드
Sundown Playground P.179

D

뱀부 브리지 빠이
Bamboo Bridge Pai P.177

빠이 랜드 스플릿

커피 코꾸쏘
P.179

팸복 폭포
Pam Bok Waterfall P.176

빠이 트리 하우스

Kuad Khon Thoe Pai Cottage

러브 스트로베리 빠이
Love Strawberry Pai P.179

빠이 캐니언
Pai Canyon P.177

Pai Hotspring Spa Resort

타빠이 온천
Tha Pai Hot Spring P.180

Pripta Boutique Resort

Him Naam Pai Resort

Him Naam Pai Resort

E

F

메모리얼 브릿지
Memorial Bridge P.177

치앙마이 방향

MAP
빠이 광역 한눈에 보기

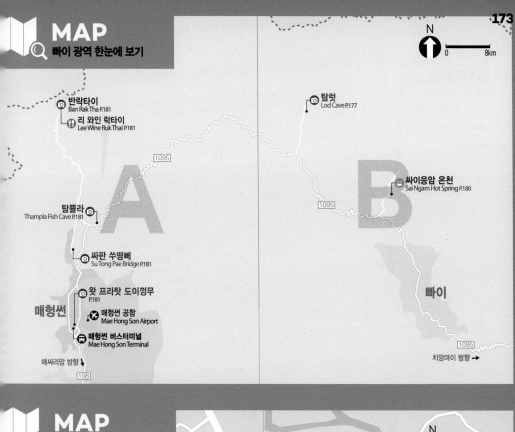

N
0   8km

반락타이
Ban Rak Tha P.181

리 와인 락타이
Lee Wine Ruk Thai P.181

탐럿
Lod Cave P.177

1095

B

싸이응암 온천
Sai Ngam Hot Spring P.180

1095

탐쁠라
Thampla Fish Cave P.181

A

싸판 쑤떵빼
Su Tong Pae Bridge P.181

왓 프라탓 도이껑무
P.181

매형썬
Mae Hong Son

매형썬 공항
Mae Hong Son Airport

매형썬 버스터미널
Mae Hong Son Terminal

매싸리앙 방향
108

빠이

치앙마이 방향 →

1095

MAP
빠이 시내 한눈에 보기

N
0   70m

매형썬 방향

The Quarter

빠이 병원

Ai Pai Hotel

빠이 버스터미널
Pai Bus Terminal

B2 Pai Premier Resort

넝 비야
Nong Beer P.178

빠이 워킹 스트리트
Pai Walking Street P.180

Pai Country Hut

왓 루앙

왓 꼴랑

아야 서비스
AYA Service PAI

Ban Pai Riverside

로터스ex

두양

반 파이

왓 빠캄

Big's Little Cafe

재래 시장(오후)

C

빠이 군청

웰컴 백 카페
Welcome Back Cafe P.178

빠이 리버 코너
Pai River Corner P.178

Pai Village

찰리 & 렉
Charlie & Lek P.178

나스 키친
Na's Kitchen P.178

PTTM 마사지

버거 퀸

재래 시장

펜스 키친

Paivimaan Resort Pai

우체국

자심제(채식)

옴 가든 카페
Om Garden Cafe P.178

라리타 마사지

Prawdao Resort

경찰서

치앙마이 방향

PTT 주유소

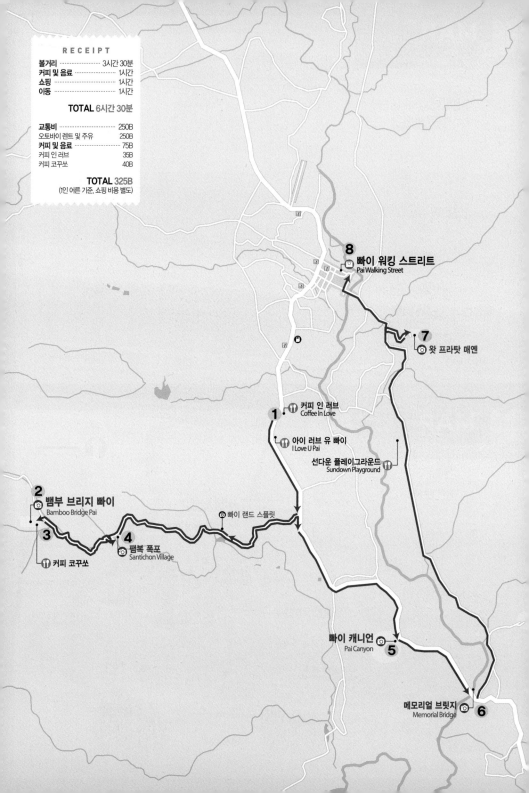

8 빠이 워킹 스트리트
Pai Walking Street

7 왓 프라탓 매옌

1 커피 인 러브
Coffee In Love

아이 러브 유 빠이
I Love U Pai

선다운 플레이그라운드
Sundown Playground

2 뱀부 브리지 빠이
Bamboo Bridge Pai

빠이 랜드 스플릿

3

4 팸복 폭포
Santichon Village

커피 코꾸쏘

빠이 캐니언
Pai Canyon

5

메모리얼 브릿지
Memorial Bridge

6

COURSE 1

빠이 근교 볼거리 탐험

빠이 시내 남쪽의 볼거리를 돌아보고 빠이 시내로 돌아오는 코스다.
오토바이나 차량을 빌려야 하며, 수영복, 수건 등을 챙기면 유용하다.

코스 무작정 따라하기
START

1. 커피 인 러브
   7.9km, 자동차 19분
2. 뱀부 브리지 빠이
   입구 앞, 도보 0분
3. 커피 코꾸쏘
   1.8km, 자동차 5분
4. 팸복 폭포
   7.6km, 자동차 16분
5. 빠이 캐니언
   1.8km, 자동차 4분
6. 메모리얼 브리지
   8.2km, 자동차 14분
7. 왓 프라탓 매옌
   2km, 자동차 5분
8. 빠이 워킹 스트리트

Finish

START

30min

1 커피 인 러브
Coffee In Love
구글 지도 GPS 19.338558, 98.433469
→ 1095번 도로 1.8km 지점에서 우회전해
5.6km → **뱀부 브리지 빠이 도착**

40min

2 뱀부 브리지 빠이
Bamboo Bridge Pai
구글 지도 GPS 19.322736, 98.394107
→ 입구에서 바로 → **커피 코꾸쏘 도착**

30min

3 커피 코꾸쏘
Coffee โขกู้โส่
구글 지도 GPS 19.322572, 98.393921
→ 왔던 길로 약 2km 되돌아가기 → **팸복 폭포 도착**

1hr

4 팸복 폭포
Pam Bok Waterfall
구글 지도 GPS 19.320545, 98.405192
→ 1095번 도로로 진입해 남쪽으로
3.3km → **빠이 캐니언 도착**

1hr

5 빠이 캐니언
Pai Canyon
구글 지도 GPS 19.306158, 98.452498
→ 1095번 도로로 남쪽으로 1.8km → **메모리얼 브리지 도착**

20min

6 메모리얼 브리지
Memorial Bridge
구글 지도 GPS 19.297479, 98.465016
→ 루럴 로드 매헝썬 4024 따라 북쪽 방면 약 8km → **왓 프라탓 매옌 도착**

30min

7 왓 프라탓 매옌
วัดพระธาตุแม่เย็น
구글 지도 GPS 19.350210, 98.454742
→ 빠이 시내로 돌아가기 → **빠이 워킹 스트리트 도착**

1hr

8 빠이 워킹 스트리트
Pai Walking Street
구글 지도 GPS 19.358898, 98.443780

ZOOM IN

빠이

치앙마이 북서쪽의 매헝썬 주에 있는 작은 마을. 치앙마이에서 약 130km 거리이지만 꼬불꼬불 산길을 지나야 해 차량으로 3시간가량 걸린다. 미얀마 국경지대와 멀지 않다.

● **이동 시간 기준** 빠이 버스터미널

1 탈레먹 윤라이

ทะเลหมอก หยุนไหล

📷 ★★ 자동차 15분

싼띠촌 마을에서 도보 15~20분 거리의 산꼭대기 전망대. 차이니즈 뷰포인트, 윤라이 전망대라고도 불린다. 일출, 일몰 명소로 알려졌으며, 운이 좋으면 '탈레먹(운해의 바다)'을 볼 수 있다. 일정 시간에는 자동차 통행을 금지하고 전망대까지 픽업 비용을 요구하기도 한다.

지도 P.172A
구글 지도 GPS 19.369050, 98.395380 **찾아가기** 1095번 도로 북서쪽 방면 **주소** Wiang Tai, Pai **전화** 081-024-3982 **시간** 24시간 **휴무** 연중무휴 **가격** 20B **홈페이지** 없음

2 싼띠촌 마을

Santichon Village

📷 ★★ 자동차 10분

탈레먹 윤라이와 연계해 구경할 수 있는 중국인 산지촌(山地村) 마을로 일종의 테마파크다. 산지 가옥의 기념품 가게와 식당을 이용할 수 있으며, 중국 전통 의상 입기, 활쏘기, 말타기, 그네 타기 등을 체험할 수 있다.

지도 P.172A
구글 지도 GPS 19.371257, 98.402662 **찾아가기** 1095번 도로 북서쪽 방면 **주소** Wiang Tai, Pai **전화** 가게마다 다름 **시간** 05:00~18:00 **휴무** 연중무휴 **가격** 무료입장 **홈페이지** 없음

3 머뺑 폭포

Mor Pang Waterfall

📷 ★★ 자동차 18분

빠이의 여러 폭포 중 현지인들과 여행자들이 즐겨 찾는 곳이다. 계절에 따라 수량이 다르지만 물놀이를 즐기기에는 그런 대로 괜찮다.

지도 P.172A
구글 지도 GPS 19.378991, 98.375580 **찾아가기** 1095번 도로 북서쪽 방면 **주소** Mae Na Toeng, Pai **전화** 없음 **시간** 24시간 **휴무** 연중무휴 **가격** 무료입장 **홈페이지** 없음

4 왓 프라탓 매옌

วัดพระธาตุแม่เย็น

📷 ★★ 자동차 6분

빠이 동쪽 산 위에 자리 잡은 사원. 백색의 거대 마하무니 불상을 모시고 있어 화이트 부다, 빅 부다라고도 불린다. 353개의 계단을 올라가야 불상을 만날 수 있다. 불상 앞에 이르면 그 크기에 한 번 감탄하고, 산 아래 푸른 조망에 또 한 번 감탄한다.

지도 P.172D
구글 지도 GPS 19.350210, 98.454742 **찾아가기** 남동쪽 루럴 로드 매헝썬 4204 이용 **주소** Mae Hi, Pai **전화** 081-370-7735 **시간** 06:00~18:00 **휴무** 연중무휴 **가격** 무료입장 **홈페이지** 없음

5 팸복 폭포

Pam Bok Waterfall

📷 ★★ 자동차 19분

빠이에서 가장 인기 있는 폭포 중 하나다. 입구 주차장에 오토바이나 차를 세워두고 70m 정도 걸어 들어가면 폭포가 보인다. 폭포를 제대로 즐기려면 수영복과 수건을 준비해 소에 들어가자. 물놀이를 즐기기에 소의 깊이가 적당하며, 소에 들어가야 폭포가 잘 보인다.

지도 P.172E
구글 지도 GPS 19.320545, 98.405192 **찾아가기** 1095번 도로 남쪽 방면 약 4km 지점에서 우회전 **주소** Thung Yao, Pai **전화** 없음 **시간** 24시간 **휴무** 연중무휴 **가격** 무료입장 **홈페이지** 없음

6 뱀부 브리지 빠이
Bamboo Bridge Pai

논 위를 가로지르는 730m 길이의 대나무 다리 끝에서 끝까지 걸어가는 데만 15분가량 걸린다. 다리 위를 걷는 것만으로 서정적이고 편안한 기분이 충만해 저절로 힐링이 된다. 계절마다 다른 색과 모양을 선보이는 논을 감상하며 치유의 시간을 가져보자. 다리 끝에는 왓 팸복 사원이 있다. 사원은 불교 기념일에만 개방한다.

📷 1권 P.088 ⚲ 지도 P.172C
🅖 구글 지도 GPS 19,322736, 98,394107 ⦿ 찾아가기 1095번 도로 남쪽 방면 약 4km 지점에서 팸복 폭포 방면으로 우회전, 팸복 폭포 지나 약 2km 이동 ⦿ 주소 Thung Yao, Pai ☎ 전화 없음 ⏱ 시간 24시간 ⊖ 휴무 연중무휴 🅑 가격 무료입장 🅢 홈페이지 없음

7 빠이 캐니언
Pai Canyon

지형의 붕괴로 도마뱀처럼 울퉁불퉁하게 형성된 자연 협곡으로 태국어로는 껑램(도마뱀 길)이라고 한다. 이름처럼 큰 규모는 아니지만 때로는 가파르고 좁은 길을 아찔하게 걸어야 하는 흥미로운 트레킹을 선사한다. 슬리퍼보다는 운동화가 편하다.

📷 1권 P.088 ⚲ 지도 P.172F
🅖 구글 지도 GPS 19,306158, 98,452498 ⦿ 찾아가기 1095번 도로 남쪽 방면 약 8km ⦿ 주소 Mae Hi, Pai ☎ 전화 없음 ⏱ 시간 24시간 ⊖ 휴무 연중무휴 🅑 가격 무료입장 🅢 홈페이지 없음

8 메모리얼 브리지
Memorial Bridge

1942년 제2차세계대전 당시 일본군이 지은 층계식 강철 다리로 치앙마이와 버마를 잇는 루트로 사용됐다. 바로 옆에 콘크리트 다리를 지어 차량이 다니지는 않고, 관광 목적으로 개방하고 있다. 흙빛 빠이강을 내려다보며 역사의 흔적을 따라 걸어보자.

⚲ 지도 P.172F
🅖 구글 지도 GPS 19,297479, 98,465016 ⦿ 찾아가기 1095번 도로 남쪽 방면 약 10km ⦿ 주소 Mae Hi, Pai ☎ 전화 없음 ⏱ 시간 24시간 ⊖ 휴무 연중무휴 🅑 가격 무료입장 🅢 홈페이지 없음

9 탐럿
Lod Cave

빠이 북쪽의 암퍼 빵마파에 위치한 동굴. 물길을 따라 1·2·3동굴이 있다. 건기에는 뱀부 래프팅을 통해 모든 동굴을 감상할 수 있고, 우기에는 입구에 있는 1동굴만 개방한다. 동굴 내에 불빛이 전혀 없으니 가스 랜턴을 소지한 가이드를 반드시 동반해야 한다. 동굴 내에는 종유석과 석순은 물론 박쥐와 물고기가 가득하다. 입구 안내소에서 물고기 밥도 판다.

📷 1권 P.089 ⚲ 지도 P.172A, 173B
🅖 구글 지도 GPS 19,568293, 98,279708 ⦿ 찾아가기 1095번 도로 북쪽 방면 약 40km 지점에서 우회전해 9km가량 이동 ⦿ 주소 Tham Lot, Pang Mapha ☎ 전화 없음 ⏱ 시간 08:00~18:00 ⊖ 휴무 연중무휴 🅑 가격 가이드 투어 150B, 뱀부 래프팅 300B(3명 이하) 🅢 홈페이지 없음

10 빠이 리버 코너
Pai River Corner

빠이 리버 코너 리조트에서 운영하는 레스토랑이다. 강 바로 옆에 레스토랑이 있어 경치와 분위기가 좋다. 가격은 여행자 식당의 2배 정도이지만 빠이 중심가에서 이만한 분위기의 레스토랑을 찾기 힘들다.

ⓖ 1권 P.091 ⓞ 지도 P.173D
ⓖ 구글 지도 GPS 19.359246, 98.445348 ⓞ 찾아가기 버스터미널에서 강변 쪽으로 400m ⓐ 주소 Moo 3, Chai Songkhram Road ⓒ 전화 089-551-8043 ⓒ 시간 08:00~22:00 ⓒ 휴무 연중무휴 ⓑ 가격 카이찌여우무쌉 랏카우(Thai Omelet Pork with Rice) 70B, 팟팍루엄 랏카우(Stir Fried Vegetables with Rice) 80B ⓒ 홈페이지 없음

11 찰리 & 렉
Charlie & Lek

조용한 레스토랑이다. 현미밥과 채식 식단을 비롯해 홈메이드 레시피로 만든 돼지고기 요리 등 다양한 메뉴가 있다. 맛도 기본, 친절하고 깔끔하며 저렴하다.

ⓞ 지도 P.173C
ⓖ 구글 지도 GPS 19.357262, 98.440279 ⓞ 찾아가기 반 빠이 레스토랑 길로 약 350m ⓐ 주소 Ro Pho Cho Road ⓒ 전화 081-733-9055 ⓒ 시간 화~일요일 11:00~21:30 ⓒ 휴무 월요일 ⓑ 가격 샐러드 40·70B, 팟팍루엄(Stir Fried Mixed Vegetable) 70B, 무댓디여우텃(Home Made Recipe Deep Fried Pork) 85B ⓒ 홈페이지 www.facebook.com/pages/Charlie-Lek/114849425270586

12 옴 가든 카페
Om Garden Cafe

열대식물이 가득한 정원이 있는 레스토랑 겸 카페. 메뉴판이 따로 없고, 칠판에 적힌 메뉴를 보고 주문해야 한다. 정원 분위기를 즐기며 가볍게 음료나 커피를 마시기에 좋은 곳이다.

ⓞ 지도 P.173C
ⓖ 구글 지도 GPS 19.357210, 98.440942 ⓞ 찾아가기 반 빠이 레스토랑 길로 진입해 사거리가 나오면 좌회전 후 바로 다음 골목으로 우회전 ⓐ 주소 60/4 Wiang Tai ⓒ 전화 082-451-5930 ⓒ 시간 화·금~일요일 08:30~17:00, 수~목요일 09:00~17:00 ⓒ 휴무 월요일 ⓑ 가격 오믈렛+과일+현미(Thai Omelette with Fruit & Brown Rice) 90B, 샐러드(Fresh Mixed Salad) 70B ⓒ 홈페이지 www.facebook.com/OmGardenCafePai

13 넝 비야
Nong Beer

빠이에서 오랜 기간 영업을 하고 있는 집 중 하나다. 빠이 야시장 입구에 있어 여행자들이 즐겨 찾는다. 저렴한 가격과 친근한 서비스가 장점이다.

ⓞ 지도 P.173C
ⓖ 구글 지도 GPS 19.360857, 98.439877 ⓞ 찾아가기 빠이 야시장 입구 ⓐ 주소 230 Moo 1, Pai ⓒ 전화 053-699-103 ⓒ 시간 09:00~22:00 ⓒ 휴무 연중무휴 ⓑ 가격 카이찌여우(Omelet) 50B, 팟헷험 따우후팟(Fried Mushroom with Tofu) 100B, 팟팍루엄 싸이따우후(Fried Mixed Vegetable with Tofu) 70B ⓒ 홈페이지 없음

14 나스 키친
Na's Kitchen

생선 요리가 200B대로 매우 저렴하다. 가격 때문인지 늘 손님이 많은 편이다. 빠이 중심가에서 벗어난 조용한 길에 있지만 식당은 늘 시끌벅적하다.

ⓞ 지도 P.173D
ⓖ 구글 지도 GPS 19.357560, 98.441460 ⓞ 찾아가기 왓 끌랑 도로 맞은편 골목으로 진입해 230m 지점에서 좌회전해 15m 이동, 오른쪽 ⓐ 주소 Wiang Tai, Pai ⓒ 전화 081-387-0234 ⓒ 시간 11:00~21:00 ⓒ 휴무 연중무휴 ⓑ 가격 따우후텃(Deep Fried Tofu served Sweet Chili+Peanut) 50B, 얌탈레(Spicy Thai Salad of Seafood) 120B, 팟팍붕(Stir Fried Morning Glory) 60B ⓒ 홈페이지 www.facebook.com/pages/Nas-Kitchen/222129891157760

15 웰컴 백 카페
Welcome Back Cafe

빠이에서 몇 안 되는 에어컨이 나오는 카페다. 피자, 햄버거 등 서양 요리, 팟타이, 볶음밥 등 간단한 태국 요리와 음료를 선보인다. 깔끔한 분위기와 합리적인 가격이 장점이다.

ⓞ 지도 P.173D
ⓖ 구글 지도 GPS 19.358998, 98.442083 ⓞ 찾아가기 왓 끌랑 도로 맞은편 골목으로 진입해 70m 왼쪽 ⓐ 주소 49/1 Moo 3, Soi Chalermwan ⓒ 전화 065-421-0453 ⓒ 시간 목~화요일 09:00~21:00 ⓒ 휴무 수요일 ⓑ 가격 카우팟(Fried Rice) 달걀 60B·새우 70B ⓒ 홈페이지 www.facebook.com/Welcomebackcafe61

16 어스 톤
Earth Tone

자동차 5분

비건(엄격한 채식주의) 메뉴까지 갖춘 채식 레스토랑인데, 맛은 호불호가 갈린다. 메뉴판에 요리 재료까지 표기해 도움이 된다. 주문과 계산은 카운터에서 직접 한다. 한쪽에 잡화, 의류, 먹거리 등을 판매한다.

⊙ **지도** P.172D
Ⓖ **구글 지도 GPS** 19.351031, 98.450454 ⊙ **찾아가기** 왓 프라탓 매엔 입구. 남동쪽 루럴 로드 매형쏜 4204 이용 ⊝ **주소** 81, Rural Road Mae Hong Son 4024 ☎ **전화** 084-662-8062 ⊙ **시간** 일~금요일 09:30~17:00 ⊝ **휴무** 토요일 Ⓑ **가격** 야생 버섯 파스타(Wild Mushroom Pasta) 90B, 일본 카레(Japanese Curry) 100B ⊕ **홈페이지** www.facebook.com/earthtoneinpai

17 커피 인 러브
Coffee In Love
자동차 7분

빠이의 광활한 강과 산이 내려다보이는 곳에 자리해 큰 인기를 누리고 있다. 1일 투어 프로그램에 포함될 정도다. 오토바이를 타고 일부러 찾는 사람들도 많다. 커피도 매우 저렴한 편이다. 뜨거운 커피를 종이컵에 내어주니 머그잔을 따로 요구하자.

Ⓑ **1권** P.090 ⊙ **지도** P.172D
Ⓖ **구글 지도 GPS** 19.334558, 98.433469 ⊙ **찾아가기** 1095번 도로 남쪽 방면 3km ⊝ **주소** 92 Moo 3, Chiang Mai-Pai Road ☎ **전화** 053-698-251 ⊙ **시간** 07:00~18:30 ⊝ **휴무** 연중무휴 Ⓑ **가격** 아메리카노(Americano) 핫 35B ⊕ **홈페이지** www.facebook.com/coffee.in.love.page

18 아이 러브 유 빠이
I Love U Pai
자동차 7분

커피 인 러브와 같은 라인에 있는 전망 좋은 카페. 휴식하며 전망을 즐길 수 있도록 야외에 행잉 체어를 매달아 놓았다. 실내는 라디오, 축음기 등 골동품과 인형으로 장식했다. 재즈 음악도 좋고 직원들도 매우 친절하다.

Ⓑ **1권** P.090 ⊙ **지도** P.172C
Ⓖ **구글 지도 GPS** 19.334925, 98.431960 ⊙ **찾아가기** 1095번 도로 남쪽 방면 3.4km ⊝ **주소** 132 Moo 1, Thung Yao ☎ **전화** 081-460-6666 ⊙ **시간** 09:00~19:00 ⊝ **휴무** 연중무휴 Ⓑ **가격** 카우팟 무(Fried Rice with Pork)·팟끄라파오 무 랏카우(Fried Basil with Pork & Rice) 각 80B ⊕ **홈페이지** www.facebook.com/iloveupaicafe

19 러브 스트로베리 빠이
Love Strawberry Pai
자동차 12분

커피 인 러브의 열풍으로 빠이에는 비슷한 분위기의 카페가 많다. 러브 스트로베리 빠이도 그중 하나. 딸기 테마의 조형물로 아기자기하게 꾸며 사진 찍기에 좋다. 딸기잼, 주스, 와인 등 먹거리와 딸기 모양의 각종 생활 잡화도 판매한다.

⊙ **지도** P.172F
Ⓖ **구글 지도 GPS** 19.311131, 98.453166 ⊙ **찾아가기** 1095번 도로 남쪽 방면 약 7.5km ⊝ **주소** 80 Moo 10, Thung Yao ☎ **전화** 065-421-0453 ⊙ **시간** 08:00~18:00 ⊝ **휴무** 연중무휴 Ⓑ **가격** 딸기 주스(Pasteurized Strawberry Juice) 35B ⊕ **홈페이지** www.facebook.com/Lovestrawberrypai?ref=hl

20 선다운 플레이그라운드
Sundown Playground
자동차 9분

논 위에 자리한 술집 겸 카페. 빠이의 테마라고 할 수 있는 '평화로운 시골 마을'과 너무나 잘 어울리는 장소다. 논을 바라보는 대나무 평상이나 나무 테이블을 차지하고 평화로운 시간을 보내자. 음악은 조금 독특하다.

⊙ **지도** P.172D
Ⓖ **구글 지도 GPS** 19.334415, 98.452915 ⊙ **찾아가기** 남동쪽 루럴 로드 매형쏜 4204 이용해 4.3km ⊝ **주소** 153 Moo 2, Mae hi ☎ **전화** 064-514-5917 ⊙ **시간** 일~금요일 12:00~20:00, 토요일 12:00~22:00 ⊝ **휴무** 연중무휴 Ⓑ **가격** 멀베리 티(Mulberry Tea)·그린티(Green Tea) 각 45B ⊕ **홈페이지** www.facebook.com/sundownplayground

21 커피 코꾸쏘
Coffee โกกูโซ่
자동차 24분

뱀부 브리지 빠이에 자리한 작은 카페. 대나무 다리를 걸은 후 꿀맛 같은 휴식을 취할 수 있다. 전망 좋고 주인아주머니도 매우 친절하다. 커피, 차, 과일 스무디, 소다 등을 선보이며 와이파이도 가능하다.

Ⓑ **1권** P.091 ⊙ **지도** P.172C
Ⓖ **구글 지도 GPS** 19.322572, 98.393921 ⊙ **찾아가기** 1095번 도로 남쪽 방면 약 4km 지점에서 팸복 폭포 방면으로 우회전. 팸복 폭포 지나 약 2km 이동 ⊝ **주소** Thung Yao, Pai ☎ **전화** 063-123-9022 ⊙ **시간** 10:00~18:00 ⊝ **휴무** 연중무휴 Ⓑ **가격** 아메리카노(Americano) 핫 40B, 이탈리안 소다(Italian Soda) 40B ⊕ **홈페이지** 없음

22 타빠이 온천
Tha Pai Hot Spring
😊 ★★ 자동차 15분

계곡처럼 꾸며진 자연 노천 온천이다. 상류의 원탕은 아주 뜨겁고 하류로 내려올수록 미지근하다. 원탕에서는 달걀을 삶아 먹을 수 있으며, 하류에서는 수영복이나 옷을 입고 물놀이를 즐길 수 있다. 시기에 따라 수량 차이가 나며 국립공원에 속해 있어 외국인 입장료가 비싸다.

⊙ 지도 P.172F
ⓖ 구글 지도 GPS 19.308196, 98.473149 ⓞ 찾아가기 남동쪽 루럴 로드 매헝썬 4204 따라 약 8km 지점에서 좌회전 ⓐ 주소 Mae Hi, Pai ⊙ 전화 없음 ⓛ 시간 09:00~17:00 ⊙ 휴무 연중무휴 ⓑ 가격 300B ⊙ 홈페이지 없음

23 싸이응암 온천
Sai Ngam hot spring
😊 ★★ 자동차 25분

투어에 포함되어 있어 빠이의 온천 중 가장 많은 사람들이 찾는다. 사람들이 너무 많아 공중목욕탕 느낌이 든다. 온천으로 가는 길이 급경사이므로 오토바이를 직접 운전할 경우 주의하자.

⊙ 지도 P.172A, 173B
ⓖ 구글 지도 GPS 19.459116, 98.379913 ⓞ 찾아가기 1095번 도로 북쪽 방면 약 12km 지점에서 온천 이정표가 보이면 우회전해 3.8km 이동 ⓐ 주소 Mae Na Toeng, Pai ⊙ 전화 053-065-180 ⓛ 시간 08:00~18:00 ⊙ 휴무 연중무휴 ⓑ 가격 20B ⊙ 홈페이지 없음

24 빠이 워킹 스트리트
Pai Walking Street
♡ ★★★ 도보 1분

어둠이 내리기 시작하면 빠이 중심가에는 노점이 하나둘 생긴다. 의류, 가방, 수공예품, 기념품 등은 물론 꼬치, 까이양, 쏨땀, 교자, 스시 등 먹거리가 가득하다. 오후 5~6시에 시작되는 야시장은 저녁 8~9시에 절정을 이룬다.

ⓑ 1권 P.089 ⊙ 지도 P.172D, 173D
ⓖ 구글 지도 GPS 19.358898, 98.443780 ⓞ 찾아가기 빠이 중심가 곳곳 ⓐ 주소 Chai Songkhram Road ⊙ 전화 가게마다 다름 ⓛ 시간 17:00~22:00 ⊙ 휴무 연중무휴 ⓑ 가격 제품마다 다름 ⊙ 홈페이지 없음

🔍⊕ ZOOM IN

매헝썬

치앙마이에서 북서쪽으로 약 240km 떨어진 미얀마 국경 지역이다. 아름다운 자연을 지닌 산악지대로 겨울에는 태국에서 가장 선선한 기온을 즐길 수 있다.

● 이동 시간 기준 찡캄 호수

N
0 ——— 5km

빠이 방향 ↑ 1095

🛫 매헝썬 공항
Mae Hong Son Airport

🏪 딸랏 차우(아침 시장)

🛕 왓 후어위앙

TAT(관광안내소) ⓘ

🛕 왓 프라탓 도이껑무 P.181

H 77 House's
H Ngamta Hotel

Ⓗ Friend House

🛕 쩡캄 호수

Baiyoke Chalet Ⓗ
The Imperial Mae Hong Son Resort Ⓗ
바이 편 Ⓗ

🍴 야시장

Piya Guest House Ⓖ

🛕 왓 쩡캄

🛕 왓 쩡클랑

경기장 ⊙

🍴 쌀윈 리버 레스토랑
Salween River R. P.181

Phraya Singhanatracha Memorial 🏛

⛽ PTT 주유소

🏁 매헝썬 버스터미널
Mae Hong Son Terminal

108

↓ 매싸리앙 방향

1 왓 프라탓 도이껑무

วัดพระธาตุดอยกองมู

 ★★ 자동차 6분

매형썬 시내 서쪽 언덕 위에 자리한 사원이다. 경내에 버마의 수도승이 남긴 2기의 흰 쩨디가 있는데 큰 쩨디는 1860년, 작은 쩨디는 1874년에 세운 것이다. 쩨디 안에는 여러 개의 불상이 있다. 사원 전망대에서 매형썬 시내와 주변을 둘러싼 산을 조망할 수 있다.

⊙ **지도** P.173A, 180A
⊛ **구글 지도 GPS** 19.300077, 97.960548 ⊚ **찾아가기** 쩡캄 호수 서쪽 언덕 위 ⊛ **주소** Chong Kham, Mueang Mae Hong Son ⊟ **전화** 053-611-221 ⏱ **시간** 06:00∼18:00 ⊟ **휴무** 연중무휴 ⊛ **가격** 무료입장 ⊗ **홈페이지** 없음

2 싸판 쑤떵뻬

Su Tong Pae Bridge

 ★★ 자동차 20분

사원과 반꿍마이싹 마을을 잇는 대나무 다리. 납작하게 편 대나무를 엮어 만든 멋스러운 다리로 작은 개울과 논을 가로지른다. 다리 양쪽에서 마을 사람들이 우산, 모자 등을 10B에 대여해 준다. 우산과 모자를 소품으로 기념사진을 찍기에 좋다.

⊙ **지도** P.173A
⊛ **구글 지도 GPS** 19.389040, 97.954210 ⊚ **찾아가기** 108번 또는 1095번 도로 따라 북쪽으로 약 12km ⊛ **주소** Pang Mu, Mueang Mae Hong Son ⊟ **전화** 없음 ⏱ **시간** 24시간 ⊟ **휴무** 연중무휴 ⊛ **가격** 무료입장 ⊗ **홈페이지** 없음

3 탐쁠라

Thampla Fish Cave

ถ้ำปลา

 ★★ 자동차 25분

'물고기 동굴'이라는 이름 그대로 물고기가 사는 동굴이다. 물을 거슬러 오르려는 물고기의 섭리 때문에 물이 흘러나오는 좁은 동굴 입구로 물고기들이 모여들어 장관을 이룬다. 매표소에서 동굴까지 500m 시냇물을 따라 물고기가 가득하다.

⊙ **지도** P.173A
⊛ **구글 지도 GPS** 19.426745, 97.990244 ⊚ **찾아가기** 108번 또는 1095번 도로 따라 북쪽으로 약 17km ⊛ **주소** Mok Cham Pae, Mueang Mae Hong Son ⊟ **전화** 053-619-036 ⏱ **시간** 08:00∼18:00 ⊟ **휴무** 연중무휴 ⊛ **가격** 100B ⊗ **홈페이지** 없음

4 반락타이

Ban Rak Thai

บ้านรักไทย

 ★★ 자동차 1시간

윈난성에서 이주한 중국인들이 모여 사는 마을이다. 중국식 차와 요리를 비롯해 차와 다구 쇼핑을 즐기고, 이색 숙소에서 묵을 수 있다. 시간이 여유롭고 차량이 있는 여행자에게 괜찮은 목적지다.

⊙ **지도** P.173A
⊛ **구글 지도 GPS** 19.586460, 97.942293 ⊚ **찾아가기** 108번 또는 1095번 도로 따라 매형썬 북쪽으로 약 40km. 매형썬 시장 인근(구글 지도 GPS 19.302850, 97.967842)에서 썽태우 운행. 오전 8시경. 시간 확인 필수 ⊛ **주소** Mok Cham Pae, Mueang Mae Hong Son ⊟ **전화** 가게마다 다름 ⏱ **시간** 24시간 ⊟ **휴무** 연중무휴 ⊛ **가격** 가게마다 다름 ⊗ **홈페이지** 없음

5 쌀윈 리버 레스토랑

Salween River Restaurant

 🍴 도보 1분

쩡캄 호수 인근의 여행자 레스토랑. 대나무와 바나나 잎으로 꾸민 인테리어가 멋스럽다. 서양, 태국, 미얀마, 샨 요리를 선보이며 친절하다. 음식은 맛있지만 조금 늦게 나온다.

⊙ **지도** P.180A·B
⊛ **구글 지도 GPS** 19.300003, 97.966940 ⊚ **찾아가기** 쩡캄 호수를 바라보는 쁘라딧쩡캄 로드 ⊛ **주소** 23 Pradit Jong Kham Road ⊟ **전화** 053-613-421 ⏱ **시간** 08:00∼22:00 ⊟ **휴무** 연중무휴 ⊛ **가격** 쌀랏팍(Green Salad) 80B, 팟팍루엄쩨 썹 프럼카우(Stir-Fried Mixed Vegetables Served with Steamed Rice)·카우팟 꿍(Fried Rice with Shrimp) 각 70B ⊗ **홈페이지** 없음

6 리 와인 락타이

Lee Wine Ruk Thai

ลีไวน์ รัก ไทย

 🍴 ★★★ 자동차 1시간

반락타이에 자리한 윈난 레스토랑. 절인 배추와 다진 돼지고기를 볶은 김치윈난 팟무쌉은 밥도둑이다. 팍치(고수)가 싫다면 미리 빼달라고 하자.

⊙ **지도** P.173A
⊛ **구글 지도 GPS** 19.585646, 97.942643 ⊚ **찾아가기** 반락타이 마을. 108번 또는 1095번 도로 따라 매형썬 북쪽으로 약 40km ⊛ **주소** Mok Cham Pae, Mueang Mae Hong Son ⊟ **전화** 089-950-0955 ⏱ **시간** 08:00∼20:00 ⊟ **휴무** 연중무휴 ⊛ **가격** 김치윈난 팟무쌉(Pickle Fried with Pork) 140B, 헷험남만허이(Mushroom Fried in Oyster Sauce) 160B, 씨크롱무 뚠쑷 윈난(Yunan Stewed Pork Rib) 180B ⊗ **홈페이지** 없음

OUTRO
무작정 따라하기 상황별 여행 회화
*남자는 크랍, 여자는 카

기본 표현

안녕하세요.
สวัสดีครับ/ค่ะ
◀ 싸왓디 크랍/카

안녕히 가세요.
สวัสดีครับ/ค่ะ
◀ 싸왓디 크랍/카

만나서 반갑습니다.
ยินดีที่ได้รู้จักครับ/ค่ะ
◀ 인디 티다이 루짝 크랍/카

저는 한국인입니다.
ฉันเป็นคนเกาหลี
◀ 찬 뻰 콘 까올리

고맙습니다.
ขอบคุณครับ/ค่ะ
◀ 컵쿤 크랍/카

실례합니다.
ขอโทษนะครับ/ค่ะ
◀ 커톳 나 크랍/카

미안합니다.
ขอโทษครับ/ค่ะ
◀ 커톳 크랍/카

정말 미안합니다.
ขอโทษจริงๆครับ/ค่ะ
◀ 커톳 찡찡 크랍/카

괜찮습니다.
ไม่เป็นไรครับ/ค่ะ
◀ 마이 뻰 라이 크랍/카

잘 지내세요?
สบายดีไหมครับ/ค่ะ
◀ 싸바이디 마이 크랍/카

네.
ครับ/ค่ะ
◀ 크랍/카

아니요.
ไม่ใช่ครับ/ค่ะ
◀ 마이 차이 크랍/카

이건 뭐예요?
อันนี้คืออะไรครับ/คะ
◀ 안니 크 아라이 크랍/카

화장실이 어디예요?
ห้องน้ำอยู่ที่ไหนครับ/คะ
◀ 헝남 유 티나이 크랍/카

숫자

0	◀ 쑨	8	◀ 뺏	40	◀ 씨씹	102	◀ 러이썽
1	◀ 능	9	◀ 까오	50	◀ 하씹	110	◀ 러이씹
2	◀ 썽	10	◀ 씹	60	◀ 혹씹	135	◀ 러이쌈씹하
3	◀ 쌈	11	◀ 씹엣	70	◀ 쩻씹	150	◀ 러이하씹
4	◀ 씨	12	◀ 씹썽	80	◀ 뺏씹	200	◀ 썽러이
5	◀ 하	20	◀ 이씹	90	◀ 까오씹	1000	◀ 판
6	◀ 혹	21	◀ 이씹엣	100	◀ 러이	10000	◀ 믄
7	◀ 쩻	30	◀ 쌈씹	101	◀ 러이엣	100000	◀ 쌘

교통

말씀 좀 묻겠습니다.
ขอถามหน่อยครับ/ค่ะ
◀ 커 탐 너이 크랍/카

왓 쩨디루앙이 어디입니까?
วัดเจดีย์หลวงอยู่ที่ไหนครับ/คะ
◀ 왓 쩨디루앙 유 티나이 크랍/카

얼마나 걸리나요?
ใช้เวลาเท่าไรครับ/คะ
◀ 차이웰라 타오라이 크랍/카

여기에서 먼가요?
ไกลจากที่นี่ไหมครับ/คะ
◀ 끌라이 짝 티니 마이 크랍/카
*멀다 끌라이(평성), 가깝다 끌라이(위로 올렸다 내리는 성조)

타패 게이트로 가 주세요.
ช่วยไปที่ประตูท่าแพครับ/ค่ะ
◀ 추어이 빠이 티 쁘라뚜 타패 크랍/카

여기에서 세워주세요.
ช่วยจอดรถที่นี่ครับ/ค่ะ
◀ 추어이 쩟 롯 티니 크랍/카

거스름돈은 가지세요.
ไม่ต้องทอนครับ/ค่ะ
◀ 마이 떵 턴 크랍/카

레스토랑

메뉴 좀 보여주세요.
ขอดูเมนูหน่อยครับ/ค่ะ
◀ 커 두 메누 너이 크랍/카

새우 볶음밥 주세요.
ขอข้าวผัดกุ้งครับ/ค่ะ
◀ 커 카우팟꿍 크랍/카

쏨땀 하나, 팟타이 하나 주세요.
ขอส้มตำหนึ่งและผัดไทยหนึ่งครับ/ค่ะ
◀ 커 쏨땀 능 래 팟타이 능 크랍/카

맛있어요.
อร่อยครับ/ค่ะ
◀ 아러이 크랍/카

매운 것을 좋아합니다.
ชอบอาหารเผ็ดครับ/ค่ะ
◀ 첩 아한 펫 크랍/카

팍치는 넣지 마세요.
ไม่ใส่ผักชีครับ/ค่ะ
◀ 마이 싸이 팍치 크랍/카

싱하 비어 주세요.
ขอเบียร์สิงห์หน่อยครับ/ค่ะ
◀ 커 비야 씽 너이 크랍/카

생수(얼음) 주세요.
ขอน้ำเปล่า(น้ำแข็ง)ครับ/ค่ะ
◀ 커 남쁠라오(남캥) 크랍/카

모두 얼마입니까?
ทั้งหมดเท่าไรครับ/คะ
◀ 탕못 타오라이 크랍/카

계산서 주세요.
เช็คบิลครับ/ค่ะ เก็บตังค์ครับ/ค่ะ
◀ 첵빈 크랍/카, 껩땅 크랍/카

쇼핑

이거 좀 보여주세요.
ขอดูอันนี้หน่อยครับ/ค่ะ
◀ 커 두 안니 너이 크랍/카

작아요. 커요.
เล็กครับ/ค่ะ ใหญ่ครับ/ค่ะ
◀ 렉 크랍/카, 야이 크랍/카

얼마예요?
เท่าไรครับ/คะ
◀ 타오라이 크랍/카

이거 얼마예요?
อันนี้ท่าไรครับ/คะ
◀ 안니 타오라이 크랍/카

200밧입니다.
200บาทครับ/ค่ะ
◀ 썽라이 밧 크랍/카

너무 비싸요.
แพงมากครับ/ค่ะ
◀ 팽 막 크랍/카

150밧에 주세요.
ขอเป็น150บาทครับ/ค่ะ
◀ 뻰 러이하씹 밧 크랍/카

좀 깎아주세요.
ช่วยลดหน่อยนะครับ/ค่ะ
◀ 추어이 롯 너이 나 크랍/카

이걸(저걸)로 주세요.
ขออันนี้(อันโน้น)ครับ/ค่ะ
◀ 커 안니(안논) 크랍/카

아플 때

두통이 있다.
ปวดหัว
◀ 뿌엇후어

복통이 있다.
ปวดท้อง
◀ 뿌엇텅

치통이 있다.
ปวดฟัน
◀ 뿌엇판

감기에 걸리다.
เป็นหวัด
◀ 뻰 왓

기침하다.
ไอ
◀ 아이

토하다.
อาเจียน
◀ 아찌얀

설사하다.
ท้องร่วง
◀ 텅루엉

두통약 있습니까?
มียาแก้ปวดหัวไหมครับ/คะ
◀ 미 야깨뿌엇후어 마이 크랍/카

두통약 주세요.
ขอยาแก้ปวดหัวครับ/ค่ะ
◀ 커 야깨뿌엇후어 크랍/카

두통약	ยาแก้ปวดหัว ◀ 야깨뿌엇후어
감기약	ยาแก้หวัด ◀ 야깨왓
지사제	ยาแก้ท้องร่วง ◀ 야깨텅루엉
소화제	ยาช่วยย่อย ◀ 야추어이여이
모기약	ยากันยุง ◀ 야깐융

위급 상황

도와주세요.
ช่วยด้วย
◀ 추어이 두어이

경찰서가 어디예요?
สถานีตำรวจอยู่ที่ไหนครับ/คะ
◀ 싸타니 땀루엇 유 티나이 크랍/카

경찰을 불러주세요.
เรียกตำรวจให้ด้วยครับ/ค่ะ
◀ 리약 땀루엇 하이 두어이 크랍/카

도난 신고를 하고 싶어요.
อยากแจ้งการถูกขโมยครับ/ค่ะ
◀ 약 쨍깐툭 카모이 크랍/카

가방을 잃어버렸어요.
กระเป๋าหายครับ/ค่ะ
◀ 끄라빠오 하이 크랍/카

가방을 날치기당했어요.
โดนวิ่งราวกระเป๋าครับ/ค่ะ
◀ 돈 윙라우 끄라빠오 크랍/카

가방	กระเป๋า ◀ 끄라빠오
지갑	กระเป๋าเงิน ◀ 끄라빠오 응언
휴대폰	มือถือ ◀ 므트
노트북	โน๊ตบุ๊ค ◀ 놋북
여권	หนังสือเดินทาง ◀ 낭쓰든탕

INDEX

`A·B·C / 1·2·3`

212 하우스 오브 오피움_ 166

SP 치킨_ 044

SS1254372_ 063

`ㄱ`

갤러리 시스케이프_ 068

고산족 마을 연합_ 160

고산족 박물관_ 069

고산족 박물관(치앙라이)_ 158

골든 트라이앵글_ 166

굿 뷰_ 085

그래프 카페_ 041

그래프(웡 님만)_ 058

그랜드캐니언, 깜난분_ 117

기빙 트리_ 046

까이양 위치안부리_ 061

까이양 청더이_ 059

깐짜나_ 041

깔래 나이트 바자_ 081

깔래 레스토랑_ 097

깟린캄_ 065

깟쑤언깨우 야시장_ 065

꼬프악 꼬담_ 070

꾸 퓨전 로띠 & 티_ 058

꾸어이띠여우 땀릉_ 058

꾸어이띠여우 똠얌 끄룽 쑤코타이_ 084

꾸어이띠여우 뻐우이 매우이_ 145

꾸어이띠여우 캄완_ 130

꾸어이띠여우 허이카 림삥_ 082

꾸어이띠여우르아 띠너이_ 096

끄라닷 카페_ 143

끼엣오차_ 042

`ㄴ`

나나 베이커리 & 커피 코너_ 071

나나이로_ 050

나바_ 050

나스 키친_ 178

나우 히어 로스트 앤드 브루_ 041

나이트 바자_ 086

나이항_ 162

나인 원 커피_ 061

남니여우 빠쑥_ 162

남삥 빠쑤쌋_ 073

넘버 39_ 094

넝 비_ 062

넝 비야_ 178

느아뚠 롯이얌_ 060

닉스 레스토랑 & 플레이그라운드_ 118

님만 프로미나드_ 068

님만 하우스 타이 마사지_ 066

님만 힐_ 065

님만해민_ 052

`ㄷ`

다니싸 베이커리 & 카페_ 118

더 굿 뷰 빌리지_ 115

더 노스 게이트 재즈 코업_ 048

더 란나 마사지 & 웰니스_ 163

더 로스트_ 162

더 반 이터리 디자인_ 073

더 북 스미스_ 068

더 샐러드 콘셉트_ 061

더 치앙마이 콤플렉스_ 105

더 페이시스_ 045

더 하우스 바이 진저_ 042

더 하이드아웃_ 043

도이뚱_ 168

도이인타논 국립공원_ 121

도이창_ 168

도이창 커피_ 169

도이창 뷰_ 169

디 아이언 우드_ 131

딸랏 쁘라뚜 치앙마이_ 050

딸랏쏫 매히야_ 116

딸랏쏫테싸반_ 165

떵뗌또_ 061

`ㄹ`

라다 룸_ 089

라이 미나_ 131

라이분럿_ 165

라파스 마사지_ 065
란 라오_ 068
란 싸얏_ 042
란나 아키텍처 센터_ 038
란나 트래디셔널 하우스 뮤지엄_ 073
란나 포크라이프 뮤지엄_ 039
란딘_ 095
랍롱너이_ 095
러브 스트로베리 빠이_ 179
러스틱 & 블루 팜 숍_ 059
럿롯_ 041
레몬그라스 타이 퀴진_ 081
로열 로즈 가든_ 120
로열 파크 랏차프륵_ 114
로열 프로젝트 숍_ 097
로열 프로젝트 클럽 띤똑_ 145
로열 프로젝트 키친_ 115
로젤라토_ 060
록미 버거 & 바(님만해민)_ 062
록미 버거(구시가)_ 045
록스프레소_ 062
롯니욤 커피_ 064
롯이얌_ 042
롱넥 카렌_ 160
루람_ 161
룽뽓 & 빠뺑_ 145
룽아룬 온천_ 143
리 와인 락타이_ 181

리버사이드_ 085
리스트레토_ 058
리스트레토 랩_ 059
릴라와디_ 161
릴라타이 마사지_ 047
림삥 슈퍼마켓 나와랏_ 087

ㅁ
마노롬_ 161
마사지 포 헬시 바이 언_ 047
마야 ALS 캠프_ 065
마야 라이프스타일 쇼핑센터_ 067
마이 시크릿 카페_ 044
마이이얌 현대미술관_ 142
마이흐언 60 도이창 매림_ 129
망고 탱고_ 061
매깜뺑_ 144
매깜뺑 마을_ 144
매깜뺑 폭포_ 145
매땡_ 132
매림_ 128
매싸 폭포_ 128
매싸이 국경_ 168
매우더이 갤러리_ 145
매타창 깡똥_ 119
매헝썬_ 180
매히야_ 114
맥스 와인 & 커피 온 힐_ 120

머빵 폭포_ 176
먹파 폭포_ 133
먼짬_ 128
메모리얼 브리지_ 177
멜트 인 유어 마우스_ 161
멩라이 왕 기념 홀_ 157
몬놈쏫_ 059
몬므앙 란나 마사지_ 163
몬타탄 폭포_ 104
무스 가츠_ 062
미나 라이스 베이스드 퀴진_ 143

ㅂ
바질 인텐시브 타이 쿠킹 스쿨_ 066
반 베이커리_ 045
반 삐엠쑥_ 084
반 쑤언 매림_ 130
반녹 타이 커피 로스터스_ 118
반담 박물관_ 159
반도이창_ 169
반똥루앙_ 129
반락타이_ 181
반몽 도이뿌이_ 104
반쑤언 카페_ 115
반캉왓_ 096
반캉왓 모닝 마켓_ 096
반탁터_ 049
뱀부 브리지 빠이_ 177

버쌍 우산 마을_ 142

베어풋 카페_ 081

베이스캠프_ 096

베체꾸 커피_ 162

부리 갤러리 하우스_ 049

브라운 카페 & 이터리_ 060

브랜뉴 필드 굿_ 118

브루잉 룸_ 083

브아떵 폭포_ 133

블루 누들_ 043

블루 다이아몬드_ 042

비긴 어게인_ 095

비스트 버거_ 063

빅 씨 슈퍼마켓 판팁_ 086

빅 씨 슈퍼센터(매히야)_ 116

빌라 드 뷰_ 135

빠이_ 176

빠이 리버 코너_ 178

빠이 워킹 스트리트_ 180

빠이 캐니언_ 177

빠이파_ 095

빠텅꼬 꼬넹_ 082

빤끌렛 커피_ 133

뽕얭 앤더이_ 131

뽕프라밧 온천_ 164

뿌알라쓰까_ 135

쁘라뚜 창프악 야시장_ 045

쁘라뚜 치앙마이 야시장_ 045

삥강_ 080

ㅅ

삼센 빌라_ 084

샨타 마사지_ 065

선다운 플레이그라운드_ 179

선데이 워킹 스트리트_ 048

섬웨어 에스프레소_ 080

센스 가든 마사지_ 046

센트럴 깟쑤언깨우_ 067

센트럴 페스티벌_ 089

센트럴 플라자 치앙마이 공항_ 051

센트럴 플라자(치앙라이)_ 165

스트리트 피자 & 와인 하우스_ 081

싱하 파크_ 159

싸네 도이루앙_ 135

싸바이 타이 마사지 & 스파_ 084

싸얌 인섹트 주_ 131

싸이남퐁 오키드_ 129

싸이응암 온천_ 180

싸판 쑤떵뻬_ 181

싼깜팽_ 142

싼깜팽 온천_ 143

싼띠땀_ 068

싼띠촌 마을_ 176

쌀라 카페_ 130

쌀윈 리버 레스토랑_ 181

쏘이 왓 우몽_ 094

쏨땀 욕크록_ 060

쏨땀 우돈_ 071

쏨펫(밍므앙) 시장_ 050

쏩머이 아트_ 087

쑤리웡 북 센터_ 087

쑤언 마나우 홈_ 143

쑷엿 바미쌈끄라둑_ 062

쓰리 킹스 모뉴먼트_ 040

씨 유 쑨_ 043

씨리와타나 시장_ 071

씨야 꾸어이띠여우 쁠라_ 061

씽크 파크_ 066

ㅇ

아누싼 시장_ 086

아디락 피자_ 095

아리사라 타이 마사지_ 164

아시아 시닉 타이 쿠킹 스쿨_ 047

아이 러브 유 빠이_ 179

아이딘끄린크록_ 088

아이베리 가든_ 063

아카 아마 리빙 팩토리_ 130

아카 아마 커피_ 044

아카 아마 커피(싼띠탐)_ 070

아카야 마사지_ 163

아트 브리지_ 159

안다만 맛염_ 144

안찬 누들_ 064

안찬 베지터리언 레스토랑_ 062
암리타 가든_ 044
애그리 CMU 숍_ 097
앳 쿠아렉_ 082
어스 톤_ 179
엘리펀트 푸푸 페이퍼 파크_ 131
오까쭈 오가닉 팜_ 089
오까쭈(구사가)_ 051
옴 가든 카페_ 178
옴니아_ 071
와로롯 시장_ 087
와위 커피_ 083
와일드 로즈 요가 스튜디오_ 048
왓 껫까람_ 080
왓 끌랑위앙_ 157
왓 도이응암므앙_ 158
왓 람뺑(따뽀타람)_ 094
왓 렁쓰아뗀_ 159
왓 렁쿤_ 158
왓 록몰리_ 040
왓 뭉므앙_ 157
왓 반뎬_ 133
왓 부파람_ 080
왓 빠다라피롬_ 129
왓 쑤언독_ 073
왓 씨쑤판_ 051
왓 아란야왓 반뽕_ 117
왓 우몽_ 094

왓 인타라왓_ 117
왓 쩨디루앙(치앙마이)_ 038
왓 쩨디루앙(치앙라이)_ 167
왓 쩻린_ 039
왓 쩻엿_ 158
왓 차이몽콘_ 080
왓 치앙만_ 039
왓 콩카우_ 117
왓 탐파삘렁_ 134
왓 파랏_ 105
왓 판따우_ 038
왓 프라깨우_ 157
왓 프라씽(치앙마이)_ 039
왓 프라씽(치앙라이)_ 156
왓 프라짜우 란텅_ 167
왓 프라탓 도이껑무_ 181
왓 프라탓 도이뚱_ 168
왓 프라탓 도이쑤텝_ 104
왓 프라탓 도이쩜텅_ 158
왓 프라탓 도이캄_ 114
왓 프라탓 매옌_ 176
왓 프라탓 쩜끼띠_ 167
왓 프라탓 푸카우_ 166
왓 프라탓 피응아우_ 167
왓 훼이쁠라깡_ 159
우 카페_ 083
우왈라이 워킹 스트리트_ 049
원 님만_ 067

웰컴 백 카페_ 178
웸 업 카페_ 066
위민스 마사지 센터 바이
　엑스프리즈너_ 046
위앙꿈깜_ 121
위엥 쭘언_ 083
위티 냄느엉_ 082
유니크 스페이스_ 087
이싼 카페_ 060
일요 시장_ 165
임프레소_ 073

ㅈ
조 인 옐로_ 048
좀비 카페_ 131
준준 숍 카페_ 142
지버리시_ 116
진저 숍_ 050
쩌른차이_ 161
쩨다 룩친쁠라 라이싼_ 117
쪽 쏨펫_ 043
쪽똔파염_ 073
쯧쯧_ 060
찌앙 룩친쁠라_ 045
찡쭈차이_ 114

ㅊ
차바 쁘라이 마사지_ 046

차이 마사지_ 085
차차 슬로 페이스_ 086
찰리 & 렉_ 178
창프악_ 068
청더이 마사지_ 066
촘 카페 & 레스토랑_ 115
촘녹 촘마이_ 145
추이퐁 차밭_ 160
치노라 마사지_ 046
치앙다오_ 134
치앙다오 네스트 1_ 135
치앙다오 네스트 2_ 135
치앙다오 동굴_ 134
치앙다오 온천_ 135
치앙라이_ 156
치앙라이 나이트 바자_ 164
치앙라이 사진 박물관_ 157
치앙라이 시계탑_ 156
치앙라이 시티 트램_ 163
치앙마이 OTOP 센터_ 144
치앙마이 구시가_ 026
치앙마이 국립 박물관_ 069
치앙마이 나이트 사파리 동물원_ 116
치앙마이 대학교_ 105
치앙마이 대학교 아트 센터_ 073
치앙마이 대학교 후문_ 096
치앙마이 대학교 후문 야시장_ 097
치앙마이 동물원_ 105

치앙마이 시티 아트 & 컬처럴 센터_ 040
치앙마이 코튼_ 050
치앙마이 하우스 오브 포토그래피_ 040
치앙마이 히스토리컬 센터_ 040
치앙쌘_ 165
치윗 치와_ 064
치윗 탐마다_ 160

ㅋ
카우마우 카우팡_ 118
카우만까이 꼬이_ 064
카우쏘이 님만_ 059
카우쏘이 매싸이_ 070
카우쏘이 쎄머짜이파함_ 089
카우쏘이 쿤야이_ 044
카지_ 082
카페 드 님만_ 064
카페 드 뮤지엄_ 042
카페 드 싸얌_ 081
카페 딴어언_ 043
캣 앤 어 컵_ 162
커넥트 카페_ 162
커피 인 러브_ 179
커피 코꾸쏘_ 179
케이팝 떡볶이_ 105
코뮌 말라이_ 095
코튼 트리_ 070
쿠킹 러브_ 040

쿤카 마사지_ 046
퀸 씨리깃 보태닉 가든_ 128
크레이지 누들_ 064
크언 맹앗쏨분촌_ 132

ㅌ
타남 푸래_ 160
타빠이 온천_ 180
타이 아카 키친_ 047
타이 트래디셔널 메디신 센터_ 047
타이 팜 쿠킹 스쿨_ 048
타창 힐_ 120
타패 게이트_ 038
탈레먹 윤라이_ 176
탐 므엉언_ 142
탐럿_ 177
탐쁠라_ 181
탠_ 049
테스코 로터스_ 116
테이스트 카페_ 063
토분_ 049
토요 모닝 마켓_ 072
토요 시장_ 164
티타 갤러리_ 130

ㅍ
파 란나 마사지_ 085
파인드 커피_ 073

판마니 타이 마사지_ 164
팜 스토리 하우스_ 041
팸복 폭포_ 176
퍼짜이_ 161
펀 포레스트 카페_ 044
페이퍼 스푼_ 094
펭귄 코업_ 071
포레스트 베이크_ 084
폴라_ 163
퐁가네스 커피 로스터_ 041
푸파야 마사지_ 066
푸피롬_ 163

푸핀 더이_ 119
푸핀 테라스_ 119
푸핑 궁전_ 104
프리덤 요가_ 085
플런루디 나이트 바자_ 081
플레이 웍스_ 067
플로어 플로어 슬라이스_ 063
플립스 & 플립스 홈페이드 도넛_ 071

ㅎ

한틍 찌앙마이_ 097
항동_ 116

허브 베이직스_ 049
헝때우_ 058
호시하나 숍_ 119
홀 오브 오피움_ 166
화이트 오키드 마사지_ 047
훼이깨우 폭포_ 105
훼이뜽타우_ 132
흐언므언짜이_ 070
흐언펜_ 043

사진 제공
2권 표지
JonLee / Shutterstock.com
P.009
Kittis Srak / Shutterstock.com
P.019
rivermartin / Shutterstock.com

MEMO

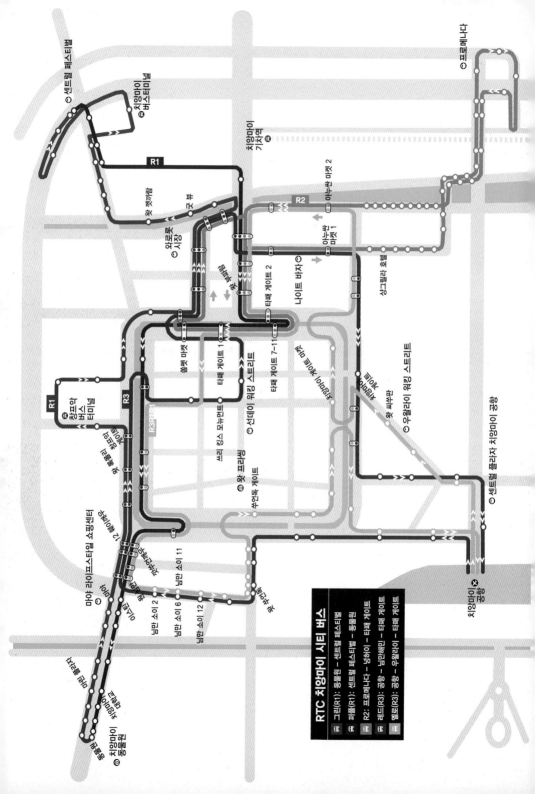

CHIANG MAI

치앙라이 | 빠이

이진경 · 김경현 지음

1

미리 보는 테마북

길벗

무작정 따라하기 치앙마이
The Cakewalk Series-CHIANG MAI

초판 발행 · 2019년 8월 5일
초판 2쇄 발행 · 2019년 12월 12일

지은이 · 이진경, 김경현
발행인 · 이종원
발행처 · (주)도서출판 길벗
출판사 등록일 · 1990년 12월 24일
주소 · 서울시 마포구 월드컵로 10길 56(서교동)
대표전화 · 02)332-0931 | **팩스** · 02)323-0586
홈페이지 · www.gilbut.co.kr | **이메일** · gilbut@gilbut.co.kr

편집팀장 · 민보람 | **기획 및 책임편집** · 백혜성(hsbaek@gilbut.co.kr)
취미실용 책임 디자인 · 강은경 | **제작** · 이준호, 손일순, 이진혁 | **영업마케팅** · 한준희
웹마케팅 · 이정, 김진영 | **영업관리** · 김명자 | **독자지원** · 송혜란, 홍혜진

1권 본문 디자인 · Nice age(강상희) | **지도** · 김경현 | **교정교열** · 추지영 | **일러스트** · 문수민
CTP 출력 · 인쇄 · 제본 · 상지사

ISBN 979-11-6050-860-4 (13980)
(길벗 도서번호 020077)

© 이진경 · 김경현

정가 16,500원

독자의 1초까지 아껴주는 정성 길벗출판사

(주)도서출판 길벗 | IT실용, IT/일반 수험서, 경제경영, 취미실용, 인문교양(더퀘스트) www.gilbut.co.kr
길벗이지톡 | 어학단행본, 어학수험서 www.eztok.co.kr
길벗스쿨 | 국어학습, 수학학습, 어린이교양, 주니어 어학학습, 교과서 www.gilbutschool.co.kr

페이스북 · www.facebook.com/travelgilbut | 네이버 포스트 · post.naver.com/travelgilbut

66

독자의 1초를 아껴주는 정성!
세상이 아무리 바쁘게 돌아가더라도
책까지 아무렇게나 빨리 만들 수는 없습니다.
인스턴트식품 같은 책보다는
오래 익힌 술이나 장맛이 밴 책을 만들고 싶습니다.

땀 흘리며 일하는 당신을 위해
한 권 한 권 마음을 다해 만들겠습니다.
마지막 페이지에서 만날 새로운 당신을 위해
더 나은 길을 준비하겠습니다.

독자의 1초를 아껴주는 정성을 만나보십시오.

99

INSTRUCTIONS
무작정 따라하기 일러두기

이 책은 전문 여행작가 2명이 치앙마이 전 지역을 누비며 찾아낸 관광 명소와 함께,
독자 여러분의 소중한 여행이 완성될 수 있도록 테마별, 지역별 정보와 다양한 여행 코스를 소개합니다.
이 책에 수록된 관광지, 맛집, 숙소, 교통 등의 여행 정보는 2019년 11월 기준이며 최대한 정확한 정보를 싣고자 노력했습니다.
하지만 출판 후 또는 독자의 여행 시점과 동선에 따라 변동될 수 있으므로 주의하실 필요가 있습니다.

1권 미리 보는 테마북

1권은 치앙마이를 비롯한 근교 지역의 다양한 여행 주제를 소개합니다. 자신의 취향에 맞는 테마를 찾은 후
2권 페이지 표시를 참고, 2권의 지역과 지도에 체크하여 여행 계획을 세울 때 활용하세요.

1권은 치앙마이와 근교의
다양한 여행 주제를
볼거리, 음식, 쇼핑,
체험으로 소개합니다.

이 책은 국립국어원 외래어
표기법을 따랐습니다. 그러나
태국어 지명이나 상점명
등은 현지 발음을 기준으로
했으며, 브랜드명은 우리에게
친숙한 것이나 국내에 소개된
명칭으로 표기했습니다.

볼거리

음식

쇼핑

체험

INFO
1권 또는 2권의
해당 스폿을
소개하는
페이지를 명시,
여행 동선을
짤 때
참고하세요!

MAP
2권에서 해당
스폿을 소개한
지역의 지도
페이지를
안내합니다.

구글 지도 GPS
위치 검색이
용이하도록
구글 지도
검색창에
입력하면 바로
장소별 위치를
알 수 있는
GPS 좌표를
알려줍니다.

찾아가기
근처
랜드마크를
기준으로 가장
쉽게 찾아갈 수
있는 방법을
설명합니다.

주소
해당 장소의
주소를
알려줍니다

전화
대표 번호
또는 각
지점의 번호를
안내합니다.

시간
해당 장소가
운영하는
시간을
알려줍니다.

휴무
특정 휴무일이
없는 현지
음식점이나
기타 장소는
'연중무휴'로
표기했습니다.

가격
입장료, 체험료,
식비 등을 소개
합니다. 식당의
경우 여러 개의
추천 메뉴가
있을 경우에는
전반적인
가격대를
알려줍니다.

홈페이지
해당 지역이나
장소의 공식
홈페이지를
기준으로
소개합니다.

2권 가서 보는 코스북

2권은 치앙마이 시내와 외곽 지역, 근교 도시를 총망라한 10개의 지역을 소개합니다.
코스는 지역별 · 일정별 · 테마별 등 다양하게 제시합니다. 1권 어떤 테마에서 소개한 곳인지 페이지 연동 표시가 되어 있으니,
참고해서 알찬 여행 계획을 세우세요.

지역 상세 지도 한눈에 보기

각 지역별로 소개하는 볼거리, 음식점, 쇼핑
장소, 체험 장소, 숙소 위치를 실측 지도를 통해
자세히 알려줍니다. 지도에는 한글 표기와 영문
표기, 소개된 본문 페이지가 함께 표시되어
있습니다. 또한 여행자의 편의를 위해 지역별
골목 사이사이에 자리한 맥도날드, 버거킹,
스타벅스 등의 프랜차이즈 숍과 편의점의
위치를 꼼꼼하게 표시했습니다.

지역&교통편 한눈에 보기

❶ 인기, 관광지, 쇼핑, 식도락, 나이트라이프, 복잡함 등의 테마별로 별점을 매겨 각 지역의 특징을 알려줍니다.
❷ 각 지역으로 가는 방법과 다니는 방법을 다양한 교통수단별로 정리했습니다.
❸ 보자, 먹자, 사자, 하자 등 놓치지 말아야 할 체크리스트를 소개합니다.

코스 무작정 따라하기

해당 지역을 완벽하게 돌아볼 수 있는 다양한
시간별, 테마별 코스를 지도와 함께 소개합니다.
❶ 장소별로 구글 지도 GPS와 다음 장소로
찾아가는 방법을 알려줍니다.
❷ 장소별로 머물기 적당한 시간을 명시했습니다.
❸ 이동 경로를 표시해 코스 동선을 한눈에 볼 수
있도록 했습니다.
❹ 코스에 필요한 입장료, 식사 비용 등을 영수증
형식으로 소개해 하루 예산을 예측할 수 있게
도와줍니다.
❺ 코스 장소 간 거리와 대략의 이동 시간을
표시해 소요 시간을 예측할 수 있게 도와줍니다.

줌 인 여행 정보

관광, 음식, 쇼핑, 체험 장소 정보를
지역별로 구분해서 소개해 여행 동선을
쉽게 짤 수 있도록 해줍니다. 실측 지도에
포함되지 못한 지역은 줌 인 지도를
제공해 더욱 완벽한 여행을 즐길 수 있게
도와줍니다.

지도에 사용된 아이콘

관광지 · 기타 지명	교통 · 시설
◎ 추천 볼거리	■ 한인업소
◎ 추천 쇼핑	⚓ 선착장
🍴 추천 레스토랑	✈ 공항
◎ 추천 즐길거리	🚕 택시 정류장
🏨 추천 호텔	🚌 버스 터미널
ⓘ 관광 안내소	Ⓟ 주차장
◎ 볼거리	👮 경찰서
🍴 유명 레스토랑	⛽ 주유소
🅗 숙소	➕ 병원
Ⓖ 게스트하우스	◎ 주요 건물
◎ 쇼핑	☆ 스타벅스
◎ 즐길 거리	7ⁱⁱ 세븐 일레븐
◎ 학교	M 맥도날드
✉ 우체국	🅱 버거킹
◎ 공원	KFC KFC

PROLOGUE

작가의 말

오늘은 아침에 일어나자마자 기분이 좋았습니다. 이불 속에서 다리를 간지럽히는 고양이가 따뜻하고 부드러 웠거든요. 다른 한 마리는 제 베개를 차지하고 누웠습니다. 머리카락을 흐트리고 얼굴을 짓눌렀지만 고양이 집 사라면 이 기분, 알 겁니다. 삼각 편대를 이룬 또 다른 꼭짓점은 제일 큰 놈이 차지했습니다. 앵앵거려 만져주었 더니 벌러덩 뒤집어집니다. 덩치에 걸맞지 않게 애교가 아주 많습니다. 이불에서 벗어나 고양이 밥그릇을 설거지 했습니다. 왼손 고무장갑에 구멍이 났네요. 물이 들어간 줄 알고 뒤집어 말려놓았는데 그게 아니었습니다. 고무 장갑을 빙빙 돌려봐도 속에 공기가 차지 않아요. 야호! 확실히 구멍이 났습니다. 왜인지 우리 집 고무장갑은 오 른손만 구멍이 나서 왼손 고무장갑이 쌓여 있어요. 오늘에야 마침내 왼손 고무장갑이 빛을 보게 되었습니다!

이 이야기를 메모장에 '오늘의 기쁨'이라는 제목으로 적어보았습니다. 너무나 소소해 어디 가서 이야기할 거리 는 못 되는데 여기에 적네요. 뭐, 별것 있습니까?

몇 해 전 치앙마이에서 친구를 만났습니다. 세월이 야속하게도 1년에 한 번 만날까 말까 한 친구인데 마침 치 앙마이에서 우연히 만난 겁니다. 아이들 다 떼어놓고 치앙마이로 여행 온 친구는 책을 여러 권 챙겨 왔더군요. 독 서 모임을 준비하며 치앙마이를 쉬엄쉬엄 즐기다 갈 생각이었나 봅니다. "쇼핑 좋아해?" 제 물음에 친구는 심드 렁했습니다. 그런 친구를 이끌고 OTOP 엑스포가 열리는 컨벤션 센터를 찾았습니다. 1년에 딱 한 번 열리는 행 사라 너무 가보고 싶었거든요. 쇼핑에 관심 없다던 친구는 이곳에서 누구누구를 위한 꿀과 커피를 다량 구매했 습니다. 주말 시장에서는 "어머, 이건 사야 돼"라며 코끼리 바지를 잔뜩 샀습니다. 뭐? 쇼핑에 관심 없다고? 저는 트렁크 무게를 걱정하는 친구에게 책을 버리라고 충고했습니다.

저는 애주가입니다. 치앙마이에서도 하루의 끝을 술과 함께 마무리했죠. 술을 마시면서 이런 이야기를 하는 건 뭣하지만, 건강과 다이어트를 위해 안주는 단백질 위주로 고릅니다. 기름기 쏙 뺀 까이양과 길거리 꼬치는 단 골 안주이고, 쏨땀은 매일 먹었습니다. 이런 이유로 까이양 집을 문턱이 닳도록 드나들었습니다. 남만해민의 '쏨 땀 욕크록', 싼띠탐의 '쏨땀 우돈', 센트럴 페스티벌의 '아이딘끄린크록'과 책에는 소개하지 않은 싼띠탐의 5B짜 리 꼬치를 특히 좋아합니다. 다 해봤자 100B도 안 되는 꼬치를 사러 일부러 싼띠탐에 가곤 했습니다. 치앙마이 의 까이양과 꼬치에 맛들이니 한국의 프라이드치킨은 영 손이 안 가는 요즘입니다. 혹시 한국에도 치앙마이의 까이양 맛을 내는 곳이 있나요? 쏨땀은 그럭저럭 만들어 먹을 수 있는데 말이죠. 자랑은 아닌데요, 저는 쏨땀용 절구도 있습니다.

커피는 이번 취재를 계기로 즐겨 마시게 됐습니다. 하루 한 번 이상, 그것도 이름 있는 카페를 다니며 오롯이 커피만 즐기다 보니 커피 맛을 대충 알겠더군요. 물론 대충입니다. 치앙마이 책이 끝나면 바리스타 자격증을 따

야겠다는 결심도 했습니다. 게으름 병을 타고나 언제 실천에 옮길지는 미지수이지만 커피에 대해 좀 더 알고 싶어졌습니다. 캡슐 커피에 의존했던 저는 치앙마이에서 일상을 살며 핸드 드립에 익숙하게 됐습니다. 요즘에는 주변 로스터리 카페를 방문해 맘에 드는 원두를 고르기도 합니다.

도대체 무슨 말을 하고 있냐고요? 뭐, 별것 없습니다. 치앙마이는 어쩌면 '오늘의 기쁨'과도 같은 곳입니다. 소소한 기쁨이 가득하죠. 그게 커피일 수도 있고, 쇼핑일 수도 있습니다. 여러 볼거리도 빼놓을 수 없습니다. 특히 왓 프라탓 도이쑤텝을 포함해 책에 소개한 사원은 일단 가보세요. 참 좋습니다. 별것 아닐 수 있는 그곳에서 저는 치유의 시간을 가졌습니다. 코끼리 캠프를 가지 않아도, 치앙마이에는 즐거움이 가득합니다.

책이 나오기까지 고생하신 고마운 분들이 참 많습니다. 가장 먼저 백혜성 편집자님, 고맙습니다. 똑똑한 데다 꼼꼼하기까지 한 최고의 편집자입니다. 앞으로는 정시에 퇴근하시길 바라요. 파이팅! 완성된 원고를 위해 수고하신 교정 교열 담당자님, 글과 사진을 책으로 만들어주신 디자이너께도 고개 숙여 감사드립니다. 수고 많으셨습니다.

고양이 집사 주제에 이번에도 뻔뻔하게 오래 집을 비웠네요. 고양이를 돌봐준 여러분들 덕분입니다. 배성수 조카야, 고맙다. 덕분에 고양이 걱정 덜고 잘 다녔다. 네 공이 컸어. 배성수 엄마, 이지현 님도 고맙습니다. 8년 간이나 흰대를 괴롭히던 우리 집 폭력냥 랭이를 거두어주신 이복임, 정재화 님 가족, 복 받을 겁니다.
가까이에서 늘 고양이를 돌봐주는 비비·파이네 김효숙, 신호승, 신은주 님에게도 고마움을 전합니다. 우리는 영원한 술친구예요.

원고 교정 기간, 지인이 한 달가량 치앙마이를 여행했습니다. 그리고 본의 아니게 ≪무작정 따라하기 치앙마이≫의 요원이 되었죠. 귀찮을 법한 이런저런 요구를 "심심했는데 잘됐다"며 기꺼이 도와주었습니다. 전여진 님, 너무너무 고맙습니다. 팔목과 갑상선 관리 잘하세요. 한국으로 돌아온 그녀가 이러더군요.

"쏘이 왓 우몽을 걷다가 No.39 카페에 들어갔어. 기대했던 것보다 초라해서
이게 뭐지 했는데, 그때부터 치앙마이가 너무 사랑스러운 거야.
치앙마이는 원래 그런 곳이잖아."

INTRO

무작정 따라하기 | 태국 국가 정보

국가명
쁘라텟 타이, 태국

**Kingdom of
Thailand**

수도
끄룽텝, 방콕

Bangkok

국기

현 짜끄리 왕조의 라마 6세 때인 1917년부터 사용했다. 청색은 국왕, 흰색은 불교, 적색은 국민의 피를 상징한다. 태국어로는 '통뜨라이롱'이라고 한다.

면적
51만 4000㎢로 한반도의 약 2.3배, 대한민국 면적의 약 5배이다. 국토의 28%가 삼림지대, 약 41%는 경작지로 구성되어 있다. 지역은 치앙마이를 중심으로 하는 북부, 방콕을 중심으로 하는 중부, 나컨 랏차씨마를 중심으로 하는 이싼(동북부), 푸껫을 중심으로 하는 남부로 나뉠 수 있다.

514,000 km²

위치
동남아시아 인도차이나반도의 중앙에 자리한다. 북서쪽으로 미얀마, 북동쪽으로 라오스, 동쪽으로 캄보디아, 남쪽으로 말레이시아와 국경을 접하고 있다.

인구
6928만 명(2019년 기준)

종교
불교 90%, 이슬람교 6%, 기독교 2%, 기타 2%

인종
태국 75%, 중국 14%, 말레이 11%

기후
열대몬순기후로 치앙마이의 연평균 기온은 25.6℃, 연간 강수량은 1184mm다. 가장 더울 때와 추울 때의 평균 기온 차이는 7.7℃로 크지 않으나, 우기(여름, 5~10월)와 건기(겨울, 11~3월)의 평균 강수량은 235mm로 큰 차이를 보인다. 여행하기 가장 좋은 시기는 맑고 시원한 11~1월. 2~4월 초는 미세먼지가 심하다.

여권&비자
왕복 항공권과 유효기간이 6개월 이상 남은 여권을 소지하면 무비자로 90일간 체류 가능.

PASS

언어
공용어 태국어.
여행 관련 종사자들은 대부분 영어를 구사한다.

시차
한국보다 2시간 늦다. 한국이 오전 10시면 태국은 오전 8시.

화폐

공식 화폐는 밧(B, Baht)이다. 지폐로는 20B, 50B, 100B, 500B, 1000B이 있다.
동전은 1B, 5B, 10B과 25사땅, 50사땅을 사용한다. 1B은 100사땅이다.

환율

1B=약 40원(2019년 11월 기준)

신용카드

VISA, Mastercard, AMEX, JCB 등 해외 결제가 가능한 신용카드를 사용할 수 있다. 신용카드는 고급 호텔, 고급 레스토랑, 백화점 등에서는 사용하기 편리하다. 그러나 편의점을 비롯해 일부 레스토랑과 상점은 일정 금액 이상이어야 신용카드로 결제가 가능하고, 서민 식당 등지에서는 아예 사용할 수 없는 경우가 많다.

환전

태국에서는 우리나라 원화를 환전하기 쉽지 않으므로 한국에서 미리 환전하는 것이 편리하다. 미국 달러는 태국 어디에서든 자유롭게 환전할 수 있으므로 장기 체류를 위해 목돈을 준비하는 경우 미국 달러로 환전하는 것도 괜찮다.

ATM

곳곳에 자리한 ATM에서 체크·신용카드로 현금 인출(Withdrawal)을 할 수 있다. 은행에 따라 환율 편차가 크기 때문에 제시한 환율을 꼼꼼히 따져보는 것이 좋다. 수수료는 220B가량 나온다.

화장실

사원 화장실을 이용하면 편리하다. 대부분 무료로 이용 가능하고 깨끗하다. 레스토랑과 카페, 쇼핑센터의 화장실도 깔끔하고 편리하다.

스마트폰

공항과 대부분의 숙소를 비롯해 일부 쇼핑센터와 레스토랑에서 무료 와이파이를 제공하지만 속도는 장담할 수 없다. 가장 편리한 방법은 태국 심카드를 구매하는 것이다. AIS, Dtac, True 등의 통신사에서 기간, 데이터와 통화량에 따라 다양한 상품을 선보인다. 심카드는 치앙마이·쑤완나품 공항 입국장의 해당 통신사 부스에서 구매하거나 여행 액티비티 플랫폼을 통해 예약 구매하면 편리하다. 포켓 와이파이는 일행이 많고 한국의 전화번호가 필요한 경우에 유용하다.

와이파이

대부분의 레스토랑과 숙소에서 무료 와이파이를 제공한다. 아이디와 비밀번호는 별도로 문의해야 하는 경우가 많다.

전압

220~240V. 콘센트 모양은 다르지만 별도의 어댑터 없이 한국 플러그를 사용해도 된다.

식수

태국의 수돗물은 석회질이 함유돼 있어 식수로 적당하지 않다. 반드시 생수를 마실 것. 커피와 라면을 끓일 때도 생수를 사용해야 한다.

우편

시내 곳곳에 우체국이 있다.

INTRO
무작정 따라하기 치앙마이 지역 한눈에 보기

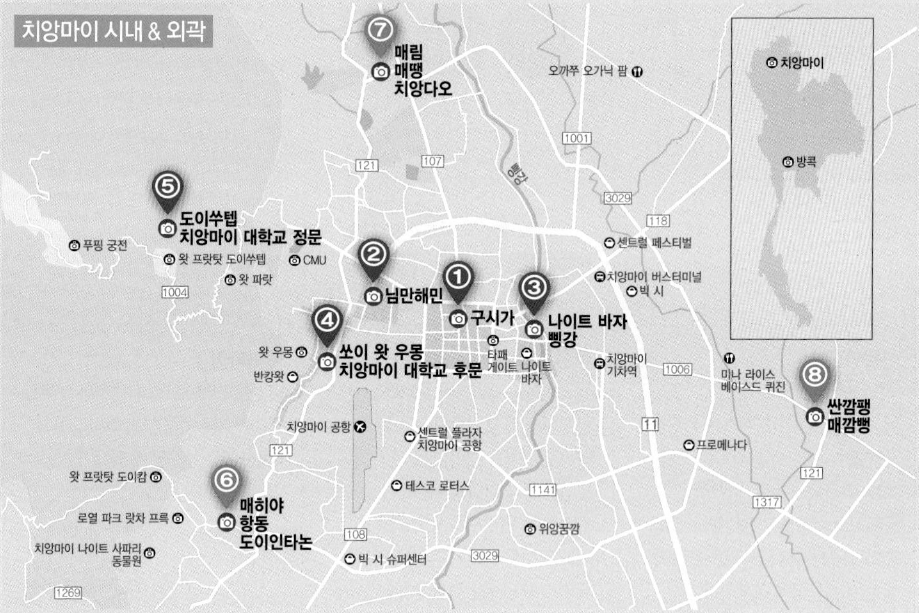
치앙마이 시내 & 외곽
⑦ 매림 매땡 치앙다오
오까쭈 오가닉 팜
1001
121
107
삥강
3029
118
⑤ 도이쑤텝 치앙마이 대학교 정문
푸핑 궁전
왓 프랏탓 도이쑤텝
CMU
왓 파랏
1004
② 님만해민
① 구시가
③ 나이트 바자 삥강
센트럴 페스티벌
치앙마이 버스터미널
빅 시
④ 쏘이 왓 우몽 치앙마이 대학교 후문
왓 우몽
반캉왓
타패 게이트
나이트 바자
치앙마이 기차역
1006
미나 라이스 베이스드 퀴진
⑧ 싼깜팽 매깜뻥
치앙마이 공항
센트럴 플라자 치앙마이 공항
121
11
프로메나다
왓 프랏탓 도이캄
⑥ 매히야 항동 도이인타논
로열 파크 랏차 프룩
치앙마이 나이트 사파리 동물원
테스코 로터스
1141
1317
121
위앙꿈깜
108
빅 시 슈퍼센터
3029
1269
치앙마이
방콕

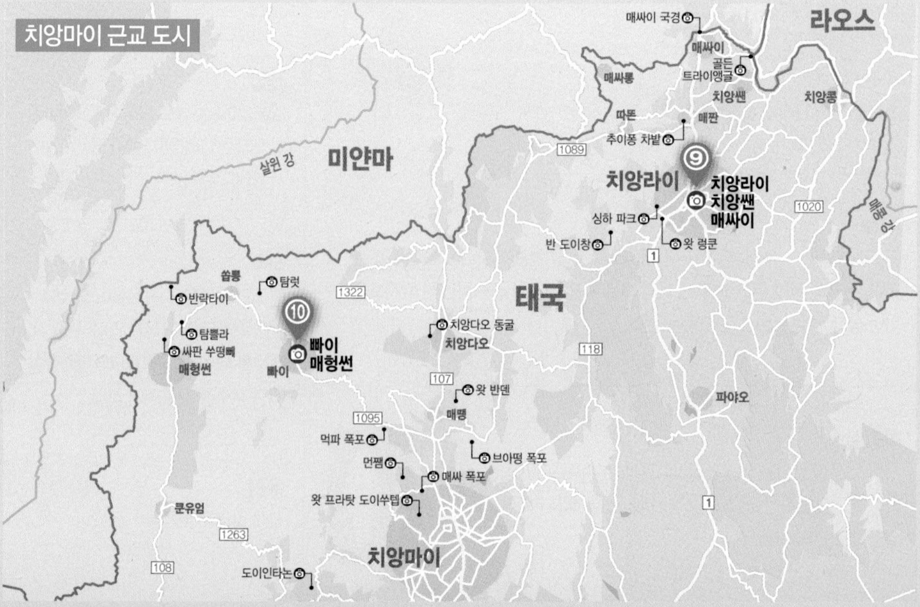
치앙마이 근교 도시
매싸이 국경
라오스
매싸이
골든 트라이앵글
매싸롱
치앙쌘
치앙콩
따똔
매짠
추이퐁 차밭
1089
미얀마
살윈 강
⑨ 치앙라이 치앙쌘 매싸이
치앙라이
싱하 파크
1020
메콩 강
반 도이창
왓 렁쿤
1
쏩퐁
탐럿
1322
태국
반락타이
⑩ 빠이 매헝썬
탐쁠라
싸판 쑤떵뻬
매헝썬
빠이
치앙다오 동굴
치앙다오
118
107
왓 반덴
매땡
파야오
1095
먹파 폭포
브아떵 폭포
먼잼
매싸 폭포
왓 프라탓 도이쑤텝
1
쿤유엄
1263
치앙마이
108
도이인타논

AREA 1 ▶ 치앙마이 구시가 Chiang Mai Old Town

📷 관광 ★★★★★ 🍴 식도락 ★★★★★ 🛍 쇼핑 ★★★★★

란나의 숨결 깃든 치앙마이 핵심 관광지
란나 왕국의 수도였던 과거의 흔적이 현재까지 남아 있는 치앙마이의 핵심 관광지

이런 분들에게 잘 어울려요

| 🚶 치앙마이를 찾은 모든 여행자 | 👫 치앙마이 고유의 매력이 궁금한 전 연령 여행자 | 📷 관광과 미식, 쇼핑 모두 놓치고 싶지 않은 사람 |

AREA 2 ▶ 님만해민 Nimmanhaemin

📷 관광 ★☆☆☆☆ 🍴 식도락 ★★★★★ 🛍 쇼핑 ★★★★★

유행을 선도하는 거리
치앙마이의 트렌드를 이끄는 거리로, 동서로 뻗은 골목길 쏘이를 따라 레스토랑과 카페, 쇼핑센터가 몰려 있다.

이런 분들에게 잘 어울려요

| 👩 볼거리보다 쇼핑과 미식이 우선인 도심형 여행자 | 👫 트렌드세터라 자부하는 여행자 | 📱 SNS와 블로그에 카페 놀이를 자랑하고 싶은 당신 |

AREA 3 ▶ 나이트 바자 Night Bazaar · 삥강 Ping River

📷 관광 ★★★☆☆ 🍴 식도락 ★★★★☆ 🛍 쇼핑 ★★★★★

치앙마이 핵심 상권
치앙마이의 핵심 상권을 이루는 지역으로 매일 저녁 규모가 큰 야시장이 형성된다. 고급 레스토랑과 호텔이 즐비한 삥강 주변은 비교적 차분한 분위기다.

이런 분들에게 잘 어울려요

| 🍸 열정적인 나이트라이프를 계획 중인 당신 | 🛎 고급호텔의 여유를 즐기고 싶은 사람 | 👫 낮보다 밤에 깨어 있는 올빼미형 여행자 |

AREA 4 ▶ 쏘이 왓 우몽 Soi Wat Umong · 치앙마이 대학교 후문 CMU

📷 관광 ★★☆☆☆ 🍴 식도락 ★★★☆☆ 🛍 쇼핑 ★★★☆☆

요즘 젊은이들의 핫 플레이스
핵심은 쏘이 왓 우몽이라 불리는 거리로, 좁은 길을 따라 트렌디한 카페와 상점이 가득하다.

이런 분들에게 잘 어울려요

| 👩 유행에 민감한 2030 힙스터 여행자 | 📱 유니크한 아이템을 찾는 개성 뚜렷한 쇼퍼 | 🏠 저렴한 숙소를 찾는 장기 여행자 |

AREA 5   도이쑤텝 Doi Suthep · **치앙마이 대학교 정문** CMU

📷 관광 ★★★★★   🍴 식도락 ★☆☆☆☆   🛍 쇼핑 ★★☆☆☆

치앙마이 으뜸 사원을 찾아서

치앙마이 으뜸 볼거리인 왓 프라탓 도이쑤텝이 있는 필수 관광 지역이다.

이런 분들에게 잘 어울려요

🧑‍🤝‍🧑 치앙마이를 찾은 모든 여행자	🧳 치앙마이가 처음인 사람	📷 그 무엇보다 관광이 우선인 여행자

AREA 6   매히야 Mae Hea · 항동 Hang Dong · **도이인타논** Doi Inthanon

📷 관광 ★★★★☆   🍴 식도락 ★★★★☆   🛍 쇼핑 ★★★☆☆

하루 나들이 코스로 제격

치앙마이와는 또 다른 여유로운 분위기를 간직한 근교 지역으로 굵직한 볼거리와 맛있는 레스토랑이 여럿 있다.

이런 분들에게 잘 어울려요

🚶 트레킹을 즐기는 자연 애호가	🍽 거리가 멀더라도 맛있는 레스토랑을 찾는 미식가	🏙 치앙마이의 다양한 매력을 섭렵하고 싶은 장기 여행자

AREA 7   매림 Mae Rim · 매땡 Mae Taeng · **치앙다오** Chiang Dao

📷 관광 ★★★★★   🍴 식도락 ★★★★☆   🛍 쇼핑 ★★☆☆☆

놓치고 싶지 않은 볼거리 가득

치앙마이 시내에서 북쪽에 위치한 지역으로 푸르른 자연을 즐기기에 제격이다.

이런 분들에게 잘 어울려요

🌿 자연에 파묻혀 느긋한 시간을 보내고 싶은 여행자	🐘 코끼리 캠프, 짚라인 등 다양한 액티비티를 즐기고 싶은 여행자	👨‍👩‍👧 아이를 동반한 가족 여행

AREA 8   싼깜팽 San Kamphaeng · **매깜뻥** Mae Kampong

📷 관광 ★★★☆☆   🍴 식도락 ★★★☆☆   🛍 쇼핑 ★★★☆☆

감성을 살찌우는 동네

버쌍과 마이이얌, 매깜뻥 등 북부 이미지를 대표하는 예술적인 감성이 충만한 지역.

이런 분들에게 잘 어울려요

🎥 예술 감성에 목말라 있는 당신	🚶 고즈넉한 시간을 즐기고 싶은 나 홀로 여행자	🏙 치앙마이의 다양한 매력을 섭렵하고 싶은 장기 여행자

AREA 9 치앙라이 CHIANG RAI · 치앙쌘 CHIANG SAEN · 매싸이 MAE SAI

📷 관광 ★★★★★ 🍴 식도락 ★★★★☆ 🛍 쇼핑 ★★★★☆

도시와 자연의 조화
치앙마이와 더불어 태국 북부를 대표하는 도시. 화이트 템플, 싱하 파크 등 어마어마한 볼거리를 품고 있다.

  이런 분들에게 잘 어울려요

| 🚶 치앙마이가 처음이 아닌 여행자 | 🚌 태국 북부의 다양한 모습을 보고 싶은 여행자 | 🎒 장시간의 1일 투어를 감내할 수 있는 체력의 소유자 |

AREA 10 빠이 Pai · 매헝썬 Mae Hong Son

📷 관광 ★★★☆☆ 🍴 식도락 ★★☆☆☆ 🛍 쇼핑 ★★☆☆☆

서정적인 시골 마을
치앙마이에서 약 130km 떨어져 있는 시골 마을이자 배낭여행자들의 성지다. 전원 풍경을 즐기며 여행에 쉼표를 찍어본다.

  이런 분들에게 잘 어울려요

| 🏠 아무 것도 하지 않는 게으른 여행을 하고 싶은 사람 | 🌅 평화로운 전원 풍경이 위로가 되는 스트레스 많은 직장인 | 🚶 배낭여행의 낭만이 궁금한 배낭여행 무경험자 |

STORY

무작정 따라하기 **치앙마이 여행 캘린더**

| Jan | Feb | Mar | Apr | May | Jun |

2~4월 초
건기이지만 미얀마와
북부 산지의 화전으로
인해 미세먼지가
심하다.

4월
혹서기. 평균기온은
5월과 비슷하지만
강수량이 적어 더 덥게
느껴진다.

1월 **1일 완 큰삐마이** 새해
2월 **19일 완 마카부차** 음력 1월 보름. 부처님의 설법을 듣기 위해
1250명의 제자가 모인 것을 기념하는 불교 행사
*주류 판매 금지

4월 **8일 완 짜끄리** 짜끄리 왕조 기념일
13~17일 완 쏭끄란 태국의 전통적인 새해 행사
5월 **1일 노동절**
20일 완 위싸카부차 음력 4월 보름. 부처님 오신 날
*주류 판매 금지

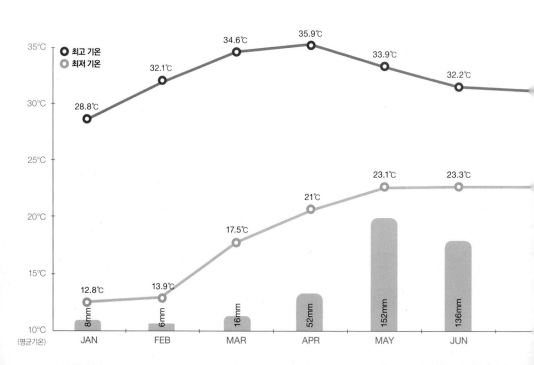

○ 최고 기온
○ 최저 기온

	JAN	FEB	MAR	APR	MAY	JUN
최고 기온	28.8℃	32.1℃	34.6℃	35.9℃	33.9℃	32.2℃
최저 기온	12.8℃	13.9℃	17.5℃	21℃	23.1℃	23.3℃
강수량	8mm	6mm	16mm	52mm	152mm	136mm

(평균기온)

Jul	Aug	Sep	Oct	Nov	Dec

5~10월
우기. 덥고 습하다.
5~6월에는 비가 그치면
맑은 하늘을 볼 수 있다.

11~1월
건기. 화창하고
시원하다. 여행하기
가장 좋은 시기.

7월 **16일 완 아싼하부차** 부처님의 첫 설법을 기념하는 불교 행사
　*주류 판매 금지
　17일 완 카오판싸 스님들이 우기 동안 이뤄지는 석 달간의
　안거에 들어가는 첫째 날
　*주류 판매 금지
　30일 라마 10세 국왕의 생일
8월 **12일 씨리낏 여왕의 생일 & 어머니의 날**

10월 **14일 라마 9세 애도의 날**
　　23일 완 삐야마하랏 1910년 10월 23일에 서거한 쭐라롱껀
　　대왕 기념일
11월 **4일 러이끄라통** 강물 위로 배를 띄워 보내며 물의 신에게 행복을
　　기원하는 태국 최대 축제
12월 **5일 별세한 라마 9세의 생일 & 아버지의 날**
　　12일 완 랏타탐마눈 제헌절
　　31일 완 씬삐 한 해의 마지막 날

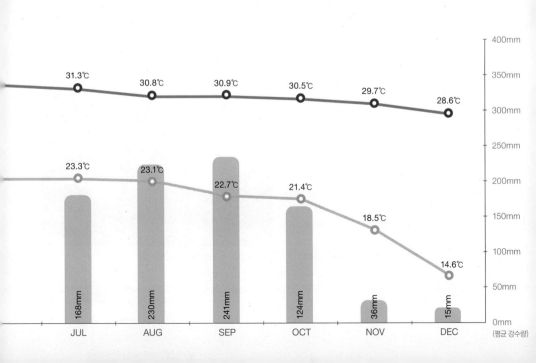

	JUL	AUG	SEP	OCT	NOV	DEC
최고기온	31.3℃	30.8℃	30.9℃	30.5℃	29.7℃	28.6℃
최저기온	23.3℃	23.1℃	22.7℃	21.4℃	18.5℃	14.6℃
평균 강수량	168mm	230mm	241mm	124mm	36mm	15mm

400mm
350mm
300mm
250mm
200mm
150mm
100mm
50mm
0mm

(평균 강수량)

STORY

무작정 따라하기 란나 왕국의 역사

란나 왕국은 1292년부터 1774년까지 현재의 치앙마이를 포함한 태국 북부 지역을 기반으로 세워진 나라로, 남방의 쑤코타이, 아유타야 왕조와는 완전히 다른 패권을 구축했던 독립 왕국이다.

설립 초기

은양(치앙쌘)의 25번째 왕이었던 멩라이는 1262년 은양에서 치앙라이로 수도를 옮겼다. 치앙라이는 새로 발견한 땅이었는데 멩라이는 그곳을 '멩라이의 도시(치앙라이)'라고 이름 지었다. 멩라이는 1281년 하리푼차이(람푼)의 몬 왕국을 정복하며 남쪽으로 영토를 확장했다. 이후 위앙꿈깜을 거쳐 1296년 치앙마이로 수도를 옮겼다. 멩라이는 치앙마이를 기반으로 영토를 확장하고 인근 나라에서 조공을 받는 등 왕국으로서 기강을 확고히 했다.

혼란기

1311년경 멩라이가 사망하자 그의 아들 그라마가 왕위를 계승했다. 그라마가 그의 아들 쌘푸에게 왕위를 물려주고 물러나려 하자 몽나이 지역의 통치자이자 멩라이의 막내아들이 왕위 찬탈을 도모했다. 아버지가 있던 치앙라이로 도망갔던 쌘푸는 동생과 힘을 합쳐 삼촌을 몰아내고 1322년(혹은 1324년)에 다시 왕위에 올랐다. 이어 쌘푸는 1325년(혹은 1328년)에 치앙마이에서 치앙쌘으로 수도를 옮겼다. 치앙마이로 다시 수

도를 옮긴 것은 쌘푸의 손자인 파유 왕 때이다. 파유 왕은 도시를 요새화하고, 왓 프라씽을 건립했다. 란나 왕국은 쌘므엉마 왕 때부터 여러 도시로부터 조공을 받는 등 평화로운 시대를 누렸다. 아유타야 등에 업은 반란이 있었으나 이 또한 잘 막아냈다.

전성기

란나 왕국의 전성기를 이룩한 것은 띠록까랏 왕(재위 1441~1487)
이었다. 1456년에는 속국이었던 파야오 왕국을 완전히 점령했다.
당시 남쪽에서는 아유타야 왕국이 번성했는데 아유타야의 원조
를 받은 그의 형제가 왕위 찬탈을 꿈꾸며 대립했다. 아유타야와
는 아유타야-란나 전쟁을 벌이며 1475
년에 휴전하기까지 지속적으로 대립했
다. 띠록까랏 왕은 베트남의 영향력 아
래 있던 라오스 란쌍 왕국의 독립을 돕
기도 했다. 또한 테라바다 불교로 왕국
의 불교 제도를 확립하고 다수의 사원
을 건립했다.

쇠퇴기

띠록까랏 왕 사후에 왕국은 급격히 쇠퇴했다.
1507년 파야깨우 왕이 아유타야 왕국을 침공했
으나 패퇴했다. 1545년에는 차이랏차티랏이 지
배하는 아유타야 왕국이 란나 왕국을 침공해 승
리를 거뒀다. 란나 왕국의 찌라쁘라파 여왕은
람빵과 람푼을 넘겼고, 란나 왕국은 아유타야
왕국의 속국으로 전락했다. 찌라쁘라파 여왕은
1546년 스스로 왕위에서 물러났다.
1558년부터 란나 왕국은 약 200년간 버마의 지배
를 받았다. 이후 싸얌 왕국의 영향력 아래 있다가 1774년
톤부리 왕조의 침략으로 멸망했다.

STORY

무작정 따라하기 태국인의 문화와 생활

알아두면 유용한 태국의 문화와 생활방식을 소개한다. 어떤 것은 한국과 너무나 다르고, 또 어떤 것은 사소해 보일지라도 여행자들은 그들의 문화와 생활방식을 존중하며 따르는 것이 현명하다.

종교

태국은 전체 국민의 90% 이상이 불교를 신봉하는 불교 국가다. 태국에서 불교는 생활 곳곳에 침투해 있어 종교를 빼고 태국의 생활을 이야기할 수 없다. 치앙마이에는 크고 작은 사원이 아주 많다. 스님들은 속세와 만나는 하루를 탁밧(탁발)으로 시작한다. 이른 아침 동네를 도는 스님들에게 태국 사람들은 예를 갖춰 공양한다. 탁밧 외에 집이나 가게 앞에 작은 사당을 만들어 음식과 꽃을 공양하기도 한다. 사당이 따로 없는 경우에는 접시에 음식을 담아 내놓는다. 이렇게 공양된 음식은 고맙게도 길거리 강아지나 고양이의 먹이가 된다.

> **TIP** 사원 방문 시 주의할 점
> ✔불상이나 그림이 안치된 사원 내부로 들어갈 때는 신발을 벗어야 한다. 발을 더럽히기 싫다면 양말을 준비하자.
> ✔옷을 갖춰 입어야 한다. 무릎이 보이는 치마나 바지, 소매 없는 셔츠 차림으로는 입장이 제한될 수 있다.
> ✔여성들은 어떤 경우에도 스님들과 신체 접촉을 해서는 안 된다. 물건을 전달해야 한다면 다른 남자를 통하거나 스님이 펼쳐놓은 천에 물건을 올려놓으면 된다.

관습

반드시 따를 필요는 없지만 전통적인 관습을 존중하는 여행자가 무조건 환영받는다.

태국의 가장 독특한 관습 중 하나는 와이다. 와이는 두 손을 모아 위로 향하게 하고 머리를 숙이는 태국의 전통적인 인사법. 말로만 '컵쿤카(크랍)' 하는 것보다 어설프게나마 와이를 함께 하면 상대방도 더 친절하게 대해 준다.

태국에서는 싸눅과 마이뻰라이에 익숙해져야 한다. '재미있게 놀다'라는 뜻의 싸눅은 인생은 재미있어야 한다는 태국인의 마인드를 나타내는 단어다. 마이뻰라이는 '괜찮다, 문제없다'는 의미다. 전혀 다른 두 단어가 태국에서는 연관이 깊은데, 일이 꼬이고 잘못돼도 괜찮다고 넘기고 그저 즐기라는 것이다. 주문한 음식이 잘못 나와도 마이뻰라이, 택시 기사가 길을 몰라도 마이뻰라이라고 한다. 적반하장의 상황이라도 절대 화내지 말자. 어차피 태국인들은 마이뻰라이니까 화를 내봐야 나만 손해다. 태국의 관습이려니 하고 싸눅의 마인드를 가지면 모든 일이 마이뻰라이다.

식사 예절

전통적으로 대가족을 이루며 살기 때문에 밥과 반찬을 나눠 먹는 문화가 일반적이다. 대신 밥과 반찬은 개인 접시에 덜어 먹는다. 밥을 먹을 때는 숟가락과 포크를 사용한다. 통상적으로 숟가락은 오른손, 포크는 왼손에 쥔다. 국수를 먹을 때는 젓가락을 사용한다.

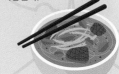

교통

시내를 다닐 때는 일반적으로 흔히 보이는 빨간색 썽태우를 이용한다. 기본요금 20B으로 지나가는 썽태우를 세워 목적지를 말하고 타면 된다. 여행자들은 기본요금으로 어느 정도 거리를 갈 수 있는지 잘 몰라 간간이 곤혹을 겪기도 한다.

RTC 치앙마이 시티 버스는 한국 버스와 크게 다르지 않은 치앙마이 최초의 본격적인 버스 시스템이다. 5개 노선으로 운행되는 버스의 정류장과 위치는 스마트폰 앱 ViaBus(안드로이드 · 아이폰), CM Transit by RTC(안드로이드)로 확인할 수 있다.

치앙마이 시내에서 운행하는 공공 썽태우는 노선과 시간표를 알아두면 편하게 이용할 수 있다. 에어컨이 가동되는 미니버스인데 요금이 15B으로 저렴하다. 여행자보다는 현지인들이 주로 이용한다.

여행자에게 가장 편리한 교통수단은 그랩(Grab)이다. 바가지를 쓸염려가 없고, 흥정할 필요도 없다. 요금은 조금 높지만 일행이 3~4명이고 시내를 움직인다면 썽태우와 비슷한 요금으로 이용할 수 있다.

미터 택시는 치앙마이 공항과 센트럴 백화점에서 주로 이용한다. 그밖의 장소에서는 눈에 잘 띄지 않는다.

팁

치앙마이에서는 고급 레스토랑 외에 부가세와 봉사료를 따로 받는 곳이 거의 없다. 그렇다고 일반 식당에서 팁을 따로 챙겨주는 분위기도 아니다. 하지만 팁을 싫어하는 사람이 있을까. 음식이나 서

비스에 만족했다면 약간의 팁을 준비하자. 현금으로 계산했다면 잔돈을 남기면 된다. 마사지와 스파 업소에서는 10~20% 정도의 팁이 적절하다. 1시간에 300B 정도 가격이라면 20~50B을 팁으로 생각하면 된다. 지폐 단위에 맞춰 20B, 40B, 50B 정도가 적절하다.

개와 고양이

사원과 길거리, 음식점 등지에 개와 고양이가 많다. 치앙마이는 태국의 다른 지역에 비해 날씨가 선선해서 개와 고양이가 활발하게 움직이는 편이다. 가끔 공격성을 띠는 개도 있어 '개 조심' 팻말을 둔 사원도 있다. 개의 공격을 피하려면 개를 빤히 쳐다보는 행동은 하지 않는 것이 좋다. 개들에게는 그 자체가 위협이다. 무리를 지어 졸졸 쫓아오는 경우에도 모르는 척하는 게 상책이다

◎ STORY

무작정 따라하기 치앙마이 여행 미션

1 MISSION

치앙마이 명소를 반드시 찾아라

왓 프라탓 도이쑤텝과 왓 프라씽, 왓 쩨디루앙, 왓 치앙만은 치앙마이에서 반드시 봐야 할 명소다. 치앙마이에 단 하루만 머문다면 이들을 놓치지 말자.

2 MISSION

주요 사원을 방문하라

역사적으로 중요하고, 개성 넘치는 볼거리를 지닌 사원이 아주 많다. 치앙마이 명소로 소개한 사원에 비해 고즈넉한 분위기가 장점이다.

3 MISSION

주말 시장을 찾아라

우왈라이 · 선데이 워킹 스트리트와 토요 모닝 마켓, 러스틱 마켓 등 깜짝 요일 시장에서 북부 감성이 깃든 아이템을 쇼핑하자. 핸드메이드 제품도 다양하다.

4 MISSION

카페 놀이를 즐겨라

아카 아마 커피와 리스트레토는 반드시 찾아봐야 할 치앙마이 커피 명소다. 그 밖에 시내와 근교에 로스터리 카페와 분위기 좋은 카페가 많다.

치앙마이 근교 여행을 떠나라

항동, 매림, 매땡, 싼깜팽은 그랩과 썽태우, 도이인타논은 1일 투어로 찾기 좋다. 그중 싼깜팽의 마이이얌 현대 미술관은 강력 추천하는 볼거리다.

5
MISSION

저렴한 마사지를 즐겨라 **7** **MISSION**

치앙마이에서는 마사지에 큰돈을 쓸 이유가 없다. 1시간에 300B(타이 마사지 기준) 이내의 가격으로 수준 높은 마사지를 제공하는 곳이 흔하다.

6
MISSION ### 북부 요리와 태국 전역의 요리를 즐겨라

카우쏘이, 남니여우, 깽항레 등 북부 요리는 기본, 태국 전역의 요리를 즐기자. 까이양 등 이싼 요리 맛집이 많은 것도 특징이다.

9
MISS

8
MISSION

열대 과일을 먹고 또 먹어라

산지에서 저렴한 가격으로 열대 과일을 즐기자. 열대 과일 중에서도 제철 과일이 저렴하고 맛있다. 한국에서 과도를 챙겨 가면 유용하다.

쿠킹 스쿨에 참여하라

태국 요리도 배우고 전 세계인들과 친구가 될 수 있는 기회다. 치앙마이 시내와 치앙마이 외곽 농장에서 열리는 쿠킹 스쿨 등 선택의 폭이 넓다.

10
MISSION

치앙라이와 빠이를 여행하라

장기 여행자라면 치앙라이와 빠이를 여행하자. 치앙라이는 볼거리 위주, 빠이는 휴식 위주의 여행에 어울리는 지역이다.

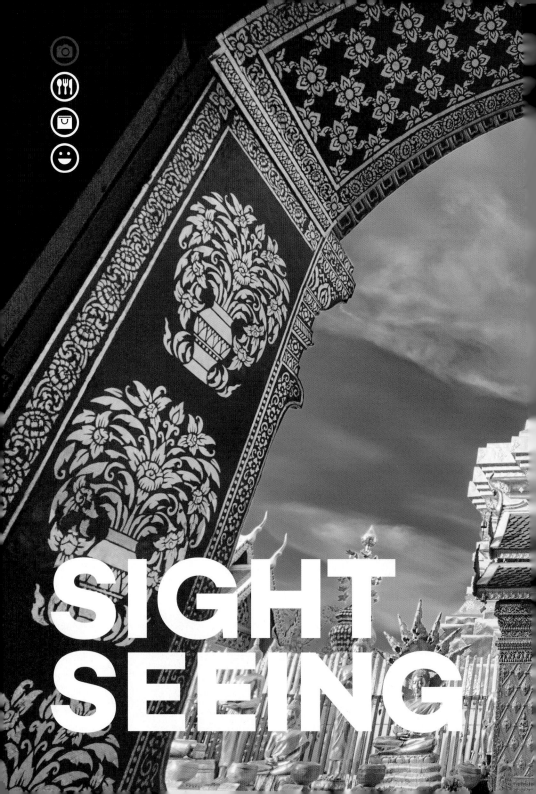

SIGHT
SEEING

028   **THEME 01**
명소 베스트

040   **THEME 02**
자연 탐방

048   **THEME 03**
고산족 마을

056   **THEME 04**
주요 사원

066   **THEME 05**
왕실 정원

070   **THEME 06**
박물관 & 미술관

074   **THEME 07**
근교 도시 여행

SIGHTSEEING
INTRO

치앙마이에서 어디를 갈까?

★BEST

1
치앙마이 으뜸 사원
왓 프라탓 도이쑤텝 P.028

치앙마이에서 첫손가락으로 꼽는 볼거리이자 치앙마이 여행의 필수 코스다. 도이쑤텝 국립공원 해발 1053m에 자리한 사원으로 부처의 진신 사리를 모신 쩨디가 핵심 볼거리다.

★BEST

2
프라씽 불상을 모신 주요 사원
왓 프라씽 P.034

1345년 파유 왕이 아버지의 유해를 안치하기 위해 지은 후 왓 리 치앙프라라고 명명했다가 1367년 실론(스리랑카)에서 온 프라씽 불상을 모시며 왓 프라씽으로 이름을 바꿨다.

★BEST

3
거대한 쩨디의 위용
왓 쩨디루앙 P.036

지름 54m, 높이 약 60m의 거대한 석조 쩨디가 눈길을 사로잡는 사원이다. 1992년에 유네스코와 일본 정부의 지원을 받아 쩨디 하단의 나가와 코끼리 장식을 복원해 멋스러움을 더했다.

★BEST

4
치앙마이에서 가장 오래된 사원
왓 치앙만 P.038

치앙마이 최초의 왕실 사원이다. 위한쌍마이에 모신 손바닥만 한 크기의 크리스털 불상과 석조 불상이 핵심 볼거리다. 실물 크기의 15마리 코끼리가 조각돼 있는 쩨디 또한 멋있다.

★BEST★
5
예술 감성 채우는 현대미술관
마이이얌 현대미술관 P.071

특별 전시와 상설 전시를 통해 국내외 젊은 작가들의 인상적인
작품을 소개하는 현대미술관이다. 특별 전시 작품은 4~6개월마
다 교체한다. 거울로 마감한 외관은 사진 포인트로 유명하다.

★BEST★
6
산을 깎아 만든 몽족의 터전
먼쨈 P.052

산등성이에 아슬아슬하게 매달린 밭을 조망하는 것만으로 힐링
이 되는 곳이다. 원래는 아편을 생산하던 지역이었는데 지금은
넝허이 로열 프로젝트 사업에 편입돼 다양한 농산물을 생산한다.

★BEST★
7
란나인의 종교에서 일상까지
란나 포크라이프 뮤지엄 P.072

사원의 건축양식, 불상, 벽화, 도자기, 의상 등을 실물과 사진,
모형으로 전시한다. 태국 북부에 대한 이해도를 높일 수 있어 치
앙마이 여행에 큰 도움이 된다.

★BEST★
8
은으로 만든 사원
왓 씨쑤판 P.058

은 세공으로 유명한 지역인 우왈라이의 안녕을 기원하며 1502년
에 건립한 사원이다. 세월이 지나 기둥과 지붕의 뼈대만 남았으
나 2004년 은으로 우보쏫을 지으며 화려하게 탈바꿈했다.

★BEST★
9
열대우림 산책
퀸 씨리낏 보태닉 가든 P.068

열대우림과 테마 온실, 허브 가든 등을 즐길 수 있는 보태닉 가
든이다. 열대우림을 가로지르는 390m 길이의 캐노피 워크를 걸
으면 짜릿한 기분이 든다.

★BEST★
10
라마 9세를 기념하는 공원
로열 파크 랏차프륵 P.066

꼼꼼히 돌아보려면 하루가 부족할 정도로 거대한 규모의 공원
이다. 핵심 볼거리는 로열 파빌리온이며 타이 트로피컬 가든과
24개국의 미니 정원 등이 있다.

#사원
Temple

치앙마이는 300개가 넘는 사원을 품은 사원 도시다. 왓 프라탓 도이쑤텝과 왓 프라씽, 왓 쩨디루앙, 왓 치앙만 등 주요 사원을 포함해 발길 닿는 곳곳에 사원이 자리한다. '사원은 사원일 뿐'이라고 치부한다면 오산이며 그야말로 섭섭하다. 사원에는 치앙마이의 과거와 현재는 물론 종교가 곧 생활인 치앙마이 사람들의 이야기가 있다.

#고산족 Hill Tribe

카렌, 몽, 라후, 아카, 야오, 리수 등 태국 고산족의 상당수가 태국 북부에 터전을 잡고 살아간다. 치앙마이에서 쉽게 찾을 수 있는 고산족 마을은 반몽 도이뿌이, 먼쨈, 반똥루앙 등이다. 치앙라이로 가면 좀 더 많은 고산족 마을이 있는데, 마을 사람들과 어울리고 홈스테이를 할 수 있는 아카족 마을 반려요 (บ้านหล่อโย)도 있다.

#자연 Nature

계곡과 폭포에서 물놀이하기, 숲길 트레킹 등 치앙마이에서 자연을 즐기는 방법은 다양하다. 시내 중심가에서 조금만 벗어나도 열대우림이 선사하는 초록의 향연이 펼쳐져 눈과 마음이 시원해지는 느낌이다. 액티비티를 좋아하지 않는다면 숲속에 자리한 카페와 리조트를 즐기는 것도 방법이다.

#커피 Coffee

치앙마이는 태국 커피 문화의 중심지다. 직접 로스팅과 브루잉을 하는 로스터리 카페도 점점 늘고 있다. 대표적인 로스터리 카페는 아카족이 재배한 커피 원두를 사용하는 아카 아마. 구시가와 싼띠탐, 매림에 매장이 있다. 참고로 설탕과 연유가 듬뿍 들어간 태국식 커피도 여전히 인기다.

#북부 요리
Northern Food

치앙마이에서는 북부 요리를 꼭 즐기자. 쉽게 즐길 수 있는 국수 메뉴인 카우 쏘이와 카놈찐 남니여우부터 돼지고기를 넣은 카레 깽항레 등 북부의 문화를 담은 요리가 다양하다. 한국인의 입맛에도 무리 없이 잘 맞는다.

#시장 Market

시장 구경은 치앙마이 여행의 큰 즐거움 중 하나다. 시간이 허락한다면 꼭 가봐야 하는 대표 시장은 일요일마다 구시가에서 열리는 선데이 워킹 스트리트. 치앙마이에 있는 모든 여행자들이 일요일에 이곳으로 모여든다. 그 밖에 토요 시장인 우왈라이 워킹 스트리트를 비롯해 일요 깜짝 시장인 러스틱 마켓 등이 인기다.

북방의 장미,
사원을 품은 도시

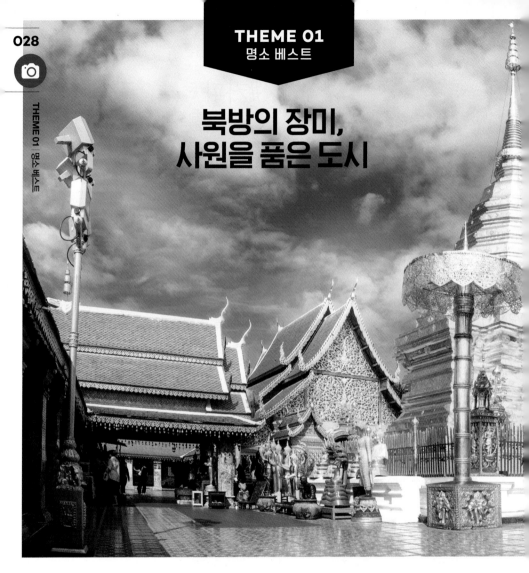

1
BEST

วัดพระธาตุดอยสุเทพ
Wat Phra That Doi Suthep
왓 프라탓 도이쑤텝

치앙마이에서 단 하루가 주어진다면 무엇을 봐야 할까?
개인의 취향을 고려하더라도 도이쑤텝 국립공원의 왓 프라탓 도이쑤텝과
구시가의 왓 프라씽, 왓 쩨디루앙, 왓 치앙만은 놓치면 안 된다.

CHECK ✔
2권 ⊙ **MAP** P.100F
⊙ **INFO** P.104

치앙마이 으뜸 사원

'카우쏘이를 맛보지 않았거나, 도이쑤텝을 방문하지 않았다면 치앙마이를 가봤다고 할 수 없다'는 말이 있다. 왓 프라탓 도이쑤텝은 도이쑤텝 국립공원에서도 손꼽는 볼거리이자 치앙마이 여행의 필수 코스다. 사원이 위치한 곳은 도이쑤텝 국립공원 해발 1053m. 부처의 진신 사리를 모신 쩨디가 핵심 볼거리이며, 치앙마이 시내 조망이 훌륭하다.

ⓖ **구글 지도 GPS** 18.804930, 98.921605 ⓖ **찾아가기** 치앙마이 동물원 앞 또는 치앙마이 대학교 정문에서 썽태우 편도 40B. 창프악 게이트에서 썽태우 편도 60B. 도이쑤텝 국립공원 내 사원 계단 입구에 내려준다. ⓐ **주소** 9 Moo 9 Tambon Su Thep ⓣ **전화** 053-295-002 ⓞ **시간** 05:00~21:00 ⓗ **휴무** 연중무휴 ⓟ **가격** 입장료 30B, 엘리베이터 20B

왓 프라탓 도이쑤텝 가는 방법

 ### 썽태우

가장 대중적이고 가장 저렴한 방법이다. 단점은 시간이 얼마나 걸릴지 예측할 수 없다는 것. 일행이 많다면 썽태우를 대절해 몽족 마을, 푸핑 궁전을 함께 돌아보면 좋다. 여행사 투어보다 훨씬 저렴하다.

TIP 주의사항

❶ **공식 정류장을 이용하자!**
공식적으로는 치앙마이 동물원 앞, 창 프락 게이트, 치앙마이 대학교 정문 앞에 썽태우 정류장이 있다. 님만해민, 마야, 왓 프라씽 등지에도 50~60B의 정해진 요금으로 운행하는 썽태우가 있지만 10명 정원을 채우기 힘들다며 흥정을 요구하는 경우가 비일비재하다.
❷ **썽태우 사진을 찍어두자!**
왕복으로 이용할 때는 타고 간 썽태우 사진을 찍어둘 것. 도이쑤텝 정류장에는 썽태우가 어마어마하게 많아 헷갈릴 수 있다.
❸ **멀미약을 준비하자!**
왓 프라탓 도이쑤텝까지 구불구불한 산길이 이어진다. 멀미에 약하다면 대비할 것.

≈≈≈ 썽태우 정류장 ≈≈≈

1 치앙마이 동물원 앞

도이쑤텝으로 가는 썽태우가 가장 많다. 현지인들이 주로 이용하는 정류장이라 기다리는 시간도 가장 짧은 편이다. RTC 치앙마이 스마트 버스 그린·퍼플 노선이 치앙마이 동물원에 정차하므로 정류장까지 가는 길도 편하다.

Ⓖ **구글 지도 GPS** 18.810619, 98.948266
Ⓑ **요금** 편도 40B·왕복 80B / 대절(흥정 가능) 편도 300B·왕복 500B

2 창프락 게이트

구시가와 가까워 편리하다. 10명 정원을 채우려 하기 때문에 비수기에는 오래 기다릴 수 있다.

Ⓖ **구글 지도 GPS** 18.795822, 98.986199
Ⓑ **요금** 편도 60B·왕복 120B / 대절(흥정 가능) 편도 350B·왕복 600B

3 치앙마이 대학교 정문

정류장 3곳 중 썽태우가 가장 적다. 정류장까지 걸어갈 수 있는 거리에 있지 않는 한 치앙마이 동물원에서 타는 것이 낫다. 6~8명만 모여도 출발하는 경우가 종종 있다.

Ⓖ **구글 지도 GPS** 18.808739, 98.953829
Ⓑ **요금** 편도 40B·왕복 80B / 대절(흥정 가능) 편도 300B·왕복 500B

 ### 여행사 투어

썽태우보다 비싸지만 확실히 편하다. 일반적으로 호텔 픽업, 에어컨 차량, 입장료, 가이드가 포함된다. 왓 프라탓 도이쑤텝만 방문하는 단독 투어보다 몽족 마을 또는 푸핑 궁전 등 다른 볼거리가 포함된 투어가 대다수다. 도이쑤텝 야간 투어도 인기다. 여행 액티비티 플랫폼 와그(Waug), 클룩(Klook) 등을 이용하면 편리하다.

왓 프라탓 도이쑤텝에 관한 사소한 Q&A

Q. 도이쑤텝? 왓 프라탓 도이쑤텝?

A. 흔히 도이쑤텝이라고 하는데, 도이쑤텝은 '쑤텝 산'이라는 뜻이며 사원의 정식 이름은 왓 프라탓 도이쑤텝이다. 도이쑤텝 국립공원 내 해발 1053m에 자리한 치앙마이 대표 사원이다.

Q. 엘리베이터, 탈까? 말까?

A. 주차장에서 사원까지는 306개에 이르는 나가(Naga) 계단을 이용하거나 엘리베이터로 갈 수 있다. 걷기가 부담스럽다면 엘리베이터를 타자. 그래도 한 번쯤은 계단을 이용해 보길 권한다. 그 자체가 볼거리다.

Q. 야경이 멋진 곳?

A. 최근에는 야간 투어가 인기다. 사원과 더불어 치앙마이 야경을 감상할 수 있기 때문이다. 하지만 큰 기대는 하지 않는 것이 좋다. 불빛이 화려한 야경과는 거리가 멀다. 조명을 켠 쩨디는 아름답다.

Q. 준비하면 좋은 것?

A. 경내에서는 신발을 벗고 다녀야 하니 양말과 물티슈를 준비하면 유용하다. 신발을 잃어버릴까 염려된다면 비닐봉지를 챙기면 좋다.

TALK 왓 프라탓 도이쑤텝으로 가는 길

왓 프라탓 도이쑤텝으로 가는 도로는 그야말로 꼬불꼬불 험난한 산길이다. 그래도 산 밑에서 썽태우로 20분만 가면 닿을 수 있으니 얼마나 고마운 일인가. 길이 없었던 시절에는 왓 프라탓 도이쑤텝까지 걸어서 꼬박 5시간 걸렸다고 한다. 승려와 순례자는 산 중턱에 자리한 왓 파랏에서 쉬어가며 왓 프라탓 도이쑤텝까지 걷고 또 걸었다. 옛길은 지금도 '승려길(Monk's Trail, 구글 지도 GPS 18.798117, 98.942357)'이라는 이름으로 남아 있다. 승려길 하이킹에 나선다면 생수와 모기 퇴치제, 당을 보충할 간식을 준비하면 좋다.

지금 차가 다니는 길은 1935년 크루바 씨위차이 스님의 주도로 건설됐다. 변변한 기계조차 없던 시절인데도 5개월 22일 만에 11.53km의 도로를 만들었다. 현재 도이쑤텝 아래 훼이까우 폭포 근처에 스님의 동상이 있다. 태국인들은 도이쑤텝에 오르기 전 이곳에 들러 향과 꽃을 바치며 존경심을 표한다.

크루바 씨위차이 기념비

❖ 왓 프라탓 도이쑤텝을 둘러보자 ❖

동선을 따라 왓 프라탓 도이쑤텝을 둘러보자. 1시간~1시간 30분가량 걸린다.
사진을 많이 찍고 싶다면 2시간 이상 예상하면 된다.

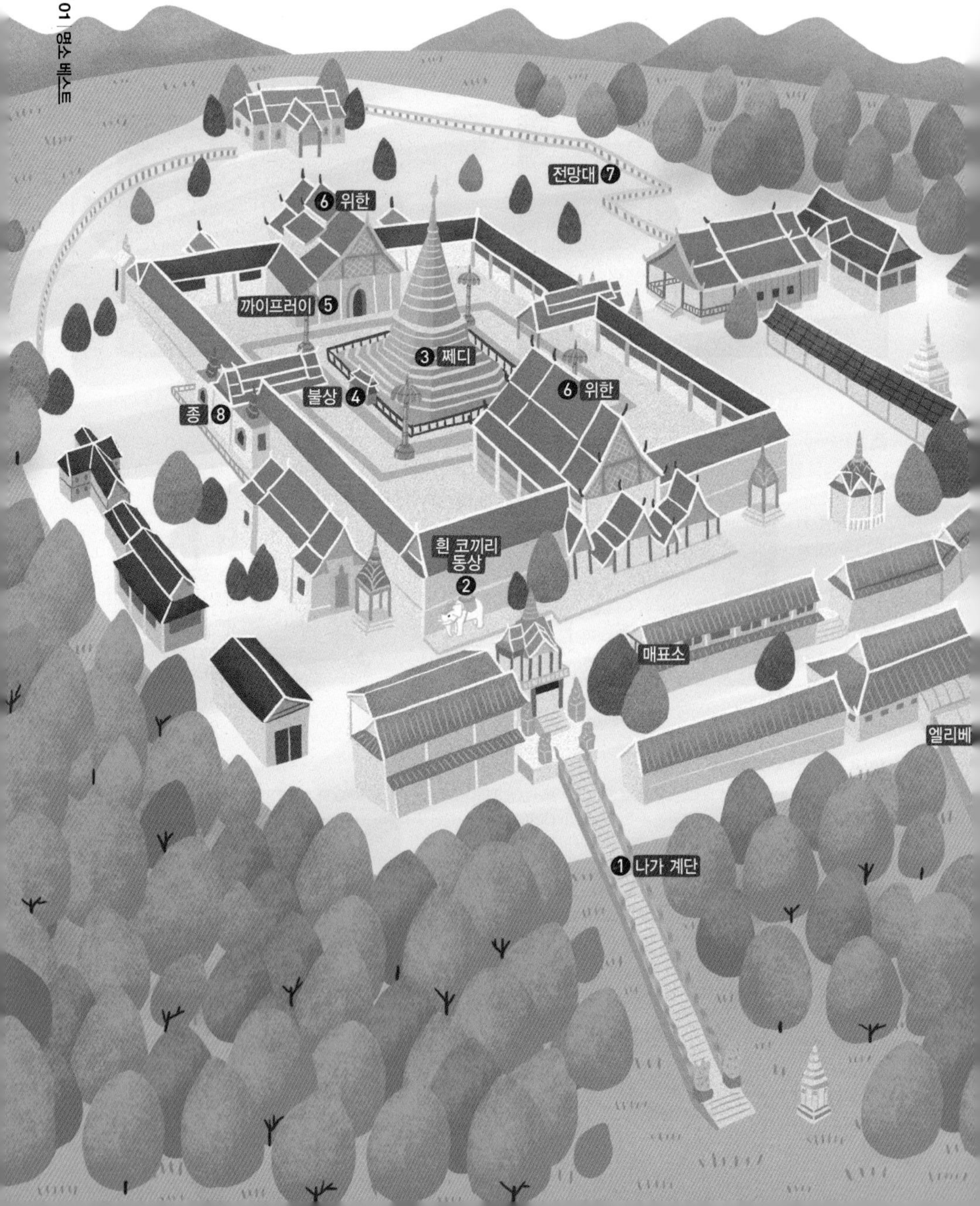

전망대 **7**

6 위한

까이프러이 **5**

3 쩨디

불상 **4**

6 위한

종 **8**

흰 코끼리 동상 **2**

매표소

엘리베

1 나가 계단

1 나가 계단
Naga Stairs

참배객의 편의를 위해
1557년에 조성된 306개
의 계단. 나가의 머리, 몸
통, 꼬리로 장식돼 있다.
계단 입구에는 몽족 어
린이들이 전통 의상 차

림으로 기다리고 있는데, 사진을 찍으면 팁을 약간 줘야 한
다. 엘리베이터는 나가 계단 기준으로 큰길 오른쪽 건물에
있다.

2 흰 코끼리 동상
White Elephant Statue

나가 계단을 올라가면 황금
탑을 짊어진 흰 코끼리 동상
이 보인다. 왓 프라탓 도이쑤
텝의 전설에 등장하는 흰 코
끼리를 기념하는 동상이다.

> **TIP 왓 프라탓 도이쑤텝의 전설**
>
> 왓 프라탓 도이쑤텝에는 부처의 어깨뼈 사리가 모셔져 있다.
> 1368년 쑤코타이 왕국의 수도승 쑤마나테라가 란나 왕국으로
> 모셔 온 진신 사리다. 하지만 알 수 없는 이유로 사리는 두 동강
> 이 났다. 란나의 왕은 한 조각은 왓 쑤언독에 안치하고, 나머지
> 한 조각을 흰 코끼리 등에 실어 원하는 곳을 찾아가도록 했다.
> 흰 코끼리는 3일 동안 도이쑤텝을 오르더니 어느 장소에 멈춰
> 크게 세 번 울고는 숨을 거뒀다. 란나 왕은 그 장소에 사리를 모
> 시고 왓 프라탓 도이쑤텝을 건립했다. 1383년의 일이다.

3 쩨디
Chedi

눈부시게 아름다
운 24m 높이의 황
금 탑. 부처의 진
신 사리를 모신 팔
각형 쩨디로 맨 위
에 작은 파라솔 장
식이 층층이 얹혀
있다. 지금의 모습

을 갖춘 건 란나 12대 왕 때인 1538년. 태국인들은 탑 주위를
시계 방향으로 세 바퀴 돌면서 부처, 불교의 법, 교단을 위해
기도한다.

4 불상
Buddha

쩨디 주변에 다양한 형태의 불상이 있
다. 참배객이 가장 많은 곳은 요일별
8개 불상. 태국에서는 일상적으로 자
신이 태어난 요일에 해당하는 수호신에
게 참배를 드린다. 불상이 8개인 이유는 수요일은 밤과 낮
의 수호신이 다르기 때문이다.

5 까이프러이
ไก่พลอย

경내로 들어가려면 신발을 벗
어야 한다. 신발을 신고 들어
오는 사람은 닭이 신발을 벗
을 때까지 쫓아다니면서 쪼았
다는 전설이 있다. 위한 옆에
는 까이프러이라는 닭의 사진을 걸어놓았다.

6 위한
Viharn

쩨디 사방에는 4개의 크고 작은 위
한이 있다. 이 중에서 특별한 경험
을 할 수 있는 곳은 입구 맞은편에
있는 위한으로 스님이 행운을 기원
하는 실 팔찌 '싸이씬'을 준다. 스님에게 다가갈 때는 무릎으
로 기어가는 것이 예의다.

7 전망대
View Point

전망대는 입구 반대편 담장
쪽에 있다. 산 아래로 치앙마
이의 소박한 풍경이 한눈에
들어와 가슴이 탁 트이는 느
낌이 든다. 전망대 안쪽에는
나무 기둥을 멋스럽게 장식한 또 다른 전망대가 있다.

8 종
Bell

내부 담장을 따라 수십 개의 종이 매달려 있
다. 이 종을 모두 두드리면 복을 받는다고 하여
너도나도 종을 치던 시절도 있었다. 종소리가 꽤 시끄럽다
할 정도로 사원을 찾는 관광객이 많아진 탓인지 요즘엔 종
을 치지 말라는 문구를 붙여놓았다.

CHECK ✓
2권 📖 MAP P.028E
ⓘ INFO P.039

2 BEST

วัดพระสิงห์วรมหาวิหาร
Wat Phra Singh Woramahawihan
왓 프라씽

구시가에서 가장 중요한 사원

치앙마이에서 왓 프라탓 도이쑤텝 다음으로 중요한 사원. 1345년 파
유 왕이 아버지의 유해를 안치하기 위해 지었다. 몇 년 뒤 경내에 위한
등의 건물이 더해지자 왓 리치앙프라라고 명명했다가 1367년 실론(스
리랑카)에서 온 프라씽 불상을 모시며 왓 프라씽으로 이름을 바꿨다.

Ⓖ **구글 지도 GPS** 18.788575, 98.981229 Ⓖ **찾아가기** 구시가 내. 쑤언독 게이트와 가깝다.
Ⓐ **주소** 2 Samlarn Road Ⓣ **전화** 053-416-027 Ⓣ **시간** 06:00~17:00 Ⓣ **휴무** 연중무휴
Ⓑ **가격** 40B

❖ 왓 프라씽을 둘러보자 ❖

거대한 위한루앙과 황금빛 찬란한 프라탓루앙에
이끌려 정작 중요한 위한라이캄을 놓치지 말 것.
사원 옆문으로 진입한다면 프라탓루앙, 위한라이캄,
위한루앙 순서로 구경하자.

1 위한루앙
Viharn Luang

1925년 이후 왓 프라씽의 본당. 왓 프라씽에서 가장 큰
건물이다. 1920년대 사원의 대대적인 복원을 맡은 크
루바 씨위차이의 동상이 위한루앙 앞에 서 있다.

2 허뜨라이
Hor Trai

전형적인 란나 양식의 건축물. 태국에서 아름다운 사
원 도서관 중 하나로 손꼽힌다. 1층은 스투코 천신 조
각으로 장식한 석조 건물이며, 2층은 모자이크로 꾸민
목조 건물이다.

3 프라탓루앙
Phra That Luang

사각형 기단과 둥근 탑신으로 이루어진 황금 탑. 기단
에 코끼리 몸통의 절반이 툭 튀어나온 조각이 있어 특
이하다. 1345년에 지어진 이래 여러 번 확장됐으며, 주
변에 작은 탑 3기가 자리했다.

4 위한라이캄
Viharn Lai Kham

왓 프라씽에서 가장 중요한 건물. 전형적인 란나 건축
양식의 위한으로, 프라씽 불상을 모시고 있다. 란나인
의 일상을 표현한 내부 벽화도 놓치지 말아야 볼거리
다. 왓 프라씽의 전신인 왓 리치앙프라 건립 전에 지어
진 쩨디도 위한라이캄과 작은 터널로 이어진다. 1925
년 복원 중 이 쩨디 안에서 왕가의 유해로 추정되는 유
골함 3개가 발견됐다.

> **TIP 프라씽 Phra Singh**
>
> 실론(스리랑카)과 나콘씨탐마랏, 아유타야
> 를 거쳐 치앙마이로 온 것으로 추정되는 중
> 요한 불상이다. 태국 내에는 왓 프라씽 외에 나콘씨탐마
> 랏의 왓 프라 마하탓과 방콕의 국립박물관에 프라씽이
> 있다. 태국인들은 쏭끄란 축제 때 왕실 마차(랏롯)를 타
> 고 행렬에 참가하는 프라씽을 향해 경의를 표한다.

CHECK ✔
2권 ⓜ MAP P.028F
ⓘ INFO P.038

3 BEST

วัดเจดีย์หลวง

Wat Chedi Luang
왓 쩨디루앙

시선을 사로잡는 거대한 쩨디

14세기 멩라이 왕조의 7대 왕인 쌘므엉마 재위 당시 지어진 사원. 지름 54m, 높이 82m의 거대한 석조 쩨디가 핵심 볼거리다. 쩨디는 1545년 일어난 지진으로 상단 30m 정도가 무너진 상태다. 1992년 유네스코와 일본 정부의 지원을 받아 하단의 나가와 코끼리 장식을 복원했다.

ⓖ 구글 지도 GPS 18.787030, 98.986559 ⓕ 찾아가기 구시가 중심에 위치 ⓐ 주소 103 Prapokkloa Road ☎ 전화 053-248-604 ⓣ 시간 08:00~17:00 ⓧ 휴무 연중무휴 ⓑ 가격 40B

❖ 왓 쩨디루앙을 둘러보자 ❖

이곳에서는 쩨디의 위용에 눈길이 사로잡혀 자기도 모르게 쩨디로 직진하게 된다.
실제로 왓 쩨디루앙은 쩨디를 구경하는 것만으로도 큰 의미가 있다. 인타킨은 여성 출입 금지 구역이다.

1 락 므앙 인타킨
City Pillar

락 므앙은 도시의 번영과 안전을 기원하는 기둥이다. 치앙마이의 락 므앙은 1296년 멩라이 왕 당시 왓 싸드므앙에 건립됐다가 1800년 치앙마이 까월라 왕이 왓 쩨디루앙으로 옮겨 왔다. 왓 싸드므앙의 다른 이름은 왓 인타킨으로, 치앙마이의 락 므앙은 인타킨이라고 불린다. 인타킨 옆에 자리한 거대한 나무도 도시를 지키는 수호 나무라고 한다. 여성은 출입 금지다.

2 위한
Viharn

왓 쩨디루앙의 본당. 입구 정면에 보이는 건물로 1928년 건립됐다. 붉은 천장, 붉은 카펫을 깐 바닥, 황금색 래커로 칠한 기둥 등 전체적으로 화려하다. 14세기 말 조성된 약 8m의 프라 차오 아따롯 입불상을 모시고 있다. 쩨디 뒤쪽의 작은 위한에는 와불상이 자리했다.

3 쩨디
Chedi

거대한 위용에 감탄사가 절로 나오는 전탑. 건립 당시 82m 높이였으나 1545년 지진으로 상단 30m 정도가 무너졌다. 그럼에도 여전히 구시가에서 높고 큰 건축물 중 하나로 손꼽힌다. 쩨디는 쌘므엉마 왕이 아버지의 유해를 안치하기 위해 14세기 말에 짓기 시작해 15세기 중순 띠록까랏 왕 때 완공됐다. 1468~1552년에는 현재 방콕 왓 프라깨우에 있는 프라깨우를 모셨다. 1992년 유네스코와 일본 정부의 지원으로 하단의 나가와 코끼리 장식을 복원했는데 란나 양식이 아닌 태국 중부 양식이라는 비판을 받았다.

TALK 프라깨우의 험난한 여정

방콕 왕실 사원 왓 프라깨우에 모신 프라깨우(에메랄드 불상)는 태국에서 가장 신성시하는 불상 중 하나다. 프라깨우는 1434년 치앙라이 왓 프라깨우(원래 이름은 왓 빠이야)의 탑 속에서 발견됐다. 란나 왕은 프라깨우를 코끼리에 실어 수도 치앙마이로 옮기려 했다. 그런데 코끼리는 몇 번이나 치앙마이가 아닌 람빵으로 향했다. 이를 신의 계시라 여긴 왕은 람빵에 왓 프라깨우 던따우를 짓고 프라깨우를 모셨다. 32년이 흐른 1468년, 프라깨우는 드디어 치앙마이로 옮겨져 왓 쩨디루앙의 동쪽 벽감에 자리를 잡았다. 이후 1552년 프라깨우는 라오스 루앙프라방과 위앙짠(비엔티안)에 머물렀다가 1779년 태국으로 돌아왔다. 왓 쩨디루앙에서는 1995년 쩨디 건축 600년을 기념해 복원된 동쪽 벽감에 프라 욕이라 불리는 모조 에메랄드 불상을 모셨다.

4 BEST

วัดเชียงมั่น
Wat Chiang Man
왓 치앙만

CHECK ✔
2권 ⓜ MAP P.029C
ⓘ INFO P.039

치앙마이에서 가장 오래된 사원

1296년에 건립된 치앙마이 최초의 왕실 사원이다. 핵심 볼거리는 손바닥만 한 크기의 크리스털 불상 프라쎼땅카마니와 석조 불상 프라씰라로, 본당(위한) 옆 위한쌍마이에 모셔놓았다. 본당 내부에 발우를 들고 있는 입불상, 코끼리 쩨디 창럼 등도 주요 볼거리다.

ⓖ **구글 지도 GPS** 18.793835, 98.989268 ⓖ **찾아가기** 구시가 내. 창프악 게이트와 가깝다. ⓐ **주소** 171 Ratchapakhinai Road ⊖ **전화** 없음 ⓛ **시간** 06:30~17:00 ⊖ **휴무** 연중무휴 ⓑ **가격** 무료입장

TIP 싸이씬 팔찌

태국에서는 불교 기념일에 불상과 수도승, 참배객을 실로 연결해 행운을 기원하는데, 그 실의 이름이 싸이씬이다. 지역에 따라 빨간색 실을 쓰기도 하지만 대체로 하얀색이다. 실에 깃든 신성한 기운은 싸이씬 팔찌를 통해 얻을 수 있다. 싸이씬 팔찌를 받는다면 시주를 조금 하는 것이 좋다. 여성은 수도승과 접촉할 수 없으므로 매우 조심스럽게 건네주거나 다른 사람을 통해 팔찌를 매준다. 싸이씬 팔찌는 부처, 불교의 법, 교단을 의미하는 세 줄의 실로 이뤄진다. 같은 의미에서 최소 3일은 차고 있는 게 좋다고 한다. 싸이씬 팔찌를 벗을 때도 끊어내는 것보다는 조심스레 푸는 것을 권한다.

TIP 3의 의미

태국 불교에서 3은 부처, 불교의 법, 교단을 의미하는 중요한 숫자다. 불상에 다가가 절을 할 때도 세 번, 탑돌이를 할 때도 세 바퀴, 싸이씬 팔찌도 세 줄(또는 3의 배수)이다.

❖ 왓 **치앙만**을 둘러보자 ❖

경내 배치가 단순하고 깔끔하다. 위한, 위한쌍마이, 쩨디 창럼,
허뜨라이(도서관) 등지를 차례대로 구경하고 돌아 나오면 된다.

1 위한
Viharn

왓 치앙만의 본당. 북부의
유명 수도승인 크루바 씨
위차이가 1920년대에 대대
적으로 복원해 현재의 모
습을 갖췄다. 불당 내에 신
성한 물건을 보관하는 몬
돕을 두고, 그 주변에 다양
한 형태의 불상을 놓았다.
그중 발우를 들고 있는 한
입불상은 1465년 제작된 것
이다. 란나 왕국에서 가장
오래된 불상이자 태국에서 가장 오래된 발우 불상이다.

2 위한쌍마이
Modern Viharn

본당 옆에 자리한 작은 규모의 위한. 왓 치앙만의 핵심 볼거
리인 두 불상이 모셔져 있다. 그중 하나는 '프라쎄땅카마니'.
프라깨우카우 또는 크리스털 붓다로도 불리며, 방어하는
힘이 있다고 여겨진다. 크기는
10cm 정도로 작다. 이 불상은
약 200년경 롭부리에서 제작,
662년 람푼의 하리푼차이 왕조
가 지니고 있다가 멩라이 왕이
람푼을 정복했을 때 치앙마이
로 옮겨 왔다. 금을 입힌 좌대
와 금으로 만든 캐노피는 6kg

의 황금을 들여 1874년에 조성했다고 한다. 또 다른 불상은
'프라씰라'. 날라기리라는 코끼리를 유순하게 만드는 부처
의 모습을 석판에 부조했다. 2500년 전 인도 혹은 8~10세기
에 실론(스리랑카)에서 제작됐다고 하는데, 정확한 연대는
알 수 없다. 프라씰라는 비를 내리는
힘을 가졌다고 여겨진다. 두 불상
은 몬돕(불상을 모신 신전) 내의
쇠창살 너머에 안치돼 있어 정
확히 관찰하기는 힘들다.

3 쩨디 창럼
Chedi

위한 뒤쪽에 자리한 탑.
사원에서 오래된 건축
물 중 하나다. 기단에 몸
통의 절반이 툭 튀어나
온 실물 크기의 코끼리
15마리가 조각돼 있다.
마치 코끼리가 탑신을
업은 듯한 형태다. 탑은 모서리가 각진 사각형 모양으로 올
라가다 꼭대기 아래서 둥근 모양으로 변한다.

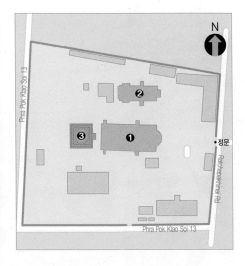

오감만족!
치앙마이의
자연을 찾아서

치앙마이의 자연을 찾아 데이 트립을 떠나보자.
숲이 뿜어내는 신선한 공기와 물소리, 새소리,
바람 소리가 당신을 맞이한다.
도심에서 조금만 벗어나도
투박한 땅의 향기를 느끼며
자연과 하나가 되어 즐길 수 있다.

이렇게 가면 더 쉽다!

노선 썽태우

매싸 폭포

폭포까지 노선 썽태우가 운행한다.

1일 투어

도이인타논 국립공원

여기저기 꼼꼼하게 돌아볼 수 있어 자가 운전보다 유용하다.

브아떵 폭포 & 치앙다오 동굴

코끼리 캠프, 뱀부 래프팅, 치앙다오 동굴, 브아떵 폭포 등이 포함된 치앙다오 여행 상품이 있다.

자가 운전

몬타탄 폭포

오토바이로도 무리 없이 갈 수 있는 거리.

치앙다오 동굴

치앙다오까지 연결된 길이 좋고 치앙다오 내에서 움직이기도 좋다. 오토바이를 이용하는 것도 괜찮다.

대절 썽태우

브아떵 폭포

왓 반덴 등 인근 볼거리와 묶어 흥정하자.

태국에서 가장 높은 산은?

태국에서 가장 높은 산은 해발 2565m의 도이인타논이다. 한국에서 가장 높은 한라산은 해발 1950m. 태국에서 다섯 번째로 높은 산인 나콘씨탐마랏의 카오루앙을 제외하고, 높은 산은 대부분 북부 산악지대에 모여 있다. 참고로 치앙다오 동굴은 도이치앙다오, 매싸 폭포와 몬타탄 폭포는 도이쑤텝에 속한다.

순위	산 이름	높이	지역
1	도이인타논	2565m	치앙마이
2	도이치앙다오	2175m	치앙마이
3	푸케	2079m	난
4	도이매토	2031m	치앙라이
5	카오루앙	1780m	나콘씨탐마랏
6	도이쑤텝	1676m	치앙마이

태국에서 가장 높은 산
도이인타논 국립공원
Doi Inthanon National Park

CHECK ✓
2권 ◉ MAP P.121A·B
◉ INFO P.121

해발 2565m로 태국에서 가장 높은 산이다. 덕분에 건기에는 기온이 0도를 웃돌고, 한여름에도 20도 이하의 서늘한 기온을 유지한다. 국립공원에 해당하는 면적은 482km². 쩜텅, 싼빠떵, 매쨈, 매왕 등 여러 지역에 걸쳐 있다. 도이인타논에는 다양한 동식물들이 서식하며, 몽족과 카렌족 등 고산족의 터전이기도 하다. 정상 인근에는 왕과 왕비의 장수를 기념하는 2기의 탑, 프라 마하탓 눕폰 쩨디가 자리했다. 1일 투어에는 와치라탄 폭포, 고산족 마을, 프라 마하탓 눕폰 쩨디 방문과 점심 식사, 트레킹 등이 포함된다.

준비물
운동화

Doi Inthanon ▶ ⊙ 구글 지도 GPS 와치라탄 폭포 18.541386, 98.599329, 쩨디 18.554474, 98.479300 ◉ 찾아가기 치앙마이에서 와치라탄 폭포까지 약 80km, 차량으로 1시간 30분 거리 ⊕ 주소 Chom Thong, San Pa Tong, Mae Chaem, Mae Wang 등 ⊖ 전화 053-286-728~9 ⊙ 시간 08:00~17:00 ⊖ 휴무 연중무휴 ⊕ 가격 프라 마하탓 눕폰 쩨디 40B ⊙ 홈페이지 nps.dnp.go.th/parksdetail.php?id=121

왕과 왕비의 장수를 기원하며
정상 인근에 세운 2기의 탑,
프라 마하탓 놉폰 쩨디.

도이인타논 국립공원의
자랑, 와치라탄 폭포.

주요 폭포 중 하나인 40m 높이의
씨리탄 폭포.

앙까 포레스트 뷰의
전원 풍경.

치앙마이 폭포 중 가장 인기

매싸 폭포
Mae Sa Waterfall

치앙마이 시내 북쪽 매림 지역에 자리한 10단 폭포. 시내에서 가까운
편이고 풍광이 수려해 인기다. 매싸 폭포의 여정은 주차장에서 시작
된다. 주차장 인근에 상점이 밀집돼 있어 음료와 먹거리를 준비하기
좋다. 주차장에서 10단 폭포까지는 계곡 옆으로 난 트레일을 따라
1시간 30분가량 걸린다. 물놀이가 목적이라면 5단 폭포까지만 갈 것
을 추천한다. 적당한 깊이의 너른 소가 있어 놀기 좋다. 6~7단 폭포
도 물놀이에 적합하다. 8단 폭포와 9~10단 폭포 사이가 먼 편인데
큰 볼거리는 없다.

준비물

운동화, 수영복이나 여벌의 옷, 수건

Moe Rim ▶ ⓖ **구글 지도 GPS** 18.906255, 98.897157 ⓖ **찾아가기** 창프악 터미널이나
와로롯 시장에서 매림으로 가는 노란색 썽태우 이용. 매싸 폭포 하차 ⓐ **주소** Namtok Mae
Sa 5 Road, Mae Raem, Mae Rim ☐ **전화** 053-210-244 ⓣ **시간** 08:00~17:00 ☐ **휴무**
연중무휴 ⓑ **가격** 100B ⓗ **홈페이지** 없음

CHECK ✔
2권 ⓜ **MAP** P.125G
ⓘ **INFO** P.128

거센 물줄기를
내뿜는 6단 폭포.

거대한 바위 사이로 장쾌하게
쏟아지는 8단 폭포.

물놀이가 목적이라면 5단 폭포
까지 갈 것을 추천한다.

수량이 풍부한
아래쪽 폭포.

물놀이에 적합한 너른 소가
있는 위쪽 폭포.

몬타탄 폭포로 가는 길.

도이쑤텝의 숨겨진 보석

몬타탄 폭포
Monthathan Waterfall น้ำตกมณฑาธาร

준비물

수영복이나 여벌의 옷, 수건

도이쑤텝–뿌이 국립공원 해발 730m에 자리한 폭포다. 매싸 폭포 등 유명 폭포에 비해 방문객이 적어 분위기가 비교적 고즈넉하다. 몬타탄 폭포의 본격적인 여정은 매표소를 지나면서 시작된다. 푸르른 산책로를 따라 사람 키의 10배도 넘는 열대우림 행렬이 시작된다. 걷는 것만으로 힐링이 되는 길이다. 곧 나타나는 폭포는 깎아지른 바위를 따라 경쾌하게 쏟아진다. 바위 위에서 휴식을 취하기에 좋다. 옆 계단을 따라 오르면 수영하기 좋게 얕고 너른 소를 품은 또 하나의 폭포가 나타난다.

CHECK ✓

2권 ◉ MAP P.100B·F
◉ INFO P.104

Doi Suthep ▶ ⓖ **구글 지도 GPS** 18.817028, 98.925741 ⓖ **찾아가기** 도이쑤텝 해발 730m 지점에 위치. 큰길에서 폭포까지 꽤 들어가야 하므로 차량이나 오토바이를 렌트하는 게 좋다. ⓐ **주소** Tambon Su Thep ⓣ **전화** 053-201-244 ⓢ **시간** 08:30~16:30 ⓗ **휴무** 연중무휴 ⓟ **가격** 100B ⓦ **홈페이지** 없음

공짜로 즐기는 폭포 트레킹

브아떵 폭포

Bua Tong Waterfall น้ำตกบัวตอง

100m 높이의 석회암 3단 폭포. 입구가 가장 높은 3단과 연결돼 있어서, 우선 폭포 옆 계단을 이용해 맨 아래까지 내려가야 한다. 그다음은 밧줄을 잡고 셀프 폭포 트레킹을 즐길 차례. 신발을 신어도, 맨발도 좋다. 특유의 빛깔을 띤 석회암 위로 미끄러지듯 흘러내리는 물줄기가 한낮의 더위를 날려준다. 브아떵 폭포는 입장료나 가이드 없이 안전하게 폭포 트레킹을 즐길 수 있는 곳으로 입소문이 나 점점 많은 사람들이 찾는다. 3단 폭포 위쪽에 휴식할 만한 들판이 있어 매트와 먹거리를 준비해 나들이를 즐겨도 좋다.

준비물

잘 마르는 신발, 수영복이나
잘 마르는 옷, 수건, 방수 케이스

[Mae Taeng] [g] **구글 지도 GPS** 19.069259, 99.079491 [G] **찾아가기** 치앙마이 시내에서 1시간 이상 거리의 암퍼 매땡, 땀본 매허프라에 위치 [⌂] **주소** Moo 8, Mae Ho Phra, Mae Taeng ☎ **전화** 092-608-6647 [🕓] **시간** 08:00~17:00 [−] **휴무** 연중무휴 [B] **가격** 무료입장 [↖] **홈페이지** 없음

CHECK ✓
2권 [B] MAP P.132B
[⊙] INFO P.133

가이드가 없어도
안전하게 폭포 트레킹을
즐길 수 있다.

종유석과 석순이 가득한
치앙다오 동굴 내부.

🌿 종유석 가득한 동굴 탐험
치앙다오 동굴
Chiang Dao Cave วัดถ้ำเชียงดาว

CHECK ✓

2권 ◉ MAP P.134A
◉ INFO P.134

치앙다오 국립공원의 핵심 볼거리. 10km 넘게 뻗은 100여 개의 동굴
중 5개 동굴을 개방한다. 동굴로 들어가면 곧 불상이 있는 넓은 공간
이 나온다. 여기에서 가이드 투어 또는 개별 방문을 선택하면 된다.
가이드 투어를 하면 왼쪽 길을 따라 조명이 없는 동굴 일부를 돌아보
는데, 좁고 어두워서 가이드 없이는 갈 수 없는 길이다. 조명이 설치
된 오른쪽 길은 개별적으로 돌아볼 수 있다. 아름다운 종유석이 많은
곳에 조명이 설치돼 있으므로 가이드 투어는 굳이 하지 않아도 된다.

Chiang Dao ▶ Ⓖ 구글 지도 GPS 19.393727, 98.928584 ◎ 찾아가기 치앙마이 시내에서
1시간 30분 거리의 암퍼 치앙다오, 땀본 치앙다오에 위치 ◉ 주소 Chiang Dao, Chiang Dao
⊖ 전화 088-788-8926 ⏱ 시간 08:00~17:00 ⊖ 휴무 연중무휴 Ⓑ 가격 입장료 40B, 가이드
투어 200B ⊙ 홈페이지 www.chiangdaocave.com

THEME 03
고산족 마을

치앙마이 속
또 다른 문화와의 만남,
고산족 마을

태국의 주요 고산족을 알아보자!

부족명	인구	출신	태국 내 거주지	가족제도	생계 수단	기타
카렌	54만 8195명(38.04%)	티베트	매헝썬, 치앙라이, 치앙마이, 람푼, 프래, 람빵, 랏차부리, 깐짜나부리, 깜팽펫, 우타이타니, 쑤판부리, 쑤코타이, 펫차부리, 쁘라쭈업키리칸, 딱	핵가족. 가족 중심.	화전을 통한 쌀농사. 일부는 논을 개간해 쌀농사. 가축 사육.	4개의 작은 부족으로 나뉨.
몽	20만 7151명(14.37%)	중국 남부	치앙마이, 치앙라이, 난, 프래, 딱, 람빵, 파야오, 펫차분, 매헝썬, 깜팽펫, 핏싸눌록, 러이, 깐짜나부리, 쑤코타이	일부다처제의 부계사회. 가족 다음으로 부족이 중요.	화전을 통한 쌀, 옥수수 재배. 부가 수입을 위해 양귀비 재배.	4개의 작은 부족으로 나뉨. 매우 높은 산악 지대에 거주.
라후	11만 6216명 이상(8.06%)	티베트	치앙라이, 치앙마이, 매헝썬, 딱, 깜팽펫	일부일처제의 모계사회. 핵가족.	화전을 통한 쌀, 옥수수 재배. 땅이 황폐화되면 이주. 가축 사육.	4개의 작은 부족으로 나뉨.
아카	8만 7429명(6.07%)	티베트 (정확하지 않음)	치앙마이, 치앙라이, 람빵, 딱, 프래	일부일처제 선호. 남성 중심의 친족 마을 형성.	화전을 통한 쌀, 수수, 후추, 콩, 채소 재배.	
야오 (미엔)	4만 8882명(3.39%)	중국 남부	치앙라이, 파야오, 난	일부다처제의 부계사회.	양귀비 재배. 화전을 통한 쌀, 옥수수 재배. 가축 사육.	혼전 성관계 허용, 친족 간 결혼 가능.
리수	3만 5622명 이상(2.50%)	중국 남부	치앙마이, 치앙라이, 파야오, 매헝썬, 딱, 쑤코타이, 깜팽펫, 펫차분	부계사회. 남성이 친족 관계, 결혼 등 모든 관계의 중심.	화전을 통한 쌀, 옥수수, 채소 재배. 부가 수입을 위해 양귀비 재배.	3개의 작은 부족으로 나뉨. 중국의 영향을 많이 받은 부족으로, 음력설을 지낸다.

치앙마이 시내에서 비교적 가까운 곳에 위치한 고산족 마을을 소개한다.
먼쨈과 반몽 도이뿌이는 실제 몽족이 생활하는 터전이므로
고산 풍경이나 그들의 일상생활 모습에 주목해야 하는 곳이다.
전통 의상 등 고산족의 특징적인 면모를 보고 싶다면
고산족 공동체인 반똥루앙이 적합하다.

전통 의상으로 보는 태국의 고산족

롱넥 카렌
Long Neck Karen (여)

코일처럼 감아올린
황동 목걸이

품이 넉넉해 입고
벗기 편한 블라우스

황동 장식을 더한
발 토시

화이트 카렌
White Karen (여)

보자기 모자

콩, 율무 등의
곡식으로 만든
목걸이

몽
Hmong (여)

알록달록한 레이스로
장식한 검은색 상의

화려한 무늬의
무릎까지 내려오는
스커트

골무처럼 생긴
모자

라후
Lahu (여)

검은색 상하의

몸에 딱 맞는
긴 치마

은 동전, 구슬 등으로
화려하게 장식한 모자

아카
AKha (여)

짙은 파란색 또는
검은색 상하의

색색의 수를 놓은
치마 장식

발 토시

알리바바의 모자처럼
빵빵한 모자

야오
Yao (여)

패션의 완성, 붉은
목도리

화려한 패턴의
하의

손목 부위에
패턴을 넣은
검은색 가운

가채를 연상케 하는
둥글고 큰 모자

리수
Lisu (여)

가슴 한쪽에 다른
색 천을 덧댄 원색의
원피스

은 장식 허리띠

 몽

산을 깎아 만든 삶의 터전
먼쨈 Mon Chaem ม่อนแจ่ม

 CHECK ✓
2권 ⑥ MAP P.124A
ⓘ INFO P.128

가파른 산등성이를 밭으로 일군 몽족의 터전. 산등성이에 아슬아슬하게 매달린 밭을 보는 것만으로 힐링이 되는 곳이다. 원래는 아편의 원료인 양귀비를 재배하던 지역이었는데 지금은 넝허이 로열 프로젝트 사업으로 다양한 농산물을 생산한다. 산이 겹겹이 둘러싸여 있는 먼쨈은 안개와 비가 잦은 곳이다. 방문하기 가장 좋은 시기는 건기인 10~2월. 먼쨈의 전망뿐 아니라 인근 몽족 마을 등지까지 알차게 돌아보려면 차량을 렌트하는 것이 좋다.

ⓢ **구글 지도 GPS** 18.935800, 98.822440　ⓖ **찾아가기** 암퍼 매림의 땀본 매램에 위치. 치앙마이 중심가에서 차로 약 1시간
ⓐ **주소** Mae Raem, Mae Rim　☎ **전화** 081-806-3993　ⓣ **시간** 07:00~20:00　ⓔ **휴무** 연중무휴　ⓟ **가격** 무료입장　ⓗ **홈페이지** 없음

CHECK ✔
2권 ⓜ MAP P.100A
ⓘ INFO P.104

몽

치앙마이에서 가장 유명한 몽족 마을

반몽 도이뿌이 Ban Mong Doi Pui

도이뿌이는 도이쑤텝-뿌이 국립공원 내 해발 1685m 최고봉이다. 반몽 도이뿌이는 그 산 아래 자리 잡은 몽족 마을. 산의 경사면을 따라 마을을 산책하며 몽족의 삶을 엿볼 수 있다. 실제 사람들이 살고 있는 마을은 고요한 편이라 마을을 관통하는 작은 폭포와 몽족 주거 형태를 볼 수 있는 정도다. 반면 상가가 형성된 마을 밖은 떠들썩한 분위기다. 몽족은 과거에 양귀비를 재배했지만 현재는 수공예품과 농산품 등을 판매해 수입을 얻는다.

ⓖ **구글 지도 GPS** 18.816582, 98.883308 ⓐ **찾아가기** 도이쑤텝-뿌이 국립공원 내 위치. 치앙마이 동물원 앞에서 썽태우 편도 90B
ⓐ **주소** Moo 11 Tambon Su Thep ⓣ **전화** 086-049-6364 ⓣ **시간** 08:00~17:00 ⓗ **휴무** 연중무휴 ⓟ **가격** 10B ⓗ **홈페이지** doipui.net

CHECK ✔
2권 ⓜ MAP P.124F
ⓘ INFO P.129

고산족
공동체

여러 고산족이 모여 사는 마을
반똥루앙 Baan Tong Luang

고산족의 생활을 돕기 위해 2003년에 형성된 고산족 공동체다. 치앙라이 고산지대를 일일이 방문하지 않고도 여러 고산족의 의상과 가옥 형태를 엿볼 수 있어 흥미롭다. 반똥루앙에 터를 잡은 부족은 화이트 카렌, 라후, 몽, 리수, 빠롱, 아카, 까여, 롱넥 카렌이다. 부족 전통 기술로 만든 스카프, 의류, 장식품 등을 판매하는데, 공장에서 대량생산한 물건도 심심찮게 눈에 띈다.

 구글 지도 GPS 18.895856, 98.882227 찾아가기 암퍼 매림의 땀본 매램에 위치. 1096번 도로 8.7km 지나 좌회전. 이정표 참고해 600m
ⓐ 주소 36/1 Moo 9 Baan Maemea, Mae Raem, Mae Rim ☎ 전화 085-711-9575 ⏱ 시간 08:30~16:00 ⓧ 휴무 연중무휴 ⓑ 가격 500B
ⓗ 홈페이지 www.baantongluang.com

special

태국의 고산족이 궁금하다면?!

고산족 박물관
Highland People Discovery Museum

입장료가 무료라는 사실이 미안할 정도로 전시 내용이 알차다. 태국에 사는 고산족에 대해 알고 싶다면 꼭 방문해 보길 권한다. 박물관 관람은 고산족 관련 영상을 보여주는 1층에서 시작된다. 영상이 끝나면 2층으로 올라가 카렌, 몽, 미엔, 아카, 리수, 라후 등 주요 부족의 의상과 생활도구를 살펴보자. 틴, 루아, 카무, 말라브리 고산족도 간단히 소개하고 있다. 고산족이 직접 만든 수공예품을 판매하는 1층 기념품 매장도 볼 만하다.

Ⓖ **구글 지도 GPS** 18.821552, 98.974722 Ⓖ **찾아가기** 창프악 라마 9세 공원 내 Ⓐ **주소** Rama IX Lanna Park, Chotana Road
Ⓣ **전화** 053-210-872 Ⓣ **시간** 월~금요일 08:30~12:00, 13:00~16:00
Ⓗ **휴무** 토~일요일 Ⓟ **가격** 무료입장 Ⓗ **홈페이지** 없음

고유한 매력 간직한
치앙마이 사원 투어

종교적으로도 중요하며, 여행자에게도 충분히 매력적인
치앙마이의 사원 8곳을 소개한다. 세월이 담긴 아름다운 건축물과
그 속에 숨은 이야기에 귀를 기울이면 치앙마이의 여정이 더욱 풍요로워진다.

🏛 사원 방문 TIP

❶ 반바지, 짧은 치마, 어깨가 많이 드러나는 옷, 민소매 상의는 금지다. 긴 스카프를
준비해 가면 허리나 어깨에 두를 수 있어 유용하다. 사원에서 무료로 살롱을 빌려
주기도 한다.
❷ 불당에 들어갈 때는 신발을 벗어야 한다. 발이 더러워지는 게 싫다면 양말을 준비하자.
❸ 특별히 사진 촬영을 금지한 곳을 제외하고는 불당 내부나 불상의 사진을 찍을 수 있다.

🏛 사원 방문 전 알아두면 좋은 용어

뜻	발음	태국어
사원	왓	วัด
본당 · 불전	위한, 봇, 우보쏫	วิหาร, โบสถ์, อุโบสถ
불상	프라	พระ
탑	쩨디, 쁘랑	เจดีย์, ปรางค์

🏛 치앙마이 주요 사원의 이런 매력 저런 매력

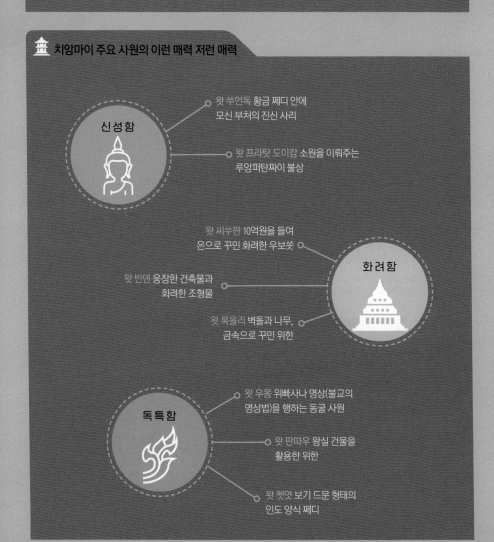

신성함

왓 쑤언독 황금 쩨디 안에
모신 부처의 진신 사리

왓 프라탓 도이캄 소원을 이뤄주는
루앙퍼탄짜이 불상

화려함

왓 씨쑤판 10억원을 들여
은으로 꾸민 화려한 우보쏫

왓 반덴 웅장한 건축물과
화려한 조형물

왓 록몰리 벽돌과 나무,
금속으로 꾸민 위한

독특함

왓 우몽 위빠사나 명상(불교의
명상법)을 행하는 동굴 사원

왓 판따우 왕실 건물을
활용한 위한

왓 쩻엿 보기 드문 형태의
인도 양식 쩨디

CHECK ✔
2권 ⓜ MAP P.072B
ⓘ INFO P.072

1 부처의 진신 사리를 모신 사원

왓 쑤언독 **Wat Suan Dok** วัดสวนดอก

원래 이름은 왓 부파람 또는 왓 쑤언독마이인데 짧게 왓 쑤언독이라고 부른다. 쑤언독은 '화원'이라는 뜻이다. 쑤코타이 왕국의 수도승 쑤마나테라가 란나 왕국으로 부처의 진신 사리를 모셔 오자 란나의 쿠나 왕은 왕가의 화원에 사원을 짓도록 했다. 1371년 왓 쑤언독이 건립된 사연이다. 진신 사리는 왓 쑤언독의 황금 쩨디에 안치되었으며, 일부는 도이쑤텝에 쩨디를 만들어 모셨다. 위한은 황금 쩨디와 일렬로 자리했다. 북부의 유명 수도승인 크루바 씨위차이가 1930년대에 복원한 건물로 좌불상과 입불상이 등을 맞댄 채 각각 반대쪽을 바라보고 있다. 황금 쩨디 옆에 있는 하얀 탑들은 치앙마이 왕실 가족의 납골묘다. 3~6m 높이의 탑이 수십 기나 된다.

ⓖ **구글 지도 GPS** 18.788251, 98.967763 ⓖ **찾아가기** 님만해민과 구시가 쑤언독 게이트에서 약 1.2km 🏠 **주소** 139 Suthep Road ☎ **전화** 053-278-304 ⏱ **시간** 06:00~22:00 ⓧ **휴무** 연중무휴 💲 **가격** 무료입장 ● **홈페이지** www.watsuandok.com

왕실 가족보다는 부처님이 한 수 위. 왕실의 흰색 납골 탑 덕분인지 부처의 어깨뼈 사리를 모신 황금색 쩨디가 더욱 빛나 보인다.

2 은으로 만든 사원

왓 씨쑤판 Silver Temple วัดศรีสุพรรณ

CHECK ✓

2권 🅑 MAP P.051A
🅘 INFO P.051

구시가 성벽 바깥쪽의 우왈라이는 예로부터 은 세공으로 유명한 지역이다. 왓 씨쑤판은 우왈라이의 안녕을 바라며 1502년에 건립된 사원이다. 세월이 지나 기둥과 지붕의 뼈대만 남게 됐는데 2004년 은으로 우보쏫(본당)을 지으며 화려하게 탈바꿈했다. 우보쏫의 내·외부는 우왈라이 은 세공 장인들의 기술이 집약된 정교한 장식이 가득하다. 약 3천만 바트, 우리 돈으로 10억 원가량의 비용이 들었다고 한다. 우보쏫 내에는 황금 좌불상 프라짜우쩻드가 있다. 제2차세계대전 당시 왓 씨쑤판에 주둔하던 일본군이 불상의 발에 총격을 가했는데 그 흔적이 아직도 남아 있다. 우보쏫 내부는 여성 출입 금지다. 우왈라이 은 세공 기술을 전수하기 위한 란나 아트 스터디 센터와 위한, 쩨디 등의 소소한 볼거리도 있다.

🅖 **구글 지도 GPS** 18.778820, 98.983678 🅖 **찾아가기** 구시가 남쪽 문 치앙마이 게이트에서 우왈라이 로드를 따라 도보 8분 🅐 **주소** 100 Wua Lai Road 🅣 **전화** 061-403-2581 🕐 **시간** 06:00~21:30 🅗 **휴무** 연중무휴 🅖 **가격** 50B 🅗 **홈페이지** watsrisuphancnxth.business.site

여성의 출입을 금지하는 우보쏫 내부는
이렇게 생겼다.
발에 총격의 흔적이 남아 있는
프라짜우쩻드 불상.

CHECK ✓
2권 🅜 MAP P.110B
ⓘ INFO P.114

3 소원을 말해 봐
왓 프라탓 도이캄 Wat Phrathat Doi Kham วัดพระธาตุดอยคำ

치앙마이 중심가 남서쪽의 도이캄 언덕 꼭대기에 자리한 사원이다. 687년에 건립된 이후 오랫동안 버려졌다가 1966년에 마을 사람들이 발견했다. 전설에 따르면 도이캄에 살던 식인 거인 둘이 부처님의 방문을 계기로 식인 행위를 그만두고 불교에 귀의했는데, 부처님은 이들에게 머리카락 사리를 하사했고, 이를 쩨디 안에 모셨다고 한다. 현재의 쩨디는 1966년 대홍수로 무너진 후 다시 지은 것이다. 사원의 크고 작은 불상 중 가장 눈에 띄는 것은 황금 가사를 걸친 높이 17m의 좌불상이다. 덕분에 이곳은 황금 사원으로도 불린다. 가장 중요한 불상은 루앙퍼탄짜이. 적어도 50개의 프엉말라이(화환)를 바치고 소원을 빌면 3개월 내에 이루어진다고 한다. 나가 계단 끝에서 바라보는 전망도 훌륭하다.

🌐 구글 지도 GPS 18.759544, 98.918645 ⊙ 찾아가기 항동과 경계 지역인 므앙 치앙마이의 매히야에 위치. 아래 주차장에서 300여 개의 가파른 계단을 올라가야 하므로 택시 대절 시 언덕 꼭대기에 세워달라고 하자. 🏠 주소 108 Moo 3, Mae Hia, Mueang ☎ 전화 053-263-001 🕐 시간 06:00~18:00 ⊙ 휴무 연중무휴 💲 가격 30B 🖥 홈페이지 없음

엄청나게 쌓여 있는 프엉말라이. 정말로 원하는 소원을 하나만 빌고, 이름을 말한 후 프엉말라이를 바치면 된다.

CHECK ✓
2권 ⊕ MAP P.132A
⊙ INFO P.133

4 화려함의 끝판왕
왓 반덴 Wat Ban Den วัดบ้านเด่น

화려한 건축물과 독특한 형태의 조형물이 눈을 사로잡는 사원이다. 원래 이름은 왓 반덴쌀리씨 므앙깬으로, 마을 사람들이 신성시하는 사원 아래 동굴의 이름인 '왓 반덴'과 사원 주변에 많이 분포된 신성한 쌀리나무라는 뜻의 '쌀리씨'에서 유래했다. 므앙깬은 이 지역의 옛 이름이다. 외부에서는 쉽게 왓 반덴이라 부르지만, 지역민들은 여전히 왓 반덴쌀리씨 므앙깬이라고 부른다. 본당 우보쏫, 사원 도서관 허뜨라이, 높이 지은 누각 위한 싸오 인타킨 등의 건축물들이 앞쪽 경내에, 와불상을 모신 위한, 십이지신을 상징하는 12개의 쩨디가 뒤쪽 경내에 자리한다. 티크 나무와 화강암 타일로 화려하게 꾸민 건축물과 조형물을 감상하는 것만으로 방문할 가치가 충분하다.

⊚ **구글 지도 GPS** 19.157771, 98.978467 ◉ **찾아가기** 암퍼 매땡의 땀본 인타킨에 위치. 치앙마이에서 치앙다오 방면 107번, 3038번 도로 이용. 3038번 도로 4km 지점에서 좌회전 ⊝ **주소** 119 Moo 8, Inthakhin, Mae Taeng ⊝ **전화** 094-965-9546 ⊙ **시간** 08:00~18:00 ⊝ **휴무** 연중무휴 ⊙ **가격** 무료입장 ⊙ **홈페이지** www.facebook.com/watbanden

웅장한 건물이 줄줄이
늘어서 있는
왓 반덴을 한 프레임에
담기는 힘들다.

5 동굴 사원
왓 우몽 Wat Umong วัดอุโมงค์

멩라이 왕 재위 당시인 1297년에 건립된 왓 우몽은 울울창창한 숲속에 자리 잡고 있다. 숲 곳곳의 나무에 영어와 태국어로 지혜의 말이 쓰여 있어 사원으로 가는 길이 지루하지 않다. 핵심 볼거리는 동굴이다. 불교 명상용으로 지어진 동굴인데 사원을 찾는 이들이 많아져 원래 용도를 잃었다. 동굴 내 교차점에는 감실을 두어 다양한 형태의 불상을 모셨다. 동굴 앞에는 아소카 왕의 석주를 본떠 만든 석주가 세워져 있다. 위쪽으로 난 계단을 오르면 둥근 종 모양의 쩨디가 보인다. 사원 한쪽에 자리한 연못에서 물고기 밥을 주는 재미도 쏠쏠하다. 먹이를 준비하면 비둘기 떼가 몰려들어 반은 뺏어 먹는다.

ⓖ **구글 지도 GPS** 18.783379, 98.951184 ⓖ **찾아가기** 구시가 쑤언독 게이트에서 약 3.5km, 님만해민에서 약 2.5km ⓐ **주소** 135 Moo 10, Suthep ⓣ **전화** 085-033-3809 ⓞ **시간** 06:00~18:00 ⓗ **휴무** 연중무휴 ⓑ **가격** 무료입장 ⓗ **홈페이지** www.watumong.org

> 사원 구경 후 입구 반대쪽 연못으로 가보자. 물고기와 비둘기에게 밥을 주는 재미가 쏠쏠하다. 물고기 밥을 비둘기가 다 먹는 경우도 허다하다.

란나 양식의 아름다운 건축물을 품은 왓 록몰리. 해자 바깥쪽에 위치해 비교적 조용하고 한가롭다.

CHECK ✓
2권 ⑥ MAP P.028A·B
⊙ INFO P.040

6 세련미 넘치는 오래된 사원
왓 록몰리 Wat Lok Moli วัดโลกโมฬี

정갈하면서도 화려한 위한과 독특한 형태의 쩨디가 눈길을 사로잡는 사원. 정확한 창건 연대는 알 수 없다. 란나의 끄나 왕(1355~1385) 재위 당시 미얀마에서 온 수도승들이 왓 록몰리에 기거했다는 기록으로 미루어 14세기에 지어진 왕실 사원이라 여겨진다. 입구에 들어서면 마주치는 위한은 1545년에 건립됐다. 위한 앞은 두 마리의 석조 코끼리가 지키고 있으며 나가 계단으로 장식되어 있다. 위한 뒤쪽에는 1527년에 세운 쩨디가 있다. 기단은 사각형 전탑이며, 탑신 사방에 불상을 모신 벽감이 있다. 왓 록몰리는 버마의 침략으로 황폐화됐다가 20세기에 복원됐다. 2003년에 복원된 위한은 세련미가 넘친다.

⑥ **구글 지도 GPS** 18.796056, 98.982571 ⑥ **찾아가기** 구시가 북쪽 해자 건너편. 창프악 게이트와 가깝다. ⑥ **주소** 298/1 Manee Nopparat Road ☎ **전화** 053-404-039 ⏰ **시간** 일출~17:00 ⊖ **휴무** 연중무휴 ⊖ **가격** 무료입장 ⊕ **홈페이지** www.watlokmolee.com

7 소소한 즐거움이 가득

왓 판따우 Wat Phantao วัดพันเตา

CHECK ✓
2권 ⊛ MAP P.028F
ⓞ INFO P.038

치앙마이 5대 통치자 짜오마홋(1847~1854)이 지은 왕실 건물이 1876년 사원으로 탈바꿈했다. 핵심 볼거리는 티크 나무로 지은 란나 양식의 위한이다. 층층이 놓인 세 겹 지붕의 끝자락에 나가 모양의 장식을 달아 아름다움을 더했다. 박공 아래는 모자이크로 꾸민 공작 장식이 있다. 공작 장식은 왕실 건물임을 나타내는 표식 중 하나다. 위한 뒤쪽으로 돌아가면 황금 쩨디가 보인다. 쩨디 내부에 왕실 가족의 유해를 안치했다고 한다. 맞은편은 대나무 숲으로 둘러싸인 연못이다. 보리수나무 아래 좌불상을 모신 연못 너머의 분위기가 고즈넉하다. 경내에 스님들의 공간인 꾸띠 등 소소한 볼거리가 많다.

ⓖ **구글 지도 GPS** 18.787660, 98.987482 ⓞ **찾아가기** 구시가 중심. 왓 쩨디루앙 옆 ⓐ **주소** Prapokkloa Road ⓐ **전화** 053-814-689 ⓞ **시간** 08:00~17:00 ⊝ **휴무** 연중무휴 ⓟ **가격** 무료입장 ⓗ **홈페이지** 없음

개 조심

왕실 건물임을 알리는 박공 아래 공작 장식

CHECK ✓
2권 ⓜ MAP P.069A·B
ⓘ INFO P.068

8 인도 양식의 쩨디를 감상하자
왓 쩻엿 Wat Jed Yod วัดเจ็ดยอด

정식 이름은 왓 포타람 마하위한이다. 1455년 띠록까랏 왕이 불기 2000년을 기념해 건립했다. 핵심 볼거리는 마하 쩨디. 띠록랏 왕은 인도 보드가야의 마하보디 사원을 연구하기 위해 버마 바간에 수도승을 보냈다. 그리고 마하보디 사원을 그대로 본떠 기단 위에 7개의 쩨디가 있는 마하 쩨디를 만들었다. 이 사원이 7개의 쩨디라는 의미의 '쩻엿'이라 불리는 이유다. 경내에는 마하 쩨디 외에도 2기의 탑이 더 있다. 1487년에 건립된 가장 큰 규모의 프라 쩨디 띠록랏에는 띠록랏 왕의 유해가 안치돼 있다. 나머지 하나는 둥근 형태에 가까운 팔각형 전탑 어니미싸 쩨디다. 상단의 상당 부분이 파괴됐으나 여전히 신비한 분위기를 풍긴다. 그 밖에 경내에는 위한과 대형 보리수나무 등 볼거리가 다양하다.

ⓢ 구글 지도 GPS 18.809016, 98.972172 ⓐ 찾아가기 치앙마이-람빵을 잇는 슈퍼 하이웨이 근처에 위치. 남만해민에서 도보 이동 가능. ⓐ 주소 Moo 2, Hwy Chiang Mai-Lampang Frontage Road ⓐ 전화 053-224-802 ⓛ 시간 06:00~18:00, 프라위한루앙 08:30~17:30 ⓒ 휴무 연중무휴 ⓟ 가격 무료입장 ⓦ 홈페이지 없음

> 경내에 새 장수(?)가 항상
> 대기 중이다. 대나무 새장에 갇힌 새를
> 사서 방생하면 되는데 새를 방생하면
> 웬일인지 고양이들이 신난다.

왕실이 보증하는 볼거리

로열 파크 랏차프륵과 퀸 씨리낏 보태닉 가든, 푸핑 궁전은 왕실의 이름으로
조성하고 가꾸어 일반인에게 개방하는 정원이다. 왕실이 보증하는 곳인 만큼
구석구석 볼거리가 많아 일부러 찾아볼 가치가 있다.

CHECK ✓
2권 ◉ MAP P.110B
◉ INFO P.114

라마 9세를 기리며
로열 파크 랏차프륵
Royal Park Rajapruek อุทยานหลวงราชพฤกษ์

라마 9세의 즉위 60년, 탄생 80주년을 기념해 열린 2006년 국제 원예 박람회장을 활용한 공원이다. 핵심
볼거리인 로열 파빌리온을 비롯해 타이 트로피컬 가든, 24개국 미니 정원 등이 있다. 무료 트램, 자전거,
도보로 돌아볼 수 있는데, 15분 간격으로 운행하는 트램이 가장 효율적이다.

⊚ **구글 지도 GPS** 18.750425, 98.923933 ◎ **찾아가기** 므앙 치앙마이와 항동의 경계 지역인 매히야에 위치. 치앙마이 시내에서
차량으로 약 20분 ⊖ **주소** Mae Hea, Mueang ⊖ **전화** 053-114-110 ⊕ **시간** 08:00~18:00 ⊕ **휴무** 연중무휴 ⊕ **가격** 200B ⊕ **홈페이지**
www.royalparkrajapruek.org

로열 파크 랏차프륵 볼거리

구석구석 돌아보려면 반나절 이상 걸리는 큰 규모이니 관람하고 싶은 곳을 미리 정해 두는 것이 좋다.
15분마다 트램이 운행하므로 한 장소에 15~30분씩 머물자. 자전거 대여는 60B.

오키드 파빌리온
Orchid Pavilion

다양한 종류의 태국 난초를
볼 수 있다.

인터내셔널 가든
International Gardens

24개국 미니 정원. 일본과 중국 정원이
볼 만하고, 한국 정원은 초라한 느낌이다.

로열 프로젝트 키친
Royal Project Kitchen

신선한 재료로 만든 건강 밥상.
가격도 합리적이다.

로열 파빌리온
Royal Pavilion

핵심 볼거리. 입구에서 정면으로
보이는 화려한 건물이다.

셰이디드 파라다이스
Shaded Paradise

단아한 아름다움을 지닌
음지식물이 가득하다.

태국 최초 국제 표준 식물원
퀸 씨리낏 보태닉 가든
Queen Sirikit Botanic Garden

CHECK ✓
2권 ◉ MAP P.124F
◉ INFO P.128

열대우림, 선인장, 연꽃이 자라는 테마 온실과 허브 가든, 숲속 트레일을 갖춘 태국 최초의 보태닉 가든이다. 1992년에 개장해 매림을 대표하는 관광 명소로 거듭났다. 핵심 스폿은 열대우림 속에 자리한 390m 길이의 캐노피 워크. 높이를 가늠할 수 없을 만큼 높은 나무 사이에 쇠창살을 엮은 다리를 만들어 발밑이 아찔하다.

⊛ 구글 지도 GPS 18.887345, 98.861997 ⊚ 찾아가기 매림에 위치. 1096번 도로를 11km 지나 이정표 보고 좌회전 ⊛ 주소 100 Moo 9, Mae Raem, Mae Rim ☎ 전화 053-841-234 ⊕ 시간 08:30~17:00 ⊖ 휴무 연중무휴 ⓑ 가격 어른 100B, 어린이 50B(12세 이하 무료) / 차량 입장 100B 추가, 오토바이 입장 30B 추가 ⊛ 홈페이지 www.qsbg.org

퀸 씨리낏 보태닉 가든 볼거리

자동차가 다니는 큰길 외에 트레일이 여럿 있어 걷기 좋다. 차량 없이 핵심 스폿만 구경할 계획이라면 트램을 타고 캐노피 워크 앞에서 내리자. 언덕을 오르는 수고를 줄일 수 있다. 트램 30B.

캐노피 워크
Canopy Walks
열대우림을 관통하는 아찔한 다리.

매싸 너이 폭포
Mae Sa Noi Waterfall
입구 오른쪽에 위치한 작은 폭포.

글래스하우스 콤플렉스
Glasshouse Complex
12개로 구성된 온실 단지.
열대우림(Tropical Rainforest House)이 가장 볼만하다.

왕실 겨울 별장
푸핑 궁전
Bhubing Palace พระตำหนักภูพิงคราชนิเวศน์

CHECK ✓
2권 ⓑ MAP P.100E
ⓞ INFO P.104

왕실의 겨울 별장이자 국빈 접대를 위해 1961년에
세운 궁전이다. 왕실의 휴가 기간을 제외하고 일반
인에게 개방한다. 궁전 내부는 볼 수 없다. 핵심 볼
거리는 로즈 가든이며, 자이언트 대나무, 저수지 등
소소한 볼거리가 많다. 의상 통제가 심하므로 각별
히 신경 써야 한다.

ⓖ **구글 지도 GPS** 18.804645, 98.899242 ◎ **찾아가기** 도이쑤텝
국립공원에 위치. 치앙마이 동물원 앞에서 썽태우 편도 70B ◉ **주소**
Doi Buak Ha, Tambon Su Thep ☎ **전화** 053-223-065 ⓧ **시간**
08:30~15:30 ⊖ **휴무** 왕실 휴가 기간, 보통 1~3월 ⓑ **가격** 50B ◉
홈페이지 www.bhubingpalace.org

푸핑 궁전 볼거리

궁전 내부는 개방하지 않으므로 정원에서 산책을 즐기면 된다.
소요 시간은 1시간~1시간 30분.

로즈 가든
Rose Garden

곳곳에 자리한
장미 정원.

르언롭렁
Ruen Rob Rong

국빈 접대를 위한 2층 건물.

푸핑 궁전
Bhubing Palace

왕실 겨울 별장.

저수지
Water Reservoir

푸핑 궁전에서 사용하는 물을
가둬놓은 저수지.

플랍플라파먼
Pha Mon Pavillon

왕실 가족의 식사를 위한
파빌리온. 양치식물
펀 가든과 함께 있다.

예술과 역사의
숨결을 찾아서

치앙마이는 도시 자체가 박물관이지만 진짜 박물관에서 얻고 배우는 것은 또 다르다.
치앙마이 여행에 앞서 박물관에 먼저 들러 지식을 살찌워 보자.
마음의 살은 미술관에서 채울 수 있다. 최근 핫 플레이스로 떠오른 마이이얌 현대미술관은
설립 취지 그대로 삶을 풍요롭게 한다.

마이이얌 현대미술관

장 미셸 뵈르들레Jean Michel Beurdeley와 그의 아내 팟씨 분낙 Patrsi Bunnag, 두 사람의 아들 에릭 분낙 부스Eric Bunnag Booth가 지난 30년간 수집한 개인 소장품을 공유하기 위해 설립한 현대미술관이다. 마이이얌은 태국어로 '아주 새롭다'는 의미다. 동시에 라마 5세 당시 왕실의 일원이었던 에릭 분낙 부스의 대고모 차오 촘 이얌Chao Chom Iam에 대한 헌사의 의미를 담았다. '마이'는 치앙마이, '이얌'은 대고모의 이름에서 따왔다.

1층은 특별 전시 공간으로 비주얼 아트, 필름 스크리닝, 디자인 등 국내외 젊은 작가들의 인상적인 작품을 4~6개월마다 교체해 가며 전시한다. 2층은 상설 전시장이다. 여러 작품 중에서 치앙마이 출신 나윈 라완차이야꾼Navin Rawanchaikul의 회화 작품 〈슈퍼 아트 방콕 서바이버Super Art Bangkok Survivor〉가 가장 큰 공간을 차지한다. 거울로 마감한 건물 외관은 사진 스폿으로 유명하며, 아트 스토어와 카페도 있다.

#현대미술

#개인소장품
#핫플레이스

CHECK ✓
2권 ⊕ **MAP** P.138F
⊕ **INFO** P.142

⊗ 구글 지도 **GPS** 18.757283, 99.093710 ⊕ **찾아가기** 싼깜팽에 위치. 와로롯 시장에서 흰색 썽태우 탑승해 마이이얌 하차 후 길 맞은편 ⊕ **주소** 122 Moo 7, Tonpao, San Kamphaeng ⊖ **전화** 052-081-737 ⊖ **시간** 수~월요일 10:00~18:00 ⊖ **휴무** 화요일 ⊕ **가격** 어른 150B, 학생 100B ⊗ **홈페이지** www.maiiam.com

LANNA FOLKLIFE MUSEUM

란나 포크라이프 뮤지엄

치앙마이 법원이었던 건물을 개조한 박물관이다. 1~2층 13개 전시 공간에서 사원의 건축양식, 불상, 벽화, 도자기, 의상 등을 실물과 사진, 모형으로 전시한다. 란나의 종교와 문화, 예술은 물론 삶의 양식까지 알 수 있어 박물관을 관람하고 여행하면 태국 북부에 대한 이해도가 높아진다.

ⓖ **구글 지도 GPS** 18.790261, 98.988414 ⓕ **찾아가기** 구시가 쓰리 킹스 모뉴먼트 맞은편 ⓐ **주소** Prapokkloa Road ⓒ **전화** 053-217-793 ⓣ **시간** 화~일요일 08:30~17:00 ⓒ **휴무** 월요일, 쏭끄란 축제 ⓑ **가격** 90B, 치앙마이 센터·뮤지엄 통합(아트 & 컬처럴 센터, 히스토리컬 센터 포함) 입장권 180B ⓗ **홈페이지** www.cmocity.com

CHECK ✔
2권 ⓜ MAP P.028F
ⓘ INFO P.039

#일상
#란나인
#종교문화예술

THEME 06 | 박물관&미술관

치앙마이 국립박물관

1973년 씨리낏 여왕의 주도로 개관했으며, 지금은 태국 정부 예술부에서 관리하고 있다. 치앙마이와 태국 북부의 선사시대부터 현재까지의 역사를 1~3층에 걸쳐 전시한다. 태국 북부의 시대별 건축양식, 불교 예술, 도자기 등 볼거리가 다양해 태국의 역사와 문화를 쉽게 접할 수 있다. 꼼꼼하게 돌아보면 2~3시간 정도 걸린다.

ⓖ **구글 지도 GPS** 18.811581, 98.976293 ⓞ **찾아가기** 창프악에 위치. 구시가 창프악 게이트에서 약 3km, 님만해민에서 약 1.5km ⓐ **주소** 451 Moo 2, Hwy Chiang Mai–Lampang Frontage Road ⊖ **전화** 053-221-308 ⓛ **시간** 수~일요일 09:00~16:00 ⊖ **휴무** 월~화요일 ⓑ **가격** 100B ⓦ **홈페이지** 없음

CHECK ✔
2권 ⓜ **MAP** P.069B
ⓘ **INFO** P.069

#태국북부
#역사
#국립박물관

근교 도시, 어디로 갈까?

CHIANG RAI

치앙라이

역사와 자연이 조화를 이룬 란나 왕국 최초의 수도
1262년 멩라이 왕이 란나 왕국 최초의 수도로 삼은 역사 도시. 과거의 흔적이 도심 곳곳에 흩어져 있으며, 도심 외곽에는 자연과 조화를 이룬 볼거리가 다양하다.

 인기도 ★★★★

태국 현지인들의 여행 목적지로 각광받고 있다. 한국 여행자들은 치앙마이에서 1일 투어로 즐겨 찾는다.

 교통 ★★★

대표 관광지인 왓 렁쿤까지는 버스가 수시로 다닌다. 어디든 편안하게 이동하고 싶다면 렌트나 그랩 택시가 낫다.

 볼거리 ★★★★★

치앙라이가 현지인들에게 각광받는 이유 중 하나다. 차량을 렌트하면 치앙라이의 진가를 깨닫게 된다.

 쇼핑 ★★★★

치앙라이 나이트 바자가 핵심 쇼핑 스폿이다. 지갑, 가방 등 고산족이 직접 만든 수공예품이 다양하다.

 먹거리 ★★★★★

구석구석 숨은 맛집이 많다. 치앙라이 시내 꼭강변에 자리 잡은 맛과 분위기를 두루 갖춘 레스토랑들을 주목하자.

 복잡함 ★★★

시내는 규모가 있는 편이라 복잡하게 느껴지지 않는다. 관광객이 많은 관광지도 복잡한 느낌은 없다.

치앙라이와 빠이는 치앙마이에서 차량으로 약 3시간 거리의 여행지다.
치앙라이는 볼거리, 빠이는 휴식 위주의 여정이 어울리는 곳이니,
각 도시의 특징과 각자의 여행 스타일을 고려해 목적지를 선택해 보자.

VS

PAI

여행의 쉼표가 되는 작은 시골 마을
분주할 이유도, 필요도 없는 작은 시골 마을이다. 산과 강, 논으로 둘러싸인
전원에 파묻혀 쉬어 가는 것만으로 지친 일상에 활력이 된다.

 인기도 ★★★★

현지인은 거의 없고, 서양인, 중국인 등
외국인 여행자가 대다수다. 히피들이
즐겨 찾는 것도 특징이다.

 교통 ★★

시내는 도보, 자전거로 충분하다. 인근
볼거리를 다닐 때는 오토바이 렌트와 여
행사 투어가 일반적이다.

 볼거리 ★★★

산악지대의 전원 풍경을 즐기는 것으로
대만족. 안 보면 후회하는 대단한 관광
지는 없다.

 쇼핑 ★★

매일 저녁 열리는 야시장과 작은 가게
에서 기념품과 잡화 등 소소한 쇼핑을
즐길 수 있다.

 먹거리 ★★

여행자 식당이 전부다. 히피들이 즐겨
찾는 빠이의 특성상 채식을 포함한 건
강 식단이 인기다.

 복잡함 ★

복잡할 것 없는 시골 동네다.

테마가 다양한 여행 일번지
치앙라이 Chiang Rai

치앙라이 여행 미션

☑ 왓 렁쿤 구경하기
☑ 고산족 마을 방문
☑ 싱하 파크 탐방
☑ 골든 트라이앵글, 도이창,
　도이뚱으로 근교 여행 떠나기
☑ 강변 레스토랑 즐기기

치앙마이에서 북동쪽으로 약 200km 거리에 자리 잡은 치앙라이는
치앙마이와 함께 북부의 대표적인 도시로 손꼽힌다. 멩라이 왕이
란나 왕국을 세우고 수도로 정한 덕분에 역사적인 볼거리가 많고,
아름다운 자연을 품고 있어 특유의 쾌적하고
편안한 분위기를 자랑한다. 미얀마, 라오스 등
국경지대와도 멀지 않아 다양한 루트의
여행을 계획할 수 있다.

치앙라이의 볼거리

❶

치앙라이 여행 버킷 리스트

왓 렁쿤
Wat Rong Khun(The White Temple) วัดร่องขุ่น

부처의 순수함을 표현하기 위해 전체를 흰색으로 꾸민 사원이다. 태국 아티스트 찰름차이 코싯피팟(Chalermchai Kositpipat)이 설계하고 1997년부터 짓기 시작했으며 지금은 치앙라이의 으뜸 명소로 거듭났다. 사원으로 향하는 둥근 다리는 윤회사상을 표현한 것이며, 지붕 위의 코끼리, 나가, 백조, 사자는 각각 지구, 물, 바람, 불을 상징한다. 내부 사진 촬영 금지.

2권 ⓜ MAP P.151E **ⓘ INFO** P.158 ⓖ **구글 지도 GPS** 19.824250, 99.762751 ⓖ **찾아가기** 치앙라이 남쪽 1번 도로변 빠어던차이 지역. 치앙라이 버스터미널 1에서 버스 이용 ⓐ **주소** Pa O Don Chai, Mueang Chiang Rai ⊖ **전화** 053-673-579 ⓛ **시간** 06:30~18:00 ⊖ **휴무** 연중무휴 ⓑ **가격** 50B ⓗ **홈페이지** 없음

❷

즐길 거리 가득한 드넓은 공원

싱하 파크
Singha Park

맥주와 생수를 생산하며 태국의 대표 기업으로 성장한 싱하(씽)에서 선보이는 공원이다. 드넓은 잔디밭과 차밭, 호수, 과일 농장, 레스토랑과 카페 등이 있어 나들이 코스로 인기다. 걸어서 돌아보기에는 너무 방대하므로 셔틀버스나 자전거를 이용하는 것이 좋다. 자전거 대여 시에는 여권이나 신분증을 맡겨야 한다.

2권 ⓜ MAP P.151E **ⓘ INFO** P.159 ⓖ **구글 지도 GPS** 19.853015, 99.743378 ⓖ **찾아가기** 치앙라이 남서쪽 매꼰 지역. 허날리까 까우(오래된 시계탑) 인근(구글 지도 GPS 19.910032, 99.829359)에서 썽태우 이용 ⓐ **주소** 99 Moo 1, Mae Kon, Mueang Chiang Rai ⊖ **전화** 셔틀버스 061-387-7592, 자전거 091-890-7394 ⓛ **시간** 09:00~18:00, 셔틀버스 09:30~17:00, 자전거 월~금요일 08:00~18:00 · 토~일요일 08:00~19:00 ⊖ **휴무** 연중무휴 ⓑ **가격** 무료입장, 셔틀버스 어른 100B · 어린이 50B, 자전거 1시간 150B ⓗ **홈페이지** singhapark.com

신비한 기운의 푸른 사원

왓 렁쓰아뗀

Wat Rong Seur Ten(The Blue Temple) วัดร่องเสือเต้น

사원 전체를 푸른색으로 장식해 블루 템플로 불리기도 한다. 쓰아뗀은 태국어로 '춤추는 호랑이'라는 뜻이다. 실제로 오래전 호랑이가 춤을 추듯 강을 넘나들었다고 하는 쓰아뗀 마을의 사원 터를 2005년부터 재건한 곳이다. 2016년에 완공된 본당 건물에 백색의 좌불상을 안치했는데, 건물의 푸른빛을 머금은 불상이 매우 아름답다.

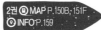 2권 ◉ MAP P.150B-151F ◉ INFO P.159 ◉ 구글 지도 GPS 19.923518, 99.841896 ◉ 찾아가기 치앙라이 시내 꼭강변 북단. 치앙라이 버스터미널 1에서 치앙콩, 치앙쌘, 매싸이행 버스 이용 ◉ 주소 306 Moo 2 Maekok Road, Rim Kok, Mueang Chiang Rai ◉ 전화 082-026-9038 ◉ 시간 06:00~20:00 ◉ 휴무 연중무휴 ◉ 가격 무료입장 ◉ 홈페이지 없음

예술로 승화한 어둠

반담 박물관

Baan Dam Museum

반담은 태국어로 '검은 집'이라는 뜻이다. 넓은 정원 곳곳에 마련된 검은 집 안에 치앙라이 출신 예술가 타완 다차니(Thawan Duchanee)의 작품을 전시해 두었다. 돌과 나무, 가죽으로 만든 짐승의 뼈와 악마의 모습을 형상화한 그의 작품은 하나같이 어둠을 묘사하고 있다. 영적인 것을 추구하지만 화이트 템플과는 대조적인 이미지다.

 2권 ◉ MAP P.151D ◉ INFO P.159 ◉ 구글 지도 GPS 19.991602, 99.861105 ◉ 찾아가기 치앙라이 북쪽 1번 도로변 낭래 지역. 치앙라이 버스터미널 1에서 치앙콩, 치앙쌘, 매싸이행 버스 이용 ◉ 주소 333 Moo 13, Nang Lae, Mueang Chiang Rai ◉ 전화 053-776-333 ◉ 시간 09:00~17:00 ◉ 휴무 연중무휴 ◉ 가격 80B ◉ 홈페이지 www.thawan-duchanee.com

⑤

고산족 마을을 찾아서

고산족 마을 연합
Union of Hill Tribe Villages and Long Neck Karen

치앙라이의 관광산업을 발전시키고 고산족의 문화와 전통을 보존하기 위해 1992년 조성된 마을이다. 롱넥 카렌을 비롯해 아카, 야오, 라후, 빠롱, 카야우 부족이 모여 산다. 각 부족은 입장료 외에 특산물을 판매하거나 공연을 보여주고 팁을 받아 수입을 얻는다. 구글 검색은 'Long Neck Karen'으로 하면 된다.

2권 ⓞ MAP P.151D
ⓘ INFO P.160

ⓖ **구글 지도 GPS** 20.020094, 99.890028 ⓖ **찾아가기** 치앙라이 북쪽 낭래 지역. 1번 도로 경유 ⓞ **주소** 262 Moo 6, Nang Lae, Mueang Chiang Rai ⓞ **전화** 053-705-337 ⓛ **시간** 07:00~19:00 ⓞ **휴무** 연중무휴 ⓞ **가격** 300B
ⓗ **홈페이지** www.longneckkaren.com

⑥

마음을 정화하는 차밭 여행

추이퐁 차밭
Choui Fong Tea Farm

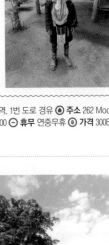

치앙라이 북쪽 해발 1200m 높이의 산 위에 자리한 드넓은 차밭이다. 치앙라이에서 가장 규모가 큰 차밭 중 하나로 1977년부터 녹차, 우롱차, 홍차 등 다양하고 품질 좋은 차를 생산하고 있다. 차밭 사이로 산책로가 나 있으며 차 판매장, 카페 등이 자리한다. 카페에서는 차와 음료수를 비롯해 케이크와 샐러드, 스파게티 등 간단한 음식을 판매한다.

2권 ⓞ MAP P.151C
ⓘ INFO P.160

ⓖ **구글 지도 GPS** 20.199912, 99.816438 ⓖ **찾아가기** 치앙라이 북쪽 매짠 지역. 1번 도로 경유 ⓞ **주소** 97 Moo 8, Pasang, Maechan ⓞ **전화** 053-771-563 ⓛ **시간** 08:00~17:30 ⓞ **휴무** 연중무휴 ⓞ **가격** 무료입장 ⓗ **홈페이지** chouifongtea.com

❼

트램 타고 치앙라이 시내 투어

치앙라이 시티 트램
The Tram of Chiang Rai

도보 여행자에게 큰 도움이 되는 프로그램이다. 관광안내소에서 리스트 작성 후 6명 정원이 차면 출발한다. 왓 프라씽, 왓 프라깨우, 왓 도이응암므앙, 왓 프라탓 도이쩜텅, 왓 뭉므앙 등 치앙라이 시내 명소 9곳을 들른다. 안내 방송은 태국어로 진행되며, 한 장소마다 약 10분간 정차한다. 총 1시간 30분~2시간 정도 걸린다.

2권 ⓜ MAP P.150D
ⓘ INFO P.163

ⓖ 구글 지도 GPS 19.910457, 99.839588 **ⓖ 찾아가기** 치앙라이 시내 멩라이 왕 동상 뒤쪽 'Local Products Promotion Center' 빌딩 내 관광안내소 앞에서 출발 **ⓐ 주소** Singhaclai Road **ⓣ 전화** 053-600-570 **ⓣ 시간** 09:30, 13:30(30분 전 도착이 원칙이나 1분 전에 도착해도 상관없다) **ⓗ 휴무** 연중무휴 **ⓟ 가격** 무료 **ⓦ 홈페이지** 없음

❽

3개국이 마주한 국경지대

골든 트라이앵글
Golden Triangle

메콩강을 경계로 태국, 미얀마, 라오스 3개국이 국경을 맞대고 있는 지역으로, 명칭은 솝루악이다. 1950~1980년대 세계 최대의 아편 생산지로 알려졌으나 지금은 대형 불상과 조형물, 레스토랑, 박물관 등이 들어선 관광지로 거듭났다. 골든 트라이앵글 전망대 격인 왓 프라탓 푸카우 사원에 오르거나, 메콩강 보트 트립으로 일대를 돌아봐도 좋다.

2권 ⓜ MAP P.151D, 165
ⓘ INFO P.166

ⓖ 구글 지도 GPS 20.352912, 100.082953 **ⓖ 찾아가기** 치앙쌘 위양 지역. 치앙라이 버스터미널 1·2에서 골든 트라이앵글행 그린 버스 탑승 **ⓐ 주소** Wiang, Chiang Saen **ⓣ 전화** 없음 **ⓣ 시간** 24시간 **ⓗ 휴무** 연중무휴 **ⓟ 가격** 무료입장 **ⓦ 홈페이지** 없음

⑨

치앙라이 고봉에 자리한 왕실 정원

도이뚱
Doi Tung

로열 프로젝트를 통해 관리하는 매파루앙 가든(Mae Fa Luang Garden), 도이뚱 궁전(Doi Tung Royal Villa), 매파루앙 식물원(Mae Fah Luang Arboretum) 등을 볼 수 있다. 매파루앙은 '하늘이 내린 왕실의 어머니'라는 뜻으로 라마 9세의 어머니 시나카린을 의미한다. 태국 북부 소수민족은 존경의 의미를 담아 그녀를 매파루앙이라고 불렀다.

2권 ⓜ MAP P.151A, -168
ⓘ INFO P.168

ⓖ **구글 지도 GPS** 20.288309, 99.809847
ⓖ **찾아가기** 치앙라이 매파루앙 지역. 매싸이 훼이크라이 삼거리(구글 지도 GPS 20.265679, 99.858178)에서 오토바이 또는 썽태우 이용 ⓐ **주소** Mae Fa Luang, Mae Fa Luang ⓞ **전화** 053-767-015 ⓛ **시간** 가든 06:30~18:00, 궁전 07:00~11:30 12:30~17:30, 식물원 07:00~17:30 ⓞ **휴무** 연중무휴 ⓑ **가격** 90B, 가든·궁전·식물원 통합 입장권 200B ⓢ **홈페이지** www.doitung.org

⑩

커피 산지를 찾아서

도이창
ดอยช้าง

로열 프로젝트를 통해 태국에서 가장 유명한 커피 생산지 중 하나로 거듭난 지역이다. 치앙라이 남서쪽의 암퍼 매쑤어이에 자리 잡고 있다. 해발 1200~1700m 산길을 드라이브하며 풍경을 즐기고, 도이창 마을 인근 커피숍에서 현지 생산한 커피를 맛볼 수 있다.

2권 ⓜ MAP P.151E, -169
ⓘ INFO P.169

ⓖ **구글 지도 GPS** 19.815691, 99.558185
ⓖ **찾아가기** 매쑤어이 위쪽 지역. 치앙라이에서 개별 차량으로 약 65km, 1시간 20분 소요 ⓐ **주소** Wa Wi, Mae Suai ⓞ **전화** 없음 ⓛ **시간** 24시간 ⓞ **휴무** 연중무휴 ⓢ **홈페이지** 없음

치앙라이의 먹거리

① 우아하게 즐기는 치앙라이의 일상
치윗 탐마다
Chivit Thamma Da

태국어로 치윗 탐마다는 '일상생활'이라는 뜻이다. 일상처럼 편안한 분위기의 비스트로 카페로 꼭강이 바라보이는 곳에 있으며, 정원과 목조 가옥의 실내외에 다양한 형태의 좌석이 마련되어 있다. 유기농 요리 재료와 친환경 직원 유니폼을 사용하는 등 환경 보전을 위한 작은 노력을 실천 중이다.

2권 ⓞ MAP P.150B
ⓞ INFO P.160
ⓖ **구글 지도 GPS** 19.921697, 99.844970
ⓖ **찾아가기** 치앙라이 시내 꼭강변 북단 ⓐ **주소** 179 Moo 2, Rimkok, Mueang Chiang Rai ⓣ **전화** 081-984-2925 ⓣ **시간** 08:00~21:00
ⓣ **휴무** 연중무휴 ⓣ **홈페이지** www.chivitthammada.com

아메리카노 아이스 80B
Americano 아이스 80B

카우팟베이컨
Bacon Fried Rice 200B

② 맛으로 승부하는 강변 레스토랑
타남 푸래
Thanam Phu Lae ท่าน้ำ ภูแล

치앙라이의 유명 레스토랑 푸래의 지점. 타남은 '워터프런트 (Water Front)'라는 뜻이다. 이름 그대로 꼭강변에 자리 잡았으며, 강변 바로 옆 테이블이 특히 운치 있다. 북부 대표 요리를 비롯해 다양한 태국 요리를 선보인다. 내륙인데도 해산물이 신선하고, 모든 요리가 짜지 않고 맛있다.

2권 ⓞ MAP P.150B
ⓞ INFO P.160
ⓖ **구글 지도 GPS** 19.921974, 99.846074
ⓖ **찾아가기** 치앙라이 시내 꼭강변 북단. 파혼요틴 로드 꼭강 다리 아래 ⓐ
주소 Phahonyothin Road, Rim Kok, Mueang Chiang Rai ⓣ **전화** 053-166-888 ⓣ **시간** 17:00~23:00 ⓣ **휴무** 연중무휴 ⓣ **홈페이지** www.phulaerestaurant.com/thanamphulae

팟브로콜리 꿍
Fried Broccoli with Shrimp 150B

어딥 란나
Thai Sausage, Piece Pig Steam, Skin Pork Fried, Chili Sauce, Vegetables Scalds in Dish 200B

③ 내 입에 캔디
멜트 인 유어 마우스
Melt in Your Mouth

꼭강변에 있는 브런치 카페이자 레스토랑. 다양한 브런치 메뉴와 커피, 음료를 선보인다. 간단한 태국 요리도 있는데 전문 레스토랑 못지않은 맛을 자랑한다. 강 전망보다 화사하게 꾸민 실내 인테리어가 더욱 좋은 곳이다.

2권 ◎ MAP P.150A·B ◎ INFO P.161
⊙ 구글 지도 GPS 19.917532, 99.835434 ⊙ 찾아가기 치앙라이 시내 꼭강변 남단 ⊙ 주소 268 Moo 21, Rop Wiang, Mueang Chiang Rai ⊝ 전화 052-020-549 ⓘ 시간 08:30~20:30 ⊝ 휴무 연중무휴 ⊚ 홈페이지 www.facebook.com/meltinyourmouthchiangrai

깽항레 프렁카우
Northern Style Pork Curry served with Rice 150B

춧끄라사우 남프릭 멜Melt Spicy Dips Cuisine Set 330B

멜트 화이트
Melt White 핫 95B

④ 가성비 좋은 강변 레스토랑
루람
หลู่ล้า

꼭강변에 자리한 레스토랑 중 비교적 저렴하지만 맛있는 곳이다. 태국의 셀럽들도 수없이 다녀갈 정도로 유명하다. 가장 큰 장점은 광범위한 메뉴. 북부 요리 전문점이라고 해도 손색없고, 일반적인 태국 요리도 매우 다양하다.

2권 ◎ MAP P.150B ◎ INFO P.161
⊙ 구글 지도 GPS 19.921998, 99.850636 ⊙ 찾아가기 치앙라이 시내 북동쪽 꼭강변 남단 ⊙ 주소 188/8 Moo 20 Kwae Wai, Rop Wiang, Mueang Chiang Rai ⊝ 전화 053-748-223 ⓘ 시간 10:30~22:00 ⊝ 휴무 연중무휴 ⊚ 홈페이지 없음

남프릭엉-캡무
Northern Style Chili Dip & Streaky Pork with Crispy Crackling 89B

커무야
Grilled Pig Neck Meat 119B

5

치앙라이에서 꼭 먹어봐야 할 남니여우

남니여우 빠쑥

น้ำเงี้ยวป้าสุข

술 마신 다음 날이면 간절히 생각나는 국숫집이다. 대표 메뉴 남니여우는 우리나라 선지해장국처럼 매콤하고 시원하다. 면은 카놈찐과 꾸어이띠여우 중 하나를, 고명은 돼지고기 무와 소고기 느아 중 하나를 선택하면 된다. 카레에 카놈찐을 만 카놈찐 남야, 선지와 고기, 쌀을 넣어 잎에 찐 카우깐찐도 있다.

2권 MAP P.150C
1INFO P.162

구글 지도 GPS 19.901614, 99.823010 **찾아가기** 싼콩너이 로드 쏘이 5 옆 **주소** 197 Sankhongnoi Road **전화** 053-752-471 **시간** 화~일요일 09:00~15:00 **휴무** 월요일 **홈페이지** 없음

꾸어이띠여우 남니여우 무(느아) 35·45B

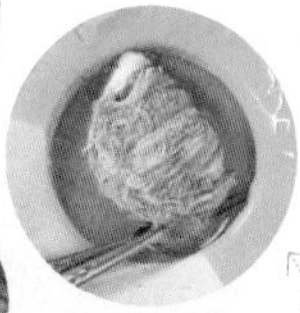

카놈찐 남야 35·45B

카우깐찐 15B

6

시내와 가까운 국수 맛집

퍼짜이

พอใจ

시내와 가까운 여행자 거리 타논 쩻엿에 자리한 국수 전문점으로 현지인들이 즐겨 찾는다. 북부를 대표하는 선지국수 남니여우와 카레국수 카우쏘이 등을 판매한다. 한국의 해장국처럼 매콤한 남니여우가 별미다. 간판에는 태국어만 적혀 있다.

2권 MAP P.156A
1INFO P.161

구글 지도 GPS 19.905748, 99.831050 **찾아가기** 치앙라이 시내 시계탑과 가까운 쩻엿 로드 **주소** 1023/3 Jetyod Road, Wiang, Mueang Chiang Rai **전화** 053-712-935 **시간** 08:00~16:00 **휴무** 연중무휴 **홈페이지** 없음

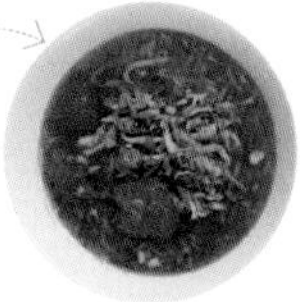

남니여우 무
Pork Nam Ngiow
탐마다(보통) 40B·
피쎗(곱빼기) 50B

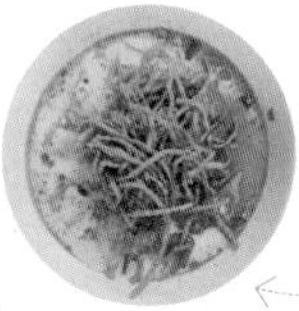

카우쏘이 까이 까티
Chicken Khao Soy
탐마다(보통) 40B·
피쎗(곱빼기) 50B

7

한국인 입맛에 잘 맞는 어묵국수

나이항

นายฮั่ง

간판에는 파랗고 커다란 글씨로 룩친무(ลูกชิ้นหมู)라고 적어놓았다. 돼지고기 볼인 룩친무 외에도 어묵 룩친 쁠라 등 다양한 고명이 준비되어 있다. 돼지고기와 어묵을 함께 먹으려면 꾸어이띠여우 툭양, 비빔을 원하면 남 대신 행으로 주문하자. 맛있고 깔끔하다.

2권 MAP P.156A
1INFO P.162

구글 지도 GPS 19.906998, 99.830616 **찾아가기** 치앙라이 시내 시계탑에서 서쪽으로 30m 이동 **주소** 428/4 Baanpa Pragarn Road, Wiang, Mueang Chiang Rai **전화** 없음 **시간** 10:30~21:00 **휴무** 연중무휴 **홈페이지** 없음

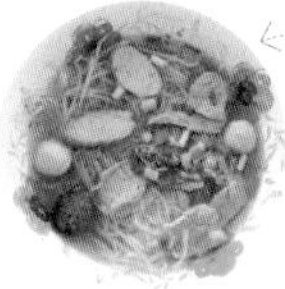

꾸어이띠여우 무루엄 남
Mixed Noodle
Water Pork 40B

꾸어이띠여우 쁠라루엄 남
Mixed Noodle
Water Fish 40B

사심 가득 추천 스폿

오늘 하루 집사가 되고 싶은 자, 여기로 오라!

캣 앤 어 컵
Cat 'n' A Cup

고양이의 관심과 사랑을 갈구하는 인간들로 가득한 인기 만점 고양이 카페. 뱅갈, 아메리칸 쇼트헤어, 노르웨이숲, 샴, 페르시안 고양이들이 돌아다니며 힐링의 시간을 선사한다. 입장료는 따로 없고, 1인 1주문이 원칙이다.

2권 **MAP** P.156B
INFO P.162

구글 지도 GPS 19.904517, 99.833191 **찾아가기** 치앙라이 시내 나이트 바자 인근 **주소** 596/7 Phaholyothin Road **전화** 088-251-3706 **시간** 11:30~22:00 **휴무** 연중무휴 **가격** 아메리카노(Americano) 핫 60B **홈페이지** www.facebook.com/catnacup

치앙라이의 마사지

북부 마사지의 진수
아리사라 타이 마사지
Arisara Thai Massage

시내 중심가에서 조금 떨어져 있지만 치앙라이에서 가장 추천하는 마사지 숍이다. 개별 룸을 갖춰서 좋고, 마사지사들의 실력이 하나같이 훌륭하다. 마사지사들의 탈진이 염려될 정도로 한시도 쉬지 않고 정성스럽게 마사지를 해준다. 원하는 시간에 마사지를 받으려면 예약이 필수다.

2권 ⓑ MAP P.150D
ⓘ INFO P.164
ⓢ **구글 지도 GPS** 19.903538, 99.840244 ⓖ **찾아가기** 치앙라이 시내 동쪽 1번 도로인 파혼요틴 로드 인근 ⓐ **주소** 125/1 Moo 12, Phahonyothin Road ⓣ **전화** 053-719-355 ⓛ **시간** 10:00~22:00 ⓗ **휴무** 연중무휴 ⓑ **가격** 타이 마사지 60분 300B ⓦ **홈페이지** www.facebook.com/ArisaramassageCR

시내 마사지 숍
몬므앙 란나 마사지
Monmueang Lanna Massage

치앙라이 나이트 바자 일대 마사지 숍 중 평판이 좋은 곳이다. 마사지사마다 실력 차이가 있지만 전반적으로 부드러운 마사지를 선보이며 정성을 다한다. 타이·오일 마사지를 위한 베드는 커튼으로 분리된 형태. 같은 공간에 발 마사지를 위한 체어도 있다.

2권 ⓑ MAP P.156B
ⓘ INFO P.163
ⓢ **구글 지도 GPS** 19.904504, 99.832895 ⓖ **찾아가기** 치앙라이 시내 나이트 바자 인근 ⓐ **주소** 879/7-8 Phaholyothin Road ⓣ **전화** 053-711-611 ⓛ **시간** 10:00~24:00 ⓗ **휴무** 연중무휴 ⓑ **가격** 타이 마사지 60분 300B ⓦ **홈페이지** www.facebook.com/people/Monmuang-Lanna/100011603770889

치앙라이의 쇼핑

치앙라이 쇼핑 일번지
치앙라이 나이트 바자
Chiang Rai Night Bazaar

치앙라이 시내에서 매일 밤 열리는 시장. 태국의 야시장에서 판매하는 일반적인 품목에 더해 고산족 수공예품 매장이 많아 쇼핑하는 재미가 쏠쏠하다. 여행자 입장에서는 치앙라이 토요·일요 시장보다 쇼핑 아이템이 다양해 1박 이상 치앙라이에 머문다면 들러볼 만하다. 푸드 코트 형태의 대형 야외 식당도 있다.

2권 ⓑ MAP P.156B
ⓘ INFO P.164
ⓢ **구글 지도 GPS** 19.905022, 99.833196 ⓖ **찾아가기** 치앙라이 시내 시계탑 기준, 반파쁘라끄란 로드 동쪽으로 230m 지나 큰길 사거리에서 우회전해 약 200m 이동 ⓐ **주소** Wiang, Mueang Chiang Rai ⓣ **전화** 가게마다 다름 ⓛ **시간** 18:00~23:00 ⓗ **휴무** 연중무휴 ⓑ **가격** 제품마다 다름 ⓦ **홈페이지** 없음

사고 싶은 아이템 많은 싱하 파크 숍
라이분럿
Boon Rawd Farm

싱하 파크 내에 있는 기념품 숍이자 카페. 분럿 농장에서 생산하는 차, 꿀, 잼, 식초, 과자 등 로컬 가공식품과 농산물, 보디 제품, 의류 등을 판매한다. 포장이 깔끔하고 가격이 합리적이라 쇼핑 욕구가 마구 샘솟는다. 꿀, 티백, 잼 등은 선물용으로도 그만이다.

2권 ⓑ MAP P.151E
ⓘ INFO P.165
ⓢ **구글 지도 GPS** 19.852644, 99.744175 ⓖ **찾아가기** 치앙라이 남서쪽 매꼰 지역, 싱하 파크 내 ⓐ **주소** 99 Moo 1, Mae Kon ⓣ **전화** 053-172-870 ⓛ **시간** 08:00~17:00 ⓗ **휴무** 연중무휴 ⓑ **가격** 제품마다 다름 ⓦ **홈페이지** 없음

아무것도 하지 않을 자유
빠이 Pai

치앙마이에서 130km 떨어진 태국 북부 매형썬 주에 자리한 작은 마을 빠이. 시골 마을이 주는 편안함을 찾아 배낭여행자들이 몰려들면서 입소문이 나기 시작해 어느덧 태국 북부의 대표 관광지 중 하나로 거듭났다. 중심가에 배낭여행자를 위한 저렴한 게스트하우스와 식당, 기념품 가게가 있고, 폭포, 온천, 동굴, 고산족 마을 등 주변 관광지를 여행할 수 있다.

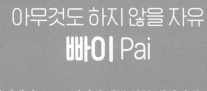

빠이·매형썬 여행 미션

☑ 자연에 파묻혀 빈둥거리기
☑ 뱀부 브리지 빠이 걷기
☑ 빠이 캐니언 트레킹
☑ 오토바이 렌트 여행
☑ 폭포와 온천에서 물놀이하기

걷기만 해도 힐링이 되는 대나무 다리

뱀부 브리지 빠이
Bamboo Bridge Pai

논 위를 가로지르는 730m 길이의 대나무 다리로, 끝에서 끝까지 걸어가는 데만 15분가량 걸린다. 다리 위를 걷는 것만으로 서정적이고 편안한 기분이 충만해 저절로 힐링이 된다. 계절마다 다른 색과 모양을 선보이는 논을 감상하며 치유의 시간을 가져보자. 다리 끝에는 왓 팸복 사원이 있다. 사원은 불교 기념일에만 개방한다.

2권 ⓜ MAP P.172C ⓘ INFO P.177 : ⑤ **구글 지도 GPS** 19.322736, 98.394107 ⓖ **찾아가기** 빠이 시내 남서쪽 퉁야우 지역 ⓐ **주소** Thung Yao, Pai ⓝ **전화** 없음 ⓛ **시간** 24시간 ⓗ **휴무** 연중무휴 ⓑ **가격** 무료입장 ⓦ **홈페이지** 없음

작지만 흥미로운 트레킹 명소

빠이 캐니언
Pai Canyon

태국어로는 껑램이라고 한다. 껑은 '도로' 또는 '길', 램은 '도마뱀'을 의미한다. 지형의 붕괴로 도마뱀처럼 울퉁불퉁한 형태의 자연 협곡이다. 이름에서 풍기는 것처럼 큰 규모는 아니지만 때로는 아찔할 정도로 가파르고 좁은 길을 걸어야 하는 흥미로운 트레킹을 경험할 수 있다. 해 질 녘 일몰이 좋고, 슬리퍼보다는 운동화가 편하다.

2권 ⓜ MAP P.172F ⓘ INFO P.177 : ⑤ **구글 지도 GPS** 19.306158, 98.452498 ⓖ **찾아가기** 빠이 시내 남쪽 약 8km 지점의 매히 지역 ⓐ **주소** Mae Hi, Pai ⓝ **전화** 없음 ⓛ **시간** 24시간 ⓗ **휴무** 연중무휴 ⓑ **가격** 무료입장 ⓦ **홈페이지** 없음

③
1일 투어 인기 동굴
탐럿
Lod Cave

빠이 북쪽의 암퍼 빵마파에 위치한 동굴. 물길을 따라 1·2·3동굴이 있다. 건기에는 뱀부 래프팅을 통해 모든 동굴을 감상할 수 있고, 우기에는 입구에 있는 1동굴만 개방한다. 동굴 내에 불빛이 전혀 없으니 가스 랜턴을 소지한 가이드를 반드시 동반해야 한다. 동굴 내에는 종유석과 석순은 물론 박쥐와 물고기가 가득하다. 입구 안내소에서 물고기 밥도 판매한다.

2권 ◎ MAP P.172A·173B
◎ INFO P.177

ⓐ **구글 지도 GPS** 19.568293, 98.279708
ⓖ **찾아가기** 빠이 시내 북쪽 50km 지점의 빵마파 탐럿 지역 ⓐ **주소** Tham Lot, Pang Mapha ⓒ **전화** 없음 ⓛ **시간** 08:00~18:00 ⓗ **휴무** 연중무휴 ⓑ **가격** 가이드 투어 150B, 뱀부 래프팅 300B(3명 이하) ⓦ **홈페이지** 없음

④
빠이의 밤을 즐기자
빠이 워킹 스트리트
Pai Walking Street

어둠이 내리기 시작하면 빠이 중심가에는 노점이 하나둘 생기면서 곧 커다란 야시장이 형성된다. 의류, 가방, 수공예품, 기념품은 물론 꼬치, 까이양, 쏨땀, 교자, 스시 등 각종 먹거리가 가득해 여행자들이 풍요로운 저녁을 즐길 수 있다. 오후 5~6시에 시작되는 야시장은 저녁 8~9시에 절정을 이룬다.

2권 ◎ MAP P.173D
◎ INFO P.180

ⓐ **구글 지도 GPS** 19.358898, 98.443780 ⓖ **찾아가기** 빠이 중심가 곳곳 ⓐ **주소** Chai Songkhram Road ⓒ **전화** 가게마다 다름 ⓛ **시간** 17:00~22:00 ⓗ **휴무** 연중무휴 ⓑ **가격** 제품마다 다름 ⓦ **홈페이지** 없음

빠이의 먹거리

1
카페를 넘어 빠이의 명소로
커피 인 러브
Coffee In Love

빠이의 광활한 강과 산이 내려다보이는 곳에 자리해 큰 인기를 누리고 있다. 1일 투어 프로그램에 포함될 정도이며, 오토바이를 타고 일부러 찾는 사람들도 많다. 커피도 매우 저렴한 편이다. 뜨거운 커피를 종이컵에 내주니 머그잔을 따로 요구하자.

2권 ⊙ MAP P.172D
⊙ INFO P.179

⑤ **구글 지도 GPS** 19.338558, 98.433469 ⓒ **찾아가기** 빠이 시내 남쪽 약 3km 지점의 퉁야우 지역 ⊙ **주소** 92 Moo 3, Chiang Mai-Pai Road ⊖ **전화** 053-698-251 ⓒ **시간** 07:00~18:30 ⊖ **휴무** 연중무휴 ⓧ **홈페이지** www.facebook.com/coffee.in.love.page

아메리카노
Americano
핫 35B

2
행잉 체어에 앉아 빠이를 감상하다
아이 러브 유 빠이
I Love U Pai

커피 인 러브와 같은 라인에 있는 전망 좋은 카페. 휴식하며 전망을 즐길 수 있도록 야외에 행잉 체어를 매달아 놓았다. 실내는 라디오, 축음기 등 골동품과 인형을 소품으로 장식했다. 재즈 음악도 좋고 직원들도 매우 친절하다.

2권 ⊙ MAP P.172C·D
⊙ INFO P.179

⑤ **구글 지도 GPS** 19.334925, 98.431960 ⓒ **찾아가기** 빠이 시내 남쪽 약 3.4km 지점의 퉁야우 지역 ⊙ **주소** 132 Moo 1, Thung Yao ⊖ **전화** 081-460-6666 ⓒ **시간** 09:00~19:00 ⊖ **휴무** 연중무휴 ⓧ **홈페이지** www.facebook.com/iloveupaicafe

카우팟 무
Fried Rice with
Pork 80B

팟끄라파오 무 랏카우
Fried Basil with Pork
& Rice 80B

❸ 대나무 다리 위의 쉼터
커피 코꾸쏘
Coffee โกกู๋โส่

뱀부 브리지 빠이에 자리한 작은 카페. 대나무 다리를 걷고 나서 꿀맛 같은 휴식을 취해 보자. 전망 좋고 주인아주머니도 매우 친절하다. 커피, 차, 과일 스무디, 소다 등을 선보이며 와이파이도 가능하다.

2권 ⓜ MAP P.172C·E
ⓘ INFO P.179

ⓖ 구글 지도 GPS 19.322572, 98.393921 ⓢ 찾아가기 빠이 시내 남서쪽 통야우 지역 뱀부 브리지 빠이 입구 ⓐ 주소 Thung Yao, Pai ⓒ 전화 063-123-9022 ⓣ 시간 10:00~18:00 ⓗ 휴무 연중무휴 ⓗ 홈페이지 없음

아메리카노 핫 40B
Americano 핫 40B

이탈리안 소다 40B
Italian Soda 40B

❹ 빠이강을 조망하는 시내 레스토랑
빠이 리버 코너
Pai River Corner

빠이 리버 코너 리조트에서 운영하는 레스토랑이다. 강 바로 옆에 레스토랑이 있어 경치와 분위기가 좋다. 가격은 여행자 식당의 2배 정도이지만 빠이 시내에서 이만한 분위기의 레스토랑을 찾기 힘들다.

2권 ⓜ MAP P.173D
ⓘ INFO P.178

ⓖ 구글 지도 GPS 19.359246, 98.445348 ⓢ 찾아가기 빠이 시내. 버스터미널에서 강변 쪽으로 400m 이동 ⓐ 주소 Moo 3, Chai Songkhram Road ⓒ 전화 089-551-8043 ⓣ 시간 08:00~22:00 ⓗ 휴무 연중무휴 ⓗ 홈페이지 없음

팟팍루엄 깝카우
Stir Fried Vegetables with Rice 80B

카이찌여우무쌉 깝카우
Thai Omelet Pork with Rice 70B

EATING

098	**THEME 08**	커피 전문점
108	**THEME 09**	감성 카페
116	**THEME 10**	베이커리
120	**THEME 11**	북부 요리
126	**THEME 12**	국수
134	**THEME 13**	이싼 요리
142	**THEME 14**	강변 레스토랑
146	**THEME 15**	로컬 레스토랑
156	**THEME 16**	길거리 음식
162	**THEME 17**	세계 요리
166	**THEME 18**	근교 레스토랑

EATING
INTRO

이것만은 꼭 먹자!

치앙마이 여행에서 맛봐야 할 태국 대표 요리와 북부 요리를
소개한다. 한국인 입맛에 잘 맞고 인기 있는 요리로 엄선했다.

◆ 김치처럼 곁들이면 좋은 요리 ◆

쏨땀

파파야 샐러드. 덜 익은 그린 파파야와 타마린드 혹은 라임 즙,
팜슈거 혹은 설탕, 액젓, 고추, 마늘 등이 기본 재료다. 가장 기본
은 태국식 쏨땀이라는 뜻의 쏨땀타이로 토마토, 당근, 롱빈, 땅
콩, 마른 새우를 넣어 만든다.

남프릭엉 & 남프릭눔

남프릭엉은 다진 돼지고기와 토마토를 섞어 만든 소스이며, 남
프릭눔은 파란 고추와 샬롯, 마늘을 불에 구운 후 찧어 매콤하게
만든 소스다. 양배추, 브로콜리, 롱빈, 당근, 오이, 가지 등 각종
채소와 캡무를 곁들여 먹는다. 쌈처럼 싸 먹어도 좋다.

◆ 반찬으로 즐기면 좋은 요리 ◆

팟팍붕파이댕

태국어로 팍붕이라고 하는 공심채, 모닝글로리(Morning Glory)
볶음 요리. 팍붕에 태국 된장 따오찌여우와 마늘 등을 넣고 볶는
다. 거슬리는 향이 전혀 없어 태국 요리 초보자도 부담 없는 메뉴
중 하나다.

팟팍루엄

여러 가지 채소를 볶은 요리. 베이비콘, 양배추, 버섯, 당근, 카나
등의 채소에 굴 소스, 마늘 등을 넣어 볶는다. 특별한 향이 없고,
다양한 채소의 맛과 식감을 느낄 수 있어 좋다. 밥 위에 얹어 덮
밥으로 먹기도 한다.

팟끄라파오 무쌉

팟끄라파오는 바질 잎에 고추, 마늘 등을 넣어 매콤하게 볶아내는 요리다. 다진 돼지고기인 무쌉을 넣은 팟끄라파오 무쌉을 즐겨 먹으며, 무쌉 외에 돼지고기 팟끄라파오 무, 소고기 팟끄라파오 느아, 닭고기 팟끄라파오 까이, 해산물 팟끄라파오 탈레 등 들어가는 재료에 따라 이름이 달라진다.

깽항레

태국 북부를 대표하는 카레 요리. 미얀마에서 유래한 요리로 미얀마어로 카레라는 뜻의 '힌'이 '항'으로 변형된 것으로 여겨진다. 토마토소스에 두툼한 돼지 살코기와 강황, 타마린드, 갈랑갈, 생강 등을 넣어 요리한다. 태국 요리에 익숙하지 않아도 무난하게 즐길 수 있는 맛이다.

◄ 혼자 먹기 좋은 한 접시 요리 ►

카우팟

볶음밥. 기본적으로 양파 등 몇 가지 채소와 달걀을 넣는다. 향신료가 전혀 들어가지 않아 태국 요리에 익숙하지 않아도 무난하게 즐길 수 있다. 새우 볶음밥은 카우팟 꿍, 돼지고기 볶음밥은 카우팟 무 등으로 재료에 따라 이름이 달라진다.

꾸어이띠여우

태국 국수. 치앙마이에서는 진한 코코넛 카레 국물에 익힌 바미 면과 튀긴 바미 면을 넣어 먹는 카우쏘이와 돼지고기 뼈를 우린 육수에 토마토, 고추, 덕니우 등을 넣고 쌀 소면 카놈찐을 말아 먹는 카놈찐 남니여우에 도전해 보자.

◄ 놓치기 아쉬운 대표 요리 ►

똠얌꿍

시고 매운 태국 국물 요리. 갈랑갈, 카피르 라임 잎, 레몬그라스를 반드시 넣는다. 여기에 고추 양념인 프릭파오로 매운맛을 내고, 새우, 버섯, 토마토, 고추 등을 넣고 끓인다. 코코넛 밀크를 넣으면 똠얌꿍 남콘, 넣지 않으면 똠얌꿍 남싸이라고 한다. 새우 대신 해산물을 넣은 것은 똠얌탈레다.

뿌팟퐁까리

옐로 카레 게 볶음. 한국인들에게 가장 인기 있는 요리다. 집게발이 큰 머드 크랩 뿌담을 사용하는 게 정석이지만 가격이 비싸다. 저렴한 식당에서는 블루 크랩 뿌마, 소프트셀 크랩 뿌님을 사용하기도 한다. 새우를 넣으면 꿍팟퐁까리, 오징어를 넣으면 쁠라믁팟퐁까리처럼 넣는 재료에 따라 이름이 바뀐다.

태국 과일 사전

태국에서는 1년 내내 다양한 열대 과일을 맛볼 수 있다.
싱싱한 제철 과일을 저렴하게 먹을 수 있는 것도 태국 여행의 즐거움 중 하나다.

망고 Mango [마무앙]

단맛의 절정인 남덕마이, 약간 새콤하며 단맛이 도는 키여우쌈롯, 적당한 단맛이 나는 찐후앙 등 종류와 색이 다양하다. 태국에서는 망고 찹쌀밥 카우니여우 마무앙을 디저트로 즐겨 먹는다.

3~6월

두리안 Durian [투리안]

과일의 왕이라 불린다. 가시 돋은 껍질 속에 부드럽고 달콤한 과육이 들어 있다. '천국의 맛', '지옥의 향기'라고 표현 할 정도로 냄새는 고약하다. 뜨거운 성질을 지녀 술과 함께 먹는 것은 위험하다.

4~8월

망고스틴 Mangosteen [망쿳]

과일의 여왕이라 불린다. 짙은 자주색 껍질을 눌러 벗기면 마늘처럼 붙어 있는 하얀 과육이 드러난다. 열매는 즙이 많고 매우 달다. 돌처럼 단단한 것은 신선하지 않으니 먹을 때 주의하자.

5~9월

연중

파파야 Papaya [말라꺼]

크고 길쭉한 호박처럼 생겼다. 잘 익은 파파야 과육은 짙은 오렌지색으로 씨를 빼고 생으로 먹으면 된다. 녹색을 띠는 덜 익은 파파야는 쏨땀의 재료로 사용된다.

람부탄 Rambutan [응어]

성게 모양의 붉은 껍질 속에 반투명한 흰색의 탱글탱글한 과육이 꽉 차 있다. 과육의 반 이상은 씨. 통째로 입에 넣어 씨를 발라 먹으면 된다. 즙이 많고 새콤달콤하다.

5~9월

포멜로 Pomelo [쏨오]

사람 얼굴만 한 커다란 귤. 첫맛은 오렌지처럼 향긋하고 끝 맛은 자몽처럼 떫으면서 상큼하다. 껍질을 손으로 벗기기 힘드니 과육만 손질해 포장 판매한 것이 좋다. 샐러드로도 즐겨 먹는데 얌쏨오라고 한다.

8~11월

연중

로즈 애플 Rose Apple [촘푸]

왁스 애플이라고도 한다. 모양은 서양 배처럼 생겼지만 녹색과 짙은 분홍색을 띠며 껍질이 반들반들하다. 보통 껍질은 그냥 먹는다. 아삭아삭 씹는 맛이 일품이며 즙이 아주 많다.

연중

바나나 Banana [끌루어이]

종류가 다양하다. 길쭉한 끌루어이홈, 몽키바나나 끌루어이남와를 주로 먹는다. 보통 그냥 먹지만 튀기거나 구워 먹기도 한다. 바나나 잎은 찜이나 구이의 재료를 감싸는 데 사용하며, 줄기는 러이끄라통 축제 때 끄라통 재료로 쓴다.

파인애플 Pineapple [쌉빠롯]

길거리 과일 노점의 단골 메뉴. 제철에는 절정의 단맛을 맛볼 수 있다. 카우팟 쌉빠롯이라는 이름의 볶음밥으로도 선보이는데 파인애플 껍질은 볶음밥을 담는 용기로 사용된다.

4~6월, 12~1월

수박 Watermelon [땡모]

연중

한국의 수박과 다를 게 없다. 파파야, 파인애플과 더불어 뷔페에서 주로 볼 수 있는 디저트 과일이다. 다량의 수분을 함유한 과일이라 주스(땡모빤)로 먹으면 갈증 해소에 도움이 된다.

귤 Tangerine [쏨키여우완]

한국의 귤과 다르게 묵직한 달콤함이 느껴진다. 길거리에서 착즙해 판매하는 100% 주스로 즐겨 먹는다.

9~2월

석가 Custard Apple [너이나]

부처의 머리와 닮았다고 해서 석가라고 한다. 껍질이 물컹거려 반으로 잘라 숟가락으로 떠먹으면 좋다. 과육은 하얗고 씨가 많은 편이다. 코코넛처럼 고소하고 코코넛보다 달다.

6~9월

구아바 Guava [파랑]

길거리 과일 노점의 단골 메뉴. 오래돼 말랑한 것보다 단단한 구아바가 시지만 맛있다. 단맛이 거의 없어 소금과 설탕을 섞은 양념에 찍어 먹는다.

연중

용안 Longan [람야이]

6~8월

과육 안에 검은 씨가 있어 용의 눈, 용안이라고 한다. 포도송이처럼 생긴 황토색 과일로 손으로 껍질을 벗기면 반투명한 젤리 같은 과육이 나온다. 단맛이 아주 강한 열대 과일의 정석이다.

롱꽁 Longkong [렁껑]

동그랗고 끝이 길쭉한 황토색 열매가 포도송이처럼 달려 있다. 손으로 껍질을 벗기면 반투명한 젤리 같은 과육이 나온다. 람부탄이나 용안과 비슷해 보이지만 과육이 마늘처럼 갈라져 있다. 달콤하고 즙이 많다.

7~10월

코코넛 Coconut [마프라오]

연중

야자 열매. 생으로 즙을 마시지 않아도 다양한 태국 요리에 들어가는 코코넛 밀크의 재료이기 때문에 한 번 이상은 반드시 먹게 된다. 코코넛 아이스크림, 말린 코코넛 형태로도 판매한다.

잭프루트 Jackfruit [카눈]

연중

두리안과 비슷해 보이지만 껍질의 돌기가 확연히 다르다. 과육은 노란색으로 쫄깃쫄깃하다. 거대한 크기가 특징으로 30kg이 넘는 것도 있다고 한다. 과육만 발라 놓은 것을 사는 것이 좋다.

드래곤 프루트 Dragon Fruit [깨우망껀]

연중

선인장 열매. 짙은 분홍색의 화려한 껍질 속에 희고 검은 씨가 박혀 있는 과육이 들어 있다. 식감은 키위와 비슷하지만 새콤달콤한 맛은 키위보다 못하다. 시원하게 먹으면 소화 촉진제 역할을 한다.

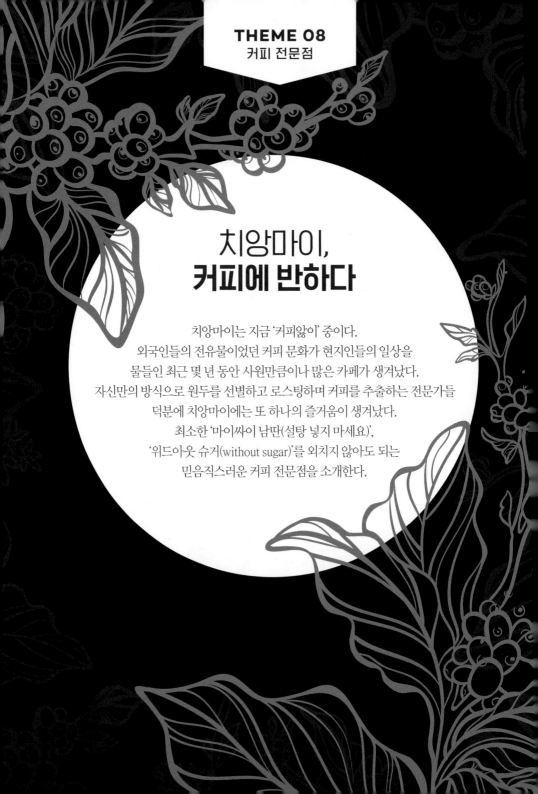

치앙마이,
커피에 반하다

치앙마이는 지금 '커피앓이' 중이다.
외국인들의 전유물이었던 커피 문화가 현지인들의 일상을
물들인 최근 몇 년 동안 사원만큼이나 많은 카페가 생겨났다.
자신만의 방식으로 원두를 선별하고 로스팅하며 커피를 추출하는 전문가들
덕분에 치앙마이에는 또 하나의 즐거움이 생겨났다.
최소한 '마이싸이 남딴(설탕 넣지 마세요)',
'위드아웃 슈거(without sugar)'를 외치지 않아도 되는
믿음직스러운 커피 전문점을 소개한다.

태국의 커피 수도, 치앙마이

태국의 커피 역사는 그리 길지 않다. 1980년대 고산족들의 주 수입원이었던 양귀비의 대체 작물이 커피였다. 정부에서는 태국 기후와 환경에 적합한 중미 지역의 아라비카 품종을 소개했고, 현재 태국은 아시아에서 세 번째로 손꼽히는 커피 생산국이다. 애초에 커피는 수출용이었으나 점차 태국인의 삶에 깊이 뿌리내리기 시 작했다. 구매력이 있는 중산층의 증가와 외국에서 커피를 배우고 돌아와 전파한 이들의 영향이 컸다.

특히 치앙마이는 태국 커피 문화의 중심에 있다. 첫 번째 이유는 커피 산지와 가깝다는 지리적인 장점일 것 이다. 또 다른 이유로는 치앙마이 특유의 느긋한 분위기를 꼽을 수 있다. 치앙마이는 태국의 은퇴 생활자 들이 살고 싶어 하는 도시 중 하나다.

치앙마이에는 수많은 프랜차이즈 커피숍이 있다. 도이창 커피와 와위 커피는 태국 원두를 사용하는 대표 적인 프랜차이즈 커피숍이다. 또 최근 몇 년 사이에는 바리스타가 직접 로스팅과 브루잉을 하는 카페의 인 기가 치솟고 있다. 그 선두에는 아카 아마 커피와 리스트레토가 있다.

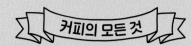

커피의 모든 것

🫘 커피 열매의 구조

센터컷 Center Cut : 생두 가운데 홈
그린빈 Green Bean : 생두
은피 Silver Skin : 은색의 표피
내과피 Parchment : 생두를 감싸고 있는 껍질
팩틴 층 Pectin Layer
펄프 Pulp : 단맛이 나는 과육 부분
외피 Outer Skin : 맨 바깥 껍질

🫘 커피 열매가 생두가 되는 프로세싱

커피 원두는 커피 열매의 씨앗을 말한다. 빨갛게 익은 커피 열매는 다양한 방법으로 생두가 되는데, 이 과정을 '프로세싱'이라고 한다.

> **TIP 피베리 Peaberry**
>
> 일반적으로 커피 열매는 씨앗을 2개씩 품고 있다. 하지만 전 세계에서 생산되는 커피의 약 5%는 씨앗이 1개만 들어 있는데, 이를 피베리라고 한다. 이런 희소성 때문에 일부 커피 마니아들 사이에서는 피베리가 더 향긋하고 풍미가 좋다고 알려져 일반 원두보다 비싼 가격에 팔린다.

• 자연 건조 커피 Natural Coffee
전통적인 방법으로, 드라이 프로세싱(Dry Processing)이라고도 한다. 커피 열매를 상하지 않게 잘 말린 후 몇 달간 보관하거나 즉시 껍질을 제거해 2개의 생두를 얻는다.

• 워시드 커피 Washed Coffee
가장 보편적인 방법으로 웨트 프로세싱(Wet Processing)이라고도 한다. 기계를 이용해 커피 열매의 외피를 제거하고, 원두가 될 씨앗을 제외한 나머지 부분이 없어질 때까지 물에 담가놓는다. 이렇게 해서 얻은 커피는 산미가 뛰어나다고 한다.

• 허니 프로세싱 Honey Processing
드라이와 웨트 프로세싱을 결합한 것이다. 외피를 제거한 후 펄프 상태의 커피 열매를 자연 건조한다. 좀 더 쉽게 자연 건조 커피에 가까운 생두를 얻을 수 있다고 한다.

🫘 생두에서 원두가 되는 로스팅

생두는 수분이 많고 풀 냄새가 난다. 생두에 잠재된 특유의 맛을 끌어올려 원두로 만들려면 반드시 로스팅을 해야 한다. 로스팅의 일반적인 범주는 이렇다.

라이트 Light
밝은 갈색. 커피 기름이 표면에 분출되기 전까지만 볶기 때문에 기름기가 없다.

미디엄 Medium
중간 갈색. 기름기가 거의 없고 신맛이 강하다.

미디엄 다크 Medium Dark
표면이 약간 기름지다. 쓰면서도 달콤한 애프터 테이스트(After Taste)를 지녔다.

다크 Dark
표면이 반짝일 정도로 기름지며 검다. 신맛보다 쓴맛이 강하다.

맛을 위한 선택

• 싱글 오리진 Single Origin
1가지 원두로 내린 커피. 커피 원두는 등급에 따라 스페셜티, 프리미엄, 하이 커머셜, 커머셜 등으로 분류된다.

• 블렌딩 Blending
2가지 이상의 원두를 섞어 내린 커피. 원두마다 다른 향과 맛을 보완하기 위한 것인데, 보통 3가지 이상 섞는다고 한다.

대표적인 커피 추출 방식

• 에스프레소 머신 Espresso Machine
기계를 사용한 추출 방식. 원두의 굵기와 양, 압력, 떨어지는 방식에 따라 맛이 달라진다.

• 핸드 드립 Hand Drip
드리퍼와 종이 필터를 사용하는 추출 방식. 포어 오버(Pour Over)와 비슷한 방식으로 여겨진다.

• 에어로 프레스 Aero Press
주사기처럼 생긴 도구로 공기압을 이용해 커피를 추출한다. 필터를 끼운 챔버를 커피 서버 위에 올린 후 분쇄한 원두를 담는다. 여기에 뜨거운 물을 붓고 막대로 저은 뒤 플런저를 끼워 눌러 커피를 추출한다.

• 모카포트 Mocha Pot
전용 포트 아랫부분에 끓인 물을 담고, 분쇄한 원두를 담은 필터를 끼운다. 포트 윗부분을 조립해 가열하면 수증기의 압력으로 커피가 추출된다.

• 콜드 브루 Cold Brew
차갑게 우려내는 커피. 더치 커피라고도 한다. 물을 한 방울씩 떨어뜨려 추출하는 방식과 차가운 물에 오래 담가 우려내는 방식이 있다.

대표적인 커피 종류

• 에스프레소 Espresso
에스프레소 기계에서 진하게 내린 커피. 솔로는 한 잔, 도피오는 두 잔 분량이다. 리스트레토는 짧은 시간에 진하게 추출한 커피이며, 룽고는 에스프레소를 오래 뽑아 쓴맛을 강조한 커피다.

• 아메리카노 Americano
에스프레소에 뜨거운 물을 부어 연하게 마시는 커피. 뜨거운 물에 에스프레소를 붓는 호주 스타일의 커피는 롱 블랙(Long Black)이라고 한다.

• 카페라테 Caffe Latte
'밀크 커피'라는 뜻이다. 보통 에스프레소와 우유의 비율을 1:4로 맞춘다. 리스트레토로 만든 카페라테가 가장 부드러운 맛을 낸다. 호주에서는 플랫 화이트(Flat White)라고 한다.

• 카푸치노 Cappuccino
에스프레소와 우유, 우유 거품의 양을 1:2:3으로 맞춘 커피. 커피잔에서 각각의 높이는 1:1:1이 된다. 부드럽고 진한 맛이 특징이다.

• 카페모카 Caffe Mocha
초콜릿 향이 나는 예멘의 스페셜티 커피인 모카커피의 변형. 에스프레소에 초콜릿 시럽이나 초콜릿 가루를 넣어 맛을 낸다.

커피의 향과 맛을 표현하는 용어

• 프래그런스 Fragrance
분쇄된 원두 자체의 향.

• 아로마 Aroma
분쇄된 원두에 뜨거운 물을 부었을 때 올라오는 향.

• 플레이버 Flavor
커피를 입안에 머금었을 때 느끼는 향.

• 애프터 테이스트 After Taste
커피를 마신 후 입안에 남는 여운.

• 산미 Acidity
신맛.

• 보디 Body
커피를 입에 머금었을 때의 질감.

• 밸런스 Balance
모든 향과 맛의 조화.

치앙마이 대표 카페
아카 아마 커피 Akha Ama Coffee

2010년 싼띠탐의 작은 가게에서 출발해 현재는 치앙마이 대표 카페로 거듭났다. 싼띠탐과 왓 프라씽 인근, 매림에 매장이 있다. 치앙라이 매짠따이 지역의 아카족이 생산하는 아라비카 티피카와 고티카 원두를 사용해 에스프레소와 포어 오버를 선보인다. 맛은 두말할 나위 없고, 가격 또한 만족스럽다.

⊙ **홈페이지** www.akhaama.com

대표 커피

아메리카노
Americano 핫 50B, 콜드 60B
격이 다른 아메리카노.

카페 샤케라토
Cafe Shakerato 60B
에스프레소에 얼음을 넣고 흔들어 거품을 낸 음료. 부드럽고 달콤하다.

포어 오버 블랙
Pour Over Black
핫 70B, 콜드 75B
커피 원두를 먼저 선택하자.

라 파토리아
2권 ⓘ INFO P.044 ⊙ MAP P.028E·F
⊙ **구글 지도 GPS** 18.788438, 98.983295
⊙ **찾아가기** 구시가. 왓 프라씽 입구에서 랏차담넌 로드로 접어들어 오른쪽 ⊙
주소 175/1 Rachadamnoen Road ⊝
전화 086-915-8600 ⊙ **시간** 수~월요일
08:00~18:00 ⊝ **휴무** 화요일

본점
2권 ⓘ INFO P.070 ⊙ MAP P.069B
⊙ **구글 지도 GPS** 18.803284, 98.980056
⊙ **찾아가기** 싼띠탐 하싸디쎄위 쏘이 3에 위치 ⊙ **주소** 9/1 Hussadhisawee Soi 3
⊝ **전화** 086-915-8600 ⊙ **시간** 08:00~18:00
⊝ **휴무** 연중무휴

리빙 팩토리
2권 ⓘ INFO P.130 ⊙ MAP P.125C
⊙ **구글 지도 GPS** 18.944431, 98.918615
⊙ **찾아가기** 시내 중심에서 매림 방면으로 약 20km 이동. 107번, 3009번 도로 이용 ⊙
주소 Baan Aoy, Huai Sai, Mae Rim ⊝
전화 088-267-8014 ⊙ **시간** 목~화요일
09:00~17:00 ⊝ **휴무** 수요일

2

예술로 승화한 카페라테

리스트레토 Ristr8to

월드 라테 아트 챔피언십에서 여러 번 수상한 경력의 치앙마이 대표 카페다. 커피는 곧 예술이라는 철학을 보여주듯 라테 아트가 남다르다. 카페라테를 취향대로 즐기고 싶다면 반드시 방문해야 할 곳이다. 본점에서 그리 멀지 않은 곳에 리스트레토 랩이 있는데, 본점보다 여유롭고 밝은 분위기가 장점이다.

ⓢ **홈페이지** www.ristr8to.com

대표 커피

세이튼 라테
Satan Latte 98B

2011년, 2015년, 2017년 월드 라테 아트 챔피언십에서 수상한 시그너처 커피. 라테 아트가 압권이다.

피카르디
Ficardie 88B

리스트레토 더블 샷에 5.5온스의 부드러운 우유 거품을 얹은 시그너처 커피.

시가레토
Cigar8to 88B

진한 커피 맛을 강조한 시그너처 커피. 피콜로보다 조금 더 부드럽다.

본점

2권 ⓘ **INFO** P.058 ⓜ **MAP** P.054F
ⓖ **구글 지도 GPS** 18.799149, 98.967114 ⓖ **찾아가기** 님만해민 로드 쏘이 3 입구 ⓐ **주소** 15/3 Nimmanahaeminda Road ⓣ **전화** 053-215-278 ⓣ **시간** 07:00~18:00 ⓡ **휴무** 연중무휴

리스트레토 랩

2권 ⓘ **INFO** P.059 ⓜ **MAP** P.054F
ⓖ **구글 지도 GPS** 18.798995, 98.968655 ⓖ **찾아가기** 님만해민 로드 쏘이 3 골목 안쪽 ⓐ **주소** 14 Nimmanahaeminda Road Soi 3 ⓣ **전화** 053-215-278 ⓣ **시간** 수~월요일 08:30~19:00 ⓡ **휴무** 화요일

3

원두 자신감
나우 히어 로스트 앤드 브루
Now Here Roast and Brew

원두를 선별해 직접 로스팅하고 수동 기계로 에스프레소를 추출한다. 에스프레소 기계와 잘 맞는 조화로운 원두가 중요하다고 강조하는 바리스타에게서 자신감이 엿보인다. 필터 커피는 핸드 드립과 에어로 프레스로 선보인다. 1~2층에 작은 야외석이 있다.

대표 커피

아메리카노
Americano 60B
에어로 프레스와 유사한 수동 에스프레소 기계로 뽑은 커피.

필터 커피
Filter Coffee 80B
원두의 향과 맛이 살아 있는 필터 커피.

2권 ⓘ INFO P.041 ⓜ MAP P.029C
ⓖ 구글 지도 GPS 18.792062, 98.991439 ⓢ 찾아가기 구시가. 랏차담넌 로드 쏘이 5로 들어가 250m. 랏위티 로드 쏘이 2를 따라 175m 왼쪽 ⓐ 주소 33 Ratvithi Road Soi 2 ⓣ 전화 095-470-6578 ⓛ 시간 08:00~17:00 ⓗ 휴무 연중무휴 ⓦ 홈페이지 www.facebook.com/Nowherehandroaster

4

치앙마이의 트렌드 세터
그래프 카페
Graph Cafe

2014년 치앙마이에 문을 연 이래 꾸준한 사랑을 받고 있는 카페. 에스프레소 기반의 핫 & 콜드 커피와 카페라테, 필터, 콜드 브루, 니트로 콜드 브루(질소 커피)를 선보인다. 필터 커피는 태국산 원두 중에서 선택 가능하다. 미니멀한 인테리어로 꾸민 구시가 매장은 빈자리가 없기 일쑤지만 님만해민의 원 님만 매장은 비교적 자리를 확보하기 쉽다.

ⓦ 홈페이지 www.graphdream.com

대표 커피

로스트 & 파운드 Lost & Found 160B
에스프레소에 트리플 섹, 오렌지, 숯을 첨가한 메뉴. 달콤하고 식감이 독특하다.

프라오 Phrao 150B
하리오 V60으로 추출한 필터 커피. 허니 프로세싱을 거친 태국산 원두를 쓰며, 다양한 원두 중에 고를 수 있다.

그래프 카페
2권 ⓘ INFO P.041 ⓜ MAP P.029C
ⓖ 구글 지도 GPS 18.791680, 98.991544 ⓢ 찾아가기 구시가. 랏차담넌 로드 쏘이 5로 들어가 250m. 랏위티 로드 쏘이 2를 따라 140m 이동 후 랏위티 로드 쏘이 1로 우회전, 오른쪽 ⓐ 주소 25/1 Ratvithi Road Soi 1 ⓣ 전화 086-567-3330 ⓛ 시간 09:00~17:00 ⓗ 휴무 연중무휴

그래프 원 님만
2권 ⓘ INFO P.058 ⓜ MAP P.054F
ⓖ 구글 지도 GPS 18.799998, 98.968111 ⓢ 찾아가기 님만해민의 원 님만 내에 위치 ⓐ 주소 1/6 Nimmanahaeminda Road ⓣ 전화 086-567-3330 ⓛ 시간 10:00~21:00 ⓗ 휴무 연중무휴

5

선택의 폭이 넓은 원두와 추출 방식
옴니아
Omnia

전 세계의 원두를 직접 로스팅해 에스프레소, 에어로 프레스, 포어 오버, 케멕스, 콜드 드립, 콜드 브루를 선보인다. 유럽 바리스타 자격증 트레이너의 추출 솜씨가 훌륭하다. 치앙마이 대표 카페인 아카 아마이 오로지 커피로 승부한다면 옴니아는 편안한 분위기와 플레이팅, 약간의 가격을 더했다. 커피 마니아라면 불편한 교통을 감수하고서라도 방문할 가치가 충분하다.

대표 커피

롱 블랙
Long Black 65B
커피의 밸런스란 이런 것.

포어 오버
Pour Over 100B
직접 로스팅한 다양한 원두 중 취향에 맞는 것을 선택하자.

2권 ⊚ INFO P.071 ⊚ MAP P.069B
⊚ **구글 지도 GPS** 18.813657, 98.973710 ⊚ **찾아가기** 창프악 포타람 로드 ⊚ **주소** 181/272 Moo 3, Photharam Road ⊖ **전화** 089-999-4440 ⊕ **시간** 08:00~17:00 ⊖ **휴무** 연중무휴 ⊗ **홈페이지** www.facebook.com/OmniaCafeChiangmai

6

이탈리아 원두를 사용하는 에스프레소 바
임프레소
Impresso

태국에서 유명한 P&F 로스터리의 질 좋은 이탈리아 원두를 사용해 에스프레소 기반의 커피를 선보인다. 일터도 즐거워야 한다는 바리스타 주인장의 철학이자 취향을 반영해 내부에는 건담 프라모델이 가득하다. 커피잔에도 '스스로에게 보상하라(Reward Yourself)'는 문구가 새겨져 있다.

대표 커피

리스트레토
Ristretto 솔로 65B
짧은 시간에 가장 진하게 추출한 에스프레소. 양을 2배로 원하면 도피오(더블 샷)로 주문하자(10B 추가).

아메리카노
Americano 65B
이곳에선 에스프레소 기계도 사람을 가린다. 바리스타의 손 맛이 담긴 아메리카노.

2권 ⊚ INFO P.073 ⊚ MAP P.072A
⊚ **구글 지도 GPS** 18.788788, 98.962448 ⊚ **찾아가기** 쑤텝 로드 쏘이 싸남빈까우(Sanambin Kao) 4 ⊚ **주소** Soi Sanambin Kao 4 ⊖ **전화** 095-935-5465 ⊕ **시간** 월~금요일 09:30~20:00, 토~일요일 09:30~18:00 ⊖ **휴무** 연중무휴 ⊗ **홈페이지** 없음

7

편안한 분위기에서 즐기는 스페셜티 커피
나인 원 커피
Nine One Coffee

맛있고, 친절하고, 편안한, 기본에 충실한 카페. 일반, 프리미엄 원두의 에스프레소 커피와 원두 선택의 폭이 넓은 사이폰, 에어로 프레스, 핸드 드립 등을 선보인다. 드리퍼 커피는 특정 농장에서 특별 관리를 통해 한정 생산한 마이크로 로트(Micro Lot)도 준비된다. 커피를 맛있게 마시는 순서와 방법을 친절하게 알려준다.

대표 커피

도피오 리스트레토
Doppio Ristretto
프리미엄 85B
일반 원두는 75B. 10B를 추가하면
프리미엄 원두를 즐길 수 있다.

드리퍼 커피
Dripper Coffee
마이크로 로트150B
드라이 프로세싱을 거친 치앙마이
유기농 원두. 빠미앙 오가닉 드라이
(Pamiang Organic Dry)를 선택하자.

2권 ⓘ INFO P.061 ⓜ MAP P.054F
Ⓖ 구글 지도 GPS 18.796966, 98.966946 Ⓟ 찾아가기 님만해민 로드 쏘이 11 입구에서 70m 이동, 오른쪽 Ⓐ 주소 Nimmanahaeminda Road Soi 11 Ⓣ 전화 081-842-3232 Ⓢ 시간 08:30~19:30 Ⓡ 휴무 연중무휴 Ⓗ 홈페이지 www.facebook.com/nineonechiangmai

8

인스타그램에 올리고 싶은 플레이팅
록스프레소
Roxpresso

등급과 가격이 다른 몇 종류의 원두를 수동 에스프레소 기계로 추출한다. 각 원두에 어울리는 방식의 커피가 있어서 원두를 먼저 고르라고 하는데 순서가 바뀌어도 상관없다. 주문할 때 이름을 물어봐도 당황하지 말자. 플레이트에 이름표를 만들어 커피와 함께 내놓는다. 예쁘고 맛있고 친절하다.

대표 커피

**아메리카노
익스클루시브 록스 빈**
Americano Exclusive
ROX Beans **160B**
익스클루시브는 에스프레소와 아
메리카노에 추천하는 원두.

**아이스 아메리카노
프리미엄 록스 빈**
Ice Americano Premium
ROX Beans **150B**
프리미엄은 아이스 아메리카노에
추천하는 하우스 블렌딩 원두.

2권 ⓘ INFO P.062 ⓜ MAP P.054J
Ⓖ 구글 지도 GPS 18.795077, 98.967585 Ⓟ 찾아가기 님만해민 로드 쏘이 17 중간. 입구에서 210m 이동, 오른쪽 Ⓐ 주소 14 Nimmana haeminda Road Soi 17 Ⓣ 전화 081-681-0186 Ⓢ 시간 08:00~18:00 Ⓡ 휴무 연중무휴 Ⓗ 홈페이지 www.facebook.com/roxpresso

9

커피의 향과 맛이 가득
테이스트 카페
Taste Cafe

커피의 향과 맛을 표현하는 프래그런스, 아로마, 플레이버, 애프터 테이스트를 온전히 느낄 수 있는 카페. 문을 열고 들어서자마자 기분 좋은 향이 반기며, 커피를 마시면 또 다른 향과 맛에 취한다. 직접 로스팅한 원두로 에스프레소 기반의 커피와 필터 커피를 선보인다. 테이블이 크고 공간이 넓어 노트북을 사용하기에도 좋다.

대표 커피

아메리카노
Americano 55B
독특한 플레이버, 중독성 있는
애프터 테이스트.

카페라테
Caffe Latte 55B
라테 아트와 맛, 가격 모두 만족!

10

오로지 커피로 승부한다
퐁가네스 커피 로스터
Ponganes Coffee Roaster

치앙마이의 터줏대감 격인 로스터리 카페로 치앙마이의 수많은 바리스타들에게 영감을 준 곳이다. 태국, 라오스, 에티오피아, 브라질 등에서 공수한 다양한 원두를 블렌딩해 에스프레소를 선보이며, 포어 오버는 프로세싱이 다른 태국산과 외국산 싱글 오리진 중에서 선택 가능하다. 매장 내에 와이파이가 안 된다.

대표 커피

포어 오버-V60
Pour Over-V60 125B
하리오 V60으로 추출한 커피. 원두는 몇 종류의 싱글 오리진 중에서 선택 가능하다.

아메리카노
Americano 레귤러 75B
에스프레소 기계로 추출한 커피 역시 훌륭하다.

THEME 09
감성 카페

당신을 사로잡을
치앙마이 감성 카페

맛과 향, 분위기로 당신을 자극할 감성 카페를 소개한다. 나도 모르게 마음속에
조금씩 들어앉은 감성은 당신을 괜히 들뜨고 웃게 할 것이다.

PART.1

맛있어서 행복한
브런치 카페

살며시 잠기는 공동체 감성

페이퍼 스푼
Paper Spoon

정식 이름은 코뮌 말라이|Commune Malai다. 페이퍼 스푼은 코
뮌 말라이에 마련된 몇 채의 건물 중 맨 앞에 있는 것으로, 핸
드메이드나 빈티지 소품을 파는 가게다. 페이퍼 스푼 바로 옆
건물이 레이지 데이지Lazy Daisy 카페인데 커피와 음료, 스
콘, 샌드위치 등 간단한 브런치 메뉴를 선보인다.

2권 ⓘ **INFO** P.094 ⓜ **MAP** P.092C
📍 **구글 지도 GPS** 18.780842, 98.952999 ➡ **찾아가기** 왓 우몽 인근.
왓 우몽 입구에서 우회전해 280m 이동, 세븐일레븐 지나 우회전해
350m 이동, 오른쪽 🏠 **주소** 36/14 Moo 10, Suthep 📞 **전화** 085-
041-6844 🕐 **시간** 목~월요일 10:30~16:30 ⊖ **휴무** 화~수요일 🌐
홈페이지 없음

무엇을 먹을까?

샌드위치 Sandwich
85B

아메리카노 Americano
50B

무엇을 먹을까?

아메리카노 Americano
60B

SS 베네딕트 SS Benedict
175B

그린 애플 주스
Fruit Juice_Green Apple
70B

우주선을 닮은 갤러리 카페
SS1254372
SS1254372

소규모 전시 공간인 시스케이프 갤러리와 함께 운영되는 브런치 카페. 우주선을 닮은 카페의 건물 길이가 12.54372m여서 SS1254372라고 이름 지었다. 추천 메뉴는 SS 베네딕트. 오후 3시까지 판매하는 브렉퍼스트 메뉴이자 시그너처 메뉴다. 수란, 샐러드 등을 추가로 주문할 수 있다. 커피와 음료도 괜찮다.

2권 ⓘ INFO P.063 ⊙ MAP P.054J

ⓖ 구글 지도 GPS 18.794893, 98.968411 ⓐ 찾아가기 님만해민 로드 쏘이 17 중간 ⓐ 주소 22/1 Nimmanahaeminda Road Soi 17 ⓣ 전화 093-831-9394 ⓥ 시간 화~일요일 08:00~17:00 ⓧ 휴무 월요일 ⓗ 홈페이지 www.facebook.com/galleryseescape

무엇을 먹을까?

마크어텐쳐리 유짱
Yu Chan Organic Cherry
Tomato
165B

플로어 플로어 슬라이스
Flour Flour Slice

실내외를 나무와 유리로 마감해 포근한 분위기를 자아내는 브런치 카페. 직접 구운 빵 위에 바나나, 토마토, 연어, 치킨 등 신선한 재료를 얹어 선보이는 토스트가 시그너처 메뉴다. 매장이 너무나 좁고, 빈자리가 없는 때가 더 많지만 그만한 불편은 기꺼이 감수할 만한 맛이다. 치앙마이 대학교 후문 인근에 지점 격인 플로어 플로어 로프Flour Flour Loaf가 있다.

2권 ⓘ INFO P.063 ⓜ MAP P.054J
ⓖ 구글 지도 GPS 18.794864, 98.968875 ⓐ 찾아가기 님만해민 로드 쏘이 17 중간 ⓐ 주소 26 Nimmanahaeminda Road Soi 17 ☎ 전화 092-916-4166 ⓢ 시간 08:30~16:00 ⓗ 휴무 연중무휴 ⓗ 홈페이지 www.facebook.com/flourflourbread

아메리카노
Americano
70B

카페라테
Caffe Latte
75B

러스틱 & 블루 팜 숍
Rustic & Blue Farm Shop

2014년 문을 연 이래 님만해민의 브런치 강자로 우뚝 선 곳이다. 친구나 가족들과 음식을 나누며 일상을 공유하는 편안함을 콘셉트로, 실내와 야외 가든에 좌석을 마련했다. 실내에는 에어컨이 나와 쾌적하며, 야외 가든은 여유로운 분위기가 좋다. 가격대가 전반적으로 높은 편이며, 치앙마이에서는 보기 드물게 부가세 7%와 봉사료 5%를 따로 받는다.

2권 ⓘ INFO P.059 ⓜ MAP P.054F
ⓖ 구글 지도 GPS 18.798212, 98.967387 ⓐ 찾아가기 님만해민 로드 쏘이 7 입구에서 65m 이동, 오른쪽 ⓐ 주소 2/1 Nimmanahaeminda Road Soi 7 ☎ 전화 053-216-420 ⓢ 시간 08:30~22:00 ⓗ 휴무 연중무휴 ⓗ 홈페이지 www.facebook.com/rusticandbluechiangmai

무엇을 먹을까?

그린 에그 베네딕트
Green Egg Benedict
225B

아메리카노Americano
핫 레귤러
65B

*세금 12% 별도

별세계로의 초대

더 페이시스
The Faces

PART.2
들어서는 순간 기분 업
분위기 좋은 카페

무엇을 먹을까?

쏨땀 쌀몬양
Spicy Papaya Salad with
Grilled Salmon 220B

풀과 나무가 우거진 열대 정원에 앙코르 유적을 연상케 하는 테라코타 작품을 전시한 이색적인 분위기의 레스토랑. 낮에는 숲이 주는 고즈넉한 분위기를 만끽할 수 있고 저녁에는 조명을 켜 신비로운 느낌이 배가된다. 태국 요리와 서양 요리를 골고루 선보이며, 칵테일과 목테일, 맥주, 와인 등 주류도 다양하다.

2권 ⓑ INFO P.045 ⓜ MAP P.028J
ⓖ 구글 지도 GPS 18.781785, 98.987349 ⓖ 찾아가기 구시가 남쪽 문인 치앙마이 게이트에서 테스코 로터스 익스프레스 지나 세븐일레븐 옆 골목으로 진입 ⓐ 주소 33 Pra Pok Klao Road Soi 2 ⊖ 전화 089-009-6969 ⓛ 시간 13:00~22:00 ⊖ 휴무 연중무휴 ⓧ 홈페이지 www.facebook.com/thefaceschiangmai

*세금 7% 별도

초록이 주는 편안함

펀 포레스트 카페
Fern Forest Cafe

양치식물 펀이 울창한 숲을 이룬 카페. 그 아래 앉아 있으면 마음마저 초록빛으로 물드는 것 같다. 에어컨이 나오는 실내는 동서양의 앤티크 소품으로 꾸며져 있고 피아노도 연주된다. 샌드위치, 샐러드, 파스타와 간단한 태국 요리를 즐길 수 있으며, 커피와 음료, 디저트 종류가 다양하다.

2권 ⓑ INFO P.044 ⓜ MAP P.028A·B
ⓖ 구글 지도 GPS 18.793388, 98.982021 ⓖ 찾아가기 구시가 씽하랏 로드 ⓐ 주소 54/1 Singharat Road ⊖ 전화 053-416-204, 084-616-1144 ⓛ 시간 08:30~20:30 ⊖ 휴무 연중무휴 ⓧ 홈페이지 www.facebook.com/fernforestcafe

무엇을 먹을까?

카우팟끄라파오 꿍
Khao Pad Ka Pao Kung
125B

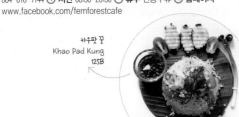

카우팟 꿍
Khao Pad Kung
125B

무엇을 먹을까?

레몬 아이스티
Lemon Iced Tea
120B

우 커피
Woo Coffee
90B

곳곳에서 드러나는 인기 비결

우 카페

Woo

에어플랜트를 비롯한 각종 식물과 꽃으로 실내외를 꾸미고, 유화 작품과 조명으로 포인트를 준 인기 많은 카페. 낯선 사람과 자연스럽게 합석하기 좋은 롱 테이블, 창밖을 조망하는 작은 테이블 등 다양한 좌석이 자유로운 분위기를 연출한다. 2층 갤러리 관람은 무료이며, 스파 브랜드 탄이 입점한 편집 숍도 함께 운영한다.

2권 ⓘ INFO P.083 ◉ MAP P.076B
ⓢ 구글 지도 GPS 18.791797, 99.003049 ⓐ 찾아가기 리버사이드. 와로롯 시장 육교와 연결된 삥강 보행자 전용 다리 건너 우회전, 왼쪽 ⓐ 주소 80 Charoen Rajd Road ⓐ 전화 052-003-717 ⓛ 시간 10:00~22:00 ⓗ 휴무 연중무휴 ⓗ 홈페이지 www.woochiangmai.com

분홍빛에 담긴 사랑스러움
위엥 쭘언
Vieng Joom On

무엇을 먹을까?

클럽 샌드위치
Club Sandwiches
130B

티Tea
1인용 120B~, 2인용 150B~

머시룸 페스토 페투치니
Mushroom Pesto
Fettucine
220B

위엥은 '도시', 쭘언은 '핑크'라는 뜻. 인도 차이푸라 지역의 핑크빛 성과 집에서 영감을 얻어 지은 이름이다. 동시에 핑크빛 사랑의 마음을 담아 전 세계 50여 종의 프리미엄 티를 고르고 덖는다고 한다. 핑크빛 외관과 실내 인테리어가 예쁘고 차와 음식 맛도 좋다. 예쁜 틴 케이스에 담아 파는 차는 선물용으로 괜찮다.

2권 ⓘ INFO P.083 ⓜ MAP P.076B
ⓖ 구글 지도 GPS 18.791510, 99.002628 ⓒ 찾아가기 리버사이드. 와로롯 시장 육교와 연결된 삥강 보행자 전용 다리 건너 우회전, 오른쪽 ⓐ 주소 53 Charoen Rajd Road ☎ 전화 053-303-113 ⏱ 시간 10:00~19:00 ⊖ 휴무 연중무휴 ⓗ 홈페이지 www.vjoteahouse.com

도심에서 떠나는 나들이
넘버 39
No. 39

카페 내에 작은 호수와 숲이 있어 마치 도심 근교로 나들이 온 듯한 분위기다. 호수를 따라 놓인 다양한 실내외 테이블 중 독채처럼 사용할 수 있는 2층 구조의 트리 하우스가 특히 인기다. 대나무 상을 놓은 태국식 좌식 테이블도 편하고 좋다. 젊은이들의 아지트가 된 쏘이 왓 우몽에서도 인기 높은 곳으로 주말에는 라이브 공연이 펼쳐진다.

2권 ⓘ INFO P.094 ⓜ MAP P.092C
ⓖ 구글 지도 GPS 18.780220, 98.951677 ⓒ 찾아가기 왓 우몽 인근. 왓 우몽 입구에서 우회전해 280m 이동, 세븐일레븐 지나 우회전해 550m 이동, 오른쪽 ⓐ 주소 39/2 Moo 10, Suthep ☎ 전화 086-879-6697 ⏱ 시간 09:30~19:00 ⊖ 휴무 연중무휴 ⓗ 홈페이지 www.facebook.com/no39chiangmai

무엇을 먹을까?

아메리카노 Americano
핫 70B, 콜드 75B

눈꽃처럼 고운 빙수

치윗 치와
Cheevit Cheeva

각종 빙수와 아포카토, 케이크, 에이드 등을 선보이는 디저트 전문점. 시그너처 메뉴는 간판에 한국어로도 적어놓은 '밀크 빙수'. 100% 우유를 눈꽃처럼 곱게 갈아서 만든다. 들어가는 재료와 토핑에 따라 망고 스티키 라이스, 마차 크림 브륄레, 푸딩 캐러멜 커스터드, 코코아 라바, 스트로베리 치즈케이크 등 다양한 빙수가 탄생한다.

2권 ⓘ INFO P.064 ⓞ MAP P.055K
🗺 구글 지도 GPS 18.795277, 98.971135 ⓞ 찾아가기 님만해민 인근 씨리망칼라짠 로드 쏘이 7에서 45m 이동, 오른쪽 ⓐ 주소 6 Sri Mangkalajarn Road Soi 7 ☎ 전화 087-727-8880 🕐 시간 09:00~22:00 ⊖ 휴무 연중무휴 ⓞ 홈페이지 cheevitcheevacafe.com

무엇을 먹을까?

망고 스티키 라이스 빙수
Mango Sticky Rice Bingsu
195B

숨은 케이크 맛집

반 삐엠쑥
Baan Piemsuk บ้านเปี่ยมสุข

여행자들에게는 잘 알려지지 않은 보석 같은 디저트 가게. 시그너처 메뉴인 코코넛 크림 파이는 적당히 달고 부드럽다. 왓쑤언독 뒤편에 자리한 카페 더 반 이터리 디자인에서도 이곳의 코코넛 크림 파이를 판다. 냉장고 가득 다양한 종류의 케이크가 진열되어 있으니 맘에 드는 케이크를 선택하자.

2권 ⓘ INFO P.084 ⓞ MAP P.076A
🗺 구글 지도 GPS 18.792761, 99.001853 ⓞ 찾아가기 리버사이드. 와로롯 시장 육교와 연결된 삥강 보행자 전용 다리 건너 좌회전, 왼쪽 ⓐ 주소 165, 167 Charoen Rajd Road ☎ 전화 085-708-8988 🕐 시간 09:30~18:30 ⊖ 휴무 연중무휴 ⓞ 홈페이지 www.facebook.com/baanpiemsuk

무엇을 먹을까?

코코넛 크림 파이
Coconut Cream Pie
75B

아메리카노Americano
핫 50B, 아이스 60B

달콤하게 보고 먹기

아이베리 가든
Iberry Garden

아이스크림과 디저트 전문점 아이베리의 님만해민 지점으로 감히 태국 전역에서 가장 괜찮은 아이베리 매장이라고 장담한다. 이곳을 좀 더 특별하게 만든 것은 넓은 정원 곳곳에 설치된 크고 작은 조형물이다. 정기적으로 다른 색을 칠하는 어마어마한 크기의 반인반견半人半犬 조형물도 재미있다.

2권 ⓘ **INFO** P.063 ⓜ **MAP** P.054J
ⓖ **구글 지도 GPS** 18.794224, 98.969331 ⓣ **찾아가기** 님만해민 로드 쏘이 17 다음 골목인 쏘이 싸이남풍에 위치. 갤러리 시스케이프 다음 골목에서 좌회전해 120m 이동, 오른쪽 ⓐ **주소** 13 Nimmanahaeminda Road Soi 17 ⓣ **전화** 053-895-171 ⓣ **시간** 10:00~21:00 ⓣ **휴무** 연중무휴 ⓗ **홈페이지** www.iberryhomemade.com

무엇을 먹을까?

릴렉싱 라임
Relaxing Lime
115B

아이스크림 1스쿱 1Scoop 69B,
콘Cone 20B 추가

망고 디저트 전문점

망고 탱고
Mango Tango

유명 망고 디저트 전문점 망고 탱고의 치앙마이 지점이다. 님만해민에서 오랫동안 문을 연 곳으로 원 님만 내에도 지점이 있다. 망고 아이스크림, 망고 푸딩, 망고 과육, 망고 스무디 등 각종 망고 디저트를 선보인다. 인기 메뉴는 가게 이름과 같은 망고 탱고로 아이스크림, 푸딩, 망고가 함께 나온다. 손님의 절반 이상이 중국인이다.

2권 ⓘ **INFO** P.061 ⓜ **MAP** P.054J
ⓖ **구글 지도 GPS** 18.796376, 98.968541 ⓣ **찾아가기** 님만해민 로드 쏘이 13 중간 ⓐ **주소** Nimmanahaeminda Road Soi 13 ⓣ **전화** 081-595-8494, 083-481-1108 ⓣ **시간** 11:00~22:00 ⓣ **휴무** 연중무휴 ⓗ **홈페이지** www.mymangotango.com

무엇을 먹을까?

망고 탱고
Mango Tango
165B

망고 딜라이트
Mango Delight
80B

THEME 10
베이커리

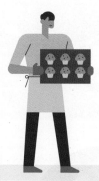

포근하고 다정한
치앙마이
빵집

호떡집이 아니라 빵집에 불이 났다.
여행자 또는 현지인들을 통해
알음알음으로 알려진 치앙마이의
인기 베이커리를 소개한다.

반 베이커리
Baan Bakery

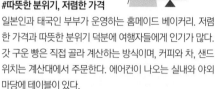

#따뜻한 분위기, 저렴한 가격

일본인과 태국인 부부가 운영하는 홈메이드 베이커리. 저렴한 가격과 따뜻한 분위기 덕분에 여행자들에게 인기가 많다. 갓 구운 빵은 직접 골라 계산하는 방식이며, 커피와 차, 샌드위치는 계산대에서 주문한다. 에어컨이 나오는 실내와 야외 마당에 테이블이 있다.

2권 📖 **INFO** P.029K 📍 **MAP** P.045
[G] **구글 지도 GPS** 18.779670, 98.989844 ➜ **찾아가기** 치앙마이 게이트 해자 건너 좌회전한 후 70m 지점의 랏치앙쌘 1 로드로 우회전해 130m 이동, 오른쪽 🏠 **주소** 20 Rat Chiang Saen 1 Kor Road ☎ **전화** 053-285-011 🕒 **시간** 월~토요일 08:00~16:00 ⊖ **휴무** 일요일 [B] **가격** 빵 18B~, 아메리카노(Americano) 핫 35B, 샌드위치(Sandwich) 60~110B 🖱 **홈페이지** baan-bakery-bakery.business.site

나나 베이커리
Nana Bakery

#숲속에 펼쳐지는 빵 노점

크루아상이 맛있기로 소문난 베이커리. 치앙마이에 여러 지점이 있는데, 여행자들이 찾기에는 접근성이 떨어진다. 가장 가까운 곳이 싼띠탐으로 근처 숙소에 머문다면 갈 만하다. 또는 토요 모닝 마켓에서 나나 베이커리가 운영하는 나나 정글을 찾아도 좋다.

2권 📖 **INFO** P.071 📍 **MAP** P.069B
[G] **구글 지도 GPS** 18.804110, 98.979062 ➜ **찾아가기** 싼띠탐 쓱싸 로드에 위치. 그랩 택시 또는 뚝뚝 이용 🏠 **주소** 3, 3/1 Sodsueksa Road ☎ **전화** 053-800-150 🕒 **시간** 07:00~17:00 ⊖ **휴무** 연중무휴 [B] **가격** 크루아상 13B~ 🖱 **홈페이지** www.nanabakery-chiang-mai.com

플립스 & 플립스 홈메이드 도넛
Flips & Flips Homemade Donuts

#현지인이 사랑하는 홈메이드 도넛

현지인들의 절대적인 지지를 받고 있는 홈메이드 도넛 가게.
그리 길지 않은 시간 동안 도넛을 판매하는데 포장 주문을
하는 이들로 늘 문전성시를 이룬다. 점심시간 즈음에는 인기
도넛이 동나기 일쑤다. 주문을 하려면 야외에 비치된 종이에
항목을 표기해 실내에 전달하면 된다. 실내에는 좌석이 없고,
야외 정원에 몇 개의 테이블이 있다.

2권 ⓘ **INFO** P.071 ⓜ **MAP** P.069B
ⓖ **구글 지도 GPS** 18.803469, 98.979834 ⓒ **찾아가기** 싼띠탐 하
싸디쎄위 쏘이 5에 위치 ⓐ **주소** 14 Hussadhisawee Soi 5 ⓣ
전화 091-865-1535 ⓣ **시간** 금~수요일 11:00~16:00 ⓒ **휴무** 목
요일 ⓑ **가격** 도넛 20~45B ⓗ **홈페이지** www.facebook.com/
FlipsandFlipsHomeMadeDonuts

포레스트 베이크
Forest Bake

#SNS 핫플레이스 빵집

인스타그램의 스타가 되고 싶다면 반드시 찾아야 할 명소. 수
령이 오래된 나무가 자라는 숲속에 자리한 아담한 빵집이다.
빵 진열대 역시 숲의 분위기를 한껏 살려 멋스럽다. 구매한
빵은 숲속 테이블 또는 같은 단지 내에서 영업하는 카레집에
서 먹으면 된다. 맛보다는 사진 찍기에 좋은 베이커리다.

2권 ⓘ **INFO** P.084 ⓜ **MAP** P.077B
ⓖ **구글 지도 GPS** 18.792272, 99.004882 ⓒ **찾아가기** 리버사이
드 지역. 왓 껫까람, 우 카페 뒤쪽 골목인 나왓껫 쏘이 1 ⓐ **주소**
8/2 Nha Wat Kaet Soi 1 ⓣ **전화** 091-928-8436 ⓣ **시간** 금~화
요일 10:30~17:00 ⓒ **휴무** 수~목요일 ⓑ **가격** 시금치 치즈 타르트
(Spinach Cheese Tart) 80B, 시나몬 롤(Cinnamon Roll) 85B, 애플
파이(Apple Pie) 130B ⓗ **홈페이지** www.forestbake.com

북부 요리 전문점을 찾아서

태국 북부의 중심 도시인 치앙마이에서 현지의 북부 요리를 접하기란 어렵지 않다.
일반 음식점에서도 흔히 북부 요리를 선보이지만 그래도
전문점이라는 타이틀을 단 곳은 뭐가 달라도 다르다.

◆ 북부 요리의 특징 ◆

산악지대의 시원한 기후 덕분에 태국의 다른 지역에 비해 다양한 종류의 채소와 허브가 생산된다. 버섯을 비롯해 죽순 등 뿌리 채소를 이용한 음식도 많다. 국경을 접한 미안마와 라오스도 영향을 끼쳤는데, 카우쏘이, 깽항레가 대표적이다. 일반 쌀보다 찹쌀밥인 카우니여우를 즐기며 주먹밥처럼 말아 남프릭 소스에 찍어 먹기도 한다. 이싼 음식으로 알려진 쏨땀 역시 친숙하다.

◆ 북부 요리 주요 향신료 ◆

태국의 다른 지역처럼 여러 향신료를 사용한다. 일반적으로 고추와 섞어 요리하는 경우가 많다. 시고 쓴맛이 나는 허브를 넣어 우리 입맛에는 생소한 편이다.

이름	태국어 이름	쓰임새
갈랑갈	카(ข่า)	익히거나 생으로 여러 요리에 쓰인다.
생강	킹(ขิง)	깽항레에 꼭 들어간다.
강황	카민(ขมิ้น)	생선 카레에 넣는다. 생선을 바나나 잎에 싸서 찔 때도 사용한다.
레몬그라스	따크라이(ตะไคร้)	남프릭 소스에 들어가고, 생선 비린내를 제거할 때 쓰인다.
고수	팍치(ผักชี)	남프릭 소스에 들어가며, 여러 요리에 곁들인다.
고추	프릭(พริก)	남프릭 소스의 주재료.
마늘	끄라티얌(กระเทียม)	남프릭 소스와 마늘장아찌 남마덩에 들어간다.
양파(샬롯)	험부어(หอมบัว), 험댕(หอมแดง), 후어험(หัวหอม)	카레 양념에 들어가며, 카우쏘이 등 여러 요리에 곁들인다.
적색목화나무의 말린 꽃	덕니우(ดอกงิ้ว)	남니여우에 들어간다.

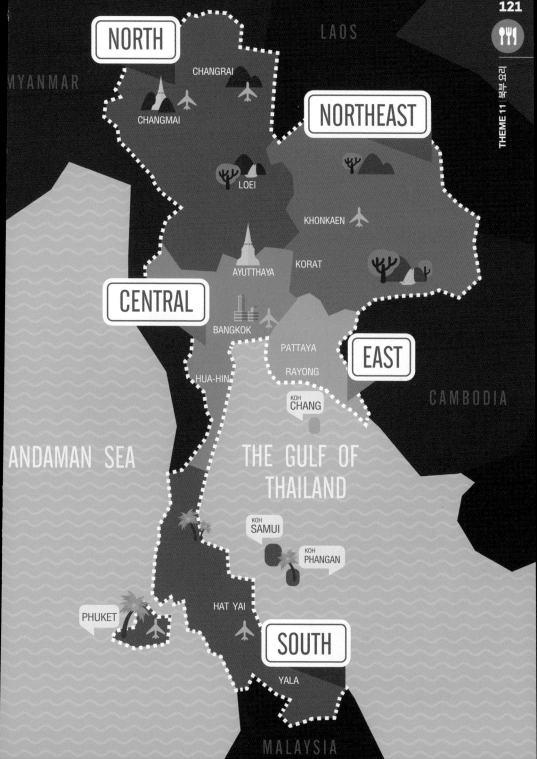

한국인 입맛에 잘 맞는
북부 대표 요리

카우쏘이 ข้าวซอย

진한 코코넛 카레 국물에 익힌 바미 면과 튀긴 바미 면을 넣은 국수. 절인 채소와 샬롯, 라임을 곁들여 먹는다. 재료에 따라 카우쏘이 까이(닭), 카우쏘이 느아(소고기) 등으로 불린다. 일반 식당보다는 카우쏘이 전문점이 잘한다.

추천맛집 카우쏘이 쿤야이(P.129), 카우쏘이 매싸이(P.132), 카우쏘이 님만(P.132) 참조.

깽항레

미얀마에서 유래한 카레 요리. 미얀마어로 카레라는 뜻의 '힌'이 '항'으로 변형된 것으로 여겨진다. 토마토소스에 두툼한 돼지 살코기와 강황, 타마린드, 갈랑갈, 생강 등을 넣어 요리한다. แกงฮังเล

카놈찐 남니여우

돼지 뼈를 우린 육수에 토마토, 고추, 덕니우 등을 넣고 쌀 소면 카놈찐을 말아 먹는 국수. 고명으로 선지, 돼지고기, 캡무 등을 올린다. 카놈찐 대신 쎈렉(보통 굵기의 쌀국수)을 선택하면 꾸어이띠여우 남니여우라고 한다. 매콤한 맛이 선지해장국과 비슷하다.

*캡무는 돼지 껍질 튀김이다. 고온의 기름에 튀겨 과자처럼 바삭바삭하다.

ขนมจีนน้ำเงี้ยว

남프릭엉

다진 돼지고기와 토마토를 섞어 만든 소스.
양배추, 브로콜리, 롱빈, 당근, 오이, 가지 등
각종 채소와 캅무를 곁들인다. 찹쌀밥 카우
니여우와 함께 먹어도 좋다.

น้ำพริกอ่อง

น้ำพริกหนุ่ม
남프릭눔

파란 고추와 샬롯, 마늘을 불에 구
운 후 찧어 매콤하게 만든 소스. 남
프릭엉과 같이 각종 채소와 캅무 등
이 곁들여 나온다. 찹쌀밥 카우니여
우와 함께 먹어도 좋다.

ไส้อั่ว 싸이우어

치앙마이 소시지로 불리는 북부식 소
시지. 돼지고기와 레몬그라스, 카피
르 라임 잎, 갈랑갈, 고추, 마늘, 샬롯
등을 넣어 만든다. 집집마다 만드는
방법과 재료가 다르다.

*싸이우어 외에 냄이라는 소시지도 있
다. 돼지고기(돼지 껍질)와 카우니여우,
마늘, 고추 등을 넣어 발효시킨 소시지
로 물컹하고 신맛이 약간 난다. 우리 입
맛에는 조금 생소하다.

> **TIP** 북부 요리 = 란나 요리
> 태국 북부 란나 왕국의 음
> 식 문화를 계승했다고 해서
> 북부 요리는 흔히 란나 요
> 리로 불린다.

쏘이 왓 우몽

젊은 분위기의 북부 요리 전문점
한퉁 찌앙마이
ฮ้านถึงเจียงใหม่

구시가

외국인 여행자에게 인기
흐언펜
Huen Phen เฮือนเพ็ญ

쏘이 왓 우몽처럼 젊은 분위기의 현지 식당이다. 추천 메뉴는 칸똑 세트인 축어듭므앙. 남프릭엉, 남프릭눔, 깽항레, 싸이우어, 캡무, 삶은 달걀이 한상에 모두 나와 우리 입맛에 잘 맞는 북부 음식을 고루 경험할 수 있다. 칼칼하고 매콤하게 입맛을 돋우는 카놈찐 남니여우 역시 추천 메뉴다. 추천하는 대표 요리 외에는 맛이 생소할 수 있다.

앤티크 테이블과 소품, 액자 등으로 장식해 분위기 좋은 레스토랑이다. 각종 가이드북에 소개돼 여행자들이 즐겨 찾는다. 북부 요리가 다양하며 한 접시의 가격이 저렴하다. 그만큼 양이 적어 한두 명이 찾으면 5개 이상 주문해야 한다. 갈비구이 씨크롱무텃, 프라이드치킨 까이텃 등 익숙한 메뉴부터 시작하면 북부 음식 도전이 한결 쉽다.

2권 ⓘ INFO P.097 ⓜ MAP P.092D
ⓖ 구글 지도 GPS 18.789021, 98.954780
ⓕ 찾아가기 쏘이 왓 우몽. 치앙마이 대학교 후문 쪽 쑤텝 로드에서 쏘이 왓 우몽으로 우회전해 450m 이동, 오른쪽 ⓐ 주소 63/9 Moo 14, Soi Wat Umong, Suthep ☎ 전화 091-076-6100 ⓣ 시간 09:00~20:30 ⓗ 휴무 연중무휴 ⓟ 가격 축어듭므앙(Khantoke Set Menu) 200B, 카놈찐 남니여우(Rice Noodle in Spicy Tomato Soup with Pork) 30B ⓦ 홈페이지 없음

2권 ⓘ INFO P.043 ⓜ MAP P.028F
ⓖ 구글 지도 GPS 18.785832, 98.985137
ⓕ 찾아가기 구시가 왓 쩨디루앙 뒤쪽 라차만카 로드 ⓐ 주소 112 Ratchamanka Road ☎ 전화 086-911-2882, 053-277-103 ⓣ 시간 09:00~16:00, 17:00~22:00 ⓗ 휴무 연중무휴 ⓟ 가격 까이텃(Fried Chicken) 60B, 무여텃(Deep Fried Processed Pork) 60B, 남프릭엉(Northern Style Minced Pork with Red Chili Paste with Steamed Vegetables) 50B ⓦ 홈페이지 없음

🚩 님만해민 싼띠탐

낡은 가옥에서 즐기는 북부 요리

흐언므언짜이

Huen Muan Jai เฮือนม่วนใจ๋

🚩 리버사이드

강가에 자리한 저렴한 현지 식당

꾸어이띠여우 허이카 림삥

ก๋วยเตี๋ยวห้อยขา ริมปิง

북부 스타일의 낡은 목조 가옥에서 태국 북부 음식을 선보인다. 카우쏘이, 카놈찐 남니여우, 싸이우어, 깽항레 등 유명한 북부 요리는 물론 여행자에게는 생소한 요리도 다양하다. 주문하기 어렵다면 남프릭엉, 남프릭눔, 깽항레, 싸이우어, 캡무를 한 쟁반에 담은 어듭무앙을 선택하자. 다른 북부 요리 전문점에 비해 가격은 조금 비싼 편이다.

2권 ⓘ **INFO** P.070 ⊚ **MAP** P.069B
Ⓢ **구글 지도 GPS** 18.799897, 98.975441
Ⓢ **찾아가기** 싼띠탐. 웨이깨우 로드 깟쑤언깨우 큰길 맞은편 골목 Ⓢ **주소** 24 Soi Ratchaphuek ☎ **전화** 053-404-998 Ⓢ **시간** 목~화요일 11:00~22:00 ⊝ **휴무** 수요일 Ⓢ **가격** 쁠라차완텃(Fried Serpent-Head Fish) 120B, 깽항레(Northern Style Pork Curry with Garlic) 120B, 암녀싸이남뿌(Spicy Bamboo Shoot with Grab Jam Northern Style) 80B Ⓢ **홈페이지** www.huenmuanjai.com

간판에 쓰인 이름은 허이카 치앙마이 림삥(ห้อยขาเชียงใหม่ ริมปิง)이며, 영어로는 림삥 보트 누들이라고 한다. 작은 그릇에 담아 저렴하게 판매하는 보트 누들은 돼지고기, 소고기 국수를 비롯해 북부 국수인 카놈찐 남니여우, 카우쏘이가 있다. 그 밖에 남프릭엉, 남프릭눔, 깽항레, 싸이우어, 랍무, 삑까이텃, 캡무 등의 북부 요리가 인기다.

2권 ⓘ **INFO** P.082 ⊚ **MAP** P.076F
Ⓢ **구글 지도 GPS** 18.781265, 99.005988
Ⓢ **찾아가기** 리버사이드. 싸판렉 다리 건너 우회전해 삥강을 따라 300m 이동, 오른쪽 Ⓢ **주소** 68/3 Chiang Mai-Lamphun Road ☎ **전화** 053-244-405 Ⓢ **시간** 09:00~18:00 ⊝ **휴무** 연중무휴 Ⓢ **가격** 남프릭엉+카이똠+팍쑥(Northern Thai Meat and Tomato Spicy Dip+Boiled Egg+Vegetables) 40B, 깽항레(Hang Leh Pork Curry) 50B, 싸이우어(Northern Thai Spicy Sausage) 50B, 카우쏘이 넝까이(Egg Noodle in Chicken Curry) 25·40·50B Ⓢ **홈페이지** www.facebook.com/RimpingBoatNoodle

1日1食

국수 생활

국수는 태국 어디서나 저렴하고 간편하게 즐길 수 있는 국민 음식이다.
치앙마이에서는 다른 지역에서 쉽게 접할 수 없는 카우쏘이와 남니여우까지
먹을 수 있어 하루 한 끼 국수 생활이 더욱 풍요롭다.

국수 종류

크게 국물이 있는 국수와 볶음국수로 분류할 수 있다.
국물이 있는 국수는 국물을 빼거나(행) 국수를 빼고(까우라우) 먹을 수도 있다.

국물이 **있는** 국수

카우쏘이 진한 코코넛 카레 국물에 익힌 바미 면과 튀긴 바미 면을 넣어 먹는다. 절인 채소와 샬롯, 라임을 곁들이는데 따로 먹어도 좋고, 국수에 넣어 먹어도 좋다. 고명은 주로 닭고기나 소고기를 올리지만 돼지고기, 새우, 해산물 등을 올리는 경우도 종종 있다.

카놈찐 남니여우 돼지 뼈를 우린 육수에 토마토, 고추, 덕니우 등을 넣고 쌀 소면 카놈찐을 말아 먹는 국수. 고명으로 선지, 돼지고기, 캡무 등을 올린다. 선지해장국을 즐긴다면 맛있게 먹을 수 있는 국수다.

꾸어이띠여우 남싸이 남싸이는 '맑은 물'이라는 뜻으로, 맑은 육수를 사용하는 국수다. 돼지고기, 닭고기, 소고기 등으로 육수를 우려내며 소금, 후추, 설탕, 마늘 등을 첨가한다. 국수 초보자들도 부담 없이 즐길 수 있는 메뉴다.

꾸어이띠여우 똠얌 쑤코타이에서 유명한 국수. 꾸어이띠여우 남싸이 육수에 똠얌 양념을 한다. 기름이 있는 고추 양념인 남프릭파오와 타마린드나 라임, 액젓을 넣는다. 국물 없는 비빔면은 '꾸어이띠여우 똠얌 행'이라고 한다.

옌따포 발효 두부장, 토마토 등으로 만든 소스. 맑은 육수에 옌따포 소스를 넣으면 국물이 달콤하고 분홍빛이 돈다. 맛은 달콤 새콤 짭짤하다.

꾸어이띠여우 남똑 육수에 돼지고기 또는 소고기의 피를 넣은 국수. 옛날 국수 장수들이 배를 타고 수로에서 판매하던 국수에서 유래해 '꾸어이띠여우 르아(배)', 영어로는 '보트 누들(Boat Noodle)'이라고도 한다. 국수 그릇이 매우 작다.

꾸어이띠여우 (고기)뚠 고기를 넣고 끓인 간장 육수로 만든 국수. 소고기는 '꾸어이띠여우 느아뚠', 돼지고기는 '꾸어이띠여우 무뚠'이라고 한다.

꾸어이짭 돼지고기 육수로 만든 국수. 국물을 진하게 끓여내는 방콕 스타일과는 달리 북부에서는 맑게 끓여내는 '꾸어이짭 남싸이'가 일반적이다. 면은 넓적한 전용 면, 또는 펜네 파스타처럼 생긴 끼엠이를 사용한다. 돼지고기, 선지 등이 고명으로 올라간다.

팟타이 가장 유명한 볶음국수. 보통 면 또는 팟타이 전용 면인 쎈짠을 사용한다. 타마린드의 신맛, 고춧가루의 매운맛, 팜 슈가의 단맛, 액젓의 짠맛을 모두 넣어 맛의 균형을 이룬다. 땅콩으로 고소한 맛을 더하며 달걀을 넣기도 한다.

팟씨이우 넓은 면인 쎈야이를 사용하며 간장과 달걀을 넣어 볶는다. 전반적으로 팟타이와 비슷하지만 숙주 대신 카나라는 채소를 사용하며, 땅콩을 넣지 않는다.

팟키마우 고추와 생후추를 듬뿍 넣어 볶아 맵다. 현지인들은 해장용으로 즐긴다.

랏나 그레이비 소스를 넣어 되직하게 볶은 국수. 주로 넓은 면인 쎈야이를 사용하며, 고명은 돼지고기, 닭고기, 소고기, 해산물 등을 다양하게 올린다.

고명 종류

국수의 종류에 따라 다른 고명이 올라가며, 같은 국수도 집집마다 고명이 다를 수 있다. 채소는 마지막에 생으로 올리며 주로 숙주와 고수를 사용한다. 특별히 원하지 않는 고명이 있다면 '마이싸이(마이아오)+고명 이름'이라고 말하자.

돼지고기	무, 돼지고기 미트볼은 룩친무
닭고기	까이
어묵	룩친빨라
고수	팍치

소고기	느아, 소고기 미트볼은 룩친느아
내장	크릉나이
루엄	골고루 섞어서
숙주	투엉억(투어응억)

면의 종류

쎈야이, 쎈렉, 쎈미, 바미가 가장 많이 쓰인다. 어떤 면이 좋다고 평가하기 어려우므로 취향에 따라 선택하자.

쎈야이	넓은 면
쎈렉	보통 면
쎈미	가는 면
바미	중화 면. 밀가루와 달걀로 만든다.
끼여우	중국식 만두
운쎈	당면. 국수와 샐러드에 주로 쓰인다.
카놈찐	쌀 소면
끼엠이	펜네 파스타처럼 생긴 짧은 롤 모양의 면

분량을 뜻하는 용어

보통	탐마다
곱빼기	피쎗

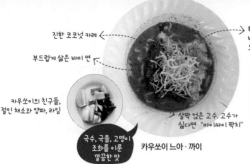

진한 코코넛 카레

부드럽게 삶은 바미 면

튀긴 바미 면. 그냥 먹으면 바사삭, 적셔 먹으면 노글노글

카우쏘이의 친구들, 절인 채소와 양파, 라임

살짝 얹은 고수. 고수가 싫다면 "마이 싸이 팍치"

국수, 국물, 고명이 조화를 이룬 깔끔한 맛

카우쏘이 느아·까이

치앙마이 必食 국수
카우쏘이 쿤야이
Khao Soi Khun Yai ข้าวซอย คุณยาย

카우쏘이 쿤야이는 '할머니의 카우쏘이'라는 뜻으로, 실제 백발의 할머니가 정갈하게 국수를 끓여 낸다. 카우쏘이는 기본, 꾸어이띠여우 똠얌과 남싸이도 치앙마이에서 손꼽을 정도로 맛있다. 방문 전 영업시간 확인 필수.

2권 ⓘ INFO P.044 ⓜ MAP P.028B
ⓖ 구글 지도 GPS 18.795390, 98.983218 ⓒ 찾아가기 구시가. 창프락 게이트에서 서쪽으로 약 400m 이동, 왼쪽 ⓐ 주소 Sri Poom Road Soi Sri Poom 8 ☎ 전화 053-211-663, 083-208-7092 ⏱ 시간 월~토요일 10:00~14:00 ⊝ 휴무 일요일 ⓟ 가격 카우쏘이 느아(Khao Soi Beef) 50·60B, 카우쏘이 까이·무(Khao Soi Chicken·Pork) 40·50B, 꾸어이띠여우 똠얌(Spicy Noodle Soup) 40·50B, 꾸어이띠여우 남싸이(Noodle Soup) 30·40B ⓦ 홈페이지 없음

다진 돼지고기

살짝 얹은 고수

돼지고기 덩어리

적당히 맵고 신 똠얌

돼지고기 볼 룩친무

끼여우끄럽

카우쏘이 전문점에서 맛보는 똠얌의 깊은 맛

꾸어이띠여우 똠얌

태국 요리 초보자도 시도해 볼 만한 깔끔한 국물

보통 면 쎈렉

꾸어이띠여우 남싸이

맛으로 입소문 난 소고기 국수
블루 누들 ก๋วยเตี๋ยวสีฟ้า

소고기, 돼지고기 국수 전문점. 갈비 국수로 불리는 꾸어이띠여우 느아뚠이 인기 메뉴다. 밥과 소고기 국이 따로 나오는 루엄느아 까우라우도 추천한다. 간판이 따로 없고 식당 내부 칠판에 씨파(สีฟ้า, 블루)라고 적어놓았다.

2권 ⓘ INFO P.043 ⓜ MAP P.029B
ⓖ 구글 지도 GPS 18.787513, 98.990177 ⓒ 찾아가기 구시가. 타패 게이트에서 랏차담넌 로드로 약 300m ⓐ 주소 99 Ratchapakhinai Road ⊝ 전화 없음 ⏱ 시간 11:00~21:00 ⊝ 휴무 연중무휴 ⓟ 가격 꾸어이띠여우 느아뚠(Noodle Soup with Stewed Beef) 스몰 60B·라지 80B, 피쎗 루엄느아 까우라우('Gow Low' Soup with Vegetable Beef Ball, Fresh Beef, Stewed Beef and Steamed Rice, Large) 80B ⓦ 홈페이지 없음

보통 면 쎈렉

따로 먹기엔 너무나 짠 국물

육수에 푹 고아 얹은 갈빗살

면에 적절하게 뺀간

꾸어이띠여우 느아뚠

소고기 볼 룩친느아

숙취야 사라져라! 시원한 국물

푹 삶은 소고기 갈빗살

얇게 썰어 익힌 소고기

아삭아삭 숙주 한 움큼

국수보다 맛있는 까우라우

피쎗 루엄느아 까우라우

부드럽게 삶은 소고기

짭짤하지만 깔끔한 국물

한국인이 가장 좋아하는 메뉴. 가격도 저렴하다.

꾸어이띠여우 느아쁘어이

저렴하고 맛있는 소고기 국수

롯이얌
Rote Yiam Beef Noodle รสเยี่ยม

오랜 전통의 소고기 국수 전문점. 소고기 미트볼 룩친느아, 얇게 썬 소고기 느아쏫, 갈빗살 느아쁘어이 등 부위별 소고기를 고명으로 올린다. 두 종류 또는 모든 고명을 섞은 꾸어이띠여우 느아루엄도 있다. 국물은 조금 짜다.

2권 ⓘ INFO P.042 ⓜ MAP P.029C
ⓖ 구글 지도 GPS 18.794223, 98.993472 ⓖ 찾아가기 구시가. 타패 게이트에서 북쪽으로 약 700m 이동, 왼쪽 ⓐ 주소 255-257 Mun Mueang Road ⓣ 전화 없음 ⓛ 시간 일~금요일 08:00~17:00 ⓗ 휴무 토요일 ⓟ 가격 꾸어이띠여우 느아쁘어이(Noodles with Stewed Beef) 50B, 꾸어이띠여우 느아루엄(Noodles with Mix Beef) 80B ⓦ 홈페이지 없음

푹 삶은 소고기

양

살짝 얹은 고수. 고수가 싫다면 "마이싸이 팍치"

곱창

소고기 미트볼 룩친느아

간

소고기의 다양한 부위를 맛보자.

얇게 썰어 익힌 소고기

보통 면 쎈렉

짭짤한 국물

꾸어이띠여우 느아루엄

알려지지 않은 어묵국수 맛집

란 싸앗
ร้านสอาด

영어 간판은 없고 하늘색 간판에 '싸앗(สอาด)'이라고 적어놓았다. 맑은 국물의 꾸어이띠여우 남싸이, 비빔면인 꾸어이띠여우 행, 똠얌 국물의 꾸어이띠여우 똠얌 등 어묵을 고명으로 올린 국수를 선보인다. 똠얌에는 닭고기가 추가된다.

2권 ⓘ INFO P.042 ⓜ MAP P.028F
ⓖ 구글 지도 GPS 18.789756, 98.986555 ⓖ 찾아가기 구시가. 타패 게이트에서 약 850m. 치앙마이 시티 아트 & 컬처럴 센터 담장 끄트머리 맞은편 상가에 위치 ⓐ 주소 127/7 Prapokkloa Road ⓣ 전화 053-327-261 ⓛ 시간 월~토요일 08:00~17:00 ⓗ 휴무 일요일 ⓟ 가격 꾸어이띠여우 남싸이 · 꾸어이띠여우 똠얌 각 탐마다(보통) 50B, 피쎗(곱빼기) 60B ⓦ 홈페이지 없음

각종 어묵

누구나 무난하게 즐길 수 있는 맛

맑은 국물 남싸이

보통 면 쎈렉

꾸어이띠여우 남싸이

맵고 신맛이 추가된 국물

각종 어묵

보통 면 쎈렉

닭고기

남싸이보다는 역시 똠얌!

꾸어이띠여우 똠얌

보통 면 쎈렉

각종 모양의 어묵

어묵 기름을 머금은 맑은 국물

가장 기본적인 어묵국수

꾸어이띠여우 쁠라

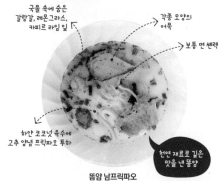

국물 속에 숨은 갈랑갈, 레몬그라스, 카피르 라임 잎

각종 모양의 어묵

보통 면 쎈렉

하얀 코코넛 육수에 고추 양념 프릭파오 투하

천연 재료로 깊은 맛을 낸 똠얌

똠얌 남프릭파오

한국인이 좋아하는 님만해민의 어묵국수

씨야 꾸어이띠여유 쁠라
Sia Fish Noodle เซี้ยะก๋วยเตี๋ยวปลา

어묵국수 전문점. 국물은 맑은 남싸이, 달콤한 옌따포, 맵고 신 똠얌 중 선택하면 된다. 탁하고 하얀 국물의 똠얌은 시판 소스가 아니라 갈랑갈, 레몬그라스, 카피르 라임 잎으로 직접 맛을 내서 먹을수록 진국이다. 실내가 깔끔하고 에어컨이 나온다.

2권 ⓑ INFO P.061 ◉ **MAP** P.054F
ⓢ **구글 지도 GPS** 18.796948, 98.968784 ◉ **찾아가기** 님만해민 로드 쏘이 11 중간. 입구에서 260m 이동, 왼쪽 ⓐ **주소** Nimmanahaeminda Road Soi 11 ☎ **전화** 091-138-7002 ⓢ **시간** 월~토요일 10:00~16:30 ⊝ **휴무** 일요일 ⓖ **가격** 꾸어이띠여우 쁠라(Clear Soup Fish Noodle) 45B, 똠얌 남프릭파오(Tomyum Fish Noodle) 50B ⓢ **홈페이지 없음**

돼지고기 국수의 정석

꾸어이띠여우 땀릉
ก๋วยเตี๋ยวตำลึง

원 님만 바로 앞에 자리한 국수 전문점. 다진 돼지고기 무쌉, 돼지 살코기 무쏫, 돼지 내장 크릉나이 등 돼지고기 고명을 올린 국수를 선보인다. 맵고 신 국물의 똠얌은 맛의 정석이라 할 만큼 훌륭하다. 양이 적으므로 곱빼기 피쎗으로 주문하길 권한다.

2권 ⓑ INFO P.058 ◉ **MAP** P.054F
ⓢ **구글 지도 GPS** 18.799646, 98.967864 ◉ **찾아가기** 님만해민 쏘이 1. 원 님만 볼케이노(The Volcano) 디저트 숍 맞은편 ⓐ **주소** Nimmanahaeminda Road Soi 1 ☎ **전화** 053-224-4741 ⓢ **시간** 08:30~15:00 ⊝ **휴무** 매월 1, 2, 15, 16일 ⓖ **가격** 꾸어이띠여우(남싸이) 무쌉 · 무쏫 각 40 · 50B, 꾸어이띠여우 똠얌 무쌉 · 무쏫 각 40 · 50B ⓢ **홈페이지 없음**

보통 면 쎈렉

돼지고기를 얇게 썰어 익힌 무쏫

깔끔한 돼지고기 육수

다진 돼지고기 무쌉

무쌉과 무쏫을 섞은 루엄. 메뉴에는 없다.

꾸어이띠여우 루엄

기름지만 고소하고 깔끔한 맛의 아이러니, 마늘 껍질 튀김

고수가 싫다면 "마이 싸이 팍치"

다진 돼지고기 무쌉

고소함이 배가되는 부순 땅콩

마늘 껍질 튀김

보통 면 쎈렉

맵고 신 똠얌 국물의 정석

어디에 내놓아도 빠지지 않는 매력적인 맛

꾸어이띠여우 똠얌 무쌉

튀긴 바미 면

익힌 바미 면

카우쏘이의 친구, 절인 채소와 양파, 라임

혹시 오뚜기 카레? 너무나 익숙한 그 맛

통째로 올라간 닭다리

카우쏘이 까이

카우쏘이 님만에서 가장 평범한 닭다리 카우쏘이

맛보다 모양이 낫다.

숙주, 절인 채소, 양배추

토마토를 통째로 넣은 매콤한 육수

돼지 껍질 튀김 캡무

쌀 소면 카놈찐

카놈찐 남니여우

평범한 카우쏘이는 가라
카우쏘이 님만
Kao Soy Nimman ข้าวซอยนิมมาน

북부 요리 레스토랑. 간판으로 내건 카우쏘이가 대표 메뉴다. 닭다리를 올린 카우쏘이 까이, 달걀 부침을 올린 카우쏘이 카이찌여우, 새우를 넣은 카우쏘이 꿍 등 고명에 따라 다양한 카우쏘이가 탄생한다. 카우쏘이 국물은 한국의 카레 맛과 유사하다. 선지국수 남니여우는 맵다.

2권 ⓘ INFO P.059 ⓜ MAP P.054F
ⓖ 구글 지도 GPS 18.797975, 98.969342 ⓐ 찾아가기 님만해민 로드 쏘이 7 입구에서 270m 이동, 오른쪽 ⓐ 주소 137 Nimmanahaeminda Road Soi 7 ⓣ 전화 053-894-881 ⓣ 시간 11:00~20:00 ⓗ 휴무 연중무휴 ⓟ 가격 카우쏘이 까이(Kao Soy Kai) 65B, 카놈찐 남니여우(Nam Ngeaw) 59B ⓗ 홈페이지 없음

적색목화나무의 꽃을 말린 덕나우

보들보들 선지

고수 팍팍!

돼지고기 육수에 토마토를 넣어 칼칼하고 깔끔한 국물

고소하고 깔끔한 마늘 껍질 튀김

카우쏘이 매싸이의 다른 이름이자 추천 메뉴

꾸어이띠여우 남니여우

시그너처 메뉴는 카우쏘이 매싸이
카우쏘이 매싸이
Khao Soy Mae Sai ข้าวซอยแม่สาย

치앙마이를 대표하는 국숫집 중 하나. 카레 국수 카우쏘이와 선지국수 꾸어이띠여우 남니여우, 돼지고기 고명의 맑은 국수 꾸어이띠여우 무 등이 모두 맛있다. 상호와 같은 카우쏘이 매싸이는 매콤한 국물이 입맛을 돋우는 꾸어이띠여우 남니여우의 다른 이름이다.

2권 ⓘ INFO P.070 ⓜ MAP P.069A·B
ⓖ 구글 지도 GPS 18.799608, 98.975229 ⓐ 찾아가기 싼띠탐. 훼이깨우 로드 깟쑤언깨우 큰길 맞은편 골목 ⓐ 주소 29/1 Soi Ratchaphuek ⓣ 전화 053-213-284 ⓣ 시간 08:00~16:00 ⓗ 휴무 연중무휴 ⓟ 가격 카우쏘이 느아(Northern Thai Noodle Curry Soup with Beef) 45B, 꾸어이띠여우 무(Noodle Soup with Pork) 40B, 꾸어이띠여우 남니여우(Noodle with Spicy Pork Sauce) 40B ⓗ 홈페이지 www.facebook.com/khaosoimaesai

붉은색 돼지고기 무댕

다진 돼지고기 무쌉

깔끔한 육수

기본에 충실해 익숙한 그 맛

꾸어이띠여우 무

→ 갈빗대 씨크롱

→ 메추리알 한 알

다진 돼지고기 무쌉 ⟵

쑤코타이 국수의 기본, 똠얌 국물 ⟵

얇게 썰어 살짝 익힌 돼지고기 무쌋 ⟵

보통 면 쎈렉 ⟵

종처럼 보기 힘든 갈빗대가 들어 있다.

꾸어이띠여우 똠얌 무루엄

(국물 외에 나머지는 똠얌과 동일) ⟵

맑은 국물 남싸이 →

메뉴판에는 없지만 맑은 국물 남싸이도 주문 가능

꾸어이띠여우 남싸이 무루엄

작지만 강한 동네 국수 맛집

꾸어이띠여우 똠얌 끄룽 쑤코타이

ก๋วยเตี๋ยวต้มยำ กรุงสุโขทัย

깔끔하고 맛있는 똠얌 국수 전문점. 갈빗대와 도가니를 넣은 씨크롱끄라둑언, 돼지고기의 여러 부위를 섞은 무루엄, 생선 쁠라, 돼지고기 볼 룩친무, 어묵 룩친쁠라 등의 고명이 있다. 꾸어이띠여우 똠얌 뒤에 고명 이름을 붙여 주문하면 된다.

2권 ⓘ **INFO** P.084 ⊙ **MAP** P.076A
⑤ **구글 지도 GPS** 18.792613, 99.002018 ⓖ **찾아가기** 리버사이드. 와로롯 시장에서 삥강 다리 건너 좌회전, 왼쪽 ⊙ **주소** Charoen Rajd Road ⊖ **전화** 053-242-277 ⊙ **시간** 월~토요일 09:00~16:00 ⊖ **휴무** 일요일 ⓢ **가격** 꾸어이띠여우 똠얌 무루엄 탐마다(보통) 40B, 피쎗(곱빼기) 50B ⓢ **홈페이지** 없음

현지인이 사랑하는 국수

카우쏘이 쎄머짜이파함

ข้าวซอย เสมอใจฟ้าฮ่าม

치앙마이 사람들의 인기를 한몸에 받고 있는 현지 식당. 카우쏘이, 카놈찐 남니여우를 비롯해 싸떼, 싸이우어, 남프릭눔, 남프릭엉, 깽항레 등 북부 음식을 푸드 코트 형식의 오픈 주방에서 요리한다. 모든 음식이 40B가량으로 저렴함. 중심가에서 먼 것이 가장 아쉬운 점이다.

2권 ⓘ **INFO** P.089 ⊙ **MAP** P.088A
⑤ **구글 지도 GPS** 18.804619, 99.005464 ⓖ **찾아가기** 리버사이드 지역 중심가에서 삥강을 따라 북쪽으로 약 2km 거리의 왓 파함 옆. 그랩 택시 또는 뚝뚝 이용 ⊙ **주소** 391 Moo 2, Charoen Rajd Road ⊖ **전화** 053-242-928 ⊙ **시간** 08:30~17:00 ⊖ **휴무** 연중무휴 ⓢ **가격** 카우쏘이 까이(Khaow-Soi)·카놈찐 남니여우(Kha-Nom-Jeen-Nam-Ngiew) 각 40B ⓢ **홈페이지** 없음

닭고기 덩어리 →

걸쭉한 카레 국물 ⟵

튀긴 바미 면 →

익힌 바미 면 →

절인 채소와 양파, (라임 아닌) 레몬 ⟵

걸쭉, 달달

카우쏘이 까이

숨어 있는 돼지고기 ⟵

쌀 소면 카놈찐 →

적색목화나무의 꽃을 말린 덕니우 →

통째로 들어간 토마토 ⟵

마늘 껍질 튀김 →

매운 고추도 통째로 ⟵

부드러운 선지 →

개운한 국물 →

맑고 매콤한 선지해장국 맛

카놈찐 남니여우

THEME 13
이싼 요리

태국의 '전라도 음식'
이싼 요리를 먹어보자!

이싼은 태국 북동부 지방으로, 태국 요리의 고향 같은 곳이다.
덥고 습한 지역이어서 저장 음식이 발달했고
고추, 소금, 액젓, 허브 등을 넣어 맵고 강한 요리를 선보인다.
한국인 입맛에는 구이·튀김 요리가 잘 맞는 편이다.

◀ 까이양 ไก่ย่าง

구운 닭. '까이'는 '닭', '양'은 '굽다'는 뜻이다. 라오스, 이싼 지방에서 유래한 요리로 지금은 태국 전역에서 즐긴다. 마늘, 후추, 액젓, 레몬그라스 등 여러 재료로 밑간한 닭을 숯불 또는 기계에 굽는다.

똠쌥 ต้มแซ่บ ▶

다량의 허브를 넣어 맑게 끓인 국으로, 맵고 신맛이 강하다. 돼지고기 뼈를 넣은 똠쌥 끄라둑무와 돼지갈비를 넣은 똠쌥 씨크롱무가 흔하다.

▲ 까이텃 ไก่ทอด

튀긴 닭. '까이'는 '닭', '텃'은 '튀기다'는 뜻이다. 우리의 프라이드치킨보다 조금 짜다. 튀긴 마늘 껍질과 함께 먹으면 별미다.

쏨땀 ส้มตำ ◀

덜 익은 그린 파파야에 타마린드나 라임 즙, 팜슈거나 설탕, 액젓, 고추, 마늘 등을 넣어 만든다. 특유의 매운맛과 신맛이 입맛을 돋우는 역할을 한다.

▲ 커무양 คอหมูย่าง

돼지 목살 구이. '커'는 '목', '무'는 '돼지', '양'은 '굽다'는 뜻이다. 한국에서 먹는 맛과 비슷해서 무리 없이 즐길 수 있다.

쁠라양 ปลาย่าง & 쁠라텃 ปลาทอด ▶
쁠라양은 구운 생선, 쁠라텃은 튀긴 생선이다. 바닷물고기보다는 메기(쁠라둑 ปลาดุก), 틸라피아(쁠라닌 ปลานิล · 쁠라탑팀 ปลาทับทิม), 가물치(쁠라천 ปลาช่อน) 등 민물고기가 대부분이다.

◀ 무삥 หมูปิ้ง
돼지고기 꼬치구이. '무'는 '돼지', '삥'은 '굽다'는 뜻이다. 의미만 따지면 무양과 다를 바 없지만 꼬치에 꿰어 구운 것을 삥이라고 한다.

▲ 씨크롱무양 ซี่โครงหมูย่าง & 씨크롱무텃 ซี่โครงหมูทอด
돼지갈비 구이와 튀김. '씨크롱'은 '갈빗대', '무'는 '돼지'라는 뜻으로 돼지갈비와 비슷하다.

싸이끄럭 이싼 ไส้กรอกอีสาน ▶
태국어로 '싸이끄럭'은 '소시지'라는 뜻이다. 돼지고기와 마늘, 소금 등을 넣어 만든 이싼식 소시지로 한국인 입맛에도 잘 맞는다.

◀ 랍 ลาบ
다진 고기나 해산물에 고추와 여러 향신료를 넣고 버무린 일종의 고기 샐러드. 돼지고기는 랍무, 소고기는 랍느아, 생선은 랍쁠라 식으로 들어가는 재료에 따라 이름이 바뀐다.

무댓디여우 หมูแดดเดียว
돼지고기를 설탕, 간장, 기름 등으로 양념해 햇볕에 말린 것. 튀김 등으로 요리해 먹는다. 약간 딱딱하다고 느껴질 정도로 쫀득쫀득하다.

◀ 카우니여우 ข้าวเหนียว
요리에 곁들이는 찹쌀밥. 일반적으로 작은 찜 바구니에 담겨 나오며, 주먹밥처럼 손으로 말아 쏨땀에 찍어 먹기도 한다.

TIP 남찜째우 น้ำจิ้มแจ่ว
까이양, 커무양 등 숯불구이에는 남찜째우라는 소스가 반드시 따라 나온다. 액젓에 고추, 설탕, 레몬 등을 넣은 소스로 집집마다 맛이 조금씩 다르다. 시중에도 판매한다.

치킨과 함께 즐기자!
쏨땀 ส้มตำ

쏨땀타이 ส้มตำไทย

쏨땀 초보자에게 가장 무난한 태국식 쏨땀. 비교적 향이 가벼운 액젓을 사용하고, 토마토, 당근, 롱빈, 땅콩, 마른 새우를 넣는다. 쁠라라 액젓을 사용하면 쏨땀라오가 된다.

땀뿌쁠라라 ตำปูปลาร้า

현지인이 선호하는 쏨땀 중 하나. 쌀겨나 쌀가루에 6개월 이상 발효시킨 생선 젓갈 쁠라라와 저장 게를 넣는다. 색이 시꺼멓고 젓갈 향이 강하다.

땀뿌마 ตำปูม้า

블루 크랩 뿌마를 넣어 만든 쏨땀. 우리의 게장과 유사하다. 파파야를 넣지 않고 만든 게장은 얌뿌마덩이라고 한다.

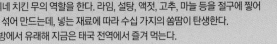

파파야 샐러드. 치킨과 함께 먹으면 우리네 치킨 무의 역할을 한다. 라임, 설탕, 액젓, 고추, 마늘 등을 절구에 찧어 섞은 후 덜 익은 그린 파파야를 섞어 만드는데, 넣는 재료에 따라 수십 가지의 쏨땀이 탄생한다. 라오스, 이싼 지방에서 유래해 지금은 태국 전역에서 즐겨 먹는다.

땀카이켐 ตำไข่เค็ม

소금에 절인 달걀인 카이켐을 넣은 쏨땀. 길거리 쏨땀 가게에서도 쉽게 먹을 수 있다.

땀쑤어 ตำซั่ว

쌀 소면 카놈찐을 넣어 만든 쏨땀. 쏨땀타이, 쏨땀라오 등 취향에 맞게 고르면 된다. 카놈찐을 별도로 시켜 쏨땀에 비벼 먹어도 된다.

얌마무앙 ยำมะม่วง

그린 파파야 대신 덜 익은 망고로 만든 쏨땀. 신맛이 강한 편이다.

얌쏨오 ยำส้มโอ

포멜로 쏨땀. 달면서도 쌉싸름한 포멜로와 쏨땀의 양념이 조화롭다.

까이양 ไก่ย่าง 맛집 대결

순수한 맛을 찾아서

까이양 위치안부리
ไก่ย่างวิเชียรบุรี

남만해민 까이양 맛집 양대 산맥 중 하나. 통닭과 닭날개, 닭발, 똥집 등을 나무 꼬챙이에 끼우고 숯불에 구워 불맛을 살렸다. 저렴한 가격은 덤. 그날 영업이 끝나기도 전에 까이양이 바닥나는 일이 잦다. 식당에서 먹는 것보다 포장을 추천한다.

2권 ⓘ INFO P.061 ⓞ MAP P.055G
ⓖ 구글 지도 GPS 18.796785, 98.970362 ⓡ 찾아가기 남만해민 로드 쏘이 11 끄트머리. 입구에서 400m 이동, 왼쪽 ⓐ 주소 Nimmanahaeminda Road Soi 11 ⓣ 전화 086-207-2026 ⓢ 시간 화~일요일 09:00~16:00 ⓗ 휴무 월요일 ⓦ 홈페이지 없음

띤까이(닭발) 20B
뼈에 붙은 살점을 발라 먹는 재미

까이양 1마리 150~160B
적당한 살집. 잡내 없이 은은하게 불맛을 입혔다. 그런데 날개는 어디로?

V

삑까이(닭날개) 25B
날개는 따로. 야시장보다 저렴한 가격

땀타이 30B
칼로 썰어 식감을 제대로 낸 태국식 쏨땀

까이양은 한국에서도 그리운 태국 음식 중 하나! 프라이드치킨과는 또 다르다. 기름기 쏙 뺀 건강한 그 맛은 '한 번도 안 먹어볼 수는 있어도, 한 번만 먹을 수는 없는 맛'이라고 확신한다. 까이양은 이싼 요리다. 치앙마이의 이싼 음식점 중에서도 까이양이 특히 맛있는 집은 따로 있다.

젊은 입맛 저격

까이양 청더이

Cherng Doi Roast Chicken ไก่ย่างเชิงดอย

님만해민에서 까이양 맛집 양대 산맥으로 유명한 집. 구운 닭 까이양과 돼지고기 스테이크, 쏨땀 등이 인기 메뉴다. 숯불 요리는 단맛과 불맛이 적당히 섞여 있다. 양은 적다. 나무로 장식한 식당 내부는 깔끔한 분위기다.

2권 ⓘ INFO P.059 ⊙ MAP P.054F
ⓖ **구글 지도 GPS** 18.799187, 98.966098 ◎ **찾아가기** 님만해민 로드 쏘이 2 다음 골목인 쑥까쎔 로드로 100m 이동, 오른쪽 ⊕ **주소** 2/8 Suk Kasame Road ⊖ **전화** 081-881-1407 ⊖ **시간** 화~일요일 11:00~22:00 ⊖ **휴무** 월요일 ⊖ **홈페이지** 없음

S

쓰떼끄 째우 Steak Jaeo 70B
돼지고기 구이 무방.
한국의 양념갈비처럼
단맛이 강하다.

까이양 낭끄럽 Kai Yang Nang Krob 85B
겉은 바삭, 속은 촉촉. 조금 달다.

**쏨땀타이 Som Tam Thai
40B**
깔끔한 태국식 쏨땀

**쏨땀텃 Thai Crispy Papaya
Salad 70B**
가게 추천 메뉴. 튀긴 쏨땀.
맛보다는 양?

맛에 반하다

1 아이딘끄린크록
ไอดินกลิ่นครก

캐주얼한 분위기의 이싼 요리 전문점. 쏨땀과 구이 등 각종 요리를 잘한다. 강력 추천 메뉴는 레몬그라스 치킨 구이 까이반양 따크라이로 감칠맛이 일품이다. 우리의 게장에 해당하는 얌뿌마덩도 신선하고 조화로운 맛이다. 센트럴 플라자 치앙마이 공항에도 지점이 있다.

2권 ⓦ INFO P.088 ⓞ MAP P.088B
ⓢ **구글 지도 GPS** 18.806753, 99.017969 ⓞ **찾아가기** 센트럴 페스티벌 5층 ⓐ **주소** 5F, Central Festival, 99/3 Hwy Chiang Mai~Lampang Frontage Road ⓞ **전화** 052-001-227 ⓞ **시간** 월~금요일 11:00~21:00, 토~일요일 10:00~21:30 ⓞ **휴무** 연중무휴 ⓞ **홈페이지** www. facebook.com/idinklinkrog.group

3가지 맛 소스

까이양 타창 Gai Yang Ta-Chang 139B
두툼한 살집. 촉촉한 속살. 식어도 맛있다!

쏨땀 욕크록 추천 메뉴

땀타이 Tum Thai 59B
태국식 쏨땀. 신선함은 기본. MSG를 사용하지 않은 건강한 맛.

현지인들이 사랑하는 이싼 요리

3 쏨땀 우돈
ส้มตำอุดร

대규모 이싼 음식 전문점. 숯불구이와 쏨땀을 잘한다. 테이블에 있는 주문서를 작성해 'Order Food Bill at Here'라고 적힌 곳에 꽂아두면 음식을 가져다준다. 주문서에서 퉁(ถุง)은 포장이므로 짠(จาน)에 체크할 것. 채소, 소스, 물, 접시, 포크 등은 셀프 코너를 이용하면 된다.

2권 ⓦ INFO P.071 ⓞ MAP P.069B
ⓢ **구글 지도 GPS** 18.806619, 98.976433 ⓞ **찾아가기** 싼띠탐 쏘이 탄따완에 위치. 그랩 택시 또는 뚝뚝을 이용하는 게 편하다. ⓐ **주소** 104 Soi Tantawan ⓞ **전화** 053-222-865 ⓞ **시간** 09:00~21:00 ⓞ **휴무** 연중무휴 ⓞ **홈페이지** 없음

아이딘끄린크록 추천 메뉴

얌뿌마덩
Spicy Pickled Crabs Salad
145B
신선하게 매운맛

쏨땀타이 Sam Tam Thai 75B
충실한 재료, 충실한 맛

까이반양 따크라이
Grilled Lemongrass Chicken 120B
닭은 말랐지만 특화된 양념으로
만든 고급스러운 맛

커무양 찜째우
Ko Mu Yang 89B
냄새 없이 깔끔한
돼지 목살 구이

*세금 7% 별도

분위기까지 좋은 까이양 맛집

2 쏨땀 욕크록
Somtum House ส้มตำยกครก

맛, 친절, 분위기 삼박자를 두루 갖춘 이싼 요리 전문점. 쏨땀과 까이양, 무양 등이 한국인 입맛에 제격이다. 40여 가지에 이르는 쏨땀은 절구에 담아내 보기에도 좋다. 유럽풍 가옥의 실내 분위기도 괜찮다.

2권 ⓘ INFO P.060 ⓜ MAP P.054F
ⓖ **구글 지도 GPS** 18.796977, 98.968541 ⓐ **찾아가기** 님만해민 로드 쏘이 11 중간 ⓐ **주소** 15 Nimmanahaeminda Road Soi 11 ⓣ **전화** 094-629-1596 ⓢ **시간** 10:30~20:00 ⓗ **휴무** 연중무휴 ⓗ **홈페이지 없음**

쏨땀 우돈 추천 메뉴

양루엄 Mix Grilled Pork 80B
곱창 구이 싸이무양, 가슴살
구이 뺑놈양, 목살 구이
커무양이 한 그릇에!

땀쏨오
Spicy Pomelo Salad 55B
달콤 쌉싸름한 포멜로 쏨땀

삑까이 Grilled Chicken Wing 26B
은은한 양념과 불맛이 어우러진
닭날개 구이. 닭다리, 닭 넓적다
리도 있다.

땀타이
Thai Style Papaya
Salad with Prawn 36B
엄지 척! 태국식 쏨땀

분위기와 맛을
모두 잡은 그곳

삥강 주변에는 레스토랑과 카페가 많지만
강가에 바로 접해 있으면서 제대로 된 맛을 선보이는 레스토랑은 흔치 않다.
리버사이드 지역에서도 맛으로 손꼽히는 레스토랑을 소개한다.

캐주얼한 분위기의 맛집

앳 쿠아렉 At Khualek 앳쿠아렉

삥강변 싸판렉 다리가 보이는 곳에 자리한 레스토랑 겸 카페.
삥강을 조망하는 야외 테이블과 에어컨이 나오는 실내 테이
블로 나뉜다. 전반적으로 맛이 강한 치앙마이 스타일과는 달
리 요리의 간이 적당하고 맛있으며, 카페 메뉴도 충실하다.
친절한 서비스와 합리적인 가격도 좋다.

2권 ⓘ **INFO** P.082 ◎ **MAP** P.076F
Ⓢ **구글 지도 GPS** 18.783311, 99.005207 ⊙ **찾아가기** 싸판렉 다
리 건너 우회전해 삥강을 따라 80m 이동, 오른쪽 ⊙ **주소** 2 Chiang
Mai-Lam Phun Road ⊖ **전화** 099-269-2623 ⓛ **시간** 08:00~23:00
⊖ **휴무** 연중무휴 ⊕ **홈페이지** www.facebook.com/AtKhuaLek

BEST VIEW
싸판렉 다리가 바로 보이는
강 옆자리. 삥강이 붉게
물드는 해 질 녘이 가장
좋다. 낮에는 조금 덥다.

MENU

쿠후탈레 팟퐁까리
Stir-Fried Seafood with
Curry 189B
한국인 입맛을 저격하는
옐로 카레에 볶은 해산물
요리. 치앙마이에서는 보
기 드물게 해산물이 신선
하다. 오징어와 새우가 모
두 부드럽다.

팟팍루엄 Stir-Fried Mixed
Vegetable 89B
양배추, 브로콜리, 버섯 등 각종
채소볶음. 간이 적당해서 좋다.

카우팟 꿍 Fried Rice with Shrimp
95B+달걀 프라이 추가 15B
한 접시 요리는 홀로 찾았을 때
주문하기 좋은 메뉴. 75~109B로
가격 부담이 적다.

아메리카노 Americano 핫 45B
웬만한 커피 전문점에 버금가는
맛. 저렴한 가격은 덤이다.

리버사이드 전통의 맛집

삼센 빌라 Samsen Villa

리버사이드 지역에서 맛집을 찾는다면 고민할 필요가 없다.
1978년에 개업한 삼센 빌라가 답이다. 40여 년의 역사는 그 어
떤 말보다 많은 의미를 내포한다. 잘 찍은 사진과 친절한 설
명이 담긴 메뉴를 참고하면 주문이 어렵지 않다. 삥강의 운치
를 담은 실내외 좌석도 좋다.

BEST VIEW
조용한 강변의 운치를
만끽하기에는 강가 야외
테이블이, 음식에 집중하기에는
에어컨이 나오는
실내 테이블이 제격.

2권 ⓘ INFO P.084 ◉ MAP P.076A ⓢ 찾아가기 싸판나콘핑
다리 건너 좌회전 ◉ 주소 201 Charoen Rajd Road ☐ 전화 053-
240-455 ⏱ 시간 11:00~23:00 ◻ 휴무 연중무휴 ◻ 홈페이지 www.
samsenvilla.com

MENU

싸떼 차왕
Royal Thai Style Pork Satay
120B
삼센 빌라의 시그너처 메뉴인
돼지고기 꼬치구이 싸떼. 그동
안 먹어본 싸떼의 맛을 잊어도
좋다.

쏨땀타이
Spicy Papaya Salad
100B
달고 맵고 짜고 신
태국 요리의 정석을
담은 태국식 쏨땀.

팍남프릭까삐
Shrimp Paste Sauce serve
with Vegetable 140B
입안이 얼얼할 정도로 매운
남프릭까삐의 맛. 젓갈을
즐긴다면 반드시 맛보자.

꿍끌링 꺼라티얌톤
Stir Fried River Prawn with
Southern Thai Curry Paste 220B
새우 살을 잘게 썰어 남부 카레 페
이스트로 양념한 취향 저격 요리.

*세금 7% 별도

나에게 꼭 맞는
로컬 레스토랑을
찾아라!

TYPE 1

쾌적하고 깔끔한
레스토랑에서 편하게
먹고 싶은 당신!

TYPE 2

사진 메뉴판이 없어도
괜찮아~ 현지인이 많이 찾는
음식점을 좋아하는 당신!

TYPE 3

호불호 없는 적당한 맛에
영어 메뉴와 채식 메뉴를
찾는 당신!

TYPE 1 캐주얼 레스토랑

맛과 분위기, 친절함까지 갖춘 곳

더 하우스 바이 진저
P.155

유기농 채소로 건강한 한 끼

오까쭈 오가닉 팜
P.154

님만해민 맛의 강자

카페 드 님만
P.155

그릇마다 담긴 맛과 정성

형때우
P.156

구시가 도보 여행의 쉼표

카페 딴어언
P.156

TYPE 2 현지 맛집

숯불구이의 진수를 맛보고 싶다면

떵뗌또
P.157

인기 많은 이싼 요리 전문점

럿롯
P.157

카우만까이 소스의 참맛은 여기

끼엣오차
P.158

현지인만 찾는 로컬 맛집

랍룽너이
P.158

24시간 붐비는 인기 식당

쪽 쏨펫
P.159

속이 편안해지는 죽집

쪽똔파염
P.159

TYPE 3 여행자 식당

여행자 사이에 소문난 맛집

쿠킹 러브
P.160

솜씨 좋은 맛집

팜 스토리 하우스
P.160

다양한 요리를 골라 먹는 재미

블루 다이아몬드
P.161

고기보다 맛있는 채식

안찬 베지테리언 레스토랑
P.161

'맛은 좋은데 좀 더워', '맛은 좋은데 좀 지저분해', '맛은 좋은데 좀 불친절해' 이런 생각에서 벗어나 편안하게 밥을 먹고 싶은 당신에게 추천한다. 맛은 기본, 쾌적하고 위생적인 환경과 친절한 서비스를 두루 갖춘 캐주얼 레스토랑 5곳.

오까쭈 오가닉 팜
Ohkajhu Organic Farm

'오, 이런(오까쭈)'이라는 재미있는 이름의 '팜 투 테이블 (Farm to Table)' 레스토랑이다. 농장에서 직접 재배한 유기 농 채소 샐러드와 스테이크, 튀김, 소시지, 햄버거, 퓨전 태 국 요리 등을 선보인다. 모든 요리에 적당량의 샐러드를 곁 들여 건강한 한 끼를 챙기는 기분이다. 치앙마이 중심가에 서 약 9km 떨어진 본점은 유기농 농장과 함께 운영해 인기 다. 접근성을 따지면 치앙마이 공항 가는 길 중간에 자리한 지점이 낫다.

홈페이지 www.ohkajhuorganic.com

▶본점 2권 INFO P.089 MAP P.088B
구글 지도 GPS 18.840663, 99.024637 찾아가기 치앙마이 중 심가에서 약 9km 떨어진 121번 도로변 주소 410 Moo 2 Chiang Mai Outer Ring Road 전화 081-980-2416 시간 09:00~20:45
휴무 연중무휴

▶공항점 2권 INFO P.051 MAP P.051A
구글 지도 GPS 18.772428, 98.978213 찾아가기 구시가에서 센트럴 플라자 치앙마이 공항 가기 전, 님 시티(Nim City) 내 주 소 199/8 Mahidol Road 전화 052-080-744 시간 09:30~21:30
휴무 연중무휴

무엇을 먹을까

샐러드
Build Your Own Salad 50B
세 종류의 채소와 5가지 토핑. 드레싱을 내 마음대로 선택할 수 있다. 양도 가격도 만족스럽다.

쌀랏이뿐
Japanese Style Salad 185B
스페셜 샐러드의 하나. 참깨 드레싱과 간장 드레싱이 함께 나온다.

랍이싼팍컷
Spicy Salad with Green Cos Lettuce 155B
이싼 스타일의 랍 샐러드 태국 요리 마니아라면 도전해 보자.

레이디 오까쭈 Lady Ohkajhu
하프 랙 365B / 풀 랙 695B
가장 인기 있는 립 메뉴.

카우카나 오가닉 베이컨끄럽
Stir Fried Organic Chinese Kale and Crispy Bacon with Rice 125B
바삭바삭한 식감이 살아 있는 케일 베이컨 볶음과 브라운 라이스

깽항레무
Box Menu_Northern Thai Pork Curry with Rice 105B
신선한 상추에 깽항레를 싸 먹자.

더 하우스 바이 진저
The House by Ginger

집처럼 편안한 분위기에서 집밥처럼 정성스러운 요리를 제공하는 레스토랑. 의류, 가방, 쿠션, 그릇 등 디자인 제품을 판매하는 진저 숍을 함께 운영하며, 가벼운 음식과 음료를 취급하는 진저 카페가 따로 있다. 님만해민 원 님만 내에도 '프롬 팜 투 시티(From Farm To City)' 콘셉트의 진저 팜 키친(Ginger Farm Kitchen)이 자리했다.

2권 ⓘ INFO P.042 ⓜ MAP P.029C
ⓢ 구글 지도 GPS 18.792674, 98.993328 ⓖ 찾아가기 타패 게이트 해자 안쪽 문므앙 로드를 따라 550m 이동, 왼쪽 ⓐ 주소 199 Mun Mueang Road ⓣ 전화 053-287-681 ⓣ 시간 10:00~23:00 ⓗ 휴무 연중무휴 ⓗ 홈페이지 www.thehousebygingercm.com

무엇을 먹을까

뽀삐야꿍쏫
Fresh Spring Rolls with Mango, Herbs, Shrimps, Vegetables 155B
망고가 들어가 달콤한 맛이 배가된 스프링롤.

똠얌꿍
Tom Yum Goong 295B
먹어본 사람은 잘 아는 똠얌꿍 그 맛.

더 피셔맨 플래터
The Fisherman Platter 990B
새우, 게, 오징어를 구워 한 접시에 담은 요리. 북부에서 맛보는 바다의 향기.

카페 드 님만
Cafe de Nimman

2004년 님만해민 로드에 처음 문을 열었고, 지금은 님만해민 로드 쏘이 13 골목의 끄트머리인 씨리망칼라짠 로드에서 영업하고 있다. 이곳의 10년 인기 비결은 레스토랑의 기본이자 핵심인 맛 덕분이다. 치앙마이 레스토랑 중에서 맛으로는 손꼽힐 만하며, 무엇보다 짜지 않아 좋다. 메뉴는 대부분 태국 전통 요리인데 그 종류 또한 광범위하다.

2권 ⓘ INFO P.064 ⓜ MAP P.055K
ⓢ 구글 지도 GPS 18.793358, 98.972024 ⓖ 찾아가기 님만해민, 씨리망칼라짠 로드 쏘이 13 입구에서 120m 이동, 왼쪽 ⓐ 주소 13 Siri Mangkalajarn Road Soi 13 ⓣ 전화 053-218-405 ⓣ 시간 11:00~22:00 ⓗ 휴무 연중무휴 ⓗ 홈페이지 www.facebook.com/Cafedenimman

무엇을 먹을까

쏨땀타이
Spicy Papaya Salad in Thai Style 95B
가격대가 높은 편이나 그만한 가치가 있다. 양이 어마어마하다.

운쎈 팟카이켐 끄라티얌톤
Stir Fried Glass Noodles with Salted Egg and Garlic 120B
한국인이라면 무조건 좋아할 맛. 잡채와 비슷하다고 보면 된다.

쁠라묵 팟남프릭파오
Stir Fried Squid with Chili Paste 165B
인기 메뉴 중 하나. 살짝 볶은 오징어가 핵심.

헝때우
Hong Tauw

옛 경양식집 분위기의 태국 요리 전문점. 북부 요리를 포함한 태국 요리를 골고루 선보인다. 일반 레스토랑에서는 보기 힘든 젓갈이 들어간 남프릭 메뉴도 있다. 태국의 국민 생선인 쁠라투와 함께 나오는 남프릭까삐를 비롯해 종류가 다양하다. 모든 요리가 재료 고유의 맛을 간직하고 있으니 여러 요리를 맛보기를 권한다. 그릇이 작은 편이라 여러 요리를 주문해도 부담 없다.

2권 ⓘ **INFO** P.058 ⓜ **MAP** P.054F
ⓖ **구글 지도 GPS** 18.799932, 98.967287 ⓖ **찾아가기** 님만해민 로드와 접한 원 님만 진저 팜 키친 맞은편 ⓐ **주소** 95/17-18 Nimmanahaeminda Road ⓣ **전화** 053-218-333 ⓣ **시간** 11:00~22:00 ⓒ **휴무** 연중무휴 ⓗ **홈페이지** 없음

무엇을 먹을까

쏨땀
Som Tam 60B
치앙마이에서는 김치 대신 쏨땀.

남프릭꿍파우
Narm Phrig Koong-Pow 90B
살짝 구운 새우를 넣은 남프릭 소스. 젓갈을 즐긴다면 도전하자.

깽항레
Kaeng Hang Lay 95B
추천 메뉴. 전문점이 아닌데도 북부 요리를 잘한다.

카페 딴어언
Cafe de Thaan Aoan

구시가 왓 쩨디루앙 인근 사거리에 있어 오가며 들르기 좋은 레스토랑 겸 카페. 여행자를 상대하는 구시가의 식당에 비해 환경이 쾌적하며 가격대도 합리적이다. 메뉴는 서양 요리, 태국 요리, 디저트, 음료 등 다양하다. 대신 본격적인 요리보다는 팬케이크, 샌드위치, 덮밥, 볶음밥, 국수 등 간단한 한 접시 요리가 대다수다. 야외보다는 에어컨이 나오는 실내에 사람들이 몰린다.

2권 ⓘ **INFO** P.043 ⓜ **MAP** P.028F
ⓖ **구글 지도 GPS** 18.785614, 98.988415 ⓖ **찾아가기** 구시가 왓 쩨디루앙 남쪽 사거리 코너 ⓐ **주소** 154/5 Prapokkloa Road ⓣ **전화** 053-278-507 ⓣ **시간** 07:00~20:00 ⓒ **휴무** 연중무휴 ⓗ **홈페이지** www.cafedethaanaoan.com

무엇을 먹을까

쌀랏 까이양
Salad with Grilled Chicken 90B
오븐에 구운 치킨 샐러드.

카우랏까프라오무
Kao Ka Prao with Pork 85B ·
카우랏까프라오꿍
Kao Ka Prao with Shrimp 95B
다진 돼지고기 또는 새우를 넣은 끄라파오(바질) 볶음 덮밥. 짭조름하니 맛있다.

Part 2 나만 알고 싶은 그곳
현지 맛집

입소문이 나서 외국인들이 즐겨 찾는 식당도 있고, 현지인들만 아는 숨은 맛집도 있다.
에어컨이 없어도, 자리가 약간 불편해도 참을 수 있는 맛이 자랑이며, 저렴한 가격은 덤이다.

떵뗌또
Tong Tem Toh ต้องเต็มโต๊ะ

📍 님만해민　📖 영어 메뉴

치앙마이에서 가장 유명한 식당 중 하나다. 추천 메뉴는 식당 입구에서 쉬지 않고 굽는 숯불구이. 숯불 향이 은은하게 밴 돼지 목살 숯불구이 커무양이 우리 입맛에 잘 맞다. 북부 요리는 물론 국물, 볶음, 튀김 등 다양한 요리들을 선보인다. 고기에 곁들이는 채소는 무료다.

2권 ⓘ INFO P.061 ◎ MAP P.054J
📍 구글 지도 GPS 18.796578, 98.967755 ⓒ 찾아가기 님만해민 로드 쏘이 13 입구에서 170m 이동, 왼쪽 ◎ 주소 11 Nimmanahaeminda Road Soi 13 ☎ 전화 053-894-701 ⏰ 시간 07:00~21:00 ☒ 휴무 연중무휴 💰 가격 숯불구이 57~187B ⓒ 홈페이지 www.facebook.com/TongTemToh

무엇을 먹을까

커무양 Grilled Blade Shoulder **67B**
꼭 먹어야 할 돼지 목살 숯불구이. 남찜째우에 찍어 먹자.

느어쁠라닛텃남쁠라 Deep Fried Cut Tilapia Fish in Fish Sauce **77B**
먹기 좋게 뼈를 발라 튀긴 민물고기 쁠라닛. 남쁠라 소스와 함께 나온다.

럿롯
Lert Ros

📍 구시가　📖 한국어 메뉴

가족이 운영하는 이싼 요리 전문점. 길거리에 숯불 화덕을 여러 개 놓고 생선과 새우, 고기를 쉴 새 없이 굽는다. 숯불구이 외에 쏨땀, 똠쌥, 랍무, 똠얌꿍 등 몇 가지 요리를 선보인다. 외국인에게도 무난한 맛과 야시장보다 저렴한 가격 덕분에 늘 손님이 많다.

2권 ⓘ INFO P.041 ◎ MAP P.029G
📍 구글 지도 GPS 18.788826, 98.992469 ⓒ 찾아가기 구시가. 랏차담넌 로드 쏘이 1로 들어가 120m 이동, 오른쪽 ◎ 주소 Rachadamnoen Road Soi 1 ☎ 전화 098-890-2457 ⏰ 시간 12:00~21:00 ☒ 휴무 연중무휴 💰 가격 쏨땀(Papaya Salad) 30B, 팟팍붕(Stir-Fried Chinese Morning Glory) 50B ⓒ 홈페이지 없음

무엇을 먹을까

무양 Grill Pork 50B
대표 메뉴. 달콤한 맛이 강한 돼지 숯불구이.

쁠라탑팀파우끌르아 Grill Fish with Salt
스몰 140B, 라지 160B
민물고기 쁠라탑팀을 숯불에 구운. 럿롯의 대표 메뉴.

끼엣오차
เกียรติโอชา 發清

📍 구시가 　📖 한국어 메뉴

1957년에 문을 연 전통의 카우만까이 맛집. 밥 위에 삶은 닭을 올리는 카우만까이는 양이 적은 편이라 삶은 닭 까이똠, 튀긴 닭 까이텃을 따로 시켜 밥과 함께 먹는 이들이 많다. 카우만까이 소스의 맛이 일품이라 닭과 소스를 밥에 비벼 먹어보길 권한다.

2권 ⓘ **INFO** P.042 ⊚ **MAP** P.028F

🌐 **구글 지도 GPS** 18.789735, 98.986380 ⊚ **찾아가기** 구시가 타패 게이트에서 약 900m. 치앙마이 시티 아트 & 컬처럴 센터 담장 끄트머리 맞은편 상가에 위치 ⓐ **주소** 41-43 Intrawarorot Road ☎ **전화** 053-327-263 🕐 **시간** 06:00~15:00 ⓧ **휴무** 연중무휴 💰 **가격** 까이똠 · 까이텃 · 무텃 짠라(접시) 50 · 80 · 100 · 150 · 200B, 무싸떼 50 · 80 · 100 · 150B 🏠 **홈페이지** 없음

무엇을 먹을까

카우만까이 40B
카우만까이의 핵심은 소스다.
닭과 고추, 생강, 소스를 모두
넣어 밥에 비벼 먹자.

까이텃 50B
별미 닭튀김.

랍룽너이
Lab Lung Noi ลาบลุงน้อย

📍 왓 우몽 　📖 태국어 메뉴, 태국어 주문서

이싼 요리 전문 현지 식당. 매운 샐러드 랍과 각종 숯불구이, 쏨땀 등을 분리된 4개의 주방에서 판매한다. 테이블에 마련된 4개의 주문서에 표기한 후 각각의 주방에 전달하면 된다. 추천 메뉴는 돼지고기 꼬치 무뼁, 소고기 꼬치 느아뼁, 달걀 꼬치 카이, 갈비 씨크롱과 쏨땀 등이다. 물, 얼음, 수저, 접시, 채소는 셀프다.

2권 ⓘ **INFO** P.095 ⊚ **MAP** P.092E

🌐 **구글 지도 GPS** 18.772245, 98.946068 ⊚ **찾아가기** 반람뻥 로드, 왓 람뻥 입구 사거리에 위치한 반캉왓에서 550m ⓐ **주소** 69/1 Moo 5, Baan Ram Poeng Road, Suthep ☎ **전화** 089-855-3934, 081-884-3400 🕐 **시간** 12:00~21:00 ⓧ **휴무** 연중무휴 💰 **가격** 씨크롱 50B, 카이 20B, 카우니여우 10B 🏠 **홈페이지** 없음

무엇을 먹을까

무뼁 · 느아뼁 7B
이렇게 튼실한
꼬치가 단돈 7B.

땀타이 30B
저렴하게 즐기는 쏨땀.

쪽 쏨펫
Jok Somphet โจ๊กสมเพชร

🧍 구시가 　🍽 영어 메뉴, 태국어 주문서

24시간 문을 여는 저렴하고 깨끗한 현지 식당. 미음처럼 만드는 태국식 죽인 쪽과 끓인 밥 카우똠을 비롯해 닭구이 까이옵, 돼지고기 구이 무옵, 생선구이 쁠라옵, 볶음밥 카우팟, 볶음국수 팟씨이우와 랏나, 중국 요리 딤섬 등을 다양하게 선보인다.

2권 🅘 INFO P.043 🅜 MAP P.029C
🛰 **구글 지도 GPS** 18.795141, 98.989784 🅖 **찾아가기** 구시가, 창프악 게이트 해자 안쪽에서 동쪽으로 350m 이동, 오른쪽 🅐 **주소** 59/3 Sri Poom Road 🅣 **전화** 053-210-649 🕐 **시간** 24시간 🅗 **휴무** 연중무휴 🅑 **가격** 쪽(Congee) · 카우똠(Soft Boiled Rice) 각 25B~ 🅦 **홈페이지** 없음

무엇을 먹을까

쪽 Congee 25B~
미음처럼 부드러운 죽. 닭고기, 돼지고기, 해산물 등을 추가할 수 있다.

카우똠 Soft Boiled Rice 25B~
쪽보다 밥알이 느껴진다.

쪽똔파염
โจ๊กต้นพยอม

🧍 왓 쑤언독 　🍽 태국어 메뉴, 사진 메뉴

쪽, 카우똠 전문점. 쪽은 미음에 가까운 태국식 죽이며, 카우똠은 끓인 밥이다. 자극 없고 속이 편안한 메뉴라 아침 식사 또는 야식으로 좋다. 육류, 해산물 등 쪽과 카우똠에 들어가는 재료가 신선하며 매우 고소하다. 사진이 들어간 메뉴판이 따로 있다.

2권 🅘 INFO P.073 🅜 MAP P.072A
🛰 **구글 지도 GPS** 18.790331, 98.962270 🅖 **찾아가기** 왓 쑤언독 인근 큰길인 쑤텝 로드에서 서쪽으로 약 600m 이동, 왼쪽 🅐 **주소** 9/2 Suthep Road 🅣 **전화** 081-952-7181 🕐 **시간** 05:00~12:30 🅗 **휴무** 연중무휴 🅑 **가격** 쪽 꿍 50B, 카우똠 쁠라까퐁 50B 🅦 **홈페이지** 없음

무엇을 먹을까

쪽 꿍 50B
태국에서 맛본 최고의 쪽. 죽에 들어 있는 새우가 아주 부드럽다.

카우똠 쁠라까퐁 50B
생선살을 넣어 끓인 카우똠.

관광지에서 여행자를 상대로 음식을 파는 곳을 흔히 '여행자 식당'이라고 한다. 호객 행위로 손님을 끌어모으거나 비싼 음식을 강요하는 곳, 이 맛도 저 맛도 아닌 요리를 내놓는 곳도 있지만, 따라올 수 없는 손맛과 솜씨로 제대로 된 현지의 맛을 선보이는 여행자 식당도 있다!

TIP 여행자 식당의 특징
- 영어 메뉴판을 갖추고 있다.
- 단품 메뉴가 많다.
- 채식 메뉴가 반드시 있다.
- 양이 많다.
- 조식 메뉴가 있다.

쿠킹 러브
Cooking Love

구시가에만 3곳에 식당이 있다. 쿠킹 러브 3 외에 2곳은 더운 날에는 에어컨을 가동해 쾌적하게 이용할 수 있다. 여행자 맛집으로 소문난 곳인 만큼 맛은 기본 이상이며, 태국 북부 메뉴와 채식 메뉴 등 다양한 태국 요리를 선보인다. 음식양이 많고 과일 디저트도 무료로 제공한다.

2권 ⓘ INFO P.040 ⓜ MAP P.029G
ⓖ 구글 지도 GPS 18.788735, 98.992266 ⓐ 찾아가기 구시가 랏차담넌 로드 쏘이 1로 들어가 120m ⓐ 주소 18 Rachadamnoen Road Soi 1 ⓣ 전화 094-634-8050 ⓒ 시간 09:00~23:00 ⓧ 휴무 연중무휴 ⓗ 홈페이지 없음

팟타이 까이 · 무 · 시푿
Padthai Chicken ·
Pork · Seafood 70 · 90B

카우쏘이 까이 · 무 · 시푿
Egg Noodle Soup with
Chicken · Pork · Seafood
70 · 90B

팜 스토리 하우스
Farm Story House

태국의 맛(Taste of Thai), 집밥의 맛(Taste of Family), 카렌의 맛(Taste of Karen Life) 등 이름과 사진만으로도 맛을 상상할 수 있는 메뉴를 선보인다. 볶음 요리도 기름 맛이 아닌 재료의 맛을 살리는 등 기본적으로 손맛이 뛰어나다. 에어컨이 없는 야외에 좌식과 입식 테이블을 갖추고 있다.

2권 ⓘ INFO P.041 ⓜ MAP P.029G
ⓖ 구글 지도 GPS 18.788699, 98.990918 ⓐ 찾아가기 구시가 랏차담넌 로드 쏘이 5로 들어가 80m 이동, 왼쪽 ⓐ 주소 7 Rachadamnoen Road Soi 5 ⓣ 전화 086-345-4161 ⓒ 시간 목~화요일 08:30~21:00 ⓧ 휴무 수요일 ⓗ 홈페이지 www.facebook.com/farmstoryhouse

팟타이
Pad Thai 60B

치킨 테이스트 오브 카렌 라이프
Chicken Taste of Karen Life
110B

블루 다이아몬드
Blue Diamond

서양 요리, 태국 요리, 채식 요리, 직접 만든 빵 등 방대한 메뉴를 선보이는 전형적인 여행자 식당. 솜씨가 좋아 요리 하나하나가 다 맛있다. 야외로 뚫린 형태의 건물보다 태국식 좌식 테이블과 입식 테이블을 갖춘 야외 정원이 인기. 한쪽에서는 기념품을 판매한다. 직원들이 영어를 잘하고 친절하다.

2권 ⓘ INFO P.042 ⓜ MAP P.029C
ⓖ 구글 지도 GPS 18.793992, 98.991395 ⓐ 찾아가기 구시가 문므앙 로드 쏘이 9와 쏘이 7A 코너 ⓐ 주소 35/1 Moon Muang Road Soi 9 ⓣ 전화 053-217-120 ⓣ 시간 월~토요일 07:00~20:30 ⓗ 휴무 일요일 ⓗ 홈페이지 www.facebook.com/BlueDiamond TheBreakfastClubCmTh

채소 & 두부 볶음밥
Fried Rice Mixed Vegetables & GingerTofu with Prawn 100B

북부 향신료 돼지고기 볶음
Northern Thai-Laos Spicie with Pork 95B

안찬 베지테리언 레스토랑
Anchan Vegetarian Restaurant

'너무 맛있어서 고기 생각이 나지 않을 것'이라는 간판 문구에 고개가 절로 끄덕여지는 손맛 좋은 채식 식당이다. 각 재료에 알맞은 양념을 사용해 요리마다 맛이 조화롭다. 맛을 제대로 보려면 여러 가지 요리를 먹어보면 좋은데, 양이 지나치게 많아 남기게 되는 것이 흠이다.

2권 ⓘ INFO P.062 ⓜ MAP P.055E·F
ⓖ 구글 지도 GPS 18.796695, 98.965411 ⓐ 찾아가기 님만해민 로드 쏘이 8 입구(힐사이드 콘도 2)에서 75m 이동, 왼쪽 2층 ⓐ 주소 Nimmanahaeminda Road Soi Hillside Condo 2 ⓣ 전화 083-581-1689 ⓣ 시간 월~토요일 11:30~20:15 ⓗ 휴무 일요일 ⓗ 홈페이지 anchanvegetarian.com

팟팍루엄
Mixed Vegetables Stir Fry 95B

따우후 판프릭끌르아
Tofu Spice, Salt 'n Pepper Stir Fry 95B

매력 만점
길거리 음식 열전

태국 사람들에게 길거리 음식은 간단한 식사 대용이자 군것질 삼아 즐기는 간식이다.
저렴한 가격에 메뉴까지 다양해 입맛 따라 골라 먹는 재미도 있다.
이렇게 다양한 매력을 지닌 태국의 길거리 음식을 현지인처럼 즐겨보자.
치앙마이 시내와 가까운 곳에 길거리 음식 밀집 지역이 여럿 있다.

카우카무 & 카우만까이

중국 이민자들에게서 유래한 요리. 간장과 약재를 넣어 곤 족발을 밥 위에 얹어 먹는다. 족발 껍질이 싫다면 '마이아오낭'이라고 하자. 닭고기 덮밥 카우만까이와 함께 파는 경우가 많다.

꾸어이띠여우

쌀국수도 노점에서 흔히 볼 수 있는 메뉴다. 남싸이, 똠얌, 남니여우, 카우쏘이 등 종류도 다양하다.

팟타이 & 허이텃

팟타이는 태국에서 가장 유명한 볶음국수이자 노점의 단골 메뉴다. 기름지고 바삭바삭한 홍합전 허이텃과 함께 파는 경우가 많다. 허이텃은 일반 음식점보다 노점에서 흔한 메뉴다.

쏨땀

노점 밀집 지역에는 쏨땀집이 반드시 한 곳은 있다. 주문 즉시 절구질을 시작하므로 원하는 맛을 얘기해도 좋다. 맵지 않게 '마이펫', 짜지 않게 '마이켐'이라고 말하면 된다.

무삥 & 까이삥

돼지고기 꼬치구이는 무삥, 닭고기 꼬치구이는 까이삥이라고 한다. 닭 내장 꼬치구이도 흔하며, 소시지, 룩친 등 다양한 종류의 꼬치구이가 있다.

까이양 & 까이텃

구운 닭 까이양, 튀긴 닭 까이텃 역시 노점의 인기 메뉴.

해산물 구이

생선, 새우, 게, 오징어, 홍합 등 해산물 구이 노점은 대부분 테이블을 갖추고 영업한다.

로띠

밀가루 반죽을 얇게 구운 무슬림식 팬케이크. 달걀, 바나나 등 원하는 재료를 넣고, 연유나 꿀, 초콜릿 시럽 등을 뿌려 달콤하게 먹는다.

스시

그 어떤 태국 요리도 입맛에 맞지 않는 이들에게 적당한 메뉴. 생선초밥보다는 롤 종류가 다양하다. 1개당 5~10B.

뿔라믁양

숯불에 구운 말린 한치 구이. 누구나 예상할 수 있는 바로 그 맛이다. 주전부리나 맥주 안주로 좋다.

길거리 음식 밀집 스폿

SPOT 1

구시가 인근 인기 야시장 1

쁘라뚜 창프악 야시장
Chang Phuak Gate Night Market

쏨땀, 꾸어이띠여우, 팟타이, 싸떼, 카우카무, 카우만까이, 카우팟, 까이양, 까이텃 등 웬만한 음식은 다 있다. 그중 카우카무 노점이 가장 유명한데 여주인이 카우보이 모자를 쓰고 있다. 테스코 로터스 옆 쏨땀 매장은 한국어 메뉴판을 갖췄다. 음식을 먹을 수 있는 테이블이 따로 있으며, 저녁 11시경이면 문을 닫는 노점이 많다.

2권 ⓘ **INFO** P.045 ◉ **MAP** P.028B
Ⓢ **구글 지도 GPS** 18.795866, 98.985810 ⓒ **찾아가기** 창프악 게이트 해자 바깥쪽 ⓐ **주소** 248/70 Manee Nopparat Road ⊖ **전화** 없음 ⏱ **시간** 17:00~24:00 ⊖ **휴무** 연중무휴

SPOT 2

구시가 인근 인기 야시장 2

쁘라뚜 치앙마이 야시장
Chiang Mai Gate Night Food Market

치앙마이 게이트 근처에 자리한 대규모 시장인 딸랏 쁘라뚜 치앙마이 앞은 저녁이 되면 먹거리 야시장으로 변모한다. 시장 건물 앞에는 과일, 한치 구이, 꼬치구이, 로띠 등 간단한 먹거리가 많고, 해자와 인접한 곳에는 테이블을 놓고 볶음밥, 덮밥, 국수 등 본격적인 요리를 선보이는 곳이 많다.

2권 ⓘ INFO P.045 ⓜ **MAP** P.028J
ⓖ **구글 지도 GPS** 18.781376, 98.988544 ⓖ **찾아가기** 치앙마이 게이트 옆 ⓐ **주소** 87 Bumrung Buri Road ⊝ **전화** 없음 ⓛ **시간** 17:00~24:00 ⊝ **휴무** 연중무휴

SPOT 3

길거리 음식 총집합

나이트 바자
Night Bazaar

깔래 나이트 바자와 플런루디 나이트 바자에 먹거리가 가장 많다. 깔래 푸드 센터는 플런루디에 비해 저렴한 가격이 장점. 쏨땀, 싸떼, 볶음 요리, 국수 등 태국 요리가 많다. 플런루디는 비교적 최근에 생겨 시설이 깔끔하다. 태국 요리와 더불어 스테이크, 돈가스 등 외국 요리를 선보이는데 일부 요리는 레스토랑보다 비싸다.

깔래 나이트 바자 2권 ⓘ INFO P.081 ⓜ **MAP** P.076C
ⓖ **구글 지도 GPS** 18.785251, 99.000819 ⓖ **찾아가기** 나이트 바자 지역 창클란 로드 ⓐ **주소** 89/2 Changklan Road ⊝ **전화** 없음 ⓛ **시간** 12:00~24:00 ⊝ **휴무** 연중무휴

플런루디 나이트 바자 2권 ⓘ INFO P.081 ⓜ **MAP** P.076C
ⓖ **구글 지도 GPS** 18.786724, 99.000616 ⓖ **찾아가기** 깔래 나이트 바자 대각선 맞은편 ⓐ **주소** 283-4 Changklan Road ⊝ **전화** 052-001-575 ⓛ **시간** 월~토요일 18:00~24:00 ⊝ **휴무** 일요일 ⓗ **홈페이지** www.facebook.com/ploenrudeenightmarket

SPOT 4

치앙마이의 주말을 책임지는 노점 시장

우왈라이 & 선데이 워킹 스트리트
Wua Lai & Sunday Walking Street

우왈라이 워킹 스트리트는 토요 시장, 선데이 워킹 스트리트
는 일요 시장이다. 시장이 열리는 주말이면 수공예품, 의류, 기
념품 노점과 더불어 각종 먹거리 노점이 들어선다. 대표적인
태국 먹거리 노점을 비롯해 교자, 스시 등 외국인 여행자들의
입맛에 맞춘 먹거리가 많은 게 특징이다.

우왈라이 워킹 스트리트 2권 ⓘ **INFO** P.049 ⓜ **MAP** P.028J
ⓖ **구글 지도 GPS** 18.780903, 98.987779 ⓒ **찾아가기** 치앙마이 게
이트 해자 바깥쪽의 우왈라이 로드 ⓐ **주소** Wua Lai Road ⊝ **전화**
없음 ⓛ **시간** 토요일 17:00~22:30 ⊝ **휴무** 일~금요일

선데이 워킹 스트리트 2권 ⓘ **INFO** P.048 ⓜ **MAP** P.028F
ⓖ **구글 지도 GPS** 18.788015, 98.990458 ⓒ **찾아가기** 타패 게이트
부터 왓 프라싱까지 랏차담넌 로드를 기준으로 거리 곳곳 ⓐ **주소**
Rachadamnoen Road ⊝ **전화** 없음 ⓛ **시간** 일요일 16:00~24:00
⊝ **휴무** 월~토요일

SPOT 5

님만해민에 열리는 작은 야시장

씽크 파크 나이트 마켓
Think Park Night Market

수·목·금요일 저녁 님만해민 씽크 파크 앞에서 열리는 야시
장이다. 먹거리를 비롯해 의류, 액세서리, 잡화 노점이 작은 규
모로 들어선다. 노점에서 산 먹거리는 한쪽에 마련된 테이블
에서 먹을 수 있다. 멀리서 일부러 찾아갈 필요는 없고, 님만해
민에서 저녁을 보낼 예정이라면 들러볼 만하다.

ⓖ **구글 지도 GPS** 18.801245, 98.967609 ⓒ **찾아가기** 님만해민 씽
크 파크 앞 ⓐ **주소** 165 Huaykaew Road ⊝ **전화** 086-923-9500 ⓛ
시간 수~금요일 16:00~22:00 ⊝ **휴무** 토~화요일 ⓗ **홈페이지** www.
facebook.com/NightmarketThinkpark

SPOT 6

작지만 알찬 야시장

깟쑤언깨우 야시장
Night Market Kad Suan Kaew

깟쑤언깨우 백화점 앞에서 목·금·토요일 저녁에 열리는 야시장. 꼬치구이, 싸이우어, 튀김, 롤, 쏨땀 등 야시장 대표 메뉴를 비롯해 카놈브앙, 끌루어이삥, 과일 등의 디저트를 알차게 선보인다. 작은 규모이며 여행자보다는 현지인이 즐겨 찾는다.

2권 ⓘ INFO P.065 ⊙ MAP P.055H·L
ⓖ 구글 지도 GPS 18.796741, 98.976076 ⓖ 찾아가기 구시가와 남만해민 사이 훼이깨우 로드의 깟쑤언깨우 백화점 앞 ⓐ 주소 12 Huaykaew Road ⊖ 전화 없음 ⓣ 시간 목~토요일 16:00~22:00 ⊖ 휴무 일~수요일

SPOT 7

입이 떡 벌어지는 대규모 푸드 코트

더 치앙마이 콤플렉스
The Chiangmai Complex

치앙마이 대학교 정문 근처에 자리한 대규모 야시장. 옷, 액세서리, 잡화 매장과 대규모 푸드 코트, 음식점이 있다. 여행자들이 주목해야 할 곳은 어마어마한 규모의 푸드 코트. 국수, 볶음밥, 덮밥, 스테이크, 일식 등 다양한 메뉴를 취급한다. 치앙마이 대학교 정문 바로 앞의 깟나머 시장에도 저렴한 노점과 음식점이 꽤 있다.

2권 ⓘ INFO P.105 ⊙ MAP P.101H
ⓖ 구글 지도 GPS 18.807877, 98.956236 ⓖ 찾아가기 치앙마이 대학교 정문 오른쪽 ⓐ 주소 100/20 Huaykaew Road ⊖ 전화 없음 ⓣ 시간 12:00~23:00 ⊖ 휴무 연중무휴 ⓗ 홈페이지 www.facebook.com/thechiangmaicomplex

THEME 17
세계 요리

맛있는
세계 요리를
한자리에서!

관광 도시 치앙마이에서 전 세계 요리를 맛보는 것은 어렵지 않다. 햄버거와 피자를 파는
가게는 널렸고, 한국은 물론 일본, 인도, 멕시코 등 웬만한 나라의 요리는 다 있다. 그중에서도
여행자와 현지인에게 맛집으로 소문난 레스토랑을 찾아 떠나보자!

한국 KOREA

신당동 라볶이 79B

비빔밥 115B

베트남 VIETNAM

냄느엉 Nam Nueng
스몰 140B, 라지 220B

태국인을 사로잡은 한국의 맛

케이팝 떡볶이

K-Pop Tteokbokki

아이러니한 말이지만 한국 음식을 제대로 하는 한식당이다. 한국인 주인이 주방을 지키며 한국 고유의 맛을 그대로 살려 태국인의 입맛을 사로잡았다. 신당동 떡볶이 외에 김밥, 비빔밥, 자장동 등 부가적인 메뉴도 맛있어, 식사 시간에는 줄을 서서 기다리기 일쑤다. TV를 여러 대 설치해 케이팝 음악 방송을 보여준다.

2권 ⓘ INFO P.105 ◎ MAP P.101H
ⓖ **구글 지도 GPS** 18.808637, 98.955975 ◎ **찾아가기** 치앙마이 대학교 정문 오른쪽에 자리한 더 치앙마이 콤플렉스 내. 입구에서 90m 직진, 왼쪽 ⓐ **주소** 99/58 Moo 1, The Chiangmai Complex, Huay Kaew Road ☎ **전화** 084-046-8389 ⓢ **시간** 11:00~21:30 ⓗ **휴무** 연중무휴 ⓟ **가격** 신당동 떡볶이 2인분 269B · 3인분 335B, 신당동 라볶이 79B, 김밥 105B, 비빔밥 115B ⓦ **홈페이지** www.facebook. com/Mr.wonKpoptteokbokkichiangmai

---

한 쌈으로 떠나는 베트남

위티 냄느엉

VT Namnueng วีทีแหนมเนือง

냄느엉, 짜조, 고이꾸온 등을 선보이는 베트남 요리 전문 레스토랑이다. 반드시 맛봐야 할 요리는 냄느엉. 돼지고기를 갈아 불에 구운 냄느엉에 허브, 고추, 마늘 등을 첨가해 라이스 페이퍼에 싸 먹는다. 물에 담그지 않아도 부드러운 라이스페이퍼에 냄느엉과 허브를 곁들이면 베트남에 온 것 같은 기분이 든다. 1~2층에 좌석이 있으며, 2층에만 에어컨이 나온다.

2권 ⓘ INFO P.082 ◎ MAP P.076D
ⓖ **구글 지도 GPS** 18.785520, 99.005156 ◎ **찾아가기** 리버사이드 지역. 싸판렉 다리 건너 좌회전해 삥강을 따라 170m 이동, 오른쪽 ⓐ **주소** 49/9 Chiang Mai-Lam Phun Road ☎ **전화** 053-266-111, 087-433-7111 ⓢ **시간** 08:30~21:30 ⓗ **휴무** 연중무휴 ⓟ **가격** 냄느엉(Nam Nueng) 스몰 140B, 라지 220B ⓦ **홈페이지** vietnamese-restaurant-3.business.site

THEME 17 세계 요리

미얀마 MYANMAR

3

새우 카레
Prawn Curry 60B

찻잎 샐러드
Tea Leaf Salad 30B

록킹 온 헤븐
Rocking on Heaven 199B

미국 AMERICA

4

미얀마 전통 요리를 맛보자

3 넝 비
Nong Bee's Burmese Restaurant

태국의 이싼과 북부 요리는 미얀마의 영향을 받았으나 정작 미얀마 요리 전문점을 찾기는 쉽지 않다. 넝 비는 그래서 더욱 반가운 곳이다. 추천 요리는 소고기, 닭고기, 새우를 넣은 카레. 한국이나 태국의 카레와는 다른 토마토소스 맛이다. 절인 찻잎, 견과류, 토마토, 양배추로 만드는 찻잎 샐러드는 별미 중의 별미. 메뉴에 가격은 없으나 대체로 저렴하다.

2권 ⓘ INFO P.062 ⓜ MAP P.054J
ⓖ 구글 지도 GPS 18.796683, 98.965933 ⓣ 찾아가기 님만해민 로드 쏘이 8 입구 ⓐ 주소 28 Nimmanahaeminda Road ☎ 전화 064-142-4632, 053-220-848 ⓒ 시간 10:00~21:00 ⓗ 휴무 연중무휴 ⓟ 가격 새우 카레(Prawn Curry) 60B, 찻잎 샐러드(Tea Leaf Salad) 30B ⓦ 홈페이지 없음

맛있는 햄버거의 정석

4 록미 버거
Rock Me Burgers

록 기타리스트 출신인 주인이 미국 생활을 접고 치앙마이에 오픈한 가게. 햄버거는 홈메이드 패티와 번, 소스 등을 차곡 차곡 쌓아 나이프로 고정해 내놓는다. 패티는 미디엄, 웰던 등 원하는 굽기로 주문할 수 있다. 햄버거의 맛은 그야말로 정석. 사이드 메뉴인 감자 튀김과 양파 튀김도 바삭바삭하 다. 에어컨이 나오는 넓은 실내 좌석과 야외 좌석이 있으며, 배경음악으로 록이 나온다.

2권 ⓘ INFO P.045 ⓜ MAP P.029K
ⓖ 구글 지도 GPS 18.784928, 98.994446 ⓣ 찾아가기 구시가에서 나이트 바자로 가는 라이크러 로드. 타패 게이트에서 문므앙 로드로 우회전해 290m. 해자 건너 약 100m 직진, 왼쪽 ⓐ 주소 17-19 Loi Kroh Road ☎ 전화 053-271-777 ⓒ 시간 12:00~24:00 ⓗ 휴무 연 중무휴 ⓟ 가격 록킹 온 헤븐(Rocking on Heaven) 199B ⓦ 홈페이 지 www.facebook.com/Rockmeburger

이탈리아 ITALY

포레스트 피자 Forest Pizza
200B

베어풋 카프레제 샐러드
Barefoot Caprese Salad 80B

이탈리아 ITALY

미트 콤보 Meat Combo
279B~

갓 만든 파스타와 피자

5 베어풋 카페
Barefoot Cafe

친구 집에 초대받은 것 같은 소박한 느낌을 주는 작은 가게다. 주문 즉시 오픈 주방에서 면을 뽑고 도우를 만들어 스파게티와 피자 등의 요리를 선보인다. 몇 가지 샐러드와 디저트, 맥주와 음료도 있다. 원래 창푸악 펭귄 빌리지에서 영업하다가 2019년 나이트 바자 지역으로 이전했다.

2권 ⓘ INFO P.081 ⓜ MAP P.076C
ⓖ **구글 지도 GPS** 18.788039, 99.000884 ⓖ **찾아가기** 나이트 바자 지역. 구시가 타패 게이트에서 타패 로드를 따라 800m 직진, 왼쪽 작은 골목으로 진입 ⓐ **주소** 90 Thapae Road ⓣ **전화** 083-564-7107 ⓣ **시간** 목~월요일 12:00~15:00, 17:00~21:00 ⓗ **휴무** 화~수요일 ⓟ **가격** 피자(Pizza) 200B ⓗ **홈페이지** www.facebook.com/barefootcafechiangmai

---

고풍스러운 건물에서 즐기는 화덕 피자

6 스트리트 피자
Street Pizza & The Wine House

콜로니얼 스타일의 2층 건물에 자리한 피자 전문점. 거리를 조망하는 테라스 좌석과 에어컨이 나오지 않는 실내 좌석이 있다. 건물 마감이 고풍스러워 인력거, 와인 병과 같은 실내 장식과도 잘 어울린다. 피자는 주문 즉시 화덕에서 굽는다. 파스타와 샐러드, 각종 음료와 술도 판매한다.

2권 ⓘ INFO P.081 ⓜ MAP P.076C
ⓖ **구글 지도 GPS** 18.787908, 99.000853 ⓖ **찾아가기** 나이트 바자 지역. 구시가 타패 게이트에서 타패 로드를 따라 800m 직진, 오른쪽 ⓐ **주소** 7-15 Thapae Road ⓣ **전화** 085-073-5746 ⓣ **시간** 화~일요일 12:00~23:00 ⓗ **휴무** 월요일 ⓟ **가격** 피자(Pizza) 209B~ ⓗ **홈페이지** streetpizza.restaurantwebx.com

THEME 18
근교 레스토랑

치앙마이
근교 맛집 & 멋집

매림과 항동, 싼깜팽에 자리한 맛집과 멋집을 소개한다.
자체 발광하는 맛과 분위기를 지닌 곳이라 레스토랑을 목적지로 삼아도 손색없다.
주변 볼거리와 연계하면 더할 나위 없는 여정을 꾸릴 수 있다.

내 취향의 근교 레스토랑은 어디인가

SNS를 수놓을
예쁜 사진을
놓칠 수 없다!

뭐니 뭐니 해도
음식 맛이
제일 중요하다!

맛에 취하고 분위기에
취하고, 힐링의
시간이 필요하다!

매림 **디 아이언우드**(P.167)
항동 **촘 카페 & 레스토랑**(P.172)
싼깜팽 **미나 라이스 베이스드 퀴진**
(P.173)

매림 **마이흐언 60 도이창 매림**(P.168)
싼깜팽 **준준 숍 카페**(P.174)
싼깜팽 **쑤언 마나우 홈**(P.175)

매림 **반 쑤언 매림**(P.169)
항동 **카우마우 카우팡**(P.170)
항동 **로열 프로젝트 키친**(P.171)

디 아이언우드
The Ironwood

#인생 사진을 찍을 수 있는 카페

사진이 잘 나오는 인스타그램용 카페. 음식 맛은 보통이고 가격은 비싸지만 분위기가 좋다. 사진에 담으면 예쁜 꽃밥 카우크룩 까삐 덕마이는 향신료에 약한 사람들은 먹기 힘들다. 사진 찍는 것과 별개로 실내 테이블을 권한다. 모기와 벌레를 피하기에 좋다.

2권 ⓘ **INFO** P.131 ⓜ **MAP** P.125G
Ⓖ **구글 지도 GPS** 18.910836, 98.911376 ⓐ **찾아가기** 매림 방면 1096번 도로로 진입해 4.6km 지나 쿨다운 리조트 이정표가 나오면 좌회전해 약 700m ⓐ **주소** 592/2 Soi Nam Tok Mae Sa 8, Mae Raem, Mae Rim ⊖ **전화** 081-831-1000 ⓣ **시간** 09:00~18:00 ⊖ **휴무** 연중무휴 ⓢ **홈 페이지** www.facebook.com/theironwoodmaerim

---

MENU

카우크룩 까삐 덕마이
Shrimp Paste Fried Rice, served with Flower Salad 200B
밥을 까삐(새우젓)에 볶아 여러 사이드 재료를 얹어 먹는 요리. 사이드 재료로 꽃 덕마이, 샬롯, 고추, 건새우, 지단 등을 올린다.

싸파게띠 팟프릭행 햄
Spicy Spaghetti Ham 250B
태국 스타일로 맵게 요리한 스파게티. 햄 외에 쁠라믁(오징어), 꿍(새우), 시풋(해산물) 선택 가능. 일반적인 스파게티 맛을 원한다면 볼로네즈나 카르보나라로 주문하는 것이 좋다.

마이흐언 60 도이창 매림
Mai Huan 60 Doi Chaang Mae Rim

#문을 열면 펼쳐지는 별세계

왕복 4차선 큰길 옆에 숨은 보석처럼 자리했다. 전국의 도이창 커피 중 가장 분위기 좋은 곳이라고 감히 단언한다. 푸른 나무 아래 테이블에 자리를 잡으면 물아일체, 자연과 내가 하나 되는 기분이다. 아기자기한 실내 좌석도 좋다. 커피 이외 음료뿐만 아니라 음식과 디저트 메뉴도 다양하다. 개별 매장에서 북부 감성을 담은 제품도 판매한다.

2권 ⊕ INFO P.129 ⊙ MAP P.125D
⊙ 구글 지도 GPS 18.938671, 98.943112 ⊙ 찾아가기 매림 107번, 1096번 도로 갈림길 기준, 107번 도로를 따라 약 2km ⌂ 주소 204/1 Moo 6, Chotana Road, Rim Nuea, Mae Rim ⊖ 전화 053-297-858 ⊙ 시간 07:00~17:30 ⊖ 휴무 연중무휴 ⊗ 홈페이지 없음

MENU

카페라테
Caffe Latte 핫 60B
캐러멜로 라테 아트를 대신했다.
엄밀히 말해 캐러멜 라테라고 할
수 있는 메뉴.

아메리카노
Americano 핫 50B
도이창 지역에서 생산한 원두를 사용한다.
커피를 주문하면 차와 함께 작은 트레이에 올려 나온다.

반 쑤언 매림
Baan Suan Mae Rim บ้านสวนแม่ริม

#한국인 입맛에 딱!

뛰어난 요리 솜씨와 친절한 서비스, 쾌적한 시설을 자랑하는 레스토랑. 고급 레스토랑의 요소를 두루 갖췄는데 가격은 저렴하다. 연못 위에 수상가옥 형태로 지은 실외 좌석이 있고, 통유리 너머로 연못을 조망하는 실내 좌석은 에어컨이 나온다.

2권 ⓘ INFO P.130 **ⓜ MAP** P.125D

ⓖ 구글 지도 GPS 18.945069, 98.944269 **ⓒ 찾아가기** 매림 107번, 1096번 도로 갈림길 기준, 107번 도로를 따라 약 2.5km 직진 후 이정표를 따라 우회전 **ⓐ 주소** 261 San Pong, Mae Rim **ⓣ 전화** 053-297-421 **ⓒ 시간** 10:00~22:00 **ⓗ 휴무** 연중무휴 **ⓦ 홈페이지** baansuanmaerim.com

MENU

팟운쎈 카이켐
Stir Fried Cellophane Noodle with Salted Eggs and Savory Pork 90B

시그니처 메뉴. 당면 운쎈을 소금에 절인 달걀 카이켐, 양념 돼지고기, 채소를 넣고 볶았다. 한국의 잡채격으로 태국 요리 초보자도 무난히 즐길 수 있다.

깽쏨 차움촘카이꿍
Sweet and Sour Soup with Deep Fried Thai Acacia and Shrimp 100B

달걀전 차움과 새우를 넣은 깽쏨. 깽쏨은 맵고 신 국물 요리로 김치찌개 맛과 비슷하다.

쁠라믁 팟남프릭파오
Stir Fried Squid with Chili Paste 130B

태국식 고추장인 남프릭파오를 넣어 볶은 오징어 요리. 오징어 볶음과 비슷한 맛이다.

항동
HANG DONG

카우마우 카우팡
Khaomao-Khaofang ข้าวเม่า-ข้าวฟ่าง

#맛과 분위기 모두 매력적인 초대형 레스토랑

숲속에 자리한 초대형 태국 요리 레스토랑이다. 신선한 재료를 사용해 감동적인 맛을 선사한다. 작은 시냇물과 폭포가 흐르고, 호수가 있는 열대우림의 정글 분위기도 좋다. 메뉴가 매우 광범위하지만 사진을 곁들인 메뉴판이 있어 도움이 된다.

2권 ⓘ INFO P.118 ⊚ MAP P.110F
ⓖ 구글 지도 GPS 18.730123, 98.943676 ⓐ 찾아가기 치앙마이 시내에서 108번 또는 121번 도로 이용. 랏차프르룩 로드 남쪽 ⓐ 주소 81 Moo 7, Ratchaphruek Road, Nong Kwai, Hang Dong ⊝ 전화 053-838-444 ① 시간 11:00~15:00, 17:00~21:30 ⊝ 휴무 연중무휴 ⊚ 홈페이지 www.khaomaokhaofang.com

MENU

팟쿠어바이이라 무
Spicy Stir Fried Cumin Leaves with Pork 160B
바이이라 허브 잎과 돼지고기에 매운 양념과 고추를 넣어 볶은 요리. 태국식 매운맛의 진수를 보여 준다.

어둡 픈므앙
Tomato Pork & Green Chilli Dips with Vegetables 170B
북부 대표 메뉴인 남프릭엉, 남프릭눔, 싸이우어, 캡무, 각종 채소를 한 접시에 담은 요리. '어둡'은 '전채(오르되브르)', '픈므앙'은 '고유의'라는 뜻이다.

쁠라까퐁차 남쁠라남얌
Deep Fried Snapper with Spicy Mango Salad 350B
실패 확률 제로의 쁠라까퐁 생선 튀김. 망고와 채소 등을 섞은 남얌을 액젓 남쁠라에 섞어 곁들인다.

로열 프로젝트 키친
Royal Project Kitchen

#신선한 재료로 선보이는 건강 밥상

로열 파크 랏차프륵 내에 자리한 가든 레스토랑으로 공원 내 입구, 또는 따로 마련된 도로변 입구를 이용하면 된다. 자연과 조화를 이룬 캐주얼한 분위기로, 로열 프로젝트를 통해 생산한 신선한 재료로 건강한 밥상을 선보인다. 합리적인 가격은 덤이다.

2권 ⓘ INFO P.115 ⓜ MAP P.110B
ⓢ **구글 지도 GPS** 18.753486, 98.924759 ⓖ **찾아가기** 로열 파크 랏차프륵 내. 공원 정문 오른쪽 도로에 식당 개별 출입구가 있다. ⓐ **주소** Royal Park Rajapruek, Mae Hea, Mueang ⓣ **전화** 052-080-660 ⓣ **시간** 09:00~17:00 ⓣ **휴무** 연중무휴 ⓦ **홈페이지** www.royalparkrajapruek.org/restaurant

MENU

삑까이 마캄
Deep Fried Chicken Wing with Tamarind Sauce 95B
맛있을 수밖에 없는 닭날개, 삑까이 튀김. 타마린드 소스와 함께 나온다.

얌타와이
Royal Project Vegetable with Curry Salad 150B
신선한 채소와 카레 샐러드.

깽항레 로띠
Roti with Northern Style Pork Stew with Peanuts 150B
북부 요리를 대표하는 돼지고기 카레 깽항레와 로띠.

카이찌여우 무쌉
Thai Omelet with Pork 60B
다진 돼지고기 무쌉을 넣은 달걀 부침.

항동
HANG DONG

촘 카페 & 레스토랑
Chom Cafe & Restaurant 언니

#신비로운 분위기의 정원을 지닌 카페

카우마우 카우팡과 더불어 매히야·항동 지역에서 가장 추천하는 식당이다. 식사 시간에는 웨이팅이 필수인데 이를 감수하고 서라도 방문할 가치가 충분하다. 열대나무와 음지식물이 자라고 폭포와 개울이 흐르는 작은 정원이 정말 예쁘다. 안개가 낀 듯 물을 흩뿌려 신비로운 분위기가 감돌기도 한다.

2권 ⓘ INFO P.115 ⓜ MAP P.110B·F
ⓖ 구글 지도 GPS 18.748524, 98.945427　◉ 찾아가기 치앙마이 시내에서 108번 또는 121번 도로 이용 후 쏨폿 치앙마이 700삐 로드로 진입 ◉
주소 2/13 Moo 2, Somphot Chiang Mai 700 Pi Road, Mae Hea, Mueang　☎ 전화 065-438-8188　🕐 시간 11:00~22:00　⊖ 휴무 연중무휴
🖥 홈페이지 www.facebook.com/chomcafeandrestaurant

MENU

카페라테
Caffe Latte 75B
간단하게 커피 또는 음료만 즐겨도 좋다.
커피 맛도 좋다.

카우팟 남프릭만뿌
Fried Rice with Crab Meat and Shrimp
Paste Sauce 130B
게살을 듬뿍 넣은 볶음밥. 브라운 라이스를
사용해 건강한 맛이다.

싼커무양 쏫 촘
Chom Grill Pork Collar 150B
촘 스타일의 돼지 목살 구이. 허브, 채소를
듬뿍 곁들인다.

미나 라이스 베이스드 퀴진
Meena Rice Based Cuisine มีนา

#밥상에 스며든 자연의 색

예쁜 플레이팅과 건강한 밥상으로 인기 높은 레스토랑. 유기농 재료로 만든 소스를 요리에 사용한다. 밥은 5가지 색깔 중 원하는 종류와 가짓수를 고르면 된다. 천연 염색한 테이블보와 방석도 정갈하다. 쌀, 천연 염색 제품, 생활용품, 의류를 판매하는 매장 2곳을 함께 운영한다.

2권 ⓘ **INFO** P.143 ⓜ **MAP** P.138E
ⓖ **구글 지도 GPS** 18.784836, 99.045975 ⓒ **찾아가기** 1006번 도로변 반 셀라돈 치앙마이 건물 옆 골목으로 진입. 1km 정도 지나 이정표 보고 좌회전해 약 400m 이동, 왼쪽 ⓐ **주소** 13/5 Moo 2, San Klang, San Kamphaeng ⊖ **전화** 087-177-0523 ⓣ **시간** 목~화요일 10:00~17:00 ⊖ **휴무** 수요일 ⓗ **홈페이지** m.facebook.com/meena.rice_based

MENU

치앙다 팟카이꿍깨우
Stir Fried Gurmar Leaves with Eggs and Dried Shrimps 120B
북부에서 생산되는 채소인 치앙다에 달걀과 건새우를 넣어 볶은 요리. 쓸쓸한 맛이 나는 채소이지만 건강에는 아주 좋다고 한다.

카우하씨 끄라파오 무쌉
Stir Fried Basil Pork Mince with 5 Coloured Rice 119B (계란 추가 10B)
다진 돼지고기 바질 볶음에 오색 밥을 곁들인 한 접시 요리.

남 람야이 안찬 마나우
Butterfly Pea Herbal Drink 45B
안찬으로 색을 낸 음료. 열대 과일 용안을 넣었다. 예쁜 색처럼 맛도 좋다.

준준 숍 카페
Junjun Shop Cafe'

#아내가 만드는 컵케이크, 남편이 내리는 커피

컵케이크로 유명한 아기자기한 카페. 앙증맞은 크기의 컵케이크가 단돈 20B이다. 하루에 80개가량 만드는데 오전 중에 다 팔리는 때가 많다. 커피 맛도 평균 이상이다. 모자와 옷, 핸드메이드 잡화를 판매하는 빈티지 숍을 함께 운영한다.

2권 ⓘ INFO P.142 ⊙ MAP P.138E
⊙ 구글 지도 GPS 18.778561, 99.050873 ⊙ 찾아가기 1006번 도로변 ⊙ 주소 1 Soi 2, San Klang, San Kamphaeng ⊙ 전화 091-989-8417
ⓢ 시간 화~일요일 08:00~17:00 ⊝ 휴무 월요일 ⊙ 홈페이지 없음

컵케이크 20B
아내가 매일 만드는 컵케이크.
10여 종류를 선보인다.

아메리카노 핫 **40B**
Americano 핫 **40B**
남편이 내리는 커피. 적당한 맛과
저렴한 가격이 매력적이다.

카페라테 핫 **45B**
Caffe Latte 핫 **45B**
역시 저렴한 가격이지만 우유가 들어가는
카페라테는 5B 더 비싸다.

쑤언 마나우 홈
Suan Ma-Now Home สวนมะนาวโฮม

#쌘깜팽 골목에 숨은 보석

쌘깜팽 깊숙한 골목에 자리한 저렴하고 맛있는 레스토랑. 차량이 있다면 반드시 방문해 보자. 레스토랑에 정원과 논이 딸려 있어 분위기도 좋다. 논에는 대나무 다리를 설치해 짧은 산책을 즐길 수 있다. 저녁에는 라이브 공연이 펼쳐진다.

2권 ⓘ INFO P.143 ⓜ MAP P.138J

ⓖ **구글 지도 GPS** 18.745664, 99.111425 ⓞ **찾아가기** 땀본 쌘깜팽 사무소 인근. 마이이얌에서 1006번 도로로 2.2km 지나 우회전해 길 끝까지 가서 좌회전. 1006번 도로 입구에 태국어 입간판이 있다. ⓞ **주소** Santai 9 Moo 2(Soi Ruamphon 9), San Kamphaeng, San Kamphaeng
ⓞ **전화** 088-252-5259 ⓣ **시간** 10:30~23:00 ⓞ **휴무** 매월 20일 ⓞ **홈페이지** m.facebook.com/Lemongardenhome

MENU

깽항레
Northern Style Pork Curry 109B
북부 대표 카레. 밥에 비벼 먹으면 그만이다.

카우팟 꿍
Fried Rice with Shrimp 69B
고슬고슬 잘 볶은 새우볶음밥.

팟팍루엄
Stir-fried Mixed Vegetables 99B
웬만하면 다 맛있는 채소볶음.

SHOPPIN

G

182	**THEME 19** 시장
186	**THEME 20** 크래프트 숍
192	**THEME 21** 북부 특산품
196	**THEME 22** 쇼핑센터
200	**THEME 23** 슈퍼마켓

북부의 색을 파는 시장, 장인의 땀을 파는 특산품 매장, 지역 예술가의 감성을 파는 크래프트 숍이 있어 치앙마이의 쇼핑은 조금 특별하다.

북부 감성 가득!
치앙마이
쇼핑 아이템

태국의 다른 지역에서는 구매하기 힘들고 귀한 북부 감성의 쇼핑 아이템을 소개한다. 커피와 꿀, 차 등 실용적인 아이템부터 장식품까지 지갑을 열게 하는 아이템이 다양하다.

꿀
뛰어난 품질의 천연 꿀이 저렴하기까지 하다. 쓰임새가 많아 선물용으로도 좋다.

차
태국 북부 고산지대에서 재배한 차. 몬순티의 망고우롱차는 우롱차에서 망고 맛이 난다.

커피
한국에서는 좀처럼 보기 힘든 태국산 커피 원두.

법랑 제품
장식용으로도 좋은 예쁜 법랑 제품. 와로롯 시장, 요일 시장 등지에서 판매한다.

라탄 제품
가방, 신발 등 몸집 작은 제품들이
한국으로 들고 오기에 수월하다.

천연 염색 제품
지갑, 의류, 쿠션, 방석 등 일상에서 쓰기
좋은 천연 염색 제품이 다양하다.

지갑
스티치, 직조 등 다양한 방법으로
만든 핸드메이드 지갑.

야돔
천연 재료로 만든 오일로
각종 통증 완화에 효과적
이다. 벌레 물린 곳에 발
라도 좋다.

의류와 잡화
화려한 색감이 눈에 띄는 고산족 스타
일의 의류와 잡화. 태국의 다른 지역
에서는 보기 힘들다.

치앙마이 지역별 쇼핑 지수

구시가
★★★★★

시장 선데이 워킹 스트리트
시장 우왈라이 워킹 스트리트
크래프트 숍 반탁터
크래프트 숍 진저 숍
쇼핑센터 센트럴 플라자 치앙마이 공항

님만해민
★★★★★

시장 토요 모닝 마켓
크래프트 숍 펭권 코업
크래프트 숍 플레이웍스
쇼핑센터 마야 라이프스타일 쇼핑센터
쇼핑센터 원 님만
슈퍼마켓 림삥 슈퍼마켓
슈퍼마켓 톱스 마켓 깟쑤언깨우

나이트 바자·삥강
★★★★★

시장 와로롯 시장
시장 나이트 바자
시장 아누싼 시장
시장 러스틱 마켓
크래프트 숍 차차 슬로 페이스
크래프트 숍 유니크 스페이스
크래프트 숍 토분
크래프트 숍 우 카페
쇼핑센터 센트럴 페스티벌
슈퍼마켓 림삥 슈퍼마켓
슈퍼마켓 빅 씨 슈퍼마켓 판팁

쏘이 왓 우몽
★★★★

시장 반캉왓 모닝 마켓
크래프트 숍 반캉왓
크래프트 숍 코윈 말라이
특산품 로열 프로젝트 숍
특산품 애그리 CMU 숍

싼깜팽
★★★

특산품 치앙마이 OTOP 센터

부가세 환급 VAT Refund

출국일 공항 체크인 전에 체크 포인트를 방문하는 것을 반드시 기억하자.
부가세 환급 서류를 받아놓고도 체크 포인트에서 도장을 찍지 않아
환급받지 못하는 경우가 비일비재하다.

부가세 환급 받으려면 잊지 말자!

- ☑ 부가세 환급(VAT Refund) 해당 매장에서 쇼핑할 것.
- ☑ 한곳에서 하루 동안 최소 2000B 이상 구매해야 부가세 환급 가능.
- ☑ 해당 매장에서 노란색 환급 용지를 반드시 받을 것. 여권 필수 !
- ☑ 출국일 공항 체크인 전에 부가세 체크 포인트(VAT Refund Check Point)를 방문할 것.

사진으로 보는 부가세 환급 순서

1. 부가세 환급 가능 여부 확인하기
부가세 환급(VAT Refund) 해당 쇼핑센터인지 확인하자. 쇼핑센터 내에 있는 다른 매장과 합산되지 않을 수 있으므로 구매 전에 확인해야 한다.

2. 쇼핑 후 부가세 환급 서류 받기
쇼핑 당일 날짜에 2000B 이상 구매 시 부가세 환급이 가능하다. 쇼핑몰 부가세 환급 데스크에 가서 영수증과 여권을 보여주고 환급 서류를 받는다.

3. 환급 서류 보관하기
노란색 환급 서류를 잘 보관한다.

4. 공항에서 도장 받기
출국일 공항 체크인 전에 부가세 체크 포인트(VAT Refund Check Point)를 방문한다. 치앙마이 공항 출국장 맨 끝의 작은 사무실이다. 노란색 환급 서류와 여권을 보여주면 도장을 찍어준다. 대상 물품을 꼼꼼하게 확인하는 편이므로 반드시 짐을 부치기 전에 방문해야 한다.

5. 출국 체크인
이제 짐을 부쳐도 된다.

6. 환급금 받기
출국 심사 후 면세 구역 내에 있는 부가세 환급 창구(VAT Refund Office)를 방문하면 현장에서 현금으로 환급해 준다.

THEME 19
시장

치앙마이 쇼핑 핫스폿은
바로 여기!

치앙마이 최고의 쇼핑 스폿은 쇼핑센터도, 슈퍼마켓도 아니다.
다양한 아이템은 기본, 가격적인 매력까지 두루 갖춘 곳, 바로 시장이다.
여행자 맞춤이라고 해도 과언이 아닌, 지갑 대개방을 예고하는 치앙마이의 시장을 소개한다.

대형 요일 시장

조각 비누
꽃이 된 비누. 방향제로
사용해도 좋다.

시간이 맞는다면 토요일 우왈라이 워킹
스트리트와 일요일 선데이 워킹 스트리
트는 반드시 방문하자. 치앙마이를 대표
하는 볼거리이자 즐길 거리다. 중복되는
아이템이 많으므로 두 시장을 모두 찾을
필요는 없다.

쌀통
태국 전통 쌀통.
패턴과 색상이 화려해
장식품으로 그만이다.

☺ **장점:** 다양한 아이템, 편리한 접근성
등 장점이 너무 많다.

☹ **단점:** 사람이 많아도 너무 많다. 쇼핑
이 목적이라면 문을 여는 시간에 맞
춰 방문하길 권한다.

일요일 치앙마이 여행자들의 일요일 놀이터
선데이 워킹 스트리트
Sunday Walking Street

타패 게이트에서 이어지는 랏차담
넌 로드를 중심으로 일요일마다
열리는 시장이다. 워낙 많은 사람
들이 찾는 인기 시장이다 보니 점
점 영역이 확대돼 지금은 구시가 전체가 시장이 된 느낌이
다. 북부 감성의 수공예품, 의류, 기념품을 주로 판매하며, 먹
거리 노점도 다양하다.

2권 ⓘ **INFO** P.048 ⓜ **MAP** P.028F 🧭 **구글 지도 GPS** 18.788015, 98.990458 🚶 **찾아가기** 타패 게이트부터 왓 프라싱까지 이어진 랏차담넌
로드 곳곳 📍 **주소** Rachadamnoen Road ☎ **전화** 없음 🕐 **시간** 일요일 16:00~24:00 🗓 **휴무** 월~토요일 🏠 **홈페이지** 없음

버쌍 우산
치앙마이의 대표 수공예품
버쌍 우산. 버쌍까지 가지
않고도 살 수 있다.

천연 염색 테이블보
테이블보 외에도 의류 등의
천연 염색 제품이 다양하다.

코끼리 바지
왠지 사고 싶은 일등
아이템. 편하고 시원하다.

엘리펀트 퍼레이드
사회적 기업 '엘리펀트 퍼레이
드'에서 제작하는 코끼리 조형
물을 흉내 낸 모조품. 조잡하지
만 귀엽고, 저렴하다.

팔찌
10B이면 나도
패셔니스타.

그림
지역 예술가들의 작품.
유화, 수채화 등 다양하다.

토요일

토요일은 우왈라이 로드로!
우왈라이 워킹 스트리트
Wua Lai Walking Street

구시가 성벽 남쪽에 해당하는 치
앙마이 게이트 해자 바깥쪽의 우
왈라이 로드에서 토요일마다 열리
는 시장이다. 1km에 이르는 긴 도
로 양옆으로 수공예품, 의류, 기념품 노점과 먹거리 노점들
이 들어선다. 토요일 저녁에는 구시가가 한산할 정도로 많은
사람들이 찾는다.

2권 ⓘ **INFO** P.049 ◉ **MAP** P.028J ◉ **구글 지도 GPS** 18.780903, 98.987779 ◉ **찾아가기** 치앙마이 게이트 해자 건너 우왈라이 로드 ◉ **주소**
Wua Lai Road ⊖ **전화** 없음 ⏰ **시간** 토요일 17:00~22:30 ⊖ **휴무** 일~금요일 ◈ **홈페이지** 없음

의류
옷가게가 가장 많다. 면 티셔츠, 코끼리 바지, 냉장고 치마, 태국 전통 의상 등 종류가 다양하다.

주말에 시간이 없는 사람들에게 추천한다. 일부 핸드메이드 제품을 제외하고 주말 시장과 품목, 가격이 비슷하다. 주말 시장에 비해 가격 흥정이 쉬운 편이다.

☺ **장점:** 주말이 아니어도 오케이! 시간 여유가 없는 여행자에게 이보다 좋을 수 없다.

☹ **단점:** 대다수가 공장에서 찍어내는 제품이라 독특한 아이템을 찾기 힘들다.

북부 감성 잡화
고산족 디자인에서 영감을 받은 화려한 색감의 지갑, 가방, 머리끈 등.

깹무
와로롯 시장 한 구역 전체가 말린 과일, 견과류 코너다. 깨끗하게 포장해 판매하는 돼지 껍질 튀김 깹무는 간식용이나 선물용으로 좋다.

없는 게 없는 재래시장
와로롯 시장
Warorot Market

채소, 육류, 건어물, 꽃, 의류, 기념품, 간식거리 등 없는 게 없는 치앙마이 대표 재래시장이다. 비슷한 제품을 판매하는 상점들이 구획별로 모여 있다. 순수한 쇼핑이 목적이라면 낮에, 다양한 먹거리를 원한다면 저녁 시간에 방문하자. 저녁에는 시장 주변에 먹거리 노점들이 들어선다.

2권 ⓘ **INFO** P.087 ⓞ **MAP** P.076C
ⓖ **구글 지도 GPS** 18.790301, 99.000591
ⓖ **찾아가기** 위차야논 로드, 창머이 로드 주변으로 시장이 넓게 퍼져 있다. ⓐ **주소** 90 Wichayanon Roroot ⓣ **전화** 061-865-8958 ⓒ **시간** 05:00~23:00 ⓒ **휴무** 연중무휴 ⓗ **홈페이지** www.warorosmarket.com

매일 열리는 야시장
나이트 바자
Night Bazaar

창클란 로드를 사이에 두고 깔래 나이트 바자, 치앙마이 나이트 바자, 플런루디 나이트 바자가 자리했다. 특히 저녁 6시 이후에는 거리 곳곳에 노점이 빼곡하게 들어차면서 거대한 야시장을 형성한다. 나이트 바자는 낮에도 더러 영업하지만 대부분 저녁 시간이 돼야 문을 연다.

2권 ⓘ **INFO** P.086 ⓞ **MAP** P.076C
ⓖ **구글 지도 GPS** 18.785281, 99.000286
ⓖ **찾아가기** 창클란 로드 주변으로 여러 나이트 바자가 형성된다. ⓐ **주소** Changklan Road ⓣ **전화** 없음 ⓒ **시간** 약 18:00~24:00 ⓒ **휴무** 연중무휴 ⓗ **홈페이지** 없음

야시장 아이템이 가득
아누싼 시장
Anusarn Market

창클란 로드 끄트머리에 자리한 시장. '아누싼 시장'이라는 별도의 이름이 있는 나이트 바자라고 보면 된다. 저녁이 되면 의류, 액세서리, 수공예품, 기념품을 판매하는 가판대가 들어차 생기가 넘친다. 각종 레스토랑도 시장 내에 자리해 호객 행위를 활발하게 펼친다.

2권 ⓘ **INFO** P.086 ⓞ **MAP** P.076E
ⓖ **구글 지도 GPS** 18.782605, 99.000782
ⓖ **찾아가기** 나이트 바자 지역 창클란 로드 ⓐ **주소** Changklan Road ⓣ **전화** 053-818-340 ⓒ **시간** 11:30~24:00 ⓒ **휴무** 연중무휴 ⓗ **홈페이지** www.anusarnmarket.com

빵
토요 모닝 마켓의 인기 매장인 나나 정글의 빵. 인기 상품 크루아상은 13B~.

핸드메이드 잡화
판매자가 직접 만든 귀여운 잡화와 액세서리

주스
보는 재미까지 충족시키는 트위스터 주스. 자전거 페달을 열심히 밟으면 믹서가 돌아간다. 토요 모닝 마켓과 러스틱 마켓에 있다.

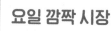

요일 깜짝 시장

특정 요일, 짧은 시간 동안만 문을 여는 시장. 핸드메이드 수공예품과 핸드메이드를 가장한 공장 제품, 먹거리가 주요 품목이다. 접근성, 규모, 가격대 등에서 호불호가 크게 갈리는 곳이니 본인의 취향을 잘 따져보고 찾는 것이 현명하다.

☺ **장점**: 소소하고 아기자기하다. 독특한 아이템을 찾는 쇼퍼에게는 취향 저격.

☹ **단점**: 시내에서 떨어져 있다. 구경 시간이 이동 시간보다 짧다는 사실을 자각하는 순간 허무한 마음이 들기도 한다.

나나 정글을 중심으로 펼쳐지는 작은 시장
토요 모닝 마켓
Saturday Morning Market

`토요일`

쑤텝 산 아래 숲속에서 토요일 아침마다 열리는 시장. 먹거리, 의류, 액세서리, 잡화를 판매하는 10여 개의 노점이 들어선다. 시내에서 거리가 좀 있는 편이라 구경하는 시간보다 이동 시간이 더 걸릴 수도 있다. 가장 유명한 가게는 나나 정글 베이커리. 시장 입구에서 번호표를 나눠 주며, 알파벳 순서가 되면 입장해 빵을 살 수 있다.

2권 ⓘ **INFO** P.072 ◉ **MAP** P.069A
ⓖ **구글 지도 GPS** 18.826678, 98.952706
◉ **찾아가기** 창푸악. 치앙마이 컨벤션 센터 인근 ⊜ **주소** Tambon Chang Phueak ⊝ **전화** 086-586-5405 ⊝ **시간** 토요일 06:00~11:00 ⊝ **휴무** 일~금요일 ⊝ **홈페이지** www.nana-bakery-chiang-mai.com

반캉왓도 보고, 모닝 마켓도 보고
반캉왓 모닝 마켓
Morning Market at Bann Kang Wat

`일요일`

먹거리, 의류, 액세서리, 잡화 등을 판매하는 몇 개 노점이 일요일 오전마다 반캉왓 단지 내에 들어선다. 지역 디자이너가 직접 만든 수공예품도 있고, 공장 제품도 있다. 10분이면 돌아볼 수 있는 작은 규모지만 어차피 반캉왓을 방문할 예정이라면 일요일을 공략하는 편이 낫다.

2권 ⓘ **INFO** P.096 ◉ **MAP** P.092E
ⓖ **구글 지도 GPS** 18.776190, 98.948369
◉ **찾아가기** 치앙마이 대학교 후문 인근. 일명 쏘이 왓 우몽에 위치 ⊜ **주소** 123/1 Moo 5, Baan Ram Poeng Road, Suthep ⊝ **전화** 098-427-0666 ⊝ **시간** 일요일 08:00~13:00 ⊝ **휴무** 월~토요일 ⊝ **홈페이지** www.facebook.com/marketbannkangwat

요일 깜짝 시장의 신흥 강자
러스틱 마켓
Rustic Market

`일요일`

찡짜이 마켓(JJ 마켓)에서 일요일 오전마다 열리는 시장이다. 의류, 액세서리, 잡화 등 취급 품목은 비슷하지만 다른 깜짝 요일 시장에 비해 노점 수가 많은 편이다. 노점 중에서는 핸드 드립 커피를 파는 추짜이 커피가 인기다. 한쪽에서 열리는 파머스 마켓에서는 신선한 농산물을 판매한다.

2권 ⓘ **INFO** P.089 ◉ **MAP** P.088A
ⓖ **구글 지도 GPS** 18.806279, 98.996131
◉ **찾아가기** 찡짜이 마켓. 구시가 타패 게이트에서 2.5km, 남만해민 마야에서 3.5km, 나이트 바자 지역에서 3km 거리 ⊜ **주소** 45 Atsadathon Road ⊝ **전화** 053-231-520 ⊝ **시간** 일요일 07:00~13:00 ⊝ **휴무** 월~토요일 ⊝ **홈페이지** www.facebook.com/jjmarketchiangmai

'치앙마이 감성' 크래프트 숍 BEST

치앙마이에는 '치앙마이 감성'이 있다. 예술적이고 개성이 넘치며 포근하기까지 한 복잡 미묘한 이 감성은, 여러 수식어 또는 한 단어로도 설명하기 힘들기에 그냥 '치앙마이 감성'이다. 치앙마이 감성은 제품에도 녹아 있는데, 예술적인 감각에 정성을 쏟아 희소성도 높다. 치앙마이 감성을 파는 가게들을 '크래프트 숍'이라는 이름으로 모았다. 치앙마이 시내에서 멀거나 사기 망설여질 정도로 가격대가 높은 곳은 제외했다.

—1—

쏘이 왓 우몽의 핵심 즐길 거리

반캉왓

Baan Kang Wat บ้านข้างวัด

잡화 숍, 카페, 아트 스튜디오 공동체. 13개의 반목조 주택 단지에 빈티지 디자인 소품 숍 이너프 포 라이프(Enough for Life), DIY 채색 공작소 15.28 스튜디오(15.28 Studio) 등이 입점해 쇼핑과 미식, 체험을 원스톱으로 즐길 수 있다. 아트 스튜디오의 체험 워크숍 일정은 홈페이지를 참고하자.

2권 ⓘ INFO P.096 ◉ MAP P.092E
ⓢ 구글 지도 GPS 18.776190, 98.948369 ◉ 찾아가기 치앙마이 대학교 후문에서 쏘이 왓 우몽으로 진입. 왓 람뼁과 가까운 반람뼁 로드 ◉ 주소 123/1 Moo 5, Baan Ram Poeng Road, Suthep ◉ 전화 가게마다 다름 ⓛ 시간 화~일요일 10:00~18:00 ◉ 휴무 월요일
◉ 홈페이지 www.facebook.com/Baankangwat

쇼핑과 미식, 체험이 모두 가능한 반캉왓. 꼼꼼히 둘러봐야 진가를 알 수 있다.

SELECT

— 2 —

한땀 한땀 천천히

차차 슬로 페이스
Cha Chaa Slow Pace

태국어로 '차차'는 '천천히', 즉 '슬로 페이스'라는 뜻이다. 고산족 여인들이 한땀 한땀 바느질하고 천연염색한 의류와 잡화를 주로 판매한다. 그 밖에 핸드메이드 도자기 잔 등 구매 욕구를 불러일으키는 아이템이 다양하다. 합리적인 가격과 친절함까지 두루 갖춘 추천 숍이다.

2권 ⓘ **INFO** P.086 ⓜ **MAP** P.076E
Ⓖ **구글 지도 GPS** 18.783994, 99.001978 ⓒ **찾아가기** 나이트 바자 지역 버거킹 사거리에서 하드록 카페 방면으로 180m 이동, 왼쪽 Ⓐ **주소** 119 Loi Kroh Road ☎ **전화** 052-004-448 Ⓛ **시간** 월~토요일 11:00~19:00 ⊖ **휴무** 일요일 Ⓗ **홈페이지** www.facebook.com/chachaaslowpace

태국 고산족 중 패셔니스타로 꿈을 만한 야오 부족의 의상.

SELECT

3

세상에 단 하나뿐인 소장품

유니크 스페이스
Unique Space

천연 염색한 천과 실로 의류와 소품을 직접 만드는 곳이다. 물레를 돌려 실을 잣고 베틀에 실을 걸어 천을 만든다. 이렇게 만든 의류는 당연히 품질이 좋다. 수백 수천 번의 손이 갔을 터인데 가격은 합리적이다. 손뜨개질한 모자, 지갑 등도 있다.

2권 ⓘ **INFO** P.087 ⓜ **MAP** P.076A
Ⓖ **구글 지도 GPS** 18.792765, 99.001921 ⓒ **찾아가기** 리버사이드. 와로롯 시장 육교와 연결된 삥강 보행자 전용 다리 건너 좌회전, 왼쪽 Ⓐ **주소** 145 Charoen Rajd Road ☎ **전화** 093-137-5980 Ⓛ **시간** 10:00~20:00 ⊖ **휴무** 연중무휴 Ⓗ **홈페이지** www.facebook.com/uniquespacechiangmal

100% 코튼으로 제작한 원피스. 가격도 합리적이다.

SELECT
—4—

볼수록 탐나는 뜨개질 제품

반탁터

Bantaktor บ้านถักทอ

'반탁터'는 태국어로 '뜨개질집'이라는 뜻. 가방, 액세서리 등 핸드메이드 뜨개질 제품을 판매한다. 제품 중에는 파야오 지방 여인들이 만든 인형 작품이 대부분을 차지한다. 추수가 끝난 계절에 마을 여인들이 뜨개질로 만든 작품들이다. 인형 옷, 모자, 신발, 가방 등은 마음에 드는 색상과 디자인으로 선택하면 된다.

2권 ⓘ **INFO** P.049 ⓜ **MAP** P.028F
ⓖ **구글 지도 GPS** 18.788932, 98.987904 ⓐ **찾아가기** 구시가 랏차담넌 로드에서 프라뻭끌라우 로드 북쪽으로 80m 이동, 오른쪽 ⓐ **주소** 208 Prapokklao Road ⓣ **전화** 099-623-2899 ⓢ **시간** 10:00~18:00 ⓒ **휴무** 연중무휴 ⓗ **홈페이지** 없음

볼수록 예쁜 뜨개질 인형.
옷과 모자, 신발, 가방을
내 마음대로 입힐 수 있다.

매장은 좁아도 아기자기한 소품이
가득하다.

SELECT
—5—

살 거리 많은 작은 가게

펭귄 코업

Penguin co-op

펭귄 빌리지 내에서 디자인 제품을 판매하는 의류, 잡화 편집 숍이다. 천연 염색 의류 린닐(Linnil), 핸드메이드 세라믹 잡화점 3.2.6 스튜디오(3.2.6 Studio)의 창의적인 제품을 한곳에서 쇼핑할 수 있다. 합리적인 가격은 덤. 신용카드는 사용할 수 없다.

2권 ⓘ **INFO** P.071 ⓜ **MAP** P.069A
ⓖ **구글 지도 GPS** 18.809597, 98.962691 ⓐ **찾아가기** 창프악. 펭귄 빌리지 내 ⓐ **주소** 44/1 Moo 1, Kankhlong Chonprathan Road ⓣ **전화** 088-459-9155 ⓢ **시간** 12:00~18:00 ⓒ **휴무** 연중무휴 ⓗ **홈페이지** www.facebook.com/penguincoop

SELECT
—6—

비비드한 컬러, 유니크한 디자인

진저 숍
Ginger Shop

진저 디자인팀이 직접 제작한 독특하고 화려한 색감의 쿠션, 컵, 그릇, 앞치마, 의류, 가방, 액세서리를 판매한다. 비비드한 컬러와 톡톡 튀는 디자인의 멜라민 컵과 그릇은 추천 상품. 북부 감성의 쿠션, 수를 놓은 옷도 매우 독특하다.

2권 ⓘ INFO P.050 ⓜ MAP P.028F
Ⓖ 구글 지도 GPS 18.792674, 98.993328 ⓢ 찾아가기 타패 게이트 해자 안쪽 길인 문므앙 로드를 따라 550m 이동, 왼쪽 ⓐ 주소 199 Mun Mueang Road ☎ 전화 053-287-681 ⏱ 시간 10:30~22:30 ⊖ 휴무 연중무휴 ⓦ 홈페이지 www.thehousebygingercm.com/shop

SELECT
—7—

패브릭과 가죽으로 빚어낸 럭셔리 북부 감성

토분
Torboon

핸드메이드 패브릭과 소가죽으로 만든 지갑, 핸드백, 모자, 의류, 구두 등을 선보이는 치앙마이 브랜드. '토(터)'는 태국어로 '직조하다', '짜다'는 뜻이고, '분'은 디자이너의 이름이다. 리버사이드 왓 껫까람 인근에 플래그십 스토어가 자리하며, 구시가 랏차담넌 로드와 님만해민 원 님만에도 매장이 있다.

2권 ⓘ INFO P.049 ⓜ MAP P.028F
Ⓖ 구글 지도 GPS 18.793228, 99.001709 ⓢ 찾아가기 리버사이드. 와로롯 시장 육교와 연결된 삥강 보행자 전용 다리 건너 좌회전 후 160m 이동, 오른쪽 ⓐ 주소 Wat Ket, Charoenrajd Road ☎ 전화 094-630-5888 ⏱ 시간 10:00~19:00 ⊖ 휴무 연중무휴 ⓦ 홈페이지 torboonchiangmai.com

꼼꼼한 마감으로 품질을 높인 토분의 제품들.

창의적 디자인의 에코백
플레이웍스
Playworks

님만해민의 씽크 파크(Think Park)에서 가장 인기 있는 가게. 독특한 디자인의 패브릭 에코백, 가죽 에코백, 장바구니, 스카프, 파우치, 엽서, 열쇠고리 등을 판다. 판매 제품의 70%는 핸드메이드. 패브릭 에코백의 종류가 가장 많으며, 가격 또한 저렴하다. 원 님만 2층에도 매장이 있다.

2권 ⓘ **INFO** P.067 ◉ **MAP** P.054B
⑤ **구글 지도 GPS** 18.801189, 98.967316 ⓖ **찾아가기** 님만해민 씽크 파크 내 ⊜ **주소** Think Park, 165 Huaykaew Road ⊝ **전화** 084-614-7226 ⊕ **시간** 월~토요일 11:00~22:00, 일요일 13:00~22:00 ⊝ **휴무** 연중무휴 ⊝ **홈페이지** playworks.page365.net

가게마다 콘셉트가 달라 구경하는 재미가 쏠쏠하다.

PAPER SPOON

개성 넘치는 작은 가게 공동체
코뮌 말라이
Commune Malai

빈티지 숍 페이퍼 스푼(Paper Spoon), 카페 레이지 데이지(Lazy Daisy), 에스닉 숍 코뮤니스타(Communista), 아동용품 숍 핸드룸(Hand Room), 아트 숍 찌뜨라꼰파닛(Jitrakornpanich)으로 구성된 공동체. 흔히 페이퍼 스푼이라 불린다.

2권 ⓘ **INFO** P.095 ◉ **MAP** P.092C
⑤ **구글 지도 GPS** 18.780842, 98.952999 ⓖ **찾아가기** 왓 우몽 인근. 왓 우몽 입구에서 우회전해 280m, 세븐일레븐 지나 우회전해 350m 이동, 오른쪽 ⊜ **주소** 36/14 Moo 10, Suthep ⊝ **전화** 085-041-6844 ⊕ **시간** 목~월요일 10:30~16:30 ⊝ **휴무** 화~수요일 ⊛ **홈페이지** 없음

192

THEME 21 | 북부 특산품

THEME 21
북부 특산품

치앙마이
대표 수공예품

태국 북부에서 생산, 판매되는 아이템에 주목하자. 쇼핑센터와 슈퍼마켓의 특산품 코너를 이용해도 좋지만 조금 더 특화된 숍들도 있다.

우알라이 은 세공품
우알라이는 예로부터 은 세공으로 유명한 지역이다. 은을 원하는 모양으로 망치질한 다음 양각해 작품을 완성한다.

버쌍 우산
대나무 대, 라텍스 손잡이, 멀베리 나무 껍질에서 얻은 싸 페이퍼에 그림을 그려 완성하는 우산

칸똑
대나무를 여러 번 감아 옻칠해 만든 그릇. 색을 입히기도 한다. 꽃, 향, 초 등을 담아 공양할 때 쓴다.

대나무·라탄 제품
얇게 벗긴 대나무 껍질과 라탄을 엮어 만든 생활용품. 가방, 전등갓, 티슈케이스 등은 여행자들이 사기에 좋다.

청자 도자기
흑토를 사용해 도자기를 빚어 고온의 가마에 굽는 등 여러 과정을 거치면 반짝이는 청자 도자기가 탄생한다.

반타와이 나무 제품
나무를 조각해 가구, 생활용품, 장식품 등을 만드는 OTOP 마을 반타와이의 제품. 부피가 크고 무거운 제품이 대다수다.

반깡락 코끼리 조각
'펫위리야' 장인의 코끼리 작품. 싼깜팽에 박물관이 있고, 구시가에도 매장이 있다.

가성비 좋은 소소한 아이템이 가득

☙ 로열 프로젝트 숍 ❧
Royal Project Shop

치앙마이 시내에서 가장 접근성
이 좋은 로열 프로젝트 숍이다. 로
열 프로젝트 사업을 통해 생산된
다양한 농산물과 가공품, 생활용
품 등을 판매한다. 비누, 샴푸, 치약, 꿀, 커피 원두, 야돔(허
브 오일), 룸 스프레이 등은 여행자들에게 적합한 쇼핑 아이
템. 커피숍도 함께 운영한다. 치앙마이 시내에도 몇 개의 숍
이 있으며, 항동, 매깜뺑 등에도 매장이 있으니 동선에 맞춰
들러보자.

2권 ⊙ INFO P.097 ⊙ **MAP** P.092B
⊙ **구글 지도 GPS** 18.791703, 98.960448 ⊙ **찾아가기** 치앙마
이 대학교 내 농학부(Faculty of Agriculture) 입구. 후문 기준 좌회
전해 700m 이동, 왼쪽 ⊙ **주소** Suthep Road ⊙ **전화** 053-211-
613 ⊙ **시간** 08:00~18:00 ⊙ **휴무** 연중무휴 ⊙ **홈페이지** www.
royalprojectthailand.com

TIP 로열 프로젝트란?

1950년대부터 태국 왕실이 주도하고 있는 프로젝트. 태국 산간 오지 거
주민들의 빈곤 퇴치와 건강 증진, 소득 증대, 교육 등 삶의 질을 향상하
기 위해 왕실이 자금을 투자해 진행하는 사업이다. 사업을 통해 생산된
농산물과 가공품, 생활용품 등은 로열 프로젝트 숍에서 판매한다.

iTEM
주목할 만한 아이템

로열 프로젝트 커피
Royal Project Coffee
500g 300B, 200g 200B
로열 프로젝트를 통해 생산된
태국산 원두.

로열 밤 오일
Royal Balm Oil **60B**
로열 프로젝트 야돔.
드러그 스토어 제품보다
품질이 우수하다.

서레너티 룸 스프레이
Serenity Room Spray
100B
고산지대에서 생산된
허브로 만들었다.

허브 치약
Herbal Toothpaste **80B**
허브를 넣어 개운한 치약.

100% 꿀
Honey **195B**
로열 프로젝트 숍의
인기 메뉴. 용량과
가격대가 다양하다.

먹거리 위주의 특산품 구매에 제격

애그리 CMU 숍

Agri CMU Shop

치앙마이 대학교 농학부에서 생산한 제품과 OTOP 제품을 판매하는 매장이다. 로열 프로젝트 숍과 붙어 있어 더불어 쇼핑하기에 좋다. 꿀, 견과류, 비누 등 선물로 좋은 아이템은 물론 장기 거주자들에게 유용한 농산물이 다양하다.

2권 ⊙ INFO P.097 ⊙ MAP P.092B
⊙ 구글 지도 GPS 18.791432, 98.960381 ⊙ 찾아가기 치앙마이 대학교 후문을 나와 좌회전해 700m 이동, 왼쪽. 학교 안으로 진입 ⊙
주소 9/2 Suthep Road ⊙ 전화 053-944-088 ⊙ 시간 08:00~18:00
⊙ 휴무 연중무휴 ⊙ 홈페이지 www.facebook.com/ATSCCMU

품질 좋고 저렴한 견과류,
농산물이 다양하다.

iTEM
주목할 만한 아이템

꿀
Honey 120B
리치, 용안 등 한국에서 보기 힘든 열대 과일 꿀은 선물용으로도 그만이다.

카우땐
ข้าวแตน 35~40B
찹쌀로 만든 과자. 깨, 땅콩 등 견과류를 섞은 것도 있다.

프릭깽 므앙느아
พริกแกง เมืองเหนือ 48B
깽항레를 만들 수 있는 북부 카레 페이스트. 카우쏘이 등 기타 북부 요리 키트도 있다.

없는 게 없는 대규모 OTOP 숍
치앙마이 OTOP 센터
Chiangmai OTOP Center

싼깜팽에 위치한 대규모 OTOP 센터. 상품이 다양해 일부러 방문해 볼 만하다. 커피 원두와 차, 꿀은 선물로도 좋은 추천 아이템. 가격도 매우 저렴하다. 각종 통증과 벌레 물린 데 효과가 좋은 야돔(허브 오일)과 의류도 추천한다.

2권 ⓘ **INFO** P.144 ⓜ **MAP** P.138F·J
ⓖ **구글 지도 GPS** 18.745215, 99.119565 ⓒ **찾아가기** 싼깜팽. 와로롯 시장에서 흰색 썽태우 탑승. 마이이얌에서 약 3km 지나 OTOP 센터 하차 ⓐ **주소** 25 Moo 6, San Kamphaeng, San Kamphaeng ⓣ **전화** 053-330-100 ⓛ **시간** 10:00~18:00 ⓗ **휴무** 연중무휴 ⓦ **홈페이지** www.chiangmai-otopcenter.com

> **TIP** OTOP란?
> '하나의 땀본에 하나의 상품(One Tambon, One Product)'이라는 뜻이다. 태국 각지의 특산물을 선정해, 전통 수공예 기술을 보존하고 그 지역의 자생적인 경제활동 기반을 마련하기 위해 2001년부터 정부 주도로 시행 중이다. 땀본은 짱왓과 암퍼에 이은 세 번째 행정구역 단위다. 예를 들어 짱왓 치앙마이에는 므앙 치앙마이, 매림, 항동, 싼깜팽 등 25개의 암퍼가 있고, 암퍼 므앙 치앙마이에는 창프악, 쑤텝, 매히야, 넝허이 등 16개의 땀본이 있다. 짱왓 치앙마이의 땀본은 204개다.

태국 내 OTOP 숍 중에서 가장 큰 규모를 자랑한다.

iTEM
주목할 만한 아이템

커피
Coffee 500g 250B
여러 지역에서 생산되는 OTOP 커피 원두. 품질 좋고, 저렴하다.

꿀
Wild Flower Honey 130B
선물용으로도 좋은 꿀. 종류가 다양하다.

쳉쳉유
淸淸油 50B
각종 통증, 어지럼증, 벌레 물린 데 좋은 만병통치 야돔. 피부에 바르면 국소 마취가 되는 강력한 효과를 자랑한다.

파우치
100B
모양도 예쁘고 수납 공간도 넉넉한 파우치.

향초
200B
스시 모양의 향초. 작은 사이즈는 150B.

신발
350B
헝겊으로 만든 고산족 신발. 신어도 되고, 장식용으로도 좋다.

THEME 22
쇼핑센터

북부의 향기를 품은 **쇼핑센터**

치앙마이의 쇼핑센터에는 북부의 향기가 있다. 북부 특산품을 판매하는 코너가 어김없이 보이고, 북부 요리를 취급하는 푸드 코트도 일상적이다. 여기에 브랜드 매장, 프랜차이즈 레스토랑, 슈퍼마켓 등 쇼핑센터의 기능을 충실히 갖추고 있어 다양한 쇼핑 욕구를 충족한다.

시내에서 가장 가까운 쇼핑센터
마야 라이프스타일 쇼핑센터
Maya Lifestyle Shopping Center

님만해민에 자리한 7층 규모의 쇼핑센터. 림빙 슈퍼마켓과 기념품 가게가 있는 B층, 체인 레스토랑과 푸드 코트가 있는 4층이 인기다. 루프톱에 해당하는 6층에는 라이브 카페, 술집이 모여 있는 님만 힐이 자리했다. 시내에서 가장 가까운 현대적인 쇼핑몰로 여행자들이 즐겨 찾는다.

층	주요 매장
6	**나이트라이프** 님만 힐 Nimman Hill
5	**서비스 · 카페** AIS 캠프 AIS Camp
	영화관 SFX 시네마 SFX Cinema
4	**레스토랑** 샤부시 Shabushi, 후지 레스토랑 Fuji Restaurant, 투다리 익스프레스 Tudari Express
	푸드 코트 푸드 란나 Food Lanna
3	**서점 · 문구** 아시아 북스 Asia Books
	잡화 다이소 Daiso, 모시모시 Moshi Moshi
	서비스 AIS, DTAC, 은행
2	**드러그 스토어** 왓슨스 Watson's
	마사지 몬트라 타이 마사지 Montra Thai Massage
G	**잡화** 나라야 Naraya
	스파 코즈메틱 판푸리 Panpuri, 배스 & 블룸 Bath & Bloom, 도나 창 Donna Chang, 허브 베이직스 Herb Basics
	서비스 인포메이션 Information
B	**슈퍼마켓** 림빙 슈퍼마켓 Rimping Supermarket
	잡화 · 식자재 북부 기념품 Northern Souvenirs, 쿤나 Kunna
	드러그 스토어 부츠 Boots, 파머케어 플러스 Pharmacare Plus

2권 ⓘ INFO P.067 ⓜ MAP P.054B
ⓖ **구글 지도 GPS** 18.802475, 98.967247 ⓓ **찾아가기** 님만해민 로드와 훼이깨우 로드가 만나는 사거리 ⓐ **주소** 55 Huaykaew Road
ⓣ **전화** 052-081-555 ⓢ **시간** 월~금요일 11:00~22:00, 토~일요일 10:00~22:00 ⓗ **휴무** 연중무휴 ⓢ **가격** 가게마다 다름 ⓗ **홈페이지** www.mayashoppingcenter.com

CHECK! 쇼핑 주의 사항

부가세 환급 서류를 받으려면 'VAT Refund' 사인이 있는 매장에서 당일 2000B 이상을 소비해야 한다. 한 쇼핑센터 내에서도 매장이 다르면 영수증 합산이 안 되는 경우가 있으니 주의할 것!

이것은 쇼핑센터인가? 놀이터인가?

원 님만
One Nimman

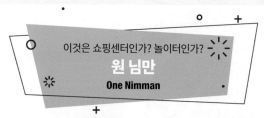

붉은 벽돌 건물 저층(1~2층)에 브랜드 매장, 카페, 레스토랑, 푸드코트가 입점해 있다. 외관 자체가 이국적이라 사진을 찍으려고 일부러 찾는 현지인들이 많다. 요일별로 살사, 스윙, 요가 등의 무료 교실이 열려 문화와 쇼핑이 만나는 공간이 형성된다.

층	주요 매장
2	**올 원 스카이 애비뉴 All One Sky Avenue** → 푸따완(스파 코즈메틱), 로레알(화장품), 와코루(속옷), 부츠(드러그 스토어), 플레이웍스(잡화), 꼬깨(견과류) 등 80여 개의 브랜드 매장이 슈퍼마켓처럼 구성돼 있어 올인원 쇼핑이 가능하다. 부가세 환급 코너도 마련돼 있다.
1	**레스토랑·카페** 진저 팜 키친 Ginger Farm Kitchen, 그래프 카페 Graph Cafe, 나인 원 커피 Nine One Coffee, 망고 탱고 Mango Tango, 스트리트 푸드 마켓 Street Food Market **스파 코즈메틱** 판퓨리 Panpuri, 한 함 Hamn **잡화·기타** 토분 Torboon, 몬순티 Monsoon Tea

2권 ⓘ INFO P.067 ⓜ MAP P.054F
ⓖ 구글 지도 GPS 18.800085, 98.967855 ⓢ 찾아가기 님만해민 로드 쏘이 1 ⓐ 주소 1 Nimmanahaeminda Road Soi 1 ⓣ 전화 052-080~900 ⓣ 시간 11:00~23:00 ⓗ 휴무 연중무휴 ⓗ 홈페이지 www.onenimman.com

TIP 매주 화·목요일 요가, 토요일 스윙 댄스, 일요일 살사 댄스 등 요일별 무료 강좌를 이용해 보자!

쇼핑센터의 정석
센트럴 페스티벌
Central Festival

방콕의 쇼핑센터에 견줄 만한 현대적인 시설의 대형 쇼핑센터. G~5층에 이르는 6층 규모로, 슈퍼마켓 센트럴 푸드 홀, 북부 음식과 식자재를 파는 깟루앙, 드러그 스토어, 스파 브랜드가 자리한 G층과 푸드 코트, 레스토랑이 자리한 4~5층이 유용하다.

층	주요 매장
5	**레스토랑** 아이딘끄린크록 ไอดิ้นกลิ่นครก, MK 레스토랑 MK Restaurants, 샤부시 Shabushi
	영화관 메이저 시네플렉스 Major Cineplex
	서비스 부가세 환급 VAT Refund
4	**레스토랑** 램차런 시푸드 Laem Chareon Seafood
	푸드 코트 푸드 파크 Food Park
	서비스 환전소 Currency Exchange
3	**IT** 휴대전화 · 카메라 매장
	서비스 AIS, DTAC, TRUE, 은행, 우체국
2	**카페 · 디저트** 볼케이노 The Volcano, 위엥 쭘언 Vieng Joom On
	서점 · 문구 B2S
	서비스 우체국
1	**레스토랑** 와인 커넥션 Wine Connection
	서비스 무료 셔틀 Free Shuttle Service, 인포메이션 Information
G	**슈퍼마켓** 센트럴 푸드 홀 Central Food Hall
	푸드 코트 · 식자재 깟루앙 กาดหลวง
	드러그 스토어 부츠 Boots, 왓슨스 Watson's

2권 🅘 INFO P.089 📍 MAP P.088B

🅖 **구글 지도 GPS** 18.807346, 99.018124 🚗 **찾아가기** 치앙마이 중심가에서 그랩 택시 또는 뚝뚝 이용. 창머이 로드, 와로롯 시장, 왓껫까람에서 RTC 그린 버스 탑승해 센트럴 페스티벌 하차 🏠 **주소** 99/3 Hwy Chiang Mai-Lampang Frontage Road 📞 **전화** 053-998-999 🕐 **시간** 월~목요일 11:00~21:30, 금요일 11:00~22:00, 토~일요일 10:00~22:00 ⊖ **휴무** 연중무휴 🌐 **홈페이지** www.centralfestival.co.th

우수한 시설과 접근성
센트럴 플라자 치앙마이 공항
Central Plaza Chiangmai Airport

마야 라이프스타일 쇼핑센터, 센트럴 페스티벌과 더불어 치앙마이를 대표하는 현대적인 쇼핑센터다. 로빈슨 백화점과 센트럴 슈퍼마켓, 톱스 마켓을 비롯해 각종 유명 브랜드 매장, MK 레스토랑, 샤부시, 램차런 시푸드 등 체인 레스토랑이 입점해 있다. 4층 푸드 파크의 아한 까올리 한식 코너가 매우 저렴하다.

층	주요 매장
4	**레스토랑** 아이딘끄린크록 ไอดินกลิ่นครก, 램차런 시푸드 Laem Chareon Seafood, MK 레스토랑 MK Restaurants, 샤부시 Shabushi
	푸드 코트 푸드 파크 Food Park
	영화관 메이저 시네플렉스 Major Cineplex
3	**서비스** AIS, DTAC, TRUE
2	**드러그 스토어** 부츠 Boots
1	**백화점** 로빈슨 백화점 Robinson Department Store
	전통 잡화 북부 빌리지 Northern Village
	디저트 볼케이노 The Volcano
	드러그 스토어 왓슨스 Watson's
	서비스 무료 셔틀 Free Shuttle Service, 인포메이션 Information
G	**슈퍼마켓** 톱스 마켓 Tops Market
	푸드 코트 · 식자재 · 잡화 깟루앙 ตลาดหลวง, 로열 프로젝트 숍 Royal Project Shop

2권 ⊙ **INFO** P.051 ⊙ **MAP** P.051B
ⓖ **구글 지도 GPS** 18.769054, 98.975306 ⓖ **찾아가기** 타패 게이트와 나이트 바자 주요 호텔에서 10:30, 11:30, 13:00~19:00(1시간 간격)에 무료 셔틀 운행 ● **주소** 252-252/1 Mahidol Road ⊖ **전화** 053-999-199 ● **시간** 11:00~21:00 ⊖ **휴무** 연중무휴 ⊛ **홈페이지** www.centralplaza.co.th

THEME 23
슈퍼마켓

슈퍼마켓 쇼핑 아이템

비비 파우더
작은 사이즈의 가격이 30B
정도인 가성비 최고 파우더.
브랜드와 종류가 다양하다.

마담 행 메리벨 솝
마담 행의 오리지널 천연 비누.
마담 행의 여러 비누 중 가장
저렴하고 품질이 좋다.

치약
여행자들에게는 달리 치약이
인기. 만족도 높은 콜게이트,
한국보다 저렴한 센소다인도
추천한다.

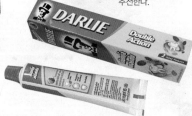

남찜까이 쑤끼 소스
태국 쑤끼 소스. 마늘과
고추를 듬뿍 넣어 즐겨
보자.

남찜 시푸드 소스
태국에서 해산물을 주문하면
반드시 따라 나오는 소스.
태국의 향이 담겨 있다.

팟까파오
곰손을 금손으로 바꿔주는
타이 바질 볶음 팟끄라파오
가루. 한 숟가락만 넣어도
현지의 맛을 재현한다.

타이 커리 & 수프 페이스트
마싸만 커리 · 그린 커리 · 똠얌 · 똠까
페이스트로 구성된 세트. 선물용으로도 그만.

후추
태국은 후추 산지다.
화이트 페퍼, 블랙
페퍼 등 종류를
막론하고 저렴하고
맛있다.

당면 운쎈
얌운쎈을 요리하지
않아도 괜찮다. 불고기,
잡채 등 한국 요리에도
잘 어울린다. 1분이면
익어 편리하다.

**쿤나 망고·코코넛·
두리안 제품**
한국인에게 인기인 열대
과일 과자.
건조, 동결 건조, 롤 등
다양한 형태로 선보인다.

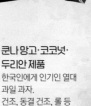

도이뚱 마카다미아
도이뚱 로열 프로젝트를
통해 생산된 품질 좋은
마카다미아.

타로 피시 스낵
조미료 맛이 덜 나는 태국산
어포. 노란색, 주황색, 빨간색
등 색에 따라 맛이 조금씩
다르다.

쌩쏨
소주가 귀한 태국에서
술친구가 되어줄 태국의
국민 술. 쌩(싱하) 또는
창 소다수를 타 먹으면
좋다.

맥주
비야 쌩(Singha), 비야
창(Chang), 비야 리오(leo) 등
태국산 맥주를 포함해 수입
맥주도 다양하다.

포키 초코 바나나·망고
한국에 없는 초코 바나나는
바나나 우유 맛과 비슷하다.
태국 한정 망고 맛도 있다.

시내에서 가까운 슈퍼마켓

치앙마이 시내에서 찾기 좋은 슈퍼마켓을 소개한다.
시내 외곽의 대형 마트에 비해 규모는 작지만 여행자들이 필요로 하는 아이템을 충실히 갖췄다.

님만해민 &
나이트 바자

치앙마이를 대표하는 슈퍼마켓 브랜드

림삥 슈퍼마켓
Rimping Supermarket

치앙마이를 대표하는 슈퍼마켓 브랜드 중 하나. 여행자에게 접근성이 좋은 곳은 님만해민 마야 지점과 리버사이드의 나와랏 지점이다. 현지 슈퍼마켓보다 수입 제품이 많고 전반적으로 가격대가 높다. 태국에서 생산되는 과일도 깔끔하게 포장해 비싸게 판매한다.

▶마야 지점

2권 ⊚ MAP P.054B
Ⓢ 구글 지도 GPS 18.802475, 98.967247
⊙ 찾아가기 님만해민 로드와 훼이깨우 로드가 만나는 사거리에 위치한 마야 라이프스타일 쇼핑센터 B층 ⊙ 주소 B1F, Maya Lifestyle Shopping Center, 55 Huaykaew Road ⊝ 전화 052-081-577 ⓛ 시간 10:00~24:00 ⊝ 휴무 연중무휴 ⊝ 홈페이지 www.rimping.com

▶나와랏 지점

2권 ⊚ INFO P.087 ⊚ MAP P.076F
Ⓢ 구글 지도 GPS 18.783463, 99.005692
⊙ 찾아가기 리버사이드. 싸판렉 다리 건너 우회전해 삥강을 따라 70m 이동, 왼쪽 ⊙ 주소 129 Chiang Mai-Lamphun Road ⊝ 전화 053-246-333~4 ⓛ 시간 08:00~21:00 ⊝ 휴무 연중무휴 ⊝ 홈페이지 www.rimping.com

님만해민

깟쑤언깨우를 찾는 이유

톱스 마켓 깟쑤언깨우
Tops Market Central Kad Suan Kaew

치앙마이에서 가장 오래된 쇼핑센터인 깟쑤언깨우에 자리한 톱스 마켓이다. 센트럴 플라자 치앙마이 공항을 포함한 치앙마이의 4군데 톱스 마켓 중 접근성이 가장 좋다. 일정 규모에 여러 제품을 충실히 갖췄으며, 고가의 제품도 많은 편이다.

2권 ⊙ MAP P.055L
ⓢ **구글 지도 GPS** 18.796201, 98.975940 ⓒ **찾아가기** 마야 라이프스타일 쇼핑센터 반대쪽 훼이깨우 로드로 1km 오른쪽에 위치한 깟쑤언깨우 쇼핑센터 지하 ⊙ **주소** GF, Kad Suan Kaew, 21 Huaykaew Road ⊖ **전화** 053-224-953 ⓛ **시간** 10:00~21:30 ⓗ **휴무** 연중무휴 ⊙ **홈페이지** topsmarket.tops.co.th

나이트 바자

적당한 규모, 저렴한 가격

빅 씨 슈퍼마켓 판팁
Big C Supermarket

나이트 바자 지역의 판팁 플라자 내에 자리해 편리하게 이용할 수 있는 대형 마트 체인이다. 미니 빅 씨, 로터스 익스프레스보다 규모가 크고 제품이 다양하며, 고가 제품이 많은 림벵 슈퍼마켓과 톱스 마켓에 비해 저렴하다.

2권 ⓘ INFO P.086 ⓘ MAP P.076E
ⓢ **구글 지도 GPS** 18.782108, 98.999817 ⓒ **찾아가기** 나이트 바자 지역 판팁 플라자 1층 ⊙ **주소** 152/1 Changklan Road ⊖ **전화** 053-288-383 ⓛ **시간** 09:00~01:00 ⓗ **휴무** 연중무휴 ⊙ **홈페이지** www.bigc.co.th

EXPERIEI

ICE

206	**THEME 24** 마사지
214	**THEME 25** 쿠킹 스쿨
218	**THEME 26** 나이트라이프
222	**THEME 27** 1일 투어
226	**THEME 28** 아이와 함께
228	**THEME 29** 추천 숙소
234	**THEME 30** 한 달 살기

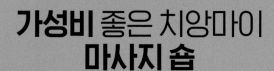

가성비 좋은 치앙마이
마사지 숍

치앙마이가 좋은 또 하나의 이유는 바로 마사지.
좋은 시설과 제대로 된 실력은 물론 가격이 저렴한
마사지 숍이 수두룩하다.
고급 스파 부럽지 않은 서비스에
가성비(타이 마사지 1시간 300B 내외)까지
갖춘 마사지 숍을 소개한다.

타이 마사지 종류

길거리 마사지부터
고급 스파까지

타이 마사지 Thai Massage

2500년 역사를 자랑하는 태국 전통 마사지로 지압과 스트레칭이 결합돼 있다. '누앗타이', 누앗팬타이', '누앗팬보란'이라는 태국어보다 '타이 마사지'로 즐겨 불린다. 타이 마사지는 편안한 옷을 입고 누워 지압 마사지를 받은 후 마지막에 스트레칭을 한다. 스트레칭은 누운 채로 다리를 접어 위에서 누른 다음 앉은 자세로 머리에 깍지를 끼고 등과 허리를 양옆으로 돌리는 방식으로 진행한다. 오일은 사용하지 않는다.

등과 어깨 마사지
Back and Shoulder Massage

등과 어깨를 집중적으로 지압해 뭉친 어깨를 푸는 데 효과적이다. 보통 30분가량 진행되므로 타이 마사지나 오일 마사지와 겸하면 좋다.

발 마사지 Foot Massage

전용 의자 또는 매트에 누워 발을 집중 관리받는다. 다리에 크림 또는 허브 밤을 발라 발과 종아리를 손으로 누르고 문지르며, 봉을 사용하기도 한다.

아로마테라피 Aromatherapy & 오일 마사지 Oil Massage

레몬그라스, 로즈마리, 라벤더 등 꽃과 식물에서 추출한 다양한 오일을 스트레스 해소, 원기 회복 등 용법에 따라 사용한다. 고급 마사지 숍에서는 오일을 따뜻하게 데워 몸에 발라주기도 한다. 몸에 오일을 발라 뜨겁게 데운 돌로 문지르듯 마사지하는 핫 스톤 마사지(Hot Stone Massage)도 오일 마사지의 일종이다. 몸 전체에 오일을 발라야 하므로 옷을 모두 벗고 마사지를 받는데, 대부분 일회용 속옷을 제공한다.

얼굴 마사지 Facial Massage

혈액순환을 돕기 위해 머리와 얼굴, 목을 부드럽게 마사지한다. 얼굴 마사지의 핵심은 팩을 사용하는 것이다. 여러 단계의 스킨케어와 팩을 사용해 미백과 주름 개선에 도움을 준다. 얼굴 마사지는 전신 마사지가 부담스러운 이들에게 강력 추천한다. 단순한 얼굴 관리인데 온몸에 생기가 돈다.

구시가

강도 높은 마사지의 개운함
쿤카 마사지
Khunka Massage

한국인이 운영하는 가격 대비 시설 좋은 마사지 숍. 마사지 강도를 사전에 체크하는 등 세심한 서비스를 제공한다. 전반적으로 마사지 강도가 센 편이지만 마사지 후의 개운함은 남다르다. 매트리스와 베드 등의 시설은 각 층마다 조금씩 다르다.

2권 INFO P.046 MAP P.028F
구글지도 GPS 18.788327, 98.986604 찾아가기 구시가 타패 게이트에서 랏차담넌 로드 따라 약 700m 이동, 오른쪽 주소 80/7 Rachadamnoen Road 전화 080-777-2131 시간 10:00~22:00 휴무 연중무휴 가격 타이 마사지 60분 300B · 90분 400B · 120분 500B 홈페이지 khunka.blogspot.com

구시가

개별 룸에서 조용한 휴식
치노라 마사지
Chinola Massage

비슷한 가격대의 마사지 숍 가운데 시설이 으뜸이다. 시설뿐 아니라 일정 수준 이상의 마사지를 제공해 만족스럽다. 베드가 마련된 개별 룸은 화려하지는 않지만 정갈하게 꾸며졌다.

2권 INFO P.046 MAP P.028E · F
구글지도 GPS 18.785712, 98.982362 찾아가기 구시가 랏차만카 로드. 치앙마이 경찰서에서 짜반 로드 또는 쌈란 로드 따라 남쪽으로 이동 후 랏차만카 로드 진입 주소 179 Ratchamanka Road 전화 061-614-9354 시간 10:00~22:00 휴무 연중무휴 가격 타이 마사지 60분 300B · 90분 450B · 120분 600B 홈페이지 없음

구시가

고급 스파를 능가하는 가든과 로비
센스 가든 마사지
Sense Garden Massage

정원이 딸린 단독주택에 조용히 자리한 마사지 숍. 가든과 로비 시설만 보면 고급 스파를 능가한다. 마사지 룸은 몇 개의 베드 사이를 커튼으로 분리한 형태로 평범하고, 조용하며, 깔끔하다. 인원이 꽉 찰 경우 골목 입구의 센스 마사지로 안내하기도 한다.

2권 ⓘ INFO P.046 ⓜ MAP P.028A
ⓖ **구글지도 GPS** 18.792739, 98.979187 ⓕ **찾아가기** 구시가 쑤언독 게이트에서 북쪽으로 약 450m 지나 센스 마사지 다음 골목으로 우회전해 80m 이동, 오른쪽 ⓐ **주소** 33/2 Sinharat Road Soi 3 ⓣ **전화** 052-016-029 ⓣ **시간** 13:00~22:00 ⓗ **휴무** 연중무휴 ⓑ **가격** 타이 마사지 60분 300B ⓗ **홈페이지** 없음

구시가

숨겨진 보석 발견
차바 쁘라이 마사지
Chaba Prai Massage

허름한 외관과는 달리 개별 마사지 룸을 갖추는 등 내부 시설이 좋다. 친절은 기본, 잘 훈련된 마사지사들이 기대 이상의 마사지를 제공한다. 타이 마사지는 누르기 위주인 치앙마이 스타일이며 적당한 리듬감으로 강도를 조절한다.

2권 ⓘ INFO P.046 ⓜ MAP P.029K
ⓖ **구글지도 GPS** 18.785306, 98.990713 ⓕ **찾아가기** 구시가 랏차파키나이 로드와 랏차만카 로드가 만나는 사거리 인근 ⓐ **주소** 41/1 Rachamakkha Road ⓣ **전화** 081-724-7837 ⓣ **시간** 10:00~22:00 ⓗ **휴무** 연중무휴 ⓑ **가격** 타이 마사지 60분 300B · 90분 450B ⓗ **홈페이지** 없음

님만해민

님만해민 일등 추천 업소
푸파야 마사지
Phuphaya Massage

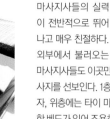

마사지사들의 실력이 전반적으로 뛰어나고 매우 친절하다. 외부에서 불러오는 마사지사들도 이곳만의 규칙에 따라 충실한 마사지를 선보인다. 1층에는 발 마사지를 위한 의자, 위층에는 타이 마사지와 오일 마사지를 위한 베드가 있어 조용히 마사지를 즐길 수 있다.

2권 ⓘ INFO P.066 ⑨ MAP P.054J
ⓢ 구글지도 GPS 18.796339, 98.968587 ⓒ 찾아가기 님만해민 로드 쏘이 13 입구에서 260m 이동, 오른쪽 ⓐ 주소 14/5 Nimmanahaeminda Road Soi 13 ⓣ 전화 093-167-7295 ⓢ 시간 10:00~23:00 ⓗ 휴무 연중무휴 ⓢ 가격 타이 마사지 1시간 250B ⓢ 홈페이지 없음

님만해민

한국인 여행자에게 인기
라파스 마사지
Lapas Massage

한국인 여행자에게 잘 알려진 마사지 숍으로, 입구 밖에 한국어로 마사지 종류를 적어놓았다. 1층에는 발 마사지 의자, 2층에는 타이 또는 오일 마사지를 위한 매트리스가 깔린 룸이 있다. 마사지사들의 실력이 전반적으로 좋다.

2권 ⓘ INFO P.065 ⑨ MAP P.054F
ⓢ 구글지도 GPS 18.798179, 98.968728 ⓒ 찾아가기 님만해민 로드 쏘이 7 입구에서 210m 이동, 왼쪽 ⓐ 주소 17 Nimmanahaeminda Soi 7 ⓣ 전화 089-955-6679 ⓢ 시간 10:00~22:00 ⓗ 휴무 연중무휴 ⓢ 가격 타이 마사지 1시간 250B ⓢ 홈페이지 www.lapasmassage.com

예약 필수 인기 마사지 숍
님만 하우스 타이 마사지
Nimman House Thai Massage

님만해민의 인기 마사지 숍이라 예약하지 않으면 원하는 시간에 마사지를 받을 수 없는 경우가 많다. 장점은 1인실로 분리된 조용한 룸. 타이 마사지는 일반 마사지와 100B 더 비싼 너브 터치(Nerve Touch)로 구분되는데 별 차이가 없다.

2권 ⓘ INFO P.066 ⓜ MAP P.054J
ⓖ **구글지도 GPS** 18.795056, 98.965868 ⓖ **찾아가기** 님만해민 로드 쏘이 17 남쪽, 월 업 카페 맞은편 작은 골목으로 진입 ⓐ **주소** 59/8 Nimmanahaeminda Road ☎ **전화** 053-218-109 ⓣ **시간** 10:30~22:00 ⓗ **휴무** 연중무휴 ⓑ **가격** 타이 마사지 1시간 250B ⓢ **홈페이지** www.nimmanhouse.com

깔끔한 최신 시설
샨타 마사지
Shanta Massage

최신 시설의 마사지 숍. 1층 로비를 지나면 발 마사지를 위한 의자가 있고, 위층에는 타이 또는 오일 마사지를 위한 베드가 마련돼 있다. 마사지사에 따라 실력 차이가 있으나 전반적으로 만족스럽다. 가격 대비 시설은 님만해민에서 손꼽을 정도다.

2권 ⓘ INFO P.065 ⓜ MAP P.054F
ⓖ **구글지도 GPS** 18.797702, 98.967936 ⓖ **찾아가기** 님만해민 로드 쏘이 9 입구에서 150m 이동, 왼쪽 ⓐ **주소** 7/4 Nimmanahaeminda Soi 9 ☎ **전화** 099-937-7862 ⓣ **시간** 10:00~22:00 ⓗ **휴무** 연중무휴 ⓑ **가격** 타이 마사지 1시간 300B ⓢ **홈페이지** www.facebook.com/shantadayspa

나이트
바자

서비스부터 마사지까지 만족
싸바이 타이 마사지 & 스파
Zabai Thai Massage & Spa

번화하지 않은 작은 골목에 자리했지만 입소문이 난 마사지 숍. 마사지 강도, 지병, 집중적으로 받을 부위 등을 사전에 체크한다. 분리된 룸에서 조용히 마사지를 받을 수 있으며, 마사지사들의 솜씨가 전반적으로 좋다.

2권 ⓑ **INFO** P.084 ⓞ **MAP** P.076C ⓖ **구글지도 GPS** 18.787770, 99.000165 ⓖ **찾아가기** 나이트 바자 지역. 타패 로드 쏘이 1 골목 안 ⓐ **주소** 1/8 Thapae Road Soi 1 ⊖ **전화** 086-921-9149 ⓛ **시간** 10:00~22:00 ⊖ **휴무** 연중무휴 ⓑ **가격** 타이 오리지널 2시간 750B ⓑ **홈페이지** zabaithai.com

나이트
바자

기술로 승부한다
파 란나 마사지
Fah Lanna Massage

여러 번 방문해도 늘 만족도 높은 마사지 숍. 마사지사들의 수준이 전반적으로 높다. 고급 스파로 명성 높은 파 란나 스파와 같은 브랜드인데 그보다 저렴한 대신 시설이 떨어진다. 홈페이지 또는 전화로 예약하고 방문하는 것이 좋다.

2권 ⓑ **INFO** P.085 ⓞ **MAP** P.076F ⓖ **구글지도 GPS** 18.784007, 99.002542 ⓖ **찾아가기** 나이트 바자 지역 버거킹 사거리에서 하드록 카페 방면으로 240m 이동, 왼쪽 ⓐ **주소** 163 Loi Kroh Road ⊖ **전화** 082-030-3029 ⓛ **시간** 10:00~23:00 ⊖ **휴무** 연중무휴 ⓑ **가격** 타이 마사지 1시간 250B ⓑ **홈페이지** www.fahlanna.com/#massage-shop-night-bazaar

나이트 바자

적당한 시설과 실력
차이 마사지
Chai Massage

파 란 나 마사지와 더불어 일대에서 인기 있는 마사지 숍. 타이 또는 오일 마사지 룸은 대나무 평상 위에 매트리스를 쭉 깔아놓은 형태다. 독립된 방은 아니지만 깔끔하고 조용하다. 마사지사마다 실력 차이가 있는 편이다.

2권 ⓑ INFO P.085 ⓜ **MAP** P.076C · E ⓖ **구글지도 GPS** 18.783949, 99.001594 ⓒ **찾아가기** 나이트 바자 지역 버거킹 사거리에서 하드록 카페 방면으로 140m 이동, 왼쪽 ⓐ **주소** 139/1 Loi Kroh Road ⓣ **전화** 093-250-8068 ⓛ **시간** 11:00~23:00 ⓗ **휴무** 연중무휴 ⓑ **가격** 타이 마사지 1시간 300B ⓢ **홈페이지** www.facebook.com/chaimassage2

TIP 만족도를 높이는 소소한 마사지 팁

1. 치앙마이로 대표되는 북부 스타일의 타이 마사지는 스트레칭과 리듬감을 중시해 손가락뿐 아니라 손바닥, 팔, 무릎, 팔꿈치, 발을 사용해 누르는 빈도가 높다. 손가락을 주로 사용하는 방콕 스타일의 지압 마사지에 비해 강도가 세다. 마사지 숍마다 스타일은 조금씩 다르다.

2. 타이 마사지의 적정 시간은 90분. 1시간은 너무 빨리 지나가고, 2시간은 늘어지는 경향이 있다.

3. 아무리 유명한 곳이라도 마사지사마다 실력 차이가 있어 개인별 만족도가 다를 수밖에 없다. 내게 꼭 맞는 마사지사를 만났다면 이름을 기억해 두었다가 다시 찾는 것도 방법이다.

4. 즐거운 마사지를 위해 중간 중간 자신의 상태를 어필하는 것이 좋다. 부드러운 마사지를 원한다면 '누앗 바오바오', 강한 마사지를 원한다면 '누앗 낙낙'이라고 말하자. 마사지사가 상태를 물었을 때 또는 불편함을 느낄 때마다 이야기하는 것이 좋다.

5. 마사지를 받기에 불편한 부위가 있다면 미리 얘기하자. 마사지를 받기 전에 체크하는 곳도 있다.

6. 마사지사에게 건네는 팁은 선택이지만 예의다. 지폐 단위를 고려해 1시간 40~50B, 2시간 100B이 적당하다. 봉사료를 받는 고급 마사지 숍은 팁을 따로 주지 않아도 된다.

THEME 25
쿠킹 스쿨

좋아하는 **태국 요리** **직접** 만들어보자!

쿠킹 스쿨은 치앙마이에서 가장 인기 있는 체험 중 하나다.
시내 또는 외곽의 농장, 반일 또는 종일 등 자신에게 맞는 수업을 선택해
요리의 매력에 빠져보자.

≡ 알아두면 도움되는 쿠킹 클래스 용어 ≡

방법
Cut [kʌt] 자르다
Shred [ʃred] 채 썰다
Blend [blend] 섞다
Add [æd] 첨가하다
Mix [mɪks] 섞다
Chop [tʃɑːp] 썰다, 다지다
Fry [fraɪ] 굽다, 튀기다
Deep Fry [diːp fraɪ] 튀기다

양념
Sugar [ʃʊgə(r)] 설탕
Palm Sugar [pɑːm ʃʊgə(r)] 팜슈거
Salt [sɔːlt] 소금
Lime [laɪm] 라임
Cooking Oil [kʊkɪŋ ɔɪl] 조리용 기름
Soy Sauce [sɔɪ sɔːs] 간장
Vinegar [vɪnɪgə(r)] 식초
Coconut Cream [koʊkənʌt kriːm] 코코넛 크림

재료

Chilli [tʃɪli] 고추
Garlic [gɑːrlɪk] 마늘
Tumeric [tumeric] 울금
Ginger [dʒɪndʒə(r)] 생강
Lemon Grass [lemən græs] 레몬그라스
Long Bean [lɔːŋ biːn] 롱빈
Papaya [pəˈpaɪə] 파파야
Carrot [kærət] 당근
Bean Sprouts [biːn spraʊt] 숙주나물, 콩나물
Coriander [kɔːriˈændə(r)] 고수

도구
Spoon [spuːn] 숟가락
Cutting Baard [kʌtɪŋ bɔːrd] 도마
Bowl [boʊl] 그릇
Mortar [mɔːrtər] 절구
Lid [lɪd] 뚜껑

SOUP

≡ 쿠킹 스쿨 순서 ≡

❶ 시장 보기

시장을 돌아다니면서 쿠킹 스쿨에 사용되는 식자재에 대해 배우고 필요한 것들을 산다. 돼지 껍질 튀김 캡무, 북부 딥소스 남프릭눔, 망고 찹쌀밥 카우니여우 마무앙, 태국 밀크티 차놈옌 등 현지 먹거리를 시식할 수도 있다.

❷ 요리 선택

애피타이저, 카레, 볶음, 국으로 요리 종류가 나뉜다. 보통 쿠킹 스쿨에서는 각 종류에서 원하는 요리를 하나씩 선택한다. 쏨땀 등 공동으로 진행되는 요리도 있다.

❸ 요리하고 먹기

쿠킹 스테이션(조리대)을 하나씩 배정받고 요리를 진행한다. 2~3개의 요리가 완성되면 먹고 나서 다음 요리를 한다. 먹으면서 요리하는 방식이라 배가 엄청 부르게 되니 수업 전에 식사를 하지 않는 것이 좋다.

≡ 쿠킹 스쿨 요리 ≡

카레 종류

마싸만 카레 한국인의 입맛에 가장 잘 맞는 카레.

그린 카레 페낭 카레, 레드 카레도 선택 가능.

국 종류

클리어 수프 & 에그 두부 노란 두부가 들어간 맑은 국 깽쯧.

치킨 & 코코넛 밀크 똠얌꿍의 인기에 밀려 많이 하지 않는 국요리.

볶음 종류

팟타이 볶음 요리 중에 단연 인기.

치킨 위드 핫 바질 치킨에 끄라파오, 고추, 양파, 롱빈 등을 넣어 볶은 요리.

216

아카 요리+태국 요리
타이 아카 키친 Thai Akha Kitchen

태국 요리는 물론 태국 요리와는 전혀 다른 아카족의 요리를 함께 배울 수 있어 좋은 곳이다. 치앙라이 출신의 아카족 청년이 유창한 영어로 수업을 진행한다. 최대 10명가량 소규모로 클래스를 구성하며, 모닝 클래스에는 시장 보기가 포함된다.

2권 ⓘ INFO P.047 ⓜ MAP P.028E
ⓖ 구글지도 GPS 18.791020, 98.980030 ⓐ 찾아가기 호텔 픽업 ⓐ 주소 Arrag Road Soi 4 A ⓣ 전화 061-325-4611 ⓣ 시간 모닝 09:00~15:00, 이브닝 17:00~21:00 ⓗ 휴무 연중무휴 ⓟ 가격 모닝 1100B, 이브닝 1000B ⓗ 홈페이지 www.thaiakhakitchen.com

농장과 타운 중 어디로 갈까
아시아 시닉 타이 쿠킹 스쿨 Asia Scenic Thai Cooking School

치앙마이에서 가장 유명한 쿠킹 스쿨 중 하나다. 치앙마이 외곽의 농장과 시내 중 하나를 선택하면 된다. 모든 수업에는 시장 보기가 포함된다. 시내의 쿠킹 스쿨에도 허브와 채소를 키우는 작은 텃밭이 있다.

2권 ⓘ INFO P.047 ⓜ MAP P.029C
ⓖ 구글지도 GPS 18.789821, 98.991187 ⓐ 찾아가기 호텔 픽업 ⓐ 주소 31 Rachadamnoen Road Soi 5 ⓣ 전화 053-418-657 ⓣ 시간 농장 종일 09:00~16:00·반일 09:00~14:00, 시내 종일 09:00~15:00·모닝 09:00~13:00·이브닝 17:00~21:00 ⓗ 휴무 연중무휴 ⓟ 가격 농장 종일 1200B·반일 1000B, 시내 종일 1000B·반일 800B ⓗ 홈페이지 www.asiascenic.com

님만해민 생활자에게 딱
바질 인텐시브 타이 쿠킹 스쿨 Basil Intensive Thai Cooking School

님만해민에 자리한 쿠킹 스쿨. 1명부터 최대 8명까지 구성하며, 18가지 요리 중 6가지를 선택해 요리한다. 이브닝 클래스보다는 쏨펫 시장 장보기가 포함된 모닝 클래스가 알차다.

2권 ⓘ **INFO** P.066 ⓜ **MAP** P.055K
ⓖ **구글지도 GPS** 18.795301, 98.973577 ⓒ **찾아가기** 님만해민. 씨리망칼라짠 로드 쏘이 5 입구에서 300m 이동, 오른쪽. 호텔 픽업 가능 ⓐ **주소** 22/4 Siri Mangalajarn Road Soi 5 ⓣ **전화** 083-320-7693 ⓣ **시간** 월~토요일 모닝 09:00~15:00, 이브닝 16:00~20:30 ⓗ **휴무** 일요일 ⓟ **가격** 모닝·이브닝 각 1000B ⓦ **홈페이지** www.basilcookery.com

도심을 벗어나 요리를 즐기자
타이 팜 쿠킹 스쿨 Thai Farm Cooking School

구시가 사무실에서는 예약과 결제만 하고, 실제 수업은 치앙마이 외곽의 농장에서 진행한다. 농장으로 가는 중간에 루엄촉 시장에 들러 식자재에 관해 배우면서 사고, 일부 채소와 허브는 농장에서 직접 딴다.

2권 ⓘ **INFO** P.048 ⓜ **MAP** P.029C
ⓖ **구글지도 GPS** 18.794114, 98.991987 ⓒ **찾아가기** 호텔 픽업 ⓐ **주소** 38 Moon Muang Road Soi 9 ⓣ **전화** 081-288-5989, 087-174-9285 ⓣ **시간** 시내 출발 08:30~09:00, 시내 도착 반일 14:00~14:30 · 종일 16:30~17:15 ⓗ **휴무** 연중무휴 ⓟ **가격** 종일 1500B, 반일 1200B ⓦ **홈페이지** www.thaifarmcooking.com

THEME 26
나이트라이프

열정이 분출하는 밤

언제나 조용조용하기만 할 것 같은 치앙마이도
반전의 모습을 간직하고 있다. 꽁꽁 숨겨둔 가면을
벗어던지듯 열정적으로 폭발하는
치앙마이의 나이트라이프 스폿을 소개한다.

광란의 밤을 보내고 싶다면
THE GOOD VIEW
굿 뷰

추천 시간
해 질 녘 노을을 감상하며 식사를 즐기기 좋은 시간
밤 10시 광란의 밤이 시작되는 시간

태국 현지인들과 뒤섞여 광란의 밤을 보내고 싶다면 굿 뷰가 답이다. 몇 시간 전만 해도 분명 강가의 한적한 분위기를 즐기던 레스토랑이었는데, 밤이 무르익으면서 분위기가 확 바뀐다. 밴드의 격정적인 연주에 맞춰 태국 젊은이들이 춤추며 열광한다. 맥주 한 병 손에 들고 신나게 놀 자신 있다면 망설일 필요 없다.

2권 ⓘ INFO P.085 ⓜ MAP P.076D
ⓖ 구글지도 GPS 18.790409, 99.003711 ⓒ 찾아가기 리버사이드 지역. 와로롯 시장 썽태우 정류장 인근 보행자 전용 다리 건너 우회전해 220m 이동, 오른쪽 ⓐ 주소 13 Charoen Rajd Road ☎ 전화 053-241-866 ⏰ 시간 10:00~01:00 ⊙ 휴무 연중무휴 ⓟ 가격 맥주 90B~ ⓗ 홈페이지 www.goodview.co.th

219

THEME 26 나이트라이프

추천 시간

저녁 7~8시 어쿠스틱 연주와 강가 분위기에 취하기 좋은 시간

밤 10시 자리 잡기 힘들 정도로 많은 사람들이 모여 밤을 만끽하는 시간

전통과 명성의 라이브 바
THE RIVERSIDE
리버사이드

리버사이드 지역에서 오랜 세월 인기를 얻고 있는 나이트라이프 명소. 저녁 시간에는 식사를 하려는 여행자들이 주로 찾고, 밤이 되면 태국 현지인들의 나이트라이프 아지트가 된다. 밤 10시가 넘어서면 실내에 자리를 잡지 못한 사람들이 가게 앞 길거리까지 점령하고 맥주와 음악을 즐기는 재미있는 광경이 펼쳐진다.

2권 ⓘ **INFO** P.085 ⓜ **MAP** P.076D
ⓖ **구글지도 GPS** 18.789872, 99.003966 ⓒ **찾아가기** 리버사이드 지역. 와로롯 시장 썽태우 정류장 인근 보행자 전용 다리를 건너 우회전해 약 300m 이동, 오른쪽 ⓐ **주소** 9~11 Charoen Rajd Road ☎ **전화** 053-243-239 ⏱ **시간** 10:00~01:00 ⊖ **휴무** 연중무휴 ⓢ **가격** 맥주 90B~ ⓗ **홈페이지** www.theriversidechiangmai. com

여행자들이 좋아하는 나이트라이프 스폿

ZOE IN YELLOW
조 인 옐로

치앙마이에서 가장 유명한 나이트라이프 장소 중 하나. 낮에는 고즈넉한 구시가 골목 안에 잠들어 있다가 오후 6시가 되면 서서히 문을 열어 화려한 밤을 깨운다. 넓은 야외 바와 실내 나이트클럽을 운영하는데, 밤 10시가 넘어야 분위기가 무르익는다. 서양인과 중국인이 대다수이며, 주변에도 작은 바가 많다.

2권 ⓘ INFO P.048 ⓜ MAP P.029G

ⓖ **구글지도 GPS** 18.790917, 98.990435 ⓟ **찾아가기** 구시가 랏차파키나이 로드와 랏위티 로드가 만나는 사거리 근처 ⓐ **주소** 40/12 Ratvithi Road ☎ **전화** 083-989-4925 ⓛ **시간** 18:00~24:00 ⓗ **휴무** 연중무휴 ⓟ **가격** 맥주 80B~ ⓗ **홈페이지** zoe-in-yellow-bar-night-club.business.site

추천 시간

밤 10시 이전 이 테이블 저 테이블 눈치 보며 맥주를 홀짝이는 시간

밤 10시 이후 얌전히 맥주를 홀짝이던 사람들이 야수로 깨어나는 시간

재즈와 함께하는 밤

THE NORTH GATE
JAZZ CO-OP
더 노스 게이트 재즈 코업

수준 높은 재즈 라이브 공연을 볼 수 있는 곳으로 유명하다. 술집에서 공연을 즐긴다기보다 공연장에서 술을 즐기는 분위기다. 1층 좌석은 스테이지를 향해 있고, 2층에서는 무대를 내려다볼 수 있다. 라이브 공연은 한 팀당 50분가량 연주하고, 10~15분가량 쉬는 방식이다. 스피커의 음량이 높아 공연 중에는 대화하기 힘들다.

2권 ⓘ **INFO** P.048 ⓜ **MAP** P.028B

ⓖ **구글지도 GPS** 18.795205, 98.987010 ⓐ **찾아가기** 구시가 창프악 게이트 근처 ⓐ **주소** 91/1-2 Sri Poom Road ⓣ **전화** 081-765-5246 ⓒ **시간** 19:00~24:00 ⓧ **휴무** 연중무휴 ⓟ **가격** 맥주 70B~ ⓗ **홈페이지** www.facebook.com/northgate.jazzcoop

1일 투어란?

하루 또는 한나절 일정으로 여행사에서 진행하는 투어 프로그램이다. 대부분 호텔 픽업과 드롭을 포함한 왕복 차량과 가이드, 점심 식사가 제공된다. 상품마다 포함 사항이나 가격이 다르므로 꼼꼼히 비교하고 선택하자.

이런 여행자에게 추천!

✔ 오토바이, 자동차 등 개별 차량이 없는 여행자
✔ 대중교통을 이용하기 귀찮은 여행자
✔ 차량을 대절하기 부담스러운 나 홀로 여행자
✔ 짧은 시간 동안 여러 인기 명소를 구경하고 싶은 여행자

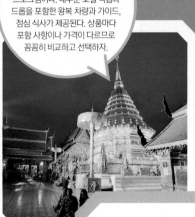

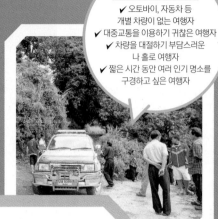

인기 1일 투어를 찾아라!

여행사에 방문해 여행 프로그램을 비교하던 시대는 지났다. 여행 액티비티 플랫폼이 일상화된 요즘에는 1일 투어를 하기가 한결 수월하다. 스마트폰이나 노트북으로 클릭 몇 번이면 상품 검색에서 예약까지 일사천리. 다양한 여행 상품 중에서 추천 1일 투어를 소개한다.

주의할 점

✔ 시내 외곽으로 떠나는 투어 프로그램은 시간 여유를 가지고 예약하는 것이 좋다. 며칠 후에 출발하는 상품이 대부분이다.
✔ 예약 확정이 되었는지 꼭 확인할 것. 예약이 확정되면 앱 또는 개별 메일에서 바우처를 확인할 수 있다.

신청 방법은?

스마트폰 앱이나 인터넷으로 신청하면 된다. '액티비티 플랫폼'을 검색하면 수많은 사이트가 나온다.
와그 www.waug.com
클룩 www.klook.com
케이케이데이 www.kkday.com/ko

\ 도이쑤텝 DOI SUTHEP /

❶ 왓 프라탓 도이쑤텝 + 왓 우몽 야간 투어

⏰ **소요시간** 17:10~21:00, 약 4시간

코스

─ 호텔 픽업

─ 왓 우몽

─ 왓 프라탓 도이쑤텝

─ 호텔 드롭

야간에 왓 프라탓 도이쑤텝을 방문할 예정이라면 안성맞춤이다. 오토바이를 이용해 개별적으로 찾아가기에는 길이 너무 어둡다. 해 지기 전에 출발한다고 해도 해 진 후 내려올 때가 문제다. 비수기에도 썽태우를 대절하지 않는 한 자유롭게 이용할 수 있으리라는 보장이 없으므로 1일 투어를 신청하는 것이 낫다.

❷ 왓 프라탓 도이쑤텝 + 도이뿌이 반나절 투어

⏰ **소요시간** 08:00~13:00 · 13:00~17:00, 약 5시간

코스

─ 호텔 픽업

─ 왓 프라탓 도이쑤텝

─ 도이뿌이

─ 호텔 드롭

대중교통으로 진을 빼기 싫은 사람들에게 추천한다. 투어 상품과 같은 코스를 대중교통으로 돌아보려면 '호텔 → 썽태우 정류장 → 왓 프라탓 도이쑤텝 → 도이뿌이 → 썽태우 정류장 → 호텔' 순서로 총 5회 대중교통을 이용해야 한다. 기다리는 시간과 편안한 차량 이동 등을 감안하면 돈이 조금 더 들더라도 투어 상품이 좋다.

TOUR 02 \ 치앙라이 CHIANG RAI /

❶ 왓 렁쿤 + 왓 렁쓰아뗀 + 반담 박물관 투어

🕐 **소요시간** 06:30~19:00, 약 12시간

❷ 왓 렁쿤 + 왓 렁쓰아뗀 + 반담 박물관 + 골든 트라이앵글 투어

🕐 **소요시간** 06:30~21:00, 약 14시간

코스

- 집합 장소 또는 호텔 픽업
- 왓 렁쿤
- 왓 렁쓰아뗀
- 점심 식사
- 반담 박물관
- (고산족 마을)
- 집합 장소 또는 호텔 드롭

코스

- 집합 장소 또는 호텔 픽업
- 왓 렁쿤
- 왓 렁쓰아뗀
- 점심 식사
- 반담 박물관
- 골든 트라이앵글
- 롱넥 카렌 마을
- 집합 장소 또는 호텔 드롭

치앙마이에서 치앙라이를 당일치기로 다녀오는 대표 프로그램 중 하나다. 치앙라이의 으뜸 명소인 화이트 사원 왓 렁쿤과 블루 사원 왓 렁쓰아뗀, 블랙 하우스 반담 박물관을 들른다. 고산족 마을이 추가된 상품도 있다. 저녁 7시 전에 호텔로 돌아오는 일정이므로 치앙마이의 야시장이나 나이트라이프를 즐길 여유가 있다.

치앙라이와 골든 트라이앵글을 동시에 즐기는 1일 투어. 새벽부터 밤까지 빡빡한 일정을 소화해야 하지만 시간 여유가 없는 여행자에게 이보다 좋을 수 없다. 골든 트라이앵글에서 라오스까지 가는 보트 투어나 롱넥 카렌 마을 방문은 포함되지 않는 경우도 있으니 여러 상품을 꼼꼼히 비교해 보는 것이 좋다.

TOUR 03

도이인타논 DOI INTHANON

❶ 도이인타논 투어

⏰ **소요시간** 08:00~18:00, 약 10시간

코스

- **호텔 픽업**
- **앙카 트레일**
- **프라 마하탓 놉폰 쩨디**
- **고산족 마을**
- **점심 식사**
- **와치라탄 폭포**
- **호텔 드롭**

1일 투어는 도이인타논을 가장 확실하게 즐기는 방법이다. 렌터카가 있더라도 개별적으로 찾기보다 투어 프로그램을 이용할 것을 권한다. 개별 차량으로 움직일 경우에는 트레킹을 하기가 쉽지 않고, 장시간 운전으로 피로도가 높다. 여행사마다 코스와 프로그램이 조금씩 다르니 트레킹 포함 유무 등을 고려해 취향에 맞는 상품을 선택하자.

THEME 28
아이와 함께

즐거움 2배!
추억 2배!

아이와 함께하면 재미가 배가되는 체험을 소개한다.
함께해서 좋은 시간은 치앙마이를 아름다운 추억의 장소로 만든다.

만지며 체험하는 살아 있는 박물관

싸얌 인섹트 주
Siam Insect Zoo

어린이를 동반한 가족이나 곤충 마니아에게 추천하는 박물관이다. 박제 또는 전시된 벌레만 보는 것이 아니라 애벌레, 대벌레, 가랑잎벌레, 새끼 전갈, 이구아나 등 다양한 곤충을 직접 만져볼 수 있다. 곤충 박제 기념품, 곤충 먹이, 거미 등을 판매하는 기념품 숍도 이색적이다.

2권 ⒤ INFO P.131 ⊙ MAP P.125G
⊙ **구글지도 GPS** 18.918142, 98.908408 ⊙ **찾아가기** 매림 방면 1096번 도로로 3.8km 지나 이정표 보고 우회전해 약 150m ⊙ **주소** 23/4 Mae Rim-Samoeng Road, Mae Raem, Mae Rim ⊜ **전화** 089-184-8475, 089-755-0849 ⊙ **시간** 09:00~17:00 ⊜ **휴무** 연중무휴 ⊙ **가격** 어른 200B, 어린이 150B ⊙ **홈페이지** www.siaminsectzoo.com

체험
POINT 자연을 직접 느껴보자!

나뭇가지와 잎으로 위장한 대벌레,
가랑잎벌레 찾아 만지기

애벌레 만지기

새끼 전갈 손에 얹기

이구아나 쓰다듬기

코끼리 똥으로 종이를 만들자
엘리펀트 푸푸 페이퍼 파크
Elephant PooPooPaper Park

코끼리 똥은 섬유질이 많아 기계가 아닌 핸드메이드로 종이 제작이 가능하다. 체험을 신청하면 코끼리 똥이 종이가 되는 과정을 알려주고 직접 만들어볼 수도 있다. 직접 만든 종이를 가져갈 수는 없고, 대신 종이 제품을 사서 여러 모양으로 꾸며볼 수 있다.

2권 ⓖ INFO P.131 ⓞ MAP P.125C · D
ⓢ **구글지도 GPS** 18.925511, 98.931606 ⓖ **찾아가기** 매림 방면 1096번 도로로 300m 지나 다리 건너 우회전 후 800m 지나 좌회전해 오른쪽 ⓐ **주소** 87 Moo 10, Mae Raem, Mae Rim ⊟ **전화** 053-299-565 ⓛ **시간** 09:00~17:30 ⊟ **휴무** 연중무휴 ⓑ **가격** 체험비 100B ⓦ **홈페이지** www.poopoopaperpark.com

체험 POINT 코끼리 똥으로 종이를 만들어보자! ・소요시간 약 15분

❶ 코끼리 똥과 말똥, 소똥을 관찰한다. 만져볼 수도 있다. 말똥과 소똥으로 종이를 만들 수도 있지만 핸드메이드가 가능한 것은 섬유질 함량이 높은 코끼리 똥뿐이다.

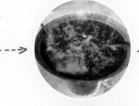

❷ 똥을 끓이고 세척한다. 30시간을 세척하면 냄새 없이 깨끗한 원료가 만들어진다.

❸ 접착력을 강화하기 위해 식물 추출물을 20% 첨가한다. 현재는 식물 추출물 대신 기념품을 만들고 남은 종이를 재활용한다. 색을 입히는 과정도 동시에 진행한다.

❹ 동그랗게 뭉친 종이 중 마음에 드는 색을 고른다. 뭉친 종이를 물에 넣어 흐물흐물하게 만든 다음 틀에 부드럽게 펴 바른다.

❺ 틀에 뜬 종이를 약 6시간 동안 건조한다. 우기에는 햇볕이 없고 습해서 더 오랜 시간 건조해야 한다.

❻ 종이 만들기 과정은 끝! 마음에 드는 종이 제품을 사서 여러 모양으로 꾸민다.

small hotel

집처럼 편안한
치앙마이의 작은 숙소

치앙마이에서는 호텔이나 레지던스의 편리함을
잠시 잊자. 약간의 불편함 대신 마음속
깊은 곳에서 우러나오는 수줍지만 따뜻한 환대가
기다린다. 책 한 권 펼쳐 들고 마냥 빈둥대고 싶은 곳,
집처럼 편안한 숙소들이 있다.

*소개하는 모든 숙소에는 엘리베이터가 없고(차다 만뜨라 제외)
홈페이지 예약보다 숙박 사이트가 저렴할 수 있다.

구시가

원스 어폰 어 타임
Once Upon A Time

태국 전통 목조 주택을 개조한 분위기 좋은 게스트하우스. 슈피리어와 복층 구조인 디럭스 타입의 6개 객실을 갖추고 있다. 고풍스럽고 따뜻한 분위기로 휴식을 위한 최적의 환경을 제공한다.

2권 📍 **MAP** P.028I
[g] **구글지도 GPS** 18.783795, 98.980431 ➡ **찾아가기** 구시가 남쪽 쌘뽕 게이트 근처 쌈란 쏘이 6 🏠 **주소** 1 Samlarn Road Soi 6 ☎ **전화** 053-904-199 🕐 **시간** 체크인 14:00, 체크아웃 12:00 ⊖ **휴무** 연중무휴 ฿ **가격** 성수기 1500B~ 🖱 **홈페이지** www.onceuponatimechiangmai.com

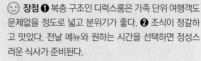

🍴 **조식** 무료

[P] **주차** 2대

☺ **장점** ❶ 복층 구조인 디럭스룸은 가족 단위 여행객도 문제없을 정도로 넓고 분위기가 좋다. ❷ 조식이 정갈하고 맛있다. 전날 메뉴와 원하는 시간을 선택하면 정성스러운 식사가 준비된다.

☹ **단점** ❶ 전통 목조 가옥이라 소음에 약하다. 분주한 이른 아침에는 흡사 길거리에서 잠을 자는 듯한 느낌마저 든다.

구시가

더 안틱 치앙마이
The An-Teak Chiang Mai

부부가 운영하는 따뜻한 분위기의 소규모 숙소. 모우트(해자) 뷰 · 시티 뷰의 슈피리어 · 디럭스 · 트리플 객실과 공동 욕실을 사용하는 캐빈(도미토리)이 있다.

2권 📍 **MAP** P.029G
[g] **구글지도 GPS** 18.789830, 98.993170 ➡ **찾아가기** 구시가 타패 게이트 해자 안쪽 문므앙 로드 북쪽으로 약 250m 🏠 **주소** 125 Mun Mueang Road ☎ **전화** 053-221-205 🕐 **시간** 체크인 14:00, 체크아웃 12:00 ⊖ **휴무** 연중무휴 ฿ **가격** 성수기 1550B~ 🖱 **홈페이지** www.facebook.com/The-An-Teak-Chiang-Mai-791837210838551

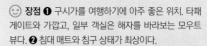

🍴 **조식** 유료

[P] **주차** 없음(사원 또는 갓길 주차)

☺ **장점** ❶ 구시가를 여행하기에 아주 좋은 위치. 타패 게이트와 가깝고, 일부 객실은 해자를 바라보는 모우트 뷰다. ❷ 침대 매트와 침구 상태가 최상이다.

☹ **단점** ❶ 객실 방음에 약간 문제가 있다. ❷ 프런트 데스크는 약 08:00~20:00에 운영된다. 레이트 체크인(자정 이후) 불가. 투숙객은 개별 열쇠 이용.

구시가

차다 만뜨라
Chada Mantra

위치와 시설, 가격 면에서 나무랄 데 없는 숙소. 구시가 작은 골목 안에 자리해 조용하고, 주변에 레스토랑과 카페가 많아 편리하다. 발코니에 작은 빨래 건조대를 설치해 놓은 세심한 서비스도 눈에 띈다.

2권 ⊙ **MAP** P.029C
ⓖ **구글지도 GPS** 18.792226, 98.991692 ⊙ **찾아가기** 구시가 쏨펫 시장 근처 문므앙 로드 쏘이 6 ⊝ **주소** 8 Moonmuang Road Soi 6 ⊝ **전화** 053-326-562 ⏰ **시간** 체크인 14:00, 체크아웃 12:00 ⊝ **휴무** 연중무휴 ⓢ **가격** 성수기 1600B~ ⊛ **홈페이지** www.chadamantra.com

🍴 **조식** 무료
Ⓟ **주차** 없음
😊 **장점** ❶ 엘리베이터가 있다. ❷ 체크아웃 후 수영장 및 샤워 시설을 이용할 수 있다. ❸ 조용하다. 주변 소음이 거의 없다.
☹️ **단점** ❶ 주차장이 없는 것 외에 단점을 찾기 힘들다.

웰스 부티크
Wealth Boutique

13개의 모던한 객실을 갖춘 부티크 호텔이다. 동급의 숙소보다 객실이 넓어 편리하게 이용할 수 있다. 객실마다 발코니가 딸려 있는데 1~2층보다는 3층 객실의 발코니가 넓다.

2권 ⊙ **MAP** P.029K
ⓖ **구글지도 GPS** 18.783362, 98.990431 ⊙ **찾아가기** 구시가 치앙마이 게이트 근처 랏차파키나이 로드와 프라뽁끌라우 로드 쏘이 3 교차로 ⊝ **주소** 60 Ratchapakhinai Road ⊝ **전화** 053-903-703 ⏰ **시간** 체크인 14:00, 체크아웃 12:00 ⊝ **휴무** 연중무휴 ⓢ **가격** 성수기 2150B~ ⊛ **홈페이지** wealthboutiquehotel.com

🍴 **조식** 유료
Ⓟ **주차** 3~4대
😊 **장점** ❶ 치앙마이 게이트에서 가까워 우왈라이 워킹 스트리트와 쁘라뚜 치앙마이 야시장을 가기 좋다. ❷ 직원들의 과하지 않으면서도 진심 어린 친절.
☹️ **단점** ❶ 인근 바의 소음이 새벽 3시까지 들린다.

껏 치앙마이
Gord Chiangmai

구시가

금붕어가 노니는 작은 연못과 싱그러운 식물이 가득한 작은 정원이 있는 소규모 숙소. 저녁에 문 앞에 모기향을 피워주는 친절함과 청결한 관리가 눈에 띈다.

2권 ⊙ MAP P.028J
ⓖ **구글지도 GPS** 18.783573, 98.985292 ⓖ **찾아가기** 구시가 남쪽 쌘빵 게이트와 치앙마이 게이트 중간 랏차만카 로드 쏘이 6과 프라뽁끌라우 로드 쏘이 7 교차점 근처 ⓐ **주소** 29/8 Ratchamanka Road Soi 6 ⓞ **전화** 053-280-923 ⓛ **시간** 체크인 14:00, 체크아웃 12:00 ⓞ **휴무** 연중무휴 ⓑ **가격** 성수기 1150B~ ⓢ **홈페이지** www.gordchiangmai.com

ⓜ **조식** 무료

ⓟ **주차** 2대

☺ **장점** ❶ 치앙마이 게이트와 가까워 토요 시장인 우왈라이 워킹 스트리트와 쁘라뚜 치앙마이 야시장을 즐기기에 좋다. ❷ 비슷한 가격대의 숙소 중에서는 객실이 넓은 편이다. 복층 구조의 듀플렉스 룸은 가족 단위 여행객에게 적합하다.

☹ **단점** ❶ 한 객실에 기본적으로 제공되는 수건이 2개. 객실용 티슈도 따로 없다.

33 포시텔
33 Poshtel

구시가

소규모 게스트하우스. 작은 수영장과 자유롭게 이용할 수 있는 별도의 주방이 있다. 객실 취식 금지. 주방을 적극 활용하면 불편함을 덜 수 있다.

2권 ⊙ MAP P.028J
ⓖ **구글지도 GPS** 18.782822, 98.986935 ⓖ **찾아가기** 구시가 치앙마이 게이트 인근 테스코 로터스 익스프레스와 세븐일레븐 사이 골목으로 들어가 약 160m ⓐ **주소** 3/3 Phra Pok Klao Road Soi 4 ⓞ **전화** 080-123-2661 ⓛ **시간** 체크인 14:00, 체크아웃 12:00 ⓞ **휴무** 연중무휴 ⓑ **가격** 성수기 1500B~ ⓢ **홈페이지** www.facebook.com/33poshtel

ⓜ **조식** 간단한 스낵 · 커피 무료

ⓟ **주차** 2대

☺ **장점** ❶ 토요 시장인 우왈라이 워킹 스트리트를 방문하기에 최적의 위치! 쁘라뚜 치앙마이 야시장과도 가까워 저녁 시간이 즐겁다. ❷ 직원들이 아주 열정적이다. 궁금한 점이 있으면 언제든 문의하자.

☹ **단점** ❶ 취향에 따라 장점이 될 수도 있는 미니멀한 객실. 객실에 냉장고가 없고, 딱 필요한 시설만 갖췄다. ❷ 객실 방음이 좋지 않다.

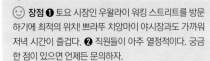

추 호텔 치앙마이
CHU Hotel Chiang Mai

리버 사이드

🍴 조식 무료

🅿 주차 충분

😊 장점 ❶ 리버사이드의 유명 클럽과 도보 5~7분 거리. 아주 가까운데 소음은 거의 없다. ❷ 무료 조식이 알차다.

☹ 단점 ❶ 편의점과 같은 편의시설이 조금 멀다.

중국 이민자들이 많은 리버사이드의 분위기를 그대로 반영한 숙소. 중정을 둘러싼 2층 건물에 객실이 있다. 매우 조용해서 잘 관리된 정원을 즐기며 휴식을 취하기 좋다.

2권 ⊙ MAP P.076D
🛰 **구글지도 GPS** 18.788058, 99.006159 ⊙ **찾아가기** 리버사이드. 삥강 쩌른므앙 로드 다리 건너 두 번째 사거리 쩌른므앙 로드 쏘이 1로 진입해 약 55m 이동, 오른쪽 ⊙ **주소** 6/1 Charoenmueang Road Soi 1 ⊙ **전화** 053-244-495 ⊙ **시간** 체크인 14:00, 체크아웃 12:00 ⊙ **휴무** 연중무휴 ⊙ **가격** 성수기 2100B~ 🏠 **홈페이지** www. chuhotelchiangmai.com

껫타와 펫 프렌들리 호텔
Ketawa Pet Friendly Hotel

리버 사이드

🍴 조식 유료

🅿 주차 3대

😊 장점 ❶ 굿 뷰와 리버사이드에서 도보 5분 거리. 나이트라이프를 즐기기에 환상적인 위치.

☹ 단점 ❶ 인근 클럽의 소음이 객실에서 또렷하게 들린다. ❷ 편의점과 같은 편의시설이 인근에 없다.

반려동물과 함께 묵을 수 있는 호텔. 반려견 전용 수영장이 따로 있다. 독특한 콘셉트의 호텔로 현지인들 사이에서 큰 호응을 얻고 있다. 카페도 함께 운영한다.

2권 ⊙ MAP P.076B·D
🛰 **구글지도 GPS** 18.790581, 99.004936 ⊙ **찾아가기** 리버사이드. 와로롯 썽태우 정류장 인근 보행자 전용 다리 또는 쩌른므앙 로드 다리 건너 밤룽랏 쏘이 2 ⊙ **주소** 121/1 Bamrung Rat Soi 2 ⊙ **전화** 053-302-248 ⊙ **시간** 체크인 14:00, 체크아웃 12:00 ⊙ **휴무** 연중무휴 ⊙ **가격** 성수기 1300B~ 🏠 **홈페이지** www.ketawahotel.com

치앙마이 차이요
Chiang Mai Chaiyo

님만해민

위치, 시설, 가격 면에서 가성비가 좋은 곳. 로비와 복도는 예술 작품과 소품으로 앤티크하게 꾸몄고, 객실은 단순하고 깔끔하다. 비행기 소리와 생활 소음은 님만해민의 고질적인 문제이므로 어쩔 수 없다.

2권 ⊙ MAP P.054F
ⓢ **구글지도 GPS** 18.798688, 98.969028 ⊙ **찾아가기** 님만해민 로드 쏘이 5 ⓐ **주소** 17/1-4 Nimmanahaeminda Road Soi 5 ⊖ **전화** 095-889-5050 ⓛ **시간** 체크인 14:00, 체크아웃 12:00 ⊖ **휴무** 연중무휴 ⓑ **가격** 성수기 1200B~ ⊙ **홈페이지** www.facebook.com/Chiangmai.Chaiyo.Hotel

🍴 **조식** 무료

ⓟ **주차** 3대(같은 건물 이발소 앞 주차 가능)

😊 **장점 ❶** 님만해민을 여행하기에 최적의 위치! 마야 쇼핑센터, 원 님만 등 쇼핑몰과 유명 카페들이 아주 가깝다.

😞 **단점 ❶** 객실에는 냉장고가 없고, 2층에 마련된 공용 냉장고 사용.

호시하나 빌리지
Hoshihana Village

항동

일본 영화 〈수영장〉의 배경이 된 숙소. NPO(비영리기구) 단체 반롬싸이를 후원한다. 높은 가격대의 패브릭 제품을 판매하는 반롬싸이 숍도 운영한다. 식사, 마사지, 사우나 서비스와 세탁실을 이용할 수 있다.

2권 ⊙ MAP P.110I
ⓢ **구글지도 GPS** 18.692480, 98.890774 ⊙ **찾아가기** 그랩 택시 또는 썽태우 대절 ⓐ **주소** 246 Moo 3, Namprae, Hangdong ⊖ **전화** 063-158-4126 ⓛ **시간** 체크인 14:00, 체크아웃 12:00 ⊖ **휴무** 연중무휴 ⓑ **가격** 1인 1500B~, 2인 2400B~, 2박부터 할인 ⊙ **홈페이지** www.hoshihana-village.org

🍴 **조식** 유료(선택 가능)

ⓟ **주차** 충분

😊 **장점 ❶** 여기는 맛집이기도 하니 매끼 사 먹을 것을 권한다. ❷ 사람을 좋아하는 고양이가 많다. ❸ 넓은 부지에 각 객실이 독립된 건물로 자리 잡고 있어 누구의 방해도 받지 않고 휴식을 취할 수 있다.

😞 **단점 ❶** 모기가 너무 많다. 해 질 녘에는 100% 모기밥이 될 테니 저녁 식사는 객실에서 하자. ❷ 객실에 에어컨이 없어 때로 덥고 침구도 눅눅한 편이다.

나도 한번 살아볼까? 치앙마이 한 달 살기

특유의 느긋한 분위기와 저렴한 물가 등 장기 체류에 적합한 요소를 두루 갖춘 치앙마이는 한 달 살기를 하기에 좋은 곳으로 각광받고 있다.

Long Term Stay in Chiang Mai

왜 한 달 살기일까?

모든 것이 생소한 타지에서 휴식 같은 일상 보내기, 방학을 맞은 아이들과 특별한 시간 갖기 등 한 달 살기의 목적은 저마다 다를 것이다. 장기 휴가를 내기가 쉽지 않은 현실에서 해외의 어느 도시에서 '한 달을 살아보는 것'은 그야말로 로망이다. 따라서 한 달 살기를 실천하는 것은 곧 로망을 실현하는 것이다.

왜 치앙마이인가?

장기 체류를 할 때 무시하지 못할 중요한 것이 바로 물가다. 그런 의미에서 치앙마이는 일단 합격이다. 방콕보다 체감 물가가 절반이기 때문이다. 방콕의 트렌디한 카페도 명함을 내밀지 못하는 치앙마이의 분위기도 한몫한다. 카페뿐이랴. 공방, 깜짝 시장, 마사지 숍, 맛집 등 소소한 즐길 거리가 많아 유용하게 또는 무용하게 하루하루를 보내기에 좋다.

언제 가면 좋을까?

시기를 고르는 것조차 사치일 수 있으나 좋은 시기가 따로 있는 것은 사실이다. 한 달 살기에 가장 좋은 시기는 태국의 성수기로 화창하고 시원한 11~1월이다. 6~7월에는 비가 많이 내리고, 8월은 흐려서 햇볕 쨍쨍한 치앙마이를 누리기 힘들다. 시간이 허락한다 해도 피해야 할 시기는 2~3월과 4월 초다. 농사 준비를 위한 화전 등으로 인해 위험 수준의 미세먼지와 맞서야 한다.

이렇게 준비하자

STEP 1. 숙소 정하기

레지던스나 콘도는 내 집처럼 생활하기에 적합하다. 일상처럼 장을 봐서 하루 한 끼 정도 집밥을 해 먹을 수도 있다. 숙소는 3~4일 정도 묵어본 다음 장기 계약을 하는 것이 좋다. 한 달 살기의 목적이 저마다 다르므로 위치나 시설에 따라 숙소의 만족도 역시 제각각이다. 한국인들이 애용하는 지역은 위치가 좋은 님만해민과 가격이 매력적인 싼띠탐이다.

여행의 재미를 더하려면 지역별로 호텔과 레지던스를 옮겨 다니는 것도 괜찮다. 한 달 동안 여러 동네의 분위기를 두루 경험할 수 있다. 다만 돈이 좀 더 들 수 있다.

STEP 2. 예산 짜기

1B=38원을 기준으로 대략 예산을 짜보자. 하루 예산을 가늠해 보고 한 달 살기에 필요한 생활비를 예상해 볼 수 있다.

〈RECEIPT〉
- -

1일 생활비 - 1인 기준, 약 4만 3천 원

식사 1일 600B(2만 3천 원)
국수 50B(1900원), 잘 차린 태국 요리 또는
서양 요리 500B(1만 9천 원) 등

커피 1일 100B(3800원)
놓칠 수 없는 즐거움. 무조건 써야 하는 돈!

마사지 300B(1만 2천 원)
타이 마사지 기준. 2~3일에 한 번은 꼭 받자.

술·음료·간식 1일 100B~(3800원~)
자신의 취향을 파악하는 것이 중요하다.

※ 전체 예산에서 따로 고려해야 할 것
숙소 비용
레지던스 또는 콘도(스튜디오) 20~80만 원, 호텔 100만 원~

쇼핑
20~50만 원

STEP 3. 짐을 꾸릴 때 참고 사항

✔ 옷에 집착하지 말자. 필요한 옷은 현지에서 사면 된다. 코끼리 바지를 방콕에서 입으면 누가 봐도 외국인이지만 치앙마이에서는 단체 일상복이다. 샴푸, 치약 등 생필품도 현지에서 구입하자.

✔ 보고 싶었던 영화나 드라마를 왕창 챙기자. 노트북은 필수.

✔ 카페나 수영장에서 책을 읽는 시간은 생각만 해도 뿌듯하다. 하지만 책이 굉장히 무거운 짐이 될 수 있다는 사실을 잊지 말자.

DAY-40
무작정 따라하기 여행 준비

D-40
여권과 항공권 등 필요한 서류 체크하기

1. 준비할 서류 미리 보기
- 여권
- 항공권
- 여행자보험

2. 여권 만들기

해외여행을 하려면 반드시 여권이 필요하다. 출입국은 물론 호텔 체크인, 면세점 이용 시에도 여권을 제시해야 한다.

✔ 여권 소지자
유효기간을 반드시 확인한다. 여권의 유효기간이 6개월 이상 남아 있어야 출입국이 가능하다.

✔ 여권을 처음으로 발급받거나 유효기간 만료로 신규 발급을 받는 경우
- **신청 기관** : 전국 240개 도청, 시청, 군청, 구청 민원여권과
- **신청 서류** : 여권용 사진 1장, 신분증(주민등록증, 운전면허증), 여권 발급 신청서(민원여권과 비치)

※ 여권 재발급 시 유효기간이 남아 있는 여권 필히 지참.

※ 25~37세 병역 미필 남성은 국외여행허가서 필히 지참.

- **수수료** : 10년 복수여권 48면 5만 3천 원, 24면 5만 원 / 5년 복수여권 18세 미만~8세 이상 48면 4만 5천 원, 24면 4만 2천 원, 8세 미만 48면 3만 3천 원, 24면 3만 원 / 1년 단수여권 2만 원

3. 여행자보험 살펴보기
여행자보험은 최소 출발 하루 전에만 신청하면 된다. 공항 보험사 창구에서도 신청할 수 있지만 인터넷이 비교적 저렴하다. 여행자보험 대행업체를 이용하면 다양한 상품을 비교

할 수 있어 편리하다. 그 밖에 인터넷 환전을 하면 여행자보험 무료 가입 혜택을 받을 수 있다. 환전 시 보험 가입 여부란에 체크하면 된다. 보상 내용은 환전 금액에 따라 다르다.

- **신청 장소** : 보험사(홈페이지 신청 가능), 공항 보험사 창구
- **신청 서류** : 인터넷으로 신청할 경우 청약서와 인적 사항만 작성하면 된다. 공항 보험사 창구에서 신청하려면 여권이 필요하다.
- **비용** : 여행 기간, 나이, 보상 내용, 보험사에 따라 다르다.

D-35
예산 짜기

1. 예산 항목 만들기
항공 요금
숙박비
교통비
식비
입장료

2. 항목별 지출 예상 경비
항공 요금 30~80만 원(세금, 유류할증료 포함)
경유 여부와 시기에 따라 항공료 차이가 크다.

교통비 1일 평균 500B
어디를 어떻게 다니느냐에 따라 차이가 난다. 대중교통

을 이용해 시내만 돌아다닌다면 하루 100B 이하로 충분하다. 기사 딸린 차량을 반나절가량 대절해서 근교를 여행할 경우 1000~1500B 정도 예상해야 한다.

숙박비 1일 1500B
하루 1500B이면 깨끗하고 위치 좋은 호텔에 묵을 수 있다.

식비 1일 500B
무엇을 먹느냐에 따라 차이가 크다. 쌀국수와 볶음밥으로 매끼를 때우면 하루 200B 이하로도 가능하다. 2명이 중급 이상의 레스토랑에서 3가지 요리를 주문한다면 500B 정도 예상하면 된다.

입장료 1회 10B~
사원은 입장료가 없거나 저렴한 편이지만 박물관과 국립공원, 고산족 마을 등은 입장료가 비싸다.

마사지 1회 300B
1시간에 300B 이하로 수준 높은 마사지 서비스를 누릴 수 있다.

치앙마이 4박 6일 예산

항공 요금	50만 원
교통비	3000B
숙박비	6000B
식비	3000B
입장료	600B
마사지	900B
	총 경비 50만 원+13500B=약 100만 원

(환율 1B=약 38원, 2019년 7월 기준)

※ 1인 기준. 짧은 일정이므로 근교 볼거리까지 빠짐없이 보는 것으로 가정해 교통비와 입장료를 넉넉히 잡았다. 시내에 머물면서 구시가와 도이쑤텝만 구경하면 예산을 낮출 수 있다.

PLUS TIP 치앙마이 물가
쌩태우 20B(760원)
현지 식당 50B(1900원)
맥도날드 빅맥 175B(6700원)
술집 맥주 작은 병 70B(2700원)
카페 카푸치노 60B(2300원)
시내 원룸 한 달 렌트 11677B(45만 원)
외곽 원룸 한 달 렌트 8645B(33만 원)
85㎡ 아파트 한 달 관리비 1886B(7만 2천 원)

D-30
항공권 구입하기

여행 계획을 세웠고 여권도 준비됐다면 맨 먼저 항공권을 예약해야 한다. 몇 개월 전부터 항공권을 확보하는 부지런한 여행자들 덕분에 저렴한 항공권은 일찍 동이 난다. 저비용 항공사도 마찬가지다. 이른 예약이 진리다. 여권과 항공권만 준비하면 여행 준비의 절반 이상은 끝난 셈이다.

1. 치앙마이 취항 항공사

인천(ICN) ↔ 치앙마이(CNX) 직항
대한항공(KE), 제주항공(7C)이 취항한다. 대한항공은 하계(2019년 10월 26일까지)에는 주 4회(수 · 목 · 토 · 일요일), 동계(2019년 10월 27일~2020년 3월 28일)에는 매일 운항한다. 제주항공은 하계(2019년 9월 30일까지)에는 주 5회(월 · 화 · 목 · 금 · 토요일), 동계(2019년 10월 26일~2020년 3월 28일)에는 매일 운항한다.

쑤완나품 · 돈므앙(BKK · DMK) ↔ 치앙마이(CNX)
타이항공, 타이 에어아시아, 방콕항공, 녹에어, 비엣젯항공타이, 타이 라이언에어 등이 방콕-치앙마이 노선을 운항한다.

2. 항공권 판매 웹사이트

여행사와 항공사를 통하기보다 항공권 판매 웹사이트에서 직접 사는 것이 저렴하다. 웹사이트마다 가격 차이가 있으므로 꼼꼼히 비교하면 비용을 조금이라도 아낄 수 있다.
스카이스캐너 www.skyscanner.co.kr
와이페이모어 www.whypaymore.co.kr
지마켓 air.gmarket.co.kr
인터파크투어 air.interpark.com
하나투어 www.hanatour.com
모두투어 www.modetour.com

3. 태국 여행 최적기
치앙마이를 여행하기에 가장 좋은 시기는 11~1월이다. 밤 기온이 차갑게 여겨질 정도로 온도도 적당하고, 맑고 화창하다. 2월도 날씨는 좋지만 2~4월에는 미세먼지가 심하다. 호텔 등에서 정하는 태국의 공식 성수기(High Season)는 11~3월로 숙박비가 가장 비싸다. 4월은 본격적인 우기가 시작되기 전이자 태국에서 가장 더운 시기이지만 쏭끄란 축제가 열린다. 우기인 5~10월은 비수기에 해당한다.

4. 한국의 여행 성수기
설날, 추석 등 연휴와 방학 기간(12~2월, 7~8월)에 해당하는 우리나라의 여행 성수기에는 항공권 요금이 당연히 비싸다. 우리나라의 여행 비수기이지만 태국의 성수기인 11월을 공략하면 그나마 저렴하게 여행을 즐길 수 있다.

D-25
숙소 예약하기
게스트하우스부터 중급, 고급 호텔까지 다양하다. 예산과 동선에 맞게 숙소를 선택하면 된다.

PLUS TIP 숙소 예약 참고 사이트
아고다 www.agoda.com
호텔스닷컴 kr.hotels.com
부킹닷컴 www.booking.com
익스피디아 www.expedia.co.kr
호텔스컴바인 www.hotelscombined.co.kr

D-20
여행 정보 수집과 면세점 쇼핑
1. 온·오프라인 여행 정보 수집
태사랑 www.thailove.net
태국 최강 커뮤니티

가이드북 《무작정 따라하기 치앙마이》
치앙마이 초보자를 위한 완벽 가이드

2. 면세점 쇼핑
면세점은 크게 공항 면세점, 시내 면세점, 인터넷 면세점으로 나뉜다. 각각 장단점이 있으니 자신에게 맞는 곳을 이용하면 된다.

인터넷 면세점
중간 유통비와 인건비 등이 절감되어 공항 면세점보다 10~15% 더 저렴하게 구입할 수 있다. 모바일을 통해 이벤트나 각종 쿠폰 등을 이용하면 정가보다 훨씬 더 저렴하게 구입할 수 있어서 알뜰 여행자들에게 인기가 있다. 인터넷 면세점에서 사면 출국 공항 면세품 인도장에서 직접 수령하기 때문에 시간적 여유가 없는 사람들이 이용하기에도 좋다. 대부분 출발 하루 전에 구매를 완료해야 하지만 출국 당일 숍이 따로 있어 출국 3시간 전까지 구입 가능한 물품도 있다.
신라 면세점 www.shilladfs.com
롯데 면세점 www.lottedfs.com
신세계 면세점 www.ssgdfs.com
워커힐 면세점 www.skdutyfree.com
동화 면세점 www.dutyfree24.com

시내 면세점
출국 60일 전부터 출국일 전날 오후 5시까지 이용할 수 있다. 단, 주요 도시 이외의 지역에서는 이용하기가 쉽지 않다. 이용시에는 출국 사실을 증명할 수 있는 서류(여권, 출국 항공편 E-티켓)를 지참해야 한다. 구입한 면세품은 출국장의 공항 면세품 인도장에서 상품 인도증을 내고 수령하면 된다.

공항 면세점
출국장에 있는 공항 면세점은 탑승 대기 시간 동안 이용할 수 있으며 구입한 면세품을 바로 수령할 수 있다. 방학이나 휴가철, 연휴 등의 성수기에는 여유로운 쇼핑이 어려울 수 있다.

D-10
환전하기

큰돈이 아니라면 한국에서 미리 태국 돈(밧, B)으로 환전하는 것이 편리하다. 환전할 때는 신분증(주민등록증, 운전면허증, 여권 중 하나)과 원화를 준비하면 된다. 은행과 사설 환전소의 환율을 순위대로 공시하는 마이뱅크(www.mibank.me/exchange/saving/index.php)가 유용하다. 환전할 금액이 크다면 미국 달러로 바꾸는 것도 괜찮다.

시중은행
은행마다 환율 차이가 있다. 일반적으로 주거래 은행에서 환율 우대가 더 많다. 환전 수수료를 우대받으려면 인터넷에 '환전 수수료 우대 쿠폰'을 검색하면 된다.

인터넷 환전
인터넷 환전은 인터넷 뱅킹으로 환전 신청 후 수령 장소를 선택하는 방식이다. 공항의 지정 장소나 해당 은행 어느 지점이나 수령할 수 있다. 수령 방식은 은행마다 조금씩 다르다. 인터넷 환전을 신청하면 환율 우대를 받거나 여행자보험을 무료로 들 수 있다. 여행자보험은 환전 액수에 따라 보장 내용이 다르다.

사설 환전소
환율이 가장 저렴해서 금액이 클 때는 아주 유용하다. 직장이나 집 근처에 환전소가 있다면 적극 이용하자. 인터넷에 '환전소'를 검색하면 나온다.

공항 환전소
수수료가 높지만 편리하다. 큰돈을 환전하지 않는 이상 몇백 원 또는 몇천 원 차이밖에 나지 않으니 미리 환전하지 못했을 때 편리하게 이용할 수 있다.

> **PLUS TIP 얼마나 환전해야 할까?**
> 항공권과 숙박비를 신용카드로 계산했다면 남은 경비는 교통비, 식비, 입장료, 마사지 비용이다. 예산 짜기의 '항목별 지출 예상 경비'를 참조해 날짜에 맞게 여행 경비를 준비하자.

D-3
짐 꾸리기
필수 체크리스트
□ 여권
□ 항공권(E-티켓은 인쇄 또는 스마트폰에 저장)
□ 여행 경비
□ 여행용 가방
□ 현지에서 들고 다닐 작은 가방
□ 옷가지(겉옷, 속옷, 잠옷, 양말 등)
□ 세면도구(칫솔, 치약, 빗 등)
□ 화장품(기초 화장품, 자외선 차단제, 팩 등)
□ 신발(운동화 또는 편한 단화 등)
□ 전자제품과 충전기

있으면 유용한 물품
□ 가이드북
□ 신용카드
□ 상비약(진통제, 종합 감기약, 일회용 밴드, 연고)
□ 여성용품
□ 물티슈
□ 손수건
□ 선글라스
□ 모기향과 모기퇴치제
□ 우산

기내에 가져가면 안 되는 물품
□ 용기 1개당 100ml 초과 또는 총량 1L를 초과하는 액체류
□ 칼
□ 인화물질
□ 곤봉류
□ 가스 및 화학물질
□ 가위, 면도날, 얼음송곳 등 무기로 사용 가능한 물품
□ 총기류
□ 폭발물 및 탄약

D-DAY
출국하기

1. 공항 이동과 도착

공항 리무진 버스, 공항철도, 택시, 자가용 등을 이용해 공항으로 이동한다. 공항에는 비행기 출발 2시간 전까지 도착해야 한다. 인천공항 제2여객터미널은 제1여객터미널보다 공항버스로 20분가량 더 걸린다.

2. 탑승 수속

해당 항공사의 카운터 위치를 확인한 후 탑승 수속을 밟는다. 일부 항공사는 카운터에서 체크인을 하지 않고, 모바일 체크인과 키오스크를 통한 셀프 체크인만 가능하다. 이 경우 화물로 부칠 짐이 없다면 카운터에서 별도의 탑승 수속을 할 필요는 없다. 화물로 부칠 짐이 있다면 체크인 후 카운터로 향하자. 탑승 수속이 끝나면 항공권과 수하물 꼬리표(Baggage Tag)를 함께 준다. 수하물이 분실될 경우 증빙 서류가 되는 수하물 꼬리표는 잘 보관한다. 카운터에서 체크인을 하는 경우에는 예약이 확인되지 않는 특별한 경우를 제외하면 여권만 보여주면 된다. 만일을 대비해 E-티켓을 인쇄 또는 스마트폰에 저장해 두면 좋다.

3. 환전하기

인터넷 환전을 신청했다면 해당 은행의 수령 장소에서 신분증을 보여주고 환전한 돈을 수령한다. 미리 환전하지 못한 경우에도 출국장으로 들어가기 전에 환전한다. 출국장 내에서는 ATM을 사용할 수 없으며, 환전소가 있지만 수가 적다.

4. 여행자보험 신청

여행자보험을 미리 신청하지 않았다면 공항의 여행자보험 창구를 이용한다. 여행자보험은 필수 사항은 아니지만 혹시 모를 상황에 대비하는 것이 좋다.

5. 출국 심사

여권과 탑승권을 보여주고 들어가면 엑스레이 검사를 한다. 노트북이 있다면 꺼내서 바구니에 넣는다. 사람은 금속 탐지기를 통과하므로 주머니의 소지품, 허리띠 등을 미리 바구니에 넣자. 엑스레이 검사를 마치면 출국 심사가 기다린다. 심사관에게 여권을 보여주고 도장을 받으면 된다. 주민등록증을 발급받은 만 19세 이상 대한민국 국민은 사전 등록 없이 자동출입국 심사대를 이용할 수 있다.

6. 면세점 쇼핑

공항 면세점을 모두 돌아보기는 힘드니 필요한 물품을 미리 생각해 두고 쇼핑을 하자. 인터넷 면세점 또는 시내 면세점에서 물품을 구입했다면 면세품 인도장에서 찾으면 된다.

7. 탑승 대기

탑승권에 적혀 있는 보딩 타임(Boarding Time)에 맞춰 해당 게이트 앞에서 기다린다. 한 사람 때문에 수백 명이 기다리는 일이 없도록 시간을 엄수하자.

8. 비행기 탑승

안전벨트를 매고 스마트폰은 끄거나 비행 모드로 전환한다. 이륙 후 안전벨트 사인이 꺼질 때까지 안전벨트를 풀고 자리에서 움직이거나 좌석 등받이를 뒤로 젖히면 안 된다.

INDEX

① A

33 포시텔	231
SS1254372	108

ㄱ

고산족 마을 연합	79
고산족 박물관	55
골든 트라이앵글	80
굿 뷰	218
그래프 카페	104
까이양 위치안부리	138
까이양 청더이	139
깟쑤언깨우 야시장	161
껏 치앙마이	231
껫타와 펫 프렌들리 호텔	232
꾸어이띠여우 땀릉	131
꾸어이띠여우 똠얌 끄릉 쑤코타이	133
꾸어이띠여우 허이카 림삥	125
끼엣오차	152

ㄴ

나나 베이커리	118
나우 히어 로스트 앤드 브루	104
나이트 바자	159, 184
나이항	84
나인 원 커피	106

남니여우 빠쑥	84
넘버 39	113
넝 비	164
님만 하우스 타이 마사지	211

ㄷ

더 노스 게이트 재즈 코업	221
더 안틱 치앙마이	229
더 치앙마이 콤플렉스	161
더 페이시스	111
더 하우스 바이 진저	149
도이뚱	81
도이인타논 국립공원	42
도이창	81
디 아이언우드	167
떵뗌또	151

ㄹ

라이분럿	86
라파스 마사지	210
라후	51
란 싸얏	130
란나 포크라이프 뮤지엄	72
랍룽너이	152
러스틱 & 블루 팜 숍	110
러스틱 마켓	185

럿롯 151

로열 파크 랏차프륵 66

로열 프로젝트 숍 193

로열 프로젝트 키친 171

록미 버거 164

록스프레소 106

롯이얌 130

롱넥 카렌 50

루람 83

리버사이드 219

리수 51

리스트레토 103

림삥 슈퍼마켓 202

□

마야 라이프스타일 쇼핑센터 196

마이이얌 현대미술관 71

마이흐언 60 도이창 매림 168

망고 탱고 115

매싸 폭포 44

먼쨈 52

멜트 인 유어 마우스 83

몬므앙 란나 마사지 86

몬타탄 폭포 45

몽 50

미나 라이스 베이스드 퀴진 173

ㅂ

바질 인텐시브 타이 쿠킹 스쿨 217

반 베이커리 118

반 삐엠쑥 114

반 쑤언 매림 169

반담 박물관 78

반똥루앙 54

반몽 도이뿌이 53

반캉왓 187

반캉왓 모닝 마켓 185

반탁터 189

뱀부 브리지 빠이 88

베어풋 카페 165

브아떵 폭포 46

블루 누들 129

블루 다이아몬드 155

빅 씨 슈퍼마켓 판팁 203

빠이 리버 코너 91

빠이 워킹 스트리트 89

빠이 캐니언 88

빠이 87

쁘라뚜 창프악 야시장 158

쁘라뚜 치앙마이 야시장 159

ㅅ

삼센 빌라 145

샨타 마사지 211

선데이 워킹 스트리트 160, 182

센스 가든 마사지 209

센트럴 페스티벌 198

센트럴 플라자 치앙마이 공항 199

스트리트 피자 165

싱하 파크 77

싸바이 타이 마사지 & 스파 212

싸얌 인섹트 주 226

쏨땀 욕크록　141
쏨땀 우돈　140
쑤언 마나우 홈　175
씨야 꾸어이띠여우 쁠라　131
씽크 파크 나이트 마켓　160

ㅇ
아누싼 시장　184
아리사라 타이 마사지　86
아시아 시닉 타이 쿠킹 스쿨　216
아이 러브 유 빠이　90
아이딘끄린크록　140
아이베리 가든　115
아카 아마 커피　102
아카　51
안찬 베지테리언 레스토랑　155
애그리 CMU 숍　194
앳 쿠아렉　144
야오　51
엘리펀트 푸푸 페이퍼 파크　227
오까쭈 오가닉 팜　148
옴니아　105
와로롯 시장　184
왓 렁쓰아뗀　78
왓 렁쿤　77
왓 록몰리　63
왓 반덴　61
왓 쑤언독　58
왓 씨쑤판　59
왓 우몽　62
왓 쩨디루앙　36

왓 쩻엿　65
왓 치앙만　38
왓 판따우　64
왓 프라씽　34
왓 프라탓 도이쑤텝　28
왓 프라탓 도이캄　60
우 카페　112
우왈라이 워킹 스트리트　160, 183
원 님만　197
원스 어폰 어 타임　229
웰스 부티크　230
위엥 쭘언　113
위티 냄느엉　163
유니크 스페이스　188
임프레소　105

ㅈ
조 인 옐로　220
준준 숍 카페　174
진저 숍　190
쪽 쏨펫　153
쪽똔파염　153

ㅊ
차다 만뜨라　230
차바 쁘라이 마사지　209
차이 마사지　213
차차 슬로 페이스　188
촘 카페 & 레스토랑　172
추 호텔 치앙마이　232
추이퐁 차밭　79

치노라 마사지	208
치앙다오 동굴	47
치앙라이 나이트 바자	86
치앙라이 시티 트램	80
치앙라이	76
치앙마이 OTOP 센터	195
치앙마이 국립박물관	73
치앙마이 차이요	233
치윗 치와	114
치윗 탐마다	82

ㅋ

카우마우 카우팡	170
카우쏘이 님만	132
카우쏘이 매싸이	132
카우쏘이 쎄머짜이파함	133
카우쏘이 쿤야이	129
카페 드 님만	149
카페 딴어언	150
캣 앤 어 컵	85
커피 인 러브	90
커피 코꾸쏘	91
케이팝 떡볶이	163
코뮌 말라이	191
쿠킹 러브	154
쿤카 마사지	208
퀸 씨리낏 보태닉 가든	68

ㅌ

타남 푸래	82
타이 아카 키친	216

타이 팜 쿠킹 스쿨	217
탐럿	89
테이스트 카페	107
토분	190
토요 모닝 마켓	185
톱스 마켓 깟쑤언깨우	203

ㅍ

파 란나 마사지	212
팜 스토리 하우스	154
퍼짜이	84
펀 포레스트 카페	111
페이퍼 스푼	109
펭귄 코업	189
포레스트 베이크	119
퐁가네스 커피 로스터	107
푸파야 마사지	210
푸핑 궁전	69
플레이웍스	191
플로어 플로어 슬라이스	110
플립스 & 플립스 홈메이드 도넛	119

ㅎ

한통 찌앙마이	124
형때우	150
호시하나 빌리지	233
화이트 카렌	50
흐언므언짜이	125
흐언펜	124